# 小麦-玉米两熟丰产增效技术

王同朝　关小康　主编

中国农业出版社
北　京

## <<< 编写人员名单


**主　编：** 王同朝　关小康

**副主编：** 马守臣　张　伏　魏义长　王宜伦

**参　编：** 李岚涛　温鹏飞　张亚坤　马守田

杨先明　付三玲　王怀苹　吕庆丰

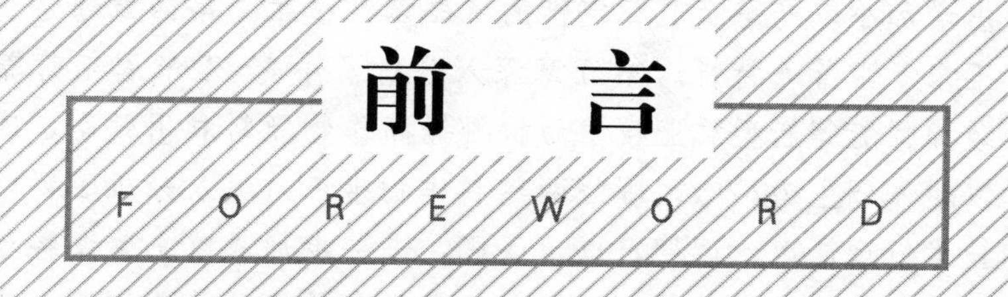

# 前言
FOREWORD

黄淮海区域以其优异的光热资源、水分资源和土壤资源优势成为我国重要的粮食生产基地，也是我国最重要的农作区之一，在保障国家粮食安全方面起到了压舱石的作用。该区域地处北纬32°～40°，东经114°～120°，地势低平，平均海拔50 m以下，耕作历史悠久。自20世纪70年代后期起，由于全球气候变化及粮食需求量剧增等因素影响，作物种植模式逐步由两年三熟制转变为一年两熟制小麦-玉米复种轮作。据统计，黄淮海区域冬小麦播种面积占全国冬小麦种植面积的60.8%，夏玉米播种面积占全国玉米种植面积的28.7%，小麦种植面积和产量均居全国之首，玉米产量占全国玉米总产量的1/6。

黄淮海区域粮食生产对于保障我国粮食安全具有举足轻重的作用，在保障国家和区域粮食安全的前提下，进一步面向高产、优质、绿色、安全的生产目标，着力提升小麦-玉米两熟区资源利用效率和农业生产机械化、现代化水平是实现该区域农业稳定发展的基础。近年来黄淮海区域两熟生产中出现作物群体结构不协调、水肥精准调控难度大、耕层土壤变薄、耕作失当、农机农艺融合程度低等问题，严重限制该区域粮食生产。虽然黄淮海区域土壤经过长期耕作熟化程度较高，但是作物生长发育期间光、温、水、肥等农业资源利用效率较低，严重制约着该区域作物产量进一步提升。近年来随着农业规模化经营与土地流转等政策性因素影响，冬小麦、夏玉米生产全程机械化推行困难，农艺、农机不配套等因素进一步限制了该区域粮食作物规模化、轻简化生产。为此，本书以小麦-玉米两熟复种轮作制度为核心，从冬小麦、夏玉米群体结构调控入手，探讨作物群体调控措施与资源高效利用的关系；通过探索两熟制作物养分吸收规律，形成两熟制施肥方案；以耕作调控为技术核心，明确两熟制农田水分动态变化规律及小麦、玉米水分和氮素高效利用机制；研发适宜于不同规模经营主体的农机、农艺配套机具及技术体系；集成物联网、远程智能控制、水肥监测等技术手段形成智能化水肥一体化技术模式，为确保黄淮海地区农业丰产增效提供科学决策支持。

全书共九章，第一章为绪论，简要介绍了国家粮食安全战略及黄淮海两熟农业生产现状及存在的问题。第二章以小麦-玉米群体结构调控为基础，从播种密度、播种期调控技术入手，优化作物生产群体，提高单季作物产量。第三章以小麦根源信号理论为基础，提出增加小麦产量及其稳定性的水肥调控技术。第四章通过光谱诊断技术评定了小麦、玉米氮素营养特性。第五章深入分析了小麦-玉米周年营养特性与土壤供肥能力，以缓控释肥等新型施肥技术为核心提高作物肥料利用效率，实现高产高效目标。第六章以耕作调土为核心，围绕两熟制作物生产，深入分析了耕作促进作物水肥高效利用的技术机理，以水调肥，以水促肥，进一步形成以土壤调控为核心的两熟制水肥资源高效利用技术体系。第七章重点研究了变量播种施肥控制系统和播种质量监测系统，同时以双粒玉米播种为例，设计了播种质量监测系统。第八章构建了农业机械选型评价模型，获得适用于该地区的小麦-玉米两熟制田间作业机具，通过建立田间全周期作业机具最优配置数学模型，得出选型与配置规划方案，为黄淮海南部地区科学合理配置农机具提供理论参考。第九章介绍了云灌溉智能水肥一体化技术体系，以技术原理、配套系统、水肥运筹等为突破点，对两熟农田水肥一体化进行适应性分析，进一步拓展技术适用广度和深度。

本书在付梓之际，感谢"十三五"国家重点研发计划"小麦-玉米两熟丰产增效技术集成与模式构建"（2017YFD0301106），"十二五"国家科技支撑计划"河南冬小麦夏玉米大面积均衡增产技术集成研究与示范"（2012BAD14B08）和国家自然科学基金"免耕高产夏玉米田根层优化调亏滴灌制度研究"（31471452），"根区水分调控夏玉米根系形态生理特征与水分吸收利用互作关系研究"（31601258），"全生育期夏玉米氮素利用率垂直分布的高光谱定量反演与动态监测"（31902118），"农用履带车辆附着机理研究及履带板仿生结构优化"（52075149）等项目的支持，本书正是在以上项目资助研究的基础上形成并得以完善。本书撰写和出版得到河南农业大学、河南粮食作物协同创新中心（2011 协同创新中心之一）、省部共建小麦玉米作物学国家重点实验室、作物生长发育调控教育部重点实验室等机构的大力支持。

作为一本探讨黄淮海区域小麦-玉米两熟丰产、增效、绿色栽培的专著，虽然在撰写过程中竭尽所能，经历多次修改和反复讨论，但由于水平所限，书中难免有疏漏和不足之处，敬请广大专家和读者给予批评指正。

编　者

2021 年 4 月于河南郑州

# 目录

CONTENTS

# Chapter 1 第一章 绪　论

## 第一节　粮食安全在国民经济中的意义

农稳社稷，粮安天下。粮食是事关国运民生的重要商品，是关系经济发展、社会稳定和国家自立自强的基础，是安天下、稳民心的战略产业。粮食安全是国家安全的重要基础，也是推动经济发展、保持社会稳定的保障。联合国粮食及农业组织、国际农业发展基金会、联合国儿童基金会、联合国世界粮食计划署和世界卫生组织等机构联合发布了《2020年世界粮食安全和营养状况报告》，报告指出，有近6.9亿人处于饥饿状态，占世界总人口8.9%，1年中增加了1 000万，5年中增加了近6 000万。纵观全球，受到宏观经济增速放缓、区域冲突、气候变化、自然灾害、突发疫情等多种因素影响，多数国家和地区饥饿和营养不良状况出现了不同程度的恶化。2020年初，新型冠状病毒肺炎疫情在全球多地暴发与蔓延，许多国家暂停或限制本国粮食出口，各国采取的保护主义措施对全球粮食安全和国际市场粮食供给造成巨大冲击。

我国是世界人口第一大国，保障国家粮食安全始终是治国安邦的头等大事。目前，我国仍有1.5亿人口营养不足，是仅次于印度的世界第二大营养不足人口国（Fan et al.，2014）。党的十八大以来，以习近平同志为核心的党中央把粮食安全作为治国理政的头等大事，提出了“保障国家粮食安全和重要农产品有效供给”“确保谷物基本自给、口粮绝对安全”的新型粮食安全观，确立了“以我为主、立足国内、确保产能、适度进口、科技支撑”的国家粮食安全战略，始终坚持走中国特色粮食安全之路，引领推动了我国粮食安全理论创新、制度创新和实践创新（马晓河，2016）。“十三五”时期，党中央和各级政府对粮食安全高度重视，将推进粮食增产作为一项重要任务。对中国这样一个有着14亿人口的发展中国家来讲，农业基础地位任何时期都不能被忽视和削弱，“手中有粮、心中不慌”在任何时候都是真理。新时代粮食安全关乎社会主要矛盾变化的新方位，是中国新时代经济社会发展大局的“头号”战略，具有重大现实意义。因此，越是面对风险和挑战，越要稳住农业生产和国家粮食安全，以更加开放积极的思维和全球化的视野树立新的粮食安全观。

### 一、中国粮食安全现状

#### 1. 粮食安全概念

粮食安全问题关系国计民生，是社会稳定和经济发展的基础。1973年联合国粮食及农业组织发布的《消灭饥饿和营养不良罗马宣言》中首次提出“粮食安全”这一概念，定义为“任何时候所有人都有能力获得充足的维护生命和健康的食物”，同时作为补充，也提出了粮食储存量的安全标准。1995 年，第二次世界粮食大会通过的《世界粮食大会各国行动计划》又对粮食安全重新定义，定义为“所有人在任何时候都能获得足够的、富有营养的和安全的食物，来满足健康的膳食需要和合理的喜好”。2009 年，世界粮食安全委员会改革文件再次提出：“粮食安全是指所有人在任何时候都能通过物质、社会和经济获得充足、安全和富有营养的食物，满足其保持积极健康生活所需的膳食需要和食物喜好”。

**2. 中国粮食发展现状**

1972—1974 年全球粮食危机爆发后，粮食安全问题已经成为全球普遍关注的重大问题。在全球人口不断增长、水土资源日益紧缺、能源安全形势日益严峻的背景下，世界粮食供需趋紧，粮食库存量显著下降。粮食是一个国家的命脉，保障粮食安全一直是事关国家安全的战略问题。中华人民共和国成立后，到改革开放以来，党中央、国务院及地方政府高度重视粮食安全问题，始终把农业放在发展国民经济的首位，千方百计促进粮食生产、保障粮食安全。

我国粮食产量基本解决了人民的温饱问题，为世界粮食安全作出了巨大贡献。中国的粮食总产量自 2003 年来保持稳定增长，直至 2019 年中国粮食生产实现了“十六连丰”和“十二连增”，2019 年粮食总产量达到 66 384 万 t，比 2018 年增加 595 万 t，增长 0.9%（表1-1），居世界第一，创造历史纪录。其中，2019 年发布的《中国的粮食安全》白皮书指出，我国人均粮食占有量超过 470 kg，比 1996 年增长 14%，高于国际粮食安全标准线的人均 400 kg。此外，我国稻谷、小麦和玉米三大主粮的自给率达到了 98.75%。中国人民靠自己的双手解决了世界近 20%人口的吃饭问题，取得了举世瞩目的伟大成就。

**表 1-1　2014—2019 年全国三大作物产量统计**（万 t）

| 统计年份 | 稻谷产量 | 小麦产量 | 玉米产量 | 粮食总产量 |
|---|---|---|---|---|
| 2014 | 20 960.91 | 12 832.09 | 24 976.44 | 63 964.83 |
| 2015 | 21 214.19 | 13 263.93 | 26 499.22 | 66 060.27 |
| 2016 | 21 109.42 | 13 327.05 | 26 361.31 | 66 043.52 |
| 2017 | 21 267.59 | 13 433.39 | 25 907.07 | 66 160.72 |
| 2018 | 21 212.90 | 13 144.05 | 25 717.39 | 65 789.00 |
| 2019 | 20 961.00 | 13 359.00 | 26 077.00 | 66 384.00 |

数据来源：国家统计局关于粮食产量的公告。

当前我国粮食安全形势总体向好，粮食综合生产能力稳步提高，食物供给日益丰富，从总产量和人均粮食占有量上看完全实现了粮食的自给自足，数量型安全基本得到保障，但是仍然面临多元和复杂的挑战和新机遇。面对危机频现的全球粮食安全现状，国际社会普遍认为，从长远上消除引发粮食危机的根本措施之一就是加快粮食科技创新，选育提高粮食生产能力的新品种，并全力扩大技术推广应用与示范。发展粮食科技创新采取适合本国国情的科技战略已成为全球共识。在这种严峻形势下，保障我国粮食安全必须坚持立足于国内的方针，走依靠粮食科技创新提高粮食安全的绿色可持续发展道路。

**3. 农业科研工作者扛稳粮食安全重任**

民为国基，谷为民命。牢记“确保国家粮食安全，把中国人的饭碗牢牢端在自己手中”，夯实粮食安全之基，坚决扛稳粮食安全这一重任，保障国家粮食安全，这是农业科技工作者的历史使命和担当。通过实施粮食丰产科技工程、科技攻关、国家863计划、国家973计划、自然科学基金、转基因重大专项、粮食作物高产创建、农业科技入户等重大项目，我国的粮食科技创新能力得到较大程度的提升。2019年，我国农业科技进步贡献率已达到59.2%，为保障国家粮食安全提供了有力的科技支撑。此外，我国农业技术进步对粮食单产提高的总贡献中，栽培耕作技术贡献为34.1%，优良品种为33.8%，土壤改良等生态治理技术为17.9%，植物保护等防灾技术为14.2%。其中，农业科技成就表现在：粮食作物高产、优质、多抗品种不断推新，育种材料、方法、技术有了较大发展；水稻杂交育种成为世界水稻育种历史上新的里程碑；小麦以优质、高产、多抗为特点的新材料与育种方法创新和品种选育取得了新发展；玉米杂交模式创新育成一批在生产中发挥重大作用的优良杂交种。

科技是第一生产力。通过粮食丰产科技工程等项目的实施，以区域化、规模化生产为重点的高产高效、优质安全的作物栽培理论与技术创新取得突破性成果，以节本降耗为核心的作物精准、简化、高效栽培技术创新取得显著成效，以生态安全、环境友好的作物栽培技术创新取得重大进展；围绕主要粮食作物的高产、优质、高效等目标形成一大批区域性丰产技术模式，涌现出了一批超高产典型，使我国粮食科技的创新能力得到显著提高。

## 二、世界粮食科技创新呈现新趋势

在农业与粮食生产发展的历程中，科技创新始终发挥着重要作用。欧美发达国家采取了以现代高新技术为核心的粮食科技战略发展农业，主要支持技术包括：大数据、物联网技术、人工智能、生物技术、遥感技术、地理信息系统技术、全球定位技术、“互联网+”以及航空航天技术等。发展中国家则将重点放在以高新技术改造传统技术，带动粮食生产的科技战略上。目前，国际农业研究磋商组织及18个国家的农业研究中心正加紧“超级水稻”“超级木薯”“超级玉米”“专用小麦”等项目的研究与开发，并将生物技术、农田节水灌溉技术、精量施肥施药技术与环境保护等作为第二次绿色革命的主导领域。进入21世纪以来，世界粮食科技创新呈现出了以下新的发展趋势。

（1）专业化研发机构、科研单位提供基础理论依据，依托大型农业科技公司和互联网企业合力推进科技研发，促进粮食生产能力提升。例如：日本政府在农业技术上投入大量资金与人力支持，2004年将农业物联网列入政府计划，政府提供U-Japan计划，形成一个人或物均可互联、无处不在的网络社会。

（2）以生物技术为先导，融合基因工程、发酵工程、酶工程、蛋白质工程技术等高新技术推动粮食生产。据统计，美国基因工程农产品和食品的市场规模已达到750亿美元以上，阿根廷和加拿大等生物技术发展迅速。

（3）基于现代农业技术或农艺措施降低生产成本、提高作物产量，实现农业可持续高产、超高产。20世纪以来，美国把物联网与“3S”技术相结合，搭建新型精准农业管理系统，对作物生产前、中、后期进行全面监测与管理，降低了农业生产成本，提高了作物产量和生产效率。德国积极发展高水平数字农业，政府大力支持数字农业与智能设备研发，通过研发的Xarvio Scouring高效识别系统分析作物的生长状况，并实现病虫害监测和智能田间管理。

（4）高度重视农业绿色可持续发展，积极发展环境友好的现代粮食生产技术体系，加强循环农业、生态农业、休闲农业、保护型农业等技术应用，降低粮食生产的生态环境代价。

（5）保护生物多样性，开发防灾减灾技术，增强作物应对气候变化的适应力，重视全球气候变化、温室效应、极端气候与粮食安全的大尺度预测预警研究、技术对策和综合防控技术研究。

## 三、中国粮食科技发展重大举措

抓好粮食生产，命脉在水利、出路在科技，关键是加快转变农业发展方式，推动“藏粮于地、藏粮于技”落地见效。2008年以来，国家先后正式颁布了《国家粮食安全中长期规划刚要（2008—2020年）》以及《全国新增1 000亿斤粮食生产能力规划（2009—2020年）》两大重要文件，明确了未来保障我国粮食安全的指导方针、重大目标与战略任务为“藏粮于地、藏粮于技”，进一步大力发展粮食科技。面向我国粮食科技未来的重大需求，需要立足粮食科技发展实际，进一步科学分析我国粮食科技发展的战略重点。

**1. 优良新品种选育及种子产业化**

优良品种是发展粮食生产的物质基础，是实现粮食安全的首要前提，直接关系到农业的可持续发展和粮食安全。正如袁隆平院士所说“关键时刻，一粒小小的种子可以绊倒一个国家”。我国是世界第二大种子需求国，我国50强种子企业销售额占全国种子企业销售额的30%以上，种业市场的集中度呈逐步提高的趋势，但我国前10强种子企业的市场份额却仅占全球种业市场份额的0.8%（王云月等，2019）。通过常规育种和杂种优势利用等农业技术培育了一批优良品种，在粮食生产中发挥了巨大作用。目前我国主要农作物自主选育品种占比提高到95%以上，但是粮食作物育种创新能力仍然比较薄弱，种业总体呈“小、散、弱”态势，杂种优势利用技术尚不够深入，现代生物育种技术起步较晚，与常规育种技术有机结合不够。每年审定品种数量很多，但大面积增产的主推品种少、种植面积小、增产能力弱，缺乏高产、优质与资源高效利用的突破性新品种；值得注意的是自20世纪70年代以来，我国农作物农家品种数量呈现急剧下降的趋势，例如水稻农家种从4.6万多个减少到仅1 000多个，小麦农家种从1.3万余个减少到500～600个，玉米农家种从1万个减少到152个（王云月等，2019）。另外，种子产业化水平尚处于低层次阶段，具有一定研发能力的科研机构和企业较少，严重制约着种子产业化发展水平。

在此背景下，应大力提升我国粮食作物育种创新能力，从源头上保障粮食生产的安全。进一步加强水稻、小麦、玉米等主要粮食作物育种技术创新和突破性新品种选育，充分发挥优良品种巨大增产增效潜力。加大科研投入，建立全国统一的种子研发、生产、销售等环节的标准体系，严格保护种子知识产权，提高自主研发能力，支持本土优良新品种选育及其种子产业化势在必行。通过不断调整优化农业结构，深入推进优质粮食生产工程，实现优质品种集中连片种植。积极扶持现代种业集团，加大新品种推广应用力度，提高优良品种的市场占有率，大幅度提升我国粮食生产能力。

**2. 区域性粮食作物高产高效栽培技术集成创新**

在我国耕地面积有限的情况下，提高粮食产量实质上依赖于提高单位面积的粮食作物产量，单产潜力挖掘对粮食总产增长的贡献度达到60%以上（刘建刚等，2013）。近年来，我国粮食产量创新取得了突出成就，多个地区、多种作物上都不断涌现出超高产的新纪录。2017年，新疆奇台创造了玉米每667 $m^2$ 产1 517.11 kg的最高纪录；2018年，山东莱州市创造了冬小麦平均每667 $m^2$ 产828.5 kg的国内单产最高纪录；水稻纪录逐年刷新，水稻高产纪录多年达到每667 $m^2$ 产1 000 kg以上。目前，我国水稻、小麦、玉米的超高产水平比全国平均产量水平高出1倍以上（徐明岗等，2016）。从全国平均产量和高产纪录看，玉米、小麦等主要农作物的单产潜力可以继续挖掘。随着粮食产量的提高，粮食高产与经济高速增长的矛盾、与资源环境代价的矛盾、单项技术与集成技术的矛盾、单一作物与区域整体增产的矛盾不断突出，严重制约粮食持续、安全、稳定地大面积增产。虽然通过单项技术研究显著提高了作物单产，但是缺乏单项创新技术和农艺措施紧密结合的综合集成技术体系，配套集成不够，转化推广缓慢。

当前，要围绕粮食高产、优质、高效、安全、生态等多元化技术集成目标，将提高粮食单产、保障粮食安全、促进粮食生产节本增效和减少环境代价等目标统筹考虑，加强基础前沿研究、核心关键技术攻关，注重农业科技和基础设施建设的投入，进一步加强粮食作物高产高效栽培技术集成与示范，进一步加强重点粮食作物高产高效技术集成，抓好高产创建与示范，以科技创新与集成示范带动粮食生产能力全面升级，不断提高耕地地力水平，促进粮食产量稳步提升（卞靖，2019）。

**3. 粮食生产资源高效利用与生态环境建设协调发展**

随着我国工业化和城镇化进程加快以及人民生活水平提高，生态环境和农产品质量备受关注。粮食等主要农产品的刚性需求稳步增长，自然资源的硬性约束逐渐增强，这一局面将会导致我国粮食等主要农产品的供需关系长期处于紧平衡状态。我国水资源和耕地面积比较紧缺，全国水资源总量为28 100亿 $m^3$，其中地表水资源为2.68万 $m^3$，人均水资源占有量2 200 $m^3$，人均水资源占有量仅为世界平均的1/4，生产全国近60%以上粮食的北方地区水资源占有量仅占全国的20%左右。然而，我国水资源利用率约为45%，发达国家则达到70%以上。在小麦-玉米周年生产体系中每生产1 t粮食年耗水量约为800 $m^3$，这也表明在现有生产力水平下，约需增加农业用水120 $m^3$，可见在减少用水量的同时增加粮食产量越来越难。在1997—2010年，我国耕地面积从1.3亿 $hm^2$ 减少到1.2亿 $hm^2$，10年间净减少耕地0.1亿 $hm^2$，人均耕地面积也仅为世界水平的40%，全国优、高等耕地面积比例不足30%，耕地面积逐步减少将加剧粮食生产的资源刚性约束和矛盾（汤怀志，2020）。

耕地质量是保障粮食安全和粮食稳产的前提。我国在农业生产中，每年的化肥消耗量约占全球化肥总量的30%，然而我国小麦、水稻、玉米三大粮食作物化肥利用率仅35%～40%，发达国家则在60%以上，大量化肥施用造成农业面源污染、耕地酸化和土壤板结等问题。同时，全国农药利用率为39.8%，受农药严重污染的耕地面积超过1 333×$10^4$ $hm^2$（徐娜，2019）。土地复种指数高、连年透支、利用强度过高使耕地质量不断下降。目前，全国耕地有机质含量仅为2.08%，远低于发达国家（吴萍，2016）。由于目前生产上单纯追求高产，造成化肥、农药等过量施用，导致粮食主产区土壤肥力普遍下降、部分耕地退化、化学污染严重、土壤质量下降，严重影响了农产品质量。

在有限资源的约束下，实施最严格的耕地保护制度，明确耕地占补平衡政策在保护耕地资源、协调耕地供需平衡中的重要作用；在粮食产业技术创新中，运用物候学原理，使作物栽培周期与气候的时间、空间变化相吻合，充分利用自然资源，提高资源利用率；大力推广节水灌溉技术，不断提高农田灌溉水有效利用系数；推广保护性耕作技术和秸秆还田技术，加大轮休轮作规模，保护耕地质量，发展生态高产的粮食生产模式；采用测土配方施肥技术或有害投入品减量替代技术，有效改善病虫害发生地区的土壤质量与土壤肥力，提高作物抗病虫害能力，促进生态平衡，有利于实现农业绿色高效可持续发展。

**4. 粮食生产机械化和信息化等技术设备研发与应用**

随着我国工业化、城镇化进程加快以及土地流转政策实施，粮食生产面临劳动力结构性调整和粮食种植规模化加快的新情况，从而扩大了粮食生产机械化和农业信息化的技术需求。农业机械化技术的应用不但有利于提高农业生产效率和质量，还可以保证农业生产安全，促进农业机械化和现代化发展。但是，我国各项农业科技中，仅有19%处于国际领先地位，近64%处于落后地位，与科技化和机械化水平较发达国家相比仍有巨大差距。目前，我国水稻、小麦、玉米三大作物的耕种收机械化水平仅有42%，而发达国家在80%以上。此外区域性农业机械化应用程度差距较大，我国东北、华北地区农业机械化程度较高，但偏远山区、丘陵地区等经济不发达的地区仍然采用传统耕作方式，对农业机械应用程度较低。在粮食产后流通储运方面，粮食产后清理、干燥、储藏和运输等技术的自动化水平较低。粮食“四散化”运输仅为20%左右，而发达产粮大国高达90%以上，集装单元化储运几乎为空白，绿色生态储粮减损和高效粮食物流装备与技术研发能力不强。

智能化农业机械装备的建设和应用是智慧农业的重要组成部分，也是保障粮食安全生产的最直接手段。当前，农业装备数字化设计、智能化控制及具备人机环境友好精准变量的先进制造技术应用才刚刚起步，高度机械化、规模化生产条件下的精准生产技术还处于试验阶段。为此，迫切需要加强农机农艺结合，以及适应于不同粮食作物耕种收、灌溉及田间管理不同要求的农机装备研制和大面积推广应用；加强粮食生产遥感技术和地理信息系统应用技术、现代化农业机械技术集成技术和粮食安全预警预报技术的研究与应用，使农业生产更加倾向于精细化、科学化、智能化发展；加强粮食产后流通储运智能化和机械化技术与设备研发，整体提升粮食生产装备水平，减少粮食产后损失，提高劳动生产率。

**5. 粮食防灾减灾关键技术研发，应对全球性极端气候事件**

2014年，世界气象组织和联合国环境规划署构建的政府间气候变化委员会（IPCC）发布的公告指出，全球平均气温在过去100多年里升高了0.85℃，尤其是1975年以后，全球平均气温以每10年0.2℃的速率加速升高，气候变化造成地表温度升高、极端降水事件频发，对作物生长影响严重。从我国气温变化的总体趋势看，北方地区具有变暖趋势，其中东北每10年增温高达0.19℃，其次是华北，每10年增温0.10℃；冬季增温最为明显，东北地区和华北地区分别为每10年增温0.47℃和0.46℃（陈利容，2008；高明超等，2010）。

气候通过温度与降水变化体现，从而改变作物生长发育中的光、温、水、热条件，进而对作物生产潜力、作物产量产生影响。而气候变化带来的负面影响则尤为突出，降水量时空变异程度加大，主要是北方地区降水持续偏少、干旱化趋势严重。同时，区域性自然灾害发生风险增加，病虫害发生程度和范围增加，给粮食稳定生产带来了诸多不利影响，对我国中长期粮食安全构成了极大威胁（郭建平，2015；周广胜，2015）。据统计，我国平均每年因自然灾害损失粮食 400 多亿 kg。

因此，必须趋利避害，高度重视粮食生产中应对气候变化技术途径研究，要充分利用气候变化的有利影响，合理调整作物种植结构，完善适应气候变化的粮食应对技术，提高粮食生产的主动适应能力；加强粮食作物固碳减排技术、抗旱防灾技术的研究，依靠科技降低全球气候变化对粮食生产的不利影响；依托农业信息化技术，构建农业防灾减灾种植制度，建立气候灾害监测、预警与防控评估体系，最大限度减少极端天气对粮食生产造成的影响。

**6. 强化粮食优势产区粮食科技能力建设**

我国重视发展粮食生产，粮食增产必须依靠农业科学技术，区域粮食科技能力水平是保障粮食增产、实现国家粮食安全的基石。早在 20 世纪 80 年代我国已经开始了商品粮基地建设，由于资源及政策的变化，粮食产区的规模及结构也在不断发生着改变。20 世纪 80 年代，我国农业区域可以划分为九大区域，分别为江汉平原、鄱阳湖平原、洞庭湖平原、成都平原、珠江三角洲、三江平原、松嫩平原、太湖平原、江淮地区。2002 年，农业部提出了《优势农产品区域布局规划》，其中 9 个优势区域、商品粮基地、四大粮食品种对全国粮食增产的贡献率超过 85%，并使粮食生产重心由南向北转移。2004 年，农业部划分出 13 个粮食主产区、11 个粮食平衡区以及 7 个粮食主销区（王瑜琨，2019）。我国实行以政府为主导的粮食战略工程核心区建设，确立以河南、黑龙江、吉林为主的三大粮食生产核心区。然而，粮食生产核心区大部分集中在我国经济欠发达的农业地区，区域经济实力不足，科技自我发展能力不强。

为此，要以打造国家粮食核心区、增强区域粮食生产能力为目标，结合国家区域粮食基地建设规划，突出东北区、黄淮海区、长江流域和非主产区 120 个产粮大县的粮食科技工作；加快推进农业科技成果的转化和应用，进一步推进高标准农田农作物良种全覆盖；充分引进国外先进的农业技术，如中低产田综合改良技术、农田资源循环利用技术、保护性耕作技术、旱涝灾害及病虫草害防控技术、粮食储运流通技术等区域集成示范；将传统的农艺节水技术与现代农业信息化技术相结合，应用于农业降低生产成本，提高种粮效益，带动重点区域粮食生产现代化、高效化与可持续化发展。

**7. 粮食生产能力的绿色可持续性**

我国已经进入建立资源节约型与环境友好型社会的新阶段，为顺应市场需求和农业绿色可持续发展，打造绿色有机农产品，减肥、控药、绿色防控等技术为主的绿色农业正在蓬勃发展，农业绿色化、生态化的发展也更受重视。在实现粮食稳产基础上，应提高耕地质量，保护生态环境，以实现农业绿色可持续发展和粮食安全协同发展（刘巽浩，1996）。

耕地的连年使用，导致农业资源过度开发利用，使得耕地不断透支，土质恶化，抵抗自然灾害和病虫害的能力降低，粮食产量和品质也逐年下降。如华北地区一般是两年三熟制，复种指数为 120%～150%；而长江以南地区一般是一年两熟或一年三熟，复种指数为 180%～250%。通过轮作休耕方式调节改良土壤理化性状和生物多样性，恢复和提升耕地土壤质量，培肥地力，增强粮食生产能力的可持续性，具有可持续发展的长期效应。休耕是对退化、受破坏的耕地生态系统进行恢复或重建的过程，是解决农业生态环境恶化、保护耕地、提升地力和保育农田生态的有效措施（Xie et al.，2017；Yu et al.，2019；王瑜琨，2019）。我国在西周时期就已实行二圃制（每年一块土地耕作、一块土地休耕，逐年调换以农作物轮种保持地力）、三圃制（轮流用于春播、秋播、休闲，每一块土地在连续耕种两年之后，可以休闲一年）。东汉班固也在《汉书·食货志》中记载了西周以来“岁耕种者为不易上田；休一岁者，为一易中田；休两岁者，为再易下田。三岁更耕之，自爰其处”的休耕制。北魏《齐民要术》中也有“谷田必须岁易”“麻欲得良田，不用故墟”等记载。西方发达国家出台相关农业政策，提出对于耕地保护形成法制化和制度化要求，突出强调耕作方式的绿色化和耕地利用的精准化，改善生态环境并促进农业的可持续发展。

进入中国特色社会主义新时代后，国家更加注重耕地质量保育和粮食安全，2016 年 6 月颁布的《探索实行耕地轮作休耕制度试点方案》标志着休耕在我国正式成为一项国家层面的耕地保护政策。从 2016 年启动耕地轮作休耕制度试点，2016 年轮作面积 33.3 万 $hm^2$，休耕面积 7.3 万 $hm^2$。2017 年将轮作休耕试点面积扩大到 80 万 $hm^2$，其中轮作面积扩大到 66.7 万 $hm^2$，休耕面积扩大到 13.3 万 $hm^2$。2018 年进一步扩大轮作休耕试点规模，轮作试点面积为 133.3 万 $hm^2$，休耕试点面积为 26.7 万 $hm^2$。我国轮作休耕试点正在形成制度化的组织方式，技术模式和政策框架相辅相成（表 1-2）。未来粮食主产区必将是休耕政策实施的重点区域，这样既有利于耕地休养生息和农业可持续发展，又有利于解决粮食供需矛盾（俞振宁等，2018）。

**表 1-2　我国轮作休耕试点**

| 类型 | 试点区域 | 省份 | 试点面积（万 $hm^2$） | 问题类型 | 休耕类型 | 技术路径 | 补偿标准 |
|---|---|---|---|---|---|---|---|
| 轮作 | 东北冷凉区 | 黑龙江、吉林、辽宁 | 53.3 | 地力透支 | 休养式轮作 | 玉米与大豆轮作；玉米与马铃薯、苜蓿、黑麦草、饲草等轮作 | 150 元左右 |
| | 北方农牧交错区 | 内蒙古 | 13.3 | 地力透支 | 休养式轮作 | | |
| 休耕 | 地下水漏斗区 | 河北 | 8.0 | 地下水超采 | 休养式休耕 | 休耕需抽水灌溉冬小麦，种植雨热同期的玉米、马铃薯和耐寒耐瘠薄的杂粮杂豆 | 500 元左右 |
| | 重金属污染区 | 湖南 | 1.3 | 土地污染 | 治理式休耕 | 可以确定污染责任主体的，由污染者履行修复义务，无法确定污染责任主体的，由政府组织开展污染治理修复 | 不超过 800 元 |
| | 西南石漠化区 | 贵州、云南 | 2.7 | 生态退化 | 生态式休耕 | 选择 25°以下坡耕地和瘠薄地，连续休耕 3 年 | 不超过 500 元 |
| | 生态严重退化地区 | 甘肃 | 1.3 | 生态退化 | 生态式休耕 | 选择干旱缺水，土壤沙化、盐渍化严重地块，连续休耕 3 年 | 不超过 500 元 |

注：表中数据引自朱国峰等，2018。

## 四、粮食科技发展存在问题

尽管我国粮食科技发展取得了重大成就，但与我国粮食产业发展需求以及与世界粮食科技发达国家的发展水平相比依然存在诸多问题与不足，较为突出的问题表现在三方面。一是粮食作物育种技术创新能力比较薄弱，尤其是缺乏高产、优质、多抗新材料，分子育种技术研究进展缓慢且实用化程度低。二是粮食作物高产栽培与资源高效利用不协调，粮食生产中水肥资源的利用率低，中低产田大幅增产的创新技术研究不够，适应于区域特色的粮食作物生产技术集成与应用有待进一步加强。三是粮食生产的机械化程度仍较低，水稻、小麦、玉米等主要粮食作物机械化生产关键设备的自主开发研制水平落后，农机农艺结合程度低，粮食产后流通储藏和运输技术与设备研发严重滞后。四是制约我国粮食大面积均衡持续增产的主要原因是与高产品种相适宜的区域性综合技术的集成化、规范化、标准化、现代化水平低，农田抗逆、增产、减灾能力不足，机械化轻简栽培技术普及应用率较低，农田土壤肥力下降严重，水肥资源效率低等。

## 第二节 黄淮海区域小麦-玉米种植制度的价值属性

### 一、小麦-玉米复种两熟制发展概况

小麦-玉米复种是黄淮海平原粮食生产中重要的两熟种植制度，是指在同一田地上一年内接连种植小麦和玉米两季作物的种植方式，属于集约化多熟种植或多作种植，是作物种植在时间上的集约化，是全世界分布广泛的做法。全球农业两熟制播种面积约 1.7 亿 $hm^2$，占全球耕地面积的 12%，主要分布在亚洲、非洲和南美洲的暖温带与亚热带，以及北纬 20°～40°、积温较高、水资源丰沛的地区（刘巽浩，1997）。2019 年国家统计局公告显示，我国小麦和玉米产量分别为 13 359.0 万 t 和 26 077.0 万 t，占全国粮食总产量的 20.1%和 39.3%左右，在我国粮食安全战略中占有重要地位。

黄淮海平原位于北纬 32°～40°，包括山东、河北、河南省全部，苏北、皖北和京、津二市，属暖温带半湿润季风气候区，无霜期从北到南 170～220 d，全年≥0 ℃积温 4 200～5 200 ℃，≥10 ℃积温 4 100～4 700 ℃，年日照 2 200～3 100 h，太阳辐射 460～586 $kJ/cm^2$，年降水量 550～1 100 mm，从北到南递增，其中 85%集中在 4—9 月。本地区地势平坦，土层深厚，河系纵横，土壤以沙质壤土和壤质土为主，有丰富的地下水资源。

1949 年以前，该区域以一年一熟与两年三熟为主。1949 年以后，随着水肥资源条件改善，小麦-玉米两熟种植面积逐步扩大，主要分布于河南、山东、河北南部热量充足、水肥条件较好的平原地区，这种方式小麦收获后贴茬免耕复种玉米，种收省工，便于机械化，劳动生产率较高，产量高而稳，对主粮食物以及肉奶蛋等高蛋白食品的社会供应、市场需求影响极大。1980 年统计，小麦-玉米复种两熟（接茬复种）在北京、天津、河北、山东、河南五省（直辖市）套种面积占 75%，接茬复种面积仅占 25%。随着水肥条件改善与农业机械化推广普及，小麦-玉米两熟种植几乎全部取代了套种方式，大大提高了作物产量和劳动生产率。河南省小麦-玉米两熟播种面积占粮食作物播种面积的 71%，产量占全省粮食总产量的 80%左右。据统计，在 2000 年，河南省小麦-玉米复种两熟制种植面积达到 133 万 $hm^2$，随着生产条件改善、科技创新，截止到 2019 年，黄淮海区域小麦-玉米两熟种植模式常年稳定种植面积 1 300 万 $hm^2$（图 1－1），深刻表明这种种植模式是符合国家产业政策需求、赢得农民的认可且稳定可持续发展的成功种植模式。

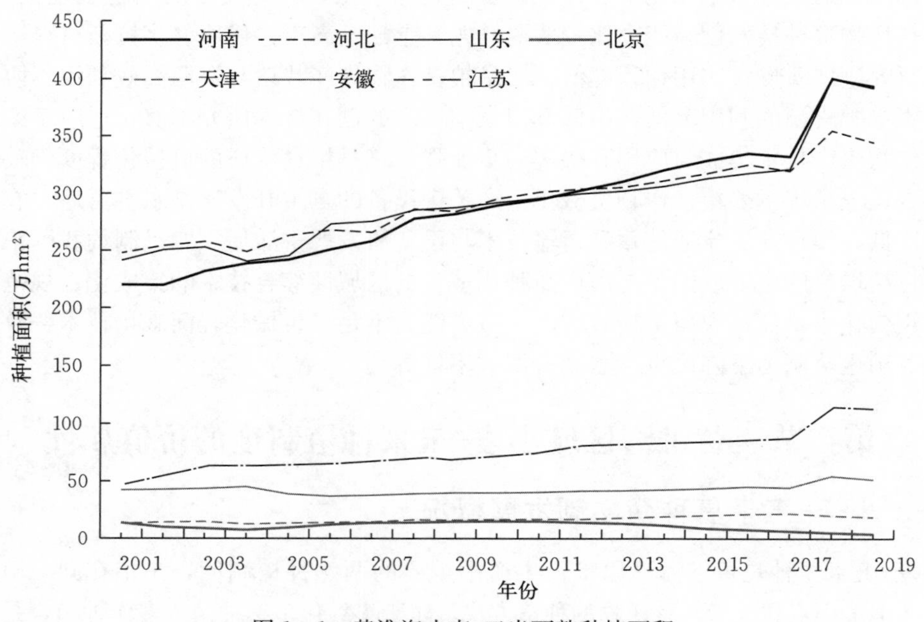


图 1－1　黄淮海小麦-玉米两熟种植面积

## 二、小麦-玉米复种两熟制生态技术互补性

小麦-玉米复种两熟制是一种充分利用地力、空间和生长季节，保证作物高产稳产的重要农业技术措施，其中小麦和玉米之间存在明显的互补性。黄淮海地区既是小麦高产带，也是玉米适宜气候带，小麦-玉米复种有较好的生态气候适应性，能够充分利用周年光热资源。小麦-玉米两熟制地区全年≥0 ℃积温 4 964～5 402 ℃，年日照时数 2 164～2 541 h。小麦整个生育期需要≥0 ℃积温 2 000～2 200 ℃，中晚熟玉米需要≥10 ℃积温 2 500～2 600 ℃，光热资源完全可以满足小麦、玉米一年两熟制总积温需要；同时，满足小麦冬前壮苗≥0 ℃积温达到 600～700 ℃，最低气温大于－20 ℃，玉米后期灌浆日平均温度 20～24 ℃阶段生长温度的要求。一方面，小麦-玉米两熟种植增加土壤养分消耗，需要增加投入；另一方面，增加了生物学产量，拓展土壤有机质来源。如果把经济产量部分（籽粒）移出农田生态系统之外，其余茎叶等全部还田，土壤有机质的增加比分解增多 3～4 倍，两熟比一熟情况下有机质增加 17%～18%。

在播期上，小麦对播期要求不太严格，冬小麦播期范围可适当拉开 20～30 d 间距，而成熟期产量基本相同。如河北省在 9 月下旬至 10 月下旬播种产量差距不大，山东烟台地区研制出 10 月 20 日迟播小麦产量为 7 500 kg/hm² 的配套技术。玉米对播期要求严格，早播增产明显，中晚熟品种增产尤其显著。如河北省推广的玉米早熟品种生育期 85 d，产量 4 500～6 750 kg/hm²；中熟品种生育期 90 d，产量 6 000～6 750 kg/hm²。因此，冬小麦播种期对产量影响较小，应适时早收，而玉米则应抢时早播，增加生育期天数，延长籽粒灌浆时间，充分发挥玉米增产潜力。

在种植技术上，小麦要求精细播种，施足底肥壮苗；玉米播种粗放，免耕播种，追肥增产作用大。另外，两种作物可以跨季利用底墒和农田剩余养分。长期研究和实践表明：

麦茬免耕种植玉米的土壤耕层保持了作物根系与土壤生物所创造的良好孔隙状况，土壤持水量增加，水力传导性好。播种后覆盖秸秆，既能减少苗期土壤水蒸发，又能防止地表“结皮”，从而增强了水的入渗能力，还能控制杂草。例如，在北京壤质潮褐土条件下，夏玉米生长季节可节水 375～825 mm/hm$^2$。水分利用率（WUE）比常规耕作提高 20%～30%；麦茬秸秆归还土壤，比翻压还田效果更好，免耕不翻动土层，有机质分解缓慢，土壤微生物量增加，从而提高了土壤的保肥、供肥能力，多年免耕，土壤肥力可逐年提高。免耕种植较好地解决了玉米适时早播、早出苗和壮苗、抗倒伏等问题。一般年份，比常规耕作种植增产 10%～20%，纯收入提高 20%～40%。因此，小麦-玉米复种可达到季季增产、全年增产稳产的效果。

## 三、小麦-玉米复种对我国粮食增产和粮食安全的作用

小麦-玉米复种是一种生态技术效益互补型种植制度，是新时代耕作制度革新发展的重要标志。在国家粮食安全战略目标驱动下，小麦-玉米复种两熟种植逐步成为黄淮海实现“吨粮田”和获得高产的重要形式，对确保粮食高产稳产技术模式发展具有引领示范作用，对全国的粮食增产和粮食安全具有十分重要的价值。

改革开放初期，我国粮食主产区在南方，粮食产量占全国粮食产量的 60%以上，1982 年达到最高的 62.4%。随后粮食主产区逐渐北移，2019 年南方主产区粮食产量下降至 40.8%。北方逐渐成为我国粮食主要产区，2019 年北方粮食产量达到 3 926.5 亿 kg，占全国粮食产量的 59.2%，特别是黄淮海平原已然成为北方重要的粮食主产区（黄秉信等，2020）。黄淮海平原温度适宜，日照充分，热量丰富，雨热同季，自然条件对农作物高产十分有利。20 世纪 80 年代末，黄淮海平原小麦-玉米“吨粮田”约 20 万 hm$^2$，涌现出一批“吨粮县”“吨粮乡”“吨粮村”。山东省有 8.5 万 hm$^2$“吨粮田”，河北省有 4.5 万 hm$^2$“吨粮田”。1990 年，桓台县“吨粮田”有 2.5 万 hm$^2$、每公顷粮食产量为 15 504 kg（小麦6 292.5 kg、玉米 9 211.5 kg），成为长江以北第一个“吨粮县”。1989 年山东莱州李登海创造每公顷小麦-玉米两熟种植 22 500 kg 高产纪录。1989 年河南焦作温县 1.5 万 hm$^2$ 小麦-玉米两熟种植周年达到 15 240 kg，高产的取得都要归因于在水肥高效利用的基础上建成高产小麦品种和紧凑型玉米品种复种方式。

在全国农业科技示范田中，如中国农业科学院在河北廊坊的试验区、中国农业大学在河北吴桥县的试验区、河北农业科学院在河北无极县的试验区，小麦-玉米均获得大面积突破吨粮的成绩。“十三五”期间，“河北平原小麦-玉米协同增产技术模式”创下周年产量提高 8%、水分利用效率提高 12%、肥料产量效率提高 20%的好成绩。在河北省累计应用 353.1 万 hm$^2$，节水 17.9 亿 m$^3$、节肥 22.1 万 t，增产 249.6 万 t，增加效益 53.2 亿元。

河南省作为全国粮食生产大省，农业科技支撑有力，扛稳了保障国家粮食安全的重任。“十五”“十一五”期间，河南省通过连续实施国家“粮食丰产科技工程”，在冬小麦群体质量优化、夏玉米延衰与资源利用等方面取得了多项关键技术的突破，超高产田两熟每 667 m$^2$ 产量超过“吨半粮”。2011 年，河南省采用小麦以“宽幅密播”、玉米以“双株密植”配以“水肥联合调控”为核心技术的一年两熟超高产栽培技术体系，6.7 hm$^2$ 小麦攻关田创造 700.3 kg 记录，夏玉米每 667 m$^2$ 产 828.9 kg，分别比全省平均高 309.3 kg、442.9 kg；在豫北 1 万 hm$^2$ 灌溉示范区，采用小麦-玉米一体化高产高效技术体系创造了

小麦每 667 $m^2$ 产 592.5 kg、玉米每 667 $m^2$ 产 609.3 kg，小麦-玉米周年 1 201.8 kg 超吨粮纪录；在豫中示范区，补灌区小麦-玉米两熟丰产增效技术体系创造了小麦每 667 $m^2$ 产 578.9 kg、玉米每 667 $m^2$ 产 581.8 kg，小麦-玉米周年 1 160.7 kg 超吨粮纪录；在豫南 1.8 万 $hm^2$ 示范区，雨养区小麦-玉米一体化丰产高效技术体系创造了小麦每 667 $m^2$ 产 494 kg、玉米每 667 $m^2$ 产 509.3 kg，小麦-玉米周年 1 003.3 kg 超吨粮纪录；核心区、示范区、辐射区小麦-玉米两熟产量与前三年相比分别增加 26.5%、26.7%、14.6%。项目区冬小麦平均每 667 $m^2$ 产量（481 kg）比全省平均每 667 $m^2$ 产量（383.6 kg）高 25.4%，夏玉米平均每 667 $m^2$ 产量（499.9 kg）比全省平均每 667 $m^2$ 产量（377.8 kg）高 32.3%，项目区小麦用占全省 13.8%的面积获得了占全省 17.7%的产量，玉米用占全省 13%的面积获得了占全省 17.9%的产量，充分显示了“粮食丰产科技工程”在河南粮食增产中的支撑和引领作用。

河南省承担的“黄淮海南部关键技术研究与模式构建”通过小麦宽窄行种植模式有效提高了群体通风透光性和光热利用效率，穗粒数显著提高，单产达 10 500 kg/$hm^2$ 以上。采用适度聚集种植模式，高密度条件下，有效提高了玉米穗位透光率和群体水分利用效率，单产达 12 900 kg/$hm^2$ 以上。同时，建立了基于云平台的水肥一体化精准监控技术体系，在项目核心区 3.33 $hm^2$ 攻关田实现了水肥指标的实时监测和精准控制，水肥利用效率提高了 15% 以上，小麦和玉米单产分别达 11 028 kg/$hm^2$ 和 13 180 kg/$hm^2$（钟大森，2019）。目前，河南省农业科技贡献率达到 60.7%，高于全国平均水平。小麦、玉米育种水平居全国前列，通过国家审定的主要农作物新品种达 93 个、占全国的 1/10；粮食作物良种覆盖率保持在 97%以上，主要农作物耕种收综合机械化率达到 82.6%，高出全国平均水平 15 个百分点。

## 四、小麦-玉米两熟农田生产现状与问题

黄淮海平原区包括海河流域、黄河流域下游段以及淮河流域部分，跨京、津、冀、鲁、豫、苏、皖 7 省（市），总面积 31 万 $hm^2$，2010 年耕地面积为 23 万 $hm^2$，接近全国耕地面积的 1/6，耕地数量及垦殖率均居全国各一级农区首位，以小麦-玉米一年两熟的制度为主体，生产全国近 60%～80%的小麦和 35%～40%的玉米，在我国粮食安全体系中占据重要地位（张雪靓等，2014）。土壤主要是潮土、褐土，土层深厚，适宜耕作。年平均气温 10～15 ℃，>0 ℃积温 4 200～5 000 ℃，>10 ℃积温 3 600～4 900 ℃。黄淮海平原区主要粮食作物产量占全国的 25%以上，人均粮食产量高于全国人均水平。然而该地区仍然面临着小麦-玉米阶段干旱缺水、水分和养分跨季资源利用率低、长期复种连作病虫害加重、耕地土壤质量退化、农机农艺不配套、极端气候事件频发等问题，对该地区农业生产影响巨大。

**1. 生育期干旱缺水，农田水利设施老旧，高效节水技术利用率低**

黄淮海平原是我国水资源严重不足的地区之一，人均水资源仅有 790 $m^3$，远低于我国平均水平。在小麦-玉米两熟体系中，年降水量仅能满足农业用水的 65%左右；其中，小麦季生育期降水稀少，降水量只能满足小麦需水量的 25%～40%，可见黄淮海平原“水减粮增”的矛盾十分突出（梅旭荣等，2013；徐建文等，2014）。

自然降水不能满足作物对水的需求，因此需要人工灌溉。但是，目前我国现有的农田

水利灌溉工程很多还是20世纪50～60年代修建的，由于农业基础设施建设投入不足，很多水利设施面临设备老化、年久失修的问题，农业灌溉设施配套不全，致使抵御自然灾害的能力也不强。全国大型灌区骨干工程完好率不足60%，中小灌区干支渠完好率仅为50%左右，大型灌溉排水泵站老化破损率达75%左右。另外，受限于当地经济发展，配套设施建设仍比较缓慢，具备喷灌、滴灌、渗灌等设施的耕地面积仅占能灌溉耕地面积的10%左右，薄弱的农业基础设施对农业生产发展产生了严重阻碍。虽然较经济不发达地区，黄淮海平原节水技术与节水设施基础水平相对较高，但是变耗水型为节水型种植结构时调整不力，节水种植模式的提炼不足，缺乏以熟制调水和轮作节水的经验。

**2. 土地满负荷使用，耕地整体质量逐年下降**

耕地是最宝贵的土地资源，受制于我国有限的农业资源和人口迅速增加的压力，在过去耕地超强度利用，超过土地承载负荷造成了土壤污染等隐患，使得生态、资源与环境出现了一系列的问题。

耕地整体质量偏差，备用耕地少，开发难度大且分布不均衡，黄淮海平原现有高、中、低产田面积分别为15.28万$hm^2$、20.52万$hm^2$和9.45万$hm^2$，中、低产田占60%以上。长期过度利用耕地资源，导致大量土壤养分缺失。研究显示：土壤流失的养分，相当于当前我国施用的化肥量（江振蓝，2013）。多年来一直采取满负荷精耕细作方式，力图发挥耕地的最大效益，致使土地长时间超强度利用，土层逐渐变薄，耕地质量严重降低，进而抗御自然灾害和病虫害的能力逐渐降低，形成了高投入、高污染、高产出的粗放型粮食生产方式。黄淮海农作区化肥投入高于全国水平，导致肥料利用率低，$NO_3^-$-N含量超标、$N_2O$、NO等温室气体排放量增加及作物品质下降。

**3. 农业机械功能单一且普及性差，相关农艺配套设施不完善**

小麦-玉米两熟制是黄淮海地区主要种植制度，加快其机械化生产对于实现粮食增产、保障我国粮食安全发挥了巨大作用。目前仍存在一系列问题。

我国的土地经营多数还停留在小户分散的小规模经营模式，大范围土地经营在国内所占比例并不高。以户为单位的土地分散小规模经营降低了农民对农机投资的热情。土地归属较为分散不利于科技推广，大型机械化装备在小块分散经营的土地上作业成本较高，缺乏经济实用性，影响了农民的种植积极性（杨敏丽，2005）。

黄淮海地区的玉米、小麦相关机械化设备相对比较丰富，整体机械化程度较高，但存在农机农艺融合程度低、选型配置方法单一、农业机械数据库资源匮乏等问题。在小麦和玉米的整个生产中，整地、播种和收获环节的机械化程度较高，但是作业质量亟待改善，尤其是播种质量较差这一问题。此外，基肥施用、灌溉、除草、打药和追肥环节的机械化程度较低，除了小麦播种和收获基本实现全程机械化，玉米栽培和收获相关配套机械水平较低，综合机械化率仅80%左右（吴岩等，2013）。

**4. 区域温度上升，极端天气频发**

2014年联合国气候变化委员会（IPCC）评估报告指出，全球平均气温在过去100多年里升高了0.85℃，北半球气候带北移温度上升极为明显，未来全球平均气温可能持续升高。地球表面温度升高，极端降水事件频发，使得作物生长的气候风险明显增加，进而影响作物产量，对国家粮食安全造成严重威胁（杨晓光等，2011a；杨晓光等，2010b；杨晓光等，2011c；叶彩玲等，2001）。黄淮海地区是我国重要的粮食主产区，也是我国气候变化敏感区之一。近几十年来该区温度呈现逐年上升趋势，降水量由东南向西北减少。小麦季降水量呈增加趋势，增加速率为每 10 年 7.74 mm；而玉米季降水量呈下降趋势，平均下降速率为每 10 年 10.75 mm（王占彪等，2015）。此外，小麦-玉米季有效积温也呈现增加趋势，分别为每 10 年增加 53.64 ℃和 8.14 ℃（王占彪等，2015），这些变化导致小麦-玉米生育期和产量发生变化。

气候变化对作物生育期具有明显影响。据 1997 年 FAO 的报告显示，在温带地区，温度每升高 1 ℃就会使气候带偏移 200～300 km。气温升高增加了各地的农业热量资源，使我国年平均气温及积温增加、作物生长期延长、种植区成片北移；当前多熟制的北界向北、向西推移（李勇，2010）。当温度升高时，原本一年一熟的农作物产区的界限会向北移动 200～300 km；同时，原本一年两熟和一年三熟的产区也会相应向北移动（叶彩玲等，2001）。在气候变化条件下，冬小麦播期每 10 年平均推迟 0.5 d，而抽穗期、成熟期每 10 年均提前 0.5 d，全生育期每 10 年平均缩短 2.2 d（雷秋良等，2014）。

温度上升对农作物生育周期影响显著。在气候变暖的情况下，农作物生育周期相应缩短了，并且每年生长季延长（胡延斌等，2020；王修兰等，2003）。全球气候变化导致极端天气发生，造成气候变化不确定性，未来应充分了解气候变化对作物生长的影响，制定作物生产适应气候变化的策略。

**5. 秸秆还田方式不当，后茬作物生长受限**

我国每年农作物秸秆产量在 8 亿 t 以上，其中小麦和玉米秸秆资源数量占有较大比例（毕于运等，2009）。秸秆中含有丰富营养元素 N、P、K，秸秆中的营养元素作为有机肥资源相当于全国化肥用量的 40%（徐蒋来，2016；高利伟等，2009）。传统秸秆处理方式主要是露天焚烧，会造成环境污染、资源浪费（季陆鹰等，2012；邹洪涛等，2013；窦森，2019）。当前较为普遍的方式是将农作物全部秸秆还田或部分还田，如表面覆盖、秸秆粉碎翻压还田、过腹还田和堆沤还田等，这些方式既提高了土壤肥力又减轻了作物秸秆燃烧造成的空气污染（Gao et al.，2011）。黄淮海地区是秸秆还田比例最高的地区，已实现了小麦秸秆还田免耕播种玉米、玉米秸秆还田旋耕相配套的秸秆还田技术，有 70%～80%小麦和玉米秸秆直接还田（董印丽等，2018）。但是黄淮海地区小麦-玉米轮作一年两熟中秸秆还田的应用仍然存在一系列问题。

小麦-玉米秸秆产量均在 9 000 kg/hm$^2$ 以上，秸秆相对还田量大（董印丽等，2018）。小麦-玉米接茬轮作是黄淮海平原最主要的种植模式，当前整地普遍采用旋耕，还田后秸秆浮于地表或处于浅层耕作土层内，短期内无法腐解，给下茬作物播种造成巨大困难。小麦秸秆还田后基本腐烂，而玉米秸秆纤维化程度高，不易腐化，大量玉米秸秆被翻压集中在耕作层（10～15 cm 土层）；此外，收获后秸秆粉碎过长（>10 cm），不利于耕翻，影响下茬作物播种、出苗和匀苗，后期甚至出现黄苗、死苗、减产等现象；秸秆还田后，土壤变得过松，容易漏风跑墒，不利于种子发芽。

秸秆还田量过大或不均匀易引发土壤秸秆转化相关微生物与作物幼苗争养分，表面覆盖秸秆对有机质积累的作用不明显，且会引起土壤 C/N 失衡，造成耕层变浅，还原气体排放从而产生温室气体。秸秆分解较慢，秸秆分解主要依靠土壤中的微生物，而微生物生存繁殖要有合适的土壤墒情，土壤过干会严重影响土壤微生物的繁殖，减缓秸秆分解的速度。上茬作物秸秆还田后，其上存活大量有害虫卵和病原菌，是害虫和病原菌的适宜生活场所，病虫害发生概率增加，地下病虫害逐年加重。

## 五、小麦-玉米两熟农田生产潜势与生产能力提升途径

**1. 加强农田水利建设，合理开发利用水资源，完善综合节水农业技术体系**

我国水资源较为短缺且分布不均，加之水资源利用率低下和水资源污染，黄淮海北部地区水资源供需矛盾尤为严峻。2018 年我国农田灌溉水有效利用系数仅为 0.554，远低于国外 0.7～0.8 的先进水平。针对解决该问题有以下几项经验。

加强农田水利基本建设资金投入，完善农田灌溉基础设施，提高抵御自然灾害的能力。大力推广喷灌、滴灌、渗灌等现代农业节水灌溉技术，实现水肥同步管理和节水灌溉自动化智能控制，改变我国传统的农业用水方式，大幅度提高水资源和肥料利用率。加强农田水利基本建设，积极推广提高农田水分利用效率的综合农业措施，建设高标准农田，打造一批高效节水示范区。

小麦和玉米均为高耗水作物，小麦生育期降水不能满足其生长需求，在保障国家粮食安全的基础上进行节水农业种植结构的调整；大力推进适应性种植，选用、培育需水与降水耦合率高以及耐寒、水分利用率高的作物品种，建立节水型作物种植结构；针对作物对干旱的适应性和植株响应特性，进行调亏灌溉，从而提高水资源利用效率，以达到节水增产增效的目的。

建立完善综合节水农业技术体系，把传统的农艺节水技术与现代农业生产和经营模式相结合，如蓄水保墒保护性耕作技术、秸秆覆盖还田技术、节水生化制剂技术等，这是“藏粮于地”的重要步骤，从而实现粮食的稳产增产。

**2. 减少肥料投入，因地制宜制订栽培耕作计划，探索农业技术模式集成**

针对土壤氮素供应与作物需求，基于现代信息技术对作物氮营养进行实时监控和无损诊断，构建估测作物氮素模型，做到“按需施氮、精准施氮”；减少农药、化肥、地膜、激素等有害污染物的投入，优化氮磷钾肥配比；采用种植绿肥、增施有机肥、秸秆还田等土壤改良措施提高土壤质量，改善土壤环境，提高粮食的质量和品质。研发新型施肥技术，提高作物肥料利用效率，实现高产高效的目标。

通过科学技术手段为耕地的轮作休耕提供基本保障，因地制宜制定栽培耕作措施。在保障粮食安全的前提下，通过轮作方式在多个种植季种植不同农作物提高复种指数，改良土壤理化性状并调节生物多样性；同时，在一定时期对耕地进行休耕，减轻资源环境压力，提高耕种效益并保护粮食生产能力。

高效农艺技术集成。促进水肥运筹技术、群体调控技术、测土配方施肥技术、水肥耦合技术、秸秆覆盖还田技术、耕作保墒技术、地面节灌技术等技术与资源高效利用的耕作模式相融合，提高土壤养分和地力，不断挖掘耕地增产潜力。

不同区域不同类型的耕地受损度和敏感度不尽相同，粮食主产区与非粮食主产区粮食生产任务不同，因此，应合理规划不同生态区域和粮食产区的休耕比例与年限，开展耕地的轮作和休耕制度试点，分区域、分品种探索建立适应区域实际的耕作模式。

**3. 鼓励土地规模性流转，加强高科技投入，实现机械功能多样化**

随着科学技术的进步和科技手段多样化，我国农业已经开始向现代农业和智慧农业发展。

首先，政府完善土地流转制度，鼓励发展“家庭农场＋社会化服务”的经营模式，实现粮食规模化经营，提高大型机械使用效率。增加财政专项投入，建立区域性农业和农机化新技术试验示范基地。

其次，增加农业机械种类，增强农业机械化综合能力，加快开发及应用主要粮食作物全程机械化生产技术。融入现代化的配套技术，实现模式与机具的系统化、标准化扩展。针对不同土壤特性、农田信息和环境条件，研发小麦-玉米两熟智能变量播种、施肥控制系统和配套田间作业机具。根据黄淮海地区一年两熟区小麦-玉米生产农艺要求，推广联合和复式作业机械，把保护性耕作与粮食生产机械化、秸秆还田结合起来，设计开发小麦机收、秸秆粉碎还田，以及玉米免耕精量直播和玉米机收、秸秆粉碎还田技术集一体的技术体系，提高农业机械作业效益。

再次，针对现代化农业机械技术推广建立多元化信息推广服务平台，增强农业机械技术持续推广力度，将改善部分地区农业发展不平衡的情况，帮助一些地区开发特色农业产业，促进地区产业快速且均衡发展。同时，在该区域现有农机农艺的基础上，通过合理的模型和方法对小麦-玉米两熟全周期田间作业农机具进行筛选和配置优化，得出适用于黄淮海地区小麦-玉米两熟全周期农机具，科学合理配置农业机械，从而降低作业成本，提高作业质量和农用机械利用率。

最后，加强对高科技和信息化技术的投入和应用，将先进科学技术应用到农业机械设备的研发当中，向机电一体化和智能化农业机械装备的方向发展，从而进一步提高农业机械的自动化水平。随着农业不断融入新的科技，我国的农业机械化发展也呈现出精准化、智能化以及大型化的趋势。例如，我国北斗卫星导航技术作为农业机械智能化技术中的一项关键技术，将北斗卫星系统与农业机械相结合，研发出了多款北斗农业自动导航产品，实现了多种农业机械的自动导航驾驶、精准作业功能。从 2014 年至 2020 年 5 月 20 日，共有 98 个农业用北斗终端产品和 20 个北斗卫星导航平地机产品进入“全国农业机械试验鉴定管理服务信息化平台”，获得购机补贴资格。

**4. 了解气候变化对作物生产的影响机理，制定适应气候变化的策略**

在气候变化背景下，采用科学方法对未来极端气候事件进行风险评估，充分理解气候变化对作物生产影响的机理是实现农业应对气候变化的有效途径。目前气候变化对作物生产的研究主要有 3 种方法：①利用历史观测数据的变化规律来分析未来气候变化对作物生长的影响；②利用模型模拟来分析和预测过去及未来气候变化对作物生产的影响及作物响应机制；③利用田间观测数据或室内试验来研究气候变化对作物的响应和适应性。

从气候变化风险评估角度分析。在考虑气候变化影响评价不确定性的基础上，对未来气候变化背景下作物生产风险进行定性或定量的评价：①基于干旱风险指数评估未来气候变化对粮食作物生产的影响（Li，2009）；②用计量经济模型，评估极端气候灾害事件所造成的经济影响，并预测未来极端气候事件的风险；③将最大熵原理或灾害理论引入气候变化风险评估中，构建气候变化背景下区域农业气候变化概率分布模型，降低气候变化风险评估的不确定性，有效减少灾害破坏程度（Gay，2010）。

品种更替是应对气候变化的重要措施，应根据不同情况选育抗逆性和晚熟新品种。气候带北移、温度上升、作物生育期延长，应选育或种植晚熟品种和弱冬性品种。另外，极端天气发生频率增加，为适应干旱、低温冻害等极端气候条件，应选育抗旱、抗寒性、节水和优质作物品种。

调整粮食生产布局，适应气候变化。充分了解气候变化对作物生长的影响，从作物播种密度、播种期调控栽培技术入手，制定作物生产适应气候变化的策略和技术。

**5. 科学进行秸秆还田，推广深层还田技术**

大力推广小麦、玉米直接秸秆粉碎还田技术，配备推广还田机、反转灭茬机、秸秆粉碎还田机、捡拾打捆机等农用机械，大大提升农作物秸秆的利用率。提倡小麦秸秆全量还田和玉米秸秆促腐还田与收集利用，配备大型秸秆粉碎机（粉碎长度应<4 cm），提高秸秆粉碎质量，保证作物发芽、根系生长。

生产中应坚持2～3年旋耕以后深耕作业1次（深翻深度25 cm左右），深耕后再用旋耕机整理表土层，使土壤和秸秆混合均匀、降低土壤容重、增加土壤孔隙度、增强微生物活性。秸秆还田后，作物播种前浇足底墒水，保证秸秆腐烂和作物苗期生长对土壤水分的需求。播后要及时镇压使土壤组织更加密实，消除大孔洞；配施有机肥和化肥，适当增加基肥中氮的比例，为土壤微生物的生长繁殖提供氮素，防止土壤微生物和幼苗争夺土壤中的速效氮，有利于秸秆腐熟和农作物苗期生长。

推广秸秆深层还田或翻压还田技术（埋入20～40 cm），解决耕层变浅的问题，改善土壤亚表层物理性质，提高有机质积累量；抑制土壤水分蒸发，提高土壤蓄水能力；防止环境污染，降低温室气体排放。同时用药剂对秸秆进行消毒，做到秸秆无害还田，减少下茬作物病虫害发生率。

## 主要参考文献


毕于运，高春雨，王亚静，等，2009. 中国秸秆资源数量估算［J］. 农业工程学报（12）：211-217.

卞靖，2019. 未来15年中国粮食安全面临的主要风险及应对思路［J］. 经济纵横（5）：10.

陈利容，2008. 全球气候变化对我国农业的影响［J］. 种子科技，26（4）：38-40.

董印丽，李振峰，王若伦，等，2018. 华北地区小麦、玉米两季秸秆还田存在问题及对策研究［J］. 中国土壤与肥料（1）：159-163.

窦森，2019. 秸秆“富集深还”新模式及工程技术［J］. 土壤学报，56（3）：553-560.

杜国明，刘彦随，刘阁，2014. 黑龙江省近30年来粮食生产变化及增产因素分析［J］. 农业现代化研究，35：519-524.

高利伟，马林，张卫峰，等，2009. 中国作物秸秆养分资源数量估算及其利用状况［J］. 农业工程学报，25（7），173-179.

高明超，杨伟光，2010. 气候变化及其对农作物的影响［J］. 现代农业科技（1）：294-295.

郭建平，2015. 气候变化对中国农业生产的影响研究进展［J］. 应用气象学报（1）：1-11.

胡延斌，肖国举，李永平，2020. 气候带北移及其对中国作物种植制度的影响研究进展［J］. 干旱地区农业研究，38：269-274.

黄秉信，宋勇军，2020. 我国粮食生产重心进一步向北转移［J］. 中国粮食经济（7）：47-50.

季陆鹰，葛胜，郭静，等，2012. 作物秸秆还田的存在问题及对策［J］. 江苏农业科学，40（6）：342-344.

江振蓝，2013. 水土流失时空过程及其生态安全效应研究［D］. 杭州：浙江大学.

雷鸣，孔祥斌，2017. 水资源约束下的黄淮海平原区土地利用结构优化［J］. 中国农业资源与区划，38（6）：27-37.

雷秋良，徐建文，姜帅，等，2014. 气候变化对中国主要作物生育期的影响研究进展［J］. 中国农学通报，30：205－209.
李勇，杨晓光，王文峰，等，2010. 全球气候变暖对中国种植制度可能影响Ⅴ. 气候变暖对中国热带作物种植北界和寒害风险的影响分析［J］. 中国农业科学，43（12）：2477－2484.
刘建刚，2015. 黄淮海农作区冬小麦-夏玉米产量差及其限制因素解析［D］. 北京：中国农业大学.
刘建刚，褚庆全，王光耀，等，2013. 基于DSSAT模型的氮肥管理下华北地区冬小麦产量差的模拟［J］. 农业工程学报，29（23），124－129.
刘巽浩，1996. 耕作学［M］. 北京：中国农业出版社.
刘巽浩，1997. 论我国耕地种植指数（复种）的潜力［J］. 作物杂志，3：1－3.
马晓河，2016. 新形势下的粮食安全问题［J］. 世界农业（8）：4.
梅旭荣，康绍忠，于强，等，2013. 协同提升黄淮海平原作物生产力与农田水分利用效率途径［J］. 中国农业科学，46：1149－1157.
汤怀志，桑玲玲，郧文聚，2020. 我国耕地占补平衡政策实施困境及科技创新方向［J］. 中国科学院院刊，35（5）：637－644.
王修兰，徐师华，崔读昌，2003. $CO_2$浓度倍增及气候变暖对农业生产影响的诊断与评估［J］. 中国生态农业学报，11（4）：2.
王瑜琨，2019. 基于三大粮食生产核心区的粮食安全问题研究［J］. 粮食科技与经济，44：46－49＋57.
王占彪，王猛，尹小刚，等，2015. 气候变化背景下华北平原夏玉米各生育期水热时空变化特征［J］. 中国生态农业学报，23：473－481.
吴萍，2016. 我国耕地休养生态补偿机制的构建［J］. 江西社会科学，36：158－163.
吴岩，曹俊杰，宋芒，2013. 河南省玉米机收作业中存在的问题及对策［J］. 农业机械，22：132－133.
徐建文，居辉，刘勤，等，2014. 黄淮海平原典型站点冬小麦生育阶段的干旱特征及气候趋势的影响［J］. 生态学报，34：2765－2774.
徐蒋来，2016. 连续秸秆还田对稻麦轮作农田土壤养分、微生物活性及碳库的影响［D］. 南京：南京农业大学.
徐明岗，卢昌艾，张文菊，等，2016. 我国耕地质量状况与提升对策［J］. 中国农业资源与区划，37（7）：8－14.
徐娜，2019. 化肥、农药利用率分别提高至39.2%、39.8%［J］. 中国农资（49）：1.
杨敏丽，白人朴，刘敏，等，2005. 建设现代农业与农业机械化发展研究［J］. 农业机械学报，36（7）：5.
杨晓光，李勇，代姝玮，等，2011a. 气候变化背景下中国农业气候资源变化Ⅸ. 中国农业气候资源时空变化特征［J］. 应用生态学报，22：3177－3188.
杨晓光，刘志娟，陈阜，2010b. 全球气候变暖对中国种植制度可能影响Ⅰ. 气候变暖对中国种植制度北界和粮食产量可能影响的分析［J］. 中国农业科学，43：329－336.
杨晓光，刘志娟，陈阜，2011c. 全球气候变暖对中国种植制度可能影响Ⅵ. 未来气候变化对中国种植制度北界的可能影响［J］. 中国农业科学，44：1562－1570.
叶彩玲，霍治国，2001. 气候变暖对我国主要农作物病虫害发生趋势的影响［J］. 中国农业信息快讯（4）：9－10.
俞振宁，谭永忠，吴次芳，等. 2018. 耕地休耕研究进展与评述［J］. 中国土地科学，32：82－89.
张雪靓，孔祥斌，2014. 黄淮海平原地下水危机下的耕地资源可持续利用［J］. 中国土地科学（5）：90－96.
钟大森，2019. "粮食丰产增效科技创新"重点专项组织实施进展情况［J］. 作物杂志（3）：1－9.
周广胜，2015. 气候变化对中国农业生产影响研究展望［J］. 气象与环境科学，38：80－94.
朱国峰，李秀成，石耀龙，等，2018. 国内外耕地轮作休耕的实践比较及政策启示［J］. 中国农业资源与区划，39：35-41.

邹洪涛，关松，凌尧，等，2013. 秸秆还田不同年限对土壤腐殖质组分的影响［J］. 土壤通报，44（6），1398-1402.

Fan S，Brezska J，2014. Feeding More People on an Increasingly Fragile Planet：China's Food and Nutrition Security in a National and Global Context［J］. Journal of Integrative Agriculture，13（6）：1193-1205.

Gao B，Ju X T，Zhang Q，et al，2011. New estimates of direct $N_2O$ emissions from Chinese croplands from 1980 to 2007 using localized emission factors［J］Biogeosciences，8（10）：3011-3024.

Gay C，Estrada F，2010. Objective probabilities about future climate are a matter of opinion［J］. Climatic Change，99：27-46.

Li Y，Wei Y，Meng W，et al，2009. Climate change and drought：a risk assessment of crop-yield impacts. Climate Research［J］. 39（1）：31-46.

Tao F L，Zhang S，Zhang Z，et al，2014. Maize growing duration was prolonged across China in the past three decades under the combined effects of temperature，agronomic management，and cultivar shift［J］. Global Change Biology，20：3686-3699.

Xie X，Xie H，Shu C，et al，2017. Estimation of ecological compensation standards for fallow heavy metal-polluted farmland in China based on farmer willingness to accept［J］. Sustainability，9（10）：185.

Yu Z，Tan Y，Wu C，et al. 2019. Alternatives or status quo Improving fallow compensation policy in heavy metal polluted regions in Chaling County，China［J］. Journal of Cleaner Production，210：287-297.

本章作者：王同朝，温鹏飞，关小康

Chapter 2 第二章

# 小麦-玉米两熟丰产高效群体结构调控研究

## 第一节　小麦群体结构调控研究概况

小麦是当前世界及我国最重要的粮食作物之一，全球有35%～40%的人口以小麦为主食，在我国是仅次于水稻的第二大粮食作物，对于保障国家粮食安全具有十分重要的作用。作为最重要的粮食作物，不断提高小麦产量是社会发展的必然选择，而小麦产量提高受多种因素制约，在由品种、环境与技术交织构成的小麦生产系统工程中，栽培技术起着重要的协调作用。高产栽培尤其需要厘清各项技术的调控效应，因为不同栽培措施会给小麦带来不同的生态条件，使生育过程出现差异。不同栽培措施通过影响植株及其叶面积的大小、群体的透光性能、光能利用等直接或间接地影响作物群体内植株的生长和产量（单玉珊，2001）。

### 一、氮素运筹对小麦群体结构的影响

氮肥是小麦生产过程中需求量最大、增产效果最显著、产生经济效益最高的肥料类型，合理运筹氮肥是小麦获得高产的关键（吴中伟等，2014）。群体数量、质量和结构是小麦获得高产的重要因素，一个合理的群体数量能同时协调产量各因素，发展高质量的群体结构，这直接影响着小麦产量的高低。氮素是影响小麦群体质量和产量的重要因素，合理的氮肥运筹是改善小麦群体质量的重要途径（陆增根等，2007；叶优良等，2010）。

**1. 氮素运筹对小麦群体茎蘖动态的影响**

小麦的高产必须具有一个合理的群体数量以及良好的茎蘖动态变化。而茎蘖动态的变化，可以反映出小麦群体质量状态，从而便于对小麦群体进行精确调控。有研究表明，氮素运筹对小麦茎蘖动态变化有显著影响，且茎蘖数与施氮量呈正相关关系（李宇峰等，2018），但并不是施氮量越多，茎蘖数越多。过量施用氮肥，使小麦徒长并增加无效分蘖数，降低茎蘖成穗率，从而导致小麦减产（Moiraghi et al.，2019；卢百关等，2015）。而在一定范围内氮肥配施有机肥可以保障小麦形成较好的群体结构，为小麦群体的生长发育奠定良好的营养基础。李朝苏等（2015）研究发现，氮肥配施有机肥可明显提高小麦分蘖数和群体数，并且使小麦拔节与开花期这两个关键生育时期的植株氮浓度提高显著，有利于小麦有效穗数的形成，使生育后期仍有较高分蘖数及茎蘖成穗率。

**2. 氮素运筹对小麦叶面积指数的影响**

叶面积指数（LAI）合理则具有良好的群体结构以及优异的透光性，光能得以被植物

充分利用，为不同部位叶片的光合产物积累提供保障，且小麦产量受其直接影响。前人在氮肥与有机肥配施对LAI方面的影响已做了研究。魏海燕等（2018）研究表明，适宜的氮肥用量能加快作物器官发育，使叶片面积迅速增加，从而提高作物LAI，并增加叶片的光能持续期。尤其在作物生长发育末期，与不施氮肥相比，追施氮肥将有效减少叶片黄化，使作物群体的LAI保持在较高水平。前人在氮肥配施有机肥对LAI方面的研究也有许多。秦德荣等（2015）研究发现，在一定范围内增加有机肥的施用量，群体叶面积将有所增加。也有研究发现，在小麦的生长发育过程中，有机肥能明显延长小麦旗叶功能持续期，对小麦生育后期干物质积累尤为重要；与单施氮肥相比，增施一定量的有机肥能改善作物生长环境，增加叶面积指数（沈建辉等，2006）。因此，增施适宜的有机肥，LAI将呈逐渐增加趋势，但当施入有机肥过多时，前期养分供应不足，致使LAI增加缓慢，群体结构不合理，从而影响植物生育后期产量的形成。李春明等（2019）研究表明，有机肥和无机肥配施可以提高小麦在各生育阶段的LAI，明显增加冠层中部LAI，延缓小麦叶片衰老，为小麦增产奠定基础。

**3. 氮素运筹对小麦干物质积累的影响**

有机肥和无机肥配施可结合有机肥与无机肥二者的优点，对小麦生产合理高效施肥有重要意义。干物质积累反映了小麦光合产物的积累性能，同时也是小麦群体质量的主要指标（刘其等，2013）。化肥和有机肥的施用方法与作物的干物质积累有明显的相关性。徐月明等（2012）发现，一定范围内提高氮肥用量，将改善小麦各营养器官对氮素的利用率，从而提高小麦干物质的积累量与籽粒蛋白质含量。李杰等（2017）研究发现，氮肥的适量施用，将提高叶片叶绿素含量，使光合作用产生的同化物更多，有利于小麦干物质积累和生物产量提高。然而过量施用氮肥，抑制了小麦对氮素的吸收，影响干物质的积累。在单一施氮肥条件下，作物生育前期养分充足，但是生育后期没有充足供给养分，因而造成干物质积累量下降，最终导致作物减产；而氮肥配施有机肥更加符合作物的生长发育规律和养分需求，更能满足作物各生育期养分需求。有研究表明，单施氮肥条件下，在孕穗期的前中期水稻干物质积累最为迅速，而单施有机肥及有机肥和无机肥配施条件下，则在抽穗期的中后期水稻干物质积累最为迅速（俞巧钢等，2012）。

贾曼曼等（2017）研究表明，氮肥配施有机肥能明显改善小麦群体光合特性，增加小麦同化物积累，以获得较大的干物质积累量。也有研究者发现，氮肥配施有机肥较单施有机肥或氮肥条件下，可提高水稻植株茎、鞘干重达7%～10%，且随配施有机肥比例的增加干物质总量也随之增加。

**4. 氮素运筹对小麦粒叶比的影响**

粒叶比是衡量源库关系是否协调的指标，也是地上部源库关系的直观指标（凌启鸿等，2015；Joan et al.，2018）。粒叶比可用于反映源的质量水平和库对源的调运能力（Li et al.，2012）。粒叶比的大小不仅与品种特性相关，而且与外界的施肥措施有密切关系。在一定范围下，随着氮肥施用量增加，有利于提高作物由源到库的转运效率，使籽粒中拥有更多的光合同化物，达到增产稳产的目的。但施用过量的氮肥易产生负反馈效应，氮肥施用过多使作物源容量激增，而库容纳不下新增源，从而造成氮素奢侈吸收的问题，减缓了源向库的转运效率。因此，合理而科学地施用肥料才能使粒叶比保持在适宜范围内。有研究表明，施用有机肥的作物群体特性和透光情况均优于单施氮肥，可提高光能利用率且更易于获得高的粒叶比，从而有利于干物质的积累与转运（刘爱峰等，2013）。也有研究表明，一定范围内氮肥配施有机肥，能使无效的分蘖数量减少，提高成穗率，延长作物叶片的光能持续期，从而扩大群体总源库容、提高粒叶比有利于获得高产（Bijanzadeh et al.，2010；成东梅等，2011）

## 二、播种期和播量对群体的调控研究

确定小麦适宜的播种期有多种方法，张立中等（1980）研究了分蘖积温模式和小麦拔节期温光模式，提出了南京地区小麦迟播与早播界限，并确定其最优播种期。邓根云等（1988）根据冬小麦冬前形成壮苗所达到的活动积温推算出其适宜的播种期。王经武（1987）按照小麦品种类型的生育期变化特点确定其适宜播种期。荣云鹏等（2007）根据小麦各生长阶段的积温确定冬小麦最适宜播种期范围。然而近年来，全球温度不断升高，农作物生产始终受气候条件制约，温度在很大程度上决定作物的生理进程。连续暖冬的出现对越冬作物生长产生了一定的影响，使人们对传统的播种“适期”提出了质疑。20 世纪 80 年代中后期以来，针对小麦播种期，曾有人提出维持传统的适宜播种期，也有人提出以“独杆栽培”为特征的适期迟播，还有人提出依靠分蘖成穗的“稀播大库容”适当早播（高亮之等，1994）。因此，生产上关于小麦适宜的播种期往往莫衷一是，仅凭经验或依据前一年、前几年的情况盲目迟播或早播现象时常发生，造成了不应有的巨大损失。

关于密度的研究，目前黄淮海冬麦区中南部和一些地区都在推行冬小麦精播、半精播种植技术。精量播种不但能保证较高的产量水平，而且能减少用种量、节约成本。但是精量播种适宜在水肥条件好的地区推广，目前在常规地力、水肥条件下，播种量不宜太低（吴东兵等，2004）。为此生产上迫切需要对适宜播种期和密度作出新的界定，以保证小麦安全生产。

**1. 播种期和播量的综合效应**

冬小麦适期播种可以充分利用冬前的热量资源，培育壮苗。掌握适宜的基本苗数，可以协调小麦生长发育与环境条件以及群体与个体的关系，有利于穗数、穗粒数、粒重的协调发展，最终提高群体产量。播种过早，由于气温较高，小麦生长发育速度快，越冬前幼穗发育程度较高，越冬期间易遭受冻害（郜庆炉等，2002），再加上基本苗群体过大，在遭受“倒春寒”侵袭时比正常播种的小麦更容易发生冻害（朱傅祥等，2000）。播种过晚，由于气温较低，冬前出叶、分蘖少，发苗不足，且小麦前期生长速度慢，单株平均分蘖较少，后期发育速度过快、穗小粒少，影响产量的有效提高（郜庆炉等，2002；朱傅祥等，2000）。过晚播种还会增加冬小麦灌浆后期遭遇高温和干热风的风险，缩短冬小麦的生长时间。生育期后延，高温逼熟导致灌浆期缩短，造成千粒重和容重下降（高亮之等，1994）。播种过早或过晚，导致分蘖两极分化持续的时间延长，增加营养物质的消耗，影响有效分蘖的正常生长（王东等，2004）。

合理密植有利于缓冲个体与群体的矛盾，建立合理的群体结构，有利于光合生产，提高生物产量，从而提高经济产量。越来越多的专家提出精量播种的栽培方法，但是精量播种适宜在水肥条件好的地区推广，目前在多数地力、水肥条件较差的情况下，播量不宜太低（吴东兵等，2004）。基本苗过少对土壤肥力要求较高，若肥力不足则成穗亦不足。基本苗少时匀苗难度较大，尤其在偏黏土壤上缺苗断垄较为严重。基本苗过多又易造成密度过高、农田小气候恶化，不利于通风透气，造成湿度升高，加上植株生长不健壮，易受纹枯病等病虫害危害，同时加剧群体与个体的矛盾。因此只有掌握适宜的播种期和密度才能使小麦群体协调发展，达到高产的目的。

**2. 播种期和密度对小麦茎蘖消长动态的影响**

小麦是具有分蘖习性的作物，小麦群体的大小与品种分蘖力有着直接的关系。分蘖力是保证一定穗数的关键，也是夺取高产的基础。分蘖力既受品种特性影响，又受温度等生态条件的影响。因播种期不同，品种对温度的反应也不同，适期播种能较好地满足不同基因型小麦各生育阶段对温度等条件的要求，从而能更好地促进小麦分蘖。播种期偏早，年前生长过旺，生育进程超前，越冬期易发生冻害，主茎穗及低位大蘖穗冻死比例高，只能依靠高位小蘖成穗、穗小粒少，则产量降低。播种期过晚，大分蘖较少且成穗率低，群体茎蘖高峰在越冬后出现，群体 LAI 较小，干物质积累少，产量也降低（谷冬艳等，2007）。

播种密度的不同必然会造成个体生长发育的差异，进而影响小麦个体的分蘖数量、成穗情况和生长状况，而这些对群体结构、群体环境和产量形成都有较大影响。前人对作物群体的研究颇多，其中，凌启鸿等（1983）提出了“小群体、壮个体、高积累”的高产栽培途径。密度较小时，由于土壤养分供应充足，通风透光良好，单株营养面积较大，地上分蘖和地下根系数量都较多，其多少随播种量的降低呈指数规律递增。当密度较大时，群体有效分蘖临界期提前，且冬前总茎数及高峰总茎数较多，而单株分蘖数却相对下降，成穗率降低，同时高峰期总茎数多。一般密度越大，这种趋势就越强。当密度超过适宜值时，密度越大出现峰值的时期越早，群体数量越难控制，无效分蘖退化越慢，田间荫蔽度越高，群体质量就会越差（陈利平等，1994）。

**3. 播种期和密度对小麦叶面积的影响**

叶面积指数（LAI）是衡量光合绿叶面积和绿叶持续期的重要指标，较大的光合绿叶面积和绿叶持续期或功能期是小麦高产的基础。俞仲林（1984）研究表明：群体最大叶面积与产量呈二次曲线关系，这表明群体最大 LAI 应适度，过大或过小都不利于小麦高产。播种期对 LAI 的影响表现在，播种期越早，越冬期和返青期 LAI 越高，但生育后期各播种期处理间 LAI 相差不大。

而播种密度直接影响叶面积指数的大小，播种量较小时，株间光照充沛，中下部叶片功能期延长，LAI 持续时间也较长。播种量过小时，LAI 增长缓慢，各生育时期的绿叶持续期和干物质积累量低，造成光能浪费（郭文善等，1995）。播种量较大时，灌浆前期 LAI 随密度的增大而迅速增加，但灌浆后期由于群体过大，群体矛盾激化，LAI 迅速下降，主要是由于下部光照严重不足，造成田间郁蔽，中下部叶片变黄枯萎，最终导致灌浆不力，影响产量的提高（赵会杰等，1999）。

**4. 播种期和密度对干物质积累量的影响**

群体的干物质积累量因播种期不同而表现出一定的规律性。早播小麦比晚播小麦干物质积累多，特别是穗部干物质积累量的变化表现得尤为明显。有研究指出，冬前干物质积累量与成熟期干物质积累总量及穗部干物质积累量的相关性达极显著水平。小麦在冬前积累干物质多少又与小麦冬前停止生长前的积温有关，早播小麦冬前积温高，干物质积累量多，反之则少。由此可以看出，干物质生产量和积温有一定的依存关系。适期早播，保证小麦冬前有一定生长积温是小麦冬前形成壮苗的基础，而冬前壮苗又有利于小麦返青后的干物质积累和生殖器官的生长。虽然晚播小麦返青后干物质积累的速率加快，却弥补不了由于晚播使绿叶面积减少造成的干物质积累量的减少，从而最终影响产量的提高（康定明等，1993）。

密度对干物质积累量的影响表现在群体干物质积累能力随基本苗增加而升高，但基本苗过多时，干物质积累能力略有下降。基本苗过少时群体不足，干物质积累量少。基本苗过多时群体过大，开花前干物质积累量较大，但因个体素质差，开花后物质生产能力低，最终产量不高。回归分析表明，产量与开花后干物质积累量呈极显著相关（王长年等，2002）。

**5. 播种期和密度对灌浆特性的影响**

小麦籽粒灌浆过程是小麦籽粒产量形成过程中的重要生理过程。在小麦高产栽培条件下，粒重是决定产量高低的重要因素之一，随着小麦生产由高产向超高产发展，提高粒重尤为重要。许多研究表明，除品种外，密度、气象条件、播种期等均显著影响籽粒灌浆特性，小麦灌浆的适宜温度一般为 20～22 ℃，在籽粒灌浆期温度高于 25 ℃时灌浆加速，但失水过快，叶片衰老造成碳、氮及叶绿素含量下降，同化量减少，灌浆期缩短，导致籽粒饱满度差，产量和品质下降（周竹青等，1999）。因此播种期不宜过早或过晚，否则灌浆期间错过适宜的温度范围，不利于灌浆进行。

有人将小麦籽粒增重过程划分为 3 个时期，即渐增期（花后 10～12 d）、快增期（花后 12～27 d）和缓增期（花后 27～37 d）（李金才，1996）。低密度处理渐增期和快增期初期平均灌浆速率低于高密度处理，快增期和缓增期籽粒平均灌浆速率则高于高密度处理。小麦籽粒生长最快（快增期）阶段的干物质积累速度快、积累量大，粒重的 70%以上在此期形成。提高这一阶段的干物质积累速率，延长这一阶段的持续时间可显著提高粒重。相关分析表明，快增期平均灌浆速率与粒重呈极显著正相关。因此，适当减少基本苗，可提高籽粒灌浆速率而增加粒重（李金才，1996）。

**6. 播种期和密度对小麦根、茎、叶生长特性的影响**

小麦根系是主要的吸收器官。次生根数量多少及变化、根群分布及其活力的高低，影响小麦对水分和养分的吸收、运输和利用（刘殿英等，1992）。播种期早晚、密度大小对根系的生长都有一定的影响。越冬期间根、苗生长缓慢，根系活力亦随播种期推迟而明显增强。春季根系生长随温度升高而加快，过早或过晚播种次生根均有生长减缓的趋势，播种期对生育后期根系的影响表现为早播小麦比晚播小麦根易早衰，根系活力下降快。播种期对根系的影响关键是冬前阶段，尽管春季晚播小麦根系活力强，但始终不及早播小麦根系发达。因此生产上推荐适时早播（刘殿英等，1992）。随播种密度下降，地下根系数量呈指数规律递增，根系活力也显著提高，且活力衰退慢（李本良等，1994）。可见，适当稀播有利于根系生长。

植株高度是小麦生长发育的表现形式。植株过低，生物产量降低，从而影响经济产量提高。植株过高，虽然能收获较高的生物产量，但生育后期极易倒伏，导致产量显著下降。随着播种期推迟，小麦生育期相应缩短，植株物质积累量不足，从而造成植株总体由高变低（余泽高等，2003；张彩英等，2003）。植株高度由各节间伸长变化最终体现出来，一般播种期对主茎基部第 1、2 节节间长度的影响较大，其次是第 3 节，随播种期的推迟节间长度缩短，但对第4节和穗下节的影响较小（张华等，1995）。有研究表明，千粒重对茎秆缩短的反应很敏感，茎秆缩短也能使穗长缩短，小穗数减少，从而使每穗粒数减少。因此，在晚播的情况下，株高降低也是造成产量下降的原因之一。密度对株高的影响则表现为株高随密度的增加而增加（梁志刚等，2007），由于群体密度过大，小麦植株横向生长受阻，只能纵向发展，所以密植群体植株株高较高。

密度主要对植株茎秆结构和抗倒性有较大的影响。有研究表明，随着播种密度增加，小麦发生倒伏时期提前，倒伏程度也加重。播种密度越大，茎秆基部节间转运的储藏物质越多，转运时间越早，这样就削弱了植株的抗倒伏性能（王勇等，2000）。李金才等（2005）研究提出，影响小麦倒伏的生理原因有两个，小麦群体过大使群体光合性能变劣，光合产物积累和灌浆物质不足，是导致基部节间储藏物质过多、过早向穗部转运，从而引起茎倒伏的生理原因之一；另外植株碳氮比（C/N）大小也是决定植株倒伏与否的内部生理原因之一。较高的C/N表明植株体内的碳水化合物含量充足，有利于小麦植株抗倒伏；较低的C/N表明植株体内的氮营养过剩，不利于小麦植株抗倒伏。小麦株高和茎秆基部节间长度则是决定植株倒伏的外部因素，小麦株高和茎秆基部节间长度随播种密度的增加而增加，与抗倒伏关系密切的基部节间长度占地上节间总长度的比例也同步逐渐增加。并且随着播种密度的增加，茎秆机械组织强度逐渐降低，其抗倒性也随之下降。播种期推迟，小麦一生的总叶片数减少（朱傅祥等，2000）。闰志顺等（2005）研究表明，旗叶面积、旗叶干重和倒二叶干重都随播种期推迟而下降。地上主茎叶片则随密度降低呈线性规律递增，单茎绿叶数及绿叶面积也有所增加（李本良等，1994）。

**7. 播种期和密度对小麦光合特性的影响**

叶绿素含量是衡量光合能力的重要指标，播种期对叶绿素含量的影响少见报道。有研究认为：低密度条件下，株间透光性能好，绿叶持续期较长，因此叶绿素含量也能稳定较长的时间，至开花后20 d才开始下降。而密度较高的处理，中下部光照严重不足，呼吸消耗甚至大于光合积累，因此叶绿素含量自开花后即逐渐下降。说明低密度处理叶绿素降解缓慢，有利于生产与积累较多的光合产物，从而为籽粒灌浆提供物质基础（李本良等，1994；于振文等，1995）。

光合产物生产量直接决定作物经济产量，而光合产物生产量的多少又取决于光合面积、光合时间和光合强度。小麦籽粒的碳水化合物主要来源于花后光合产物的生产，因此协调合理的群体结构能延缓后期叶片衰老，延长绿叶功能期，保持一定的光合叶面积，提高后期叶片的光合性能，从而提高籽粒产量。播种期和密度影响小麦群体结构的发展动态，从而影响群体的光合生理。早播的群体光合速率在灌浆期间下降较快，而后期光合速率的高低对籽粒灌浆极为重要。王振等（1995）研究认为，冬性、半冬性品种早播，开花时间可能稍微提前，有利于灌浆时间延长；春性、半春性品种推迟播种可减缓叶片衰老的过程，从而也使灌浆时间相对延长，有利于千粒重、穗粒数增加。于振文等（1995）对不同密度处理开花后的旗叶及旗下叶进行光合速率测定，表明旗叶和旗下叶的光合速率均随密度的增加而下降，灌浆中期下降幅度明显大于灌浆初期，即降低基本苗密度有延缓叶片衰老、提高生育后期叶片光合速率的效应。张永丽等（2005）也得出同样的结论。生育后期具有较高的光合速率是高产的基础，适当降低密度有利于叶片保持较高的光合速率，为高产奠定雄厚的物质基础。

**8. 播种期和密度对小麦产量及产量构成因素的影响**

不同播种期对小麦产量有显著的影响，而对产量的影响是通过对3个产量构成因素的作用体现出来的。大量研究表明，在一定播种期范围内，播种期越迟，出苗和分蘖越迟，冬前分蘖越少。又因为冬前不能形成壮苗，穗分化过程中退化小穗数过多，最终导致有效穗数减少（汪建来等，2003；吴九林等，2005）。随着播种期的提前，有效利用了光、热、水等资源，冬前第一分蘖高峰分蘖量大，但从返青期至拔节期分蘖数变化不大，即单株的冬前茎、春季最高茎数和穗数随播种期的推迟而递减。晚播处理从返青期开始分蘖迅速，无效分蘖多，即播种期越晚单株冬前茎数、春季有效分蘖数及穗数越少，因此，在晚播情况下争取足够穗数的主要途径是增加基本苗数，依靠主茎成穗（王东等，2004）。但是也有少数研究结果表明，不同播种期对单株穗数的影响不大（闰志顺等，2005）。随着播种期的推迟，分蘖期推迟，幼穗分化期推迟，幼穗分化时间相应缩短，对小花原基分化产生不利影响，结实小穗数减少，穗粒数也减少（汪建来等，2003；李素真等，2005）。另外，吴九林等（2005）和阴卫军等（2005）的研究表明，穗粒数随着播种期的推迟先提高，当播种期推迟到某一临界值时，穗粒数随播种期的推迟而下降。因此，适当晚播有利于提高单位面积的穗粒数。千粒重是籽粒容积及其充实程度的反映，一般认为在很大程度上受遗传因素的支配，变异性较小。与其他产量构成因素相比，在高产栽培条件下千粒重表现比较稳定（高瑞玲等，1981）。尽管如此，许多试验结果仍表明，播种期对不同品种籽粒的千粒重有一定的影响，变化趋势不尽相同。马溶慧等（2005）、闰志顺等（2005）的研究结果均表明：不同播种期对小麦千粒重的影响不大，表现出较高的稳定性。余泽高等（2003）认为，千粒重随播种期的推迟而降低，主要原因是随着播种期的推迟，灌浆期相应缩短，致使千粒重下降。而汪建来等（2003）研究表明，千粒重随播种期的推迟而升高。

国内外研究表明，在一定范围内密度对产量的影响不明显，即低播种量同样能取得高播种量的产量结果。连续4年的试验结果表明：基本苗在每公顷150万～345万，所获得的产量大致相同，这是因为小麦分蘖和植株的可塑性反应。低密度条件下，分蘖成穗率提高，植株个体健壮，抗逆性增强。虽然有效穗数偏低，但低密度下穗粒数和千粒重有明显的提高，弥补了穗数少的不足。随着密度的增加，群体有效穗数呈增加趋势，但穗粒数和千粒重却显著降低。柏新付（1997）的试验表明：30～150株/$m^2$与300株/$m^2$相比，籽粒平均灌浆速率和最大灌浆速率分别高24.7%～50.5%和31.1%～51.1%，达到最高灌浆速率的时间也迟2～3 d。如果群体过大，会使农田小气候恶化，造成植株细弱、易倒伏、易受纹枯病等病虫危害，导致大幅度减产。

综上所述，前人已经对播种期和密度对小麦的影响进行了很多研究。近年来气候条件变化明显，尤其是从传统上小麦播种期到越冬前阶段的气温上升，导致该阶段的积温明显提高，屡屡出现小麦冬前旺长的被动局面。

## 第二节　玉米群体结构调控研究概况

我国是世界上仅次于美国的第二大玉米生产国和消费国，产量和消费量皆占世界的1/5；玉米又是我国仅次于水稻的第二大作物，年播种面积已超过0.27亿$hm^2$，年产玉米

1.41 亿 t，常年播种面积、产量分别占粮食作物的 22%和 25%；在我国粮食增产方面，玉米贡献率达 40.5%以上（王鹏文等，2005），是我国粮食增产的主力军。我国是一个人口众多的发展中国家，目前每年净增人口 1 500 万，预计至 2030 年我国人口将达到 16 亿的高峰期，按人均占有 100 kg 玉米计算，玉米的总需求量将突破 1.6 亿 t，而目前产量刚刚达到 1.41 亿 t，供需之间缺口很大。近年来，受世界粮食歉收影响，玉米国际贸易量降低，而我国迅速发展的畜牧业和玉米加工业对玉米的需求刚性增长，使得国内玉米供需呈“紧平衡”状态。可见，玉米的增产问题已经成为解决我国粮食问题的关键，高产是永恒的主题。

近年来，我国玉米总产量的增加中单产贡献率占 84.9%，面积贡献率仅为 15.1%（王崇桃等，2004），即玉米总产量的增加主要是依靠单产的增加实现的。但目前我国耕地正以每年 $26.7\times10^4$ $hm^2$ 的速度减少，显而易见，要保证我国的粮食安全，必须大幅度提高玉米单产，进行玉米超高产栽培的研究与实践是确保我国粮食安全的必然选择。在种植面积难以增加的情况下，作物产量的持续提高只能依靠栽培技术的改进和品种的改良（陈立军等，2008）。由于品种改良受复杂因素的限制，目前玉米增产要素中 70%以上的贡献来自栽培技术的优化及其与种植密度间的互作效应（Niu et al.，2013）。栽培模式的优化已然成为我国现今挖掘产量潜力的主导因素。通过合理密植、优化栽培模式协调群体内个体对光照、养分和水分的竞争矛盾，是实现玉米高产稳产的重要途径。

## 一、增加种植密度对玉米群体结构与功能的影响

大量研究表明，目前玉米产量的增加，仍有赖于种植密度的增加，即利用单位面积上植株数量的增加来补偿单株产量下降的结果（Tokatlidis et al.，2004；Tollenaar et al.，2006；陈传永等，2010b）。也有研究证实，现有玉米品种的田间产量与其理论产量差距甚大（郭庆法等，2004），增加种植密度对群体结构和功能均有显著的调节作用，是缩小这种产量差距的重要手段（李明等，2004）。种植密度通过对叶面积等冠层结构指标的正向调控作用，最终影响群体穗粒数来提高玉米的群体产量（段巍巍等，2007）。但是随着种植密度的不断增加，基于对光需求的生理调节机制，叶片直立向上伸展，上部叶片生物量的比例不断增加（王庆成等，2001），最大叶面积密度的高度会持续上移，茎秆变细倒伏率增加（Tokatlidis et al.，2011）。同时，叶片间的相互遮挡将形成群体郁闭，降低群体内下层叶片的透光率，其辐射仅为冠层顶端的 18%～55%（Borras et al.，2003），叶片中叶绿素的含量、C4 代谢相关酶的活力明显下降，严重限制了下层叶片光合性能，加速叶片的衰老（董树亭等，1992）。同时加剧根系间资源的竞争，打破群体植株数量与单株产量间的补偿机制，反而导致产量、品质下降（Clay et al.，2009；陈传永等，2010a）。群体结构也会受到周围生长环境的影响，群体内个体单株与环境的互作体现在群体结构的变异上（王庆成等，1998）。种植密度还可以通过调控群体内的温度、风速以及 $CO_2$ 浓度，影响群体内的光、温分布，进而影响单株生长发育的田间小气候指标，从而影响群体产量的形成（刘开昌等，2000）。在可耕作土壤面积刚性下降的现状下，增加种植密度提高单位面积上的产出，是未来农业高产的主要出路，种植密度过大势必造成群体结构恶化，因此未来玉米栽培技术必须落实于提高群体种植密度上（Jin et al.，2012）。

## 二、种植方式对玉米冠层质量的影响

早在20世纪50年代，美国已大面积推广宽窄行种植模式。而我国90年代以前仍以等行距种植模式为主，直到1980年才首次提出紧凑型品种结合宽窄行的种植模式，使每667 m² 玉米种植密度平均增加800～1 000株。改变种植方式，通过调整行株距改变冠层内光分布的均匀性，进而改变群体对光能的截获量和干物质的生产（董钻等，2000），从而实现产量的提高（Bowers et al.，2000）。改传统等行距种植为80 cm+40 cm宽窄行种植，重塑了玉米密植群体的冠层结构，穗位及其以下叶层的透光率显著增加，群体冠层光合性能得到优化，干物质积累增加，从而提高籽粒产量（杨吉顺等，2010）。宽窄行种植不同留株方式对于冠层结构的影响存在差异，但均能提高群体的光能截获，进而增加穗粒数，实现产量的提高（卫丽等，2011）。增大行距，使玉米群体内的平均光辐射和风速等小气候指标得以提高，且若东西行向，其增益更大，产量也更高（余利等，2013）。宽窄行种植模式，在不改变群体数量的同时，通过调节行株距的配比，调节群体内部植株的布局，不均匀分布的布局改善了局部个体单株的受光面积，降低了株间竞争，不同程度提高了群体中下叶层的光合速率、气孔导度、蒸腾速率，延缓SPAD值（相对叶绿素含量）的下降，尤其是籽粒灌浆后期，显著延长活跃灌浆期，增加花后物质的生产（Liu et al.，2011），同时增加根系间的相互作用，增加光合物质向根系的分配，提高根冠比从而提高产量（O'Brien et al.，2005）。

## 三、深松对土壤结构及玉米生长发育的影响

深松，是一种针对土壤"浅、实、紧"等耕层障碍提出的新式旋耕方法，疏松犁底层较传统旋耕可显著增加耕层10 cm以上。在我国北方大片雨养农业区，由于长期以来只趟耕或旋耕，从不翻耕，疏松的有效耕层甚至不足15 cm，下面是一层容重超过1.5 g/cm³的犁底层，严重阻碍了根系下扎和水分渗入。生长季内高强度的集中降水多形成地表径流而流失，降水利用效率低，常常受到季节性干旱的胁迫而造成减产（Busscher，2002）。深松改土可有效打破犁底层，降低深层土壤容重，促进根系深扎（Khlopyannikova et al.，2010），增加深层土壤中根系的分布，延长根系活力期，提高土壤中氮素的吸收与利用效率（王敬锋等，2011）；同时增加根干重，提高根冠比，降低群体倒伏率，延缓花后叶面积的下降速率，显著增加产量（Ahadiyat et al.，2011；黄建军等，2009）。深松对土壤的物理性状、含水量也具有显著的调节作用，研究表明，土壤含水量过低会破坏光系统Ⅰ和光系统Ⅱ的协调性，且抑制其活性，降低功能叶片的光合速率，籽粒灌浆不充分而导致减产（李耕等，2009）。深松能有效提高土壤对降水的蓄存能力，即使出现短期的干旱，也能保证作物生长发育的水分供应，提高降水周年分布不均匀的阶段性干旱的雨养农业区自然降水的利用效率（Gaiser et al.，2012；Sun et al.，2013），面对水资源供需矛盾日益加剧的问题，提高自然降水的利用率将是中国农业可持续发展的关键。深松可有效改善土壤结构，促进根系的伸长生长，提高灌浆期根系活力维持地上部水分、养分的供应，可间接优化冠层结构，提高花后物质的积累（Cai et al.，2014）。

## 四、关键栽培措施对玉米密植群体结构与功能的调控效应

群体冠层通过光合作用截获的光能，决定着植株生长发育所能消耗的物质总量（Dordas et al.，2009）。而作为C4作物的玉米，本身就具有高光效的潜能（李立娟等，2011）。高产实践表明，增加花后干物质的生产、提高花后群体光能的利用效率对产量的进一步增加具有重要作用（Porter et al.，2010）。调查显示，光能利用率是限制春玉米生产的主要因子（Hou et al.，2012），也有研究认为，提高叶面积或增加经济系数的相对难度较大，提高群体光能利用率、延长花后生物量的活跃积累期才是进一步提高产量的关键（程建峰等，2010；杨今胜等，2011）。然而随着基因组、蛋白组、代谢组学研究的深入，对光合作用的各个程序和抗逆境胁迫的机理都有了更深入的了解，但是籽粒产量不仅取决于单一植株的某个单一反应过程，而是取决于作物群体的源库协调程度。玉米高产栽培实则是人们通过栽培措施对群体从增源扩库畅流等方面进行调控从而构建具有高光合效能的作物群体，生产干物质的同时通过灌浆使其在籽粒中高效积累（佟屏亚，1995）。齐华等（2010）进一步研究认为，高效的群体结构其内部的光分布更为均匀，群体对光的截获与利用的效率较高，进而影响产量的形成。群体质量与产量形成密切相关，主要指标包括干物质积累、群体叶面积指数、总结实数、粒叶比、茎秆结构质量和根系性状等。通过栽培技术调控群体结构使质量指标不断趋于最优，是群体增产的重要方法（张宾等，2007）。

### 五、关键栽培措施对玉米密植群体物质生产及转运的影响

花后干物质的生产与分配对玉米产量具有决定性的作用（Hashemi et al.，2005）。而合理的种植模式可极大限度提高玉米的群体容纳量，增加群体物质产量特别是花后干物质的积累，从而提高群体籽粒产量（Chen et al.，2014；Guan et al.，2014；Zhang et al.，2014）。玉米花后物质的运转，即C、N的交互代谢通过贯穿于玉米植株的维管束系统实现（Shane et al.，2000）。叶片的光合产物经维管束韧皮部卸载到籽粒和根系中（Wigoda et al.，2014），籽粒中的C几乎全部来源于此（Antonietta et al.，2014）；根系吸收的水、N以及营养器官中转移出来的N（其比例为45%～65%）（Ciampitti et al.，2011；Hirel et al.，2007），通过维管束的木质部运输到籽粒中去，卸载到根系中的C同时调控根系对N的吸收（Rajcan et al.，1999）。因此，灌浆期维管束系统的特征通过调节各器官间的C、N代谢，影响叶片与籽粒间物质运转的能力，成为花后物质积累的重要影响因素（Echarte et al.，2008；Monneveux et al.，2005）。维管束系统作为玉米的疏导组织，其结构特征影响着营养物质的吸收及运转效率，而关于栽培模式如何通过调节高密度群体茎秆维管束系统发育，进而影响花后干物质运转及产量形成的研究鲜见报道。

## 第三节 不同播期、播量对冬小麦群体和产量结构的调控

### 一、试验方案

试验于2017—2019年在河南省温县平安种业和河南理工大学试验田同步进行。试验地土质为壤土。前茬作物玉米收获后，秸秆全部粉碎还田，播前浇足底墒水，底肥纯N 150 kg/hm$^2$、$P_2O_5$ 120 kg/hm$^2$、$K_2O$ 120 kg/hm$^2$；另外于拔节与开花期各浇一次水，拔节期追施纯N 120 kg/hm$^2$。供试品种为平安11。设5个播种期处理：10月20日播种（T1）、10月26日播种（T2）、11月1日播种（T3）、11月7日播种（T4）、11月14日

播种（T5）。设 5 个播种量处理：187.5 kg/hm$^2$（D1）、225 kg/hm$^2$（D2）、262.5 kg/hm$^2$（D3）、300 kg/hm$^2$（D4）和 337.5 kg/hm$^2$（D5）。小区长 20 m，宽 2.4 m。

## 二、测定内容与方法

**1. 群体特征**

分别于拔节、开花及成熟期测定总茎数、株高、单株分蘖数、重心高度、节间长度、节间充实度、光合速率和蒸腾速率。

将测量样本去除根系后，测定地上部鲜重和重心高度（完整植株茎秆基部到该茎平衡支点的位置），剥除基部第二节间叶鞘剪下节间，测量节间长度，105 ℃下杀青 1 h、75 ℃烘至恒重。

节间充实度＝节间干重/节间长度，单位为 mg/cm。

光合速率和蒸腾速率：分别于拔节、开花期，选晴天上午 9:00—11:00，每小区随机选 3 株，采用使用 Li-6400 光合仪测定小麦光合速率和蒸腾速率。

**2. 根群特征**

在各生育期每处理至少取 5 株重复测定，取样时，将长有冬小麦的土柱平放于水池中浸泡，直至土柱变得松散，然后用水轻轻冲洗根系，最终从水中取出完整根系。由种子胚根发育的根视为初生根，由茎节和分蘖节发育的根称为次生根。

**3. 群体光环境测定**

孕穗期选择晴朗无云天气，于上午 10:00—11:00 使用 LI-1400DataLogger 光量子仪测定顶部无遮挡状态、倒三叶位及基部近地面有效光合辐射值。

透光率（%）＝所测部位的有效光辐射/顶叶位的有效光辐射×100。

**4. 产量及产量构成因素**

成熟期在各小区中间随机选取 1.0 m$^2$，测地上生物量、每 667 m$^2$ 穗数、穗粒重和产量指标。

## 三、研究结果与分析

**1. 不同处理小麦的群体特征**

不同播期、播量处理对小麦的群体有显著的影响。随着播期延后和播量提高，小麦拔节期和抽穗期的无效分蘖数、株高和叶面积显著降低（表 2-1）。到灌浆期，随着播期延后植株第一、二节间显著变短，节间充实度呈增加趋势，但重心高度则呈降低趋势（表 2-2）。

**表 2-1 不同处理小麦的无效分蘖、株高和叶面积**

| 处理 | 拔节期 | | | 抽穗期 | | |
|---|---|---|---|---|---|---|
| | 无效分蘖（个/m$^2$） | 株高（cm） | 叶面积（cm$^2$） | 无效分蘖（个/m$^2$） | 株高（cm） | 叶面积（cm$^2$） |
| T1 | 1 059.8 | 38.4 | 84.6 | 937.5 | 71.0 | 94.2 |
| T2 | 1 125.2 | 37.8 | 82.3 | 929.3 | 69.3 | 93.6 |
| T3 | 970.1 | 34.4 | 78.6 | 913.4 | 63.7 | 89.8 |
| T4 | 913.1 | 32.8 | 72.4 | 782.6 | 63.5 | 87.6 |
| T5 | 807.2 | 28.8 | 70.4 | 586.9 | 62.0 | 85.9 |

**表 2-2　不同处理小麦的抗倒伏特征（灌浆期）**

| 处理 | 节间长（cm） | | 节间充实度（mg/cm） | | 株高（cm） | 重心高度（cm） |
|---|---|---|---|---|---|---|
| | 第一节 | 第二节 | 第一节 | 第二节 | | |
| T1 | 5.6 | 7.2 | 23.2 | 20.6 | 77.6 | 45.8 |
| T2 | 5.2 | 6.4 | 23.6 | 21.4 | 76.2 | 43.6 |
| T3 | 4.8 | 6.5 | 23.8 | 21.6 | 73.6 | 42.8 |
| T4 | 4.6 | 6.2 | 24.2 | 22.1 | 73.2 | 41.6 |
| T5 | 4.5 | 5.8 | 24.6 | 22.3 | 72.8 | 41.2 |

**2. 不同处理小麦的根群特征**

不同播期、播量处理对小麦的根群有显著影响。在三叶期时，各处理小麦单株初生根没有显著差异，但随着播量提高，单位面积小麦的初生根呈增加趋势（表 2-3）。到拔节期和抽穗期，各处理单株次生根随播期延后呈降低趋势，单位面积初生根数占总根数的比例呈增加趋势。

**表 2-3　不同处理小麦的根群特征**

| 处理 | 三叶期 | | 拔节期 | | | 抽穗期 | | |
|---|---|---|---|---|---|---|---|---|
| | 单株初生根（个） | 总根数（个/m²） | 单株次生根（个） | 总根数（个/m²） | 初/总 | 单株次生根（个） | 总根数（个/m²） | 初/总 |
| T1 | 5.8 | 2 364.1 | 22.1 | 11 372.3 | 0.262 | 48.2 | 22 010.9 | 0.107 |
| T2 | 5.4 | 2 641.3 | 18.2 | 11 543.5 | 0.297 | 40.3 | 22 353.3 | 0.118 |
| T3 | 5.3 | 3 024.4 | 16.4 | 12 383.2 | 0.323 | 34.2 | 22 540.7 | 0.134 |
| T4 | 5.2 | 3 391.3 | 15.2 | 13 304.3 | 0.342 | 24.6 | 19 434.8 | 0.174 |
| T5 | 5.3 | 3 888.5 | 12.7 | 13 206.8 | 0.417 | 20.2 | 18 709.5 | 0.208 |

**3. 不同处理小麦的花后群体光环境和干物质积累**

不同播期、播量处理对小麦群体光环境也有显著影响，随着播期延后和播量提高，小麦基部和倒三叶位的透光率均显著提高。不同处理小麦在花期光合速率没有显著差异，但到花后 20 d 左右，随着播期延后，光合速率和花后干物质积累呈增加趋势（图 2-1）。

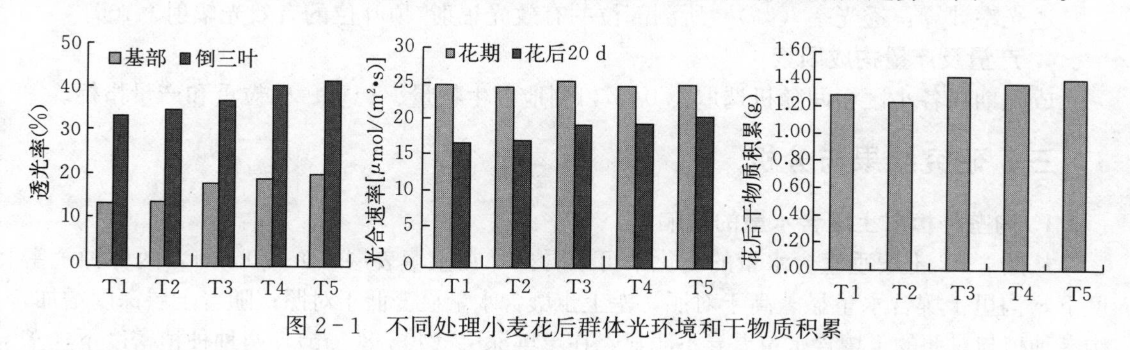


图 2-1　不同处理小麦花后群体光环境和干物质积累

**4. 不同处理小麦的产量性状**

随着播期延后和播量提高，小麦的穗数没有受到显著影响，但分蘖穗占总穗的比例降低，主茎穗占总穗的比例提高。延后播期减少了小麦的穗粒数，但由于提高了千粒重和收获指数，因此对产量没有显著影响（表 2-4）。

表 2-4　不同处理小麦的产量特征

| 处理 | 总穗数（个/$hm^2$） | 分蘖穗占总穗的比例（%） | 穗粒数（个） | 千粒重（g） | 产量（$kg/hm^2$） | 收获指数 |
|---|---|---|---|---|---|---|
| T1 | 718.1 | 43.96 | 33.7 | 43.1 | 10 006.5 | 0.44 |
| T2 | 690.4 | 29.17 | 31.4 | 43.7 | 9 463.5 | 0.46 |
| T3 | 716.7 | 20.33 | 31.2 | 44.3 | 9 333.0 | 0.47 |
| T4 | 691.9 | 5.77 | 30.2 | 45.9 | 9 934.5 | 0.48 |
| T5 | 726.9 | 1.75 | 29.5 | 44.6 | 9 558.2 | 0.47 |

## 第四节　沟垄种植对冬小麦生理特性、群体和产量结构的调控

### 一、试验方案

试验于 2017 年 10 月至 2019 年 6 月在温县平安种业进行，小麦品种为平安 11，两因素裂区设计，主区为不同种植模式，分别为平作（CK）和沟垄种植（T，沟植 T-F，垄植 T-R），在沟垄种植模式里，沟垄各宽 60 cm，沟垄各种植 3 行小麦，垄高均为15 cm；副区为不同种植密度，种植密度分别为 375 $kg/hm^2$（D1）和 450 $kg/hm^2$（D2）。每处理 3 次重复。各小区面积为 7 m×2.4 m。

### 二、测定内容与方法

**1. 株高和叶面积**

分别于拔节期、花期和成熟期测定各处理的株高和叶面积。

**2. 光合速率、蒸腾速率和气孔导度**

分别于拔节期、花期用光合仪测定小麦的光合速率、蒸腾速率和气孔导度。

**3. 透光率**

于花期 11:00 左右测定各处理的穗位叶和顶叶位有效光辐射。

透光率计算：透光率（%）=所测部位的有效光辐射/顶叶位的有效光辐射×100。

**4. 产量及产量构成因素**

成熟期在各小区中间随机选取 1.0 $m^2$，测地上生物量、穗重、穗粒重和产量指标。

### 三、研究结果与分析

**1. 沟垄种植对土壤含水量的影响**

从图 2-2 土壤垂直含水量的变化中可以看出，在土壤表层（0～20 cm），两种种植密度下，沟里土壤含水量显著高于对照，垄上土壤含水量显著低于对照；随着土层深度增加，沟垄种植与对照的土壤含水量差异不明显，在土壤深层（40～80 cm），两种种植密度下，垄

植和沟植与对照的土壤含水量无显著差异。可见沟垄种植显著影响了土壤表层的含水量。

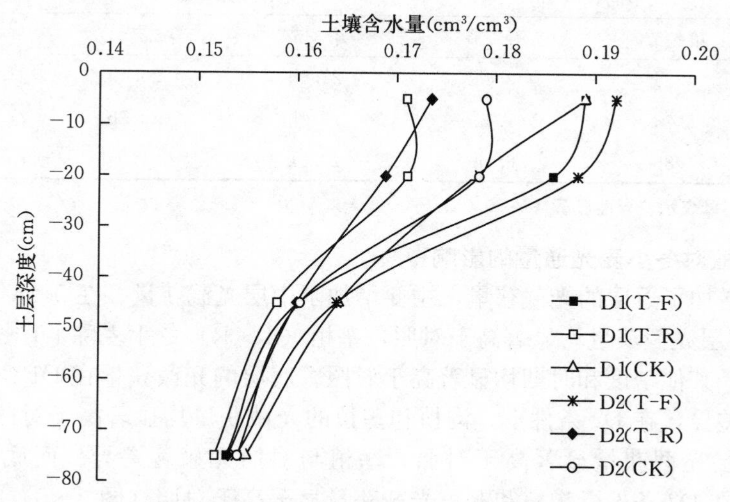

图 2-2　不同处理条件下土壤水分分布

注：CK 为平作，T 为沟垄种植，F 为沟植，R 为垄植，D1 播种量为 300 kg/hm²，D2 播种量为 375 kg/hm²。

**2. 不同处理的群体特征**

如表 2-5 所示，沟植对小麦群体特征没有显著影响，但垄植显著影响了小麦的群体特征。在小麦拔节期和花期，垄植小麦无效分蘖数、株高和叶面积显著降低。到灌浆期，第一、二节间显著变短，节间充实度显著增加而重心高度则显著降低（表 2-6）。

**表 2-5　不同处理小麦的无效分蘖、株高和叶面积**

| 处理 | | 拔节期 | | | 花期 | | |
|---|---|---|---|---|---|---|---|
| | | 无效分蘖 ($10^4$/hm²) | 株高 (cm) | 叶面积 (cm²) | 无效分蘖 ($10^4$/hm²) | 株高 (cm) | 叶面积 (cm²) |
| D1 | CK | 1 059.8b | 38.4a | 84.6a | 937.5a | 74.0a | 94.2a |
| | T-F | 1 190.7a | 38.6a | 83.4a | 933.2a | 74.7a | 95.6a |
| | T-R | 953.3c | 33.8b | 76.5b | 872.2b | 71.5b | 85.8b |
| D2 | CK | 1 225.2b | 37.8a | 82.3a | 929.3a | 76.3a | 93.6a |
| | T-F | 1 330.8a | 37.9a | 83.4a | 943.1a | 76.6a | 96.5a |
| | T-R | 1 003.1c | 34.6b | 75.4b | 853.4b | 72.6b | 87.6b |

注：不同小写字母表示差异性显著（$P<0.05$）。

**表 2-6　不同处理小麦的抗倒伏特征（灌浆期）**

| 处理 | | 节间长（cm） | | 节间充实度（mg/cm） | | 株高 (cm) | 重心高度 (cm) |
|---|---|---|---|---|---|---|---|
| | | 第一节 | 第二节 | 第一节 | 第二节 | | |
| D1 | CK | 5.6a | 7.2a | 23.3b | 20.6b | 74.6a | 44.6a |
| | T-F | 5.8a | 7.5a | 23.4b | 20.4b | 75.9a | 44.2a |
| | T-R | 4.5b | 6.3b | 24.8a | 22.3a | 72.2b | 42.2b |

（续）

| 处理 | | 节间长（cm） | | 节间充实度（mg/cm） | | 株高 | 重心高度 |
|---|---|---|---|---|---|---|---|
| | | 第一节 | 第二节 | 第一节 | 第二节 | （cm） | （cm） |
| D2 | CK | 5.8a | 7.4a | 22.8b | 20.4b | 77.2a | 45.8a |
| | T-F | 5.7a | 7.4a | 23.2b | 20.2b | 77.8a | 45.2a |
| | T-R | 4.8b | 6.2b | 24.0a | 21.9a | 73.5b | 42.8b |

注：不同小写字母表示差异性显著（$P<0.05$）。

**3. 沟垄种植对冬小麦光通量的影响**

沟垄种植增加了冠层的光截获量，主要增加了中层光截获量。在2018年，沟植（T-F）冬小麦的中层光截获量均显著高于对照，垄植（T-R）冬小麦除D1密度下拔节期与对照无差异外，其他密度和时期均显著高于对照。底层的光截获量在D1条件下沟垄种植与对照无显著差异，在D2条件下，沟植和垄植的光截获量均显著高于对照。到2019年，沟植小麦的中层光截获量显著高于对照，垄植与对照无显著差异。而底层光截获量与2018年一致，在D2条件下沟植和垄植光截获量显著高于对照（图2-3）。沟垄种植模式下沟植和沟植的增加了中层的光截获量，这减少了漏光损失，提高了对光资源的利用。

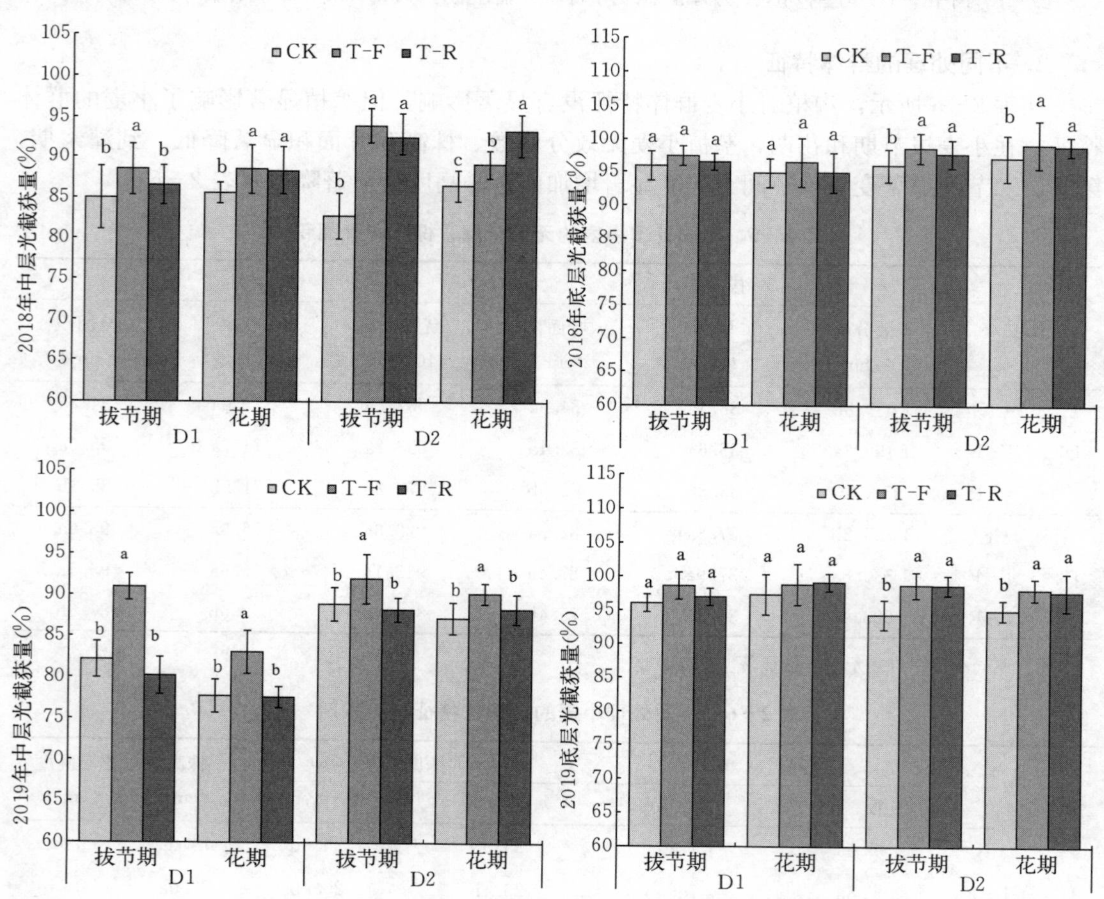


图2-3 不同处理条件下冬小麦的中层和底层光截获量

注：不同小写字母表示差异性显著（$P<0.05$）。

**4. 沟垄种植对冬小麦光合速率和蒸腾速率的影响**

沟垄种植改变了土壤水分的空间分布同时也改变了小麦的群体空间构型，建立了“松塔形”的合理性群体株型，提高了群体对光能的利用率，对小麦的光合速率、蒸腾速率有不同程度的影响。从图 2-4 可以看出，在拔节期和花期，两种种植密度下沟植（T-F）和垄植（T-R）小麦的光合速率与对照相比均无显著差别。沟垄种植显著影响了小麦的蒸腾速率，在 D1 条件下，拔节期和花期沟植小麦的蒸腾速率均显著高于对照，垄植小麦蒸腾速率均显著低于对照。在 D2 条件下，拔节期沟植小麦蒸腾速率与对照之间差异不显著；垄植小麦的蒸腾速率显著低于对照。花期，沟植的蒸腾速率显著高于对照，垄植的蒸腾速率显著低于对照。可见，沟垄种植模式下沟植由于土壤水分充足对小麦的光合作用有提升作用，但未呈现显著性差异，沟植蒸腾速率的显著提高促进了小麦的生长。

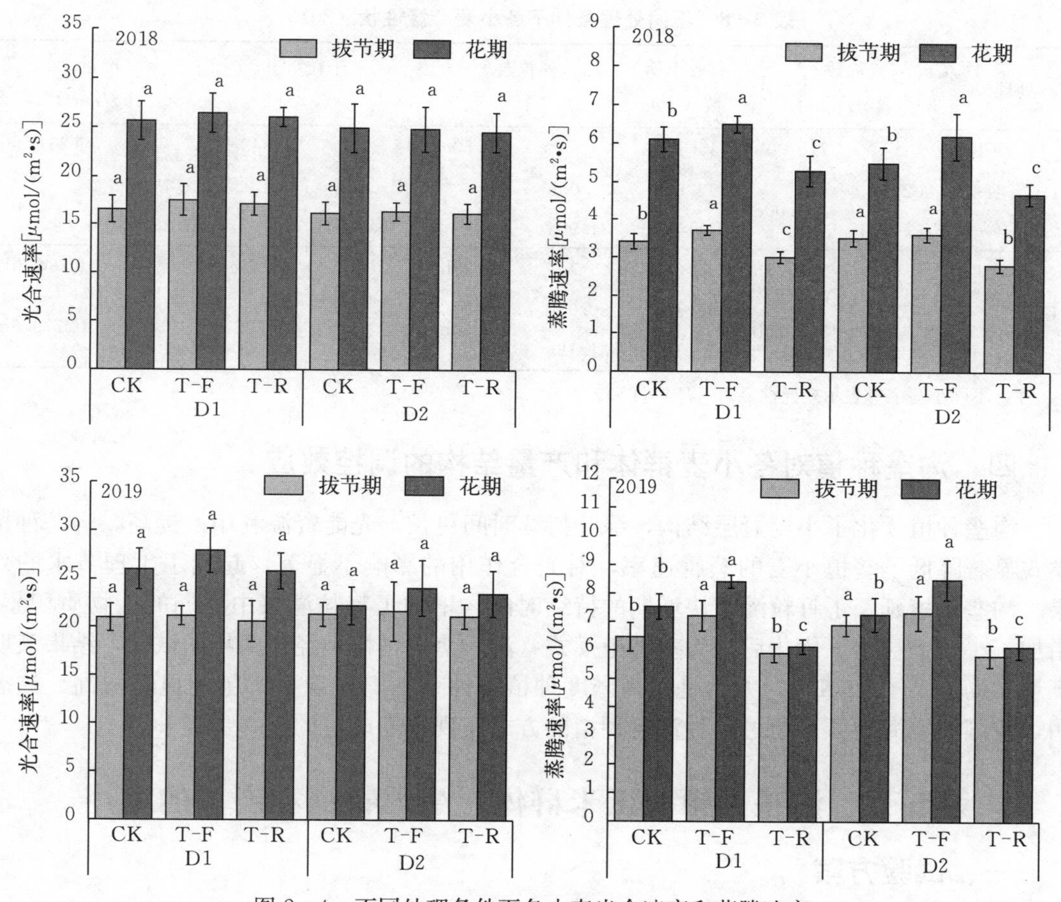


图 2-4　不同处理条件下冬小麦光合速率和蒸腾速率

注：不同小写字母表示差异性显著（$P<0.05$）。

**5. 沟垄种植对冬小麦产量的影响**

沟垄种植通过对产量结构（千粒重和穗粒数）的影响，显著提高了小麦的籽粒产量。尤其是 2019 年，水分供应充足保证了垄植小麦良好的土壤水分条件，垄植小麦的千粒重和穗粒数均显著高于对照，而沟植小麦的穗数、千粒重和穗粒数也均显著高于对照（表

2-7、表2-8)，因此本试验的沟垄种植模式下两种密度均显著提高了小麦的籽粒产量。

**表2-7　不同处理条件下冬小麦产量性状**（2018）

| 处理 | | 穗数（$10^4$/hm$^2$） | | 穗粒数 | | 千粒重（g） | 产量（kg/hm$^2$） | |
|---|---|---|---|---|---|---|---|---|
| D1 | CK | | 528.33b | | 26.00d | 44.45b | | 6 105.72 d |
| | T-F | 606.66a | 553.33b | 25.16d | | 42.01b | 6 412.42 d | 6 996.46b |
| | T-R | 500.00b | | 31.47b | 28.32c | 47.17a | 7 580.50b | |
| D2 | CK | | 590.56a | | 25.83d | 44.37b | | 6 767.67c |
| | T-F | 598.89a | 556.11b | 25.53 d | 30.42b | 39.61c | 6 056.58e | 7 260.83a |
| | T-R | 513.33b | | 35.31a | | 46.71a | 8 465.08a | |

注：不同小写字母表示差异性显著（$P$<0.05）。

**表2-8　不同处理条件下冬小麦产量性状**（2019）

| 处理 | | 穗数（$10^4$/hm$^2$） | | 有效小穗数（个） | 穗粒数（个） | | 千粒重（g） | | 产量（kg/hm$^2$） | |
|---|---|---|---|---|---|---|---|---|---|---|
| D1 | CK | | 710.00b | 14.13b | | 30.50c | | 44.49c | | 9 251.3e |
| | T-F | 802.50a | 780.00c | 14.90a | 31.00b | 31.45a | 45.15b | 45.03 | 10 454.7c | 1 359.4c |
| | T-R | 757.50b | | 15.43a | 31.90a | | 45.01b | | 10 264.0c | |
| D2 | CK | | 733.25b | 15.07a | | 30.93b | | 44.65c | | 9 784.2d |
| | T-F | 795.00a | 808.75b | 15.10a | 30.03c | 30.61b | 45.45b | 46.02 | 10 399.9c | 10 779.6b |
| | T-R | 822.50a | | 15.18a | 31.18a | | 46.59a | | 11 159.3a | |

注：不同小写字母表示差异性显著（$P$<0.05）。

## 四、沟垄种植对冬小麦群体和产量结构的调控效应

沟垄种植优化了小麦冠层结构，绿叶持续时间更长，光能资源利用率提高。沟垄种植模式显著降低了垄植小麦的蒸腾速率，对光合作用的影响不显著，起到了生理节水的效果。沟垄种植延长了籽粒灌浆快增期的持续时间，增加了籽粒灌浆中后期的干物质积累，增加了小麦千粒重。优化后的沟垄种植模式（沟、垄均种植）经过两年的试验，结果表明产量平均提高了11.1%，尤其是在高密度种植条件下依旧实现了产量的显著提高。这表明，我国黄淮海地区可通过这种沟垄种植的方式实现小麦产量的进一步提升。

# 第五节　沟垄种植对玉米群体、生理特征和产量的调控

## 一、试验方案

试验于2017—2018年在河南温县平安种业试验田进行，供试玉米品种为豫安3号，两因素裂区设计。主区为不同种植模式，分别为平作（CK）和沟垄种植（T，沟植T-F，垄植T-R），在沟垄种植模式里，T1沟、垄各宽60 cm，垄高为15 cm，垄、沟各种植1行玉米（图2-5）；副区为不同种植密度，种植密度分别为6.0万株/hm$^2$（D1）、7.5万株/hm$^2$（D2）和9万株/hm$^2$（D3）。每处理3次重复。各小区面积为35 m$^2$（长×宽=7 m×5 m）。三叶期间苗。

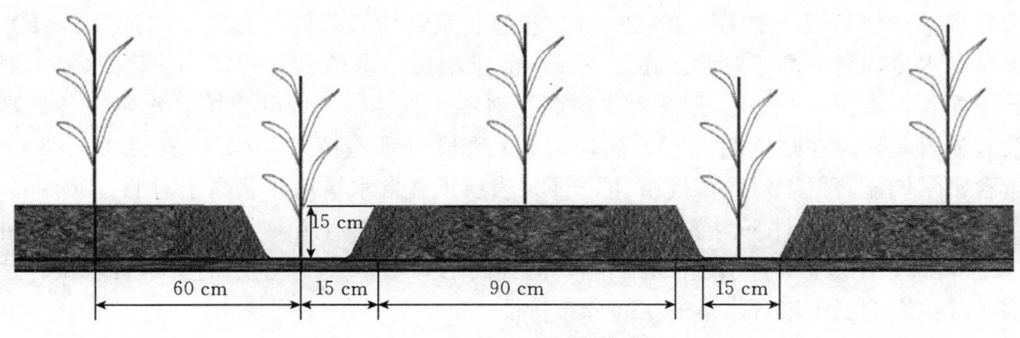


图 2-5　沟垄种植示意图

## 二、测定内容与方法

分别于拔节期、大喇叭口期、吐丝期和成熟期测定各处理的株高、叶面积、光合速率、蒸腾速率、气孔导度、根呼吸速率、叶片含水量；成熟期测定地上生物量、穗重、穗粒重和产量指标；于吐丝期 11:00 左右测定各处理的穗叶位和顶叶位有效光辐射，并计算透光率。

透光率（%）=所测部位的有效光辐射/顶叶位的有效光辐射×100。

成熟期每处理收获中间 3 行，每行连续收 20 株，自然晒干，脱粒称重。随机选取其中 10 穗考种。测地上生物量、穗重、穗粒重和产量指标。

## 三、研究结果与分析

### 1. 各处理的土壤含水量和叶片含水量

沟垄种植影响了土壤水分的空间分布。如图 2-6 所示，在拔节期（V6）阶段，3 个

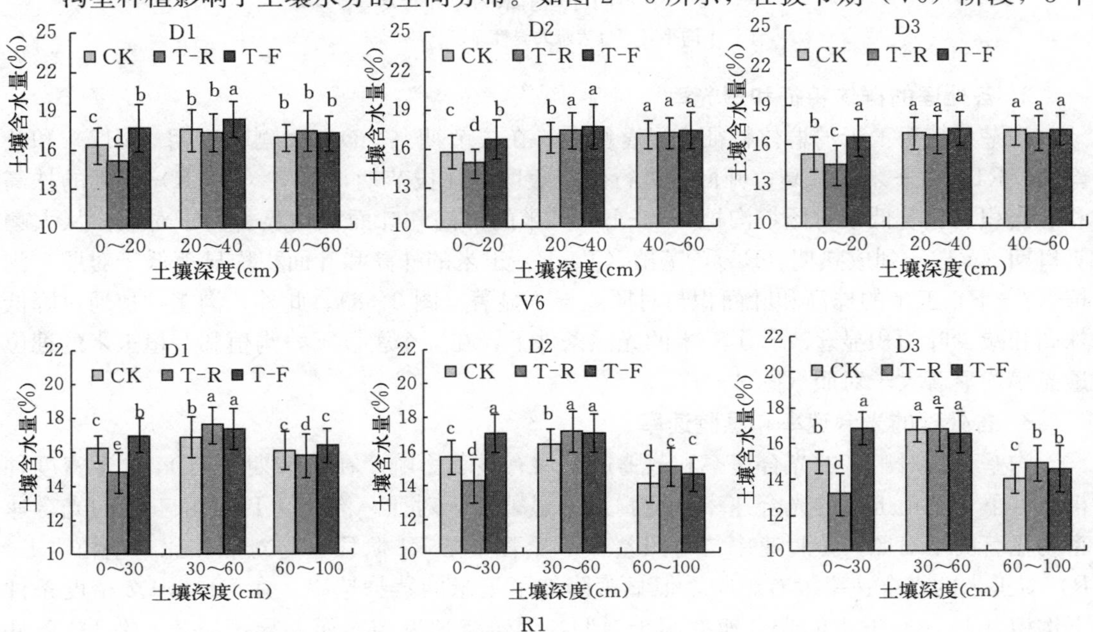


图 2-6　不同处理的土壤含水量

注：不同小写字母表示差异性显著（$P<0.05$）。

密度处理垄植（T－R）表层（0～20 cm）土壤含水量均显著低于对照，沟植（T－F）表层土壤含水量均显著高于对照。在20～40 cm土壤层，垄植（T－R）土壤含水量与对照差异不显著，沟植（T－F）土壤含水量高于对照。在40～60 cm土壤含水量在各处理间均没有显著差异。在吐丝期（R1）阶段，3个密度处理垄植（T－R）表层（0～30 cm）土壤含水量均显著低于对照，沟植（T－F）表层土壤含水量均显著高于对照。30～60 cm土层，在D1和D2条件下沟垄种植土壤含水量均显著高于对照。在D3条件下，沟垄种植对30～60 cm土层土壤含水量没有影响，但提高了60～100 cm土层的土壤含水量。这表明沟垄种植影响了土壤含水量的空间分布特征。

如图2－7所示，沟垄种植通过影响土壤水分的空间分布对叶片含水量有不同的影响。在V6阶段，3个密度处理垄植（T－R）玉米的叶片含水量均显著低于对照，沟植（T－F）玉米的叶片含水量均显著高于对照。在R1阶段，沟垄种植提高了玉米的叶片含水量，但在垄植玉米和沟植玉米间叶片含水量没有显著差异。

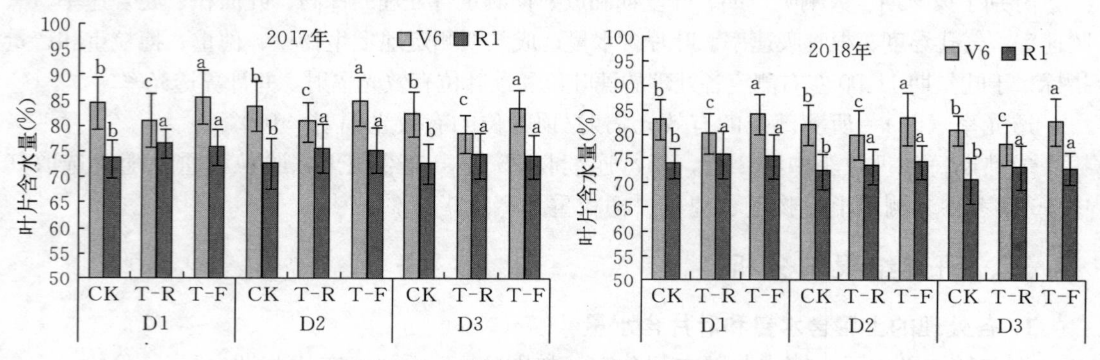


图2－7　不同处理玉米的叶片含水量

注：不同小写字母表示差异性显著（$P<0.05$）。

**2. 各处理的群体特征和透光率**

沟垄种植对玉米的群体特征有显著影响，在拔节期（V6）、大喇叭口期（V12）和吐丝期（R1）对玉米的株高、叶面积进行测定表明，在拔节期，垄植（T－R）玉米的株高和叶面积均显著低于对照，沟植（T－F）玉米的株高和叶面积均显著高于对照。从大喇叭口期（V12）到成熟期（R6），垄植（T－R）玉米的株高和叶面积均显著低于对照，沟植（T－F）玉米的株高和叶面积与对照差异不显著（图2－8）。此外，沟垄种植通过降低株高和减少叶面积显著改善了玉米的光照条件下，在3个密度下，沟植和垄植玉米的穗位透光率均显著大于对照（图2－9）。

**3. 各处理的光合速率和蒸腾速率**

沟垄种植对玉米的光合速率和蒸腾速率均有显著影响。在拔节期（V6），3个密度种植条件下，垄植玉米的光合速率、蒸腾速率显著低于对照。沟植（T－F）玉米的光合速率均显著高于对照，蒸腾速率与对照差异不显著。在R1阶段，与对照相比，垄植（T－R）对玉米的光合速率没有影响，但显著降低了玉米的蒸腾速率。在D1和D2密度条件下沟植（T－F）玉米的光合速率高于对照，但蒸腾速率与对照差异不显著。在D3条件下，在2017年，光合速率和蒸腾速率沟植玉米（T－F）相似于对照；在2018年，沟植玉米的光合速率高于对照，但蒸腾速率与对照差异不显著（图2－10）。

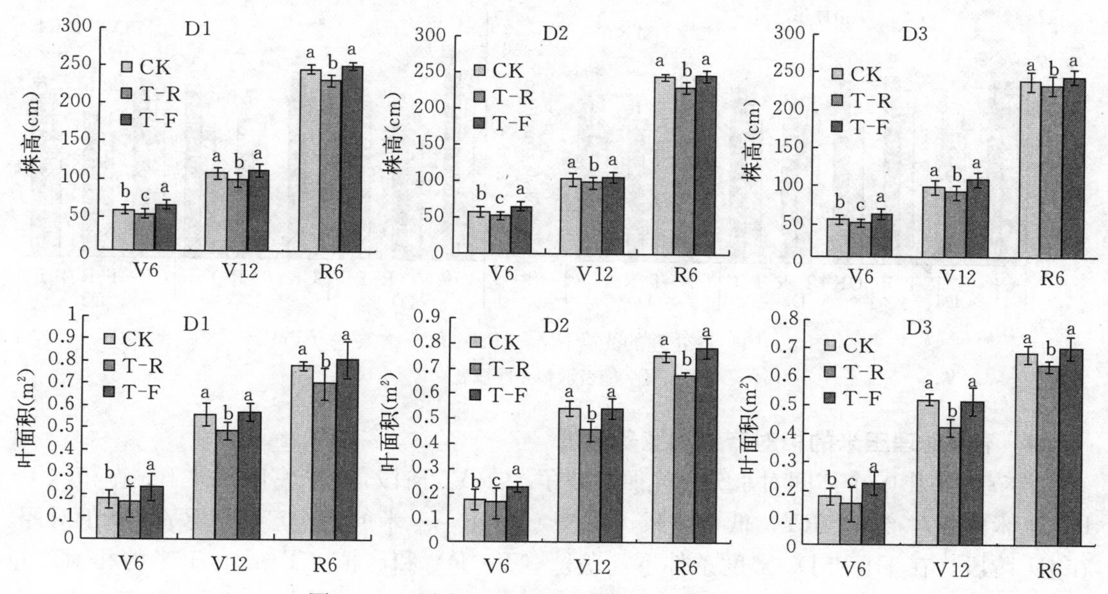


图 2-8　不同处理玉米的株高和叶面积（2018）

注：不同小写字母表示差异性显著（$P<0.05$）。

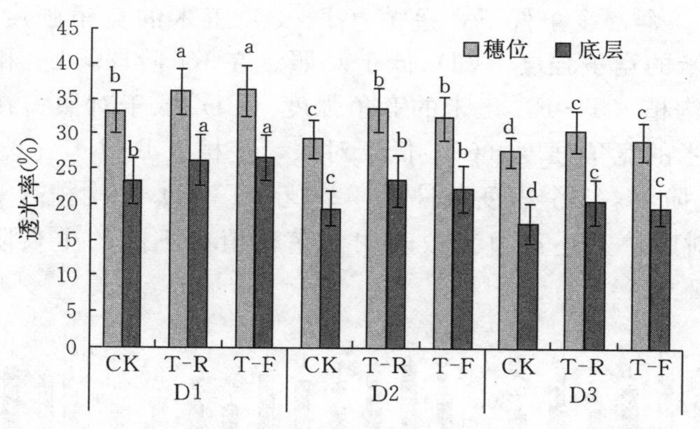


图 2-9　不同处理玉米的透光率（2017）

注：不同小写字母表示差异性显著（$P<0.05$）。

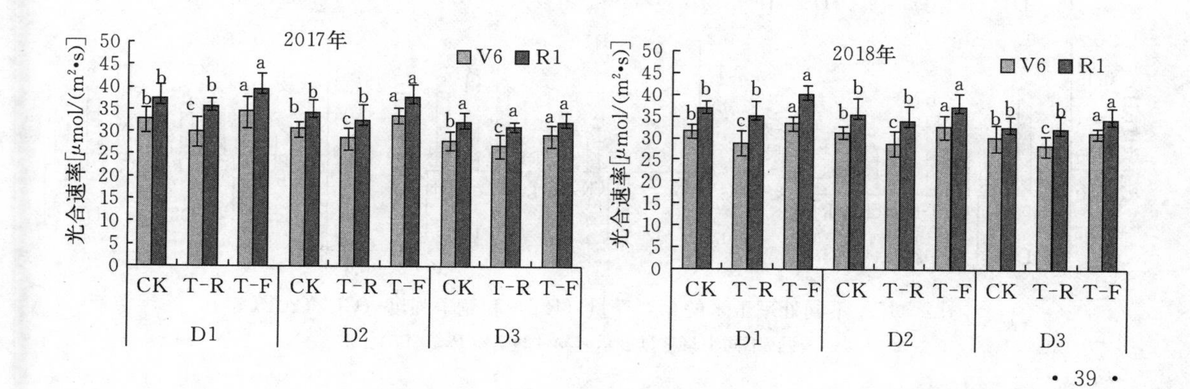

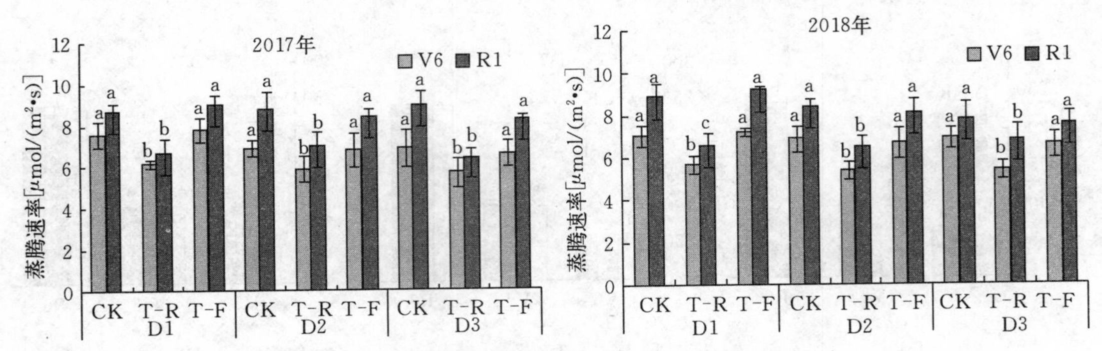


图 2-10　各处理的光合速率（Pn）和蒸腾效率（Tr）

注：不同小写字母表示差异性显著（$P<0.05$）。

**4. 不同处理玉米的相对产量和竞争强度**

沟垄种植影响个体间对水分和光照的竞争。在 V6 阶段，3 个密度条件下，垄植（T-R）玉米的相对产量（RY）低于对照，沟植（T-F）玉米的相对产量（RY）高于对照。在 R1 阶段，在 D1 和 D2 密度条件下，垄植（T-R）和沟植（T-F）玉米的相对产量（RY）显著高于对照。在 D3 密度条件下，沟植（T-F）玉米的相对产量（RY）高于对照，垄植（T-R）玉米的相对产量（RY）与对照相似。在 R6 阶段，3 个密度条件下，垄植（T-R）和沟植（T-F）玉米的相对产量（RY）高于对照。

在 V6 阶段，3 个密度条件下，垄植（T-R）玉米的竞争强度（CI）高于对照，沟植（T-F）玉米的竞争强度（CI）低于对照。在 R1 阶段，D1 和 D2 密度条件下，垄植（T-R）和沟植（T-F）玉米的竞争强度（CI）低于对照；在 D3 密度条件下，沟植（T-F）玉米的竞争强度（CI）低于对照，垄植（T-R）玉米的竞争强度（CI）高于对照。在 R6 阶段，3 个密度条件下，垄植（T-R）和沟植（T-F）玉米的竞争强度（CI）低于对照。上述竞争指数表明沟垄种植在不同的生长阶段对种内竞争有不同的影响（图 2-11）。

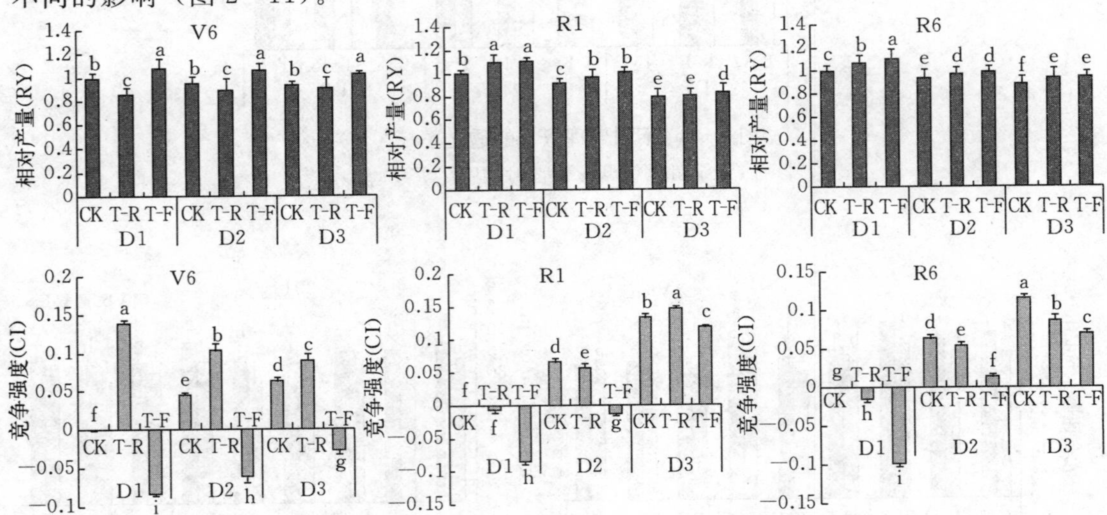


图 2-11　不同处理玉米的相对产量（RY）和竞争强度（CI）（2018 年）

注：不同小写字母表示差异性显著（$P<0.05$）。

**5. 各处理的根呼吸速率和干物质积累**

在拔节期（V6）和吐丝期（R1）对玉米的根呼吸进行测定表明，沟垄种植对玉米的根呼吸有显著影响。在两个测试期，3个密度条件下垄植玉米的根呼吸速率均低于对照，沟植玉米与对照差异不显著（图2-12）。这表明沟垄种植通过影响土壤含水量从而对根系呼吸速率有显著影响。

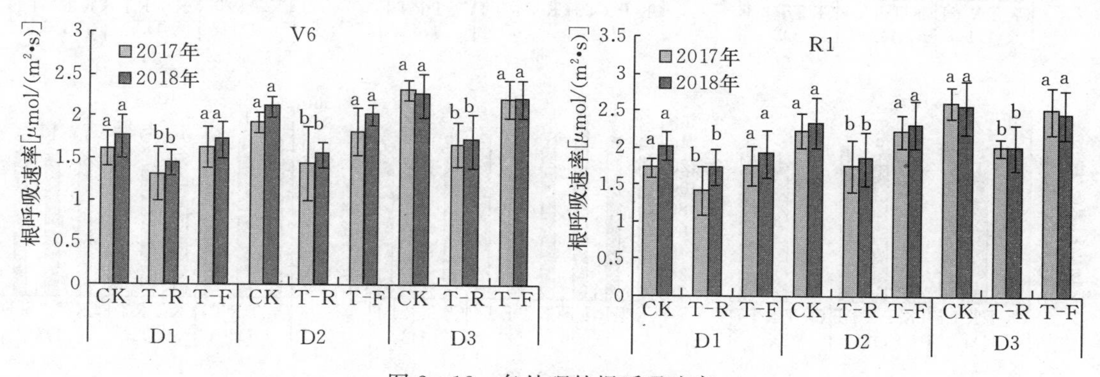


图2-12　各处理的根呼吸速率

注：不同小写字母表示差异性显著（$P<0.05$）。

沟垄种植通过影响玉米根呼吸速率和光合速率从而影响玉米的干物质积累。在拔节期（V6），3个密度条件下沟植玉米的茎重显著高于对照，垄植玉米的茎重均低于对照。到吐丝期（R1），在3个密度条件下沟植玉米的茎重显著高于对照。在D1密度条件下，垄植玉米的茎重与对照差异不显著，但在D2和D3密度条件下，垄植玉米的茎重显著低于对照。到成熟期，在3个密度条件下沟植玉米的茎重显著高于对照，垄植玉米的茎重与对照差异不显著。

在3个密度条件下，沟植玉米的干物质积累在整个生长阶段都显著高于对照。在V6阶段，垄植玉米的干物质积累显著低于对照。在R1阶段，在D1和D2密度条件下垄植玉米的干物质积累相似于对照，但在D3密度条件下低于对照且在2017年达到显著水平。在R6阶段，在3个密度条件下，垄植玉米的干物质积累相似于对照（图2-13）。

**6. 各处理的玉米产量特征**

沟垄种植对玉米产量特征有不同的影响，在低密度（D1）条件下，沟植玉米穗粒数和千粒重均显著大于对照，垄植玉米穗粒数和千粒重与对照差异不显著。在中密度（D2）条件下，沟植玉米穗粒数和对照没有显著差异，千粒重显著大于对照；垄植玉米穗粒数高于对照，但千粒重与对照差异不显著。在高密度（D3）条件下，2017年沟植和垄植玉米的穗粒数和对照差异不显著，但千粒重显著高于对照；2018年沟植和垄植玉米的穗粒数显著高于对照，但千粒重和对照差异不显著（表2-9）。2017年，在3个密度条件下，沟植玉米的产量显著高于对照，而垄植玉米的产量与对照相似，沟垄种植玉米的产量均显著高于对照。2018年，在D1条件下，沟植玉米的产量显著高于对照，而垄植玉米的产量与对照相似；在D2和D3条件，沟植和垄植玉米的产量都显著高于对照。在两个试验年，在3个密度条件下，沟垄种植玉米的群体平均产量都显著高于对照。

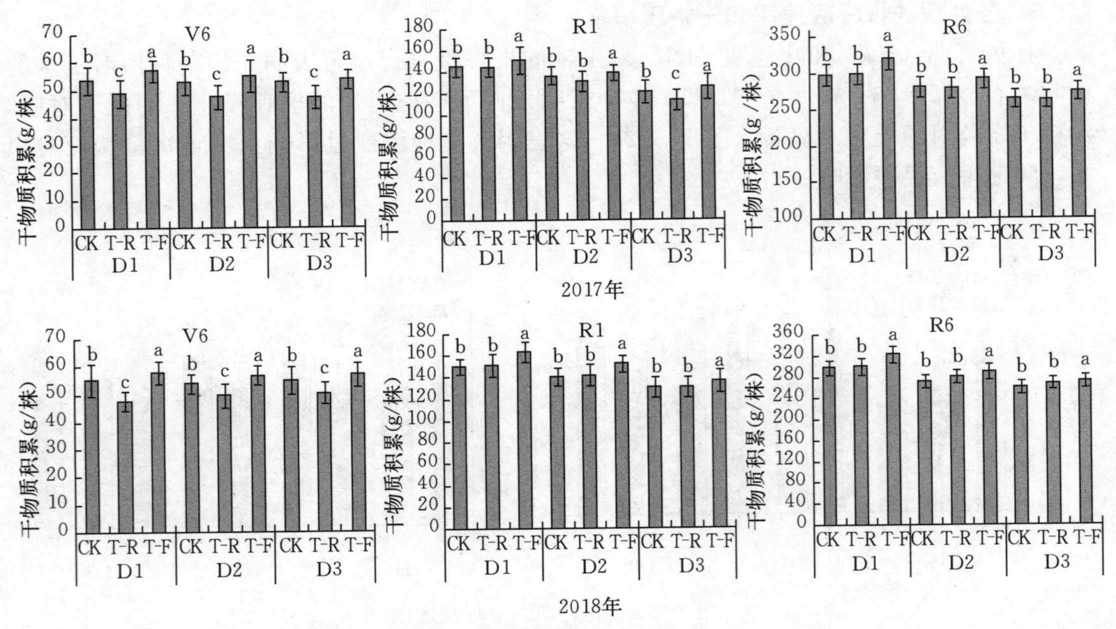


图 2-13 各处理的干物质积累

注：不同小写字母表示差异性显著（$P<0.05$）。

**表 2-9 各处理的玉米产量特征**

| 处理 | | 穗粒数（个） | | 千粒重（g） | | 籽粒产量（$kg/hm^2$） | | 群体籽粒产量（$kg/hm^2$） | |
|---|---|---|---|---|---|---|---|---|---|
| | | 2017 年 | 2018 年 | 2017 年 | 2018 年 | 2017 年 | 2018 年 | 2017 年 | 2018 年 |
| D1 | CK | 598.4b | 604.8b | 303.4b | 275.3b | 10 148.8cd | 9 990.5e | 10 148.8e | 9 990.5 d |
| | T-R | 587.3b | 592.2b | 304.2b | 282.0b | 10 224.3cd | 10 019.4e | 10 797.1 d | 10 544.7c |
| | T-F | 614.6a | 628.8a | 311.1a | 293.4a | 11 369.9b | 11 069.9c | | |
| D2 | CK | 480.2b | 562.6d | 293.1c | 267.9c | 10 549.6c | 10 499.5 d | 10 549.6 d | 10 499.5c |
| | T-R | 496.3a | 602.9b | 291.5c | 272.0bc | 10 843.9c | 11 924.9b | 11 243.4c | 12 112.4a |
| | T-F | 485.7ab | 574.8c | 306.3b | 276.6b | 11 642.9b | 12 299.9ab | | |
| D3 | CK | 436.6c | 465.9g | 297.8c | 265.1c | 11 684.2b | 11 114.9c | 11 684.2b | 11 114.9b |
| | T-R | 438.7c | 532.6e | 306.8b | 265.7c | 11 701.5b | 12 104.9b | 11 966.7a | 12 419.9a |
| | T-F | 432.4c | 516.5f | 314.6a | 260.4c | 12 231.9a | 12 734.9a | | |

注：不同小写字母表示差异性显著（$P<0.05$）。

## 四、沟垄种植对玉米群体和产量结构的调控效应

沟垄种植对玉米的群体特征有显著影响，在拔节期，垄植玉米的株高和叶面积均显著低于对照，沟植玉米的株高和叶面积均显著高于对照。从大喇叭口期到成熟期，垄植玉米的株高和叶面积均显著低于对照，沟植玉米的株高和叶面积与对照差异不显著。沟垄种植显著改善了玉米的光照条件下，沟垄种植玉米的穗位透光率均显著大于对照。沟垄种植还缓解了植物对光和土壤水分的竞争。沟垄种植对玉米的光合速率和蒸腾速率均有显著影响，在吐丝期低密度种植条件下，垄植玉米的光合速率、蒸腾速率均显著低于对照。沟植玉米中的光合速率均显著高于对照，蒸腾速率均显著低于对照。在高密度条件下，垄植玉米的光合速率、蒸腾速率均显著低于对照。沟植玉米的光合速率显著大于对照，蒸腾速率

与对照差异不显著。沟垄种植对玉米的根呼吸速率有显著影响。在两个测试期，垄植玉米的根呼吸速率均低于对照，沟植玉米与对照差异不显著。在3个密度条件下，沟垄种植玉米的产量均显著高于对照。

## 第六节　适度聚集式栽培对玉米群体特征和产量的调控

### 一、试验方案

试验于2017—2018年在河南温县平安种业进行，玉米品种为豫安3号，两因素裂区设计。主区为种植方式：一穴一株（T1），一穴二株（T2），一穴三株（T3）。副区为种植密度，分别为：低密度6.0万株/$hm^2$（D1），中密度7.5万株/$hm^2$（D2），高密度9万株/$hm^2$（D3）。60 cm等行距种植，T1处理低、中和高密度玉米株距分别为27.8 cm、22.2 cm和18.5 cm；T2处理低、中和高密度玉米株距分别为55.6 cm、44.4 cm和37 cm；T3处理低、中和高密度玉米株距分别为83.4 cm、66.6 cm和55.5 cm；小区面积5 m×7 m，共9个处理，每处理3次重复。三叶期间苗。

### 二、测定内容与方法

分别于拔节期、大喇叭口期、吐丝期和成熟期测定各处理的株高、叶面积、单株干重、光合速率、蒸腾速率、气孔导度、单茎重，成熟期测地上生物量、穗重、穗粒重和产量指标，并计算穗的不整齐性。分别于大喇叭口期测定各处理的地面透光率以及于吐丝期测定各处理的穗位透光率。

透光率（%）=所测部位的有效光辐射/顶叶位的有效光辐射×100。

### 三、研究结果与分析

#### 1. 各处理的土壤水分空间分布特征

不同种植方式对土壤水分的空间分布有显著影响。以2017年为例，在水平方向上，两个测试时期在3个密度条件下，距植株10 cm范围内，表层（0～30 cm）土壤含水量均表现T1>T2>T3（图2-14）。在垂直方向上，在拔节期，土壤30～60 cm层次土壤含水量表现为T1<T2<T3。到吐丝期，0～90 cm土壤层土壤含水量均表现为T1<T2<T3（图2-15）。

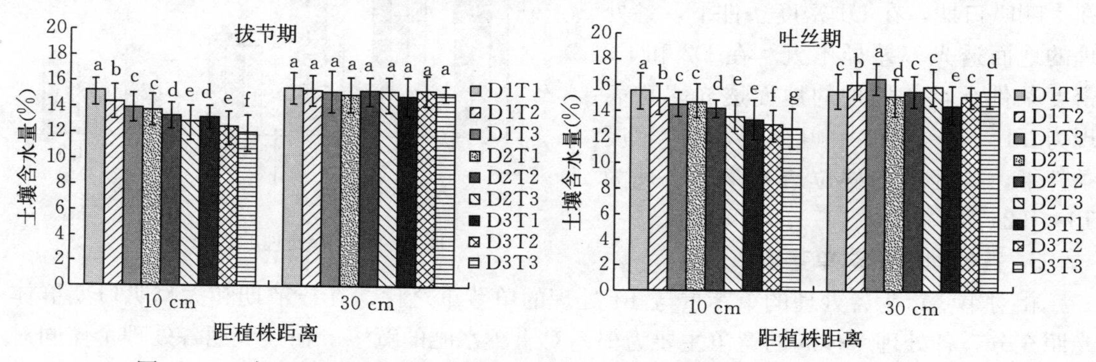


图2-14　各处理的水平方向上表层（0～30 cm）土壤水分分布特征（2017年）

注：不同小写字母表示差异性显著（$P<0.05$）。

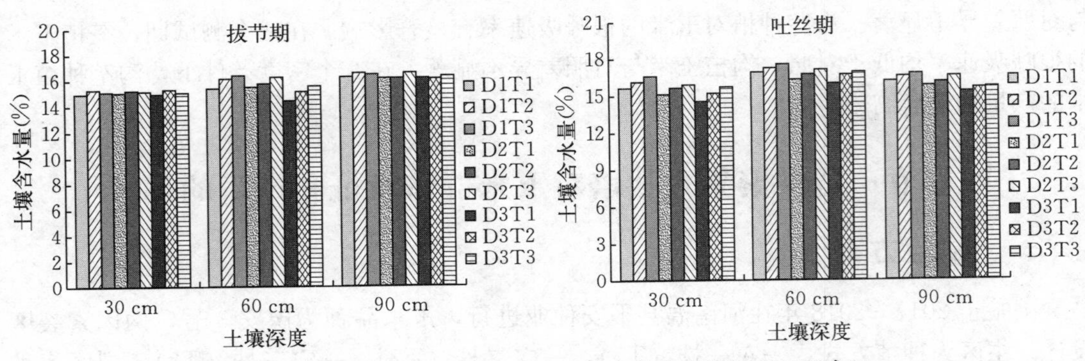


图 2-15　各处理的垂直方向上土壤水分分布特征（2017 年）

**2. 各处理的植物形态特征和透光率**

不同种植方式对玉米的群体特征有显著影响，在拔节期、大喇叭口期、吐丝期和成熟期对玉米的株高、叶面积进行测定。分析表明，在拔节期，3 个密度种植条件下，各处理的株高和叶面积差异均不显著（图 2-16）。从大喇叭口期到成熟期，3 个密度条件下，株高和叶面积均表现为 T1＞T2＞T3。

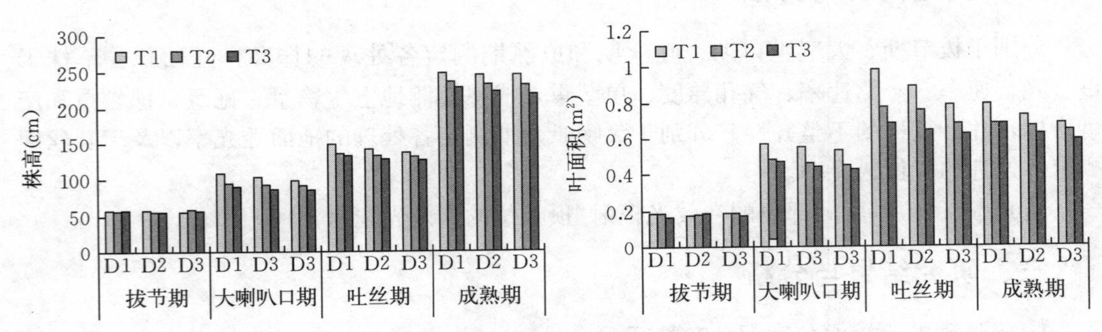


图 2-16　各处理的群体特征

不同种植方式对玉米的群体透光率也有显著影响，在大喇叭口期和吐丝期对玉米的透光率进行测定。分析表明，在大喇叭口期，在 D1 密度条件下，各处理的地面透光率差异不大。在 D2 和 D3 密度条件下，各处理的地面透光率均表现为 T1＜T2＜T3。在吐丝期，3 个密度条件下，各处理的穗位透光率均表现为 T1＜T2＜T3（图 2-17）。

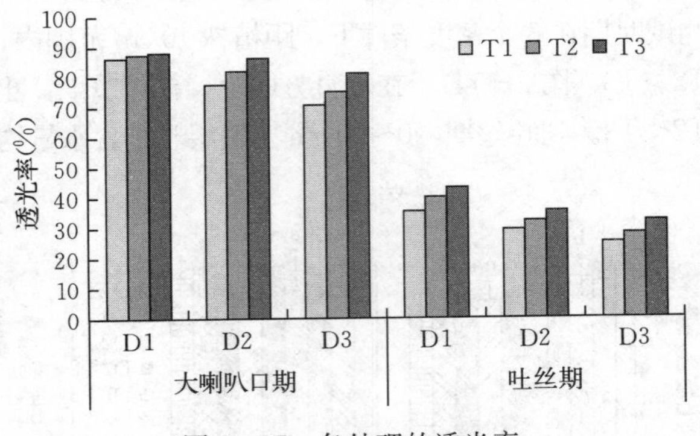


图 2-17　各处理的透光率

**3. 各处理的相对单茎重**

相对单茎重为各处理的单茎重与 T1 处理的单茎重之比。在拔节期和大喇叭口期群体光照充分，各处理个体间的竞争主要为根系对土壤水肥的竞争。在拔节期各处理个体间对土壤水分肥竞争均不激烈，因此，各处理的相对单茎重没有显著差异。随着生育期推进，个体间的竞争逐渐加剧，到大喇叭口期，T2 和 T3 处理的相对单茎重均显著低于 T1，且随着密度增加，相对单茎重呈降低趋势。这表明随着个体间竞争的加剧，与T1相比，土壤水肥限制了T2和T3处理个体生长。大喇叭口期后，随着株高的变化，作物个体间除了受土壤水肥的影响外，还受光照的影响。由于T2处理改善了群体的光照条件，促进了个体干物质积累，因此，吐丝期后个体的相对单茎重逐渐提高，到成熟期，在D1和D2两密度下，T2相对单茎重与T1相似，但在D3密度下，T2相对产量显著低于对照。虽然T3处理也改善了群体的光照条件，但由于个体间水肥竞争激烈，限制了个体生长，因此，吐丝期后T3处理的相对单茎重显著低于T1（图2-18）。

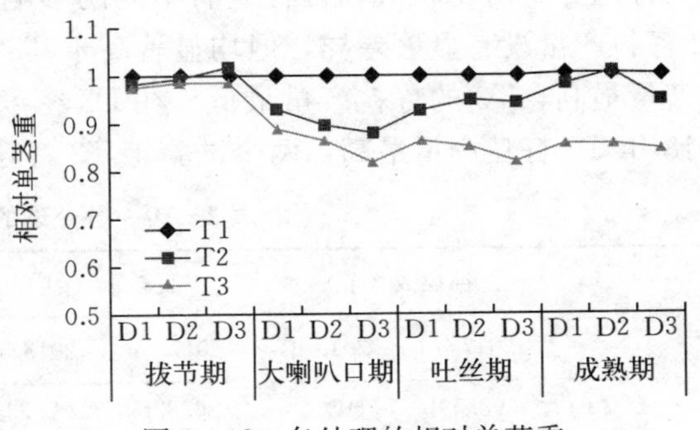


图2-18　各处理的相对单茎重

**4. 各处理的光合速率和水分利用效率**

在拔节期，各处理的光合速率和蒸腾速率均没有显著差异。到大喇叭口期，在同一密度条件下，各处理的光合速率和蒸腾速率均表现为T1＞T2＞T3。到吐丝期，各处理的光合速率表现为T1＞T2＞T3。T2和T3蒸腾速率没有显著差异但均显著低于T1（图2-19）。通过计算叶片水平的水分利用效率，在拔节期，各处理的水分利用效率均没有显著差异。到大喇叭口期，3个密度条件下，T2和T3的水分利用效率均显著高于T1。到吐丝期，3个密度条件下，T2的水分利用效率最高，T1的水分利用效率最低（图2-20）。

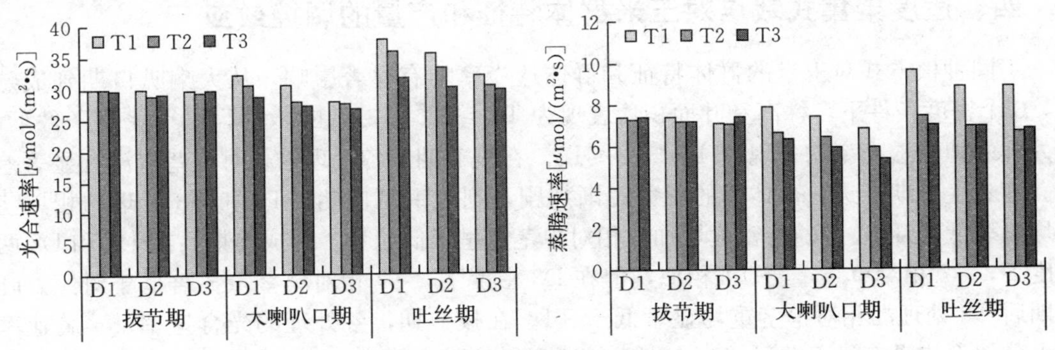


图2-19　各处理的光合速率和蒸腾速率

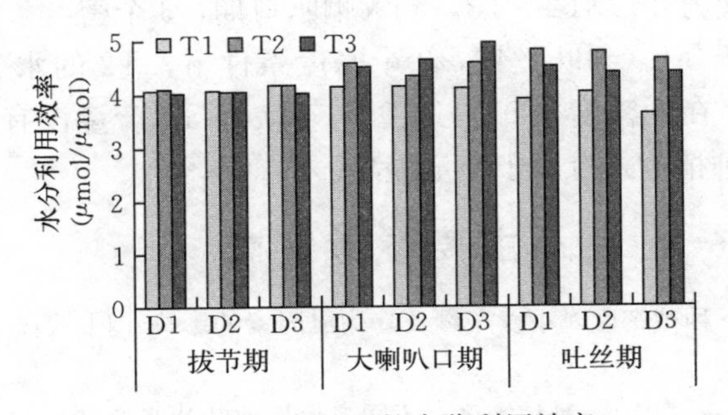


图2-20　各处理的水分利用效率

**5. 各处理的玉米产量特征**

不同种植方式对玉米的产量特征有不同程度的影响。不同的试验年，在不同的密度下，种植方式对穗粒数和百粒重有不同的影响。两个试验年，在D1密度条件下，T1和T2籽粒产量没有显著差异，但均显著高于T3（表2-10）。在D2密度条件下，T2的籽粒产量最高，T3的籽粒产量最低。在D3密度条件下，2017年T1籽粒产量最高，但是2018年T2籽粒产量最高，两个试验年T3籽粒产量都是最低。

**表2-10 各处理的玉米产量特征**

| 处理 | | 穗粒数（个） | | 百粒重（g） | | 穗粒重 | | 籽粒产量（kg/hm²） | |
|---|---|---|---|---|---|---|---|---|---|
| | | 2017年 | 2018年 | 2017年 | 2018年 | 2017年 | 2018年 | 2017年 | 2018年 |
| D1 | T1 | 593.59b | 604.5a | 26.82b | 27.53a | 159.2b | 166.5a | 9 679.95a | 9 994.95a |
| | T2 | 603.17a | 602.5a | 28.4a | 27.09a | 171.3a | 163.5b | 9 868.35a | 9 817.8a |
| | T3 | 523.94c | 603.5a | 25.48b | 26.08b | 133.5b | 157.5b | 8 456.85b | 9 460.65b |
| D2 | T1 | 538.16b | 522.7c | 25.81a | 26.79a | 138.9b | 140.0b | 10 549.65b | 10 504.65b |
| | T2 | 600.46a | 575.1a | 25.98a | 25.42b | 156.0a | 151.5a | 12 213.15a | 11 362.8a |
| | T3 | 441.06c | 530.0b | 24.94b | 25.64b | 100.0c | 135.5c | 8 282.25c | 10 162.95c |
| D3 | T1 | 475.33a | 466.7b | 26.55a | 26.51a | 126.2a | 123.5b | 11 684.1a | 11 121.3b |
| | T2 | 458.93b | 541.5a | 24.47b | 26.47a | 112.3b | 143.5a | 11 136.15b | 12 920.4a |
| | T3 | 324.34c | 474.9b | 24.82b | 23.79b | 80.5c | 113c | 9 479.85c | 10 173.45c |

注：不同小写字母表示差异性显著（$P<0.05$）。

## 四、适度聚集式栽培对玉米群体特征和产量的调控效应

不同种植方式对玉米的群体特征和群体透光率均有显著影响，从大喇叭口期到成熟期，3个密度条件下，株高和叶面积均表现为T1>T2>T3。在吐丝期，3个密度条件下，各处理的穗位透光率均表现为T1<T2<T3。在拔节期，各处理的相对单茎重没有显著差异。随着生育期推进，个体间的竞争逐渐加剧，到大喇叭口期，T2和T3处理的相单茎重均显著低于T1，且随着密度增加，相对单茎重呈降低趋势。到成熟期，在D1和D2两密度下，T2相对单茎重与T1相似，但在D3密度下，T2相对单茎重显著低于对照。吐丝期后T3处理的相对单茎重均显著低于T1。在拔节期，各处理的光合速率、蒸腾速率和水分效率均没有显著差异。到大喇叭口期和吐丝期，在同一密度条件下，各处理的光合速率和蒸腾速率均表现为T1>T2>T3。到大喇叭口期，3个密度条件下，T2和T3的水分利用效率均显著高于T1。到吐丝期，3个密度条件下，T2的水分利用效率最高，T1的水分利用效率最低。在低密度（D1）条件下，T1和T2产量没有显著差异。适当提高种植密度（D2），T2种植方式有助于产量提高。

## 主要参考文献

柏新付，1997. 高肥条件下种植密度对小麦产量及其构成因素的影响 [J]. 烟台师范学院学报，13（3）：217-219.

陈传永，侯海鹏，李强，等，2010a. 种植密度对不同玉米品种叶片光合特性与碳、氮变化的影响 [J].

作物学报，36：871-878.
陈传永，侯玉虹，孙锐，等，2010b. 密植对不同玉米品种产量性能的影响及其耐密性分析 [J]. 作物学报，36：1153-1160.
陈立军，唐启源，2008. 玉米高产群体质量指标及其影响因素 [J]. 作物研究（S1）：428-434.
陈利平，陈绍文，李彦，等，1994. 栽培密度对春小麦分某利用和产量影响的研究 [J]. 内蒙古农业科技（1）：5-7.
成东梅，彭涛，高燕，等，2011. 不同穗型小麦品种（系）粒叶比及其与产量性状的相关性研究 [J]. 河南农业科学，40（8）：58-62.
程建峰，沈允钢，2010. 作物高光效之关键 [J]. 作物学报，36（8）：13.
单玉珊，2001. 小麦高产栽培技术原理 [M]. 北京：科学出版社.
邓根云，王树森，1988. 作物适宜播种期的农业气候基础 [J]. 中国农业气象（2）：13-15.
董树亭，胡昌浩，1992. 夏玉米群体光合速率特性及其与冠层结构、生态条件的关系 [J]. 植物生态学与地植物学学报，16（4）：7.
董钻，沈秀瑛，2000. 作物栽培学总论 [M]. 北京：中国农业出版社.
段巍巍，李慧玲，肖凯，等，2007. 密度对玉米光合生理特性和产量的影响 [J]. 玉米科学，15（2）：98-101.
高亮之，金之庆，1994. 全球气候变化和中国的农业 [J]. 江苏农业学报（1）：1-10.
高瑞玲，王化芳，1981. 高产小麦生理指标的初步探讨 [J]. 河南农学院学报（4）：34-40.
郜庆炉，薛香，梁云娟，等，2002. 暖冬气候条件下调整小麦播种期的研究 [J]. 麦类作物学报，22（2）：49-50.
谷冬艳，尹钧，刘建国，等，2007. 播期对不同穗型品种群体动态及部分光合性能的影响 [J]. 安徽农学通报，13（7）：123-127.
郭庆法，王庆成，汪黎明，2004. 中国玉米栽培学 [M]. 上海：上海科学技术出版社.
郭文善，严六零，封超年，等，1995. 小麦源库协调栽培途径的研究 [J]. 江苏农学院学报，16（1）：33-37.
黄建军，赵明，刘娟，等，2009. 不同抗倒能力玉米品种物质生产与分配及产量性状研究 [J]. 玉米科学，17：82-88，93
贾曼曼，肖靖秀，汤利，等，2017. 不同施氮量对小麦蚕豆间作作物产量及其光合特征的影响 [J]. 云南农业大学学报，13（2）：168-175.
康定明，魏琳，王莉，1993. 播期对冬小麦干物质积累和产量形成的影响 [J]. 石河子农学院学报（1）：1-8.
李本良，王夫玉，1994. 播期播量对小麦个体与群体影响的研究 [J]. 作物研究，8（4）：22-26.
李朝苏，汤永禄，吴春，等，2015. 施氮量对四川盆地小麦生长及灌浆的影响 [J]. 植物营养与肥料学报，21（4）：873-883.
李耕，高辉远，赵斌，等，2009. 灌浆期干旱胁迫对玉米叶片光系统活性的影响 [J]. 作物学报，35：1916-1922.
李杰，王帅，韩晓飞，等，2017. 紫色土旱坡地减磷配施有机肥的磷肥效应及磷素迁移特征 [J]. 西南农业学报，22（10）：143-148.
李金才，1996. 品种和播种密度对小麦灌浆特性及产量影响的研究 [J]. 安徽农业大学学报，23（4）：463-465.
李金才，尹钧，魏凤珍，等，2005. 播期密度对冬小麦茎秆形态特征和抗倒指数的影响 [J]. 作物学报，31（5）：663-666.
李立娟，王美云，薛庆林，等，2011. 黄淮海双季玉米产量性能与资源效率的研究 [J]. 作物学报，37：

1229-1234.
李明，李文雄，2004. 肥料和密度对寒地高产玉米源库性状及产量的调节作用．中国农业科学，37（8）：1130-1137.
李世平，张哲夫，安林利，等，1999. 冬小麦主要性状的密度效应分析［J]. 山西农业科学，27（3）：13-14.
李素真，周爱恋，王霖，等，2005. 不同播期播量对不同类型超级小麦产量构成因子的影响［J]. 山东农业科学（5）：13-14.
李宇峰，尹志刚，周国勤，等，2018. 氮肥用量对不同品质类型小麦群体动态及产量的影响［J]. 河南农业科学，42（8）：12-15.
梁志刚，王娟玲，崔欢虎，等．冬前高温和播期密度对小麦苗期个体及群体生长的影响［J]. 中国农学通报，2007，23（8）：18-57.
凌启鸿，苏祖芳，张海泉，等，2015. 水稻成穗率与群体质量的关系及其影响因素的研究［J]. 作物学报，43（4）：463-469.
凌启鸿，张洪程，程庚令，等，1983. 小麦“小群体、壮个体、高积累”高产栽培途径的研究［J]. 江苏农学院学报，4（1）：1-6.
刘爱峰，时传娥，宋建民，等，2013. 高粒叶比小麦新品种济麦 19 高产生理基础研究群体发展动态与干物质积累［J]. 山东农业科学（3）：3-5.
刘殿英，董庆裕，赵秉强，1992. 播种期对冬小麦根系、根活力及其根苗关系的影响［J]. 山东农业大学学报，23（4）：358-362.
刘开昌，张秀清，王庆成，等，2000. 密度对玉米群体冠层内小气候的影响［J]. 植物生态学报，24：489-493.
刘其，刁明，王江丽，等，2013. 施氮对滴灌春小麦干物质、氮素积累和产量的影响［J]. 麦类作物学报，33（4）：28-32.
卢百关，杜永，李筠，等，2015. 黄淮地区稻茬小麦超高产群体特征研究［J]. 中国生态农业学报，24（1）：47-55.
陆增根，戴廷波，姜东，等，2007. 氮肥运筹对弱筋小麦群体指标与产量和品质形成的影响［J]. 作物学报，33（4）：590-597.
马溶慧，朱云集，郭天才，等，2004. 国麦 1 号播期播量对群体发育及产量的影响［J]. 山东农业科学（4）：12-15.
齐华，梁熠，赵明，等，2010. 栽培方式对玉米群体结构的调控效应［J]. 华北农学报，25（3）：134-139.
秦德荣，苏士华，成英，等，2015. 施肥和密度对杂交粳稻产量构成的影响［J]. 耕作与栽培（1）：44-45.
荣云鹏，朱保美，韩贵香，等，2007. 气温变化对鲁西北冬小麦最佳试播期的影响［J]. 气象，33（10）：110-113.
闰志顺，王瑞清，2005. 不同播期冬小麦叶重和叶面积与产量关系的相关性研究［J]. 新强农业科学，42（1）：59-61.
沈建辉，邵文娟，张祖建，等，2006. 苗床落谷密度、施肥量和秧龄对机插稻苗质及大田产量的影响［J]. 作物学报，42（3）：402-409.
佟屏亚，1995. 我国玉米高产栽培技术的成就和研究进展［J]. 耕作与栽培，5：1-5.
汪建来，孔令聪，汪芝寿，等，2003. 播期播量对皖麦科产量和品质的影响［J]. 安徽农业科学，31（6）：949-950.
王长年，吴朵业，夏新宇，2002. 高肥条件下密度对济南 17 号小麦群体质量和产量的影响［J]. 江苏农业科学（1）：18－19.
王崇桃，李少昆，韩伯棠，2004. 玉米高产之路与产量潜力挖掘［J］. 科技导报（4）：8－11.
王东，于振文，贾效成，等，2004. 播期对优质强筋冬小麦籽粒产量和品质的影响［J］. 山东农业科学（2）：25－26.
王经武，1987. 不同类型小麦品种对于不同播种期生态反应的研究［J］. 北京农业大学学报，13（1）：27－34.
王敬锋，刘鹏，赵秉强，等，2011. 不同基因型玉米根系特性与氮素吸收利用的差异［J］. 中国农业科学，44：699－707.
王鹏文，潘万博，2005. 我国玉米发展现状和趋势分析［J］. 天津农学院学报，12（3）：53－57.
王庆成，刘开昌，张秀清，等，2001. 玉米的群体光合作用［J］. 玉米科学，9（4）：57－61.
王庆成，王忠孝，张秀清，等，1998. 紧凑型玉米新杂交群体结构特点和变化动态［J］. 山东农业科学，5：4－9.
王勇，李斯深，李安飞，等，2000. 小麦种质抗倒性的评价和抗倒性状的相关与通径分析［J］. 西北植物学报，20（1）：79－85.
王振林，贺明荣，尹燕抨，等，1997. 晚播小麦灌浆期光合物质同化、分配及群体调节的效应［J］. 作物学报，23（3）：257－261.
卫丽，熊友才，马超，等，2011. 不同群体结构夏玉米灌浆期光合特征和产量变化［J］. 生态学报，31（9）：2524－2531.
魏海燕，凌启鸿，张洪程，等，2018. 作物群体质量及其关键调控技术［J］. 扬州大学学报（农业与生命科学版），39（2）：1－9.
吴东兵，曹广才，李荣旗，等，2004. 小量播种条件下冬小麦的产量效应［J］. 应用生态学报，15（12）：2282－2285.
吴九林，彭常青，林昌明，等，2005. 播期和密度对弱筋小麦产量与品质性状的影响［J］. 江苏农业科学（3）：36－38.
吴中伟，樊高琼，王秀芳，等，2014. 不同氮肥用量及其生育期分配比例对四川丘陵区带状种植小麦氮素利用的影响［J］. 植物营养与肥料学报，20（6）：1338－1348.
伍晓轩，杨洪坤，朱杰，等，2019. 不同有机肥种类配施化学氮肥对丘陵旱地小麦产量和籽粒蛋白质品质的影响［J］. 四川农业大学学报，37（3）：283－287.
徐月明，王祥菊，刘萍，2012. 氮肥对中筋小麦扬麦 12 号优质高产株型指标与群体质量的影响［J］. 江苏农业科学，42（11）：89－93.
杨吉顺，高辉远，刘鹏，等，2010. 种植密度和行距配置对超高产夏玉米群体光合特性的影响［J］. 作物学报，36（7）：1226－1233.
杨今胜，王永军，张吉旺，等，2011. 三个超高产夏玉米品种的干物质生产及光合特性［J］. 作物学报，37（2）：355－361.
叶优良，王桂良，朱云集，等，2010. 施氮对高产小麦群体动态、产量和土壤氮素变化的影响［J］. 应用生态学报，21（2）：351－358.
阴卫军，刘霞，倪大鹏，等．播期对优质小麦籽粒灌浆特性及产量构成的影响［J］. 山东农业科学，2005（5）：17－18.
于振文，岳寿松，沈成国，1995. 不同密度对冬小麦开花后叶片衰老和粒重的影响［J］. 作物学报，21（4）：413－415.
余利，刘正，王波，等，2013. 行距和行向对不同密度玉米群体田间小气候和产量的影响［J］. 中国生态农业学报，938－942.
余泽高，覃章景，李力，等，2003. 不同播期生长发育特性及若干性状的研究［J］. 湖北农业科学（5）：

24-26.
俞巧钢，叶静，杨梢娜，等，2012. 不同施氮量对单季稻养分吸收及氨挥发损失的影响［J］. 中国水稻科学，26（4）：487-494.
俞仲林，1984. 淮麦11小麦千斤产量形成的生理特点［J］. 江苏农业科学（2）：6-10.
翟允提，1981. 播种期对不同类型冬小麦品种生长发育规律及产量形成的影响［J］. 农牧情报研究（22）：66-69.
张宾，赵明，董志强，等，2007. 作物产量"三合结构"定量表达及高产分析［J］. 作物学报，33（10）：1674-1681.
张彩英，段会军，常文锁，等，2003. 不同栽培条件对优质冬小麦"河农341"农艺及品质性状的影响［J］. 西北植物学报，23（11）：2000-2001.
张华，朱维云，张福胜，等，1995. 京冬8号不同播期、密度对产量效应的研究［J］. 北京农业科学，13（3）：14-16.
张立中，郭鹏，高亮之，等，1980. 三麦气象生态及最优播期的研究［J］. 江苏农业科学（5）：11-16.
张永丽，肖凯，李雁鸣，2005. 种植密度对杂种小麦C6-38/Py85-1旗叶光合特性和产量的调控效应及其生理机制［J］. 作物学报，31（4）：498-505.
赵会杰，郭天财，刘华山，等，1999. 大穗型高产小麦群体的光照特性和生理特性的研究［J］. 河南农业大学学报，33（2）：101-105.
周竹青，朱旭彤，1999. 不同粒重小麦品种（系）籽粒灌浆特性分析［J］. 华中农业大学学报，18（2）：108-110.
朱傅祥，吴建中，郁祖良，等，2000. 播期密度对豫麦29群个体质量性状的影响［J］. 江苏农业科学（5）：21-22.
Ahadiyat Y R，Ranamukhaarachchi S L，2011. Different tillage and maize grass intercropping on root systems，growth and yield of rainfed maize（*Zea mays* L.）[J]. AAB Bioflux，3：33-38.
Antonietta M，Fanello D D，Acciaresi H A，et al，2014. Senescence and yield responses to plant density in stay green and earlier-senescing maize hybrids from Argentina [J]. Field Crops Research，155：111-119.
Bijanzadeh E，Emam Y，2010. Effect of Source-Sink Manipulation on Yield Components and Photosynthetic Characteristic of Wheat Cultivars（*Triticum aestivum* and *T. durum* L.）[J]. Journal of Applied Sciences，10（7）：89-93.
Borras L，Maddonni G A，Otegui M E，2003. Leaf senescence in maize hybrids：plant population，row spacing and kernel set effects [J]. Field Crops Research，82：13-26.
Bowers G R，Rabb J L，Ashlock L O，et al，2000. Row spacing in the early soybean production system [J]. Agronomy Journal，92：524-531.
Busscher W J，Bauer P J，Frederick J R，2002. Recompaction of a coastal loamy sand after deep tillage as a function of subsequent cumulative rainfall [J]. Soil and Tillage Research，68：49-57.
Cai H，Ma W，Zhang X，et al，2014. Effect of subsoil tillage depth on nutrient accumulation，root distribution and grain yield in spring maize [J]. The Crop Journal，2：297-307.
Chen Y，Xiao C，Chen X，et al，2014. Characterization of the plant traits contributed to high grain yield and high grain nitrogen concentration in maize [J]. Field Crops Research，159：1-9.
Ciampitti I A，Vyn T J，2011. A comprehensive study of plant density consequences on nitrogen uptake dynamics of maize plants from vegetative to reproductive stages [J]. Field Crops Research，121：2-18.
Clay S A，Clay D E，Horvath D P，et al，2009. Corn Response to Competition：Growth Alteration vs. Yield Limiting Factors [J]. Agronomy Journal，101：1522-1529.

Dordas C A，Sioulas C，2009. Dry matter and nitrogen accumulation，partitioning，and retranslocation in safflower (*Carthamus tinctorius* L.) as affected by nitrogen fertilization [J]. Field Crops Research，110：35-43.

Echarte L，Rothstein S，Tollenaar M，2008. The response of leaf photosynthesis and dry matter ccumulation to nitrogen supply in an older and a newer maize hybrid [J]. Crop Science，48：656-665.

Gaiser T，Perkons U，Küpper P M，et al，2012. Evidence of improved water uptake from subsoil by spring wheat following lucerne in a temperate humid climate [J]. Field Crops Research，126：56-62.

Hashemi A M，Herbert S J，Putnam D H，2005. Yield response of corn to crowding stress [J]. Agronomy Journal，97：839-846.

Hirel B，Le Gouis J，Ney B，et al，2007. The challenge of improving nitrogen use efficiency in crop plants：towards a more central role for genetic variability and quantitative genetics within integrated approaches [J]. Journal of Experimental Botany，58：2369-2387.

Hou P，Gao Q，Xie R Z，et al，2012. Grain yields in relation to N requirement：Optimizing nitrogen management for spring maize grown in China [J]. Field Crops Research，129：1-6.

Jin L，Cui H，Li B，et al，2012. Effects of integrated agronomic management practices on yield and nitrogen efficiency of summer maize in North China [J]. Field Crops Research，134：30-35.

Joan S，Fanny A，Luiș F，et al，2018. Breeding effects on the cultivar X environment interaction of durum wheat yield [J]. European Journal of Agronomy，131 (s215)：20-22.

Li Z，Zhao S，Meng Q，et al，2002. Advances in the Study on Physiological Base of Wheat Population with High Grain-leaf Area Ratio [J]. Acta Tritical Crops，22 (4)：79-83.

Liu T，Song F，Liu S，et al，2011. Canopy structure，light interception，and photosynthetic characteristics under different narrow-wide planting patterns in maize at silking stage [J]. Spanish Journal of Agricultural Research，9：1249-1261.

Moiraghi，Lorena S，Candela P，et al，2019. Flour and starch characteristics of soft wheat cultivars and their effect on cookie quality [J]. Journal of Food Science and Technology-Mysore，131 (s215)：20-22.

Monneveux P，Reynolds M P，Trethowan R，et al，2005. Relationship between grain yield and carbon isotope discrimination in bread wheat under four water regimes [J]. European Journal of Agronomy，22：231-242.

Niu X K，Xie R Z，Liu X，et al，2013. Maize Yield Gains in Northeast China in the Last Six Decades [J]. Journal of Integrative Agriculture，12：630-637.

O'Brien E E，Gersani M，Brown J S，2005. Root proliferation and seed yield in response to spatial heterogeneity of below-ground competition [J]. New Phytologist，168：401-412.

Porter J R，Wollenweber B，2010. The Rubisco enzyme and agricultural productivity [J]. Nature，463：876.

Rajcan I，Tollenaar M，1999. Source：sink ratio and leaf senescence in maize：I. Dry matter accumulation and partitioning during grain filling [J]. Field Crops Research，60：245-253.

Tokatlidis I S，Has V，Melidis V，et al，2011. Maize hybrids less dependent on high plant densities improve resource-use efficiency in rainfed and irrigated conditions [J]. Field Crops Research，120：345-351.

Tokatlidis I S，Koutroubas S D，2004. A review of maize hybrids' dependence on high plant populations and its implications for crop yield stability [J]. Field Crops Research，88：103-114.

Tollenaar M，Deen W，Echarte L，et al，2006. Effect of crowding stress on dry matter accumulation and

harvest index in maize [J]. Agronomy Journal，98：930－937.
Wigoda N，Moshelion M，Moran N，2014. Is the leaf bundle sheath a "smart flux valve" for K＋utrition? [J]. Plant Physiology，171：715－722.
Zhang Q，Zhang L，Evers J，et al，2014. Maize yield and quality in response to plant density and application of a novel plant growth regulator [J]. Field Crops Research，164：82－89.

本章作者：马守臣，关小康，马守田

Chapter 3 第三章

# 水肥调控对冬小麦根源信号及产量稳定性的影响

## 第一节　国内外研究进展

水资源短缺是21世纪中国农业生产面临的重大挑战和最大的生态问题。开展农业节水灌溉技术研究对于缓解我国水资源供需矛盾和保证农业的可持续发展具有重要意义。目前，非充分灌溉、控制性交替灌溉、调亏灌溉、喷灌、滴灌等技术在节水型农业生产实践中均表现出较高的节水效益，从而使灌溉农业的发展由传统的单一追求经济产量迈向产量、水分利用效率同步提高的阶段。其中，调亏灌溉是一种基于植物对干旱的适应性反应特性发展起来的灌溉技术，其显著的节水效果和增产效应都较传统灌溉技术上了一个台阶。但从国内外相关研究的报道来看，这一技术多应用于果蔬方面（Fabeiro et al.，2002；Spree et al.，2007；Iniesta et al.，2009）。近年来，国内学者对小麦、玉米、棉花等大田作物的调亏灌溉进行了尝试性研究，研究内容主要集中在调亏效果、程度、时期以及地上部分生理生态反应等方面。从应用效果来看，调亏灌溉不仅没有造成作物减产，还提高了水资源的利用效率，达到了节水增产的目的（孟兆江等，2003；高延军等，2004；郭海涛等，2007）。但目前对于水分调亏的作用机理研究尚不够深入和系统，未能形成具有广泛指导作用的调亏灌溉技术。植物在发生水分亏缺时，会逐渐形成一套适应机制，包括各种生理生化响应，以应对水分胁迫。然而在水分亏缺发生时，影响植物体生理生化响应的还有其他环境因素，比如土壤养分等。并且水分和养分对作物生长的作用不是孤立的，而是相互作用、相互影响的。在农业生产实践中，研究水肥耦合作用，合理施肥，"以肥济水"，对增强作物的抗旱性，促进作物对有限水资源的高效利用，挖掘生产潜力尤为重要。根系是水分和养分的吸收器官，也是光合产物的主要消耗器官。土壤水肥状况影响着根系的生长、发育和代谢等生理生态反应，并通过根系影响着地上部分。因此，在不同施肥条件下，研究作物根系对水分亏缺的生理生化响应，是揭示调亏灌溉作用机理的关键。可为在不同土壤环境条件下进行调亏灌溉时，实施各种生理生化调控提供依据。

### 一、调亏灌溉研究概况

**1. 调亏灌溉对作物产量和水分利用效率（WUE）的影响**

水分亏缺并不总是降低作物产量，一定时期的适度亏缺还对产量和水分利用率的提高有利（Kirnak et al.，2002）。三叶期至返青期适度的土壤水分调亏，能显著提高冬小麦的产量和水分利用效率（孟兆江等，2003）；而拔节前期适度水分亏缺可提高春小麦产量和水分利用效率（张步翀等，2007；Zhang et al.，2006）。对夏玉米来说，苗期中度调亏对水分利用效率和经济产量的提高是有益的（Du et al.，2010）。对菜豆和绿豆的研究也表明，适当调亏灌溉有助于产量和水分利用效率同步提高（Webber et al.，2006）。可见，在作物的某些生育期进行适度的水分调亏有助于提高作物产量和水分利用效率。

**2. 调亏灌溉对作物生理生态指标的影响**

土壤水分亏缺并非完全为负效应，棉花在适度调亏（田间持水量的60%）时，光合速率与高水条件基本一致（裴冬等，2000）。小麦光合速率也只有在严重水分亏缺时才显著降低（梁银丽等，1998），甚至在小麦灌浆期轻度干旱对光合速率还有促进作用（陈玉民等，1997）。另外，作物水分亏缺解除后，在生理特性上还常出现超补偿效应，如玉米苗期调亏可使作物得到干旱锻炼，能延缓后期叶片和根系衰老速度，保持较高的光合速率和根系活力（郭相平等，2000）。小麦适时适度水分调亏对光合速率影响不明显，但复水后光合速率表现出超补偿效应（孟兆江等，2003）。对棉花的研究也取得类似的结果，复水后光合产物超补偿积累（孟兆江等，2007）。

**3. 调亏灌溉的适宜时间和适宜亏水度**

研究作物不同生育阶段、不同程度水分亏缺的产量效应，可为节水灌溉制度的确立提供科学依据。河北栾城试验表明，冬小麦拔节期最大调亏程度为0～50 cm土层土壤保持65%田间持水量；孕穗期至抽穗期、抽穗期至灌浆前期最大调亏程度为0～80 cm和0～100 cm土层土壤保持60%田间持水量，灌浆后期最大调亏程度为0～100 cm层土壤保持50%田间持水量（张喜英等，1998）。陕西长武和甘肃民勤小麦和棉花的试验结果表明，在作物早期生长发育阶段，土壤含水率控制在田间持水量的45%～50%不会造成明显减产，但可显著提高作物水分利用效率（蔡焕杰等，2000）。如果从提高产量和水分利用效率双重目的出发，玉米苗期土壤保持50%～60%田间持水量、拔节期保持60%～70%田间持水量是最佳的调亏灌溉方案（康绍忠等，1998）。而合理的棉花调亏灌溉制度是苗期土壤保持55%～60%田间持水量，蕾期和花铃期分别保持田间持水量的65%和70%左右，吐絮期保持田间持水量的50%～55%（裴冬，2000；孟兆江等，2007）。

## 二、氮营养对作物生理生态影响的研究概况

**1. 氮素对根系形态数量性状的影响**

虽然根系形态数量性状主要由遗传特性决定，但却在很大程度上受外界环境条件的控制。其中氮素是影响根系形态数量性状的重要环境因子之一。研究表明，氮素亏缺可使单株次生根数目减少（翟丙年等，2003）。随着氮素施用量的增加，单株根条数也随之增加（赵琳等，2007），然而过量施用氮素，则适得其反，而且还使根量有所下降（Cahn et al.，1989）。氮素的亏缺也将引起根长缩短，低氮胁迫下小麦根长呈下降趋势（张定一等，2006），然而高氮水平同样抑制根的生长（Brouder et al.，1994）。适当深施氮肥可使深层根长密度提高（张永清等，2006b）。氮素还是影响根重变化的主要因素，适量施氮可增加总根重和深层土壤中的根重，有助于提高小麦的抗旱性（李秧秧等，2000）。氮营养还会影响根冠比，氮素缺乏时，根系吸收表面积增大，消耗光合产物多，使地上部生长受阻，引起根冠比增大。

**2. 氮素对根系生理性状的影响**

根系活力是指根系新陈代谢活动的强弱，是反映根系吸收功能的重要指标。施氮可促进作物根系发育，使根活性增强，吸取和运转土壤水分能力提高（李生秀等，1994）。适量施氮不但能提高根活力还能增加根系吸收面积，同时使其细胞膜伤害率降低，耐脱水能力和维持膨压的能力增强（宋海星等，2004），而过量施氮对抗旱意义不大（李秧秧等，2000），甚至表现负效应（梁银丽等，1996）。不同时期追施氮肥对根系活力影响也明显不同，早施氮肥，根系活力最大值出现早，而后期根系活力降低也快（刘殿英等，1993）。若将追施氮肥时期由返青期推迟至拔节期，可以提高花后根系活力。在起身期至挑旗期不同时期追施适量氮肥，均可使根系活力发生明显变化（姜东等，1999）。根系生物膜系统是对逆境伤害最敏感的部位，适量施氮肥可改善根系水分关系，从而提高膜稳定性，有利于作物抗旱性提高（翟丙年等，2003；Kundud et al.，1999）。保护酶活性的高低是根系衰老的一个重要特征，拔节期至挑旗期追施氮肥，可提高后期超氧化物歧化酶活性和降低膜脂过氧化水平，延缓根系衰老，从而促进籽粒灌浆（周炎等，1997；潘庆民等，1998）。

**3. 氮素对作物地上部分生理特性的影响**

国内外学者就氮肥运筹对小麦产量、品质及其产量形成的生理生态特性均已进行了大量研究（赵俊晔等，2006；Fan et al.，2005；Cai et al.，2006）。但在氮营养与作物抗旱性的关系上，研究结果还不尽一致。杜建军等（1999）试验表明，干旱条件下施用氮肥后，植物叶水势降低，气孔阻力增大，蒸腾速率减弱，抵御干旱的能力增强。樊小林等（2002）研究也表明氮肥可以改善土壤水分胁迫下作物植株水分状况，增强作物的抗旱性。但张岁岐等（2000）研究表明，土壤干旱条件下，氮肥使作物相对含水量大幅下降，自由水含量增加而束缚水含量减少，并使膜稳定性降低，从而降低作物抗旱性。Clay等（2001）在不同的干旱程度（土壤水分良好、轻度干旱、严重干旱）下，研究了氮肥在作物抗旱中的作用。结果发现，氮肥对作物分别表现出正向调节作用、无明显作用、有负效应。可见，在不同土壤水分条件下氮肥的调控效应不尽一致。

在总氮量一定的前提下，氮肥的基追比例和追肥时期是小麦生长调控的关键，直接关系到植株的生长生理和籽粒产量。拔节期至开花期是小麦吸氮高峰期，追施氮肥可以改善光合性能，增加光合产物的积累（田纪春等，2001；康国章等，2003）。在氮肥用量一定的情况下，增加拔节期追氮比例，小麦后期旗叶光合速率显著提高（冯波等，2008），并能显著提高小麦茎秆的抗倒伏能力（魏凤珍等，2008）。小麦生育后期的基本特征是叶片衰老与籽粒形成同步进行，中后期适量追氮可显著抑制叶绿素降解，并使植株保持较高的保护酶活性，降低后期细胞膜脂过氧化水平，延缓功能叶片衰老（李春喜等，2000）。姜丽娜等（2010）研究也表明增大拔节期追氮比例，能显著提高后期叶绿素的含量和硝酸还原酶活性，降低丙二醛的含量，延缓叶片衰老，获得高产。

## 三、根源信号理论研究进展

**1. 根系对气孔行为的调控**

根系的幼嫩生长尖端和气孔两边的保卫细胞是高等植物对内外水分条件变化最为敏感的部位，根系作为植物体的主要器官，其生长、代谢和活力变化可直接影响地上部分的生长发育。根系对干旱胁迫早期的迅速反应对于植物在干旱条件下的存活非常关键（Ober et al.，2003），这种反应进一步影响到气孔行为。气孔能迅速对土壤干旱作出反应，以避免水分丧失，维持组织内水分平衡（Croker et al.，1998）。气孔关闭不仅由根系供水不足引起，根系在不同的生长条件下或受到伤害时，都会向冠部发送相应的激素，作为信号来调控气孔的运动。根系在正常的条件下，发送出乙酰胆碱（ACh）给冠部，使气孔对光照的敏感度得以提高，在白天开放。根系若受到土壤干旱的胁迫，会降低 ACh 的输送量而提高另一种激素脱落酸（ABA）的输出，促使气孔关闭。根系若受到严重伤害，会发出电化学波的快速信号，促使气孔关闭，蒸腾速率剧降。可见，根系可以通过信号传递给冠部，以遥控气孔的行为，从而共同应对环境的变化和平衡水分。

**2. 根源信号理论**

目前关于干旱下气孔反应的调节主要有两种理论：一种是传统的水力学调节理论，即水力信号控制理论，认为干旱下植物气孔运动受叶片水分状况控制；另一种是非水力根源化学信号控制理论，认为当植物感受到土壤干旱时，作物根系对土壤干旱的“感应器”感受干旱信号，并随之产生一系列化学物质，如 ABA、细胞分裂素等，经木质部传递到叶片上的气孔复合体而调节气孔的关闭。

气孔开放和叶片生长需要一定的叶水势来维持，如果叶水势下降，气孔开度就会减小。Kramer 等（1983）所建立起的经典水分关系理论：当土壤干旱、植物吸水困难，从而导致地上部分的水分供应不足时，植物叶片相对含水量和叶水势下降，气孔导度降低，从而抑制了蒸腾失水，认为植物以这种被动方式适应缺水。但是在大田或者土壤缓慢干旱条件下，常常发现地上部分叶水势还未下降，气孔已逐渐关闭，叶片生长速率逐渐下降。Bates 等（1981）在豌豆上研究土壤水分亏缺时叶水分状况与气孔导度关系时发现，土壤水分轻度亏缺时叶水势并未受任何影响，而气孔导度与叶生长速率已被抑制。因此，提出了植物对水分亏缺的反应存在“非水力根源信号”的作用。Blackman 等（1985）通过玉米分根实验：使一株玉米根分别生长在两个盆内，半边根系处于充分供水而另一半受旱，与两边均供水的对照相比，一半受旱根系植株叶片气孔导度明显下降。当受旱根系浇水后气孔导度明显升高至对照水平，若用刀片切除干土中的根也可以恢复气孔导度和生长速率。因此，推测干旱土壤中的根产生了某些物质并通过木质部蒸腾流将其输送到地上部，在叶片水分状况（叶相对含水量/ 叶水势）尚未发生显著改变时即主动降低气孔导度，抑制蒸腾作用，减缓叶片的生长。这就是非水力根源信号的作用，并据此提出了根冠通讯学说。此后的众多研究也都提供了大量证据支持和论述这种根冠通讯学说（Davis et al.，1991；Gallardo et al.，1994；Jensen et al.，1989；Ludlow et al.，1989）。非水力根源信号实际上是植物根系在土壤干旱条件下做出的预警反应，它预示着后期更为严重的干旱可能即将发生，需要植物及早做出节水反应，以抵御即将到来的严重干旱。当土壤水分进一步下降时，在叶片和干旱土壤间形成的水势梯度迅速加大，根系吸水不足引起膨压降低和叶片水分亏缺，进而导致气孔开度进一步下降，气体交换减弱，生长受阻，这就是水力信号作用。根源信号物质对地上部有明显的调节作用，胁迫下叶片气孔关闭只是根系灵敏地调控地上部生理变化之一。除此之外，叶片的光合作用、叶片的生长、叶片细胞壁弹性调节和细胞渗透调节能力等，均会受到根源信号的调控（Thompson et al.，1997；Lyer et al.，1998）。

**3. 根源信使的确认**

一般认为根源信使需要满足下列条件：信使强度（浓度）的变化能对根系周围土壤环境变化作出即时响应，并且能定量反应土壤环境的变化；信使浓度的变化能在数量和时间上解释由其所引发的地上部生理过程的变化；地上部生理过程的改变只对信使的浓度而不是通量（浓度与蒸腾流速的乘积）响应；地上部叶片具有快速代谢该物质的能力，从而可避免由于信使的积累而影响响应的灵敏度；向根或其他器官饲喂该外源信使所引起的生理变化，与根系所受逆境胁迫时引起的生理变化类似（梁建生等，1998）。大量研究表明，ABA 符合上述条件，首先，根系受到胁迫时能迅速合成 ABA，其含量几倍甚至几十倍地增加。通过环割切断地上部 ABA 的供应，或者通过分根处理使叶片保持完全膨压状态下，胁迫处理照样使根系大量积累 ABA，其浓度仍随着土壤含水量的降低而升高（Davis et al.，1991；Liang et al.，1997）。土壤干旱条件下，根系 ABA 合成能力升高的同时，叶片气孔导度和生长速度也下降，而用外源 ABA 处理呈同样效果（梁建生等，1998）。Ali 等（1998）在大田小麦上亦看到，木质部 ABA 浓度随着土壤水势的下降而升高，根系合成的 ABA 能够通过木质部运到地上部。在许多植物物种中，根部的 ABA 含量与土壤湿度及相关的根部含水量密切相关（Zhang et al.，1989；Liang et al.，1997）。

目前 ABA 作为根源信号传递物质已得到充分肯定，但是不是唯一信号物质还存在争议。土壤缺水后根系和木质部汁液成分会发生很多变化，有试验表明气孔的关闭并不总是因为 ABA 浓度的提高（Blackman et al.，1985；Wigger et al.，2002），其他化学调控物质及其他们间相互作也起着重要作用（Sharp，2002；Desikan et al.，2004）。因此，非水力根源信号出现也可能是所有调控物质的综合效应。在土壤干旱下木质部汁液成分中变化较明显的是 pH。Gollan 等（1992）报道土壤干旱后木质部汁液 pH 就会增加。Jia 等（1997）证明木质部 pH 增加能够降低木质部汁液中 ABA 向外输出。在番茄和鸭跖草上也发现增大木质部汁液 pH 能够降低叶片的失水率（Thompson et al.，1997；Wilkinson，1998）。有研究认为木质部汁液 pH 的升高也能像 ABA 一样作为一种信号形式，从根部输送到叶片调节气孔开度。如土壤干旱过程中向日葵木质部汁液 pH 升高，并相继引起叶片质外体 pH 升高，而质外体 pH 的升高会快速诱导 ABA 向保卫细胞分布使气孔关闭（梁建生等，1998）。CTK（细胞分裂素）不像 ABA 那样被普遍认可为根源信使，但毕竟根系是合成 CTK 的主要器官，而且根中的 CTK 能沿木质部运到地上部，并能促进气孔开放，阻止叶绿素降解，加速光能转换，提高光合酶活性和羧化效率（杨洪强等，1999）。除 pH、CTK 外，还有乙酰胆碱、钙离子等在植物逆境信号传输中也起着重要作用（娄成后等，2000；Shinozaki et al.，1997）。不同信号的功能差异很大，但都是相互关联的。ABA 是主导，其他信号也同时参与调节反应，彼此之间形成了复杂的信号交互过程。前期绝大多数的研究均集中在对某种单一信号的单一研究上，相互之间的协同或者拮抗效应研究不多，这正是植物根源化学信号的研究结果在实践应用上受限的主要原因。综述前期研究，参与根源信号过程的化学信号物质及其作用见表3-1。

**表 3-1　水分亏缺下几种植物根源化学信号物质及其作用**

| 信号物质名称 | 作用 |
| --- | --- |
| 脱落酸（ABA） | 传递根源信号和控制气孔导度，控制植物生长和蒸腾作用 |
| 细胞分裂素（CTK） | 干旱胁迫下信号响应物质 |
| 生长素（IAA） | 协同调节气孔关闭 |
| 木质部 pH | 协同调节气孔关闭 |
| 钙离子（$Ca^{2+}$） | 引起细胞生长、分化、胁迫忍耐、生长抑制及细胞死亡 |
| 乙烯和苹果酸 | 远距离信号，控制气孔关闭 |

**4. 脱落酸（ABA）参与气孔调控的过程**

尽管调控地上部的根源信号物质很多，但以根源信号脱落酸（ABA）参与气孔行为调控的根冠通讯理论得到了众多研究提供的大量数据的支持。脱落酸（ABA）的主要任务就是干旱下传递根源信号和控制气孔导度的变化（Zhang et al.，1991）。通过对保卫细胞的信号转导途径的研究表明，ABA 能直接导致保卫细胞发生形态学弯曲，从而导致气孔关闭（Liang et al.，1997）。一些研究使用生物测定方法发现，干旱胁迫下根部合成的 ABA 可被传递给植物叶片，减少叶片气孔开度，降低蒸腾作用，增加植株保水能力（Zhang et al.，1991；Munns，1992）。ABA 诱导气孔关闭过程涉及 3 种离子通道：阴离子通道、钾离子通道和钙离子通道（Schroeder et al.，2001）。ABA 影响气孔保卫细胞运动的模式见图 3-1。

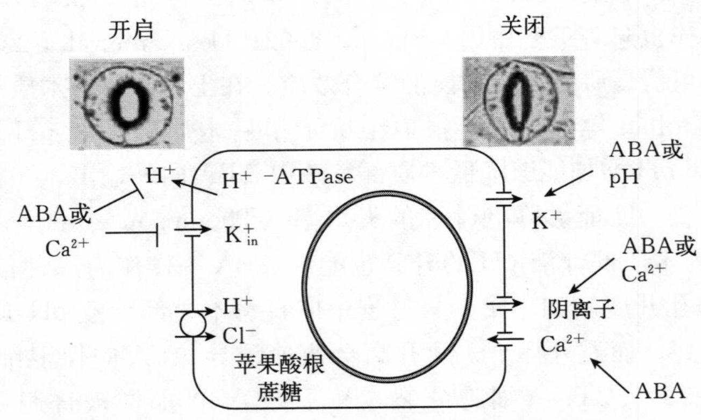


图 3-1　ABA 在保卫细胞细胞膜转运位点

注：尖箭头表示激活；T 型箭头表示未激活。

当发生渗透驱动水分进入两个保卫细胞使其外部膨胀和扩张，从而导致气孔毛孔张开，也就是气孔开放。相反，当保卫细胞内渗透驱动水分体积减小，导致两个保卫细胞外壁缩小，即气孔关闭。ABA 在此过程中通过各种离子的进出通道既抑制气孔开放，又促进气孔关闭（Assmann，2010）。

ABA 的研究一直是根源化学信号研究者关注的焦点，但由于 ABA 能引发的反应过多，包括激酶、磷酸酶、G 蛋白、泛素通路中的蛋白等都参与了 ABA 信号的调控。因此 ABA 受体的发现与研究在基础理论和实践应用方面有着重大意义。PP2C 作为 ABA 的一种受体，在植物没有 ABA 的情况下，PP2C 可以自由地抑制 SnRK 激酶家族的磷酸化。当有 ABA 存在的情况下，ABA 和 PYR/PYL/RCAR 蛋白家族结合，并隔离 PP2C，这时 SnRK 激酶家族可以自动激活，随后磷酸化并激活转录因子，从而在 ABA 启动子位置开始转录（Sheard et al.，2009）。最近一项研究发现新的 ABA 受体 PYL1，ABA 结合 PYL1 并与 PP2C 形成一个复杂的结构 ABI1，ABA 与 PYL1 结合于起始蛋白特异性受体结合位点，在其封闭盖子的表面形成一个疏水性的囊状结构，这说明 ABA 信号结构基础是依赖 PLA1 受体形成的 ABI1 复合物（Miyazono et al.，2009）。

## 四、植物根源信号特征及其生态学意义

以 ABA 为主的根源化学信号在干旱胁迫下对气孔开度的调控具有一定的变化特征。前期研究表明，根源信号调控下叶片气孔导度呈现有规律的下降趋势，小麦叶片的非水力气孔敏感性在不同品种之间的表现差异显著（Xiong et al.，2006a）。通过对 3 个不同倍体小麦的气孔导度变化的回归分析表明，从充分供水到非水力根源信号（Nonhydraulic root-sourced signal，nHRS）发生为第一阶段，从非水力根源信号（nHRS）发生到水力信号（Hydraulic rootsignal，HRS）开始启动为第二阶段，从水力信号开始到植株干枯死亡为第三阶段。根据根源信号的概念，第二阶段是 nHRS 发挥生理调控作用的阶段。该阶段叶片的气孔导度下降最快，但下降速率在不同倍体小麦中差异显著。其中二倍体和四倍体的下降速率要显著快于六倍体（图 3-2）。该模型是不同倍体小麦之间的非水力气孔敏感性变化的三“Z”模型（Xiong et al.，2006b）。

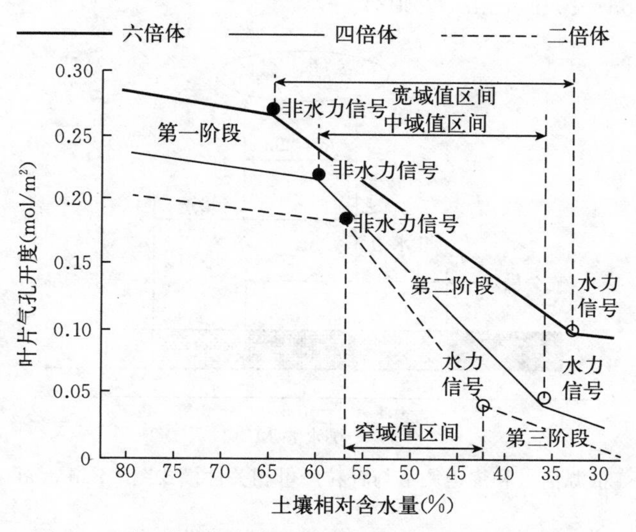


图 3-2　气孔开度变化受土壤水分变化的三“Z”模型

根源化学信号的生态学意义已被广泛研究。Johnson 等（2001）人对生长在城市环境下 5 个观赏树种的根源信号进行了跟踪，发现验证了干旱胁迫下以 ABA 为主导的根源信号物质抑制了叶片的生长，但提高了水分利用效率。在植物根系与根源信号的关系上，Davies 等（1991）认为如果在干土层中分布的根量较多，且这部分根系脱水情况越严重，那么根信号的强度就越大。因此，具有大量分蘖根的麦类作物非水力根源信号和根系干物

质分配的研究就具有了重要意义。Blum 等（1993）用不同春小麦品种实验，结果表明 0～30 cm 土壤层中根量较少的品种表现出对土壤干旱和根化学信号敏感性较低，而籽粒产量较高。上述研究表明，干旱土层中的根量越多，植物根信号对地上部分的调节作用就越强。

近年来，对于旱地作物上根源化学信号的研究最为深入。兰州大学作物生理生态研究团队以麦类作物和豆科作物为材料，系统揭示了根源化学信号的生理效应和调控机理，并提出了多项量化模型（Xiong et al.，2006a；Fan et al.，2008；Wang et al.，2008）。多项实验表明，随着不同品种育成年代的更替，旱地作物从以自然选择为主，转向与人工选择共同发挥作用，同时人工选择的压力不断增强，旱地作物特别是旱地小麦品种的个体竞争能力不断下降，但根系效率、耐旱能力和水分利用效率逐渐提高。旱地作物的生产效率和存活能力不断提高的主要原因在于根源化学信号的积极调控（Xiong et al.，2006a；Fan et al.，2008）。

以旱地六倍体小麦为例，在轻度和中度干旱胁迫下，现代品种的根源化学信号作用时间较古老品种以及野生近缘种明显延长。换句话说，现代品种在逐渐干旱过程中根源信号持续期间的土壤水分阈值区间（TISWC）较宽（图 3-2）（Xiong et al.，2006b）。同时，小麦叶片渗透调节（Osmotic adjustment，OA）从启动到消失的土壤水分阈值区间也具有类似的规律（图 3-3）（Fan et al.，2008）。多项研究表明，叶片致死水势和 TISWC 呈显著负相关（Wang et al.，2008），TISWC 与籽粒产量、收获指数、水分利用效率以及产量维持率（Maintenance rate of grain yield，MRGY）均呈显著正相关（图 3-3）（Xiong et al.，2006a；Fan et al.，2008）。

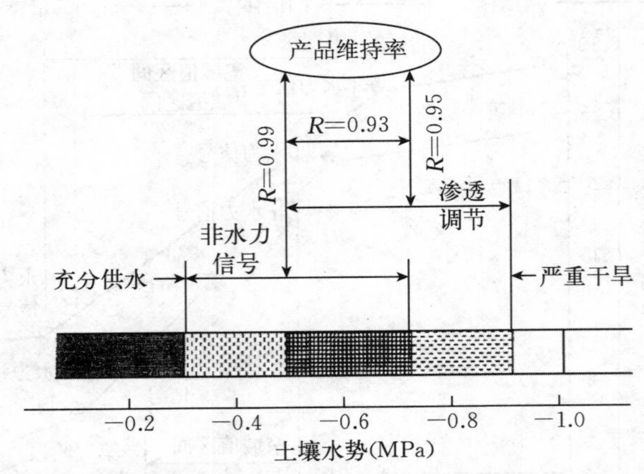


图 3-3　根源信号和渗透调节与籽粒产量相关性模式图（Fan et al.，2008）

## 五、根冠通讯理论对节水实践的指导

非水力根源信号对于植物生长的调控反应已经被越来越多的实验所证实（Blum et al.，1993；Croker et al.，1998；Zweifel et al.，2007）。非水力根源信号不仅是干旱的一种适应性反应，还在果实的生长发育过程中起到调控细胞壁延伸的作用（Mingo et al.，2003）。石培泽等（1998）对春小麦分蘖前期适度水分亏缺灌溉，有增加小穗数、结实小穗数、穗粒数的作用，在拔节前期适度水分亏缺可提高结实小穗数和千粒重，并且作物产量比充分灌溉增产5%～12%。在干旱半干旱地区，适当增加深层土壤的根量，减少表层土壤中的根分布，可有利于降低非水力根源信号的负面作用，以提高作物籽粒产量（李凤民等，1999；鄢珣等，2001）。Goallardo（1994）的研究表明，上部土壤干旱，但下部土壤中有充足水分供应时，羽扇豆气孔导度和叶片气体交换参数不受根源信号的影响。他认为干土层中根系产生的根源信号被湿土层中根系吸收的水分所稀释，从而不足以影响气孔行为。李凤民等（2000）以小麦作为试验材料，用管栽实验表明在整个生长发育期内，非水力根源信号的作用主要集中在苗期到分蘖期，特别在分蘖期次生根系大幅度发育的时候，非水力根源信号的产生有效地抑制了气孔开放，降低了蒸腾速率。近来研究表明现代春小麦品种的非水力根源信号的阈值比古老春小麦品种的宽（李凤民等，2000；Fan et al.，2003）。

根源信号不论是在自然条件还是干旱条件下都有重要的应用价值，在农业生产和植物水分利用效率方面有着广泛的应用（Schachtman et al.，2008）。气孔是$CO_2$和$H_2O$进出叶片的共同通道，蒸腾和光合作用均受气孔的调节，单叶水平的水分利用效率（WUE）取决于净光合速率与蒸腾速率的比值，因此通过气孔调节使植物叶片的水分利用效率达到最高是植物节水生理和抗旱生理的关键。植物光合作用的生理生态机制研究表明，$CO_2$扩散阻力只是水蒸气的0.64倍，气孔导度下降对光合作用的影响小于对蒸腾作用的影响，蒸腾作用对气孔有较强的依赖性，部分气孔关闭有利于叶片WUE的提高（黄占斌等，1998）。根系能迅速地感知土壤干旱，并通过某些信号物质调节地上部的生长发育，在水分供应有限的情况下优化光合作用与蒸腾作用的关系，合理分配光合产物，从而提高植物本身的WUE（Lyer et al.，1998）。李凤民等（1997）以半干旱区农业生产条件，特别是土壤水分特性为背景，结合植物根冠通讯方面的有关研究进展分析认为，在农业生产中通过影响根系特征来调节非水力根源信号（化学信号）将是干旱区提高作物水分利用效率研究的新途径。

通过土壤水分的控制和根土相互作用，利用信号物质的传输影响叶片的功能，降低蒸腾速率和叶面积系数以减少冠层的水分散失，在节水灌溉和提高水分利用效率方面有广阔的应用前景。如在根源信号参与调控植物水分关系的理论基础上，设计出来的部分根系干旱的灌溉技术（Dry et al.，1996）、控制性交替灌溉技术（Kang et al.，2004），通过根土相互作用和信号物质的传输，降低了蒸腾速率和提高了作物的水分利用效率。其依据的理论基础：当部分根系生长于逐渐变干的土壤中，该部分根系吸水受限制，从而产生水分胁迫信号物质脱落酸，控制叶片气孔开度，而另一部分生长在湿润区域的根系吸水，可满足生长用水。部分根系生长在干燥或较干燥的土壤区域中，不但可以减少作物奢侈的蒸腾失水，还可减少植株间全部湿润时的无效蒸腾和总的灌溉用水，实现植物水分利用最优化控制，提高根系对水分的利用效率，最终达到不牺牲作物光合产物积累而大量节水的目的。

## 六、研究意义

虽然调亏灌溉有助于增强作物抗旱性、提高产量和水分利用效率（WUE），但这些研究成果多是来自特定的土壤肥力条件、特定的作物品种，还不能对不同土壤环境条件下、不同作物的调亏灌溉起到广泛的指导作用，对于水分调亏的作用机理也缺乏深入、系统的研究。另外，从以往的研究也可看到，在不同水分条件下，氮肥对作物的调控效应是不一致的。根系作为土壤水分和养分的直接吸收部位，同时也是光合产物主要消耗器官。土壤水分和养分状况影响着根系生长、发育和代谢等生理生化特性，并通过根系影响地上部分。因此，对水分调亏作用机理的研究应首先着眼于根系。但目前对根系的研究远远不足，究其原因，除了根系研究方法比较困难外，更重要的原因是没有找到能够很好地把土壤干旱-根系反应-地上调节有机地联系起来的突破口，使得这种研究无从着手。随着对根冠通讯理论研究的深入，发现了根系感知土壤干旱的信号反应过程：在土壤缓慢干旱的条件下，根系首先产生非水力根源信号（主要是 ABA），并将其输送到地上部分，在叶片水分状况尚未发生显著改变时即主动降低气孔开度，抑制蒸腾，而此时光合作用并未受显著影响（Xiong et al.，2006a）。非水力根源信号是根系在干旱条件下做出的预警反应，可使植物及早做出节水反应，以抵御即将到来的严重干旱（Xiong et al.，2006b）。当土壤进一步干旱时，根系吸水不足引起叶片水分亏缺，严重影响正常的生理生化反应，导致气孔导度进一步下降，光合作用显著减弱，植物生长发育严重受阻，这就是水力根源信号作用。非水力根源信号的早期发动对作物在干旱条件下的生产非常关键。这些进展为通过研究根系行为把土壤干旱-根系反应-地上调节有机地联系起来提供了一个突破口。

此外，当作物遭遇水分亏缺时，为了缓解水分胁迫，会增加光合产物向根部的分配比例，以增大根系吸水能力。根据生态学中生活史对策理论，当光合同化产物向某一功能器官分配增加时，必然导致向其他功能器官的分配减少（Zhang et al.，1994）。当植物同化产物用于根系较多时，分配到冠部的必然减少。对春小麦的研究发现，长期水分亏缺会使根总量增大，地上部分得到的光合产物有限，产量严重下降（魏虹等，2000）。另外，除根系构建要消耗大量同化产物外，根呼吸也是主要的同化产物消耗途径，作物日光合固碳总量的50%左右通过根呼吸消耗掉（Liu et al.，2005）。根系效率取决于根系吸收水分用于干物质生产的能力同其对同化产物的消耗之比。根系效率的提高对作物生产具有积极作用。所以，作物在干旱条件下保持光合固碳的相对稳定和降低根系耗碳量是提高籽粒产量的主要保证（Liu et al.，2005）。

因此，本研究采用桶栽、测坑和田间小区试验，以冬小麦品种为试验材料，通过研究不同水肥管理对小麦根系生理生态特征、根系效率及其非水力根源信号行为的影响，对调亏灌溉的作用机理进行深入和系统的研究，为该项技术能更好地服务于农业生产实践提供了可靠的理论依据和技术支持。

## 第二节　不同时期水分亏缺对冬小麦根系效率及抗旱性的影响

水资源短缺是21世纪我国农业生产所面临的重大挑战和最大的生态问题，开展农业节水灌溉技术研究对于缓解我国水资源供需矛盾和保证农业的持续发展具有重要意义。小麦是我国的主要粮食作物，其栽培地区在小麦主要生长季节都不同程度地存在着干旱问题，为了实现作物高产、稳产，必须对其实施补充灌溉。因此，如何合理利用有限的水资源，减少灌溉用水，提高水分利用效率，是冬小麦生产迫切需要解决的问题（韩占江等，2009）。调亏灌溉作为一种新型节水方式，已被广泛应用于农业生产实践。大量研究证明，通过调亏灌溉可以达到节水、提高作物的水分利用效率的目的（Zhang et al.，2005；Du et al.，2010；孟兆江等，2003）。在前期（尤其是苗期）进行调亏灌溉还可使作物得到干旱锻炼，增大根冠比和根活力，减缓后期根系衰老速度和促进籽粒形成（郭相平等，2001）。然而，根据根冠功能平衡学说，植物的根和冠是既相互依赖又相互竞争的关系，根系在给地上部分提供水分和矿质营养的同时，也是光合产物的主要消耗器官。在土壤发生水分亏缺时，植物将改变光合产物在地上和地下器官间分配比例，主动分配更多的光合产物来建造根系，增强水分吸收能力，以缓解水分胁迫。根据生态学中生活史对策理论，当光合产物向某一功能器官分配增加时，必然导致向其他功能器官分配的减少（Zhang et al.，1994）。当作物光合产物用于根系较多时，分配到冠部的必然减少，最终影响籽粒产量。魏虹等（2000）在对春小麦的研究中发现，长期持续受旱会使根总量增大，地上部分的光合产物减少，产量严重下降。除了根系构建要消耗大量同化产物外，根呼吸也是主要的同化产物消耗途径，作物日光合固碳总量的50%左右通过根呼吸消耗掉（Lambers et al.，1996；Liu et al.，2004）。对作物生产而言，根系功能的高效性取决于其对地上部分水肥的供应能力和消耗地上部分同化物的量。因此，对根呼吸与光合能力进行定量研究有助于更好地理解光合产物分配与产量形成的关系（Lohila et al.，2003）。本研究通过对花期的根呼吸速率和光合速率进行测定，分析不同生育期水分亏缺处理对冬小麦根呼吸速率、光合速率和根系效率的影响。同时，通过对各水分亏缺处理植株在花期自然干旱条件下的叶绿素荧光参数进行测定，探讨不同时期水分亏缺对冬小麦后期的抗旱能力的影响，旨在为冬小麦节水高效灌溉制度的建立提供新的科学理论依据。

## 一、试验方案

试验品种为长武135。盆直径28 cm，高30 cm。供试土壤为耕层土。将土壤风干碾碎并过筛，每盆装土10.0 kg，播种前每千克干土施N（尿素）0.36 g、$P_2O_5$ 1.59 g，一次性均匀拌入土中。2006年10月10日播种，出苗后于三叶期每盆留基本苗16株。设置3个水分亏缺处理时期：越冬—拔节期（S1）、返青—拔节期（S2）、拔节—抽穗期（S3），亏缺程度为土壤田间持水量的45%～50%。水分亏缺期结束后，复水到土壤田间持水量的70%。设置对照（CK）土壤含水量为土壤田间持水量的70%。每一处理重复15盆。每天采用称重法控制土壤水分含量，并记录耗水量。

## 二、测定内容与方法

### 1. 光合速率和根呼吸速率

于花期上午9:00—11:00使用Li-6400光合仪测定各处理小麦旗叶的光合速率。每盆随机选取2株小麦，每处理共6次重复（3盆×2株）。测定完光合速率后立即用PMR-5型稳态气孔计的土壤呼吸探头测定各处理总的土壤呼吸，每处理3次重复（3盆）。然后再测定3个预留空白盆的土壤呼吸。每处理的根呼吸用总的土壤呼吸减去空白盆的土壤呼吸来估算。根系效率取决于地上部分的光合能力与根系所消耗能量物质间数量的对比关系（刘洪升等，2003）。在此，我们用光合固碳量和根呼吸耗碳量的比值来评价作物的根系效率。

### 2. 叶绿素荧光参数测定

在测定完光合速率和根呼吸速率后，将各处理小麦分为两部分，一部分继续保持在田间持水量的70%，将来用于测定产量；另一部分停止供水任其自然干旱，在停止供水后1 d、3 d、5 d、7 d和9 d测定各处理旗叶叶绿素荧光参数。测定时各处理小麦先暗适应30 min，然后测定旗叶叶绿素荧光诱导动力学参数，如实际光化学量子产量（ΦPSⅡ）、表观光合电子传递速率（ETR）、光化学淬灭系数（qP）、非光化学淬灭系数（NPQ）等。

ΦPSⅡ值反映在PSⅡ反应中心部分关闭情况下的实际原初光能捕获效率；ETR代表PSⅡ反应中心的表观光合电子传递速率；光化学淬灭系数（qP）反映的是PSⅡ天线色素吸收的光能用于光化学电子传递的份额以及PSⅡ反应中心的开放程度。光化学淬灭系数qP越大，PSⅡ反应中心的电子传递活性越大；非光化学淬灭系数（NPQ）反映的是PSⅡ天线色素吸收的光能不能用于光合电子传递而以热的形式耗散掉的光能部分。

**3. 产量性状、水分利用效率和根冠比的测定**

分别于拔节期、抽穗期和花期测定各处理地上、地下生物量，首先剪去地上部分，然后将根系仔细用水冲洗出来，和地上部分一起在75 ℃下烘干称重，并计算根冠比。成熟期测产。水分利用效率计算：水分利用效率＝籽粒产量/耗水量，单位为g/kg。

## 三、研究结果与分析

**1. 根冠比**

3个水分亏缺处理对作物的根冠比均具有显著影响，每一水分亏缺处理结束时，通过对植株的根冠比进行测定，水分亏缺处理的根冠比均显著高于对照（表3-2）。此后随着生育期推进，返青—拔节期水分亏缺处理植株的根冠比于抽穗期恢复到对照水平，而越冬—拔节期和拔节—抽穗期水分亏缺处理植株的根冠到花期时仍显著大于对照。

**表3-2　不同水分亏缺处理条件下植株根冠比的变化**

| 处理 | 拔节期 | 抽穗期 | 花期 |
| --- | --- | --- | --- |
| CK | 0.22c | 0.18b | 0.16b |
| S1 | 0.28a | 0.22a | 0.20a |
| S2 | 0.26b | 0.19b | 0.17b |
| S3 | | 0.23a | 0.22a |

注：不同小写字母表示差异性显著（$P<0.05$）。

**2. 根呼吸与光合作用**

在花期，通过对不同水分处理植株的光合速率进行测定，越冬—拔节期和返青—拔节期水分亏缺处理的植株叶片的光合速率均显著高于对照，拔节—抽穗期水分亏缺处理植株的光合速率与对照相比没有显著差异（表3-3）。通过对花期的根呼吸速率进行测定，各水分亏缺处理植株的根呼吸速率均显著小于对照。通过用光合速率与根呼吸耗碳之比来估算植株的花后根系效率，各水分亏缺处理植株的花后根系效率均显著大于对照。

表 3-3　不同水分亏缺处理植株的光合速率、根呼吸速率和根系效率

| 项目 | CK | S1 | S2 | S3 |
|---|---|---|---|---|
| 光合作用［μmol/(m² · s)］ | 22.1c | 23.1ab | 24.5a | 22.6bc |
| 根呼吸速率［μmol/(m² · s)］ | 1.22a | 1.03b | 1.06b | 0.91b |
| 根系效率 | 18.11b | 22.43a | 23.11a | 23.74a |

注：不同小写字母表示差异性显著（$P<0.05$）。

### 3. 叶绿素荧光参数

在花期，各处理的实际光化学量子产量（ΦPSⅡ）、表观光合电子传递速率（ETR）和光化学淬灭系数（qP）在自然干旱过程中随着干旱胁迫的加剧均呈逐渐下降的趋势。自然干旱 5 d 后，S1、S2 和 S3 处理的 ΦPSⅡ、ETR 和 qP 值均显著高于对照（$P<0.05$）（图 3-4）。各处理的非光化学淬灭系数（NPQ）在自然干旱过程中均呈先升后降的趋势，在自然干旱 5 d 后，各处理的 NPQ 值达到最大。在自然干旱初期，S1、S2 和 S3 处理的 NPQ 值小于对照；自然干旱 5 d 后，3 种水分亏缺处理的 NPQ 值显著大于对照。

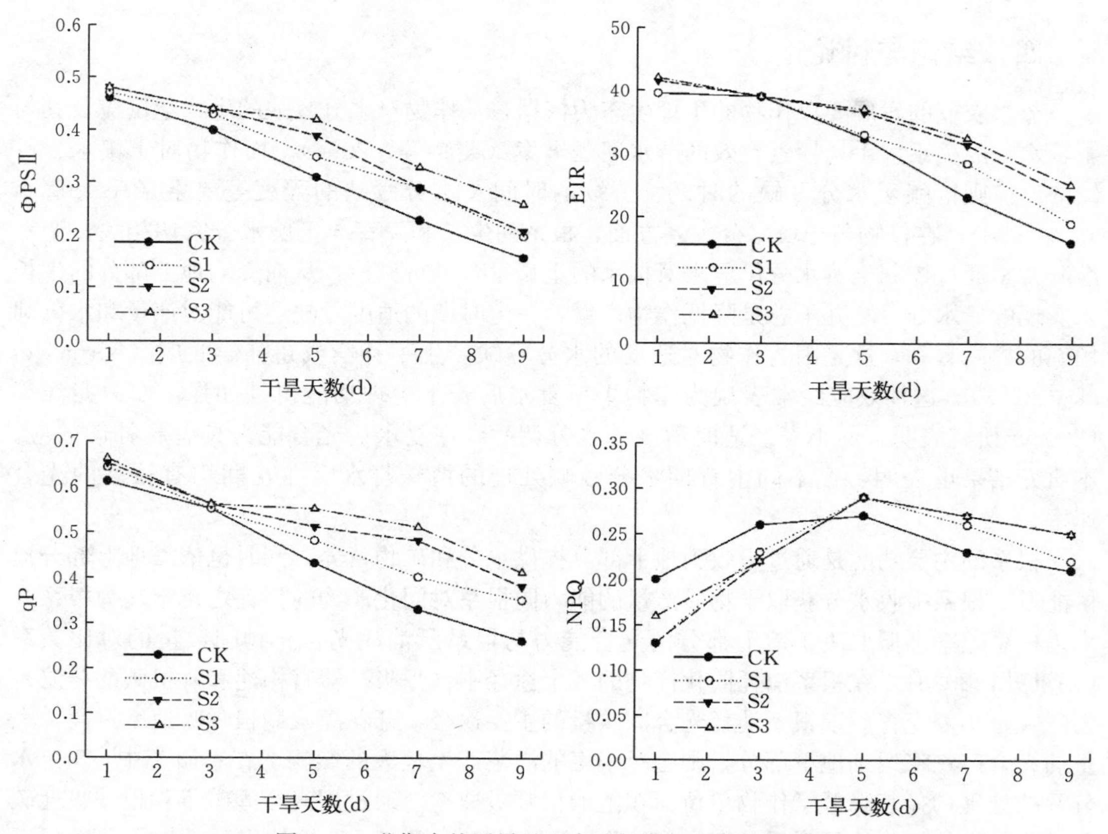


图 3-4　花期自然干旱过程中叶绿素荧光参数的变化

注：ΦPSⅡ为实际光化学量子产量，ETR 为表观光合电子传递速率，qP 为光化学淬灭系数，NPQ 为非光化学淬灭系数。

**4. 产量性状与水分利用效率**

返青—拔节期水分亏缺处理减少了穗数，但由于提高了穗粒重，最终产量没有受到显著影响。越冬—拔节期和拔节—抽穗期水分亏缺植株由于严重减少了穗数，尽管穗粒重显著提高，但产量和对照相比显著下降。返青—拔节期水分亏缺处理显著减少了水分消耗，而产量没有降低。因此，水分利用效率显著提高。越冬—拔节期水分亏缺处理对水分利用效率没有显著影响，但拔节—抽穗期水分亏缺处理植株的水分利用效率显著下降（表 3-4）。

**表 3-4 不同处理植株的产量性状和水分利用效率**

| 项目 | CK | S1 | S2 | S3 |
| --- | --- | --- | --- | --- |
| 穗数（个/盆） | 34.6a | 28.22c | 30.1b | 20.7d |
| 穗粒重（g） | 0.94c | 1.03b | 1.09b | 1.19a |
| 产量（g/盆） | 32.53a | 29.19b | 32.81a | 24.63c |
| 耗水量（kg/盆） | 23.46a | 20.42c | 21.67b | 20.23c |
| 水分利用效率（g/kg） | 1.39b | 1.42ab | 1.51a | 1.22c |

注：不同小写字母表示差异性显著（$P<0.05$）。

## 四、结论与讨论

节水农业的发展要以作物的生理生态为依据，从作物对水分亏缺的生物学反应及其与土壤水分的关系入手，探索有效的节水灌溉方案（裴冬等，2006）。而作物对土壤水分亏缺的反应则依赖于水分亏缺的时期、持续的时间及水分亏缺的程度等要素（Asseng et al.，1998）。在作物与土壤水分关系方面，根系的生长和发育与土壤水分密切相关，调亏灌溉就是通过控制土壤水分供应来对根系的生长发育进行调控，从而影响地上部分的生长来实现的。水分亏缺并不总是降低作物产量，一定时期的适度亏缺还可能对产量和水分利用率的提高有利，这是因为作物对适度的水分亏缺产生了补偿或超补偿效应（Kirnak et al.，2002）。这种效应经常表现为作物干旱复水后若干生理功能得到加强，如孟兆江等（2003）研究表明，冬小麦经适时适度的水分调亏，在复水后光合能力具有超补偿效应。本研究结果也表明，经不同生育期水分亏缺处理的植株复水后在花期均有较高的光合速率。

根系的主要功能是通过吸收为地上部分提供水分和矿物营养，同时也依靠地上部分提供能量。根系吸收水分获取干物质产量的能力同根系对同化产物的消耗之比定义为根系效率。根系效率高低取决于地上部分的光合能力与根系所消耗光合产物间数量的对比关系（刘洪升，2003）。在根系消耗同化产物的 3 个途径中（呼吸、器官构建和有机碳的分泌），根呼吸是小麦生育后期根系消耗光合固碳量的主要途径，开花灌浆期根呼吸速率过高，大量的光合产物将运到地下部分，则会对小麦的灌浆产生较大的影响。在本研究中，3 个水分亏缺处理均显著降低了作物单位面积上的根呼吸速率。通过用光合固碳量和根呼吸耗碳量的比值来估算作物的根系效率，3 个水分亏缺处理均提高了植株的根系效率，花后根系效率的提高有利于光合产物向籽粒运转。因此，3 个水分亏缺处理植株均有较高穗粒重。

返青—拔节期水分亏缺处理虽然减少了小麦的穗数，但由于提高了穗粒重，最终产量没有受到显著影响。在水资源缺乏的半干旱地区，节水农业的主要目的是在不降低产量的前提下提高的作物的水分利用效率。如果在作物对水分不很敏感的时期，节省灌水次数，可以大大减少作物的无效耗水总量，从而在不降低产量甚至提高产量的基础上，达到节水、高效的目的（裴冬等，2006）。本研究也证实了这一点，返青—拔节期水分亏缺处理显著减少了水分消耗，而产量没有降低，因此，水分利用效率显著提高。但越冬—拔节期和拔节—抽穗期水分亏缺处理由于水分亏缺严重减少了穗数，尽管穗粒重显著提高，但产量和对照相比显著下降，最终水分利用效率也没有得到提高。因此，必须把握好水分亏缺的时期和持续时间，如果控制不当，大量光合产物将用于构建根系和维持其呼吸消耗，造成地上部分减少，不利于作物产量的形成。

通过早期对作物进行抗旱锻炼，可以提高作物的后期抗旱能力，但已有针对作物抗旱生理的研究主要是通过离体测定植株的渗透调节能力、某种物质含量和某种酶的活性等生理指标，对样品本身伤害较大。而叶绿素荧光分析技术是一种以植物体内叶绿素为天然探针，研究和探测各种外界因子对植物光合生理状况影响的快速、无损伤的植物活体诊断技术，已被广泛应用于评价植物对环境胁迫的反应（Sayed，2003）。本研究通过对冬小麦花期自然干旱过程中叶绿素荧光参数进行测定表明，水分胁迫损害了小麦叶片的PSⅡ反应中心，致使PSⅡ反应中心的光化学活性受到了抑制。因此，随着干旱胁迫的加剧，各处理冬小麦叶荧光参数ΦPSⅡ、ETR、qP均呈逐渐下降的趋势，但从下降幅度来看，停止供水5 d后，3种水分亏缺处理的ΦPSⅡ、ETR和qP值均显著高于对照。可见，在干旱胁迫条件下，3种水分亏缺处理小麦PSⅡ反应中心比对照小麦有更高的光化学活性。当PSⅡ反应中心天线色素吸收了过量的光能时，PSⅡ反应中心可以通过非光化学淬灭将过剩的光能以热的形式耗散掉，从而可避免过剩的光能对光合机构造成伤害，所以非光化学淬灭是植物的一种自我保护机制（Rohacek，2002）。在本研究中，从干旱胁迫对NPQ的影响来看，在胁迫前期各处理的NPQ值呈上升趋势，说明热耗散增多，缓解了过剩的激发能对PSⅡ反应中心的破坏作用。但在此阶段3种水分亏缺处理的NPQ值小于对照，由于光反应中心未受损害，因此，可使更多的光能用于光化学反应；在停止供水5 d后，随着干旱程度的加剧，PSⅡ反应中心受到伤害，用于保护PSⅡ反应中心的热耗散机能也受到破坏。因此，NPQ值开始呈下降趋势，但3种水分亏缺处理的热耗散对干旱胁迫的响应较慢，热耗散耗能下降幅度较对照小，表明PSⅡ反应中心的受破坏程度低于对照。在严重的干旱条件下，3种水分亏缺处理小麦用于热耗散的能量多，能够延缓PSⅡ反应中心的受损程度；对照小麦的NPQ值下降快，表明PSⅡ反应中心在严重干旱条件下受损程度大影响了保护机制。因此，从3种水分亏缺处理小麦在自然干旱过程中叶绿素荧光参数值可以看出，冬小麦经水分亏缺处理后比对照小麦具有较强的耐旱性。

总之，通过对3种水分亏缺处理植株的花期光合速率、根呼吸速率以及自然干旱过程中叶绿素荧光参数的研究表明，3种水分亏缺处理均显著降低了根呼吸耗碳量，提高了作物的根系效率以及花后的耐旱性。水分亏缺处理的时期和持续的时间对小麦的产量和水分利用效率具有重要影响，返青—拔节期水分亏缺对小麦产量没有显著影响，但能显著提高作物的水分利用效率。越冬—拔节期和拔节—抽穗水分亏缺由于严重减少了穗数，造成产量显著下降，最终水分利用效率没有达到提高。总之，综合作物的生理、耗水量和产量等指标及其之间的关系，表明在返青—拔节期进行适当的水分亏缺处理，能够提高作物的根系效率和后期的抗旱能力，并能在不降低产量的前提下提高作物的水分利用效率，从而达到节水、高效的目的。

## 第三节 水分调亏对冬小麦后期抗逆能力的影响

植物在生长过程中经常遭受多种不利环境条件的影响，为了应付不可预测的环境胁迫，植物在进化过程中已形成了一些迅速感知环境胁迫并积极地对胁迫作出自我适应、自我调节、自我补偿的机制。在作物生产实践中可通过调动和发挥作物自身对不利环境的适应补偿机制，利用适时适度环境胁迫的有益调控效应，对作物进行抗逆锻炼，以提高作物的后期抗逆能力。调亏灌溉是基于植物对干旱的适应性反应特性发展起来的一种新型的灌溉技术。通过在作物的某一生长阶段，施加一定程度的有益亏水度，以影响作物的生理和生化过程，调节光合产物在营养器官和生殖器官之间的分配比例，从而获得更高的经济产量，达到节水增产目的（Kang et al.，2000）。在小麦、玉米等大田作物进行调亏灌溉的应用效果表明，生育前期适时适度的水分调亏不仅没有造成作物减产，还提高了水资源的利用效率，达到了节水增效的目的（Zhang et al.，2005；Du et al.，2010；Fereres，2007）。然而当前有关调亏灌溉的研究大都集中在水资源的高效利用方面，而对于作物后期处于逆境条件下的抗逆生产能力还缺少必要的研究。由于我国幅员辽阔，降水量在不同地域间和时间上有重大差异，作物在生育后期遭遇的不仅仅是旱灾。以我国的主要粮食作物冬小麦为例，在我国北方麦区小麦生育期中旱灾发生较为频繁，干旱缺水是限制作物生产的主要因子；而在南方麦区则降水偏多，尤其小麦中后期降水过多造成的土壤渍水逆境是该区小麦生产的主要限制因子（李金才等，2001）。而且近几年来，在小麦生育期内北旱南涝的灾害频繁出现，尤其是花后干旱和渍水胁迫持续时间呈不断拉长的趋势，对小麦生产造成不利的影响，是小麦高产、稳产的主要限制因子。许多研究和实践表明，花后干旱和渍水状况均明显加快了小麦衰老进程，植株根系活力和光合功能迅速下降，正常生长发育及生理代谢功能失调，最终影响其产量（姜东等，2004；李金才等，2006；Blum，1998；Aggarwal，1984）。因此，防止早衰成为水分逆境条件下提高小麦产量的重要途径。研究表明，生育前期调亏能延缓后期叶片和根系衰老速度，保持较高的光合速率和根系活力，在生理特性上常表现超补偿效应，从而促进籽粒形成（孟兆江等，2003；Xue et al.，2006）。那么在作物生育前期进行水分调亏后，如果在生长后期处于逆境条件，前期水分调亏的超补偿效应，还能不能发挥作用呢？因此，本研究通过盆栽试验，在不同生育期对冬小麦进行水分调亏，进行抗性锻炼，探讨其在花后土壤干旱、渍水和正常供水条下的生理特性和抗逆生产能力，为小麦抗逆高产栽培技术提供理论依据与技术支持。

### 一、试验方案

试验于 2009 年 10 月至 2010 年 6 月在中国农业科学院农田灌溉研究所商丘农田生态

系统研究站防雨棚下进行。试验品种为周麦 18。盆直径 30 cm，高 35 cm。供试土壤为耕层土。将土壤风干碾碎并过筛，每盆装土 15.0 kg，播种前每千克干土施 N（尿素）0.36 g、$P_2O_5$ 1.59 g，一次性均匀拌入土中。2010 年 10 月 10 日播种，出苗后于三叶期每盆留基本苗 15 株。设置了 3 个水分调亏阶段，越冬—返青期（RS1）、返青—拔节期（RS2）和拔节—抽穗期（RS3），水分调亏程度为田间持水量的 45%～55%。水分调亏期结束后，复水到田间持水量的 70%～75%。设置对照（CK）土壤含水量为田间持水量的 70%～75%。每一处理重复 15 盆。每天采用称重法控制土壤水分含量，并记录耗水量。于抽穗期将各处理分作 3 组：正常供水（田间持水量的 70%）、干旱处理（田间持水量的 45%）和水渍处理。

## 二、测定内容与方法

### 1. 光合速率和根呼吸速率

于花期和花后 15 d 的上午 9:00—11:00 使用 Li－6400 光合仪测定各处理小麦旗叶的光合速率。每盆随机选取 2 株小麦，每处理共 6 次重复（3 盆×2）。在花期测定完光合速率后，用 Li－8100 红外土壤呼吸通量测定装置（LI－COR，Linco ln，USA）测定土壤和根呼吸速率。测量叶室放置在事先已经放入土壤中的 PVC 环上进行测量。在开始测定前 1 d 就把 PVC 环放入土壤以减少土壤扰动对呼吸测量的影响。PVC 环直径 20 cm、高 12 cm，放入土壤后留 2 cm 露出地表以保证测量叶室的密闭性。每处理 3 次重复（3 盆），测量完毕后，然后再测定 3 个预留空白盆的土壤呼吸。每处理的根呼吸用总的土壤呼吸减去空白盆的土壤呼吸来估算。测定完根呼吸速率后，冲洗根，并烘干称重，计算比根呼吸速率(Specific root respiration)，比根呼吸速率是根系呼吸速率和根干重的比值（Kelting et al.，1998）。

### 2. 群体特征

于开花期测定正常供水条件下各处理株高、有效茎数、无效茎数和有效茎重。同时测定各处理的抗倒伏能力，包括第一、二节间长和第一、二节间充实度。

### 3. 产量特征

成熟期测各处理穗数、穗粒重、千粒重和籽粒产量。

使用 Excel 软件对试验数据进行分析与作图，用 SPSS 软件对试验数据进行统计分析，并对各处理数据进行显著性检验。

## 三、研究结果与分析

### 1. 不同处理小麦的群体特征

水分调亏对群体特征有较大的影响，3 个调亏处理均促进了较小分蘖早亡，并限制了晚生分蘖的形成，因此，3 个调亏处理小麦的无效茎数和有效茎数均少于对照。越冬—返青期调亏处理对株高和叶面积没有显著影响，但返青—拔节期和拔节—抽穗期调亏处理显著降低了小麦的株高和叶面积；越冬—返青期和返青—拔节期调亏处理对有效茎重没有显著影响，但提高了有效茎的整齐度。拔节—抽穗期调亏处理不但降低了株高、叶面积和有效茎重，而且的茎的整齐度也显著下降（表 3－5）。

**表 3-5　不同处理小麦的群体特征**

| 处理 | 无效茎数 | 有效茎数 | 有效茎重 | | 叶面积（$cm^2$） | 株高（cm） |
|---|---|---|---|---|---|---|
| | | | 平均（g） | 整齐度 | | |
| CK | 27.7a | 32.3a | 1.65a | 8.54 | 84.5a | 82.1a |
| RS1 | 22.3c | 30.7ab | 1.72a | 9.9 | 82.7 a | 81.3ab |
| RS2 | 20.7c | 29.7b | 1.71a | 11.69 | 80.1b | 80.5b |
| RS3 | 24.3b | 20.3c | 1.31c | 7.29 | 48.6c | 77.3c |

注：不同小写字母表示差异性显著（$P<0.05$）。

**2. 不同处理小麦的抗倒伏能力**

基部节间长度和充实度与小麦的抗倒伏能力密切相关，茎秆基部节间越短，充实度越大，小麦茎秆抗倒伏性越好。3 个不同时期的调亏处理小麦第一、二节间的长度随着调亏时期的后移，呈下降趋势。与对照相比，3 个调亏处理均显著降低第二节间的长度，返青—拔节期和拔节—抽穗期调亏处理还显著降低了第一节间的长度。3 个调亏处理第一、二节间的充实度随调亏时期的后移均呈显著增加趋势。由此，可知水分调亏处理有利于增强小麦植株的抗倒伏能力（表 3-6）。

**表 3-6　不同处理小麦的基部节间特征**

| 处理 | 节间长（cm） | | 节间充实度（mg/cm） | |
|---|---|---|---|---|
| | 第一节间 | 第二节间 | 第一节间 | 第二节间 |
| CK | 6.72a | 7.92a | 20.45d | 18.96d |
| RS1 | 6.52a | 7.33b | 21.47c | 19.91c |
| RS2 | 6.11b | 6.91c | 23.35b | 22.35b |
| RS3 | 4.64c | 5.68d | 26.72a | 24.12a |

注：不同小写字母表示差异性显著（$P<0.05$）。

**3. 不同处理小麦的比根呼吸速率**

比根呼吸速率和根活性一样，也是表征作物根系生理代谢活性的一个重要指标。花期时，在正常供水条件下，越冬—返青期和返青—拔节期调亏处理均显著提高了小麦的比根呼吸速率，但拔节—抽穗期调亏对小麦的比根呼吸速率没有显著影响（图 3-5）。这说明越冬—返青期和返青—拔节期调亏处理提高了小麦根系生理代谢活性。土壤水分状况对比根呼吸速率有显著影响，干旱和水渍处理均显著降低小麦的比根呼吸速率。但在干旱条件下，越冬—返青期和返青—拔节期调亏处理的小麦的比根呼吸速率均显著高

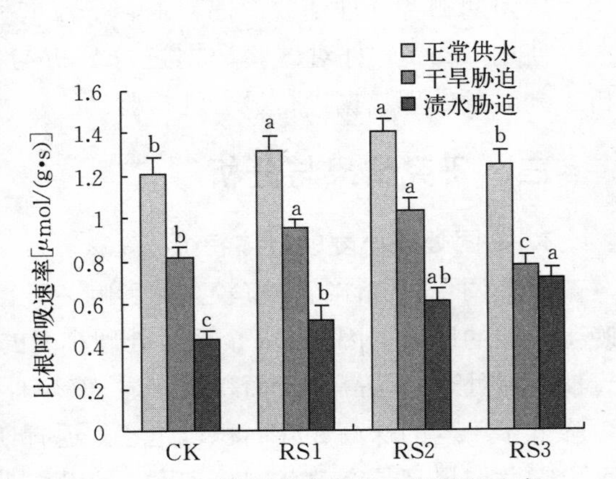


图 3-5　不同处理小麦的比根呼吸速率

注：不同小写字母表示差异性显著（$P<0.05$）。

于对照小麦，而拔节—抽穗期调亏小麦的比根呼吸速率显著小于对照；在水渍条件下，3个调亏处理小麦的比根呼吸速率均显著高于对照。

**4. 不同处理小麦的光合速率**

在花期，正常供水条件下，越冬—返青期和返青—拔节期调亏处理均提高了小麦的光合速率，但拔节—抽穗期调亏对小麦的光合速率没有显著影响（图3-6）。这说明越冬—返青期和返青—拔节期调亏小麦复水后在光合作用方面具有超补偿效应。土壤水分显著影响着小麦的光合速率，干旱和水渍处理均显著降低了小麦的光合速率。但在干旱条件下，3个调亏处理小麦的光合速率均显著高于对照小麦；在水渍条件下，3个调亏处理小麦的光合速率没有显著差异。随着生育的推进，到花后15 d，在正常供水和干旱条件下，越冬—返青期和返青—拔节期调亏处理小麦的光合速率仍显著高于对照，拔节—抽穗期调亏小麦的光合速率显著低于对照；在水渍条件下，3个调亏处理小麦的光合速率均显著大于对照。

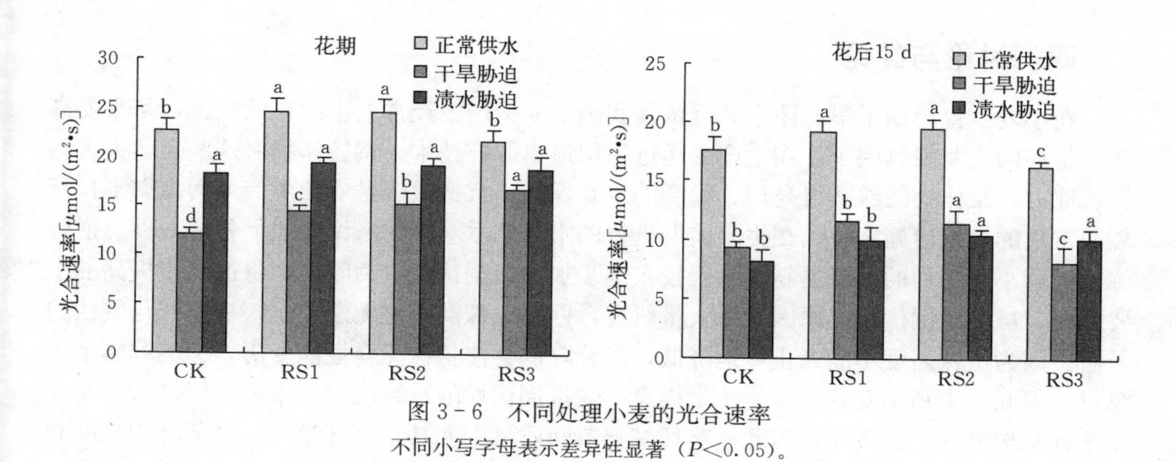


图3-6　不同处理小麦的光合速率

不同小写字母表示差异性显著（$P<0.05$）。

**5. 不同处理小麦的产量性状**

开花后，在正常供水条件下，越冬—返青期调亏处理对小麦的穗数、穗粒数、千粒重和产量没有显著影响；返青—拔节期调亏处理，显著降低了穗数，但由于提高了千粒重，对产量没有显著影响。在干旱胁迫下，越冬—返青期和返青—拔节期调亏处理对小麦的穗数和千粒重没有显著影响，但提高了穗粒数和产量（表3-7）。在水渍条件下，越冬-返青期和返青—拔节期调亏处理对小麦的穗数没有显著影响，但提高了穗粒数、千粒重和产量。在3种水分条件下，拔节—抽穗期调亏处理小麦由于穗数、穗粒数显著下降，尽管千粒重提高，最终产量仍显著下降。以干旱和水渍条件下产量与正常供水条件下产量之比来估算各处理的稳产性，3个调亏处理小麦的稳产性均高于对照小麦。

**表3-7　不同处理小麦的产量性状**

| 处理 | | 穗数 | 穗粒数 | 千粒重（g） | 产量（g） | 稳产性 |
|---|---|---|---|---|---|---|
| 正常供水 | CK | 33.3a | 29.2a | 36.1c | 34.69a | — |
| | RS1 | 31.7ab | 29.5a | 36.8c | 34.34a | — |
| | RS2 | 30.3b | 29.6a | 39.4a | 35.17a | — |
| | RS3 | 23.7c | 22.1b | 38.3b | 20.03b | — |

（续）

| 处理 | | 穗数 | 穗粒数 | 千粒重（g） | 产量（g） | 稳产性 |
|---|---|---|---|---|---|---|
| 干旱胁迫 | CK | 30.3a | 24.2b | 33.8bc | 24.41b | 70.37 |
| | RS1 | 29.2a | 26.5a | 34.2ab | 26.47a | 77.08 |
| | RS2 | 28.7a | 27.6a | 34.3ab | 27.7a | 78.76 |
| | RS3 | 20.3b | 22.1c | 35.6a | 14.91c | 74.44 |
| 水渍胁迫 | CK | 31.3a | 26.5c | 32.1b | 26.31b | 75.84 |
| | RS1 | 29.7a | 28.2b | 32.7b | 28.37a | 82.62 |
| | RS2 | 29.3a | 30.1a | 34.1a | 30.07a | 85.49 |
| | RS3 | 22.7c | 23.1 d | 34.4a | 17.14c | 85.57 |

注：不同小写字母表示差异性显著（$P<0.05$）。

## 四、讨论与结论

在小麦生育后期干旱、渍水和倒伏是我国小麦生产中经常发生的自然灾害，是小麦高产、稳产的主要限制因子。在生产中通过采用适当调控技术，调控作物对这些自然灾害的抵抗能力，是作物能够获得高产、稳产的重要保证。抗逆锻炼是农业生产上为抵御不良环境而常用的调控措施之一。在生育前期进行的水分调亏对作物来说实质上就是一种抗逆锻炼。随着小麦品种的不断更新和水肥投入逐步加大，倒伏已成为限制产量进一步提高的主要障碍。虽然对倒伏形成原因做了大量研究，但单凭株高矮化无法完全解决高产与倒伏的矛盾。因为植株高度不能无止境地降低，过分降低会使植株光合性能变劣，影响群体生产总量。因此，提高小麦茎秆质量才是提高小麦抗倒伏性的最终决定因素。由于倒伏多发生在茎秆基部第一、二节间，因此，茎秆基部节间质量，尤其是基部第一、二节间的长度和单位长度的干重与倒伏有着密切的联系（王勇等，1998）。在栽培技术上，应根据抗倒茎节形成的规律，采用相关调控技术，提高作物的茎秆质量，以增强其抗倒性（李金才等，2005）。本研究表明，3 个不同时期的调亏处理均减少了小麦基部第一、二节间的长度，提高了第一、二节间的充实度，从而增强小麦植株的抗倒伏能力。此外，在小麦生产实践中，建立合理的群体结构，培育健壮的个体，也是实现高产抗倒群体的重要基础。在本研究中，RS1 和 RS2 处理不但提高了茎秆的抗倒伏能力，还提高了茎的整齐度，为高产小麦抗倒群体建立了良好的基础。

前人研究表明，冬小麦适时适度的水分调亏复水后在生理特性如光合速率方面具有超补偿效应（孟兆江等，2003）。本研究也表明，花期在正常供水条件下越冬—返青期和返青—拔节期调亏处理的小麦不但光合速率显著提高，而且比根呼吸速率也显著提高，在生理特性上也表现出了超补偿效应。由于比根呼吸速率是表征作物根系活性的一个重要指标，所以，越冬—返青期和返青—拔节期调亏处理显著提高了根系活力。作物根系是水分和养分主要吸收器官，也是受土壤水分逆境伤害最直接的器官，根际水分逆境对根系的伤害，首先表现为根呼吸受抑，根系活力和吸收能力下降（Cannel et al.，1980；周苏玫等，2001；张永清等，2006a），尤其渍水胁迫比干旱对作物根系的伤害更为严重，严重影响根系吸收、运输和分配的能力，加速根系衰老和腐烂，从而影响地上部生理过程和光合产物的积累（李金才等，2001；Musgrave，1994；Cannell et al.，1980）。因此，根系活性与作物产量有密切的关系，具有较高的根活性是作物在水分胁迫下获得较高产量的原因之一（齐伟等，2010）。

适度的逆境可以引起植物体内一系列的生理生化变化，并不会引起对植物的伤害，而且植物可以在以后的逆境中获得对逆境的抗性。本研究表明，与对照相比，尽管花后干旱和水渍均显著降低了小麦的比根呼吸速率和光合速率，根系活力下降，加快了小麦衰老进程。但越冬—返青期和返青—拔节期调亏处理能缓解水渍和干旱带来的不利影响，使小麦的根活力和光合速率下降幅度明显降低，减缓作物的衰老，不但增强小麦抗旱能力，在一定程度上也增强小麦的耐湿能力。在逆境胁迫下作物良好的适应能力是能够获得较高产量的重要原因之一。因此，尽管越冬—返青期和返青—拔节期调亏处理在花后正常供水条件下对小麦产量没有显著影响，但干旱和水渍条件下，越冬—返青期和返青—拔节期调亏处理显著提高了小麦的产量，产量稳定性也高于对照。拔节—抽穗期调亏处理由于群体数量严重下降，在3种水分条件下均显著减少了籽粒产量，但也提高了在水分胁迫下的稳产性。

总之，通过本研究表明，3个调亏处理小麦的无效茎数和有效茎数均显著少于对照。返青—拔节期和拔节—抽穗期调亏处理对茎重没有显著影响，但提高了茎的整齐度。拔节—抽穗期调亏处理小麦的茎重和茎的整齐度均显著下降。3个不同时期的调亏处理均减少了小麦基部第一、二节间的长度，提高了第一、二节间的充实度，从而增强小麦植株的抗倒伏能力。越冬—返青期和返青—拔节期调亏处理均显著提高了小麦生理代谢活性，因此，光合速率和根呼吸速率显著提高。土壤水分状况对根呼吸速率和光合速率有显著影响，干旱和水渍处理均显著降低小麦的根呼吸速率和光合速率。但在干旱和水渍条件下，越冬—返青期和返青—拔节期调亏处理的小麦的根呼吸速率均显著高于对照小麦。在干旱条件下，越冬—返青和返青—拔节调亏处理的小麦的光合速率均显著高于对照小麦。在水渍条件下，开花初期越冬—返青期和返青—拔节期调亏处理的小麦的光合速率与对照没有显著差异，但到花后15 d，显著高于对照。花后，在正常供水条件下，越冬—返青期和返青—拔节期调亏处理对小麦产量没有显著影响，但干旱和水渍条件下，越冬—返青期和返青—拔节期调亏处理显著提高了小麦的产量，产量稳定性也高于对照。拔节—抽穗期调亏处理在3种水分条件下均显著减少了籽粒产量。

## 第四节　水分调亏对小麦根源信号、水分利用效率和产量稳定性的影响

植物根系是土壤水分的直接吸收部位，也是土壤干旱的最早感知者。当植物根系受旱时，根系可以产生一种化学信号（或非水力根源信号），经木质部传递到地上部分后，在植物叶片水分状况（叶相对含水量和叶水势）尚未发生显著改变时即主动降低叶片伸长生长和气孔导度，抑制蒸腾作用，减少水分丧失。当土壤水分进一步下降时，在叶片和干旱土壤间形成的水势梯度迅速加大，根系吸水不足以引起膨压降低和叶片水分亏缺，从而导致气孔开度进一步下降，气体交换减弱，生长受阻，这就是水力根源信号。根系产生的化学信号是植物根系对土壤干旱做出的预警反应，它预示着后期可能会发生更为严重的干旱，需要植物及早做出节水的反应，以抵御即将到来的严重干旱（Xiong et al.，2006a， b)。李凤民等（1997）以半干旱区农业生产条件，特别是土壤水分特性为背景，结合植物根冠通讯方面的有关研究进展分析认为，在旱地农业生产中通过影响根系特征，来调节非水力根源信号（化学信号）将是干旱区提高作物水分利用效率研究的新途径。在化学信号参与调控植物水分关系的理论基础上，设计出来的部分根系干旱的灌溉技术（Dry et al.，1996）、控制性交替灌溉技术（Kang et al.，2004），通过根土相互作用和信号物质的传输，降低蒸腾和提高作物的水分利用效率。本研究通过不同的水分调亏处理，来影响小麦根系生理特征，通过对根源信号特征、光合速率进行测定，对水分调亏的作用机理进行深入探讨，为该项技术能更好地服务于农业生产实践提供可靠的理论依据。

## 一、试验方案

试验于2009年10月至2010年6月在农田灌溉研究所移动式防雨棚下进行。试验品种为豫麦49。试验用槽正方形，边长50 cm，高100 cm。10月10日播种，出苗后于三叶期每盆留基本苗40株。设置3个水分亏缺处理时期：越冬—返青期（RS1）、返青—拔节期（RS2）、拔节—抽穗期（RS3），亏缺程度为田间持水量的50%左右。设置对照（CK）土壤含水量为田间持水量的75%～80%。采每一处理12次重复。用称重法控制土壤含水量。水分亏缺期结束后，复水到田间持水量的75%～80%。于花期各处理分作两组，每组6次重复，一组保持正常供水（田间持水量的75%～80%），另一组自然干旱，在干旱过程测定根源信号。根源信号测定结束后，将干旱处理的含水量保持在田间持水量的45%～50%，以备成熟期测产。

## 二、测定内容与方法

### 1. 光合速率、气孔导度和叶片相对含水量

在花期每天的上午9:00—11:00和下午2:00—4:00用Li-6400光合仪测定正常供水（田间持水量的75%～80%）和自然干旱条件各处理叶片的光合速率和气孔导度（Gs）。在测定结束后，立即取样测定同一叶片的相对含水量，并采用称重法测定土壤含水量。每处理6次重复（2叶×3槽）。

### 2. 水力根源信号（HRS）和非水力根源信号（nHRS）判定

每日测定完后对各处理的气孔导度和叶片相对含水量进行显著性分析，当干旱处理气孔导度与正常供水处理相比出现显著降低，而这时叶片相对含水量尚未发生显著降低时，即非水力根源信号出现，此时的土壤含水量为非水力根源信号出现的关键点。土壤继续干旱，当干旱处理的叶片相对含水量显著低于正常供水处理的叶片时，即非水力根源信号出现，此时的土壤含水量为非水力根源信号消失、水力根源信号出现的转折点。

### 3. 产量性状、水分利用效率

于成熟期测定各处理小麦的穗数、穗粒数、千粒重、地上生物量，并测产计算收获指数和水分利用效率。

## 三、研究结果与分析

### 1. 花期自然干旱过程中叶片的气孔导度和相对含水量

在花期，各调亏处理小麦在干旱处理开始后1～2 d，自然干旱条件下的气孔导度与正

常供水条件下气孔导度没有显著差异；返青—拔节期和越冬—返青调亏处理小麦从干旱第3 d开始，气孔导度与正常供水相比开始显著下降。拔节—抽穗期调亏处理小麦的气孔导度从干旱第4 d开始显著下降（图3-7）。当各处理在干旱条件下气孔导度开始显著下降时，叶片的相对含水量与正常供水相比并没有显著下降，这种现象表明非水力根源信号开始出现。随着干旱加剧各处理气孔导度进一步下降。到干旱处理的第7 d，返青—拔节期和越冬—返青期调亏处理小麦的叶片相对含水量显著降低。而拔节—抽穗期调亏处理小麦的叶片相对含水量在干旱处理的第8 d显著降低。当叶片相对含水量开始显著下降时，表明水力根源信号开始出现。

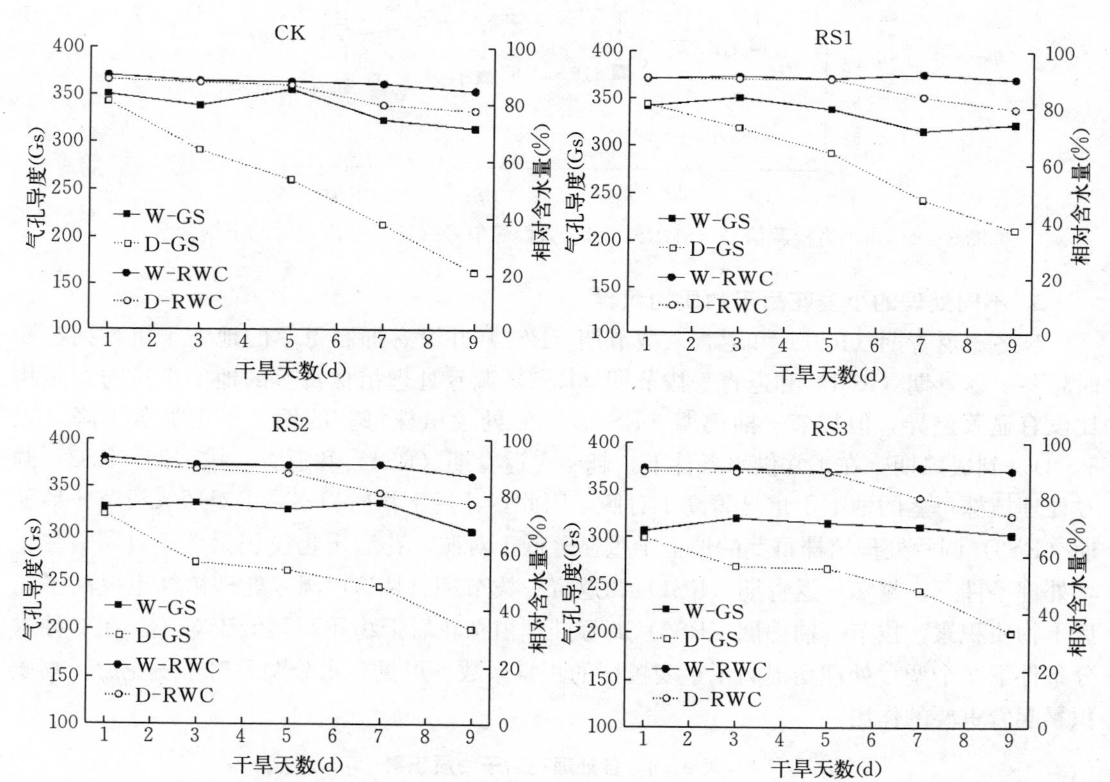


图3-7　非水力根源信号（nHRS）和水力根源信号（HRS）出现时的气孔导度和相对含水量

注：RS1为越冬—返青期，RS2为返青—拔节期，RS3为拔节—抽穗期，CK为对照，W-GS为正常供水叶片气孔导度，D-GS为自然干旱叶片气孔导度，W-RWC为正常供水叶片相对含水量，D-RWC为自然干旱叶片相对含水量。

**2. 非水力根源信号、水力根源信号出现和光合速率下降时的土壤含水量**

对照小麦非水力根源信号出现时的土壤含水量为土壤持水量的65.23%，水力根源信号出现时的土壤含水量为土壤持水量的57.31%。越冬—返青期（RS1）、返青—拔节期（RS2）和拔节—抽穗期（RS3）调亏处理小麦非水力根源信号出现时的土壤含水量分别为土壤持水量的67.34.9%、67.65%和66.67%。水力根源信号出现时的土壤含水量分别为土壤持水量的55.67%、55.18%和54.62%。可见，3个调亏处理提高了对非水力信号的敏感性，非水力根源信号出现的早，并延长了非水力根源信号持续范围，推迟了水力根源信号出现，所以3个调亏处理小麦非水力根源信号持续的土壤含水量范围宽于对照（图3-8）。此外，3个调亏处理小麦的光合速率显著下降时的土壤含水量分别为土壤持水量的59.34%、58.93%和57.67%，显著低于对照（61.31%）。

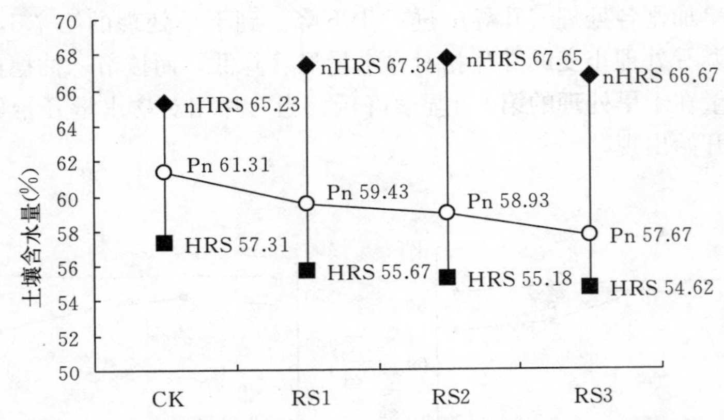


图3-8 非水力根源信号（nHRS）和水力根源信号（HRS）出现时的土壤含水量

**3. 不同处理的小麦花后干物质的积累**

越冬—返青期（RS1）和返青—拔节期（RS2）并没有抑制每茎的地上干重，到花期时越冬—返青期（RS1）和返青—拔节期（RS2）调亏处理植株每茎的地上干重与对照相比没有显著差异，但拔节—抽穗期（RS3）调亏处理植株每茎的地上干重显著下降（表3-8）。到成熟期，在正常供水条件下，越冬—返青期（RS1）和返青—拔节期（RS2）调亏处理植株每茎的地上干重显著高于对照，因此，花后干物质积累高于对照。拔节—抽穗期（RS3）调亏处理植株每茎的地上干重显著低于对照，花后干物质积累低于对照。在干旱处理条件下，越冬—返青期（RS1）和返青—拔节期（RS2）调亏处理植株也提高了花后干物质积累，拔节—抽穗期（RS3）调亏处理植株花后干物质积累低于对照。在2种水分条件下3个调亏处理均提高了小麦植株的积累系数。可见，水分调亏对小麦花后干物质积累起着重要的作用。

**表3-8 各处理花后干物质积累**

| 处理 | | 花期干重（g） | 成熟期干重（g） | 穗粒重（g） | 花后干物质积累（g） | 积累系数（%） |
|---|---|---|---|---|---|---|
| 正常供水 | CK | 1.91a | 2.72b | 1.26a | 0.81b | 64.06 |
| | RS1 | 1.89a | 2.81a | 1.35a | 0.92a | 68.08 |
| | RS2 | 1.92a | 2.85a | 1.32a | 0.93a | 70.36 |
| | RS3 | 1.71b | 2.32c | 0.86b | 0.61c | 82.48 |
| 干旱处理 | CK | 1.91a | 2.44b | 0.99a | 0.53c | 53.36 |
| | RS1 | 1.89a | 2.50ab | 1.12a | 0.61b | 54.08 |
| | RS2 | 1.92a | 2.62a | 1.06a | 0.70a | 65.82 |
| | RS3 | 1.71b | 2.17c | 0.82b | 0.45 d | 68.37 |

注：不同小写字母表示差异性显著（$P<0.05$）。

**4. 不同处理小麦产量性状、水分利用效率和产量稳定性**

水分调亏均减少了小麦的穗数和耗水量，花后在正常供水条件下，越冬—返青期（RS1）和返青—拔节期（RS2）调亏处理小麦的产量与对照相比没有显著差异，但水分利用效率高于对照（表 3-9）。花后在干旱处理条件下，越冬—返青期（RS1）和返青—拔节期（RS2）调亏处理小麦的产量和水分利用效率均高于对照。拔节—抽穗期（RS3）调亏处理小麦，在花后两种水分条件条件下，产量和水分利用效率与对照相比，均显著下降。以自然干旱条件下产量与充分供水条件下产量之比来估算各处理的稳产性，调亏处理小麦的稳产性均高于对照小麦。

**表 3-9　不同处理小麦产量性状、水分利用效率和产量稳定性**

| 处理 | | 耗水量 (mm) | 穗数 (穗/m²) | 生物量 (g/株) | 产量 (g) | 水分利用效率 (g/mm) | 产量稳定性 (%) |
|---|---|---|---|---|---|---|---|
| CK | WW | 56.4 | 99.33 | 269.69 | 123.83 | 2.20 | 75.46 |
| | Dry | 48.5 | 95.33 | 232.35 | 94.2 | 1.94 | |
| RS1 | WW | 51.8 | 95.33 | 268.06 | 129.08 | 2.49 | 78.52 |
| | Dry | 48.4 | 90.33 | 225.53 | 101.36 | 2.09 | |
| RS2 | WW | 50.4 | 94.67 | 269.57 | 124.79 | 2.48 | 80.49 |
| | Dry | 47.7 | 94.67 | 247.88 | 100.46 | 2.11 | |
| RS3 | WW | 46.2 | 76.00 | 176.3 | 65.4 | 1.42 | 87.84 |
| | Dry | 37.3 | 70.67 | 152.46 | 57.45 | 1.54 | |

注：WW 为花后正常供水处理，Dry 为花后干旱处理。

## 四、结论

3 个水分调亏处理均提高了对非水力根源信号的敏感性，非水力根源信号出现的早，并延长了非水力根源信号持续范围，推迟了水力根源信号出现，所以 3 个调亏处理小麦非水力根源信号持续的土壤含水量范围宽于对照。3 个调亏处理还改善了小麦在干旱条件下的光合特性，光合速率显著下降时的土壤含水量显著低于对照。

水分调亏对小麦花后干物质积累起着重要的作用。在 2 种水分条件下越冬—返青期（RS1）和返青—拔节期（RS2）调亏处理植株均提高了花后干物质积累，但拔节—抽穗期（RS3）调亏处理植株花后干物质积累低于对照。在 2 种水分条件下 3 个调亏处理均提高了小麦植株的积累系数。

3 个水分调亏处理均减少了小麦的穗数和耗水量，花后在正常供水条件下，越冬—返青期（RS1）和返青—拔节期（RS2）调亏处理小麦的产量与对照相比没有显著差异，但水分利用效率高于对照。花后在干旱处理条件下，越冬—返青期（RS1）和返青—拔节期（RS2）调亏处理小麦的产量和水分利用效率均高于对照。拔节—抽穗期（RS3）调亏处理小麦，在花后 2 种水分条件条件下，产量和水分利用效率与对照相比，均显著下降。3 个调亏处理还提高了小麦的稳产性。

## 第五节　基于根系效率和根源信号行为的小麦高效灌溉制度分析

水资源短缺是21世纪中国农业生产面临的重大挑战和最大的生态问题。如何合理利用有限的水资源，减少灌溉用水，提高水分利用效率，对于缓解我国水资源供需矛盾和保证农业的持续发展具有重要意义。优化灌溉制度主要研究一定的水量如何在作物的生育期进行合理分配，以实现作物产量最大或效益最高的目标。当前针对这方面的研究主要集中确定作物优化灌溉制度的方法以及每种制度下的产量和节水效应方面，而对每种优化的灌溉制度的高产、高效机理研究还不够充分和深入。为了更好地诠释作物的灌溉规律，提高灌溉制度制定对实际灌溉的指导性和水资源的利用效率。因此，本研究采用桶栽和测坑试验，以冬小麦品种为试验材料，通过研究不同水分管理对小麦根系效率及其非水力根源信号行为的影响，对不同灌溉制度的高产、高效机理进行深入研究，为该项技术能更好地服务于农业生产实践提供可靠的理论依据和技术支持。

### 一、试验方案

试验于2009年10月至2010年6月中国农业科学院农田灌溉研究所作物需水试验场防雨棚下进行，试验品种为豫麦49，分别在铁桶和测坑中进行。测坑为有底测坑，上口面积为2 m×3.33 m，坑底部设有反滤层和排水管，坑内土面距坑口10 cm。坑内土层深1.5 m，土壤（均质土壤、各层体积质量相同）为粉沙壤土，0～100 cm土层平均体积质量1.35 g/cm$^3$，田间持水率为24%（土壤质量含水率），土壤有机质质量分数0.97%。前茬夏玉米收获后整地播种，播前施底肥：尿素375 kg/hm$^2$、磷酸二铵375 kg/hm$^2$、干鸡粪1 875 kg/hm$^2$。

测坑试验设置W1、W2、W3、W4这4个处理，每个处理3个重复，各小区顺序排列。将冬小麦整个生育期分为苗期—返青期、返青—拔节期、拔节—抽穗期、抽穗—成熟期4个生育阶段，各处理按照生育期进行灌水，每个生育阶段土壤含水量和计划湿润层深度见表3-10，以W4处理为对照。

**表3-10　灌水控制下限和计划湿润层深度设计方案**

| 处理 | 苗期—拔节期 | | 返青—拔节期 | | 拔节—抽穗期 | | 抽穗—成熟期 | |
|---|---|---|---|---|---|---|---|---|
| | 灌水控制下限（%） | 计划湿润层深度（cm） | 灌水控制下限（%） | 计划湿润层深度（cm） | 灌水控制下限（%） | 计划湿润层深度（cm） | 灌水控制下限（%） | 计划湿润层深度（cm） |
| W1 | 60～65 | 40 | 60～65 | 40 | 50～55 | 60 | 50～55 | 80 |
| W2 | 60～65 | 40 | 60～65 | 40 | 50～55 | 60 | 55～60 | 80 |
| W3 | 60～65 | 40 | 50～55 | 40 | 60～65 | 60 | 60～65 | 80 |
| W4 | 60～65 | 40 | 60～65 | 40 | 70～75 | 60 | 70～75 | 80 |

桶栽试验用桶为40 cm×40 cm×120 cm的方桶，土壤条件与测坑相同。抽穗前保持

土壤持水量的70%～75%，抽穗后将各处理分作两组，一组保持正常供水（土壤持水量的75%～80%），另一组自然干旱，每组3次重复，在干旱过程中测定小麦的根源信号。

## 二、测定内容与方法

### 1. 光合速率、气孔导度和叶片相对含水量测定

测坑于花期上午9:00—11:00测定各处理小麦的光合速率、气孔导度和叶片相对含水量，成熟期测产。桶栽试验在花期每天的上午9:00—11:00和下午2:00—4:00用Li-6400光合仪测定桶栽试验的正常供水（土壤持水量的75%～80%）和自然干旱条件各处理叶片的光合速率和气孔导度（Gs）。在测定结束后，立即取样测定同一叶片的相对含水量，并采用称重法测定土壤含水量。每处理6次重复（3叶×3桶）。

### 2. 根呼吸速率测定

在测坑试验中于花期9:00—11:00测定各处理小麦的根呼吸速率，根呼吸采用根去除法（Root exclusion method，RE）间接测定，其结果可利用有根土壤呼吸和无根土壤呼吸的差值计算得到。土壤呼吸通过Li-8100红外土壤呼吸通量测定装置测定。测量叶室放置在事先已经放入土壤中的PVC环上进行测量。在开始测定前1 d就把PVC环放入土壤以减少土壤扰动对呼吸测量的影响。PVC环直径20 cm、高12 cm，放入土壤后留2 cm露出地表以保证测量叶室的密闭性。每处理3次重复（3盆），然后再测定3个预留空白盆的土壤呼吸。每处理的根呼吸用总的土壤呼吸减去空白盆的土壤呼吸来估算。

### 3. 水力根源信号（HRS）和非水力根源信号（nHRS）判定

在桶栽试验中每日测定完后对各处理的气孔导度和叶片相对含水量进行显著性分析，当干旱处理气孔导度与正常供水处理相比出现显著降低，而叶片相对含水量尚未发生显著降低时，非水力根源信号即出现，此时的土壤含水量为非水力根源信号出现的关键点。土壤继续干旱，当干旱处理的叶片相对含水量显著低于正常供水处理的叶片时，非水力根源信号即出现，此时的土壤含水量为非水力根源信号消失、水力根源信号出现的转折点。

使用Excel软件对试验数据进行分析与作图，用SPSS软件对试验数据进行统计分析，并对各处理数据进行显著性检验。

## 三、研究结果与分析

### 1. 花期自然干旱过程中叶片的光合速率、气孔导度和相对含水量

在花期，干旱处理开始后1～2 d，自然干旱条件处理小麦的气孔导度与正常供水条件下小麦气孔导度没有显著差异；从干旱第3 d开始，干旱条处理小麦气孔导度与正常供水相比开始显著下降。当干旱处理小麦的气孔导度开始显著下降时，叶片的相对含水量与正常供水相比并没有显著下降，这种现象表明非水力根源信号开始出现。从干旱第5 d开始，干旱条件处理小麦光合速率与正常供水相比开始显著下降。随着干旱加剧各处理气孔导度进一步下降，到干旱处理的第7 d，干旱处理小麦的叶片相对含水量显著降低。这种现象表明非水力根源信号消失，水力根源信号开始出现（图3-9）。

### 2. 非水力根源信号持续范围和光合速率显著下降时的土壤含水量

干旱过程中，在测定光合速率和气孔导度的同时，测定干旱处理小麦土壤含水量。与

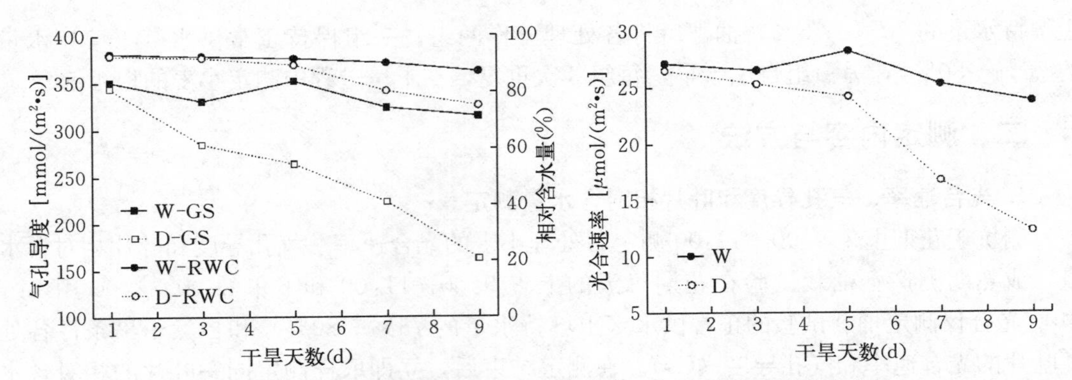


图3-9 自然干旱过程中叶片的光合速率、气孔导度和相对含水量

注：W-GS为正常供水叶片气孔导度，D-GS为自然干旱叶片气孔导度，W-RWC为正常供水叶片相对含水量，D-RWC为自然干旱叶片相对含水量，W为正常供水条件，D为自然干旱条件。

正常供水相比，干旱处理小麦在停止供水3 d后出现非水力根源信号，此时的土壤含水量为土壤持水量的65.23%。在停止供水7 d后非水力根源信号（nHRS）消失，水力根源信号（HRS）出现，此时的土壤含水量为土壤持水量的56.31%（图3-10）。因此，非水力根源信号持续的土壤含水量阈值范围为土壤持水量的65.23%～56.31%。干旱处理小麦的光合速率在停止供水7 d后在显著下降，此时的土壤含水量为土壤持水量的61.31%。

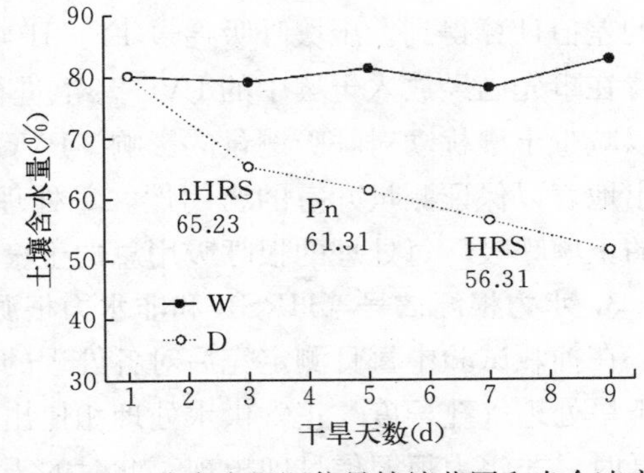


图3-10 非水力根源信号持续范围和光合速率显著下降时的土壤含水量

注：W为正常供水条件，D为自然干旱条件。

**3. 不同灌水制度下花期叶片相对含水量、气孔导度和水分利用效率**

花期时，W3与W4（对照）相比，气孔导度显著下降，但叶片的相对含水量没有下降，W1、W2处理与W4相比，气孔导度和叶片相对含水量均显著下降（图3-11）。根据非水力根源信号与水力根源信号判断标准，与W4相比，W2、W3处理小麦处于非水力根源信号作用范围，W1处理小麦处于水力根源信号作用范围。W1、W2和W3处理的土壤含水量与图3-10所显示的非水力根源信号持续的土壤含水量阈值范围（土壤持水量的57.31%～65.23%）是吻合的。W1、W2和W3处理的蒸腾速率均显著小于W4，用处理光合速率与蒸腾速率的比值，来评价各处理单叶水平的水分利用效率，W1、W2和W3处理单叶水平的水分利用效率，均显著高于W4处理。

**4. 不同灌水制度下小麦光合速率、根呼吸速率和根系效率**

花期时，与W4处理（对照）相比，W1、W2处理小麦的光合速率显著下降，W3处理小麦的光合速率没有降低（图3-12）。从各处理的光合速率表现来看，W1、W2和W3处理的土壤含水量与图3-10所显示的光合速率显著下降点（土壤持水量的61.31%）也是吻合的。土壤水分对各处理小麦的根呼吸速率均有显著的影响，小麦的根呼吸速率随土

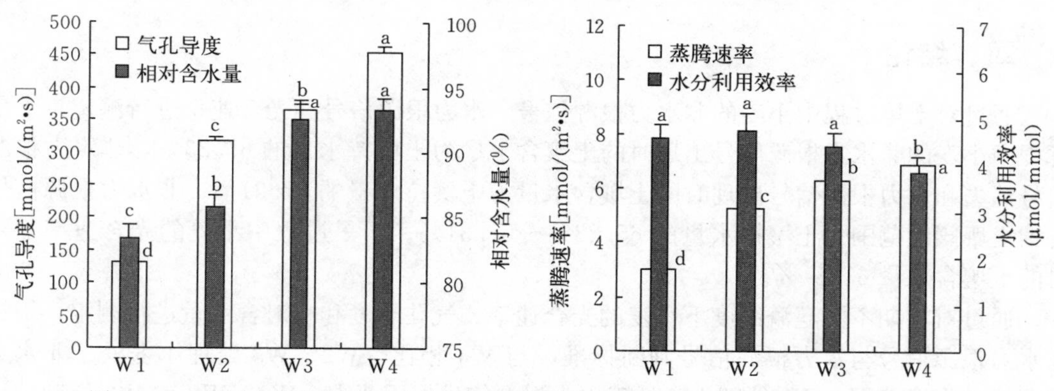


图 3-11　不同水分处理小麦叶片气孔导度、相对含水量、蒸腾速率和水分利用效率

注：不同小写字母表示差异性显著（$P<0.05$）。

壤水分亏缺程度的增大而显著降低，W1、W2 和 W3 处理的根呼吸速率均显著小于 W4。根系效率取决于地上部分的光合能力与根系所消耗能量物质间数量的对比关系。通过各处理光合速率与根呼吸速率的比值，来评价各处理小麦的根系效率，W2 和 W3 处理的根系效率，均显著大于 W4 处理，W1 处理小麦的根系效率与 W4 处理相比显著下降。

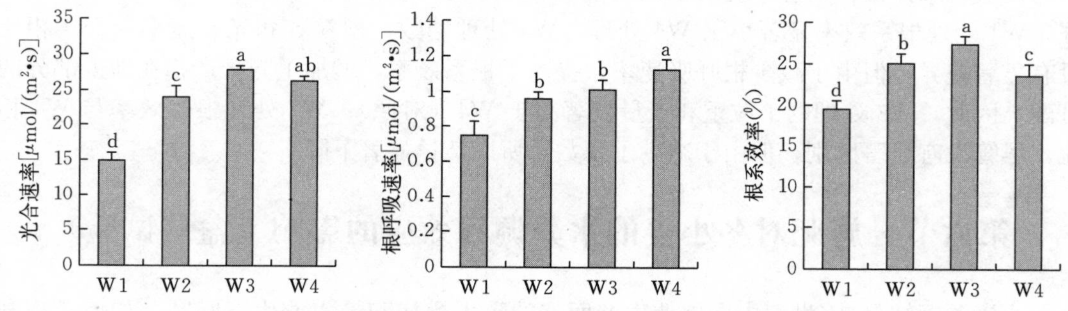


图 3-12　不同水分处理小麦的光合速率、根呼吸速率和根系效率

注：不同小写字母表示差异性显著（$P<0.05$）。

**5. 不同灌水制度下小麦的产量性状**

不同灌水制度对冬小麦产量及产量构成因子会产生不同程度的影响。不同处理条件下，冬小麦的各产量性状如表 3-11 所示。W1、W2 处理的穗数和穗粒数显著小于 W4（对照），但 W3 处理与 W4 相比穗数和穗粒数没有差别。W3 处理的千粒重和产量最高，显著高于 W1、W2 和 W4 处理。W3 处理的产量比 W4 处理提高了 7.81%，W1 和 W2 处理的产量比 W4 处理分别降低了 25%和 9.77%。

**表 3-11　不同水分处理小麦的性状**

| 处理 | 穗数（$10^4$/hm²） | 穗粒数 | 千粒重（g） | 产量（kg/hm²） |
|---|---|---|---|---|
| W1 | 462.5c | 23.2b | 41.86b | 5 037.48 d |
| W2 | 553.385b | 26.1b | 42.81b | 6 060.72c |
| W3 | 560.5ab | 31.8a | 44.32a | 7 241.38a |
| W4 | 564.15a | 30.6a | 42.14b | 6 716.64b |

注：不同小写字母表示差异性显著（$P<0.05$）。

## 四、结论

通过对干旱过程中小麦的非水力根源信号、水力根源信号和光合速率进行测定，干旱过程中小麦的非水力根源信号出现时的土壤含水量为土壤持水量的65.23%，非水力根源信号消失和水力根源信号出现时的土壤含水量为土壤持水量的57.31%。非水力根源信号持续土壤阈值范围为土壤持水量的65.23%～57.31%。干旱过程中小麦的光合速率下降时的土壤含水量61.31%。

通过对花期不同灌溉制度下小麦的光合速率、气孔导度和相对含水量进行测定，根据非水力根源信号与水力根源信号判断标准，与W4相比，W2、W3处理小麦处于非水力根源信号作用范围，W1处理小麦处于水力根源信号作用范围。W1、W2和W3处理的土壤含水量与桶栽试验测得的非水力根源信号持续的土壤含水量阈值范围是吻合的。从光合速率表现来看，W1、W2和W3处理的土壤含水量与桶栽试验测得的光合速率显著下降点（土壤持水量的61.31%）也是吻合的。

通过对花期各处理单叶水平的水分利用效率和根呼吸速率进行测定，W1、W2和W3处理小麦的水分利用效率和根呼吸速率均显著高于W4处理。通过用光合速率与根呼吸速率的比值，来评价各处理小麦的根系效率，W2和W3处理的根系效率均显著大于W4处理，W1处理根系效率显著小于W4处理。W3处理穗数、穗粒数和光合速率与W4相比没有显著差异，但由于减少根呼吸速率，提高了根系效率，增加了光合产物在地上部分的分配，因此，W3处理的千粒重和产量显著高于W4（对照）。W2处理根系效率与W4相比，尽管没有显著区别，但由于减少了穗数，所以产量显著下降。

# 第六节　施肥对冬小麦的水分调亏效应的影响（盆栽试验）

水资源短缺是21世纪中国农业生产面临的重大挑战和最大的生态问题。如何合理利用有限的水资源，减少灌溉用水，提高水分利用效率，对于缓解我国水资源供需矛盾和保证农业的持续发展具有重要意义。调亏灌溉是一种基于植物对干旱的适应性反应特性发展起来的灌溉技术，通过在果蔬等方面的应用研究表明，其显著的节水效果和增产效应较传统灌溉技术更上了一个台阶（Fabeiro et al.，2002；Iniesta et al.，2009）。近年来，国内外学者对小麦、玉米等大田作物的调亏灌溉也进行了尝试性研究，从应用效果来看，调亏灌溉不仅没有造成作物减产，还提高了水资源的利用效率，达到了节水增效的目的（Kang et al.，2000；Du et al.，2010；Fereres et al.，2007）。作物在发生水分亏缺时，会逐渐形成一套适应机制以应付一定程度的水分胁迫，这些适应机制包括作物在水分胁迫时的各种生理生化响应。但在水分亏缺时，影响作物体生理生化响应的还有其他因素，比如土壤养分，并且水分和养分对作物的作用不是独立的，而是相互作用，相互制约的。Lahiri等（1973）研究表明，施肥能提高作物对干旱的忍受能力，并且随着土壤肥力的增加，作物能在相当宽的水势范围内增加对养分的吸收，从而提高作物产量。但是，也有人认为施肥可引起植物在较早阶段耗水量的增加，会引起后期更严重的水分胁迫，从而使作物减产（Bhan et al.，1970）。对冬小麦研究表明，施肥和水分亏缺对作物生产的影响，既取决于土壤干旱程度，也与施肥量有关。在干旱条件下适量施氮可显著提高小麦的产量，但随施氮量的增加，氮营养增强了作物对干旱的敏感性，作物生长发育受到抑制，并最终影响产量（张岁岐等，2000）。因此，在农业调亏灌溉实践中，只有将水分调亏与合理施肥相结合，才有助于作物产量的提高，如不考虑土壤肥力条件而盲目进行调亏则是有风险的。但已有关于调亏灌溉的研究成果多是来源于特定的土壤环境条件（如肥力等），还不能对不同土壤环境的作物水分调亏起到广泛的指导作用。因此，有必要对不同土壤肥力或不同施肥条件下作物调亏灌溉效应进行研究。不同时期作物对缺水的敏感度不同，在适当的阶段对作物进行水分亏缺处理是调亏灌溉的关键之一，试验证明，三叶—返青期或返青—拔节期是进行小麦调亏是最佳时期（孟兆江等，2003；Zhang et al.，2006）。因此，本研究以冬小麦为试验材料，采用不同施肥处理并在返青—拔节期间进行水分调亏，对不同施肥条件下小麦的水分调亏效应进行研究，以期为不同土壤环境下进行调亏灌溉，提供理论与技术支持，加强该项节水技术的安全性、实践性与有效性。

## 一、试验方案

试验于2009年10月至2010年6月在中国农业科学院农田灌溉研究所商丘农田生态系统研究站移动式防雨棚下进行。试验品种为周麦18。盆直径30 cm，高35 cm。为了突出施肥效应，供试土壤为耕层下土（15～25 cm），土壤类型为潮土。供试土壤的田间持水量分别为26.6%，土壤容重1.44 g/$cm^3$，土壤有机质0.83%，土壤全氮0.45 g/kg，土壤全磷0.80 g/kg，碱解氮31.11 mg/kg，有效磷5.51 mg/kg，速效钾38.62 mg/kg。装盆前将土壤风干碾碎并过筛，每盆装土15.0 kg。2010年10月10日播种，出苗后于三叶期每盆留基本苗15株。试验设2个水分处理：充分供水（W：土壤持水量的75%）、水分调亏（D：土壤持水量的50%～55%），调亏阶段为返青—拔节期。调亏结束后，土壤水分恢复至土壤持水量的75%。设3个不同土壤施肥处理，F0为不施任何肥料，F1为施氮磷钾复合肥（600 kg/$hm^2$），F2为氮磷钾复合肥＋有机肥配施（各600 kg/$hm^2$）。复合肥N、P和K含量分别为12%、18%和15%，有机肥有机质含量＞35%，总养分（$N+P_2O_5+K_2O$）＞5%。肥料均作为底肥施入，与土壤混匀。共有F0W、F0D、F1W、F1D、F2W和F2D这6个处理，每个处理重复10次。于抽穗期将各处理分作2组：一组继续保持充分供水（土壤持水量的70%），一组干旱处理（土壤持水量的50%～55%）。

## 二、测定内容与方法

### 1. 群体特征

于孕穗期和开花期测定不同处理叶面积和株高，叶面积公式为：叶面积＝叶长×叶宽×0.83。测定完叶面积和株高后立即用SPAD-502叶绿素测定仪测定同一植株叶片的叶绿素值。

### 2. 光合特征

于拔节期、抽穗期晴朗的上午9:00—11:00，使用Li-6400光合仪测定小麦光合速率、蒸腾速率。

### 3. 产量特征

收获时测定各处理的穗数、穗重、穗粒重、千粒重、籽粒产量和地上生物量。

使用Excel软件对试验数据进行分析与作图，用SPSS软件对试验数据进行统计分析，并对各处理数据进行显著性检验。

## 三、研究结果与分析

### 1. 不同处理冬小麦叶面积和株高

不同施肥和水分调亏对小麦株高和叶面积均有显著影响。在孕穗期，复合肥和有机肥配施（F2）处理叶面积极显著大于相同水分处理的不施肥（F0）和单施复合肥（F1）处理小麦，株高显著高于F1和F0处理。在相同施肥条件下，水分调亏处理的叶面积和株高均显著小于未调亏处理小麦。到花期时，F2处理叶面积和株高显著大于相同水分处理的F1和F0处理小麦；在相同施肥条件下，F2W和F2D处理的叶面积和株高没有显著差别，F1D和F0D处理的叶面积和株高均显著小于F1W和F0W处理（表3-12）。

表3-12 不同处理条件下冬小麦叶面积和株高

| 处理 | 孕穗期 | | 花期 | |
|---|---|---|---|---|
| | 叶面积（$cm^2$） | 株高（cm） | 叶面积（$cm^2$） | 株高（cm） |
| F0W | 50.2 Ce | 45.4c | 58.4d | 69.5d |
| F0D | 39.3Cf | 38.3d | 52.7e | 67.2e |
| F1W | 70.4Bc | 47.9b | 70.2b | 77.9ab |
| F1D | 58.8Cd | 44.8c | 66.8c | 75.8c |
| F2W | 97.9Aa | 51.9a | 80.1a | 80.6a |
| F2D | 86.7Ab | 48.7b | 79.6a | 78.8a |

注：在同一个生育期内，同一列不同的大、小写字母分别表示在$P=0.01$和$P=0.05$水平上差异显著。F0为不施肥，F1为复合肥，F2为复合肥+有机肥，D为调亏处理，W为充分供水处理。

### 2. 不同处理冬小麦叶绿素含量和光合速率

在孕穗期，复合肥和有机肥配施（F2）处理的小麦叶绿素含量显著高于相同水分处理的单施复合肥（F1）和不施肥（F0）处理小麦。在相同施肥条件下，水分调亏小麦的叶绿素含量均显著小于未调亏处理小麦。到抽穗时，F2处理小麦的叶绿素含量显著大于相同水分处理的F1和F0处理小麦；在相同施肥条件下，水分调亏处理小麦的叶绿素含量与未调亏处理小麦没有显著差别（图3-13）。在拔节期，不施肥（F0）处理的水分调亏小麦的光合速率显著低于未调亏处理小麦；但单施复合肥（F1）、复合肥和有机肥配施（F2）处理的水分调亏小麦的光合速率与未调亏处理小麦没有显著差异。复水后，到抽穗期，在复合肥和有机肥配施（F2）处理的水分调亏小麦的光合速率显著高于未调亏处理小麦，表现超补偿效应；但不施肥（F0）和单施复合肥

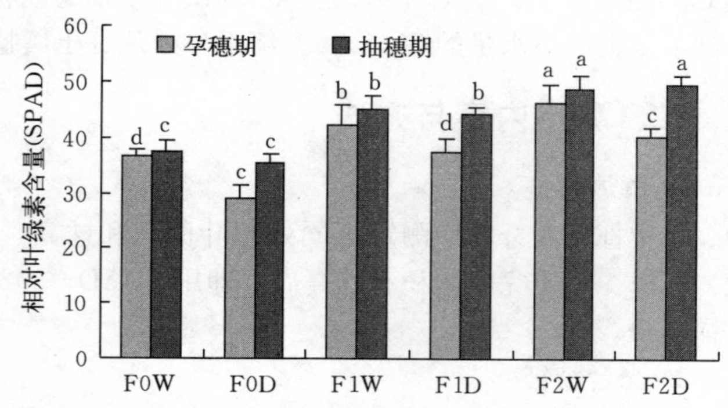

图3-13 不同处理条件下冬小麦的相对叶绿素含量

注：不同小写字母表示差异性显著（$P<0.05$）。

（F1）处理的水分调亏小麦的光合速率与未调亏处理小麦相比没有显著区别。在两个测定时期，复合肥和有机肥配施（F2）处理小麦的光合速率，均高于相同水分处理的不施肥（F0）和单施复合肥（F1）处理（图 3-14）。

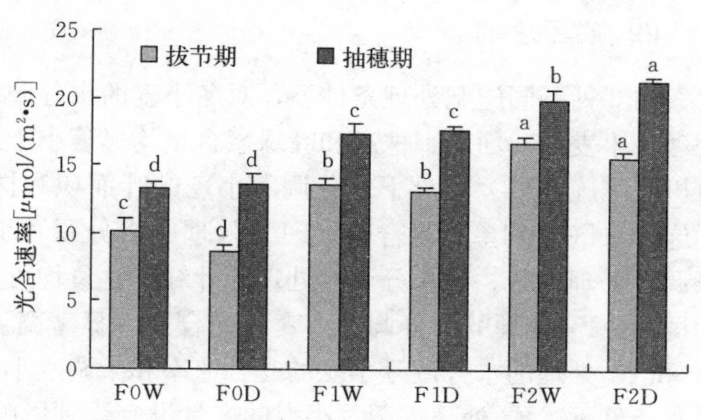


图 3-14　不同处理条件下冬小麦的光合速率

注：不同小写字母表示差异性显著（$P<0.05$）。

**3. 不同处理冬小麦产量性状及稳产性**

抽穗后在充分供水条件下 F0D 的穗数和千粒重与 F0W 相比没有显著差别，但穗粒数和产量均显著下降。F1D 的穗粒数、千粒重与 F1W 相比没有显著差别，但穗数和产量均显著下降。F2D 处理的各产量性状与 F2W 相比，均没有显著差别（表 3-13）。可见，在抽穗后，如果土壤水分条件较好，返青期至拔节期水分调亏对 F2 处理小麦的产量没有显著影响，但对 F0 和 F1 处理小麦的产量有显著负效应。抽穗后在干旱条件下，F0D 的各产量性状与 F0W 相比，没有显著差别；F1D 的各产量性状与 F1W 相比，没有显著差别；F2D 小麦的穗数和千粒重与 F2W 相比没有显著差别，但穗粒数和产量显著增加。可见，在抽穗后，如果在干旱条件下，返青期至拔节期水分调亏对 F2 处理小麦的产量有显著的正效应；但对 F0 和 F1 处理小麦的产量没有显著影响。以干旱条件下产量与充分供水条件下产量之比来估算各处理的稳产性，在相同施肥条件下，调亏处理小麦的稳产性均高于未调亏处理小麦。在各调亏处理中，F2D 的稳产性最高，F1D 次之，F0D 稳产性最低。

**表 3-13　不同处理冬小麦产量性状及稳产性**

| 处理 | | 穗数 | 穗粒数 | 千粒重（g） | 产量（g） | 稳产性（%） |
|---|---|---|---|---|---|---|
| 抽穗后正常供水 | F0W | 15Cd | 22.2c | 31.2c | 10.79Cd | — |
| | F0D | 15Cd | 18.5d | 30.9c | 8.57Ce | — |
| | F1W | 21.7Ab | 29.6b | 32.4b | 21.81Bb | — |
| | F1D | 19.3Bc | 28.1b | 33.7b | 19.27Bc | — |
| | F2W | 28.3Aa | 31.8a | 36.8a | 33.12Aa | — |
| | F2D | 26.7Aa | 31.6a | 36.9a | 33.13Aa | — |
| 抽穗后干旱胁迫 | F0W | 15c | 19.5d | 26.9c | 7.86d | 71.79 |
| | F0D | 15c | 18.2d | 26.8c | 6.51d | 75.96 |
| | F1W | 20.3b | 26.7c | 29.2b | 15.23c | 74.42 |
| | F1D | 19.7b | 26.1c | 29.7b | 15.27c | 79.24 |
| | F2W | 27.3a | 27.1b | 34.4a | 25.45b | 76.84 |
| | F2D | 26.6a | 29.8a | 35.1a | 27.82a | 83.97 |

注：同一列不同大小字母分别表示在 $P=0.01$ 和 $P=0.05$ 水平上差异显著。

## 四、结论

在3种不同施肥处理条件下，对冬小麦的水分调亏效应的研究表明，在孕穗期，调亏处理冬小麦的叶面积、株高和叶绿素含量均显著小于未调亏处理。到花期时，在复合肥和有机肥配施（F2）条件下水分调亏小麦的叶面积和株高可能恢复到未调亏处理水平；但不施肥（F0）和单施复合肥（F1）处理的水分调亏小麦的叶面积和株高均显著小于相应未调亏处理小麦。各水分调亏处理的叶绿素含量均可恢复到未调亏处理水平。复水后，到抽穗期，F2处理的水分调亏小麦的光合速率显著高于未调亏处理，表现超补偿效应。但F0和F1处理的水分调亏小麦的光合速率和未调亏小麦相比没有显著区别。抽穗后在充分供水条件下，F2处理的调亏小麦的产量没有受到影响，但F0和F1处理的小麦，水分调亏对产量有显著负效应；在干旱条件下，F0和F1处理的小麦，水分调亏对产量没有影响，但F2处理的水分调亏小麦的产量显著高于未调亏处理的小麦。在相同施肥处理条件下，水分调亏处理小麦的稳产性均高于未调亏处理小麦。可见，不同施肥处理对小麦的水分调亏效应是不一样的。

# 第七节　施肥对冬小麦的水分调亏效应的影响（小区试验）

## 一、试验方案

试验于2009年10月至2010年6月在中国农业科学院农田灌溉研究所商丘农田生态系统研究站移动式防雨棚下进行。小区面积为4 $m^2$（2.0 m×2.0 m），土壤类型为潮土，为了突出施肥效应，播种前将15 cm以上的表层土挖去。供试土壤的田间持水量分别为26.6%，土壤容重1.44 g/$cm^3$，土壤有机质0.83%，土壤全氮0.45 g/kg，土壤全磷0.80 g/kg，碱解氮31.11 mg/kg，有效磷5.51 mg/kg，速效钾38.62 mg/kg。试验品种为周麦18。10月10日播种，行距25 cm，每公顷基本苗225万。试验设2个水分处理：充分供水（W：土壤持水量的75%）、水分调亏（D：土壤持水量的50%～55%），调亏阶段为返青—拔节期。调亏结束后，土壤水分恢复至土壤持水量的75%。设3个不同土壤施肥处理，F0为不施任何肥料，F1为施氮磷钾复合肥（600 kg/$hm^2$），F2为氮磷钾复合肥＋有机肥配施（各600 kg/$hm^2$）。复合肥N、P和K含量分别为12%、18%和15%，有机肥有机质含量＞35%，总养分（N＋$P_2O_5$＋$K_2O$）＞5%。肥料均作为底肥施入，与土壤混匀。共有F0W、F0D、F1W、F1D、F2W和F2D这6个处理，每个处理重复6次。于抽穗期将各处理分作两组：一组继续保持充分供水（土壤持水量的70%），一组自然干旱。

## 二、测定内容与方法

### 1. 群体特征

于孕穗期和开花期测定不同处理叶面积和株高，测定完叶面积和株高后立即用SPAD-502叶绿素测定仪测定同一植株叶片的叶绿素值。

### 2. 光合特征

于拔节期、抽穗期晴朗的上午9:00—11:00，使用Li-6400光合仪测定小麦光合速率、蒸腾速率。

**3. 产量特征**

收获时在各小区中间取 1.0 $m^2$ 测定单位面积的穗数、籽粒产量和地上生物量。每小区取 20 茎测穗重、穗粒重、千粒重等。

使用 Excel 软件对试验数据进行分析与作图，用 SPSS 软件对试验数据进行统计分析，并对各处理数据进行显著性检验。

## 三、研究结果与分析

**1. 不同处理冬小麦群体动态**

土壤养分和水分条件均对群体数量有较大的影响，在相同水分条件下，各处理的群体消长动态基本一致。在分蘖期不同处理间群体数量主要受土壤肥力影响，复合肥和有机肥配施（F2）处理小麦的群体数量最大，单施复合肥（F1）处理次之，不施肥（F0）处理小麦的群体数量最小（图 3 - 15）。孕穗期后各处理的群体数量除受土壤养分影响外，还受返青期至拔节期水分调亏处理的影响。相同施肥条件下，调亏处理冬小麦的群体数量均显著小于充分供水处理。但到成熟期后，有机肥和复合肥配施（F2）处理的水分调亏小麦的穗数并没有显著下降，而单施复合肥（F1）和不施肥（F0）处理的水分调亏小麦的穗数显著下降。

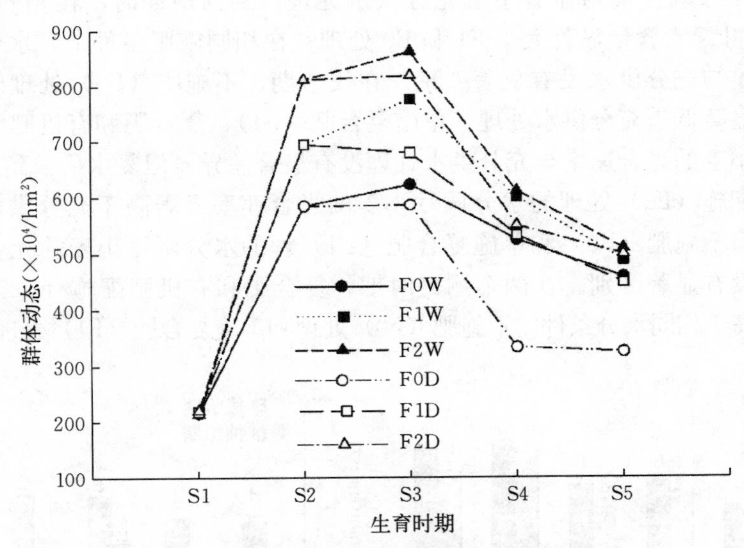


图 3 - 15　不同处理条件下冬小麦群体动态

注：S1 为苗期，S2 为分蘖期，S3 为孕穗期，S4 为抽穗期，S5 为花期；
F0 为不施肥，F1 为复合肥，F2 为复合肥＋有机肥，D 为调亏处理，W 为充分供水处理。

**2. 不同处理冬小麦叶面积和株高**

不同施肥和水分处理对小麦株高和叶面积均有显著影响，在相同水分处理条件下，孕穗期复合肥和有机肥配施（F2）处理叶面积极显著大于不施肥（F0）和单施复合肥（F1）处理，株高显著高于 F1 和 F0 处理。在相同施肥条件下，水分调亏处理的叶面积和株高均显著小于充分供水处理。到花期时，在相同水分处理条件下 F2 处理叶面积和株高显著大于 F1 和 F0 处理；在相同施肥条件下，F2W 和 F2D 处理的叶面积和株高没有显著差别，F1D和F0D处理的叶面积和株高均显著小于F1W和F0W处理（表3-14）。

**表3-14 不同处理条件下冬小麦叶面积和株高**

| 处理 | 孕穗期 | | 花期 | |
|---|---|---|---|---|
| | 叶面积（$cm^2$） | 株高（cm） | 叶面积（$cm^2$） | 株高（cm） |
| F0W | 52.6 Ce | 45.5c | 56.4d | 70.5d |
| F0D | 41.1Cf | 39.3d | 53.2e | 67.8e |
| F1W | 72.1Bc | 48.1b | 68.5b | 78.8b |
| F1D | 56.8Cd | 45.8b | 64.7 c | 76.4 c |
| F2W | 96.9A a | 52.4a | 76.1a | 81.6a |
| F2D | 88.9Ab | 50.3b | 74.6a | 80.2a |

注：同一列不同的大写字母分别表示在 $P=0.01$ 水平上差异显著，同一列不同的小写字母分别表示在 $P=0.05$ 水平上差异显著。

**3. 不同处理冬小麦叶绿素含量和光合速率**

在拔节期，相同水分条件下复合肥和有机肥配施（F2）处理的小麦叶绿素含量显著高于的单施复合肥（F1）处理和不施肥（F0）处理（图3-16）。在相同施肥条件下，水分调亏小麦的叶绿素含量均显著小于充分供水处理。到抽穗期时，在相同水分条件下，F2处理小麦的叶绿素含量显著大于F1和F0处理；在相同施肥条件下，水分调亏处理小麦的叶绿素含量与充分供水没有显著差别。在拔节期，不施肥（F0）处理的水分调亏小麦的光合速率显著低于充分供水处理，单施复合肥（F1）、复合肥和有机肥配施（F2）处理的水分调亏小麦的光合速率与充分供水处理没有显著差异。但复水后，到抽穗期，在复合肥和有机肥配施（F2）处理的水分调亏小麦的光合速率显著高于充分供水处理，表现超补偿效应。但不施肥（F0）和单施复合肥（F1）理的水分调亏小麦的光合速率和充分供水处理相比没有显著区别。在两个测定时期，复合肥和有机肥配施（F2）处理小麦的光合速率，均高于相同水分条件的不施肥（F0）处理和单施复合肥（F1）处理（图3-17）。

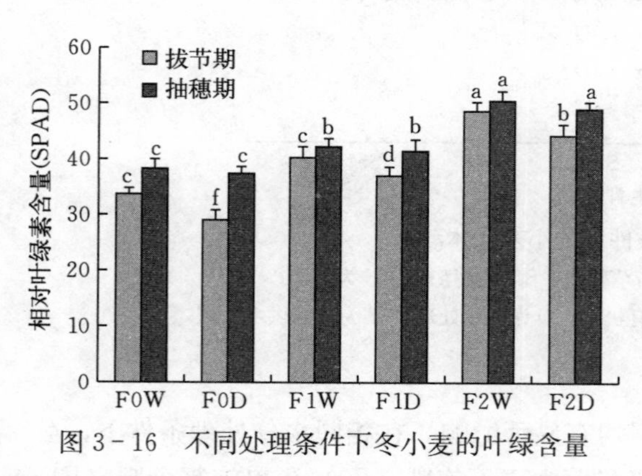


图3-16 不同处理条件下冬小麦的叶绿含量

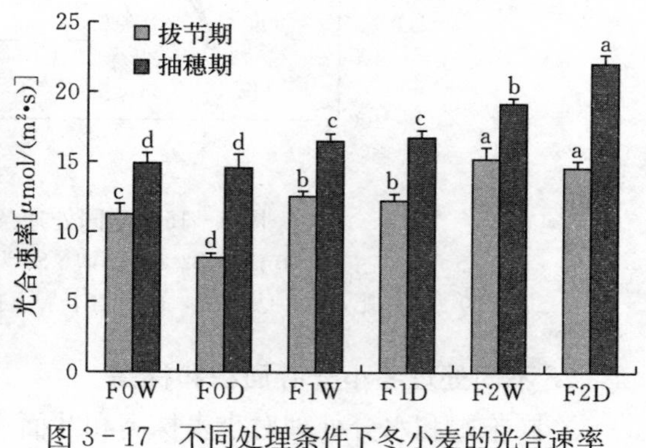


图3-17 不同处理条件下冬小麦的光合速率

**4. 不同处理冬小麦产量性状及稳产性**

抽穗后在充分供水条件下F0D处理的穗粒数和千粒重与F0W处理相比没有显著差别，但穗数和产量均显著下降。F1D的穗粒数与F1W相比没有显著差别，但千粒重显著增高，穗数和产量均显著下降。F2D 处理的各产量性状与 F2W 相比，均没有显著差别（表 3-15）。可见，在抽穗后，如果土壤水分条件较好，复合肥和有机肥配施处理的小麦，返青—拔节期水分调亏对产量没有显著影响，但不施肥和单施复合肥处理的小麦，返青—拔节期水分调亏对产量有显著负效应。抽穗后在自然干旱条件下，F0D 的千粒重与 F0W 相比，没有显著差别，穗粒数显著大于 F0W，但穗数和产量均显著下降；F1D 的穗数与 F1W 相比，显著下降，穗粒数没有显著差别，但千粒重显著增加，因此，F1D 的产量与 F1W 相比没有显著差别；F2D 小麦的穗数和千粒重与 F2W 相比没有显著差别，但穗粒数和产量显著增加。可见，在抽穗后，如果在土壤自然干旱条件下，复合肥和有机肥配施处理的小麦，返青—拔节期水分调亏对产量有显著的正效应；单施复合肥处理的小麦，返青—拔节期水分调亏对产量有显著的影响；但不施肥处理的小麦，在返青—拔节期水分调亏对产量有显著的负效应。以自然干旱条件下产量与充分供水条件下产量之比来估算各处理的稳产性，在相同施肥条件下，调亏处理小麦的稳产性均高于充分供水处理小麦。在各调亏处理中，F2D 的稳产性最高，F1D 次之，F0D 稳产性最低。

**表 3-15　不同处理冬小麦产量性状及稳产性**

| 处理 | | 穗数（$\times 10^4/hm^2$） | 穗粒数 | 千粒重（g） | 产量（$kg/hm^2$） | 稳产性（%） |
|---|---|---|---|---|---|---|
| F0W | W | 405.12c | 24.5d | 32.8c | 3 255.54g | 79.36 |
| | Dry | 400.08c | 20.9e | 30.9d | 2 583.76i | |
| F0D | W | 315.23e | 26.4cd | 32.9c | 2 737.96h | 81.32 |
| | Dry | 310.01e | 24.1d | 29.8d | 2 226.43j | |
| F1W | W | 443.28b | 30.6b | 33.4c | 4 530.50d | 81.29 |
| | Dry | 440.11b | 27.8c | 30.1d | 3 682.75f | |
| F1D | W | 382.04d | 31.3ab | 35.6bc | 4 256.99e | 85.27 |
| | Dry | 381.96d | 28.2bc | 33.7c | 3 629.92f | |
| F2W | W | 473.45a | 32.9ab | 38.5a | 5 996.95a | 82.89 |
| | Dry | 471.91a | 29.1bc | 36.2ab | 4 971.19c | |
| F2D | W | 468.19a | 33.2a | 38.7a | 6 018.06a | 91.52 |
| | Dry | 465.13a | 32.8a | 36.1ab | 5 507.51b | |

注：不同小写字母表示差异性显著（$P<0.05$）。W 为抽穗后充分供水处理，Dry 为抽穗后自然干旱处理。

## 四、讨论

调亏灌溉可以提高作物的水分利用效率已被广泛认同，但调亏灌溉的产量效应并不完全一致（蔡焕杰等，2000；Li et al.，2001；Xue et al.，2006）。作物的产量受环境条件、气候、土壤肥力和栽培技术等多方面因素的综合影响，其中，土壤中水、肥是影响作物产量的两个重要因子。适宜的群体数量是提高作物产量的重要基础，水肥不足则影响小麦分蘖导致群体数量不够，最终影响产量。在本研究中，分蘖期群体数量主要受土壤肥力影响，复合肥和有机肥配施（F2）处理小麦的群体数量最大，单施复合肥（F1）处理次之，不施肥（F0）处理小麦的群体数量最小。在返青—拔节期进行调亏灌溉处理后，水分亏缺促进了无效分蘖早亡，并限制了晚生分蘖的形成，因此，调亏灌溉小麦的群体数量在这一时期显著下降，而充分供水处理小麦的无效蘖主要是在孕穗后逐渐消亡。因此，在孕穗期同一施肥条件下的调亏灌溉小麦的群体数量均显著小于未调亏灌溉处理。但到成熟期后，F2 的调亏灌溉小麦的穗数并没有显著下降，而 F1 和 F0 的调亏灌溉小麦的穗数显著下降。可见在返青—拔节期进行调亏灌溉时，复合肥和有机肥配施有助于保持群体穗数。

根冠功能平衡学说认为根和冠既相互依赖又相互竞争，当环境条件一定时，根冠比相对稳定。当土壤水分亏缺时，作物将增加光合产物在根系的分配比例，对根系生长相对有利，从而增强其吸水能力，而冠的生长则受到抑制，使叶面积减少，以减少作物的蒸腾耗水量（Anne-Maree Boland，1993）。对作物进行调亏灌溉可有效减少光合产物向茎、叶等营养器官分配的比例，但复水后作物具有明显的补偿生长效应，如冬小麦调亏灌溉复水后作物叶面积、主茎高度、光合蒸腾速率等都迅速恢复，达到甚至超过对照水平（张喜英等，1999）。在本研究中，调亏灌溉结束后（孕穗期）调亏灌溉小麦的叶面积和株高均显著小于同一施肥条件下的充分供水小麦。到花期时，F2 的调亏灌溉小麦的功能叶叶面积和株高与未调亏灌溉小麦没有显著差别；但 F1 和 F0 的调亏灌溉小麦的叶面积和株高均显著小于相应未调亏灌溉小麦。这说明在复合肥和有机肥配施条件下，调亏灌溉小麦复水后补偿生长效应较高，在株高和叶面积上能恢复到未调亏灌溉水平。

在植株受旱时，可由根系产生一种信号物质（ABA）并输送到叶片中使气孔开度降低，蒸腾速率下降，作物耗水减少（Liu et al.，2005）。调亏灌溉就是通过对土壤水分的管理来调控植株根冠生长和气孔开度，减少蒸腾，从而减少水分消耗，而气孔开度则对光合作用有极其重要影响（Fabio et al.，2002）。但有研究表明，适时适度的水分亏缺可显著抑制冬小麦的蒸腾作用，而光合速率下降不明显，复水后光合速率具有补偿效应，有利于光合产物向籽粒转运，从而提高小麦籽粒产量（陆增根等，2007）。在本研究中，调亏灌溉期间，水分亏缺对 F0 小麦的光合速率有显著影响，但对 F1 和 F2 小麦的光合速率没有影响。复水后（抽穗期），F2 的调亏灌溉小麦的光合速率显著高于未调亏灌溉处理。但 F0 和 F1 的调亏灌溉小麦的光合速率与未调亏灌溉处理相比没有显著差异。可见，在不同施肥条件下，调亏灌溉小麦复水后的生理补偿效应是不一样的，复合肥和有机肥配施的调亏灌溉小麦可在生理上表现出超补偿效应。

水分亏缺并不总是降低作物产量，一定时期的适度亏缺还对产量的提高有利（Turner，1990）。研究表明，三叶—返青期适度的水分亏缺，能显著提高冬小麦的产量（孟兆江等，2003）；而拔节前期适度水分亏缺可提高春小麦产量（Zhang et al.，2006）。在本研究中，通过对不同施肥条件下冬小麦调亏灌溉的产量效应进行研究表明，如果生育后期土壤水分条件较好，前期水分亏缺对复合肥和有机肥配施（F2）处理小麦的产量没有显著影响，但对不施肥（F0）和单施复合肥（F1）小麦的产量有显著负效应。如果生长后期土壤自然干旱，前期水分亏缺对 F2 处理小麦的产量有显著的正效应，对 F0 处理小麦的产量有显著的负效应，但对 F1 处理小麦的产量没有影响。可见在不同施肥条件下，对小麦进行调亏灌溉的产量效应是不一样的。在作物某一生长阶段，人为地对其施加一定程度的水分胁迫，影响其生理和生化过程，对其进行抗旱锻炼，可提高作物后期的抗旱能力。然而在生产实践中，作物的抗旱性是以干旱条件下作物产量来衡量的，在本研究中以小麦的稳产性来评价各处理的抗旱能力。在相同施肥条件下，调亏灌溉处理小麦的稳产性均高于未调亏灌溉小麦。在各调亏灌溉处理中，复合肥和有机肥配施处理小麦的稳产性最高，单施复合肥处理小麦次之，不施肥处理小麦的稳产性最低。可见，施肥和调亏灌溉处理均有助于提高小麦后期的抗旱能力。

当前有关调亏灌溉的研究主要集中于调亏时期、调亏度和调亏历时等方面，且大多偏重水分单独效应的研究，然而调亏效应与气候因子、作物因素及土壤条件等多种因素有关。虽然调亏灌溉能够提高作物的水分利用效率，但是推广调亏灌溉也是有风险的，实施不当就会变适度缺水为严重缺水，而造成作物减产。本研究已经证明，在不同施肥条件下，对小麦进行调亏灌溉的产量效应是不同的。因此，必须改变目前的粗放调亏灌溉方式，逐步向精确调亏灌溉的方向发展。为此，将来还有必要对调亏灌溉在不同环境条件、不同密植栽培方式以及不同营养元素的配方施肥等方面展开广泛和深入的研究，以加强该项节水技术的实践性、有效性和安全性。

总之，本研究结果表明，与 F0 和 F1 处理相比，F2 处理的调亏灌溉小麦，在水分亏缺期间光合速率没有受到显著影响，但复水后光合速率表现超补偿效应。到花期时，F2 处理的调亏灌溉小麦的叶面积、株高、每茎干质量和穗数与未调亏灌溉小麦没有显著差别。抽穗后，在充分供水条件下，前期水分亏缺对 F2 处理小麦的产量没有显著影响，但对 F0 和 F1 处理小麦的产量有显著负效应；在自然干旱条件下，前期水分亏缺对 F2 处理小麦的产量有显著的正效应，F2 处理的调亏灌溉小麦的稳产性显著高于 F0 和 F1 处理的调亏灌溉小麦。可见，在 3 种施肥处理条件下，F2 处理小麦的调亏灌溉效应为最好。

## 主要参考文献

蔡焕杰，康绍忠，张振华，等，2000. 作物调亏灌溉的适宜时间与调亏程度的研究．农业工程学报，16（3）：24－27.

陈玉民，1997. 节水灌溉的土壤水分控制标准问题研究［J］. 灌溉排水，16（1）：24－28.

樊小林，史正军，吴平，2002. 水肥（氮）对水稻根构型参数的影响及其基因型差异［J］. 西北农林科技大学学报（自然科学版），2：1－5.

冯波，刘延忠，孔令安，等，2008. 氮肥运筹对垄作小麦生育后期光合特性及产量的影响［J］. 麦类作物学报，28（1）：107－112.

高延军，裴冬，张喜英，等，2004. 棉花调亏灌溉效应研究［J］. 中国生态农业学报，12（1）：136－139.

郭海涛，邹志荣，杨兴娟，等，2007. 调亏灌溉对番茄生理指标、产量品质及水分生产效率的影响［J］. 干旱地区农业研究，25（3）：133－137.

郭相平，康绍忠，索丽生，2001. 苗期调亏处理对玉米根系生长影响的试验研究［J］. 灌溉排水，20（1）：25－27.

韩占江，于振文，王东，2009. 调亏灌溉对冬小麦耗水特性和水分利用效率的影响［J］. 应用生态学报，20（11）：2671－2677.

黄占斌，山仑，1998. 水分利用效率及其生理生态机理研究进展［J］. 生态农业研究，6（4）：19－23.

姜东，谢祝捷，曹卫星，等，2004. 花后干旱和渍水对冬小麦光合特性和物质运转的影响［J］. 作物学报，23（2）：182－190.

姜东，于振文，1999. 有机无机肥料配合施用对冬小麦根系和旗叶衰老的影响［J］. 土壤学报，36（4）：440－447.

姜丽娜，郑冬云，王言景，等，2010. 氮肥施用时期及基追比对豫中地区小麦叶片生理及产量的影响 [J]. 麦类作物学报，30 (1)：149－153.

康国章，王永华，王志和，2003. 氮素施用对超高产小麦生育后期光合特性及产量的影响 [J]. 作物学报 (1)：82－87.

康绍忠，史文娟，胡笑涛，1998. 调亏灌溉对玉米生理指标及水分利用效率的影响 [J]. 农业工程学报，14 (4)：82－87.

李春喜，姜丽娜，代西梅，等，2000. 小麦氮营养与后期衰老关系的研究 [J]. 麦类作物学报，20 (2)：39－41.

李凤民，郭安红，1999. 试论麦类作物非水力根信号与生活史对策 [J]. 生态学报，20 (3)：217－221.

李凤民，王俊，郭安红，2000. 供水方式对春小麦根源信号和水分利用效率的影响 [J]. 水力学报 (1)：23－27.

李凤民，赵松岭，1997. 黄土高原半干旱区作物水分利用研究新途径 [J]. 应用生态学报，8：104－109.

李金才，董琦，余松烈，2001. 不同生育期根际土壤淹水对小麦品种光合作用和产量的影响 [J]. 作物学报，27 (4)：434－441.

李金才，魏凤珍，王成雨，等，2006. 孕穗期土壤渍水逆境对冬小麦根系衰老的影响 [J]. 作物学报，32 (9)：1355－1360.

李金才，尹钧，魏凤珍，2005. 播种密度对冬小麦茎秆形态特征和抗倒指数的影响 [J]. 作物学报，31 (5)：662－662.

李生秀，李世清，高亚军，等，1994. 施用氮肥对提高旱地作物利用土壤水分的作用机理和效果 [J]. 干旱地区农业研究，12 (1)：39－45.

李秧秧，邵明安，2000. 小麦根系对水分和氮肥的生理生态反应 [J]. 植物营养与肥料学报，4 (6)：383－388.

梁建生，张建华，1998. 根系逆境信号 ABA 的产生和运输及其生理作用 [J]. 植物生理学通讯，34 (5)：329－338.

梁银丽，陈培元，1996. 土壤水分和氮磷营养对冬小麦根苗生长的效应 [J]. 作物学报，22 (4)：476－482.

梁银丽，康绍忠，1998. 节水灌溉对冬小麦光合速率和产量的影响 [J]. 西北农业大学学报，26 (4)：16－19.

刘殿英，石立岩，1993. 栽培措施对冬小麦根系及其活力和植株改善的影响 [J]. 中国农业科学，26 (5)：51－56.

刘洪升，李凤民，2003. 水分胁迫下春小麦根系吸水功能效率的研究 [J]. 西北植物学报，23 (6)：942－948.

娄成后，花宝光，2000. 植物信号系统——它在功能整合与适应环境中的作用 [J]. 生命科学，12 (2)：49－51.

陆增根，戴廷波，姜东，等，2007. 氮肥运筹对弱筋小麦群体指标与产量和品质形成的影响 [J]. 作物学报，33 (4)：590－597，67.

孟兆江，卞新民，刘安能，等，2007. 棉花调亏灌溉的生理响应及其优化农艺技术 [J]. 农业工程学报，23 (12)：80－84.

孟兆江，贾大林，刘安能，等，2003. 调亏灌溉对冬小麦生理机制及水分利用效率的影响 [J]. 农业工程学报，19 (4)：66－68.

潘庆民，于振文，田奇卓，等，1998. 追氮时期对超高产冬小麦旗叶和根系衰老的影响 [J]. 作物学报，24 (6)：942－929.

裴冬，孙振山，陈四龙，2006. 水分调亏对冬小麦生理生态的影响 [J]. 农业工程学报，22 (8)：

68－72.

裴冬，张喜英，亢茹，2000. 调亏灌溉对棉花生长、生理及产量的影响［J］. 中国生态农业学报，8（4）：52－55.

齐伟，张吉旺，王空军，等，2010. 干旱胁迫对不同耐旱性玉米杂交种产量和根系生理特性的影响［J］. 应用生态学报，21（1）：48－52.

石培泽，杨秀英，1998. 春小麦适度亏缺灌溉的节水培养效应［J］. 干旱地区农业研究，16（2）：80－83.

宋海星，李生秀，2004. 水、氮供应和土壤空间所引起的根系生理特性变化［J］. 植物营养与肥料学报，10（1）：6－11.

田纪春，陈建省，王延训，等，2001. 氮肥追肥后移对小麦籽粒产量和旗叶光合特性的影响［J］. 中国农业科学，34（1）：1－4.

王勇，李晴祺，李朝恒，1998. 小麦品种茎秆的质量及解剖学研究［J］. 作物学报，24（4）：452－458.

魏凤珍，李金才，王成雨，等，2008. 氮肥运筹模式对小麦茎秆抗倒性能的影响［J］. 作物学报，34（6）：1080－1085.

魏虹，林魁，李凤民，等，2000. 有限灌溉对半干旱区春小麦根系发育的影响［J］. 植物生态学报，24（1）：106－110.

鄢珣，王俊，2001. 黄土高原地区春小麦对有限灌溉的反应及其生理生态基础［J］. 西北植物学报，21（4）：791－795.

杨洪强，夏国海，接玉玲，1999. 园艺植物果实碳素同化物代谢研究进展［J］. 山东农业大学学报，33（3）：307－311.

翟丙年，孙春梅，王俊儒，等，2003. 氮素亏缺对小麦根系生长发育的影响［J］. 作物学报，29（6）：913－918.

张步翀，李凤民，齐广平，2007. 调亏灌溉对干旱环境下春小麦产量与水分利用效率的影响［J］. 中国生态农业学报，15（1）：58－62.

张定一，张永清，杨武德，等，2006. 不同基因型小麦对低氮胁迫的生物学响应［J］. 小麦研究，27（1）：1－9.

张岁岐，山仑，薛青武，2000. 氮磷营养对小麦水分关系的影响［J］. 植物营养与肥料学报，6（2）：147－151.

张喜英，由懋正，王新元，1998. 冬小麦调亏灌溉制度田间试验研究初报［J］. 中国生态农业学报，6（3）：33－36.

张喜英，由懋正，王新元，1999. 不同时期水分调亏及不同调亏程度对冬小麦产量的影响［J］. 华北农学报，14（2）：79－83.

张永清，苗果园，2006. 不同施肥水平下黍子根系对干旱胁迫的反应［J］. 作物学报，32（4）：601－606.

张永清，苗果园，2006. 冬小麦根系对施肥深度的生物学响应研究［J］. 中国生态农业学报，14（4）：72－75.

赵俊晔，于振文，2006. 施氮量对小麦旗叶光合速率和光化学效率、籽粒产量与蛋白质含量的影响［J］. 麦类作物学报，26（5）：92－96.

赵琳，范亚宁，李世清，等，2007. 施氮和不同栽培模式对半湿润农田生态系统冬小麦根系特征的影响［J］. 西北农林科技大学学报（自然科学版），35（11）：65－70.

周苏玫，王晨阳，张重义，2001. 土壤渍水对冬小麦根系生长及营养代谢的影响［J］. 作物学报，27（5）：673－679.

周炎，罗安程，1997. 有机肥处理对小麦根系生长、活力和磷吸收的影响［J］. 植物营养与肥料学报，3

(3)：243 - 247.

Aggarwal P K，Sinha S K，1984. Effect of water stress on grain growth and assimilate partitioning in two cultivars of wheat contrasting in their yield stability in a drought - environment [J]. Annals of Botany，53：329 - 340.

Ali M，Jensen C R，Mogensen V，1998. Early signal in field growth wheat in response to shallow soil drying [J]. Aust J Plant Physiol，25：871 - 882.

Asseng S，Ritehie J T，Smucker A J M，1998. Root growth and water uptake during water deficit and recovering in wheat [J]. Plant and soil，201：265 - 273.

Bates L M，Hail A E，1981. Stomatal closure with soil water depletion not associated with changes in bulk leaf water status [J]. Orcologia，50：62 - 65.

Bhan S，Misra D K，1970. Effects of variety，spacing and soil fertility on root development in groundnut under arid conditions [J]. Indian J Agric Sci.（40）：1050 - 1055.

Blackman P G，Davies W J，1985. Root - to - shoot communication in maize plants of the effects of soil drying [J]. Journal of Experimental Botany，36：39 - 48.

Blum A，1998. Improving wheat grain filling under stress by stem reserve mobilization [J]. Euphytica，100：77 - 83.

Blum A，Johnson J W，1993. Wheat cultivars respond differently to drying topsoil and a possible non - hydraulic root signal [J]. Journal of Experimental Botany，44：1149 - 1153.

Brouder S M，Cassman K G，1994. Cotton root and shoot response to localized supply of nitrate phosphate and potassium：Split - pot studies with nutrient solution and vermiculite soil [J]. Plant and Soil，161：179 - 193.

Cahn M D，Zobel R W，Bouldin D R，1989. Relationship between root e1ongafion rate and diameter and duration of growth of lateral roots of maize [J]. Plant and Soil，119：271 - 279.

Cai Z C，Qin S W，2006. Dynamics of crop yields and soil organic carbon in a long term fertilization experiment in the Huang - Huai - Hai Plain of China [J]. Geoderma，136：708 - 715.

Cannel R Q，Belford R K，Gales K，1980. Effects of waterlogging at differentstages of development on the growth and yield of winter wheat [J]. J Sci Food Agric，31：117 - 132.

Cannell R Q，Belford R K，Gales K，et al，1980. Effects of waterloggingat different stages of development on the growth and yield of winterwheat. J Sci Food Agric. 1980，31：117 - 120.

Clay D E，Engel R E，Long D S，et al，2001. Nitrogen and water stress interact to influence carbon - 13 discrimination in wheat [J]. Soil Sci，65：1823 - 1828.

Davis W J，Zhang J，1991. Root signals and the regulation of growth and development of plants in drying soil [J]. Annu Rev Plant Physiol Plant Mol Biol，42：55 - 76.

Desikan R，Cheung M K，Bright J，et al，2004. ABA，hydrogen peroxide and nitric oxide signaling in stomatal guard cells [J]. J Exp Bot，55：205 - 212.

Dry P R，Loverys B R，Botting D，1996. Effect of partial root - zone drying on grapevine vigour，yield，composition of fruit and use of water [J]. Proc Austr Wine Indust Tech Conf，9：126 - 131.

Du T S，Kang S Z，Sun J S，et al，2010. An improved water use efficiency of cereals under temporal and spatial deficit irrigation in north China [J]. Agricultural Water Management. 97：66 - 74.

Fabeiro C，Martin D S O F，Juan D J A，2002. Production of mus*km*elon（Cucumis melo L.）under controlled deficit irrigation in a semi - arid climate [J]. Agric Water Manage，54：93 - 105.

Fabio M D，Rodolfo A L，Emerson A S，2002. Effects of soil water deficit and nitrogen nutrition on water relations and photosynthesis of pot - grown coffee canephora Pierre [J]. Trees，16（8）：555 - 558.

Fan T L，Stewart B A，Wang Y，et al，2005. Long - term fertilization effects on grain yield，water use efficiency and soil fertility in the dry land of Loess Plateau in China [J]. Agriculture Ecosystems and Environment，106，313 - 329.

Fan X W，Li F M，Xiong Y C，et al，2008. The cooperative relation between non - hydraulic root signals and osmotic adjustment underw aterstress improves grain formation for spring wheat varieties [J]. Physiologia Plantarum，132 (3)：283 - 292.

Fereres E，Soriano M A，2007. Deficit irrigation for reducing agricultural water use [J]. Journal of Experimental Botany，58 (2)：147 - 159.

Gallardo M，Turner N C，Ludwig C，1994. Water relations，gas exchange and abscisic acid content of Lupins cosentinii leaves in response to drying different proportions of the root system [J]. Journal of Experimental Botany，45：909 - 918.

Gollan T，Schurr U，Schulze E D，1992. Stomatal responses to soil drying in relation to changes in xylem sap composition of Helianthus annuus，I. The concentration of cations，anions，amino acids in and PH of the xylem sap [J]. Plant Cell Environ，15：551 - 560.

Iniesta F，Testi L，Orgaz F，et al，2009. The effects of regulated and continuous deficit irrigation on the water use，growth and yield of olive trees [J]. European Journal of Agronomy，30 (4)：258 - 265.

Jensen C R，Henson I E，Turner N C，1989. Leaf gas exchange and water relations of lupines during droughtinduced stomatal closure [J]. Aust J Plant Physiol，16：415 - 428.

Jia W，Zhang J，1997. Comparison of expordation and metabolism of xylem - delivered ABA in miaize leaves at different water status and xylem sap pH [J]. Plant Growth Regulation，21：43 - 49.

Kang S Z，Zhang J H，2004. Controlled alternate partial root - zone irrigation：its physiological consequence and impact on water use efficiency [J]. Journal of Experimental Botany，55：2437 - 2446.

Kang S，Shi W，Zhang J，2000. An improved water - use efficiency for maize grown under regulated deficit irrigation [J]. Field Crops Research，67：207 - 214.

Kelting D L，Burger J A，Edwards G S，1998. Estimating root respiration，microbial respiration in the rhizosphere and root - free soil respiration in forests [J]. Soil Biology & Biochemistry，30：961 - 968.

Kirnak H，Tas I，Kaya C，2002. Effects of deficit irrigation on growth，yield and fruit quality of eggplant under semi - arid conditions [J]. Aust Agric Res，53：1367 - 1373.

Kramer P J，1983. Water relations of plants [M]. New York：Academic Press.

Kundud K，Ladha J K，1999. Sustaining productivity of lowland rice soils：Issues and options related to N availability [J]. Nutrient Cycling in Agroecosystems，53 (1)：19 - 33.

Lahiri A N，Singh S，Kackar N L，1973. Proceeding indian natural science acadamic (Part B) [J]. Physiolosh Plant (39)：77.

Li F M，Liu X L，Guo A H，2001. Effects of early soil moisture distribution on the dry matter partition between root and shoot of winter wheat [J]. Agric Water Manage，49 (3)：163 - 171.

Liang J，Zhang J，Wong M H，1997. How do roots control xylem sap ABA concentration in responses to soil drying [J] Plant Cell Physiol，38：10 - 16.

Liu F L，Jensen C R，shahanzari A，et al，2005. ABA regulated stomatal control and photosynthetic water use efficiency of potato (Solanum tuberosum L.) during progressive soil drying [J]. Plant Science，168 (3)：831 - 836.

Liu H S，Li F M，2005. Root respiration，photosynthesis and grain yield of two spring wheat in response to soil drying [J]. Plant Growth Regulation，46：233 - 240.

Liu H S，Li F M，Xu H，2004. Deficiency of water can enhance root respiration rate of drought - sensitive but not drought - tolerant spring wheat [J]. Agricultural Water Management，64：41 - 48.

Lohila A，Aurela M，Regina K，et al，2003. Soil and total ecosystem respiration in agricultural fields：effect of soil and crop type [J]. Plant and Soil，251：303 - 317.

Ludlow M M，Sommer K J，Flower D J，1989. Influence of root signals resulting from soil dehydration and high soil strength on growth of crop plants [J]. Cur Topic Plant Biochem Physiol，8：81 - 89.

Lyer S，Caplan A，1998. Products of proline catabolism can induce osmotically regulated genes in rice [J]. Plant Physiol，116：203 - 211.

Mingo D M，Bacon M A，Davies W J，2003. Non - hydraulic regulation of fruit growth in tomato plants (*Lycopersicon eseulentum* cv. *Solairo*) growing in drying soil [J]. Journal of Experimental Botany，54：1205 - 1212.

Miyazono K I，Miyakawal T，Sawano Y，et al，2009. Structural basis of abscisic acid signalling [J]. Nature，462 (7273)：609 - 614.

Munns R，1992. A leaf elongation assay detects an unknown growth inhibitor in xylem sap from wheat and barley [J]. Australian Journal of Plant Physiology，19 (2)：127 - 135.

Musgrave M E，1994. Waterlogging effects on yield and photosynthesis in eightwheat cultivars [J]. Crop Sci，34：1314 - 1320.

Ober E S，Sharp R E，2003. Electophysiological response of maize roots to low water potentials：relationship to growth and ABA accumulation [J]. J Exp Bot，54：813 - 824.

Rohacek K，2002. Chlorophyll fluorescence parameters：the definitions photosynthetic meaning，and mutual relationships [J]. Photosynthetica，40 (1)：13 - 29.

Sayed O H，2003. Chlorophyll fluorescence as a tool in cereal crop research [J]. Photosynthetica，41 (3)：321 - 330.

Schachtman D P，Goodger J Q D，2008. Chemical root to shoot signaling under drought [J]. Trends in Plant Science，13 (6)：281 - 287.

Schroeder J I，Allen G J，Hugouvieux V，et al，2001. Guard cell signal transduction [J]. Annual Review of Plant Physiology and Plant Molecular Biology，52：627 - 658.

Sharp R E，2002. Interaction with ethylene：changing views on the role of abscisic acid in root and shoot growth responses to water stress [J]. Plant Cell Environ，25：211 - 222.

Sheard L B，Zheng N，2009. Signal advance for abscisic acid [J]. Nature，462 (7273)：575 - 576.

Shinozaki K，Yamaguchi - Shinozki K，1997. Gene expression and signal transduction in water - stress response [J]. Plant Physiol，115：327 - 334.

Spree W，Nagle M，Neidhart S，et al，2007. Effect of regulated deficit irrigation and partial rootzone drying on the quality of mango fruits (*Mangifera indica* L. cv. 'Chok Anan') [J]. Agric Water Manage，88：173 - 180.

Thompson D S，Wilkinson S，Baccon M A，et al，1997. Multiple signal and mechanisms that regulate leaf growth and stomatal behaviour during water deficit [J]. Physiol Plant，100：303 - 313.

Turner N C，1990. Plant water relations and irrigation management [J]. Agri Water Manag，17 (1 - 3)：59 - 75.

Wang Z Y，L i F M，Xiong Y C，et al，2008. Soil - Water threshold range of chemical signals and drought tolerance was mediated by ROS homeostasis in winter wheat during progressive soil drying [J]. Journal of Plant Growth Regulation，27 (4)：309 - 319.

Webber H A，Madramootoo C A，Bourgault M，et al，2006. Water use efficiency of common bean and green gram grownusing alternate furrow and deficit irrigation [J]. Agric Water Manage，86：259 - 268.

Wigger J，Phillips J，Peisker M，et al，2002. Prevention of stomatal closure by immunomodulation of endogenous abscisic acid and its reversion by abscisic acid treatment：physiological behavior and morphological features of tobacco stomata [J]. Planta，215：413－423.

Wilkinson S，Davies W J，1998. Xylem sap pH increase：a drought signal received at the apoplastic face of the guard cell that involves the suppression of saturable abscisic acid uptake bythe epidermal symplast [J]. Plant Physiol，113：559－573.

Xiong Y C，Li F M，Hodgkinson K C，2006a. Hydraulic and Non－dydraulic Root－sourced Signals in Old and Modern Spring Wheat Cultivars in the Semiarid Area [J]. J Plant Growth Rregulation，25 (2)：120－136.

Xiong Y C，Li F M，Zhang T，2006b. Performance of wheat crops with different chromosome ploidy：root－sourced signals，drought tolerance，and yield performance [J]. Planta，224 (3)：710－718.

Xue Q，Musick J T，Dusek D A，2006. Physiological mechanisms contributing to the increased water use efficiency in winter wheat under deficit irrigation [J]. Journal of Plant Physiology，163 (2)：154－164.

Zhang B C，Li F C，Huang G B，et al，2006. Yield performance of spring wheat improved by regulated deficit irrigation in an arid area [J]. Agric Water Manage，79：28－42.

Zhang B C，Li F M，Huang G B et al，2005. Effects of regulated deficit irrigation on grain yield and water use efficiency of spring wheat in an arid environment [J]. Canadian Journal of Plant Science，85：829－837.

Zhang D Y，Wang G，1994. Evolutionarily stable reproductive strategies in sexual organisms：an integrated approach to life history evolution and sex allocation [J]. American Naturalist，144：65－75.

Zhang J，Davies W J，1991. Antitran spirant activity in xylem sap of maize plants [J]. Journal of Experimental Botany，42 (3)：317－321.

Zhang J，DaviesW J，1989. Abscisic acid produced in dehydrat ing roots may enable the plant to m easure the water status of the soil [J]. Plant，Cell & Environment，12 (1)：73－81.

Zweifel R，Steppe K，Sterck F J，2007. Stomatal regulation by microclimate and tree water relations：interpreting ecophysiological field data with a hydraulic plant model [J]. Journal of Experimental Botany，58：2113－2132.

本章作者：马守臣，关小康，马守田

Chapter 4 第四章

# 小麦-玉米两熟氮营养特性及光谱无损诊断研究

## 第一节 氮营养特性与光谱无损诊断

### 一、氮营养特性及功能

#### 1. 小麦氮营养特性及功能

小麦植株含氮量一般占其干重的1.0%～1.6%，而含量的多少与器官、生育期、品种和营养水平有关。各器官的含氮量以叶片最高，叶鞘次之，穗相对较低。生育期间，随生育进程推进，小麦植株氮含量呈逐步降低趋势。一般而言，高产小麦分蘖期植株氮含量占5%左右，拔节期降至3%，孕穗期在2.5%，灌浆期则维持在2.0%左右。研究表明，分蘖期是小麦氮营养的临界期，分蘖期缺氮，易导致分蘖困难，从而减少有效穗数。幼穗分化期小麦对氮的需求量较高，氮素缺乏则小穗、小花数量减少，若增施氮肥则可延长分化时间，提高穗粒数。抽穗以后土壤供氮水平对提高粒重则极为重要。同时，小麦植株氮含量也明显受氮肥用量和施氮时期的影响，随氮肥用量增加，叶、茎和籽粒中氮含量均显著提高，而生长后期施用氮肥，籽粒中氮含量则明显增加。

在氮素吸收与积累方面，拔节期是叶片、叶鞘氮素吸收与积累的高峰期，叶片氮积累量稍高于叶鞘，拔节期后叶鞘氮素积累量明显下降，直至成熟期降至最低。茎秆中氮素积累量从起身开始增加，抽穗期达至最高值，其后逐步降低。穗部氮素积累量的高峰期主要集中于抽穗至成熟期，成熟期时有70%～80%的氮素集中在穗中。

在营养功能方面，氮素是小麦细胞原生质的重要组成成分，是构成氨基酸、蛋白质的必需营养元素，同时也是核酸、叶绿素及多种酶、维生素和植物激素的组成成分。氮营养的充足与否不仅直接影响小麦氮吸收利用和代谢等生理过程，而且通过影响根、茎、叶、穗、粒等器官的建成与功能，最终影响其产量与品质。合理施用氮肥，不仅可有效促进小麦不同器官的生长发育，同时可显著增加叶绿素和叶面积指数，增强光合作用和氮的吸收利用特性，优化群体结构，继而提高产量。此外，优化施氮对提高小麦籽粒蛋白质和湿面筋含量、面粉沉降值和面团稳定时间亦有显著作用。因此，在小麦生育期间适时适量供氮，对促进小麦生长发育、提高籽粒产量和蛋白质含量、改善籽粒和面粉营养品质及加工品质均具有重要作用。

#### 2. 玉米氮营养特性及功能

氮是玉米一生中吸收最多的必需营养元素，一般每生产100 kg玉米籽粒需氮量约为2.59 kg。高产夏玉米出苗至拔节期氮的吸收量为7.3%，拔节期至大喇叭口期为37.2%，大喇叭口期至吐丝期为14.5%，吐丝期至吐丝后15 d为32.7%，至此，累计吸收量已达总量的91.7%。从不同生育期的叶片氮含量来看，拔节期至小喇叭口期最高，而后下降，至抽雄吐丝期下降到低谷，开花受精后升高，至灌浆期（吐丝后15～20 d）又达高峰，之后下降至成熟期最低。此外，玉米不同节位叶组叶片氮平均含量高低顺序为中部叶组＞下部叶组＞基部叶组＞上部叶组；不同节位叶鞘和茎秆中平均氮含量顺序为基部＞下部＞中部＞上部。叶鞘和茎秆中氮含量动态变化基本一致，拔节期和小喇叭口期最高，至成熟期降至最低。不同器官间以叶片最高，茎秆次之，叶鞘最低。抽雄前，玉米吸收的氮素主要分配到叶和茎中，授粉后则主要集中于籽粒。

氮素对玉米器官构建具有重要作用。氮营养充足可有效促进叶面积扩展，延长叶片功能时间，防止叶片早衰，提高植株光合净同化率和生物量增长速率。早期施用氮肥可以促进根系迅速建成，提高根系生物量和数量，促进根系纵深生长。中后期（如大喇叭口期、抽雄吐丝期）施氮有利于根系在灌浆期保持较高水平的生理机能，延缓根系衰老，继而为地上部植株生长发育提供充足的养分和水分。此外，氮肥施用量较高时多穗品种玉米的双穗率可显著提高，增加成穗率和果穗大小。氮肥施用后，籽粒干物质积累速率加快，最大积累速率提前。

合理施氮可显著提高夏玉米成熟期产量。氮肥影响玉米产量的生理基础在于不同的氮肥用量与施肥时期显著影响了植株碳氮代谢水平，而碳氮代谢水平会进一步影响植株生育进程和物质生产力，继而影响产量形成。氮肥田间试验表明，玉米产量随施氮量增加呈单峰曲线变化。适宜的施氮量可调控玉米籽粒灌浆进程。当施氮量为180 kg/hm$^2$ 时，玉米顶部籽粒酸性蔗糖转化酶、中性蔗糖转化酶、蔗糖合成酶和淀粉合成酶活性在授粉后5～20 d均处于较高水平，改善了顶部籽粒的蔗糖利用能力和淀粉合成能力，可溶性糖含量、全氮含量及淀粉的积累均处于较高水平，促进了顶部籽粒的发育，使产量增加。此外，玉米产量构成因素包括单位面积穗数、穗粒数和百粒重，氮肥主要通过影响穗粒数和百粒重来影响玉米产量。氮素缺乏对穗粒数的影响主要体现在降低受精率，增加籽粒败育率，对籽粒潜在数目影响不大；但也有研究认为，缺氮对玉米小穗、小花分化有影响。吐丝前增加供氮水平可提高果穗顶部花丝细胞分裂速率，促进顶部花丝抽出。此外，氮素作为同化物直接参与玉米籽粒中蛋白质的合成，氮肥过量或不足均会影响顶部籽粒发育，增加败育率，降低产量。

## 二、小麦-玉米施肥现状及存在问题

自化肥在我国投入使用以来，一直担负着作为农业生产的重要物质基础的责任，保障着国家粮食安全和农业可持续发展。合理施用化肥，对于提高作物单产起着非常重要的作用，而近年来，我国化肥施用量不断增加，从2005年的年施用量 $4.77\times10^7$ t增长到2017年的$5.86\times10^7$ t。氮素是生命活动的必需营养元素，中国已成为世界上最大的氮肥生产国和消费国。氮肥已占中国陆地生态系统氮素输入量的72%，中国人56%的蛋白质消费量来自氮肥，且近些年来氮肥施用量几乎呈直线上升趋势，到2017年增长到$2.22\times10^7$ t，居世界首位，而农作物单位面积产量不仅没有随着肥料用量的增加呈现持续增长趋势，反而由于氮肥的过量施用导致肥料利用率低及作物品质下降等问题，作物单产整体增幅小于化肥投入的增幅还会导致化肥效率的下降，且肥料用量愈大，肥料利用率也愈低。

徐洋等（2019）研究表明，2014—2016年，我国种植业化肥施用量分别为5 989.7万t、6 052.6万t和6 041.4万t，其中三大粮食作物小麦、玉米、水稻年均化肥施用总量合计占化肥施用总量的46.9%，华北、华中南和华东3个区域年均化肥施用总量合计占到化肥施用总量的62.0%。作为我国粮食主产区的华北平原，主要种植体系是冬小麦和夏玉米轮作制，在整个小麦-玉米轮作制度下，施氮量高达673 kg/hm$^2$，氮肥投入量高，但通过挥发、淋溶和径流等途径，氮肥损失较大，造成肥料利用率低，增加生产成本，同时未被利用的肥料进入生态系统，造成资源浪费、地表水体富营养化、地下水和蔬菜$NO_3^-$-N含量超标、$N_2O$和NO等温室气体排放量增加等环境污染问题，不利于农业的可持续发展。通过对河南省4市调查显示，小麦和玉米生产上化肥施用量中氮肥施用量均最大，且玉米的施氮量比小麦高25.5 kg/hm$^2$。而小麦和玉米的产量并未随氮、磷、钾肥料用量和总施肥量的增加呈现出增加的趋势。说明我国化肥施用与粮食产量并不成正比，出现了报酬递减效应。我国农田氮肥施用的主要问题是施肥过程和施肥后的严重损失，且过量施氮现象相当普遍，全国作物过量施氮面积占播种面积的20%。据预测，如果施肥技术得不到实质性改善，依然粗放施氮，则到2020年、2030年、2050年我国氮肥需求量分别为$3.04\times10^7$ t、$3.14\times10^7$ t和$3.34\times10^7$ t。在施肥方式上，多数农民习惯在冬小麦和夏玉米播种时一次性把肥料全部施完，这样容易造成作物生育后期养分供应不足，并且很多地方在雨后进行人工撒施，农机农艺没有很好地结合，导致施肥质量差，也会造成养分流失严重、肥料利用率低的问题。

## 三、作物氮营养精确诊断必要性及发展历程

### 1. 作物氮营养精确诊断的必要性

作物氮营养丰缺变化常作为农田生态系统模型构建、氮肥精准施用与调控、实现农业生产可持续发展和生态环境良性循环等途径的重要步骤，也成为许多现代信息光谱技术进行无损和高效诊断的主要目标与研究对象。目前，中国已成为全球最大的氮肥生产、消费和出口国，2000—2020年，对全世界氮肥产用量的贡献率高达61%与52%。此外，我国国内氮肥生产量已高于实际消费量，并同时超过作物最高产量需求量，农田生态系统中的氮肥盈余量已高达175 kg/hm$^2$，成为重要的环境污染因子和源头。研究表明，我国农田氮肥综合碳排放系数是国外平均水平的1.6倍。在化肥氮的具体去向中，当季作物吸收利用率仅占35%，氨挥发损失约为11%，硝化-反硝化作用约占34%，径流与淋洗约为7%，剩余13%尚未明确（包含部分农田残留氮）。因此，除$N_2$外，农田化肥氮损失中对环境具有污染效应的约占其施用量的19.1%，这些成为水体硝酸盐超标、富营养化、近海赤潮和大气$N_2O$的重要来源之一。同时，我国氮肥利用率仍相对较低，水稻、小麦和玉米三大粮食作物肥效试验结果表明，其氮肥偏生产力均在10 kg左右，大田实际生产中则可能更低，远低于国际上的22 kg、18 kg和24 kg。但同时需要注意的是，我国农田生产中氮肥用量则明显高于国际上相应的平均水平，按照作物报酬递减率，相应的每千克氮肥所增加的产量（农学效率）效应必然会有所降低，这进一步表明，我国氮素养分精准管理与肥料科学施用技术亟待提高。因此，在农业生产中有效、快捷地开展农作物氮营养精确和实时诊断，耦合土壤氮素供应与作物需求，做到“按需施氮、精准施氮”，对同步实现氮营养和产量水平的高效高产具有重大意义。

氮素实时和精准管理是以作物高产、养分高效为目标的生产实际中最为重要的养分管理措施之一。在大田作物生产管理中，特别是在如今越来越凸显其优势和发展潜力的智慧农业中，实时实地的作物氮营养管理是作物高产高效的重要措施和基本保障。利用作物光谱特性，研究基于现代信息技术的作物氮营养实时监控和精确诊断一直是精准农业中的研究热点。长期以来，作物养分信息快速获取技术仍是实现精准施肥的瓶颈技术，且仍然停留在实验室研究阶段，在后续发展中，更需要我们以田间试验为依托，开展持续研究，建立一套便捷、准确的作物氮营养光谱信息诊断技术与设备。因此，构建快捷、无损和精准的氮营养定量诊断体系是有效评估作物氮营养供需状况，发展优质、高产、高效、生态、环保的作物生产技术的有效途径，是农业生产中构建氮肥综合运筹、养分实时管理和动态调控的首要前提，是实现作物“按需施氮、精准施氮”的关键举措，同时也是国内外智慧农业与生态农业的重要研究前沿。

**2. 作物氮营养精确诊断的发展历程**

作物营养诊断的研究历史可以追溯到19世纪中叶，当时在日本、印度、美国和法国等地就已开始采用常规的化学分析方法监测土壤养分状况，并在生产实际上取得一定效果。20世纪20年代，美国已开始探索土壤与植物综合诊断技术；至30年代，已逐步在各州试验站推广应用；40年代时，各州均建立了相对完善的诊断研究室，已应用于不同土壤类型和作物种类，并由经济作物发展到其他作物，由大量元素发展到中微量元素，由形态观察发展到数字图像技术等；到50年代，诊断理论与检测手段均有了快速发展且相对成熟，也有一些土壤和植物营养的定量诊断指标；60年代以来，由于现代科技发展及信息技术的进步，作物营养诊断体系日趋完善和成熟，由单一元素拓展到多种元素及不同元素间的比例关系，由外部形态观测到作物组织内部生化诊断等。截至目前，作物营养诊断技术在许多国家已得到推广应用，并因地制宜、因时因期地指导肥料实时追施与调控，使作物产量提高和品质改善。

## 四、作物氮营养高光谱无损诊断机理

从内部机制上来讲，作物氮浓度高光谱定量诊断机理是其叶片生化组分分子结构中的氮化学键在外界自然光照射下发生震动，引起相应波长的光谱反射、透射或吸收性能产生差异，从而形成了与作物氮营养功能相匹配的高光谱反射率；与此同时，上述波长的光谱反射率对氮营养差异性响应十分敏感，这就形成了作物氮浓度的敏感光谱。在此基础上，通过寻求对作物氮浓度敏感光谱吸收的有效波段，运用特定算法，构建相应特征光谱参数或参量，建立基于该参数或参量的定量监测模型或回归关系，即可实现对作物氮浓度的高光谱反演与诊断。

从氮营养施肥效果上来讲，植物缺氮可严重引起体内相关生化成分（如色素、碳水化合物、纤维素和木质素等）及叶片形态解剖结构（如栅栏组织与海绵组织厚度、胞间隙大小等）变化。如油菜缺氮时，宏观上表现出新叶生长缓慢、叶片少（叶面积指数下降）、叶色淡、黄叶多（色素减少），有时叶色逐渐褪绿呈现紫色，严重的呈现焦枯状；同时，植株生长瘦弱，主茎矮、纤细、株型松散（叶片倾角变大，生物量降低）。微观上则表现出叶片变薄，叶肉栅栏组织和海绵组织排列紧密且厚度降低，细胞长柱形以及胞间隙减少等。上述症状的发生均会引起某些波长处的光谱反射和吸收产生差异，继而产生不同的光谱反射率，表现出反射率不同的波形曲线，并且这些波长的光谱反射率变化对氮素的变化十分敏感，这也是利用高光谱进行作物氮营养诊断的营养及理化基础。研究表明，红光有利于提高作物体内叶绿素含量，蓝紫光则与此相反，而叶绿素含量与植株氮素含量紧密相关（尤其是当植物缺氮时），故常用叶绿素含量间接指示植物的氮素含量；微观结构上，叶片形态解剖结构尤其是栅栏组织的伸长及排列对红外光具有较高的敏感性。在高光谱氮主控波段范围内，不同氮素处理间可见光区域（350～730 nm）光谱反射率整体偏低且随氮素用量增加而降低，短波近红外波段（750～1 350 nm）变化趋势则与此相反。此外，国内外大量研究结果表明，无论是冠层光谱还是叶片光谱（植被冠层光谱特性是单叶光谱特性的综合反映，如叶片倾角与分布、冠层结构和阴影等），其可见光区域光谱反射率主要受叶片各种色素吸收影响，而近红外区域则受冠层和叶片内部结构等因素影响。

## 五、作物氮营养高光谱无损诊断研究进展及主要问题

目前，基于冠层或叶片高光谱的作物氮营养诊断主要集中于植株/叶片氮浓度（plant/ leaf nitrogen concentration，%）或植株/叶片氮含量（plant/ leaf nitrogen content，g/ $m^2$）两类指标，通常用的方法是基于高光谱敏感波段反射率或光谱指数的经验统计关系法。具体的，氮营养监测敏感波段研究方面，首先科学家们研究了不同氮营养条件下作物原始光谱的表观响应，即受氮素胁迫的农作物冠层或叶片光谱反射率比正常施氮处理反射率要强，在近红外区域变化趋势则与此相反。进一步研究发现，植物高光谱反射曲线对氮素响应具有显著的区域特征：490～600 nm 波段具有中等的反射值，550 nm 波段附近是叶绿素的强吸收峰；600～700 nm 波段因色素的强吸收，多数植物在 680 nm 波段附近的反射率具有一个低谷；700～760 nm 波段由于叶绿素的强吸收和冠层结构的强反射而出现一个明显的爬升脊，即“红边”；800～1 300 nm 波段是植物结构参数的敏感区域；1 300～2 500 nm 波段则是水分的强吸收区。基于此，研究人员构建了不同的植被指数并设计了系列的光谱遥感传感仪器，探究其与氮素浓度间的定量关系。早在 1972 年，Thomas 等（1999）利用 550 和 670 nm 两特征波段定量估算了甜椒的氮素含量，精度高达 95%；其后，利用水稻氮肥水平大田试验并同步结合高光谱测试结果表明，水稻叶片氮含量（g/$m^2$）与 620 和 760 nm 双波段构成光谱参数具有极好的线性回归关系，其精准度不因品种类型变化而发生改变。与此同时，王人潮等（1993）研究指出，水稻氮营养的敏感高光谱区域为 530～560 nm、630～660 nm 和 760～900 nm。

近些年来，随着经济发展和信息技术的推广普及，国内外关于作物高光谱植被指数与其氮营养之间定性或定量关系的研究日益增多，总结起来主要集中在 3 个方面：①探究植被指数与氮素浓度间的相关性，筛选最佳光谱指数；②分析指数对氮素浓度响应的敏感性；③构建植被指数与氮素浓度间的定量模型并评估模型准确度（决定系数）和精度（均方根误差）。但是，目前研究者们所建立的光谱指数（通常为双波段或三波段）大都选择了红光、近红外或者绿光波段的光谱反射率与氮素建立关系，然而田间条件复杂多变，影响因素众多，如光照条件、非目标物光的辐射、物种类型和生态区域等，筛选并建立普适性强、精确度高，同时具有针对性（专一性）的多波段光谱指数仍是当前的重要任务之一。

光谱指数法的本质是通过系统分析筛选出能稳定指示作物氮营养丰缺变化的有效波段，所采用光谱参数往往由双波段或三波段构建而成，代表光谱信息有限，具有一定的限制性。因此，为确定能更为稳定反映氮营养时空分布特异性的光谱敏感或有效波段，基于整体光谱的分析技术被逐步和广泛采用。如偏最小二乘回归分析、主成分回归分析、逐步回归分析和连续投影算法等。上述技术均以冠层或叶片光谱整体为自变量（$X$），叶片氮浓度为因变量（$Y$），利用相关软件，如 Matlab、R 语言或 SAS 等去探究和表征两者间关系，筛选能稳定指示氮营养的有效波段。在此基础上，采用独立试验数据，再次构建基于叶片氮浓度有效波段的光谱监测模型，以检验上述所确定有效波段的稳定性或普适性。

在确定植株氮素浓度敏感波段范围、光谱指数或有效波段之后，进一步构建基于特征光谱指数的定量诊断模型是精准研究作物氮营养的前提和保障。鉴于高光谱信息的海量资料，须根据研究对象和内容需求采用适宜的高光谱遥感信息提取和处理技术，可显著提高模型的精确性。首先，对原始高光谱进行变换（或转换）是提高模型精度与信噪比，降低环境背景、大气水分及噪声影响的关键措施。目前，国内外常用且有效的光谱变换技术主要有对数变换、导数变化和连续统去除等。研究表明，对数变换（又称伪吸收系数）不仅可显著提高地物可见光区域的光谱差异，同时还可减少因光照条件变化引起的乘性因素影响，可以充分反映地物的吸收特征。此外，光谱经微分处理后可以有效消除基线或其他背景干扰，分解混合重叠峰，并可有效减弱大气散射和吸收对目标光谱特征的影响。连续统去除法则可显著压抑背景吸收的影响，扩大待分析物的吸收特征信息。在光谱变换基础上，通过相应回归方程则可定量表征光谱反射率与植株氮素浓度间的关系。常用的如回归分析、主成分分析、支持向量机以及神经网络算法等。上述技术在作物营养诊断、产量估测及长势监测上均得到国内外专家学者的广泛应用和普遍认可，具体分析和应用时须根据光谱实际和精度需求而采用合适的光谱变换措施及回归模型。

上述分析大都从应用性角度去探究作物高光谱与氮营养间关系，而作物冠层光谱反射特征和作物模型遥感数据同化是作物遥感监测评价的主要依据和重要方法。鉴于作物冠层几何结构及氮营养组分是影响冠层光学特性的主要因素，其垂向分布特征可对冠层光谱产生重要影响，从而影响作物遥感监测精度。然而，目前有关作物氮营养与冠层光谱反射特征的关系与建模研究对冠层垂向异质性考虑还不多，但其重要性已日益引起关注。总结发现，目前有关作物氮营养垂向异质性分布特征与高光谱监测关系的研究主要集中在两个方面：一是基于垂向观测的作物冠层反射光谱监测法；二是基于多角度观测的冠层反射光谱监测法。

综上所述，国内外许多专家学者已从不同角度对作物氮营养与其高光谱特异性间关系开展了系列研究，并取得了丰硕的成果与进展。总结发现，基于“氮营养-高光谱遥感”间关系，已初步明确了作物氮素特征波段分布区间，但如何利用上述特征波段构建普适性强的光谱指数及定量诊断模型，或者在更高精度上估测植株氮素浓度，或给作物氮营养水平分级，目前尚无一致结论。此外，明确作物氮营养光谱特异性，区分其与其他营养元素（如磷和钾）光谱差异并做到诊断的专一性，对该问题的研究仍未探讨清楚。光谱氮营养诊断的最终目的是做到精准施肥（追肥），而目前对该技术的研究仍然停留在实验室阶段；

因此，构建基于特征光谱参数的精准施肥技术体系，仍是我国现阶段施肥技术要解决的重点和难点，任重而道远。此外，大量研究表明，作物氮营养冠层或叶片高光谱反射率是作物体内与氮密切相关的光合物质（可溶性糖、淀粉、蛋白质、纤维素、木质素），或色素、水分，或冠层结构（倾角、叶面积、生物量），或叶片解剖结构（细胞排列及性状、胞间隙大小）等综合作用的光谱特征值。因此，深入挖掘影响高光谱变化特性的关键信息，探究影响作物氮营养光谱形成的主控因素，分析其内在营养机制，仍是下一阶段需要完善并开展的重要任务。最后，由于影响光谱特性的因素众多，除光谱仪自身干扰外，所构建植株氮素浓度定量诊断模型还受作物品种、类型、生育时期、生态区域、冠层结构以及测试环境等诸多因素影响，因此，探索并构建普适性强（年份间、地域间、品种间）、应用性广的模型仍是一项重要的任务，而开展基于植株氮营养的高光谱研究有着广泛的理论和实践意义及应用前景。

## 第二节　小麦-玉米两熟高产模式营养特性及施肥技术研究

### 一、试验方案与方法

试验于 2017 年 10 月至 2018 年 6 月在河南省鹤壁市淇滨区钜桥镇（35°41′24″ N、14°18′42″ E）、河南省焦作市温县祥云镇（34°58′25″ N、113°1′18″ E）开展。2018 年 10 月至 2019 年 6 月，在河南省焦作市温县祥云镇小麦-玉米季开展高产高效技术模式营养特性试验。两地均属豫北地区，暖温带大陆性季风气候，黏壤质潮土。温县土壤 pH 7.74，含碱解氮 128.14 mg/kg、有效磷 36.05 mg/kg、速效钾 195.92 mg/kg、有机质 20.00 g/kg；鹤壁土壤 pH 8.01，含碱解氮 101.40 mg/kg、有效磷 48.07 mg/kg、速效钾 177.55 mg/kg、有机质 21.38 g/kg。

2017—2018 年，试验共设 2 个处理：当地农民习惯模式（FP）、丰产增效（GG）。2018—2019 年，设 3 个处理：当地农民习惯模式（FP）、资源高效（ZG）和丰产增效（GG），小区面积 667 $m^2$，4 次重复。冬小麦品种为平安 11，夏玉米品种为豫安 3 号。

FP：按照当地农民习惯，由农户管理，适时浇水防控害虫。小麦基肥采用复合肥（15－15－15）750 kg/$hm^2$，拔节期追施尿素 196 kg/$hm^2$，玉米基肥施用复合肥（15－15－15）750 kg/$hm^2$，大喇叭口期追施尿素 345 kg/$hm^2$，小麦播量 187.5 kg/$hm^2$，玉米密度为 67 500 株/$hm^2$。ZG：玉米收获后秸秆全量粉碎覆盖还田，免耕播种。灌溉采用低压喷灌带，拔节和开花期，每 667 $m^2$ 每次灌 30～40 $m^3$。小麦返青期防治纹枯病，抽穗—扬花期、灌浆中期分别进行一喷三防，防治赤霉病、白粉病、蚜虫和生长调节剂。小麦氮磷钾肥（N－$P_2O_5$－$K_2O$）施肥量分别为 240 kg/$hm^2$、117 kg/$hm^2$ 和 90 kg/$hm^2$，磷钾肥一次性施用，氮肥基追比 5∶3。夏玉米种肥氮磷钾肥（N－$P_2O_5$－$K_2O$）施肥量分别为 210 kg/$hm^2$、75 kg/$hm^2$ 和 90 kg/$hm^2$，大喇叭口期追施尿素 75 kg/$hm^2$。小麦播量为 187.5 kg/$hm^2$，夏玉米种植密度为 67 500 株/$hm^2$。GG：丰产增效技术集成，包括水肥运筹技术、群体调控技术、耕层调控技术、农艺农机相配套技术。施肥技术采用分层施肥，即犁地前机械撒施底肥，播种时种肥同播，拔节期追肥。根据土壤墒情合理灌溉，灌溉方式采用滴灌技术。采用新型种子包衣剂、频振式杀虫灯物理诱杀灯，在低温冻害和高温热害气象条件下，加强灾前防御和灾后补偿，喷施复合防冻调节剂；玉米高温热害期间加强灌水，减轻受害程度。小麦秸秆全量还田的基础上，底肥复合肥（15 - 15 - 15）750 kg/hm$^2$，拔节期追肥尿素 255 kg/hm$^2$。玉米季种肥采用玉米专用控失肥（28 - 10 - 12）750 kg/hm$^2$，尿素 75 kg/hm$^2$，大喇叭口期追施尿素 75 kg/hm$^2$。冬小麦播量为 180 kg/hm$^2$，夏玉米播种密度为 90 000 株/hm$^2$。

## 二、研究结果与分析

### 1. 小麦-玉米轮作高产高效技术模式营养特性与产量效应

从图 4 - 1 可以看出，2017—2018 年鹤壁和温县两地冬小麦和夏玉米产量均为 GG>FP，两地周年产量较 FP 分别增加 15.09%和 9.01%。鹤壁和温县小麦季较 FP 分别增加 17.48%和 11.71%，玉米季分别增产 13.92%和 13.92%。2018—2019 年，小麦和玉米整体产量趋势为 FP<ZG<GG，周年产量 GG 较 FP 增加 53.22%。2018—2019 年，小麦季 ZG 较 FP 产量增加 22.26%，丰产增效技术集成下的 GG 则较 ZG 进一步增加产量 8.05%。同样，GG 玉米季产量达 17 890 kg/hm$^2$，较 ZG 提高 15.79%。

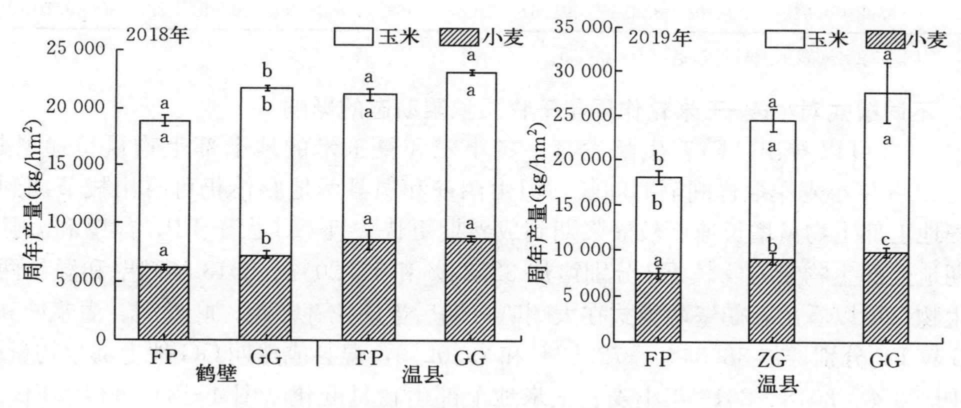


图 4 - 1 不同模式技术下小麦-玉米周年产量

注：不同小写字母表示差异性显著（$P<0.05$）。

表 4 - 1 数据可知，不同技术模式能影响小麦-玉米产量构成。2017—2018 年，无论鹤壁还是温县，丰产增效技术集成下小麦穗数和穗粒数以及千粒重均高于农民习惯。2018 年，鹤壁和温县两地玉米穗粒数以及千粒重同样为 GG>FP。其中，鹤壁和温县两地小麦千粒重 GG 较 FP 分别增加 5.55%和 3.07%，两地玉米 GG 较 FP 穗粒数和千粒重分别增加 5.46%和 12.11%、4.16%和 9.03%。表 4 - 2 可以看出，丰产增效技术集成能够有效增加冬小麦和夏玉米产量构成，从而增加产量。2018—2019 年，小麦季穗数、穗粒数、千粒重由大到小依次均为 GG>ZG>FP，且 ZG 较 FP 穗数、穗粒数和千粒重分别增加 5.54%、11.89%和 1.05%，GG 在 ZG 的基础上穗数、穗粒数和千粒重又分别增加 14.43%、4.04%和 3.74%。2019 年玉米季 GG 穗粒数和千粒重分别较 FP 增加 19.01%和 18.07%，ZG 较 FP 增加 13.77%和 3.33%。综合两年数据可以表明，与农民生产习惯相比，丰产增效技术的集成能够有效提高冬小麦和夏玉米的产量构成，从而增加产量。

表 4-1　2017—2018 年不同技术模式对小麦-玉米产量构成因子的影响

| 地点 | 处理 | 小麦 | | | 玉米 | | |
|---|---|---|---|---|---|---|---|
| | | 穗数（$10^6/hm^2$） | 穗粒数 | 千粒重（g） | 穗粒数 | 千粒重（g） | 穗粗（cm） |
| 鹤壁 | FP | 6.12±0.72a | 27.25±3.00a | 40.39±1.49a | 490.95±35.73a | 298.52±14.22a | 4.68±0.04a |
| | GG | 6.47±0.51a | 35.16±1.50a | 42.63±2.15a | 517.75±4.71a | 310.95±8.47a | 4.72±0.12a |
| 温县 | FP | 6.39±0.44a | 35.54±2.44a | 44.99±1.00a | 532.57±44.37 | 248.74±19.6a | 4.51±0.06a |
| | GG | 6.85±0.25a | 35.94±0.33a | 46.37±3.20a | 597.05±52.57 | 271.2±10.58a | 4.55±0.05a |

注：不同小写字母表示在 0.05 水平上差异显著。

表 4-2　2018—2019 年不同技术模式对小麦-玉米产量构成因子的影响

| 处理 | 小麦 | | | 玉米 | | |
|---|---|---|---|---|---|---|
| | 穗数（$10^6/hm^2$） | 穗粒数 | 千粒重（g） | 穗粒数 | 千粒重（g） | 穗粗（cm） |
| FP | 5.78±0.42b | 32.71±2.98b | 87.39±2.79b | 557.25±37.8b | 256.47±12.24a | 4.72±0.53a |
| ZG | 6.10±0.38a | 36.60±2.3b | 88.31±3.91ab | 634.00±42.69b | 265.02±8.64ab | 5.08±0.15a |
| GG | 6.98±0.55a | 38.08±3.33a | 91.61±2.94a | 663.17±42.28a | 302.81±29.94a | 5.10±0.13a |

注：不同小写字母表示差异性显著（$P<0.05$）。

**2. 不同模式对小麦-玉米轮作周年干物质积累动态的影响**

图 4-2 可以看出，随着生长发育，冬小麦和夏玉米的地上部生物量呈递增趋势，2017—2018 年小麦季取样间隔时间长，但由鹤壁和温县两地整体仍可看出拔节期到灌浆期小麦地上部生物量增长速度较灌浆期到成熟期更快，且 GG 大于 FP，鹤壁和温县两地成熟期地上部生物量 GG 较 FP 分别增加 32.27%和 11.20%。2018 年鹤壁和温县两地玉米季生物量可以看出，鹤壁两模式在大喇叭口期后逐渐拉开差距，吐丝期、灌浆期和成熟期 GG 较 FP 分别增加 38.34%、72.52%和 29.02%，温县成熟期 GG 地上部生物量较 FP 增加 19.58%。2018—2019 年小麦、玉米地上部生物量变化（图 4-3）可以看出，三个模式小麦和玉米地上部生物量由小到大依次为 FP<ZG<GG。小麦季抽穗期、灌浆期和

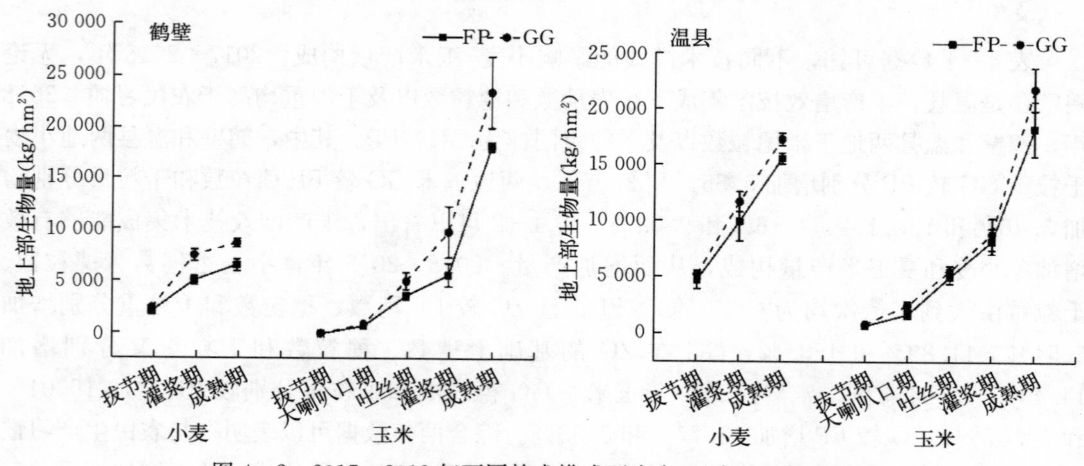


图 4-2　2017—2018 年不同技术模式下小麦-玉米地上部生物量

成熟期 GG 较 ZG 分别增加 11.67%、10.93%和 8.02%，玉米吐丝期、灌浆期和成熟期 GG 较 ZG 增加 22.57%、13.37%和 11.45%，ZG 较 FP 增加 14.65%、20.15%和 16.06%。

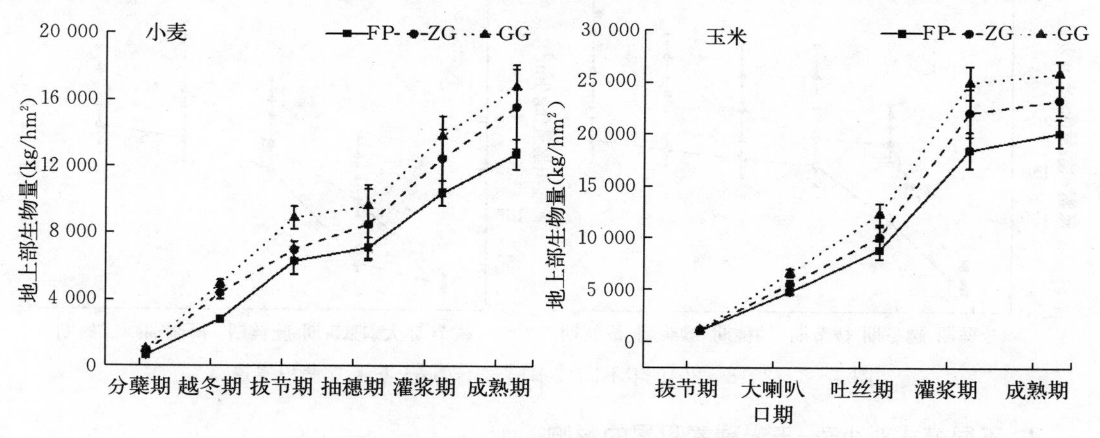


图 4-3　2019 年不同技术模式下小麦-玉米地上部生物量

**3. 不同模式对小麦-玉米氮素积累的影响**

图 4-4 可以看出，丰产增效技术集成模式能够提高小麦和玉米对氮素的积累。鹤壁和温县两地 2017—2018 年小麦季成熟期氮素积累量 GG 较 FP 增加 67.15%和 12.20%，同样夏玉米全生育期 GG 氮素积累量始终大于 FP，且可以看出，鹤壁两模式间差异更大，灌浆期和成熟期 GG 较 FP 分别增加 90.37%和 77.93%，温县玉米成熟期氮素积累量 GG 较 FP 增加 16.93%。2018—2019 年小麦氮素积累量变化动态可以看出（图 4-5），随着小麦生长发育，三个模式下小麦氮素积累量不断增加，且在生长前期氮素积累速度较快，拔节期后增长速度减低，拔节期前 GG、ZG 和 FP 氮素积累量占总氮素积累量 88.99%、84.05%和 84.57%，成熟期 GG 总氮素积累量较 ZG 增加 64.74%。2019 年，玉米氮素积累量随着生育期推进不断增加，氮素积累速度呈现先快后慢的趋势，拔节期至大喇叭口期和大喇叭口期至吐丝期增长迅速，吐丝期至灌浆期以及灌浆期后增长缓慢。大喇叭口期、吐丝期和灌浆期 ZG 较 FP 增加 139.11%、18.16%和 28.36%，而 GG 较 ZG 进一步增加 43.49%、28.74%和 21.82%。可以看出，丰产增效技术集成的高产高效模式能够有效提高小麦-玉米对氮素的吸收和积累。

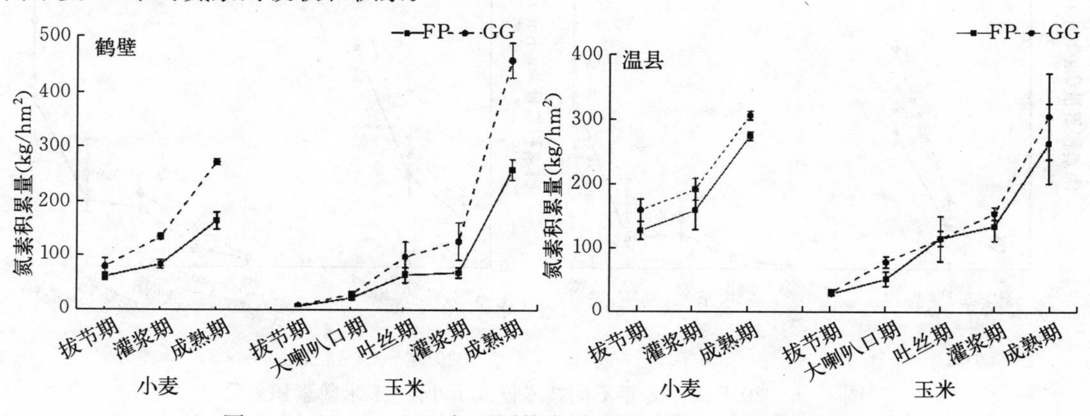


图 4-4　2017—2018 年不同技术模式下小麦-玉米氮素积累量

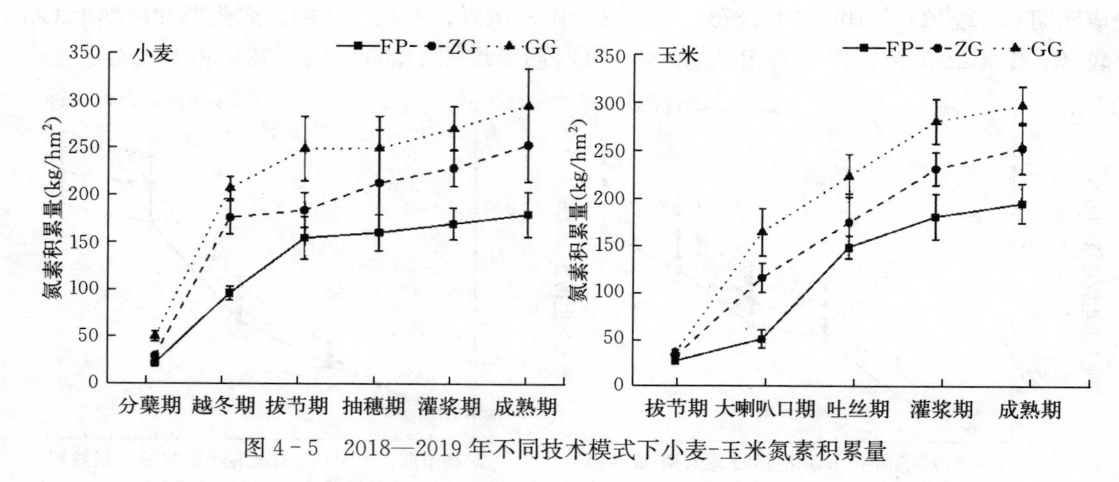


图 4-5 2018—2019 年不同技术模式下小麦-玉米氮素积累量

**4. 不同模式对小麦-玉米磷素积累的影响**

图 4-6 可以看出，2017—2018 年小麦和玉米植株磷素的积累量随着植株的生长发育不断增加，并且始终 GG 大于 FP，表明 GG 能够有效促进冬小麦和夏玉米对磷素的吸收和积累。小麦成熟期磷素积累量鹤壁和温县两地 GG 分别达 47.46 kg/hm$^2$ 和 54.90 kg/hm$^2$ 较 FP 增加 62.22%和 22.86%。2018 年鹤壁和温县两地玉米磷素积累量增长速度在灌浆期到成熟期间最大，GG 两地此阶段积累量分别占总积累的 72.73%和 59.82%，成熟期磷素总积累量两地 GG 分别较 FP 增加 41.07%和 44.66%。2018—2019 年不同模式下冬小麦和夏玉米磷素积累量可以看出（图 4-7），冬小麦磷素增加速度呈先快速后减缓再加速的趋势，而玉米可能是由于生育期较短，增加速度一直维持较快。冬小麦和夏玉米磷素积累量均保持一样的趋势，即三种模式由大到小依次为 GG＞ZG＞FP。冬小麦磷素积累量在越冬期前三种模式差距较小，分蘖期 GG 较 FP 增加 6.26 kg/hm$^2$，拔节期 ZG 较 FP 增加 36.64%，GG 较 ZG 增加 54.04%，抽穗期到灌浆期磷素积累速度最慢，GG、ZG、FP 磷素积累量分别占磷素总积累量 4.38%、3.78%和 4.17%，成熟期 GG 较 ZG 增加 15.77%。

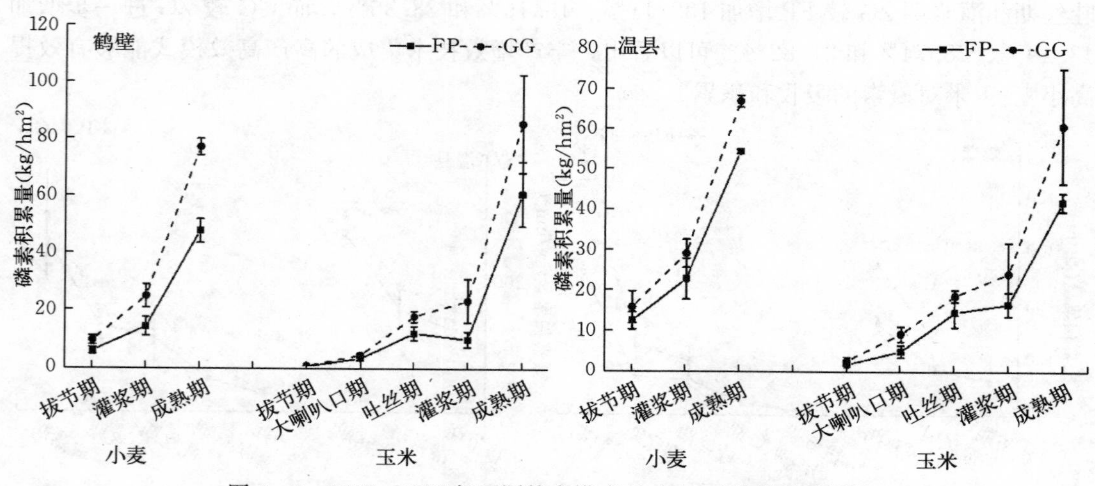


图 4-6 2017—2018 年不同技术模式下小麦-玉米磷素积累量

夏玉米磷素在吐丝期到灌浆期间积累速度最大，GG、ZG、FP 积累量分别占总积累量的 53.19%、63.66%和 51.26%。成熟期磷素总积累量 ZG 较 FP 增加 34.55%，GG 较 ZG 增加 17.61%。资源高效模式有效提高冬小麦和夏玉米对磷素的吸收积累，而丰产增效技术集成模式能够进一步在小麦-玉米轮作下增加磷素积累量，提高作物秸秆和籽粒的磷含量。

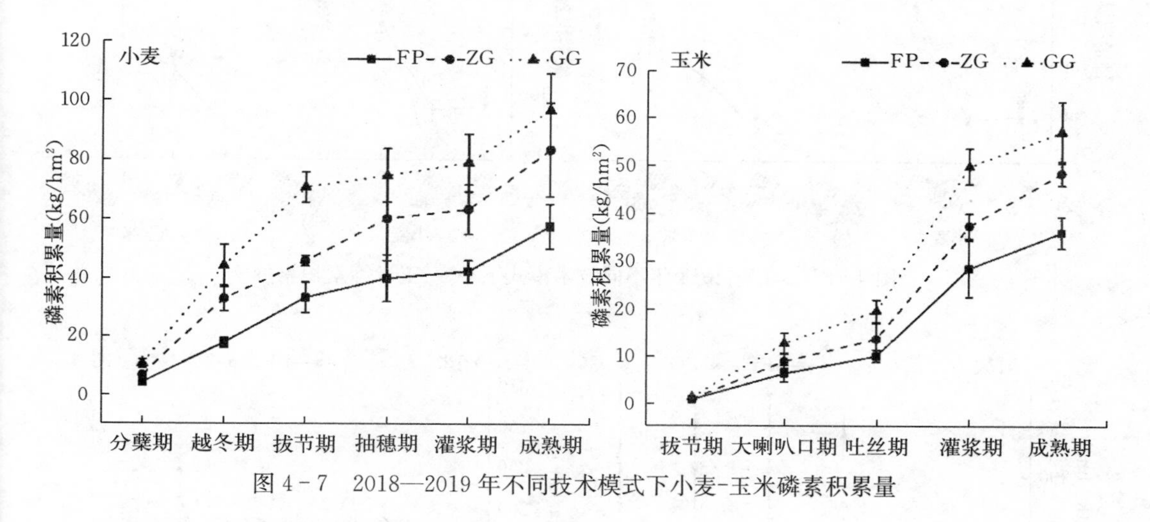


图 4-7　2018—2019 年不同技术模式下小麦-玉米磷素积累量

**5. 不同模式对小麦-玉米钾素积累的影响**

2017—2018 年，鹤壁和温县两地冬小麦和夏玉米钾素积累量（图 4-8）可以看出，GG 钾素积累量整体高于 FP。鹤壁小麦钾素积累总量高于温县，且鹤壁和温县小麦灌浆期钾素积累量 GG 较 FP 分别增加 60.28%和 13.67%，成熟期两地 GG 钾素积累量达 250.20 和 232.68 $kg/hm^2$。2018 年两地玉米钾素积累量逐渐增加，且随着生育期的推进，GG 与 FP 差距逐渐增大。鹤壁与温县大喇叭口期到吐丝期 GG 钾素积累量占总积累量 36.29%和 17.74%，吐丝期到灌浆期钾素积累量 GG 较 FP 增加 42.15%和 73.79%。成熟期钾素总积累量鹤壁与温县 GG 较 FP 增加 91.22%和 48.43%。由图 4-9 可知，小麦钾素增长在越冬期后到拔节期最快，之后增加速度降低。冬小麦在越冬期后钾素吸收快，积累多。越冬期到拔节期 FP、ZG 和 GG 钾素积累量分别占各自总积累量的 55.80%、40.86%和 50.93%，拔节期后冬小麦钾素积累减缓，成熟期钾素积累量 ZG 较 FP 增加 43.83%，GG 钾素积累量最高，达 277.05 $kg/hm^2$，较 ZG 增加 26.32%。玉米钾素积累同样是在生育前期速度较快，吐丝期后积累速度减慢，拔节期到吐丝期 FP、ZG 和 GG 钾素积累量分别占总积累量 32.23%、19.89%和 19.84%。成熟期 ZG 较 FP 增加 35.17%，GG 较 ZG 增加 39.09%。综合两年小麦-玉米钾素积累动态发现，小麦-玉米轮作周年内，随着生育期推进，作物对钾素的积累逐渐增加，越冬期到拔节期是冬小麦的钾素积累高峰，夏玉米则在拔节期到大喇叭口期积累速度最快，而 GG 在冬小麦拔节期和夏玉米大喇叭口期钾素积累量与其他处理拉开差距，使小麦-玉米轮作中作物能够在关键时期吸收充足的养分，从而提高冬小麦和夏玉米在关键生育期的钾素积累。

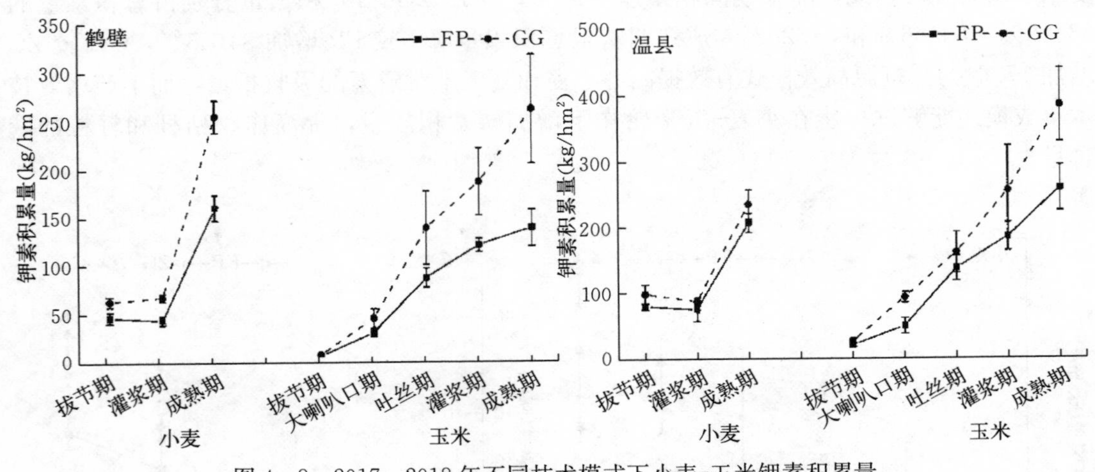


图 4-8 2017—2018 年不同技术模式下小麦-玉米钾素积累量

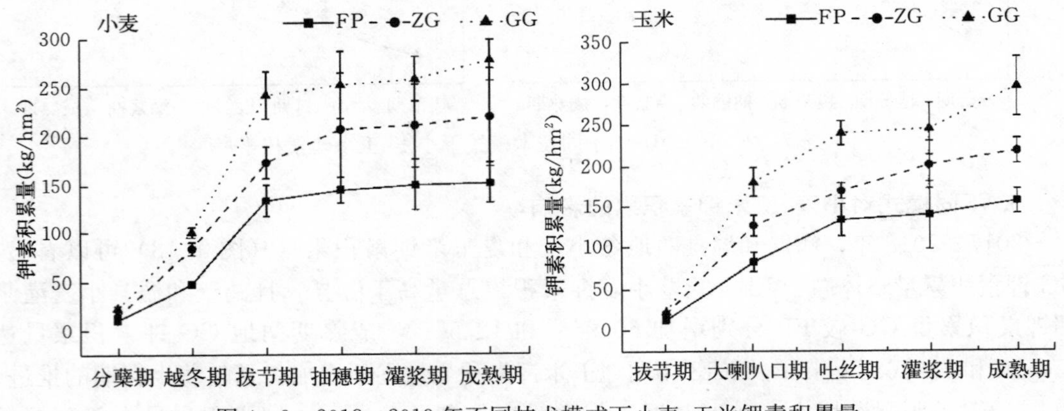


图 4-9 2018—2019 年不同技术模式下小麦-玉米钾素积累量

**6. 不同模式对小麦-玉米土壤氮的影响**

2017—2018 年，鹤壁与温县两地土壤碱解氮从小麦成熟期到玉米成熟期整体呈波动下降的趋势，且均在夏玉米拔节期达最高值（图 4-10）。土壤碱解氮含量在夏玉米拔节期后逐步降低，拔节期鹤壁和温县 GG 较 FP 分别高 28.38%和 6.33%。夏玉米整个生育过程中，鹤壁拔节期处理间差异最大，温县大喇叭口期 GG 较 FP 增加 37.96%。鹤壁吐丝期到灌浆期土壤碱解氮含量降低速度最快，温县则为大喇叭口期到吐丝期降低最快，鹤壁和温县两地灌浆期较大喇叭口期土壤碱解氮含量 GG 分别降低 36.04%和 24.77%，而 FP 则分别降低 35.96%和 19.85%，而夏玉米成熟期两地土壤碱解氮 GG 均大于 FP，GG 较 FP 平均增加 22.07%。图 4-11 可以看出，2018—2019 冬小麦土壤碱解氮含量拔节期到抽穗期土壤碱解氮含量增加后灌浆期减少，最后成熟期碱解氮含量又呈增加趋势。抽穗期较拔节期 GG 土壤碱解氮含量增加 11.35%，而 ZG 增加 23.24%。夏玉米土壤碱解氮含量同样呈整体下降趋势，成熟期 ZG 较 FP 增加 19.19%，而 GG 较 ZG 提高 20.20%。冬小麦抽穗期到灌浆期碱解氮含量 FP、ZG 和 GG 分别降低 22.33%、35.65%和 30.44%。可以看出，虽然夏玉米成熟期土壤碱解氮含量降低，但是合理的管理模式能够维持土壤氮素的平衡，在保证养分供应的前提下维持土壤氮素含量平衡。

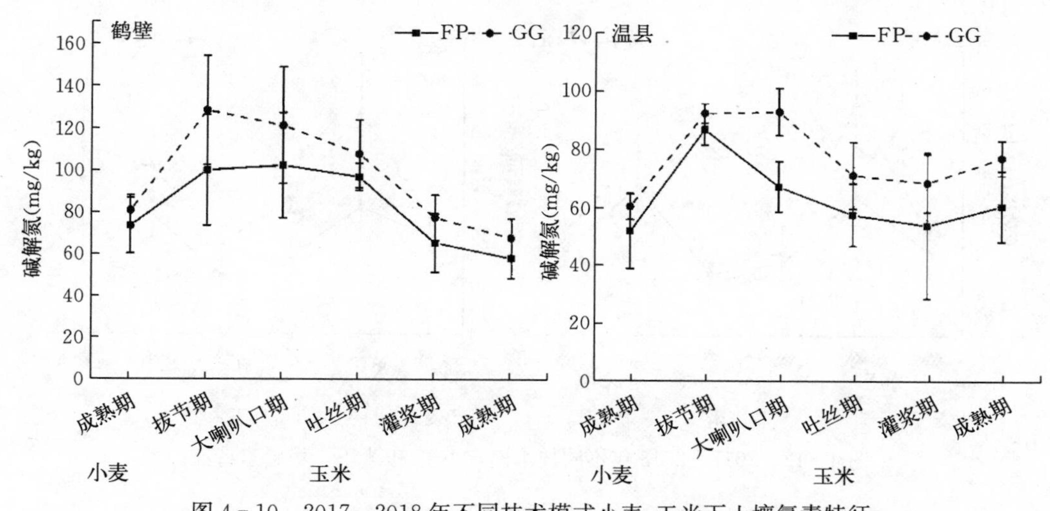


图 4-10　2017—2018 年不同技术模式小麦-玉米下土壤氮素特征

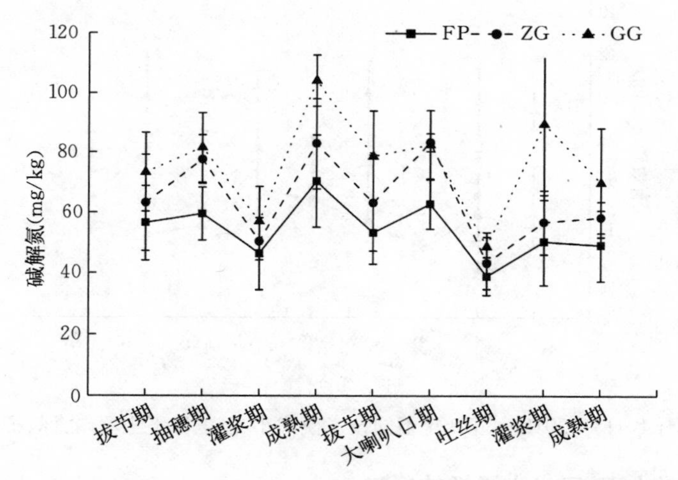


图 4-11　2018—2019 年不同技术模式小麦-玉米下土壤氮素特征

**7. 不同模式对小麦-玉米土壤磷的影响**

图 4-12 可以看出，在小麦成熟期后到夏玉米拔节期土壤有效磷含量增高，两地 GG 平均增加 48.86 mg/kg，可能是由于小麦成熟期后秸秆还田，秸秆中磷素归还土壤，促进夏玉米土壤有效磷含量增加。夏玉米土壤有效磷含量整体呈降低趋势，其中鹤壁和温县 GG 夏玉米成熟期较拔节期平均降低 34.41%，而温县 FP 成熟期较拔节期土壤有效磷含量增加 19.58%。2018—2019 年，小麦-玉米轮作周年内土壤有效磷含量变化可以看出（图 4-13），小麦-玉米轮作后，土壤有效磷含量 ZG 和 GG 分别降低 4.72%，18.60%，虽然 GG 降低幅度比 ZG 高，但是 GG 土壤有效磷含量始终高于 ZG，而 FP 则土壤有效磷含量增加 10.50%。冬小麦抽穗期后到灌浆期土壤有效磷含量降低，但灌浆期 ZG 较 FP 增加 4.84%，GG 较 ZG 增加 24.47%。表明适宜的管理模式能够增加维持土壤磷素平衡

的能力，在小麦-玉米轮作周年后仍维持较高的磷素水平，保持土壤肥力。

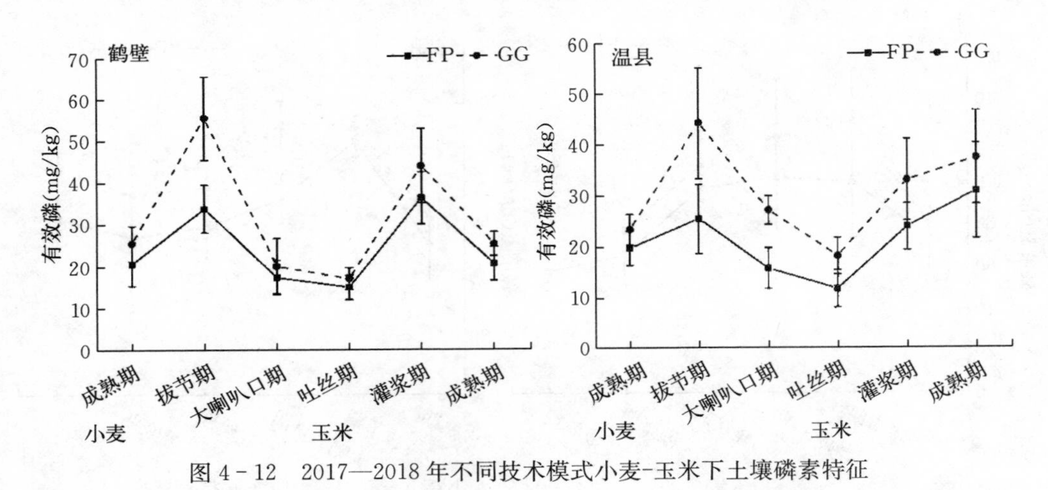


图 4-12　2017—2018 年不同技术模式小麦-玉米下土壤磷素特征

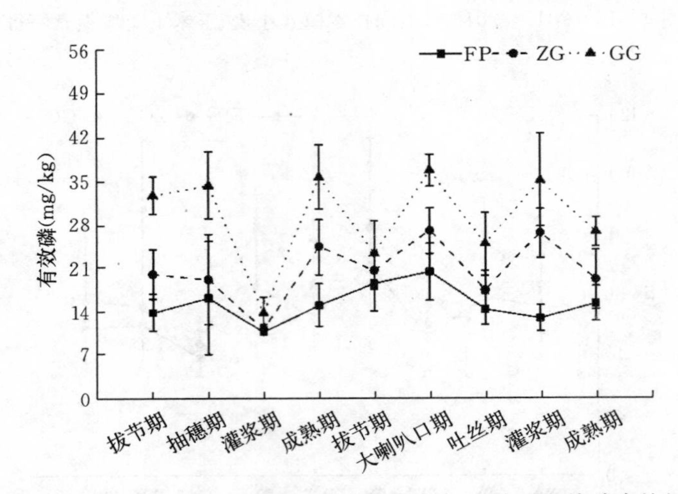


图 4-13　2018—2019 年不同技术模式小麦-玉米下土壤磷素特征

**8. 不同模式对小麦-玉米土壤钾的影响**

图 4-14 可以看出，2017—2018 年冬小麦成熟期到夏玉米成熟期土壤速效钾含量变化趋势较为平缓。冬小麦成熟期土壤速效钾含量 GG 较 FP 鹤壁和温县两地分别增加 33.80%和 12.13%，玉米季土壤速效钾含量大喇叭口期土壤速效钾含量到吐丝期略有增加。温县 FP 成熟期较拔节期增加 2.58%，鹤壁成熟期土壤速效钾含量 GG 较 FP 增加 9.94%。鹤壁和温县两地土壤速效钾含量均在灌浆期到成熟期降低速度最快，两地 GG 分别较灌浆期降低 30.48%和 12.93%。2018—2019 年，小麦-玉米轮作周年内土壤速效钾含量变化可以看出（图 4-15），三种技术模式土壤速效钾含量除冬小麦成熟期外始终维持 FP<ZG<GG 的趋势，冬小麦成熟期土壤速效钾含量 FP 较 ZG 和 GG 提高 9.01%和 26.90%。结合整个轮作周年可以看出，GG 玉米成熟期较冬小麦拔节期有所降低，但 ZG 和 FP 较冬小麦拔节期分别增加 2.74%和 12.06%，但是轮作周年后夏玉米成熟期土壤速效钾含量 ZG 较 FP 增加 19.60%，而 GG 较 ZG 增加 19.03%。

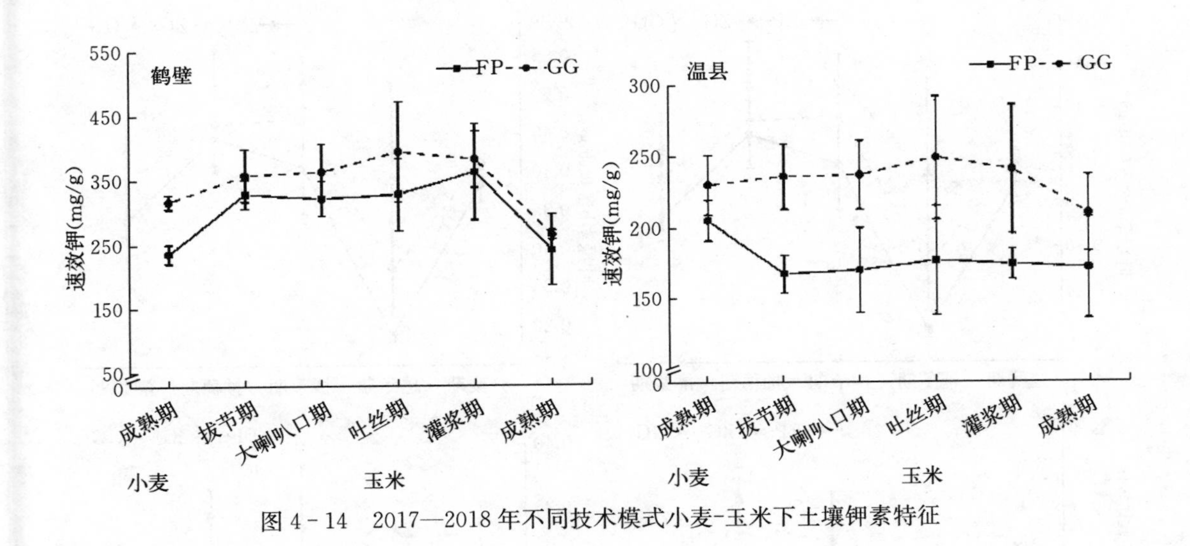


图 4-14 2017—2018 年不同技术模式小麦-玉米下土壤钾素特征

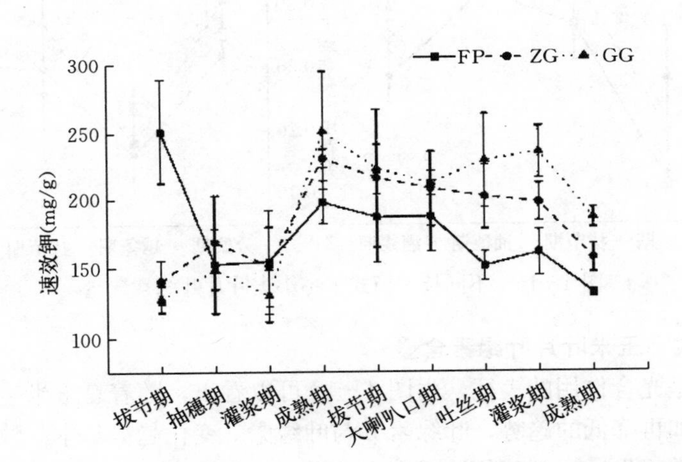


图 4-15 2018—2019 年不同技术模式小麦-玉米下土壤钾素特征

**9. 不同模式下小麦叶片叶绿素含量**

叶绿素直接影响作物光合作用的进行，图 4-16 可以看出，在冬小麦的生长发育过程中，叶绿素 a、叶绿素 b 和类胡萝卜素含量变化趋势一致，先降低后增长再降低。三种技术模式分蘖期叶绿素 a 和叶绿素 b 含量差异较小，GG 较 FP 分别增加 12.07%和 7.89%。越冬期到拔节期叶绿素含量快速增加，三种技术模式由大到小依次为 GG>ZG>FP，拔节期叶绿素 a 含量 ZG 较 FP 增加 0.07 mg/g，GG 较 ZG 增加 10.64%，拔节期类胡萝卜素和叶绿素 a+叶绿素 b 含量 GG 较 ZG 分别增加 17.85%和 9.14%。小麦整个生育期内叶绿素 a 和类胡萝卜素含量均在抽穗期达到最高，三种技术模式中 GG 最高且分别达 1.57 mg/g和 0.34 mg/g。抽穗期叶绿素 a+叶绿素 b 含量 ZG 较 FP 增加 4.67%，GG 较 ZG 增加 11.11%，灌浆期 GG 达 1.28 mg/g，较 ZG 增加 10.34%。高产高效技术模式能够提高冬小麦叶绿素 a、叶绿素 b 和类胡萝卜素含量，利于光合作用进行。

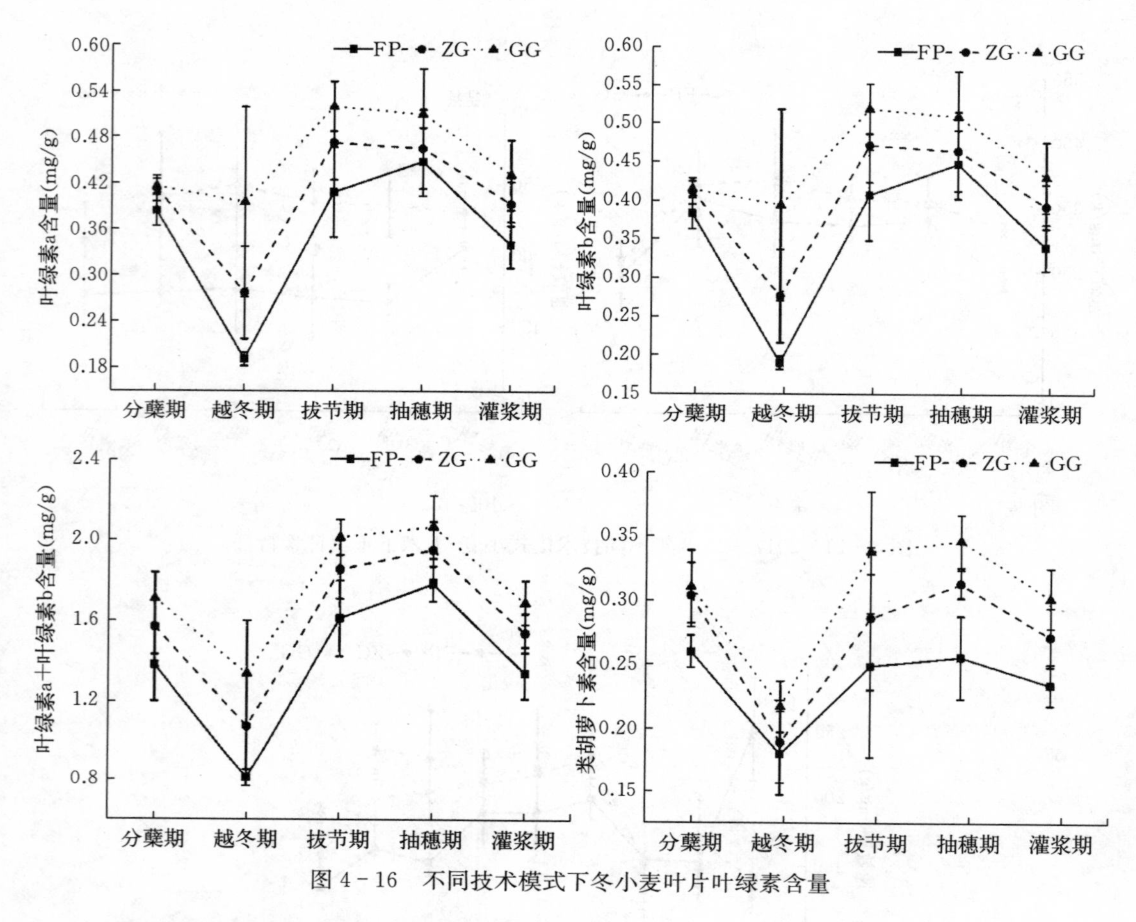


图 4-16　不同技术模式下冬小麦叶片叶绿素含量

**10. 不同模式下玉米叶片叶绿素含量**

叶绿素含量是光合作用的表征，由图 4-17 可以看出，随着夏玉米生长，叶绿素 a 含量呈先降低后增加再降低的趋势，叶绿素 b 与叶绿素 a 变化趋势基本一致，而类胡萝卜素则随着生育期推进，先增加再降低然后有少量增加。GG、ZG 和 FP 三种模式夏玉米叶绿素含量始终由小到大依次为 FP＜ZG＜GG。大喇叭口期到吐丝期 GG 叶绿素 a 含量增加最快，吐丝期 GG 叶绿素 a 含量较 ZG 和 FP 分别增加 12.20%和 22.99%，ZG 较 FP 增加 9.63%。类胡萝卜素在拔节期到大喇叭口期间增长速度最快，GG 大喇叭口期类胡萝卜素含量为 2.15 mg/g，较 ZG 增加 8.59%。灌浆期是籽粒养分吸收积累的关键时期，从叶绿素 a+叶绿素 b 含量变化趋势可以看出，GG 能够有效提高夏玉米叶片叶绿素含量，灌浆期叶绿素 a+叶绿素 b 含量 ZG 较 FP 增加 12.21%，GG 较 ZG 增加 13.47%。

**11. 不同模式对小麦-玉米光合有效辐射的影响**

光合有效辐射是反映植物群体生理的重要指标，由表 4-3 可以看出，冬小麦光合有效辐射吸收系数由越冬期到灌浆期先降低后升高，在灌浆期最高，ZG 较 FP 增加 3.3%，而 GG 较 ZG 进一步提高 2.12%。冬小麦生长的关键生育时期三种技术模式光合有效辐射吸收系数均为 GG 最大，ZG 其次，且 GG 均显著高于 FP，表明丰产增效技术集成模式能够改善冬小麦群体结构，提高光合有效辐射。夏玉米光合有效辐射吸收系数(表 4-4) 拔

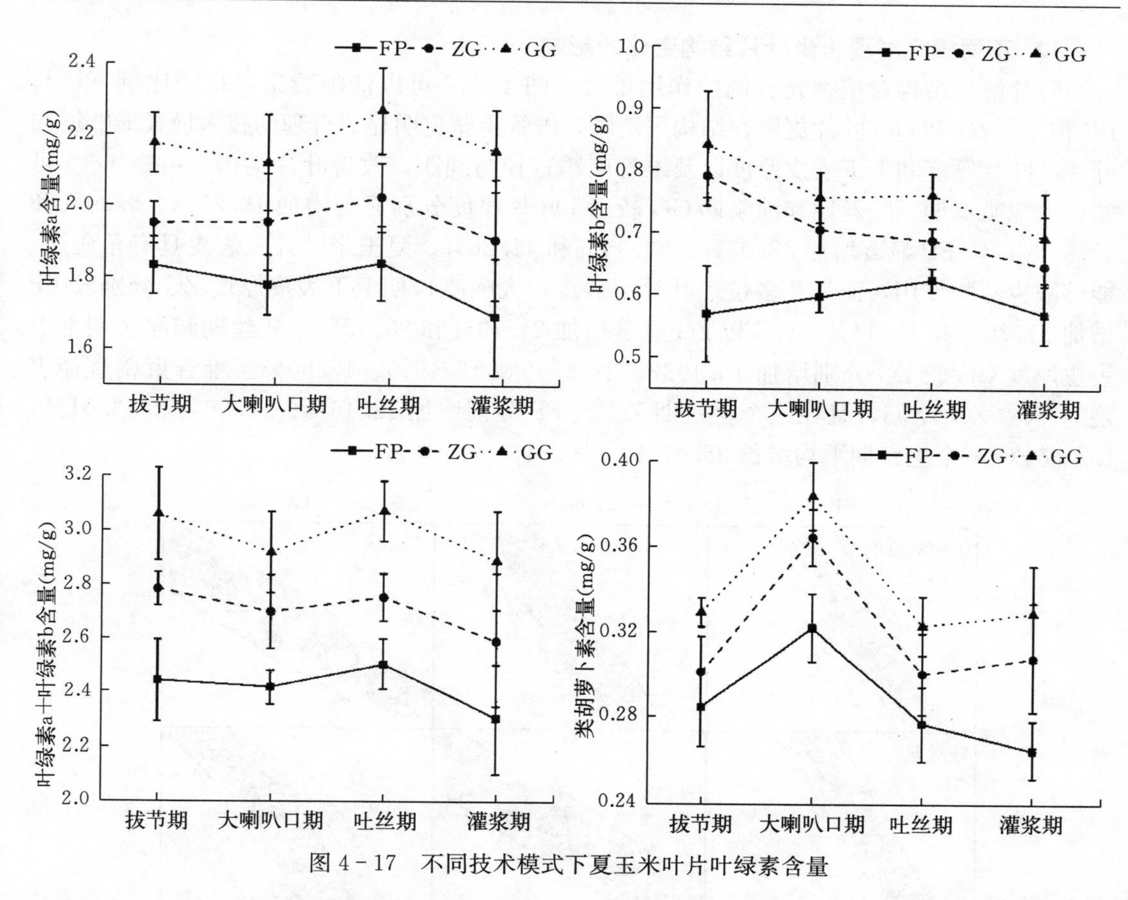


图 4-17　不同技术模式下夏玉米叶片叶绿素含量

节期最低，由拔节期到灌浆期呈逐渐增加的趋势，拔节期 GG 较 ZG 和 FP 增加 15.69% 和 37.21%，灌浆期夏玉米光合有效辐射吸收系数最高，三种模式由小到大依次为 FP<ZG<GG，GG 较 ZG 和 FP 分别增加 1.14%和 5.95%。夏玉米各生育期 ZG 和 GG 光合有效辐射整体呈逐渐上升的趋势，但是 FP 在吐丝期有所降低，并且显著低于 ZG 和 GG。

**表 4-3　不同技术模式下冬小麦光合有效辐射吸收系数**

| 处理 | 越冬期 | 拔节期 | 抽穗期 | 灌浆期 |
| --- | --- | --- | --- | --- |
| FP | 0.72±0.12b | 0.56±0.21b | 0.79±0.06b | 0.91±0.07a |
| ZG | 0.79±0.03b | 0.74±0.06ab | 0.85±0.03ab | 0.94±0.04a |
| GG | 0.91±0.03a | 0.93±0.08a | 0.89±0.02a | 0.96±0.02a |

注：不同小写字母表示差异性显著（$P<0.05$）。

**表 4-4　不同技术模式下夏玉米光合有效辐射吸收系数**

| 处理 | 拔节期 | 大喇叭口期 | 吐丝期 | 灌浆期 |
| --- | --- | --- | --- | --- |
| FP | 0.43±0.05c | 0.75±0.03b | 0.73±0.02c | 0.84±0.01b |
| ZG | 0.51±0.02b | 0.79±0.02b | 0.82±0.02b | 0.88±0.01a |
| GG | 0.59±0.03a | 0.85±0.02a | 0.87±0.01a | 0.89±0.03a |

注：不同小写字母表示差异性显著（$P<0.05$）。

**12. 不同模式对夏玉米叶片结构变化的影响**

叶片解剖结构对植物光合调控作用重大。图 4－18 可以清晰看出，相同比例下，与 FP 相比，ZG 和 GG 叶片更厚，结构更清晰，维管束鞘更明显。合理的技术模式能够增加叶片的叶片厚度和上下表皮厚度以及维管束鞘直径与间距，改善叶片结构。由表 4－5 可知，大喇叭口期、吐丝期和灌浆期 GG 较 ZG 叶片厚度分别显著增加 16.27%、9.39%和 17.91%，较 FP 显著增加 32.07%、33.44%和 41.26%。夏玉米叶片上表皮具有角质层，能够减少蒸腾作用，而气孔多位于叶片下表皮，大喇叭口期上下表皮厚度 ZG 分别较 FP 增加 21.70%和 10.14%，GG 较 ZG 显著增加 24.73%和 20.95%，吐丝期和灌浆期上下表皮厚度 GG 较 ZG 分别增加 16.19%、22.95%和 16.16%、17.60%。维管束鞘直径表现为 FP<ZG<GG，且在三个生育期 ZG 较 FP 分别增加 12.46%、11.06%和 13.01%，GG 较 ZG 三个生育期平均增长 25.67%。

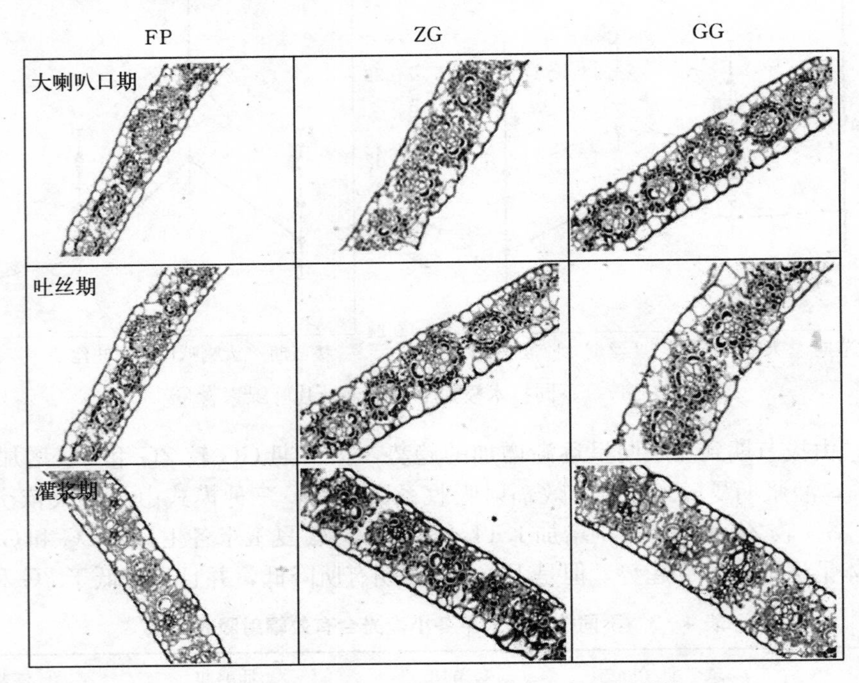


图 4－18　不同技术模式下夏玉米叶片显微结构

**表 4－5　不同技术模式下夏玉米叶片显微结构**

| 生育期 | 处理 | 叶片厚度（μm） | 上表皮厚度（μm） | 下表皮厚度（μm） | 维管束鞘直径（μm） | 维管束鞘间距（μm） |
|---|---|---|---|---|---|---|
| 大喇叭口期 | FP | 124.75±3.67c | 20.00±1.31b | 17.46±0.72c | 63.17±0.7b | 39.34±2.77a |
| | ZG | 141.71±1.53b | 24.34±2.28b | 19.23±0.50b | 71.04±0.89b | 44.93±2.85a |
| | GG | 164.76±5.07a | 30.36±2.14a | 23.26±0.80a | 93.46±5.96a | 47.71±5.56a |
| 吐丝期 | FP | 126.65±1.74c | 16.55±1.02b | 22.29±1.79b | 66.02±4.45b | 37.8±0.27b |
| | ZG | 154.49±7.99b | 19.58±1.11ab | 26.1±1.40b | 73.32±4.98b | 41.79±3.92ab |
| | GG | 169.00±9.43a | 22.75±1.31a | 32.09±2.23a | 93.35±3.15a | 45.34±1.32a |

（续）

| 生育期 | 处理 | 叶片厚度（μm） | 上表皮厚度（μm） | 下表皮厚度（μm） | 维管束鞘直径（μm） | 维管束鞘间距（μm） |
|---|---|---|---|---|---|---|
| 灌浆期 | FP | 123.86±2.44c | 13.96±1.12b | 21.99±1.22c | 65.31±1.86a | 33.51±1.64c |
| | ZG | 148.39±6.82b | 16.89±1.13ab | 25.34±1.48b | 73.81±3.00a | 38.51±2.71b |
| | GG | 174.97±9.37a | 19.62±1.41a | 29.80±1.00a | 87.54±5.97b | 47.33±1.25a |

注：不同小写字母表示差异性显著（$P<0.05$）。

**13. 不同技术模式对小麦-玉米土壤养分平衡的影响**

表4-6可知，高产模式能够促进养分向籽粒中转移并降低养分盈余，在不同技术模式下，轮作周年氮、磷、钾籽粒养分带出量均为GG最高，且均显著高于FP，而ZG次之，养分盈余则为FP最高，且FP周年氮、磷、钾盈余量均高于100 kg/hm$^2$，三种模式下氮素盈余率最低，磷素盈余率最高，FP氮、磷、钾养分盈余率分别为33.72%、67.38%和60.36%，较ZG分别增加88.8%、58.65%和114.4%，钾素盈余率增幅最高。而FP虽然氮肥投入量低于ZG和GG，但籽粒带出量低于其他处理且养分盈余量最高，GG较FP氮、磷、钾养分盈余量分别降低64.14%、59.74%和63.80%，ZG较FP氮、磷、钾养分盈余量分别降低37.89%、46.21%和62.70%，表明高产模式能够有效促进籽粒养分的吸收，减少肥料资源的浪费，并降低养分盈余率，维持土壤养分的平衡。

**表4-6　不同技术模式对小麦-玉米土壤养分平衡的影响**

| 营养元素 | 处理 | 肥料投入（kg/hm$^2$） | 籽粒带出量（kg/hm$^2$） | 养分盈余（kg/hm$^2$） | 养分盈余率（%） |
|---|---|---|---|---|---|
| N | FP | 413.10 | 273.79c | 139.31 | 33.72 |
| | ZG | 484.50 | 397.98b | 86.52 | 17.86 |
| | GG | 508.80 | 458.85a | 49.95 | 9.82 |
| P | FP | 225.00 | 73.40b | 151.60 | 67.38 |
| | ZG | 192.00 | 110.46a | 81.54 | 42.47 |
| | GG | 187.50 | 126.47a | 61.03 | 32.55 |
| K | FP | 225.00 | 89.19c | 135.81 | 60.36 |
| | ZG | 180.00 | 129.34b | 50.66 | 28.15 |
| | GG | 202.50 | 153.34a | 49.16 | 24.27 |

注：不同小写字母表示差异性显著（$P<0.05$）。

**14. 不同模式对小麦-玉米籽粒养分需要量和收获指数的影响**

不同技术模式下小麦、玉米百千克籽粒养分需要量和收获指数（表4-7）可以看出，三种模式每百千克籽粒养分需要量均为需氮量最高，其次为钾并且小麦季需钾量GG较FP显著提高。冬小麦、夏玉米轮作周年GG生产每百千克籽粒氮、磷、钾吸收比例为3.86∶1∶3.71，ZG为3.84∶1∶3.27，FP为4.08∶1∶3.43，其中小麦季GG生产每百千克籽粒需吸收的氮、磷、钾量较FP分别增加23.98%、26.58和37.20%，玉米季GG较FP需钾量增加16.78%，周年氮、磷、钾需要量GG较FP分别增加7.69%、13.73%和22.86%。不同模式下周年养分收获指数为磷最高、钾最低，小麦季收获指数为氮最高，而玉米季收获指数为磷最高。周年 GG 钾收获指数较 ZG 和 FP 分别显著提高 20.69%和 75.00%，与 FP 相比，氮收获指数提高 2.74%。

表 4-7 不同技术模式下小麦-玉米每百千克籽粒养分需要量和收获指数

| 作物 | 处理 | 每百千克籽粒养分需要量 | | | 收获指数 | | |
|---|---|---|---|---|---|---|---|
| | | N | P | K | N | P | K |
| 小麦 | FP | 2.46a | 0.79a | 2.07a | 0.88a | 0.83a | 0.31a |
| | ZG | 2.86a | 0.94a | 2.46ab | 0.87a | 0.82a | 0.32a |
| | GG | 3.05a | 1.00a | 2.84b | 0.87a | 0.83a | 0.31a |
| 玉米 | FP | 1.91a | 0.34a | 1.49a | 0.63a | 0.75a | 0.31b |
| | ZG | 1.72a | 0.32a | 1.42a | 0.66a | 0.83a | 0.27ab |
| | GG | 1.78a | 0.33a | 1.74a | 0.62a | 0.81a | 0.23a |
| 周年 | FP | 2.08a | 0.51a | 1.75a | 0.73a | 0.81b | 0.20c |
| | ZG | 2.15a | 0.56a | 1.83a | 0.77a | 0.82ab | 0.29b |
| | GG | 2.24a | 0.58a | 2.15a | 0.75a | 0.79a | 0.35a |

注：不同小写字母表示差异性显著（$P<0.05$）。

## 三、小麦-玉米两熟高产模式营养特性及优化施肥技术分析

丰产增效技术集成模式能够有效提高小麦-玉米轮作产量，2017—2018 轮作周年内，鹤壁和温县两地丰产增效技术集成模式较农民习惯周年产量分别增加 15.09%和 9.01%，小麦千粒重增加 5.55%和 3.07%，玉米穗粒数增加 5.46%和 12.11%、千粒重增加 4.16%和 9.03%。2018—2019 轮作周年内，夏玉米穗粒数、千粒重丰产增效分别较农民习惯显著增加 19.01%和 18.07%，周年丰产增效技术集成模式每百千克籽粒氮、磷、钾需要量分别为 2.24 kg、0.58 kg 和 2.15 kg。丰产增效技术集成模式下冬小麦氮素积累在拔节期前最快，磷素和钾素在越冬期到拔节期积累速度最快。夏玉米氮素和钾素快速积累期均在拔节期到大喇叭口期间，磷素在吐丝期到灌浆期积累最快且积累量最多。丰产增效技术集成能够改善作物冠层结构，增加叶片厚度，提高关键生育期内作物叶片叶绿素含量，保持土壤养分平衡。丰产增效技术集成与资源高效模式能够促进作物对氮、磷、钾的吸收，减少养分盈余，改善作物冠层和叶片结构，在轮作周年后仍能维持土壤肥力，可以为高产高效技术集成模式的构建提供依据。

# 第三节 小麦-玉米两熟氮肥优化施用模式及营养特性研究

## 一、试验方案与方法

2016 年 6 月至 2017 年 10 月，分别于河南省鹤壁市高产粮示范区（114°18′E，35°40′N，高产区）和新乡市原阳县河南农业大学试验基地（113°56′E，35°6′N，中产区）选取代表性田块开展小麦-玉米轮作下氮肥施用模式肥效试验。供试土壤鹤壁为黏壤质潮土，原阳是沙质潮土，0～20 cm 耕层土壤基础理化性质如表 4-8 所示。分析发现，除 pH 在高产区（鹤壁）低于中产区（原阳）外，其余 5 项土壤养分指标均显著高于后者，有机质、全

氮、碱解氮、有效磷和速效钾增幅分别高达49.4%、53.7%、20.6%、94.7%和56.9%。

**表4-8　供试地土壤基本理化性质**

| 地点 | pH | 有机质（g/kg） | 全氮（g/kg） | 碱解氮（mg/kg） | 有效磷（mg/kg） | 速效钾（mg/kg） |
|---|---|---|---|---|---|---|
| 高产区 | 7.3 | 23.0 | 1.26 | 87.9 | 36.8 | 166.3 |
| 中产区 | 7.8 | 15.4 | 0.82 | 72.9 | 18.9 | 106.0 |

高、中产区夏玉米与冬小麦大田试验均设5种氮肥施用模式，具体信息如表4-9所示。其中，T3处理中冬小麦季按基肥：返青肥=1：1施用，夏玉米季按基肥：大喇叭口期追肥=1：1施入；T4中冬小麦季按包膜尿素：普通尿素=3：1配方于播种前一次性基施，夏玉米季采用含N26%的包膜尿素按750 kg/hm$^2$ 于播种时一次性施入；T5处理中冬小麦季包膜尿素与普通尿素仍按3：1于播种前一次性施入，夏玉米季采用含N 28%的包膜尿素按750 kg/hm$^2$ 于播种时一次性施入。各处理均设3次重复，随机区组排列。小区面积36.0 m$^2$（宽×长=3.6 m×10.0 m）。除氮肥外，磷、钾肥用量分别按$P_2O_5$ 90 kg/hm$^2$ 和$K_2O$ 75 kg/hm$^2$ 做基肥一次性施入。肥料品种分别为普通尿素（含N 46%）、ESN树脂包膜尿素（含N 44%）、过磷酸钙（含$P_2O_5$ 12%）和氯化钾（含$K_2O$ 60%）。供试夏玉米品种高产区为豫安3号，中产区为浚单29，种植密度为67 500株/hm$^2$；冬小麦品种高产区为淮麦33，中产区为设农999，两地播种密度分别为210 kg/hm$^2$ 和180 kg/hm$^2$。播种以及收获日期：高产区夏玉米2016年6月17日播种，9月29日收获，冬小麦11月4日播种，2017年6月8日收获；中产区冬小麦2016年10月16日播种，2017年6月2日收获，夏玉米6月7日播种，9月28日收获。除草、灌溉、除虫喷雾等其他田间管理措施均与当地农户习惯一致。

**表4-9　试验各处理具体信息**

| 处理 | 各处理具体信息 |
|---|---|
| T1 | 不施氮肥 |
| T2 | 普通尿素一次性基施，施氮量为210 kg/hm$^2$ |
| T3 | 普通尿素分次施用，施氮量为210 kg/hm$^2$ |
| T4 | 控失尿素与普通尿素配比施用模式之氮素减量施用，小麦季和玉米季施氮量分别为180 kg/hm$^2$ 和210 kg/hm$^2$ |
| T5 | 控失尿素与普通尿素配比施用模式之氮素足量施用，小麦季和玉米季施氮量均为210 kg/hm$^2$ |

分别计算夏玉米和冬小麦氮肥表观利用率（Apparent use efficiency of nitrogen，AUN,%）、氮肥农学效率（Agronomic efficiency of nitrogen，AEN，kg/kg）、100 kg籽粒需氮量（Nitrogen amount for producing 100 kg grains，NAPG，kg/100 kg）和氮素收获指数（Nitrogen harvest index，NHI）：

AUN（%）=(施氮处理地上部氮积累量－对照处理地上部氮积累量)/施氮量×100

AEN（kg/kg）=(施氮处理作物产量－对照处理作物产量)/施氮量

NAPG（kg/100 kg）=植株总氮积累量/籽粒产量×100

NHI=籽粒氮积累量/地上部氮积累量×100

## 二、研究结果与分析

**1. 施氮模式对小麦-玉米两熟作物产量及产量构成因子的影响**

小麦-玉米周年轮作下不同氮肥施用模式对产量及产量构成因子影响显著（图 4-19）。夏玉米产量，2016—2017 年，高产区与中产区田块均以 T5 处理（控失尿素与普通尿素配比施用）最高，相比于 T1（不施氮肥）处理，产量增幅分别为 37.2%和 34.3%，差异显著（图 4-19a，b）。冬小麦产量，不同氮肥施用模式产量变化趋势与夏玉米相似，仍以 T5 最高，T4 次之，T1 最低（图 4-19c，d）。进一步分析可知，两试验年份高产区田块不同氮肥施用模式作物产量均高于中产区田块的相应处理，其中高产区夏玉米和冬小麦产量与中产区相比，分别平均提高 58.0%和 34.7%。交互作用方差分析结果表明，试验点（S）和处理（T）对作物产量影响均达极显著水平（$P<0.001$）。由表 4-10 可知，氮肥施用模式和试验点对夏玉米和冬小麦产量构成因子影响较为明显，但各指标间表现出较大的差异性。高产区夏玉米处理间穗粒数、冬小麦穗数和穗粒数差异均达显著水平（$P<0.05$），千粒重则无明显差异；中产区变化趋势与此一致。进一步分析发现，试验点和处理互作（S×T）无显著影响，该结果与产量分析效应相同。主要原因可能是交互作用分析时高产区与中产区各指标在数值大小上差异较大，变异系数的提高降低了互作分析的灵敏度与响应度。

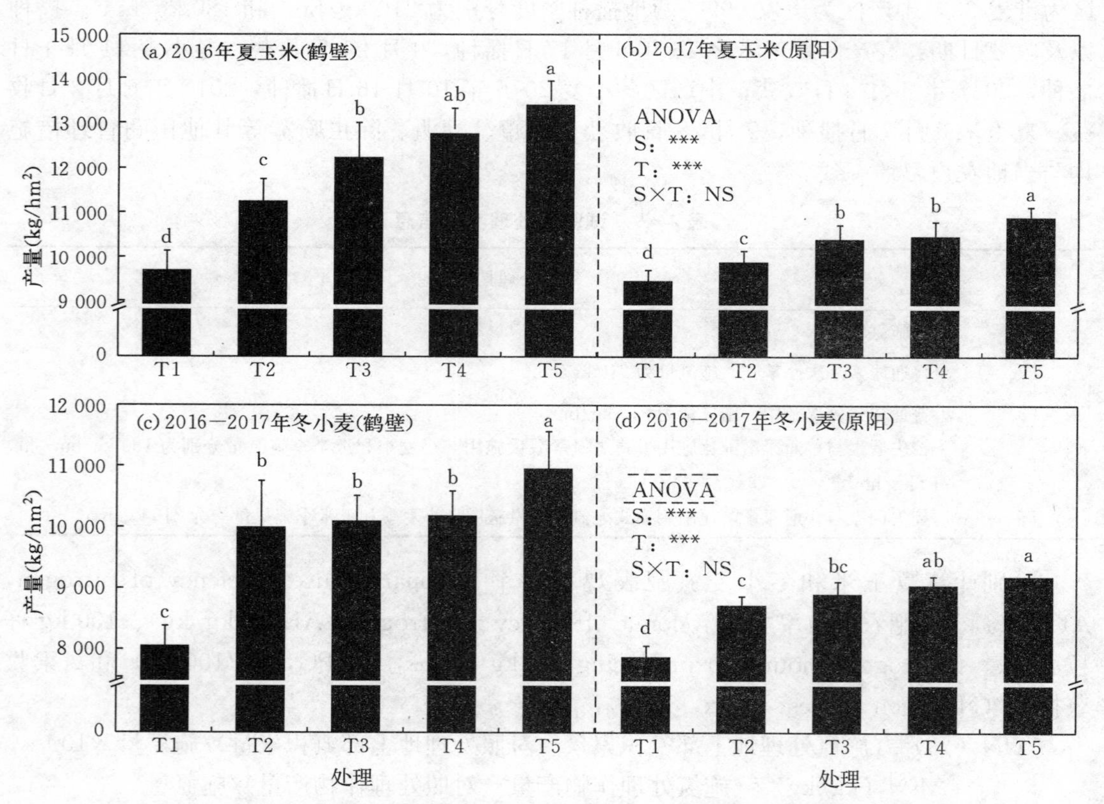


图 4-19 氮肥施用模式对小麦-玉米周年轮作系统作物产量的影响

注：不同小写字母表示差异性显著（$P<0.05$）。

表 4-10　氮肥施用模式对小麦-玉米周年轮作系统作物产量构成因子的影响

| 地点 | 处理 | 夏玉米 | | 冬小麦 | | |
|---|---|---|---|---|---|---|
| | | 穗粒数 | 千粒重（g） | 穗数（$\times10^6$/$hm^2$） | 穗粒数 | 千粒重（g） |
| 高产区 | T1 | 542.1b | 320.4a | 4.6c | 46.1c | 48.6a |
| | T2 | 569.1ab | 319.0a | 5.3bc | 49.6b | 48.0a |
| | T3 | 572.7a | 318.3a | 5.4ab | 50.6ab | 46.4a |
| | T4 | 578.1a | 321.1a | 5.5ab | 51.1ab | 46.6a |
| | T5 | 586.3a | 319.9a | 6.0a | 52.9a | 45.7a |
| 中产区 | T1 | 413.7B | 267.6B | 4.3B | 38.2B | 51.3A |
| | T2 | 442.7A | 301.3A | 5.0B | 43.8A | 50.7A |
| | T3 | 437.0AB | 292.0AB | 5.1A | 44.1A | 49.7A |
| | T4 | 446.0A | 291.8AB | 5.2A | 45.4A | 50.5A |
| | T5 | 460.0A | 295.4AB | 5.4A | 47.7A | 49.1A |
| ANOVA | | | | | | |
| 地点（S） | | *** | * | ** | *** | ** |
| 处理（T） | | ** | NS | *** | *** | NS |
| S×T | | NS | NS | NS | NS | NS |

注：不同小写字母表示差异性显著（$P<0.05$）。

**2. 施氮模式对小麦-玉米两熟作物叶片 SPAD 值的影响**

叶片 SPAD 值是反映作物色素含量及光合潜力的重要指标，与氮营养关系紧密，可直接用于表征植株氮含量丰缺状况，评估氮肥施用效果。图 4-20 为小麦-玉米轮作下高、中产区不同氮肥施用模式叶片 SPAD 值时空变化特异性。结果表明，不同氮肥调控模式间，2016—2017 年夏玉米与冬小麦叶片 SPAD 值于各生育期均整体表现为 T1＜T2＜T3＜T4＜T5，变化趋势较为稳定。氮肥调控措施下 T2-T4 高、中产区夏玉米各生育期叶片 SPAD 值的平均值，与 T1 对照相比，增幅分别为 12.7%和 14.3%，冬小麦则为 6.4%与 7.0%（图 4-20）。生育期间，随作物生长，夏玉米叶片 SPAD 值整体表现为下降趋势，主要原因是夏玉米生育期较短，短期内植株生物量迅速增加，稀释效应显著；冬小麦叶片 SPAD 值各生育期间则无明显差异，可能是由于叶片 SPAD 值测试范围较小（约 6 $mm^2$），且小麦生育期较长，叶片在小尺度范围内稀释效应不甚剧烈，加之 SPAD 值测试受诸多因素影响，如叶片厚度、叶色、叶表面绒毛等，因此不同生育期测试间未表现出较为明显的差异性（图 4-20）。

**3. 施氮模式对小麦-玉米两熟作物叶片氮含量影响分析**

生育期间，随播种后天数增加，无论夏玉米还是冬小麦，其地上部植株氮含量（Plant nitrogen concentration，PNC，g/kg）均表现为逐步降低趋势，这与冬小麦叶片 SPAD 值表现效果略有差异。各氮肥施用模式间，与叶片 SPAD 值变化趋势相一致，小麦-玉米周年轮作下夏玉米和冬小麦 PNC 在各处理间仍表现为 T1＜T2＜T3＜T4＜T5（图 4-21）。各生育期平均分析，与 T1（对照）和 T2（氮肥一次性足量基施）相比，高产区夏玉米采用 T5 处理施氮模式其 PNC 可分别提高 30.9%和 20.1%，中产区增幅则分

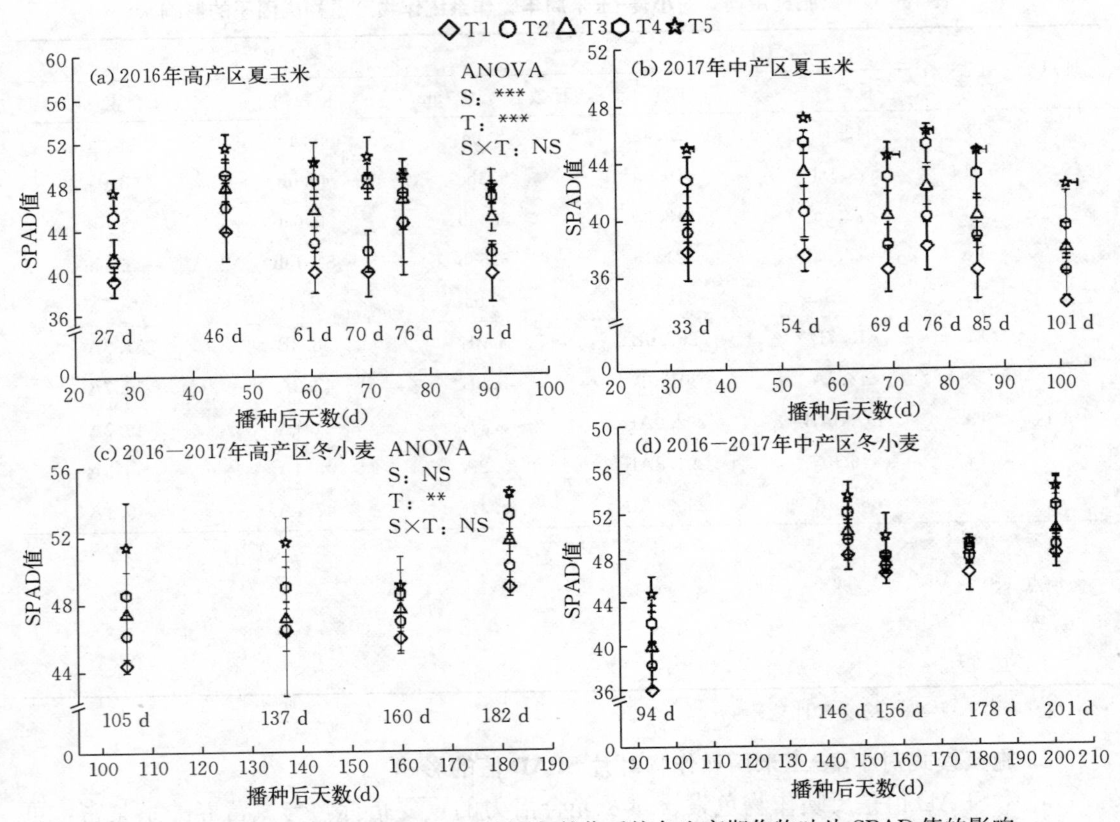


图 4-20　氮肥施用模式对小麦-玉米周年轮作系统各生育期作物叶片 SPAD 值的影响

别为 28.1%和 16.2%；高产区冬小麦相比于 T1 及 T2 处理，T5 处理模式下 PNC 增幅分别为 24.5%和 16.3%，中产区则分别为 35.1%和 22.7%，差异均显著。此外，图 4-21 中放大图为夏玉米和冬小麦籽粒氮含量（Grain nitrogen concentration，GNC，g/kg）处理间变化效果，其中，夏玉米于籽粒形成时即分植株和籽粒两部分进行氮含量测试分析，冬小麦仅分析成熟期时两部位氮含量效果。结果表明，与 PNC 处理间变化趋势相似，夏玉米 GNC 仍表现为 T5 最高，T4、T3、T2、T1 顺次降低。如与 T1 相比，高、中产区夏玉米 T5 处理增幅分别高达 28.0%和 29.9%，冬小麦则分别为 15.7%和 20.4%。高、中产区间，高产区夏玉米 PNC 和 GNC 平均值分别比中产区提高 19.4%和 7.3%，冬小麦则分别为 33.3%和−5.9%。

**4. 施氮模式对小麦-玉米两熟作物叶片氮积累量影响分析**

由图 4-22 可知，随生育进程推进，各氮肥施用模式高、中产区夏玉米与冬小麦植株氮积累量（Plant nitrogen accumulation，PNA，$kg/hm^2$）均呈先升高后降低趋势。其中，两产区夏玉米分别至播种后 70 d 和 76 d 达峰值，冬小麦则分别至 182 d 与 201 d 时最高。产区间，高产区夏玉米和冬小麦 PNA 均显著优于中产区，增幅分别高达 47.0%和 85.9%。氮肥施用模式间，无论高产区还是中产区，夏玉米和冬小麦 PNA 均表现为T1＜T2＜T3＜T4＜T5。将各生育期 PNA 平均，与 T1 和 T2 相比，高产区夏玉米 T5 处理分别提高 89.2%和 61.5%，中产区增幅则分别为 83.8%和 51.0%；高产区冬小麦 T5 相比于

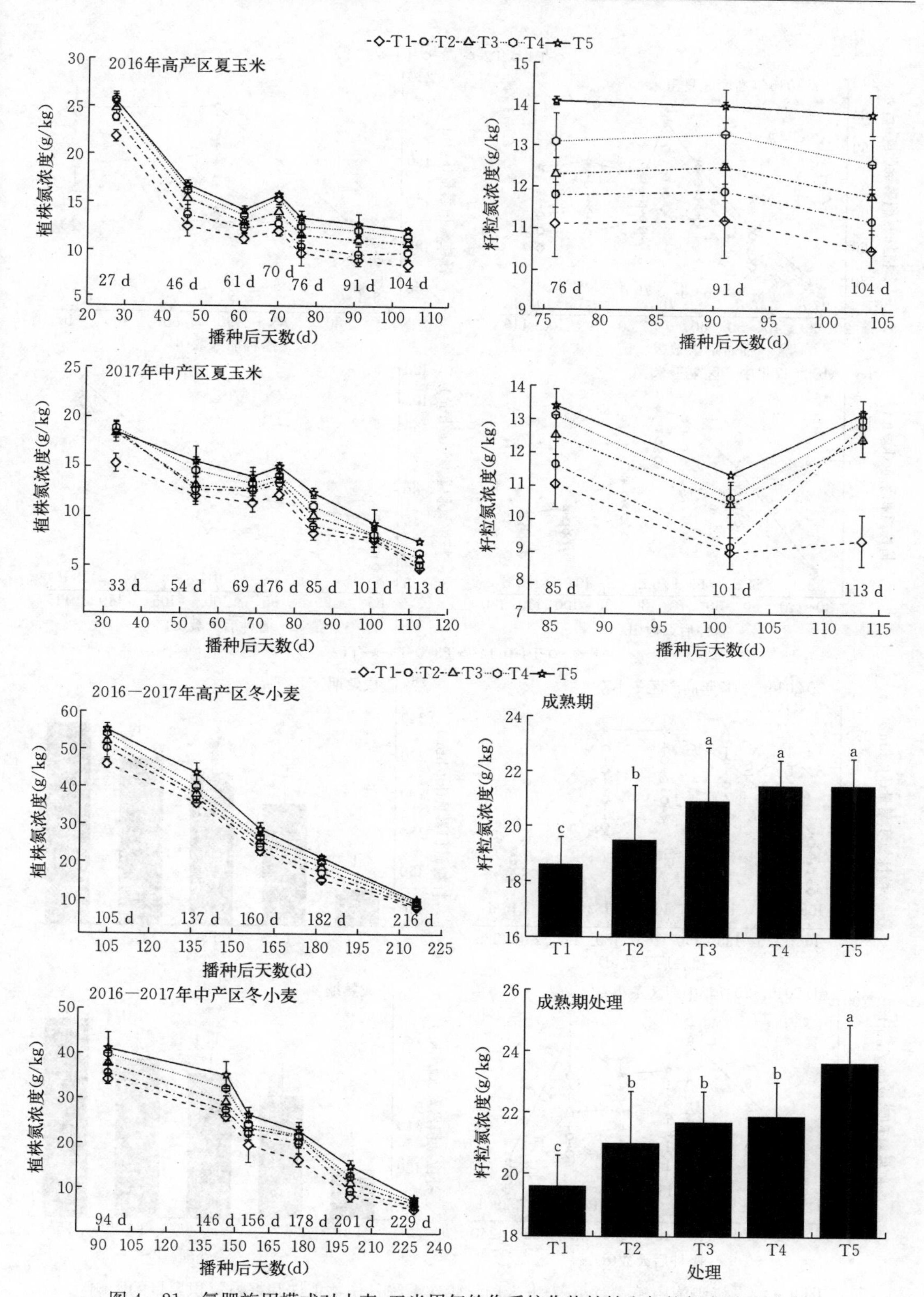


图 4-21　氮肥施用模式对小麦-玉米周年轮作系统作物植株和籽粒氮含量的影响

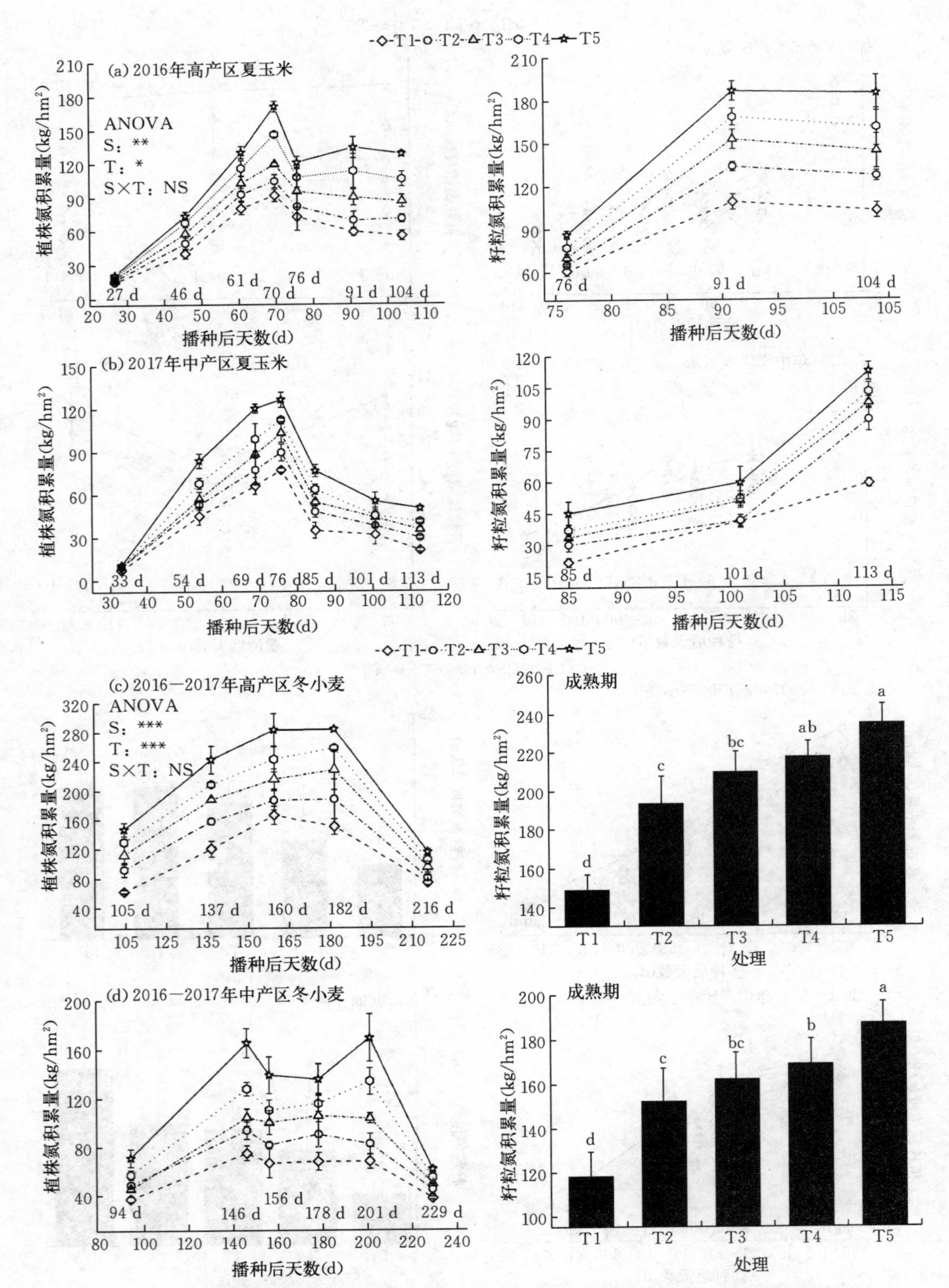


图 4-22 氮肥施用模式对小麦-玉米周年轮作系统各作物植株和籽粒氮积累量的影响

T1 及 T2 则分别增加 87.5%和 52.1%，中产区则分别为 112.4%和 68.9%，差异均较显著。此外，两产区夏玉米和冬小麦籽粒氮积累量（Grain nitrogen accumulation，GNA，$kg/hm^2$）于不同氮肥施用模式间差异效应与 PNA 相一致，不同的是，高产区夏玉米 GNA 至收获时进入平台期，中产区则仍表现为升高趋势，表明该地力条件下籽粒对氮的吸收并未被充分利用，有待进一步挖掘和提高。

**5. 施氮模式对小麦-玉米两熟作物氮肥利用率影响分析**

在 2016—2017 年 4 个氮肥施用模式试验中，高、中产田在氮肥表观利用率（AUN）、氮肥农学效率（AEN）和每百千克籽粒需氮量（NAPG）的变化趋势一致，T1～T5 间随处理数增加均呈显著升高趋势，而氮素收获指数（NHI）则与此相反。其中，高产区夏玉米和冬小麦 AUN、AEN 和 NAPG 指标均明显优于中产区，实现了氮营养上的“高吸收高利用”和“高产高效”。与前述指标变化趋势相反，高产区 NHI 低于中产区（表 4-11）。交互作用分析表明，夏玉米和冬小麦，试验地点（S）对所选用的 4 个氮肥利用率指标均产生了极显著（$P<0.01$ 或 $P<0.001$）影响，处理（T）除冬小麦 NHI 外，影响效果与 S 相同；但两者交互作用仅对夏玉米 AUN 和 NAPG 产生影响（$P<0.01$），其余指标均不显著（表 4-11）。

表 4-11　氮肥施用模式对夏玉米-冬小麦周年轮作系统作物氮素利用率的影响

| 地点 | 处理 | 夏玉米 | | | | 冬小麦 | | | |
|---|---|---|---|---|---|---|---|---|---|
| | | 氮肥表观利用率（%） | 氮肥农学效率（kg/kg） | 每百千克籽粒需氮量（g） | 氮素收获指数 | 氮肥表观利用率（%） | 氮肥农学效率（kg/kg） | 每百千克籽粒需氮量（g） | 氮素收获指数 |
| 高产区 | T1 | — | — | 1.61e | 0.65c | — | — | 2.77c | 0.67b |
| | T2 | 18.9d | 7.3c | 1.75d | 0.64bc | 24.2c | 9.1c | 2.75c | 0.71a |
| | T3 | 34.8c | 11.9b | 1.88c | 0.63ab | 38.9b | 9.7bc | 3.02b | 0.69ab |
| | T4 | 61.0b | 16.6a | 2.09b | 0.60a | 55.3a | 11.9ab | 3.16a | 0.68b |
| | T5 | 74.5a | 17.3a | 2.34a | 0.59a | 60.4a | 13.8a | 3.20a | 0.67b |
| 中产区 | T1 | — | — | 1.26C | 0.74AB | — | — | 2.58D | 0.76A |
| | T2 | 18.7D | 3.1C | 1.70B | 0.75A | 19.7D | 5.8C | 2.71C | 0.78A |
| | T3 | 25.1C | 7.1B | 1.70B | 0.73AB | 26.9C | 7.1BC | 2.82BC | 0.77A |
| | T4 | 35.4B | 8.6AB | 1.82A | 0.71BC | 37.8B | 8.1AB | 2.89BC | 0.76A |
| | T5 | 39.2A | 10.4A | 1.90A | 0.69C | 44.5A | 9.1A | 3.13A | 0.75A |
| 地点（S） | | *** | *** | *** | *** | *** | *** | ** | *** |
| 处理（T） | | *** | *** | *** | *** | *** | ** | *** | NS |
| S×T | | ** | NS | ** | NS | NS | NS | NS | NS |

注：不同小写字母表示差异性显著（$P<0.05$）。

## 三、小麦-玉米两熟优化施氮模式及营养特性分析

小麦-玉米周年轮作下不同氮肥施用模式间夏玉米和冬小麦产量均以控失尿素与普通尿素配比氮足量施用最佳（T5），氮素减量施用次之（T4），但 T4 与 T5 间产量差异未达

显著水平；常规施氮方式中普通尿素分次施用（T3）和一次基施（T2）产量效果则相对次之，对照处理最差（T1）。产量构成因子、叶片 SPAD 值、植株和籽粒氮含量、氮素积累量等氮营养指标变化趋势与此相似，上述结果在不同年份和区域的夏玉米与冬小麦试验结果相一致。表明在作物稳产甚至增产的前提下，优化氮肥管理模式可有效减少氮肥用量，并能较大幅度提高氮肥利用效率。此外，优化氮肥管理模式可有效促进高产区夏玉米花后氮素合成、分配与转运效率，中产区则主要集中于花前；冬小麦变化趋势则与此相反。该结果对进一步掌握高、中地力条件下夏玉米与冬小麦各自氮营养吸收与同化特异性，研制适合不同生态区的作物专用配方肥或缓控失肥提供了重要试验基础和理论参考。

## 第四节　考虑植株氮垂直分布的夏玉米氮诊断敏感位点筛选

### 一、试验方案与方法

作者连续 2 年分别于河南省温县祥云镇（2018 年 6—9 月，35°57′00″N、112°59′03″E）和鹤壁市淇滨区（2019 年 6—9 月，35°40′03″N、114°17′57″E）开展夏玉米氮肥梯度田间试验。供试土壤，温县为沙质潮土，鹤壁为黏壤质潮土。供试夏玉米品种均为郑单 958，种植密度为 67 500 株/hm²。2018—2019 年，氮肥处理均设 0 kg/hm²、75 kg/hm²、150 kg/hm²、225 kg/hm² 和 300 kg/hm² 共 5 个梯度，分别用 N0、N75、N150、N225 和 N300 表示。小区面积 30 m²（长宽 15.0 m×2.0 m），3 次重复，随机区组排列。各小区氮肥均做基肥一次性施用（以降低氮肥连续追施对夏玉米叶片 SPAD 值及氮营养指标垂向分布连续性的影响）。除氮肥外，磷、钾肥用量分别按 $P_2O_5$ 90 kg/hm² 和 $K_2O$ 75 kg/hm² 于夏玉米播种时一次性施入。氮、磷、钾肥品种分别为 ESN 树脂包膜尿素（含 N 44%）、过磷酸钙（含 $P_2O_5$ 12%）和氯化钾（含 $K_2O$ 60%）。温县点于 2018 年 6 月 14 日播种，9 月 26 日收获，鹤壁点 2019 年 6 月 11 日播种，9 月 20 日收获。其他栽培措施均按照田间实际管理进行操作。

分别于夏玉米大喇叭口期（2018 年 7 月 20 日、2019 年 7 月 25 日）、吐丝期（2018 年 8 月 10 日、2019 年 8 月 12 日）和灌浆期（2018 年 8 月 26 日、2019 年 8 月 28 日），各小区选取 10 株长势一致的植株，采用日本产 Minolta SPAD-502 型叶绿素计沿主茎自上而下测其冠层顶 1 叶（TL1）、顶 2 叶（TL2）……顶 11 叶（TL11），顶 12 叶（TL12）完全展开叶 SPAD 值（其中，大喇叭口期测试主茎 10 片完展叶，吐丝期和灌浆期测试 12 片完展叶）。测试时，每张叶片从叶片基部开始根据叶片长度每 20%分为 1 个测试区间，分别定义为 20%、40%、60%、80%和 100%测试点（图 4-23），测其 SPAD 值，同一小区内测试结果求取平均值。此后，10 个夏玉米植株中选取 4 株，采集上述不同生育期各叶位叶片（TL1～TL12）并立即进行保鲜处理。首先，沿主脉取一半叶片，用打孔器在叶片上打样，采用碳酸钙粉研磨－95%乙醇浸提法测试不同叶位叶片叶绿素 a、叶绿素 b、叶绿素 a＋叶绿素 b（Chl-a＋b）和类胡萝卜素含量（Car，mg/g）。而后将剩余叶片置于 105 ℃烘箱中杀青 30 min，65 ℃烘干至恒质量，计算各叶位叶片生物量（mg/片）。最后采用微型植物粉碎机粉碎，$H_2SO_4$-$H_2O_2$ 法消化，AA3 流动注射分析仪（德国 SEAL）测定各叶位叶片含氮量（Leaf N content，LNC，%），计算各叶层氮素积累量（Leaf N accumulation，LNA，生物量和氮含量的乘积，mg/片）。此后，基于上述各叶层生物量数据，采用加权平均数算法计算夏玉米氮营养指标：植株叶片叶绿素、氮含量和氮素积累量。

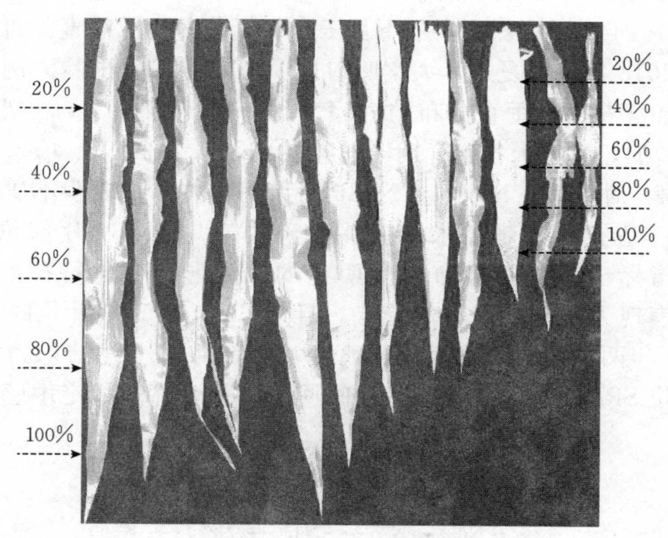


图 4-23　夏玉米不同部位叶片 SPAD 值测试

注：20%～100%为叶片基部到测点的叶片长度与每个叶片总体长度的比值。

为系统分析夏玉米叶片氮营养垂直分布特征，阐明各叶位叶片 SPAD 值与氮营养指标间定量回归关系，确定基于叶绿素计 SPAD 仪的氮营养快速诊断敏感叶位及叶片部位。本研究采用可有效解决自变量间具有多重共线性问题的偏最小二乘回归（Partial least square，PLS）模型分析夏玉米不同叶位及同一叶片不同部位 SPAD 值与氮营养指标间定量回归关系，筛选敏感叶位及叶片部位。PLS 回归模型是一种多元统计分析方法，能有效处理自变量间具有高度多重共线性的多维数据。PLS 集典型相关分析、主成分分析和多元线性回归分析为一体，不仅可以降低数据分析维度，还可从多维自变量数据中找到影响因变量（氮指标）的主控因子，使所构建模型具有更高的鲁棒性。PLS 模型监测精准度采用实测值与预测值间决定系数（Coefficient of determination，$R^2$）、均方根误差（Root mean square error，RMSE）和相对分析误差（Relative percent deviation，RPD）来表征。其中，$R^2$ 表示模型拟合度，其值越高模型越稳定；RMSE 代表模型精确度，值越小则模型预测能力越高；RPD（RPD＝样本标准差/RMSE）则是表征光谱监测模型通用性高低的关键指标。在基于 PLS 模型明确夏玉米不同叶位垂向分布特征及其与氮营养指标间定量回归关系后，选取能稳定指示夏玉米氮营养丰缺变化规律并具有高响应的敏感叶位，对于提高氮营养诊断效率，实现氮营养的高精度无损监测具有重要意义。本研究采用 PLS 模型中的无量纲分析指标变量重要性投影值（Variable importance for the projection，VIP）从不同叶位及同一叶片不同部位中筛选出能有效反映夏玉米氮营养特性的敏感叶位。VIP 值可以快速、直观和定量地反映出不同叶位及叶片部位 SPAD 值在预测因变量（氮营养指标）时的重要程度，其临界值为 1.0，值越高，表明该叶位或叶片部位预测性能越强。

## 二、研究结果与分析

**1. 施氮水平对夏玉米叶片氮营养指标及SPAD值垂直分布特征的影响**

2018年与2019年，不同氮肥水平下夏玉米各氮营养指标垂直分布与时序变化特征趋势相同，故以2018年温县夏玉米大喇叭口期氮肥效应田间试验为例，阐明不同氮肥水平下夏玉米各氮营养指标垂直分布与时序变化特征（图4-24）。处理间，与N0相比，随氮肥用量增加，夏玉米各生育期不同叶层Chl-a、Chl-b、Car、LNC和LNA均显著提升，至N225时最大，N300与N225间无明显差异，表明本研究所设置氮肥梯度可满足氮缺乏、适宜和过量需求，能够用于敏感叶位与叶片部位筛选。叶位间，夏玉米各氮营养指标于植株间分布均呈明显的“钟形”变化特征，即随叶位下移，各氮营养指标均表现为先升高后降低趋势，且于TL5或TL6叶位时达至峰值，该趋势在2018—2019年两试验年份和不同生育期均相一致。上述结果为定量分析夏玉米各叶位及叶片部位SPAD值与氮营养指标间回归关系，筛选稳定敏感叶片位点奠定良好基础。

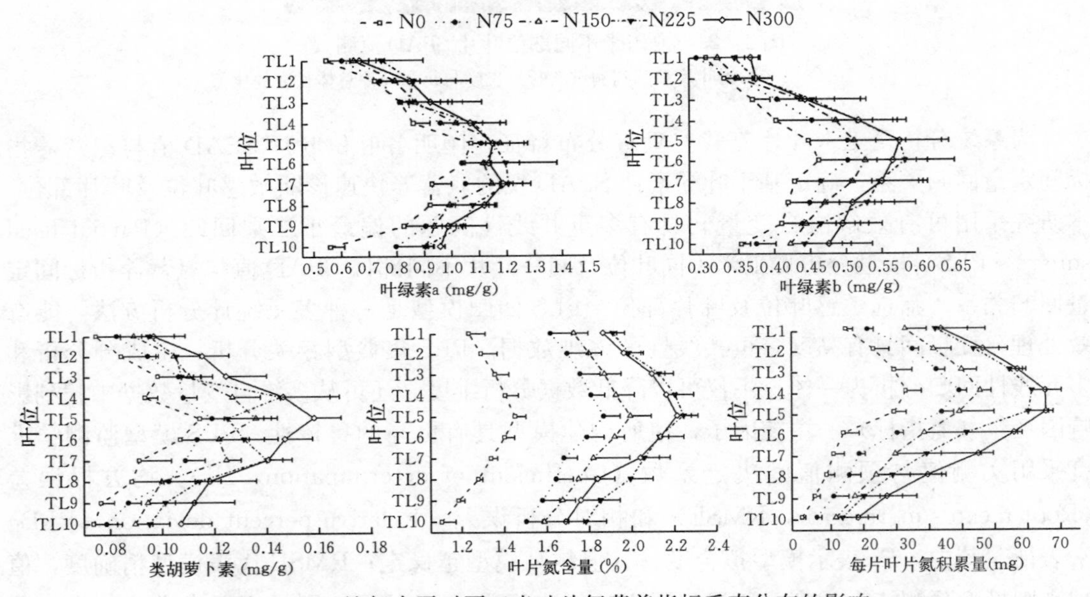


图4-24 施氮水平对夏玉米叶片氮营养指标垂直分布的影响

**2. 施氮水平对夏玉米叶片SPAD值垂直分布特征影响**

以温县为例，不同氮水平下夏玉米叶片SPAD值空间分布同样具有典型的“钟形”垂向异质性特征（图4-25）。随叶位下移，各生育期不同叶位叶片SPAD值均表现为先升高后下降趋势，至TL5时达至最大，该结果与图4-24相一致。综合各氮处理平均效应，大喇叭口期、吐丝期和灌浆期最高与最低叶位SPAD值差值分别为15.6（TL5～TL1）、8.3（TL5～TL12）和13.7（TL5～TL12）个单位。氮肥梯度间，随氮肥用量增加，各叶位SPAD值均显著提升（$P=0.001$），至N225时最大，且N225与N300处理间无显著差异（$P=0.07$）。与对照（N0）相比，大喇叭口期N75、N150、N225和N300各叶位 SPAD 值平均增幅分别为 2.8%、5.5%、10.6%和 13.5%（$P=0.004$），吐丝期为 5.1%、7.9%、9.7%和 10.7%（$P=0.002$），灌浆期则为 8.7%、13.1%、16.4%和 13.6%（$P=0.006$），效果显著。

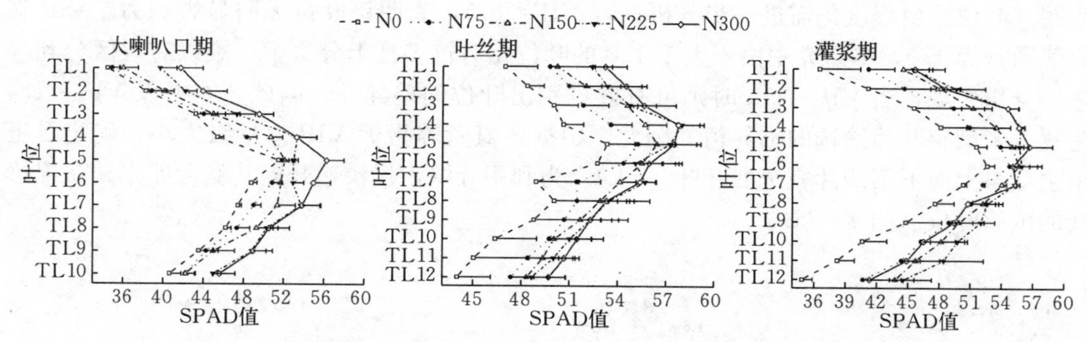


图 4-25　施氮水平对夏玉米不同生育期叶片 SPAD 值垂直分布的影响

**3. 夏玉米不同叶片 SPAD 值与氮营养指标的 PLS 模型分析**

明确夏玉米不同叶位氮营养指标及 SPAD 值时空分布规律之后，综合 2018—2019 年两试验季和 3 个关键生育期数据，利用 PLS 模型对不同叶位 SPAD 值与氮营养参数间关系进行整体回归分析，确定监测模型精准度与鲁棒性（表 4-12）。结果表明，夏玉米叶片 SPAD 值对氮营养指标均具有较好的预测性能，满足基于叶绿素仪的作物氮营养无损诊断精度需求。在模型准确度方面，基于 PLS 模型的各叶位 SPAD 值与 Chl-a、Chl-b、Chl-a+b、Car、LNC 和 LNA 等参数 $R^2$ 大都在 0.70 以上，平均 $R^2$ 为 0.764。参数间以 LNC 最高，$R^2$ 为 0.821，Chl-a+b 次之，为 0.801，Car 最低，为 0.693，表明模型准确度较为理想。在模型鲁棒性和精确度方面，各氮营养参数预测 RPD 值均高于临界值 1.40，平均 RPD 为 1.997，最低为 1.425（Chl-a+b），且 Chl-a、LNC 和 LNA 均大于 2.0，分别为 2.037、2.210 和 2.744，表现出强大的稳定性与精准性。综上，本文所采用基于 PLS 的定量分析模型来深入阐释夏玉米不同叶位 SPAD 值垂直分布特性及其与氮营养指标间回归关系，揭示指示氮营养时空变化的敏感叶位，实现氮营养无损和快捷监测。

**表 4-12　基于 PLS 模型的夏玉米不同叶位 SPAD 值与氮营养指标定量关系精度分析**

| 指标 | 叶绿素 a (mg/g) | 叶绿素 b (mg/g) | 叶绿素 a+叶绿素 b (mg/g) | 类胡萝卜素 (mg/g) | 叶片氮含量 (%) | 每片叶片氮积累量 (mg) |
|---|---|---|---|---|---|---|
| $R^2$ | 0.765 | 0.714 | 0.801 | 0.693 | 0.821 | 0.788 |
| RMSE | 0.067 | 0.048 | 0.145 | 0.008 | 0.130 | 5.799 |
| RPD | 2.037 | 1.868 | 1.425 | 1.695 | 2.210 | 2.744 |

注：样本量为 90。

**4. 基于 PLS 模型的夏玉米敏感叶位确定**

明确了利用 PLS 模型可有效实现基于叶绿素仪快捷和精准开展具有垂向分布特性的

夏玉米氮营养监测后，为进一步提高氮营养诊断时效性，利用PLS模型的变量重要性投影值（VIP）技术方法，分别计算了各叶位对氮营养参数影响的VIP值，确定氮营养诊断敏感叶位（图4-26）。基于VIP方法开展各叶位对氮营养指标影响重要性评估时，若叶位VIP≥1.0，表明该叶位在预测夏玉米氮营养状况时具有重要作用；若0.5≤VIP<1.0，表明该叶位重要程度仍需进一步分析；若VIP<0.5，表明该叶位无明显影响力。VIP临界值通常为1.0，本研究中由于大于1.0的叶位相对较多且十分集中，难以有效区分和筛选。分析发现，当VIP=1.4时则可有效辨别出叶位间差异性，因此，本书以VIP=1.4为夏玉米敏感叶片筛选的临界值。因此，根据各氮营养指标VIP值量级大小，确定夏玉米主茎自上而下第四片完全展开叶（TL4）为利用叶绿素仪快速开展其氮营养丰缺状况诊断的敏感叶位（图4-26）。

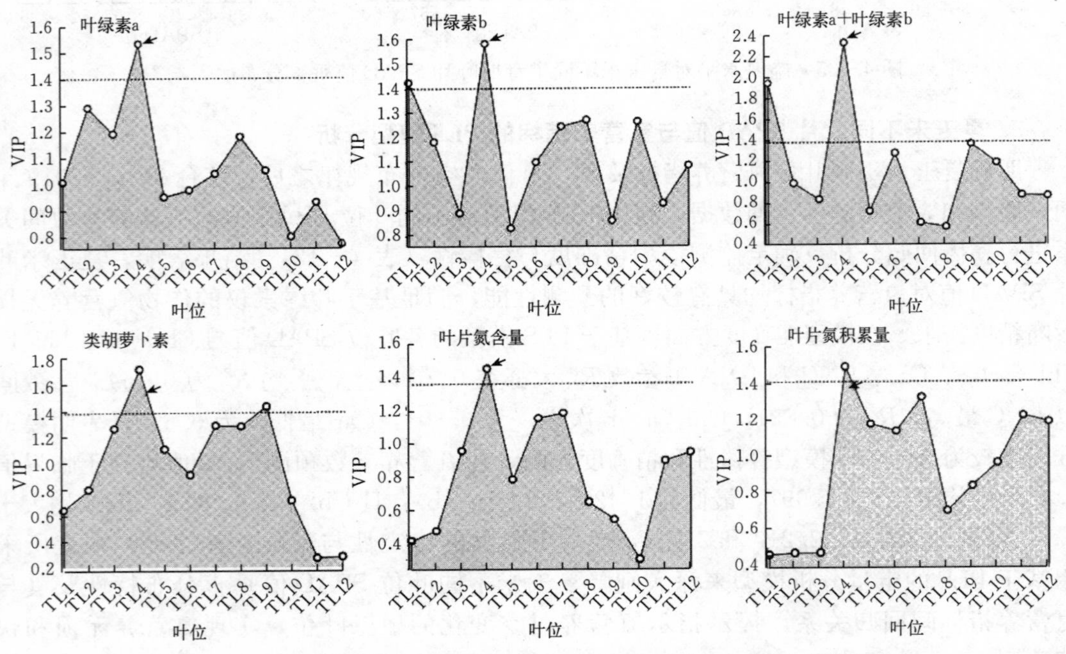


图4-26　基于偏最小二乘回归（PLS）回归模型的夏玉米敏感叶位确定

注：VIP为无量纲分析指标变量重要性投影值。图中箭头指夏玉米敏感叶位。

**5. 施氮水平对夏玉米不同部位叶片SPAD值垂直分布特征影响**

夏玉米是一种多叶位互生且单叶面积较大的氮响应敏感型作物，同一植株不同叶位以及同一叶片不同部位间其SPAD值及氮营养指标均具有较大的变异性。因此，在确定基于叶绿素仪夏玉米氮营养快速诊断敏感叶位（TL4）基础上，进一步明确不同部位间SPAD值时空变异性对提高光谱诊断效率具有重要意义。图4-27知，夏玉米TL4不同位点SPAD值同样具有明显的垂向分布特性，从叶片基部（20%位点）开始，随测试位点延伸，其SPAD值逐步提高，至100%位点时达至最大，但与80%位点间无明显差异，该结果在不同试验年份和生育期变化趋势均相一致。综合各生育期平均效应，氮肥梯度间，与N0相比，N75、N150、N225和N300处理叶片SPAD值增幅分别为5.6%、

10.1%、14.6%和14.8%（$P$=0.003）。不同位点间，与20%测试点相比，40%、60%、80%和100%位点叶片SPAD值分别平均提高6.5%、12.4%、17.8%和19.3%（$P$=0.001），差异均较明显。

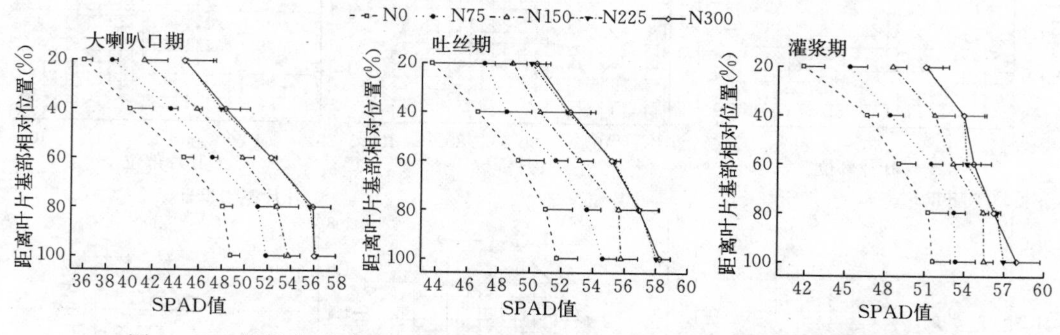


图4-27　施氮水平对夏玉米各生育期叶片不同部位SPAD值垂直分布的影响

**6. 夏玉米不同部位叶片SPAD值与氮营养指标的PLS模型分析**

在前述分析基础上，再次利用PLS模型对夏玉米敏感叶位TL4不同测试位点SPAD值与氮营养指标间关系进行定量回归分析（表4-13）。结果表明，夏玉米不同部位SPAD值对6种氮营养指标均具有较好的预测性能，平均$R^2$为0.771，最高为LNC，$R^2$为0.847，LNA次之，$R^2$为0.825，Car最低，为0.660。RPD方面，其平均值为2.086，预测精度较为理想（>2.00）。氮营养指标间，仍以LNC最高，RPD为2.451，LNA次之，为2.278，Car最低，为1.607（>1.40），且Chl-a（2.202）和Chl-a+b（2.042）RPD值也均高于2.00。

**表4-13　基于PLS模型的夏玉米不同部位叶片SPAD值与氮营养指标定量关系精度分析**

| 指标 | 叶绿素a (mg/g) | 叶绿素b (mg/g) | 叶绿素a+叶绿素b (mg/g) | 类胡萝卜素 (mg/g) | 叶片氮含量 (%) | 每片叶片氮积累量 (mg) |
|---|---|---|---|---|---|---|
| $R^2$ | 0.796 | 0.737 | 0.762 | 0.660 | 0.847 | 0.825 |
| RMSE | 0.062 | 0.046 | 0.101 | 0.009 | 0.117 | 6.985 |
| RPD | 2.202 | 1.933 | 2.042 | 1.607 | 2.451 | 2.278 |

**7. 基于PLS模型的夏玉米敏感叶片部位确定**

明确了夏玉米敏感叶位TL4不同测试部位SPAD值与氮营养指标间定量回归关系后，进一步筛选基于叶绿素仪的氮营养快速和无损诊断敏感部位，对有效增强氮营养诊断效率，降低光谱分析维数具有重要作用。基于此，再次利用PLS模型中各测试位点VIP值大小确定氮营养诊断的敏感位点。图4-28知，夏玉米TL4不同位点VIP值表现出较大的差异性，综合各氮营养指标平均值，20%、40%、60%、80%和100%测试位点SPAD-VIP平均值分别为0.971、1.131、1.583、1.712和0.972。综上，确定60%～80%两测试点区间为利用叶绿素仪开展夏玉米氮营养高效和精准检测的敏感范围。

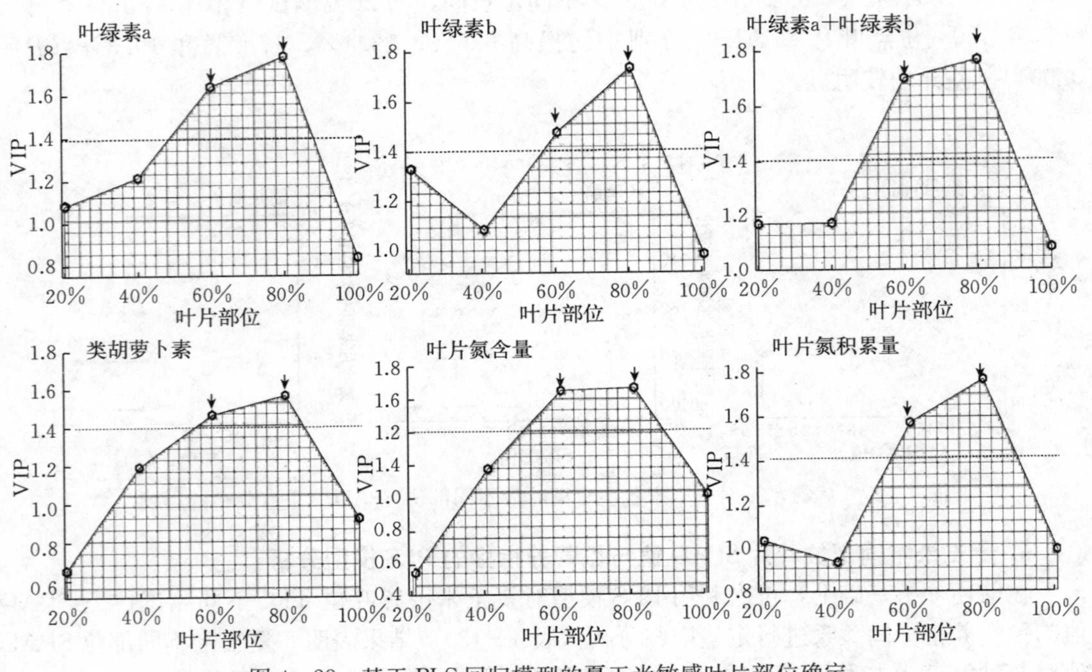


图 4-28　基于 PLS 回归模型的夏玉米敏感叶片部位确定

### 三、玉米氮营养无损诊断敏感叶位确定

夏玉米氮营养指标和叶片 SPAD 值于植株间分布均呈明显的“钟型”变化特征。随叶位下移，各氮营养指标均表现为先升高后降低趋势，至 TL5 或 TL6 叶位时达至峰值。其次，偏最小二乘（PLS）回归定量分析模型结果表明，夏玉米不同叶位 SPAD 值与氮营养指标间模型精度平均决定系数（$R^2$）和相对分析误差值（RPD）分别为 0.764 和 1.997（$n$=90）；不同测试位点平均 $R^2$ 和 RPD 值则分别为 0.771 和 2.086（$n$=90），满足模型精确诊断需求。最后，在明确基于叶绿素仪夏玉米氮营养垂向分布的 PLS 回归模型监测精度后，根据各叶位和叶片部位无量纲评价指标变量重要性投影值（VIP），确定顶 4 片完展叶（TL4）60%～80%区间为夏玉米氮营养诊断的最佳区域，平均 VIP 值分别为 1.691 和 1.648，高于临界值 1.40，预测效果较为理想。

## 第五节　基于高光谱的冬小麦不同生育期地上部生物量监测模型研究

### 一、试验方案与方法

2017—2019 年，分别于河南省鹤壁市、原阳县和温县共开展 3 个冬小麦氮肥梯度田间试验，涉及不同小麦品种、试验年份、生态区域和氮素水平（表 4-14）。此外，为探究冬小麦生育期间冠层高光谱差异效应及利用该技术实现地上部生物量的精确监测，确定光谱监测的有效生育期，所有氮肥田间试验均于分蘖期、拔节期（营养生长期），孕穗期、灌浆期（生殖生长期）开展。各试验处理均设 3 次重复，随机区组排列。除氮肥外，磷、钾肥分别按 120 kg/hm² （$P_2O_5$）和 90 kg/hm² （$K_2O$）施入。供试肥料品种分别为控失尿素（含 N 44%）、过磷酸钙（含 $P_2O_5$ 12%）和氯化钾（含 $K_2O$ 60%）。所有肥料均在小麦播种前做基肥一次性施入，以避免肥料多次追施对小麦生长发育及冠层高光谱测试连续性影响。

**表 4-14　冬小麦试验季基本信息情况**

| 年份 | 地点 | 品种 | 土壤状况 | 氮素水平（kg/hm²） | 测试时期（年/月/日） | 数据功能 |
|---|---|---|---|---|---|---|
| 2017—2018 | 鹤壁 | 郑麦369 | 有机质：19.7 g/kg<br>pH：7.4<br>全氮：1.14 g/kg<br>有效磷：0.029 g/kg<br>速效钾：0.152 g/kg | N0（0），<br>N75（75），<br>N150（150），<br>N225（225），<br>N300（300） | 分蘖期（2018/01/12）<br>拔节期（2018/03/19）<br>抽穗期（2018/04/18）<br>灌浆期（2018/05/13） | 建模集 |
| 2017—2018 | 原阳 | 平安11号 | 有机质：17.9 g/kg<br>pH：7.3<br>全氮：1.02 g/kg<br>有效磷：0.029 g/kg<br>速效钾：0.145 g/kg | N0（0），<br>N90（90），<br>N180（180），<br>N270（270），<br>N360（360） | 分蘖期（2018/01/10）<br>拔节期（2018/03/14）<br>抽穗期（2018/04/15）<br>灌浆期（2018/05/08） | 验证集 |
| 2018—2019 | 温县 | 平安11号 | 有机质：18.4 g/kg<br>pH：7.1<br>全氮：1.06 g/kg<br>有效磷：0.033 g/kg<br>速效钾：0.159 g/kg | N0（0），<br>N60（60），<br>N120（120），<br>N180（180），<br>N240（240），<br>N300（300） | 分蘖期（2018/12/15）<br>拔节期（2019/03/16）<br>抽穗期（2019/04/23）<br>灌浆期（2019/05/21） | 建模集 |

分别于上述各生育期采用美国 ASD 公司生产的 HandHeld 2 手持式地物光谱仪测试冬小麦冠层高光谱反射率。各小区选取代表性小麦测试样方 6 处，每处采集 10 条光谱曲线，以其平均值作为该小区冠层高光谱测试值。测试时，将光谱仪探头距小麦冠层约 1.0 m 处，于天气晴朗且太阳高度角变幅较小的 11:00—14:00 进行。各小区测试前后均采用 30 cm×30 cm $BaSO_4$ 型标准白板进行光谱校正，以降低仪器自身和大气环境噪声干扰。HandHeld 2 波段范围 325～1 075 nm，波长准确度为 1 nm，325～700 nm 光谱分辨率<3.0 nm，视场角为 25°。为提高光谱监测准确度，删除了信噪比较低的 325～399 nm 和 951～1 075 nm 波段范围，采用 400～950 nm 光谱区间开展冬小麦地上部生物量高光谱定量反演与精度分析。冠层高光谱测试结束后，各小区于光谱测试点选取 1 m 双行地上部植株样方 2 处。鲜样带回实验室后先置于 105 ℃烘箱中杀青 30 min，后置于 65 ℃烘箱中烘至恒重，计算地上部生物量。

综合试验年份、生态区域、小麦品种及地上部生物量变幅信息，同时考虑到模型构建及预测的稳定性与鲁棒性，将 2017—2018 鹤壁点和 2018—2019 温县点数据作为建模集（各生育期样本数 $n=33$），2017—2018 年原阳点为验证集（$n=15$）（表 4-14）。为精确分析冬小麦各生育期地上部生物量与其冠层原位高光谱反射率间定量关系，以不同生育期冠层原初光谱为自变量，地上部生物量为因变量，分别采用支持向量机（Support vector machine，SVM）和偏最小二乘回归（Partial least square，PLS）的统计分析方法研究两者间关系，明确生育期间光谱监测异同效应及有效时间节点。

SVM分析是一种以结构风险最小化为核心思想的有效监督学习模式识别算法，由Vapnik等于1995年提出。该方法通过核函数把输入性不可分的低维度数据映射到高维空间以构建最优化分类超平面，使得不同监测样本间的类间隔最大，类内间隔最小，具有适应性强、全局最优和结构简单等优点，对小样本、非线性与高维数据的估测具有良好的精度，现已广泛应用于近地高光谱分析与反演中。本研究采用Matlab R2012a中epsilon-SVR模型类型和径向基函数作为核函数，利用交叉验证法选取最优化核函数 $g$ 和惩罚参数 $c$ 进行建模。PLS分析已在第四章第四节部分进行过相关介绍。基础数据处理和分析采用Excel 2007软件进行，小麦各生育期地上部生物量与冠层高光谱反射率间相关性分析采用SAS 8.0软件进行，SVM和PLS分析采用Matlab R2012a软件进行，Origin 2019软件制图。

## 二、研究结果与分析

### 1. 施氮对冬小麦不同生育期地上部生物量影响

施氮可显著影响冬小麦各生育期地上部生物量（图4-29）。随氮肥用量增加，各试验年份小麦地上部生物量均明显提高，与N0相比，2017—2018年鹤壁点分蘖期、拔节期、抽穗期和灌浆期施氮处理地上部生物量分别平均提高68.4%、63.9%、39.9%和33.3%；原阳点增幅则分别为49.3%、44.3%、39.5%和40.7%；2018—2019年温县点分别平均增加为60.8%、55.0%、55.6%和46.9%。数据集划方面，对于建模集，上述四个生育期冬小麦地上部生物量变幅分别为544～1 779 kg/hm$^2$、1 392～4 016 kg/hm$^2$、1 870～4 591 kg/hm$^2$ 和3 729～7 305 kg/hm$^2$；变异系数分别为33.9%、27.1%、21.5%和18.4%。验证集生物量变幅则分别为580～1 206 kg/hm$^2$、1 564～2 941 kg/hm$^2$、2 170～4 022 kg/hm$^2$ 和 3 700～7 015 kg/hm$^2$；变异系数分别为24.0%、18.4%、18.4%和19.1%。该结果显示试验所划分建模集和验证集均具有较宽的变幅和较高的变异系数，且各生育期验证集地上部生物量均位于建模集范围内，表明样品的划分较为合理，满足模型构建和验证需求。

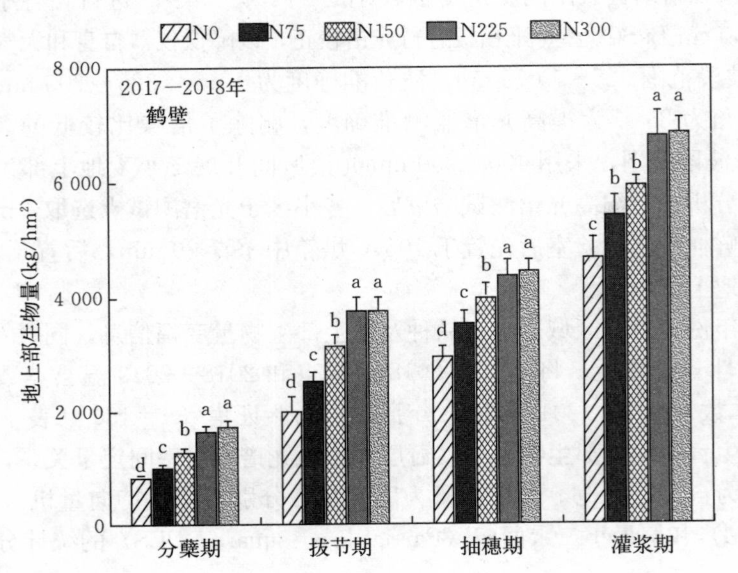

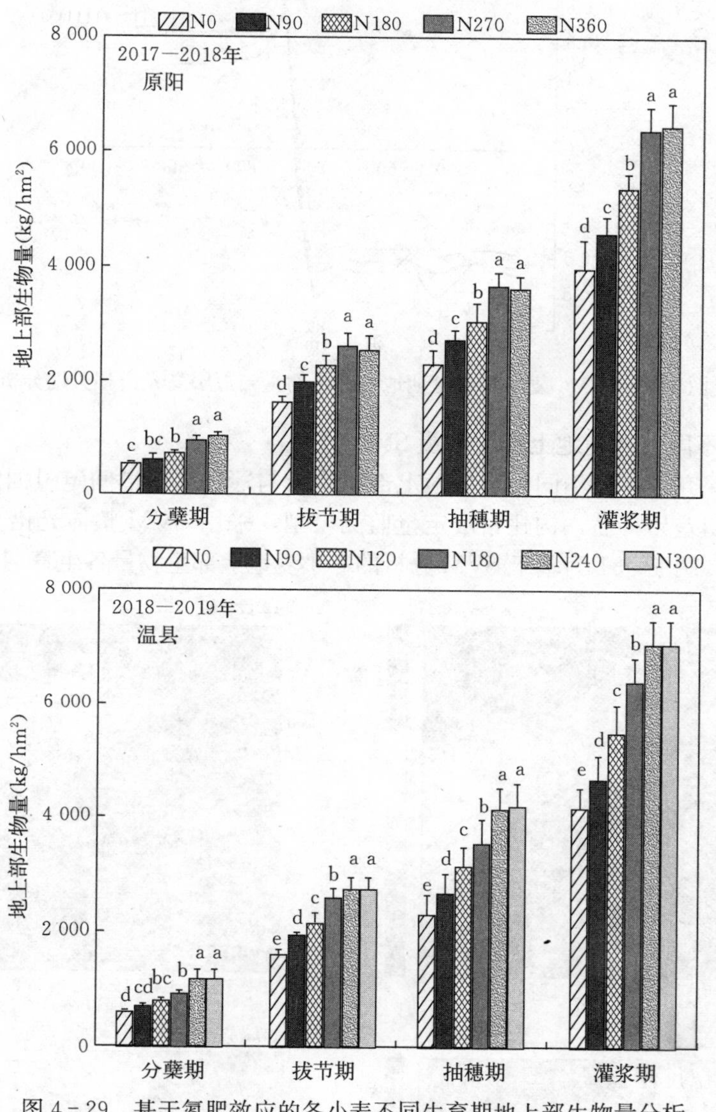


图 4-29　基于氮肥效应的冬小麦不同生育期地上部生物量分析

注：不同小写字母表示差异性显著（$P<0.05$）。

## 2. 冬小麦不同生育期地上部生物量与冠层高光谱相关性分析

综合对建模集不同生育期冬小麦地上部生物量与其冠层原位高光谱反射率进行相关性分析并绘制相关系数图（图 4-30）。结果显示，各生育期两者间相关性变化趋势在可见光区（400～715 nm）和近红外区（715～950 nm）均一致，即可见光区呈显著负相关而近红外区呈正相关。此外，随生育期推进，冬小麦地上部生物量与其冠层高光谱间相关性呈“线性＋平台”变化趋势，至抽穗期时达至最大，抽穗期与灌浆期间趋于稳定。具体的，分蘖期、拔节期、抽穗期和灌浆期于可见光区平均相关系数（$r$）分别为－0.556、－0.634、－0.693 和－0.604；近红外区 $r$ 则分别为 0.495、0.627、0.635 和 0.624（$n$=33）。

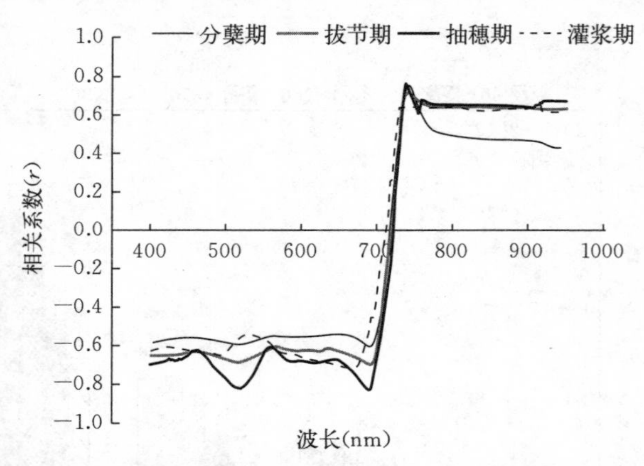


图 4－30　冬小麦不同生育期地上部生物量与冠层高光谱相关性分析

**3. 冬小麦不同生育期地上部生物量 SVM 分析**

为进一步探究冬小麦不同生育期地上部生物量与冠层高光谱间定量回归关系，明确光谱监测的生育期差异特性，构建精准定量监测模型，采用 SVM 整体光谱分析技术定量表征两者间关系。图 4－31 为基于 SVM 分析的冬小麦地上部生物量各生育期核函数 $g$ 和惩罚

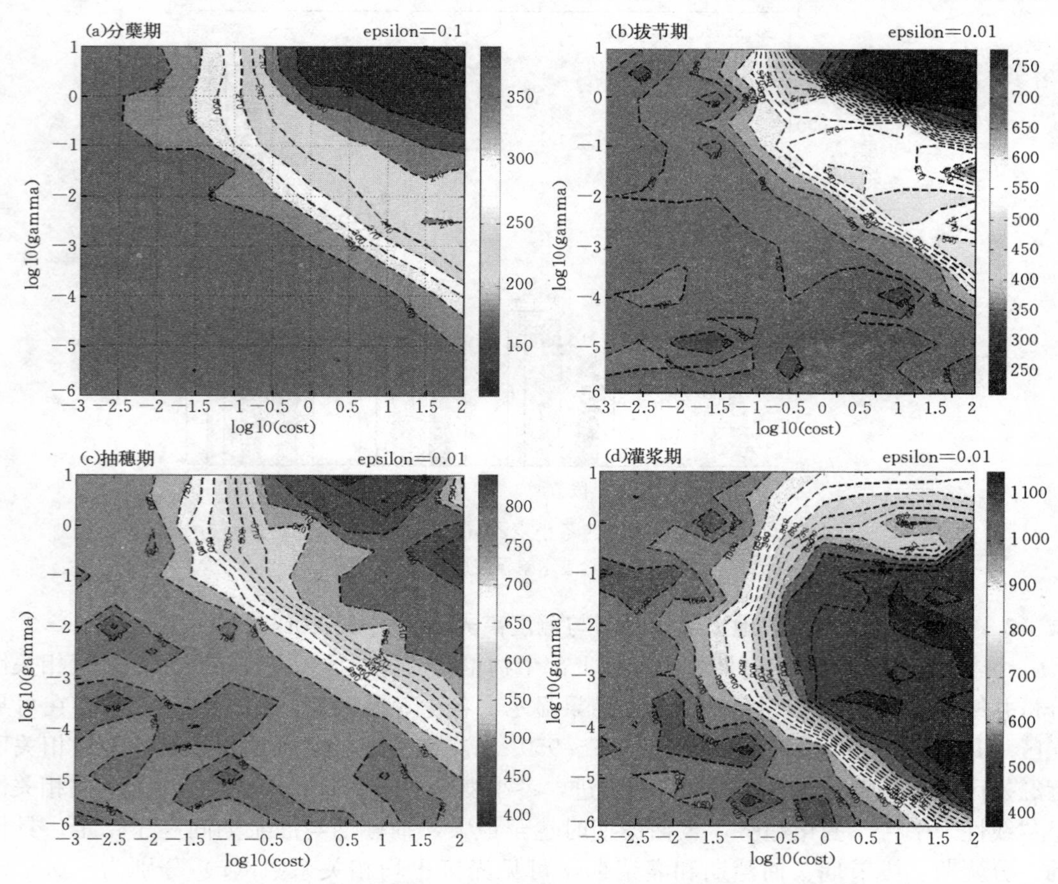


图 4－31　基于氮肥效应的冬小麦不同生育期地上部生物量 SVM 分析参数寻优化

注：log 10（cost）为惩罚系数，log 10（gamma）为核函数。

参数 $c$ 寻优过程。结果显示，分蘖期、拔节期、抽穗期和灌浆期最佳核函数 $g$ 分别为 10、10、10 和 0.1，惩罚参数 $c$ 分别为 31.6、3.2、31.6 和 31.6，该结果为构建高鲁棒性且符合生育期生长发育特性的光谱监测模型奠定良好基础。表 4-15 表明，分蘖期、拔节期、抽穗期和灌浆期冬小麦建模集地上部生物量 SVM 监测模型 $RPD_{cal}$ 分别为 1.906、2.268、2.831 和 2.636，虽然模型精度均较理想（RPD＞1.40），但生育期间表现出较大的差异性，生殖生长期明显优于营养生长期，以分蘖期精度最低，抽穗期最高，且抽穗期至灌浆期趋于稳定。验证集生育期间模型精度变化趋势与建模集相同，与分蘖期相比，拔节期、抽穗期和灌浆期 $RPD_{val}$ 分别提高 91.7%、128.5%和 127.3%，增幅显著。

**表 4-15　基于氮肥效应的冬小麦不同生育期地上部生物量 SVM 分析**

| 生育期 | 建模集 | | | 验证集 | | |
|---|---|---|---|---|---|---|
| | $R^2_{cal}$ | $RMSE_{cal}$ | $RPD_{cal}$ | $R^2_{val}$ | $RMSE_{val}$ | $RPD_{val}$ |
| 分蘖期 | 0.735 | 187.0 | 1.906 | 0.693 | 192.4 | 1.063 |
| 拔节期 | 0.821 | 303.0 | 2.268 | 0.801 | 208.4 | 2.038 |
| 抽穗期 | 0.879 | 268.0 | 2.831 | 0.877 | 239.9 | 2.429 |
| 灌浆期 | 0.857 | 398.9 | 2.636 | 0.835 | 435.6 | 2.416 |

**4. 冬小麦不同生育期地上部生物量 PLS 分析**

在 SVM 分析基础上，进一步采用 PLS 整体线性分析模型探究不同生育期冬小麦地上部生物量与其冠层高光谱间定量回归关系（表 4-16）。生育期间，无论是建模集还是验证集，基于 PLS 的模型精度仍然表现为分蘖期＜拔节期＜灌浆期≤抽穗期。抽穗期时建模集 $R^2_{cal}$ 和 $RPD_{cal}$ 分别高达 0.864 和 2.867，验证集分别为 0.859 和 2.340，精准度高。此外，与 SVM 相比，基于 PLS 的冬小麦各生育期地上部生物量光谱模型监测精度具有高度的一致性，建模集 SVM - $R^2_{val}$ 和 PLS - $R^2_{val}$ 平均值分别为 0.802 和 0.819，$RPD_{val}$ 分别为 1.986 和 1.812，表明无论采用监督学习模式识别算法还是回归算法，采用冠层高光谱技术均可有效实现冬小麦地上部生物量的精准监测，其差异性主要表现在因生育期地上部群体长势不同所引起的光谱反演精度不同。

**表 4-16　基于氮肥效应的冬小麦不同生育期地上部生物量 PLS 分析**

| 生育期 | 建模集 | | | 验证集 | | |
|---|---|---|---|---|---|---|
| | $R^2_{cal}$ | $RMSE_{cal}$ | $RPD_{cal}$ | $R^2_{val}$ | $RMSE_{val}$ | $RPD_{val}$ |
| 分蘖期 | 0.798 | 165.7 | 2.152 | 0.750 | 228.8 | 0.894 |
| 拔节期 | 0.847 | 279.4 | 2.460 | 0.836 | 193.1 | 2.199 |
| 抽穗期 | 0.864 | 282.4 | 2.687 | 0.859 | 249.1 | 2.340 |
| 灌浆期 | 0.847 | 404.2 | 2.603 | 0.830 | 580.3 | 1.814 |

**5. 基于 PLS 的冬小麦不同生育期地上部生物量有效波段确定**

在明确基于 SVM 和 PLS 的冬小麦各生育期地上部生物量可实现快捷和精准监测后，进一步探究能有效指示其生物量因生育期差异所引起冠层高光谱响应不同的有效波段，对降低光谱分析复杂度，揭示光谱监测营养及生物学内在机制，提高光谱诊断时效性具有重要意义。基于此，采用PLS模型中变量重要性投影值（VIP）的定量评价指标分析方法，分别计算400～950 nm全波段高光谱中各波段对其生物量影响大小的VIP（图4-32）。VIP临界阈值为1.0，本文中由于大于1.0特征波段较多且高度集中，不易有效区分与筛选，因此，选取VIP=1.2为冬小麦不同生育期地上部生物量有效波段确定的临界值。结果表明，分蘖期时冬小麦地上部生物量有效波段分别位于红光区（685 nm和709 nm）、红边区（780 nm）和近红外区（840 nm、890 nm和940 nm）；拔节期时有效波段则产生明显的"蓝移"现象，分别位于绿光区（515 nm和585 nm）、红光区（655 nm和709 nm）、红边区（778 nm）和近红外区（847 nm）；抽穗期"蓝移现象"则更为明显，有效波段向蓝光区（464 nm）偏移，且指示作物冠层结构和群体长势的近红外区特征波段分布更为均匀（880 nm和940 nm）；灌浆期时有效波段则产生了明显的"红移"现象，仅位于红光-近红外区（655 nm、770 nm、820 nm和920 nm）。

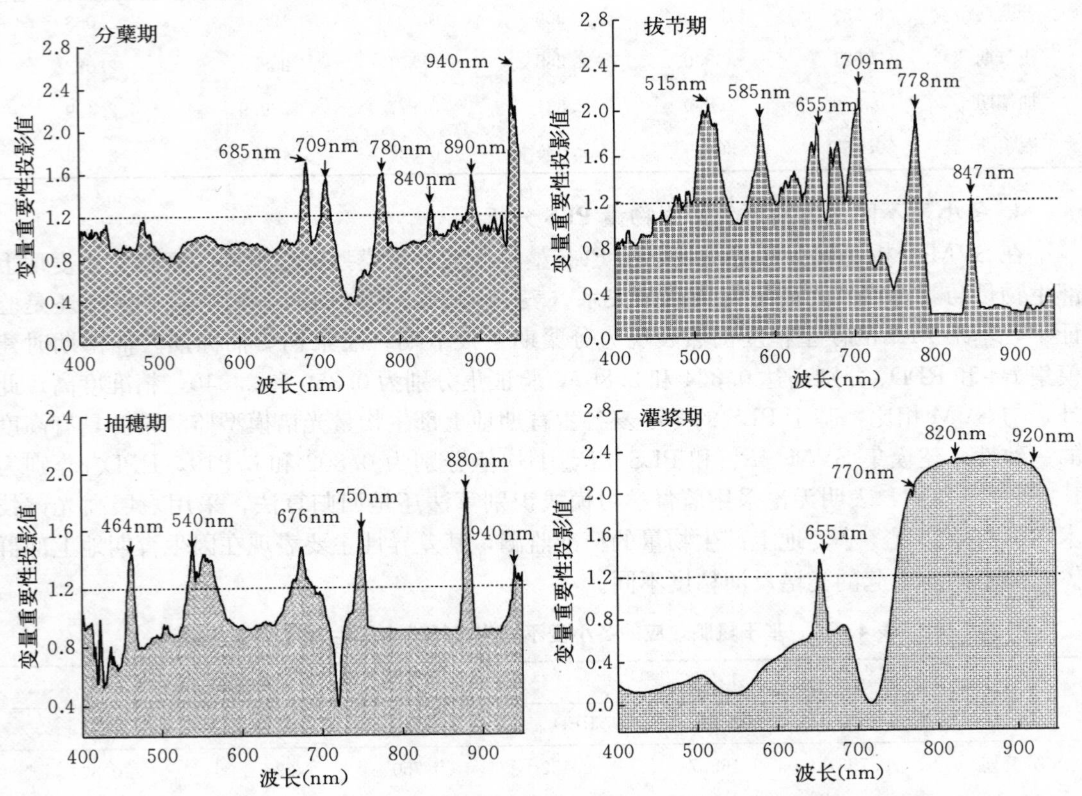


图4-32 基于PLS模型的冬小麦不同生育期地上部生物量有效波段确定

## 三、冬小麦不同生育期地上部生物量高光谱监测精度分析

冬小麦地上部生物量受氮营养和生育期影响均较显著。分蘖期、拔节期、抽穗期和灌浆期建模集地上部生物量变异系数分别为33.9%、27.1%、21.5%和18.4%；验证集则分别为24.0%、18.4%、18.4%和19.1%。冬小麦地上部生物量与冠层高光谱反射率在可见光区（400～715 nm）呈负相关，近红外区（715～950 nm）呈正相关，且相关性分

蘖期<拔节期<灌浆期≤抽穗期。支持向量机和偏最小二乘回归模型结果均显示，利用冠层高光谱技术可实现冬小麦地上部生物量的快速估测，但生育期间模型精度差异较大，抽穗期效果最优，灌浆期次之，分蘖期最低。此外，冬小麦地上部生物量有效波段在生育期间具有明显的异同性，分蘖期时有效波段在可见光-红边-近红外区均有明显和均衡分布，至拔节期时产生明显的短波“蓝移”现象，抽穗期“蓝移”现象更为显著，而至灌浆期则表现出明显的长波“红移”特征。该结果为利用冠层高光谱遥感技术开展生物量的精准监测奠定了光谱和营养学理论基础。

## 主要参考文献

黄敬峰，王渊，王福民，等，2006. 油菜红边特征及其叶面积指数的高光谱估算模型［J］. 农业工程学报，22（8）：22-26.

罗锡文，廖娟，胡炼，等，2016. 提高农业机械化水平促进农业可持续发展［J］. 农业工程学报，32（1）：1-11.

谭金芳，韩燕来，2012. 华北小麦-玉米一体化高效施肥理论与技术［M］. 北京：中国农业大学出版社.

王莉雯，卫亚星，2013. 植被氮素浓度高光谱遥感反演研究进展［J］. 光谱学与光谱分析，33（10）：2823-2827.

于雷，洪永胜，耿雷，等，2015. 基于偏最小二乘回归的土壤有机质含量高光谱估算［J］. 农业工程学报，31（14）：103-109.

张东彦，王秀，王之杰，等，2013. 地面多角度农业遥感观测装置设计与试验［J］. 农业机械学报，44（1）：174-178.

张卫峰，马林，黄高强，等，2013. 中国氮肥发展、贡献和挑战［J］. 中国农业科学，46（15）：3161-3171.

赵鹏，王宜伦，2017. 黄淮海夏玉米营养与施肥［M］. 北京：中国农业出版社.

Curran P J，Dungan J L，Peterson D L，2001. Estimating the foliar biochemical concentration of leaves with reflectance spectrometry. Testing the Kokaly and Clark methodologies［J］. Remote Sensing of Environment，76：349-359.

Feng W，Guo B B，Zhang H Y，et al，2015. Remote estimation of above ground nitrogen uptake during vegetation growth in winter wheat using hyperspectral red-edge ratio data［J］. Field Crops Research，180：197-206.

Herrmann I，Karnieli A，Bonfil D J，et al，2010. SWIR-based spectral indices for assessing nitrogen content in potato fields［J］. International Journal of Remote Sensing，31（19）：5127-5143.

Ladha J K，Pathak H，Krupnik T J，et al，2005. Efficiency of fertilizer nitrogen in cereal production：retrospects and prospects［J］. Advances in Agronomy，87：86-156.

Lee Y J，Yang C M，Chang K W，et al，2011. Effects of nitrogen status on leaf anatomy，chlorophyll content and canopy reflectance of paddy rice［J］. Botanical Studies，52：295-303.

Li H L，Zhao C J，Yang G J，et al，2015. Variations in crop variables within wheat canopies and response of canopy spectral characteristics and derived vegetation indices to different vertical leaf layers and spikes［J］. Remote Sensing of Environment，169：358-374.

Serrano L，Penuelas J，Ustin S L，2005. Remote sensing of nitrogen and lignin in Mediterranean vegetation from AVIRIS data：Decomposing biochemical from structural signals［J］. Remote Sensing of Environment，81：337-354.

Thenkabail P S，Enclona E A，Ashton M S，et al，2004. Hyperion，IKONOS，ALI，and ETM＋sen-

sors in the study of African rainforests [J]. Remote Sensing of Environment，90：23 - 43.
Yao X，Huang Y，Shang G Y，et al，2015. Evaluation of six algorithms to monitor wheat leaf nitrogen concentration [J]. Remote Sensing，7：14939 - 14966.

本章作者：李岚涛

Chapter 5 第五章

# 小麦-玉米两熟丰产增效施肥技术研究

## 第一节 作物科学施肥原理与技术要素

### 一、作物科学施肥基本原理

施肥分经验施肥和科学施肥两种。传统施肥多为经验施肥，它是劳动人民生产实践和科研工作者试验研究的技术总结。早在西周时期我国农民就知道粪肥肥田的道理；西汉的《氾胜之书》就描述了作物施肥分为基肥和追肥的科学施肥技术；清代的《知本提纲》在施肥方法上讲究与耕、灌相结合，并指出施肥需注意“时宜”“土宜”和“物宜”。由此可见，我国历史上劳动人民对于肥料的施用积累了丰富的经验，在施肥理论和实践上都具有独特的创造，如地力常新论、“三宜”施肥的概念等。

随着科技的发展，到了19世纪，西方科研工作者对作物施肥原理开展了大量研究，特别是1840年李比希提出的“矿质营养学说”开启了科学施肥的新阶段。此后，矿质营养学说、养分归还学说、最小养分律、报酬递减律和因子综合作用律等观点的提出进一步促进了植物营养学科的发展和科学施肥技术理论的完善与创新。

**1. 矿质营养学说**

矿质营养学说由李比希提出，认为植物生长发育不是以腐殖质为原始营养物质，而是以矿物质为原始营养物质。矿物质进入植物体不是偶然的，而是植物生长发育并形成产量所必需的。植物种类不同，对营养的需要量也不同，需求量的多少通过测定营养正常的植物组成来确定。该学说否定了当时流行的腐殖质营养学说，指出了植物所吸收的原始养分，确定了应该施入何种营养物质，为正确、科学施肥增产奠定了基础。

**2. 养分归还学说**

19世纪中叶，德国化学家李比希根据索秀尔、施普林盖尔等人的研究以及大量的化学分析数据，认为植物仅从土壤中吸取其生长发育所必需的矿质营养元素，每次收获必从土壤中带走某些养分，久而久之，使得这些养分物质在土壤中贫化。但贫化程度因植物种类而不同，进行的方式也不一样。如果不正确归还植物从土壤中所摄取的全部物质，土壤则会逐步匮乏甚至衰竭。要维持地力则需要不断将植物带走的养分归还到土壤中，主要措施就是施用矿质肥料，使土壤的养分损耗与营养物质的归还之间保持一定的平衡。这就是李比希的养分归还学说，其主要观点是恢复地力和提高作物单产，通过施肥把植物从土壤中摄取并随收获物而移走的那些养分归还给土壤。

**3. 最小养分律**

最小养分律是指在作物生长发育过程中，如果出现了一种或几种必需营养元素不足时，按作物需求量来说，最缺的那一种养分就是最小养分。而这种最小养分往往会影响作物生长或限制其产量形成。作物产量的提高常常取决于这一最小养分数量的增加。其要点是：最小养分是指按照作物对养分的需要量来讲，土壤供给能力最低的那一种；最小养分元素是限制作物生长和产量的最关键因素；要想提高产量，就必须增加这种养分的数量；该元素增加到能满足作物需要的数量时，这种养分就不再是最小养分了，而另一种元素又会成为新的最小养分；反过来说，如果不是最小养分的元素，数量增加再多，也不能进一步提高产量，甚至会降低施肥效益。

最小养分律是指导科学施肥的一个重要基本原理，它告诉我们，施肥一定要因地制宜，有针对性地选择肥料种类，缺什么养分，就施什么养分。这样不仅能较好地满足作物对养分的需求，而且由于养分能平衡供应，作物对养分的利用也较充分，从而达到增产、提质、增效的目的。

**4. 报酬递减律**

在农业生产实践中，施肥和产量的关系表明：作物产量水平较低时，随着肥料用量的增加，产量逐渐提高，当产量达到一定水平后，在其他技术条件（如灌溉、品种等）相对稳定的前提下，虽然产量随着施肥量的增加而提高，但作物产量的增幅却随着施肥量的增加而逐步下降。这种趋势反映了客观存在的肥料经济效益问题。即随着施肥量的增加，每一增量肥料的经济效益就有逐渐减少的趋势。也就是说，在一定土地上所得到的报酬，开始是随着该土地投入的肥料费用的增加而提高，而后随着肥料费用的进一步增加而逐步降低，这就是所谓的“报酬递减律”。这一原理说明不是施肥越多产量越高。运用这一原理，在施肥实践中应注意肥料投入和产量效益的关系，找出经济效益最高的施肥方案，避免盲目施肥。

**5. 因子综合作用律**

因子综合作用律认为，作物高产是影响作物生长发育的各种因子（如空气、光照、水分、温度、养分、品种、耕作条件等）综合作用的结果，在各因素中必然存在一个起主导作用的限制因子，产量也在一定水平上受该种限制因子的制约，并且产量常随这一因子的限制被克服而提高。只有各因子在最适状态时产量才会最高。综合因子分为两类，一类是对农作物生长产生直接影响的因子，即该因子缺乏时作物不能完成生命周期。另一类是对农作物形成产量影响很大，但并非不可缺少的因素，如台风、暴雨和病虫害等。施肥效果同样有赖于其他因子的配合，因子综合作用律重视各种养分之间的配合施用，既要协调各营养元素之间的比例，又要最大限度地满足作物需要。同时，要注重施肥措施与其他农艺措施及环境因子的密切配合。

## 二、作物科学施肥技术要素

施肥技术主要由施肥方式、施肥量、施肥品种和施肥时期四要素构成（4R 技术）。现代科学施肥技术充分利用现代科技知识，综合考虑作物的营养特性、土壤供肥能力、肥料特性的相互作用，利用营养诊断、土壤养分测定、肥效试验等方法确定施肥参数，应用现代机械设备等各种农资，提高肥料施用的精准度与农业生产的作业效益，降低农业生产成本，改变以经验为主的传统施肥技术，使肥料施用更加精准，为农业可持续发展奠定基础。

**1. 施肥方式**

施肥方式从施肥对象上可分为土壤施肥和植株施肥。目前常用的土壤施肥方式有撒施、穴施、沟施等。撒施是将肥料撒于耕地表面，结合耕耙作业将肥料混于土壤中的施肥方法。在实际操作中应注意翻耕深度，深度浅则肥料不能充分接触根系，肥效发挥不佳。撒施具有简便省工的特点，但不适用于易挥发性氮肥的施用。当土壤表面干燥、水分不足或作物种植密度稀且无其他措施使肥料与土壤充分混合时，不能采用撒施的方式，否则会由于肥料损失而降低肥效。沟施是指开沟将肥料施于作物行间或行内并覆土的施肥方式。该方式肥料集中，易达到深施的目的，有利于将肥料施于作物根系层，因此，既适合条播作物的基肥，也适合种肥或追肥，既可用于化肥，也可用于有机肥，在优化肥料用量及减少肥料挥发方面有较强的优势。此外，在作物预定种植位置或两株间开穴施肥的方式称为穴施，适用于稀植及穴播作物。与条施相比，穴施使肥料更加集中。灌溉施肥也是一种常用的土壤施肥方法，是一种将肥料随灌溉水施入田间的方法。该施肥措施主要包括设施栽培中常见的滴灌、渠灌、喷灌等方法。

植株施肥是土壤施肥的一种补充方式，主要包括叶面施肥、蘸根、施种肥等。叶面施肥是指将肥料配制成一定浓度的液体，将其喷洒在植物表面的施肥方式。该方式用肥少、见效快，又称为根外追肥，是土壤施肥的有效补充手段。叶面喷施也是微量元素肥料最常用的施肥方法，此外叶面施肥可在作物遭受气象灾害（冰雹、冷冻霜害等）后实施，可使作物较快矫正症状，促进受害植株恢复生长。蘸根是利用一定浓度的肥料溶液浸蘸根后再定植的施肥方式。施种肥是指将肥料与种子混合的施肥方式，主要有拌种法、浸种法、盖种法。

**2. 施肥量**

确定经济最佳的施肥量是施肥技术的核心要素，该要素的确定除了要考虑作物、土壤、栽培条件和肥料类型等因素外，也应考虑肥料价格、产品价格、目标产量等经济因素，还应充分考虑不同施肥方式的肥料利用率。目前，确定肥料施用量的方法主要有肥料效应函数法、土壤养分丰缺指标法、目标产量法、养分衡量监控法、土壤植株测试推荐施肥法和基于产量效应与农学效率推荐法等。大部分施肥量确定方法是基于田块的肥料配方设计，首先确定养分用量，再确定相应的肥料组合，最后根据土壤和植物吸收特性确定施肥时期。

**3. 施肥品种**

选择肥料品种应遵循以下原则：合理的肥料养分品种及含量，根据作物需求情况来确定含有该养分的肥料，并根据该养分的含量继而确定施肥量；考虑肥料中的养分形态，根据不同作物的养分吸收特点选用有利于该作物吸收利用的养分形态，或选择施入土壤后能及时转换成植物易吸收利用的养分形态；选择与土壤物理化学性质相匹配的肥料品种，如避免在淹水土壤中施用硝酸盐类肥料，不在碱性土壤表面施尿素及铵态氮肥；充分考虑不同营养元素和肥料种类间的协同效应。如氮可有效提高磷的有效性，磷、锌间存在的交互作用，以及有机肥、无机肥配施等；在多种肥料混合施用的情况下应充分考虑肥料间的混合兼容性，如一些肥料混合后易吸潮，导致施用不均匀，肥料颗粒大小的选择应避免混合后出现分层现象；伴随元素的利弊，如KCl中含有的$Cl^-$有时会对作物造成伤害；控制肥料中所含的非必需营养元素的影响，如天然磷矿石中含有的有益元素应控制在临界值内。此外，还应充分考虑肥料的运输、环境风险、产品价格、经济条件和施肥设备等因素。在充分考虑各因素的基础上力求肥力施用效益的最大化。

**4. 施肥时期**

正确的施肥时期应以作物对养分的吸收特点、土壤养分的供应动态变化为原则，在了解土壤养分损失动态变化，考虑田间管理措施的前提下制定，以实现土壤养分供应与当季作物养分需求同步，统筹施肥、植保、耕作、栽培、农机为目的。

## 三、小麦-玉米丰产增效施肥技术研究现状及主要问题

多年来小麦-玉米施肥技术一直在不断地改进和发展。研究了前氮后移施肥技术、以水带氮施肥技术、氮肥深施技术、养分专家推荐施肥技术、缓控失简化施肥技术等，在提高作物产量和肥料利用率等方面取得了显著效果。相关研究根据小麦生长期间的营养亏缺状况和土壤养分肥力丰缺指数推荐施肥，较农民习惯施肥平均增产5.22%～19.84%，肥料利用率提高2.47%～13.43%。小麦返青拔节期间，采用无损测试技术开展推荐施肥，达到节肥增产的目标。相关研究在旱地小麦，施氮、磷、钾肥分别为225 $kg/hm^2$、225 $kg/hm^2$、150 $kg/hm^2$，较高氮水平氮素减少75 $kg/hm^2$，小麦产量增加8.1%，氮肥贡献率提高9.9%。

平衡施肥技术是指在特定的生态环境下，根据作物需肥规律，农田土壤供肥特性与肥料效应，调节土壤与作物之间的养分供求关系，依据“养分归还学说”“最小养分律”“报酬递减律”“因子综合作用律”，最终提出氮、磷、钾和微肥的最佳施用量及相应具体施肥措施与技术。平衡施肥技术的关键是测土、配方，主要包括以下步骤：一是测土，采取土壤样品，对土壤养分营养诊断，测定土壤养分含量丰缺指标了解土壤养分状况；二是配方，按照作物需求养分规律及用量，开出合理配方；三是合理施肥，根据不同的气候条件、光照、积温等，选取合理的施肥时间，正确的施肥方式进行施肥。配方施肥必须有合理的理论指导，才能发挥增产、增收、培肥地力的作用。平衡施肥的推广应用改变了以往盲目施肥、单一施肥的现象，以有机肥为基础，氮、磷、钾等多种元素配合施用，实现了增产增收、改善农产品品质、节肥以及培肥地力的作用。玉米是一种需肥量较大的作物，生育期间吸肥能力较强，充足的养分供应是夏玉米获得高产的关键。相关研究表明，玉米平衡施肥（施氮、磷、钾肥分别为314 $kg/hm^2$、69 $kg/hm^2$、150 $kg/hm^2$）其中氮肥按2∶1比例分别作基肥与大喇叭口期追肥，磷、钾作基肥一次施，提高了夏玉米喇叭口期养分积累量，较农民习惯施肥增产6.5%，且氮肥利用率及养分的吸收效率明显提高。王春虎等（2011）报道了“10%种肥＋60%大喇叭口肥＋30%吐丝肥”能明显提高玉米千粒重，促进籽粒中干物质积累，从而提高产量。王宜伦等（2011）研究认为，超高产夏玉米“30%苗肥＋30%大喇叭口肥＋40%吐丝肥”施用方式，把氮肥后移至吐丝期，其产量和氮肥利用率最高。冬小麦生育期长，氮肥施入后易淋失，后期易出现缺肥现象，因此在返青期追施尿素现象普遍。

随着机械化农业与精准农业的发展，施肥方式也从过去的沟施、穴施和条施，转变为机械化自动施肥，因此，许多缓控失肥料逐渐涌现出来，是采用缓控失材料对传统肥料进

行包膜，在土壤中随作物生长发育缓慢释放，有效地降低了养分的流失，提高了肥料利用率。根据作物生长周期添加类型的缓控失材料，可在作物种植前一次性施肥且不会形成后期养分匮乏的情况。相关研究表明，夏玉米缓控失肥一次基施 750 kg/hm$^2$，即可满足生育期养分需求，较常规施肥增产 15.0%，经济效益提高 12.3 个百分点。另有研究表明，冬小麦施肥，氮、磷、钾肥分别施 225 kg/hm$^2$、150 kg/hm$^2$、150 kg/hm$^2$（50%脲醛缓释尿素＋50%普通尿素），一次施肥，较常规施肥增产 11.36%～13.67%，氮素利用率显著提高 24.8%～103.87%。

此外，为能够持续提高粮食生产力，我国提出了以可持续超高产为核心，以强化技术集成创新为重点的科技攻关部署，为保障国家粮食安全、增加农民收入和保护生态环境提供有效科技支撑。而肥料种类、肥料用量、施肥时间和施肥位置则是高效施肥的精髓所在。高效施肥根本上即为粮食、生产、资源和环境的高效，就是运用现代社会发展的各种先进技术，应用于作物生长发育及养分吸收的各个阶段环节，最大限度地提高肥料利用率，从而在保障农作物产量和品质的基础上，减少资源的浪费，绿色环保发展。测土配方施肥、水肥一体化、养分专家推荐系统及作物营养诊断等技术不断推陈出新，吸纳了我国各地大量农田养分信息，但是如何更好地整合这些信息与技术，并转化为有效信息应用于农业生产实践，为农民所用、为农民所利则需要建立一套合理的高效施肥技术模式。而作物高产高效不仅仅取决于高效施肥，灌溉方式、害虫防控、耕作方式、播种密度等均能影响作物对养分的吸收利用和产量的提高。水肥一体化能够控水减肥，减少劳动力的浪费，水肥一体，满足作物对水、肥需求的同时提高了节水施肥的效率，实现水肥高效利用，具有提质增效的优点。蒯婕等研究结果表明，增加种植密度和施氮量的高产高效栽培模式和超高产栽培模式能够提高作物各生育期的光能截获量和利用效率，提高籽粒产量。而害虫防控则是制约农业发展的重要原因，合理绿色防控虫害能有有效调控产量水平的增加。梁海玲等研究表明，适宜的水肥耦合，能够有效提高各生育期玉米的株高和叶面积，有效提高产量。

不同的高产高效技术，能够共同调控作物生长发育，提高资源利用效率和产量。精准农业是当前发展的必然趋势，是信息农业的关键，精准农业能够精确掌握田块信息，根据返回的信息精准调控农田水肥状况，及时补水补肥，最大限度利用资源提高产量。徐明杰等研究表明在不同管理模式下，科学合理地调控养分施用量和适当地水分胁迫能促进作物高产高效，优化管理处理下氮素利用率显著高于传统管理，优化管理更有利于氮素的吸收利用和转移。李帅等研究发现，4 种栽培管理模式下，与农民习惯相比，优化管理减少肥料施用量，显著提高穗粒数，而高产高效在优化的基础上再次调控，满足作物整个生育期的养分需求，提高穗数、穗粒数和千粒重，且收获指数和肥料利用效率均得以提高。曹雯梅等研究表明，优化超高产管理模式下小麦分蘖早、分蘖快且成穗率高，穗粒数显著增加，通过科学管理调控提高了小麦产量。

## 第二节 控失尿素减量配施丰产增效施肥技术研究

### 一、试验方案与方法

试验于 2016 年 10 月至 2018 年 10 月在河南省新乡市原阳县河南农业大学原阳科教园

区进行。随机区组设计，3 次重复，小区面积为 36 $m^2$。冬小麦供试品种为设农 999，播种量为 225 kg/$hm^2$；夏玉米供试品种为浚单 29，种植密度为 67 500 株/$hm^2$。2016—2017 年，冬小麦播种日期为 2016 年 10 月 16 日，收获日期为 2017 年 6 月 1 日；夏玉米播种日期为 2017 年 6 月 7 日，收获日期为 2017 年 9 月 28 日。2017—2018 年，冬小麦播种日期为 2017 年 10 月 24 日，收获日期为 2018 年 5 月 29 日；夏玉米播种日期为 2018 年 6 月 11 日，收获日期为 2018 年 10 月 1 日。

试验共设 8 个处理：CU 为普通尿素（施纯 N 210 kg/$hm^2$）；LC 为控失尿素（施纯 N 210 kg/$hm^2$）；LC－10％为控失尿素减量 10％（施纯 N 189 kg/$hm^2$）；LC－20％为控失尿素减量 20％（施纯 N 168 kg/$hm^2$）；70％LC 为控失尿素与普通尿素 7∶3 配比（控失尿素纯 N 147 kg/$hm^2$ 和普通尿素纯 N63 kg/$hm^2$ 配施）；50％LC 为控失尿素与普通尿素 5∶5 配比（控失尿素纯 N 105 kg/$hm^2$ 和普通尿素纯 N 105 kg/$hm^2$ 配施）；30％LC 为控失尿素与普通尿素 3∶7 配比（控失尿素纯 N 63 kg/$hm^2$ 和普通尿素纯 N 147 kg/$hm^2$ 配施）；CK 为不施氮肥。供试肥料：氮肥为普通尿素（N 46.4％）、控失尿素（N 43.2％），磷肥为过磷酸钙（$P_2O_5$ 12％），钾肥为氯化钾（$K_2O$ 60％），控失尿素由心连心化肥有限公司提供。冬小麦季磷肥施用量为 $P_2O_5$ 90 kg/$hm^2$、钾肥施用量为 $K_2O$ 75 kg/$hm^2$，基施全部磷、钾肥和 50％氮肥，拔节期追施 50％氮肥。夏玉米季磷肥施用量为 $P_2O_5$ 75 kg/$hm^2$、钾肥施用量为 $K_2O$ 90 kg/$hm^2$，五叶期开沟条施全部施氮磷钾复合肥。

## 二、研究结果与分析

### 1. 小麦-玉米两熟氮肥减施对成熟期产量特性影响分析

（1）小麦季产量效应分析　两年试验结果表明（表 5－1），施氮均显著增加了冬小麦产量。2016—2017 年，LC 产量最高，其次为 70％LC。与 CU 相比，施用控失尿素处理冬小麦增产 3.82％～9.55％，其中 LC 和 70％LC 较 CU 产量差异显著。LC、LC－10％和 LC－20％间产量差异不显著。70％LC、50％LC 和 30％LC 间产量差异也不显著，但随着控失尿素比例的增加产量逐渐增加。施用控失尿素处理冬小麦穗数较 CU 增加 6.04％～20.54％，且除 LC－10％和 30％LC 外均达到显著性差异。千粒重与穗数趋势一致，除 50％LC 外其他施用控失尿素处理较 CU 增加 0.09％～5.15％。2017—2018 年，各处理冬小麦产量、穗粒数和千粒重均较 2016—2017 年度相应处理降低，但穗数均有所增加。且随着试验年限的增加，LC－10％和 LC－20％较 LC 显著减产，但与 CU 差异不显著。70％LC 产量最高，其次为 50％LC 和 LC。LC 较 CU 增产 5.61％，较 LC－10％和 LC－20％分别显著增产 14.14％和 12.55％。70％LC、50％LC 和 30％LC 处理间产量差异不显著，但随着控失尿素比例的增加产量逐渐增加。施氮穗粒数较 CK 显著增加 21.99％～31.87％，但各施氮处理间差异不显著。LC 穗数最多，其次为 50％LC 和 70％LC。LC 较 LC－10％穗数差异不显著，但较 LC－20％显著增加 13.25％，说明随控失尿素减量比例提高，小麦穗数降幅逐步增加。70％LC 和 50％LC 较 30％LC 穗数分别显著增加 11.38％和 13.36％。施用控失尿素能有效增加冬小麦的有效穗数和千粒重，并促进产量的提高。控失尿素减量较普通尿素不减产。控失尿素与普通尿素适当配施能显著增加冬小麦的产量，其中以控失尿素∶普通尿素为 7∶3 效果较好。

**表 5-1　小麦-玉米两熟氮肥减施对冬小麦季产量及产量因子的影响**

| 年度 | 处理 | 穗数（×10⁴/hm²） | 穗粒数 | 千粒重（g） | 产量（t/hm²） | 增产率（%） |
|---|---|---|---|---|---|---|
| 2016—2017 | CU | 367.78±30.06b | 52.26±2.18a | 51.24±1.63ab | 7.33±0.39b | 20.13 |
| | LC | 429.44±19.53a | 52.16±0.33a | 53.88±2.32a | 8.03±0.22a | 31.56 |
| | LC－10% | 401.67±26.19ab | 52.13±1.30a | 51.30±0.73ab | 7.66±0.33ab | 25.60 |
| | LC－20% | 423.89±11.82a | 50.23±3.79a | 52.49±2.30ab | 7.93±0.64ab | 30.00 |
| | 70%LC | 427.78±25.51a | 51.92±2.93a | 51.29±1.21ab | 8.02±0.58a | 31.53 |
| | 50%LC | 443.33±57.76a | 49.63±2.06a | 50.70±1.36b | 7.84±0.14ab | 28.49 |
| | 30%LC | 390.00±30.55ab | 49.38±0.63a | 51.30±1.34ab | 7.61±0.13ab | 24.78 |
| | CK | 365.56±45.38b | 50.59±1.13a | 49.90±1.97b | 6.10±0.33c | — |
| 2017—2018 | CU | 466.11±9.18ab | 31.46±1.79a | 45.16±1.15a | 5.35±0.09ab | 40.32 |
| | LC | 479.44±23.59a | 32.97±0.84a | 45.95±1.38a | 5.65±0.17a | 48.19 |
| | LC－10% | 449.44±40.90abc | 33.64±2.21a | 46.04±0.71a | 4.95±0.35b | 29.83 |
| | LC－20% | 423.33±30.87bcd | 31.96±1.64a | 46.44±0.92a | 5.02±0.49b | 31.58 |
| | 70%LC | 467.78±31.90ab | 32.37±3.01a | 45.68±1.00a | 5.77±0.34a | 51.25 |
| | 50%LC | 476.11±24.29a | 31.12±1.87a | 46.80±0.37a | 5.68±0.50a | 49.06 |
| | 30%LC | 420.00±28.48cd | 31.57±2.21a | 46.06±0.95a | 5.18±0.33ab | 35.95 |
| | CK | 380.56±22.99 d | 25.51±0.63b | 45.85±2.84a | 3.81±0.30c | — |

注：不同小写字母表示差异性显著（$P<0.05$）。

（2）玉米季产量效应分析　从表 5-2 可以看出，施氮均显著增加了夏玉米产量，分别显著增产 12.30%～28.40%和 30.85%～52.13%。2017 年，70%LC 产量最高，其次为 LC。70%LC、50%LC 和 30%LC 处理夏玉米较 CU 增产 3.21%～12.50%，且随着控失尿素比例的增加产量逐渐增加。LC 较 CU 增产 11.81%。控失尿素减施产量差异不显著，但随控失尿素减量比例提高，夏玉米产量降幅逐步增加，控失尿素减量 10%和 20%时，产量降幅分别为 11.38%和 11.99%。施氮处理夏玉米穗长、穗粗、穗粒数和百粒重分别较 CK 增加 3.91%～10.06%、0.60%～4.60%、2.97%～13.64%和 0.07%～8.20%，但除穗粒数外各施氮处理间差异不显著。控失常量与减量间穗粒数差异不显著，而 70%LC 和 50%LC 分别较 30%LC 穗粒数显著增加 6.24%和 10.36%。2018 年，各处理夏玉米产量和百粒重均较 2017 年度相应处理降低，可能是由于夏玉米生育期内降水较多，影响夏玉米的授粉和灌浆。70%LC 产量最高，其次为 LC。施用控失尿素处理夏玉米产量分别较 CU 增产 1.90%～16.26%。70%LC、50%LC 和 30%LC 处理间产量差异不显著，但产量随着控失尿素比例的增加而增加。LC 与 LC－10%产量差异不显著，但较 LC－20%显著增产，说明随控失尿素减量比例提高，夏玉米产量降幅逐步增加，控失尿素减量 10%（LC－10%）和减量 20%（LC－10%）产量降幅分别为 10.63%和 13.09%。施氮处理夏玉米穗长和穗粒数分别较 CK 显著增加 24.06%～30.55%和 29.31%～36.04%，穗粗增加 4.86%～7.73%，但各施氮处理间差异不显著。施用控失尿素处理夏玉米百粒重分别较 CU 增加 2.10%～10.78%。70%LC、50%LC 和 30%LC 处理间百粒重差异不显著，但随着控失尿素比例的增加，百粒重逐渐增加。控失尿素常量与减量间百粒重差异也不显著，但随控失尿素减量比例提高，夏玉米百粒重降幅逐步增加。

施用控失尿素能有效增加夏玉米的穗粒数、穗长、穗粗和百粒重，并促进产量的提高。控失尿素减量10%（LC−10%）对两年度夏玉米产量均没有显著性影响。控失尿素与普通尿素适当配施能显著增加夏玉米的产量，其中以控失尿素：普通尿素=7：3处理夏玉米产量最高，效果最好。

**表5-2 小麦-玉米两熟氮肥减施对夏玉米季产量及产量因子的影响**

| 年份 | 处理 | 穗长（cm） | 穗粗（cm） | 穗粒数 | 百粒重（g） | 产量（t/hm²） |
|---|---|---|---|---|---|---|
| 2017 | CU | 16.21±0.21ab | 5.03±0.21a | 459.73±3.49ab | 30.75±1.74a | 8.72±0.93ab |
| | LC | 16.87±0.09a | 5.23±0.21a | 446.93±3.21bcd | 33.25±0.46a | 9.75±0.55a |
| | LC−10% | 16.50±0.86ab | 5.13±0.05a | 455.87±9.66bc | 31.52±1.04a | 8.64±0.15ab |
| | LC−20% | 17.07±0.65a | 5.10±0.22a | 436.13±20.38cde | 31.50±0.12a | 8.58±0.34ab |
| | 70%LC | 17.17±0.57a | 5.23±0.12a | 460.67±18.20ab | 33.02±1.51a | 9.81±0.97a |
| | 50%LC | 16.53±0.59ab | 5.20±0.22a | 478.53±8.16a | 32.94±2.46a | 9.10±0.68a |
| | 30%LC | 16.70±0.22ab | 5.03±0.09a | 433.60±8.66de | 32.72±0.72a | 9.00±0.69ab |
| | CK | 15.60±0.16b | 5.00±0.00a | 421.10±7.87e | 30.73±0.33a | 7.64±0.32b |
| 2018 | CU | 17.40±1.26a | 4.77±0.21ab | 579.33±34.11a | 26.62±1.60c | 7.38±0.32c |
| | LC | 17.57±0.57a | 4.75±0.04ab | 597.80±29.98a | 28.09±1.08abc | 8.51±0.67a |
| | LC−10% | 17.22±0.33a | 4.80±0.08a | 581.73±26.66a | 27.33±0.81bc | 7.69±0.35abc |
| | LC−20% | 17.30±0.29a | 4.88±0.17a | 581.13±38.30a | 27.18±1.25bc | 7.52±0.11bc |
| | 70%LC | 17.52±0.78a | 4.82±0.13a | 609.47±27.86a | 29.45±0.38a | 8.58±0.10a |
| | 50%LC | 18.12±0.65a | 4.88±0.06a | 599.00±31.86a | 29.49±1.14a | 8.37±0.32ab |
| | 30%LC | 17.65±0.70a | 4.82±0.06a | 583.40±39.32a | 28.56±0.86ab | 8.17±0.44abc |
| | CK | 13.88±0.68b | 4.53±0.05b | 448.00±28.15b | 27.04±1.12bc | 5.64±0.55d |

注：不同小写字母表示在0.05水平上差异显著。

（3）小麦-玉米两熟周年产量效应分析　由图5-1可知，2017—2018年度小麦-玉米轮作体系各处理周年产量均低于2016—2017年度相应处理。两年度小麦-玉米轮作体系周年产量均表现为70%LC处理最高，其次是LC，两年度各施氮处理较CK分别显著增产16.76%～29.77%和32.68%～51.81%。2016—2017年度，LC和70%LC周年产量分别较CU显著增加10.77%和11.14%。冬小麦季和夏玉米季控失常量与控失减量间产量差异均不显著，而周年产量表现为LC较LC−10%显著增加9.04%。LC−10%较CU产量差异不显著。70%LC、50%LC和30%LC间周年产量差异不显著，但随着控失尿素比例的增加产量逐渐增加。2017—2018年度，LC较CU、LC−10%和LC−20%周年产量分别显著增加11.19%、12.00%和12.90%。LC−10%较CU产量差异不显著。70%LC、50%LC和30%LC间周年产量依然差异不显著，且随着控失尿素比例的增加而增加。但均较CU周年产量高，70%LC和50%LC周年产量分别较CU显著增加12.68%和10.39%，30%LC较CU增加4.89%。由表5-3可知，年份差异方面，两年度的冬小麦和夏玉米产量和周年产量年度间差异均极显著。处理和年份的交互作用方面，冬小麦产量和周年产量分别表现为差异极显著和显著，而夏玉米产量差异不显著。

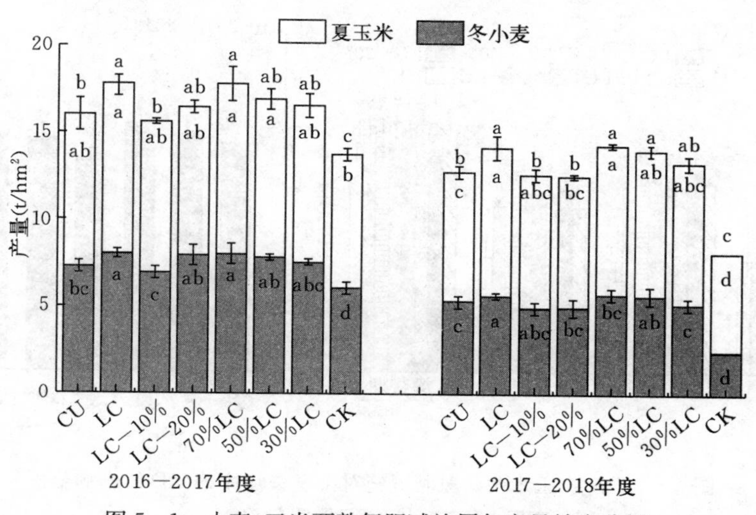


图 5-1　小麦-玉米两熟氮肥减施周年产量效应分析

表 5-3　处理与年份及其交互作用对冬小麦、夏玉米产量和周年产量的影响

| 项目 | 冬小麦产量 | 夏玉米产量 | 周年产量 |
| --- | --- | --- | --- |
| 处理 | 563.865** | 38.589** | 345.327** |
| 年份 | 32.906** | 9.305** | 34.722** |
| 处理×年份 | 3.389** | 0.556 | 2.437* |

注：处理×年份为两者交互作用。*、**分别表示差异显著（$P<0.05$）或极显著（$P<0.01$）。

**2. 小麦-玉米两熟氮肥减施对生育期叶片 SPAD 值影响分析**

（1）小麦季叶片 SPAD 值效应分析　由图 5-2a 可以看出，2016—2017 年度，不同处理冬小麦叶片的 SPAD 值均呈现出随着其生育期的推移先升高而后略有下降之后上升的趋势，并在冬小麦的灌浆期达到最高点。各生育期施氮较 CK 冬小麦叶片 SPAD 值分别显著增加 6.30%～9.11%、19.90%～24.56%、11.39%～15.76%和 5.08%～7.24%，但各生育期内施氮处理间 SPAD 值差异均不显著。整个生育期内，叶片的 SPAD 值总体上呈现如下趋势：LC> LC－10%> LC－20%，70%LC >50%LC >30%LC。2017—2018 年度结果表明（图 5-2b），施氮使冬小麦灌浆期叶片 SPAD 值显著增加了 32.91%～42.26%。LC 和 LC－10%较 LC－20%分别显著增加 5.05%和 7.04%，较 CU 分别增加 1.30%和 3.21%。普通尿素与控失尿素配施处理较 CU 冬小麦 SPAD 值增加 0.74%～1.79%，但各处理间差异不显著。随着试验年限的增加，CK 和 LC－20%处理由于长期氮肥不足，冬小麦的 SPAD 值比 2016—2017 年有所降低。而其他处理的冬小麦的 SPAD 值均保持较高的优势。说明施用控失尿素能够提高冬小麦叶片 SPAD 值，控失尿素减量 10%（LC－10%）对两年度冬小麦 SPAD 值影响均不显著，但控失尿素减量 20%（LC－20%）处理随着试验年份的增加差异会表现出来，而普通尿素与控失尿素适当配施能稳定增加冬小麦叶片SPAD值，延缓冬小麦叶片的衰老，且随着控失尿素比例的增加SPAD值逐渐增加，其中以控失尿素：普通尿素＝7：3效果较好。

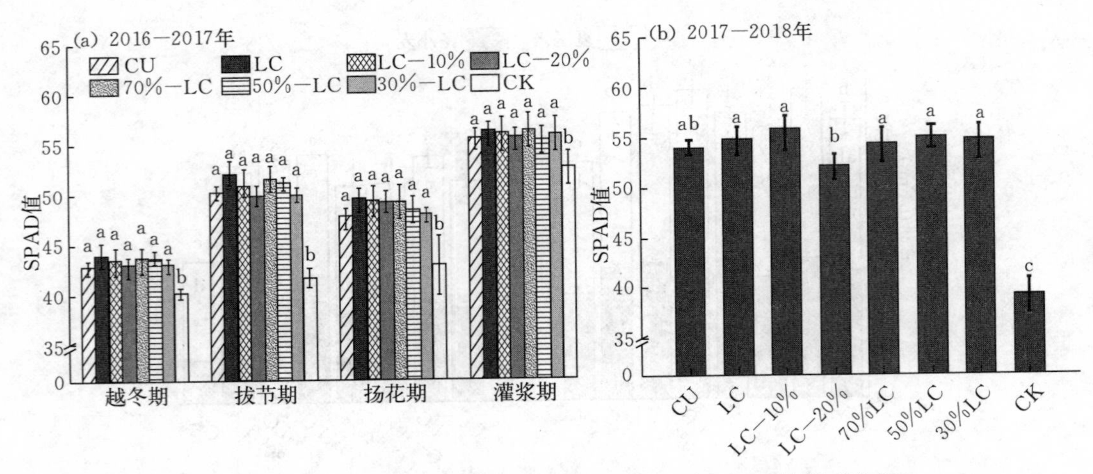


图5-2　小麦-玉米两熟氮肥减施对小麦季叶片SPAD值影响分析

注：不同小写字母表示差异性显著（$P<0.05$）。

（2）玉米季叶片SPAD值效应分析　由图5-3可以看出，两年度不同处理夏玉米叶片的SPAD值均呈现出从拔节期到开花期上升的趋势。其中，CK处理夏玉米叶片SPAD值均低于其他各施氮处理。2017年（图5-3a），各生育期施氮处理夏玉米叶片SPAD值分别增加28.91%～35.49%、20.07%～27.46%和7.32%～12.60%，但各生育期内施氮处理间SPAD值差异均不显著。在夏玉米生长的整个生育期内，除开花期外叶片的SPAD值总体上呈现如下趋势：LC＞LC－10%＞LC－20%，70%LC＞50%LC＞30%LC。2018年（图5-3b），各处理夏玉米SPAD值均分别比2017年对应的各时期均有所下降。各生育期施氮处理夏玉米叶片SPAD值分别显著增加11.08%～21.20%和11.08%～15.91%。

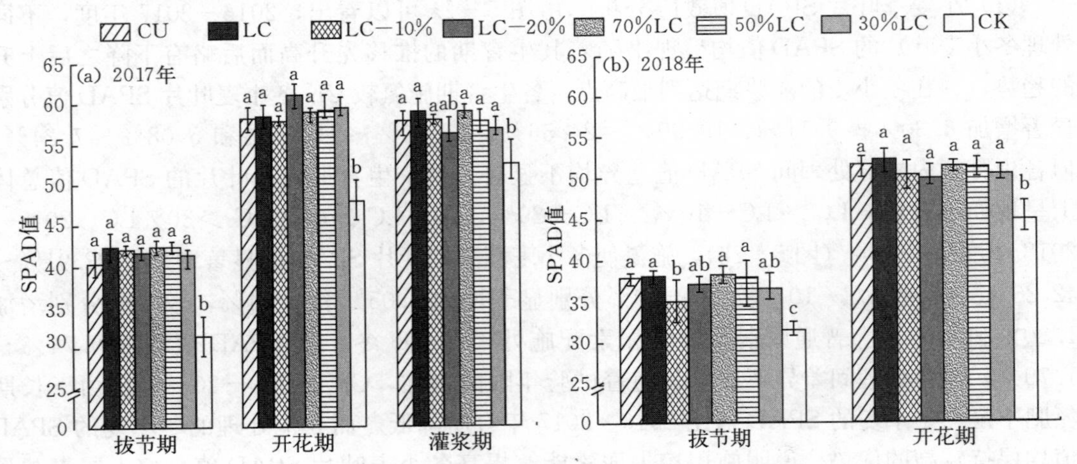


图5-3　小麦-玉米两熟氮肥减施对玉米季叶片SPAD值影响分析

注：不同小写字母表示差异性显著（$P<0.05$）。

在夏玉米拔节期和开花期叶片的SPAD值总体上呈现如下趋势70%LC>50%LC>30%LC。随着试验年限的增加，LC－10%处理夏玉米拔节期的SPAD值较LC显著降低8.20%，但开花期各施用控失尿素处理间叶片SPAD值没有显著性差异。普通尿素与控失尿素配施处理间各生育期夏玉米SPAD值差异不显著。说明施用控失尿素能够提高夏玉米叶片SPAD值，且控失尿素减量对夏玉米SPAD值影响不显著，普通尿素与控失尿素配施对夏玉米叶片SPAD值的增加效果不显著，但均表现为70%LC处理SPAD值较高。

**3. 小麦-玉米两熟氮肥减施对生育期叶片光合特性影响分析**

（1）小麦季叶片光合特性效应分析　由表5-4可以看出，各处理的小麦季叶片净光合作用速率（Pn）、气孔导度和蒸腾速率呈现出从扬花期到灌浆期上升的趋势。在冬小麦扬花期和灌浆期净光合作用速率和气孔导度总体上呈现如下趋势：LC>LC－10%>LC－20%，70%LC>50%LC>30%LC。扬花期和灌浆期冬小麦施氮较CK处理Pn分别增加14.84%～24.50%和7.03%～24.71%；扬花期各施控失尿素处理与CU处理差异不显著，灌浆期各施控失尿素处理较CU增加2.27%～16.51%，其中70%LC达到显著性差异水平。扬花期各施氮处理冬小麦气孔导度较CK显著增加50.00%～92.86%，各控失尿素处理较CU增加4.76%～28.57%，其中70%LC差异显著。灌浆期各施氮处理冬小麦气孔导度较CK增加12.00%～40.00%，普通尿素配施控失尿素处理较CU增加13.79%～20.69%。扬花期各施氮处理冬小麦蒸腾速率较CK显著增加38.13%～70.48%，各施控失尿素处理较CU增加6.82%～24.67%，其中70%LC达到显著性差异水平。灌浆期各施氮处理冬小麦蒸腾速率较CK增加4.80%～15.08%，普通尿素配施控失尿素处理较CU增加3.61%～4.69%。综上可知，施用控失尿素能够提高冬小麦气孔导度和蒸腾速率，且控失尿素适当减施对冬小麦影响不显著；普通尿素与控失尿素适当配施能增加冬小麦气孔导度和蒸腾速率，且随着控失尿素比例的增加气孔导度和蒸腾速率逐渐增加，说明合理配施控失尿素可以提升冬小麦的光合速率，有利于持续保持冬小麦较高的光合作用，延缓冬小麦叶片的衰老，有效延长冬小麦叶片的功能期和增强冬小麦的根系活力，进而促进冬小麦对营养元素的吸收利用，从而促进冬小麦籽粒灌浆、干物质的积累以及其产量的提高，其中以控失尿素：普通尿素=7：3效果较好。

**表5-4　小麦-玉米两熟氮肥减施对小麦季叶片光合特性的影响**（2016—2017年）

| 生育期 | 处理 | 净光合作用速率 [μmol/(m²·s)] | 气孔导度 [mol/(m²·s)] | 蒸腾速率 [mmol/(m²·s)] |
|---|---|---|---|---|
| 扬花期 | CU | 10.76±0.99a | 0.21±0.06b | 2.27±0.06b |
| | LC | 11.33±0.82a | 0.25±0.03ab | 2.65±0.06ab |
| | LC－10% | 10.68±0.59a | 0.22±0.03b | 2.50±0.23ab |
| | LC－20% | 10.56±0.65a | 0.22±0.01ab | 2.42±0.16ab |
| | 70%LC | 11.12±1.51a | 0.27±0.03a | 2.83±0.45a |
| | 50%LC | 10.97±0.20a | 0.26±0.03ab | 2.56±0.23ab |
| | 30%LC | 10.45±0.69ab | 0.27±0.02ab | 2.54±0.38ab |
| | CK | 9.10±0.53b | 0.14±0.01c | 1.66±0.25c |

（续）

| 生育期 | 处理 | 净光合作用速率 [μmol/(m² · s)] | 气孔导度 [mol/(m² · s)] | 蒸腾速率 [mmol/(m² · s)] |
|---|---|---|---|---|
| 灌浆期 | CU | 11.87±1.15b | 0.29±0.04abc | 2.77±0.16a |
| | LC | 12.75±1.56ab | 0.33±0.04ab | 2.82±0.43a |
| | LC－10% | 12.21±0.78ab | 0.29±0.03abc | 2.78±0.41a |
| | LC－20% | 12.14±1.37ab | 0.28±0.04bc | 2.64±0.38a |
| | 70%LC | 13.83±1.21a | 0.35±0.02a | 2.88±0.25a |
| | 50%LC | 12.66±0.64ab | 0.33±0.02ab | 2.87±0.36a |
| | 30%LC | 12.45±0.09ab | 0.33±0.03ab | 2.90±0.07a |
| | CK | 11.09±0.91b | 0.25±0.04c | 2.52±0.40a |

注：不同小写字母表示差异性显著（$P<0.05$）。

（2）玉米季叶片光合特性效应分析　由表 5－5 可以看出，各处理的夏玉米叶片净光合作用速率、气孔导度和蒸腾速率均表现为开花期较灌浆期高。在夏玉米开花期净光合作用速率、气孔导度和蒸腾速率均呈现如下趋势：LC＞LC－10%＞LC－20%。灌浆期为LC＞LC－10%＞LC－20%，70%LC＞50%LC＞30%LC。开花期夏玉米施氮净光合作用速率增加 1.35%～17.17%；灌浆期增加 4.77%～36.66%，各施控失尿素处理较 CU 增加14.45%～30.44%，其中，LC 和 70%LC 处理与 CU 相比达到显著性差异水平。开花期和灌浆期各施氮处理夏玉米气孔导度较 CK 分别增加 5.56%～44.44%和 10%～60%，其中 70%LC 夏玉米气孔导度均最高。开花期各控失尿素处理蒸腾速率较 CU 增加 3.81%～11.67%，灌浆期普通尿素配施控失尿素处理较 CU 增加 6.27%～23%。施氮能够有效提高夏玉米净光合作用速率、气孔导度和蒸腾速率。控失尿素减量 10%（LC－10%）不会降低夏玉米光合作用，但控失尿素减量 20%（LC－20%）会显著降低夏玉米叶片光合作用。普通尿素与控失尿素适当配施能增加夏玉米净光合作用速率、气孔导度和蒸腾速率，且随着控失尿素比例的增加净光合作用速率、气孔导度和蒸腾速率逐渐增加，说明合理配施控失尿素可以提升夏玉米的光合速率，有利于持续保持夏玉米较高的光合作用，延缓叶片的衰老，有效延长叶片的功能期和增强根系活力，进而促进夏玉米对营养元素的吸收利用，从而促进夏玉米籽粒灌浆、干物质的积累以及其产量的提高，其中以控失尿素：普通尿素＝7：3 效果较好。

**表 5－5　小麦-玉米两熟氮肥减施对玉米季叶片光合特性的影响**（2017 年）

| 生育期 | 处理 | 净光合作用速率 [μmol/(m² · s)] | 气孔导度 [mol/(m² · s)] | 蒸腾速率 [mmol/(m² · s)] |
|---|---|---|---|---|
| 开花期 | CU | 31.59±4.00a | 0.20±0.02bcd | 4.20±0.07a |
| | LC | 35.63±3.32a | 0.23±0.02abc | 4.61±0.47a |
| | LC－10% | 31.01±3.29a | 0.23±0.01ab | 4.47±0.43a |
| | LC－20% | 30.82±1.51a | 0.19±0.01cd | 4.36±0.16a |
| | 70%LC | 32.57±2.17a | 0.26±0.04a | 4.69±0.67a |
| | 50%LC | 32.06±0.69a | 0.19±0.00cd | 4.42±0.20a |
| | 30%LC | 32.65±2.98a | 0.20±0.02bcd | 4.54±0.23a |
| | CK | 30.41±0.65a | 0.18±0.01d | 3.92±0.36a |

（续）

| 生育期 | 处理 | 净光合作用速率 [μmol/(m²·s)] | 气孔导度 [mol/(m²·s)] | 蒸腾速率 [mmol/(m²·s)] |
|---|---|---|---|---|
| 灌浆期 | CU | 18.89±2.20bc | 0.13±0.01bcd | 3.03±0.36ab |
| | LC | 23.94±2.52a | 0.15±0.01ab | 3.60±0.54a |
| | LC－10% | 21.71±0.98abc | 0.12±0.02cd | 3.15±0.34ab |
| | LC－20% | 21.62±2.42abc | 0.11±0.01cd | 3.03±0.25ab |
| | 70%LC | 24.64±3.35a | 0.16±0.01a | 3.57±0.16ab |
| | 50%LC | 23.66±2.41ab | 0.14±0.01abc | 3.30±0.21ab |
| | 30%LC | 23.00±1.95ab | 0.13±0.01abc | 3.22±0.42ab |
| | CK | 18.03±1.42c | 0.10±0.01d | 2.80±0.37b |

注：不同小写字母表示差异性显著（$P<0.05$）。

**4. 小麦-玉米两熟氮肥减施对生育期地上部生物量影响分析**

（1）小麦季地上部生物量分析　图5-4a表明，2016—2017年度，不同处理冬小麦生物量均呈现出随着其生育期的推移先缓慢上升，到扬花期之后又急剧上升的趋势，并在冬小麦的成熟期达到最高点。拔节期、扬花期和灌浆期施氮冬小麦生物量分别显著增加58.38%～99.46%、20.90%～64.43%和30.95%～82.90%，越冬期和成熟期分别增加8.93%～40.12%和10.39%～25.74%。在整个生育期内，冬小麦生物量总体上呈现如下趋势：LC＞LC－10%＞LC－20%，70%LC＞50%LC＞30%LC。拔节期、扬花期、灌浆期和成熟期，施用控失尿素处理较CU冬小麦生物量分别增加0.75%～25.94%、16.74%～36.01%、7.65%～39.67%和0.59%～13.90%，在扬花期各施控失尿素处理冬小麦生物量迅速增加，较CU差异达显著水平。控失尿素常量与减量处理间各生育期内表现为：越冬期、拔节期和扬花期LC与LC－10%生物量差异不显著，但较LC－20%分别显著增加21.06%、17.50%和16.50%，说明随控失尿素减量比例提高，冬小麦生物量降幅逐步增加；灌浆期，LC较LC－10%和LC－20%分别显著增加12.84%和29.74%。控失尿素与普通尿素配施处理间各生育期内表现为：拔节期，50%LC分别较70%LC和30%LC显著增加13.70%和16.37%；灌浆期，70%LC和50%LC分别较30%LC显著增加21.07%和16.36%；其他生育期内各处理间差异均不显著。

2017—2018年度结果表明（图5-4b），不同处理冬小麦生物量均呈现出随着其生育期的推移而上升的趋势，并在冬小麦的成熟期达到最高点。拔节期施氮较对照冬小麦生物量增加15.51%～60.03%，灌浆期和成熟期分别显著增加66.19%～82.38%和51.02%～73.25%。整个生育期内总体上呈现如下趋势：LC＞LC－10%＞LC－20%，70%LC＞50%LC＞30%LC。拔节期，施用控失尿素处理较CU生物量显著增加29.25%～37.35%。但各施用控失尿素处理间差异均不显著。成熟期，LC与LC－10%生物量差异不显著，但较LC－20%显著增加，说明随控失尿素减量比例提高，冬小麦生物量降幅逐步增加，控失尿素减量10%（LC－10%）和减量20%（LC－20%），降幅分别为9.01%和18.43%。70%LC和50%LC分别较30%LC增加6.99%和13.92%。

施用控失尿素能够提高冬小麦各生育期生物量，且控失尿素减量 10%（LC－10%）对冬小麦影响不显著；普通尿素与控失尿素配施能增加冬小麦各生育期生物量，且随着控失尿素比例的增加生物量增加越多，说明合理配施控失尿素可以提升冬小麦干物质的积累，从而促进冬小麦产量的提高，其中以控失尿素：普通尿素＝7：3 效果较好。

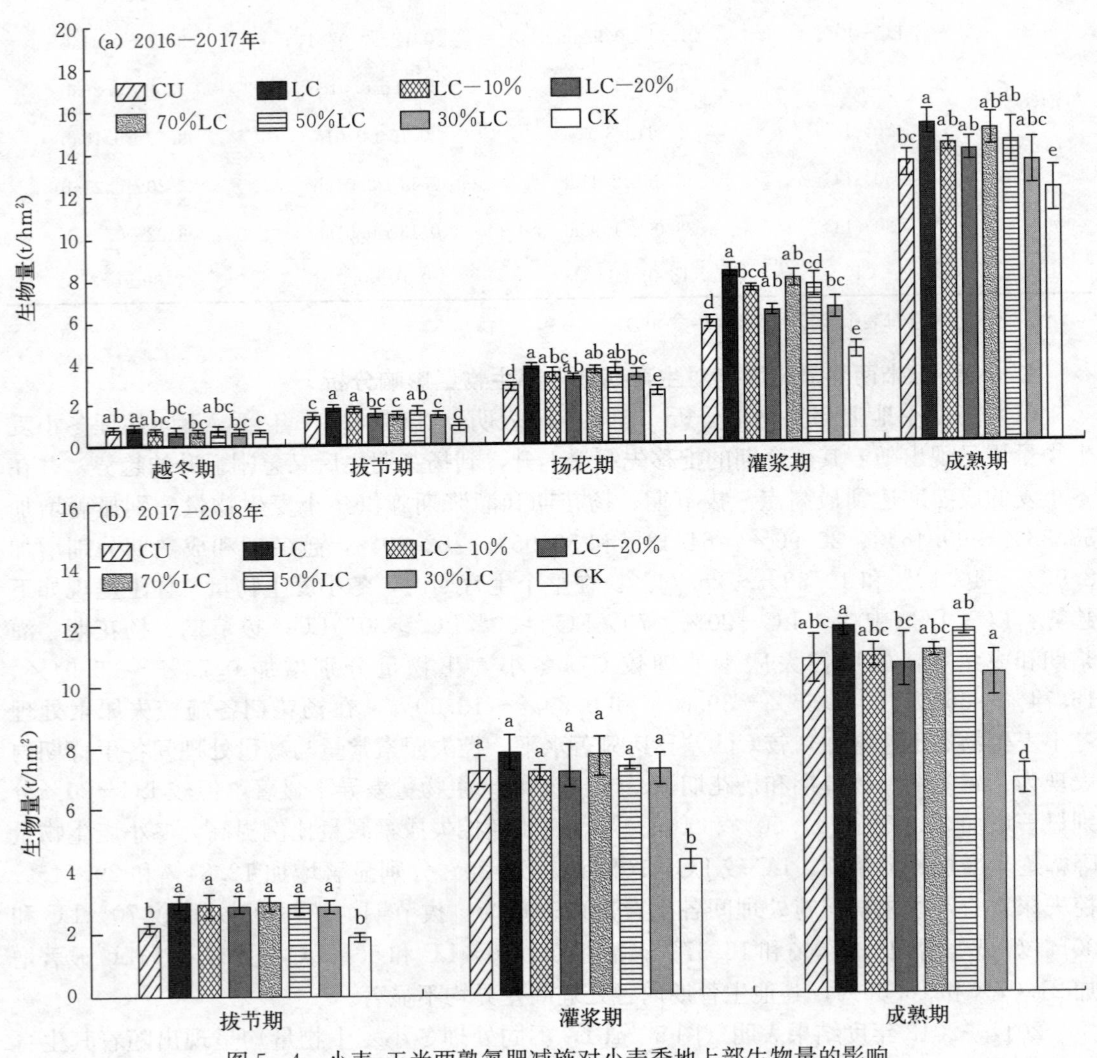


图 5-4　小麦-玉米两熟氮肥减施对小麦季地上部生物量的影响

注：不同小写字母表示差异性显著（$P<0.05$）。

（2）玉米季地上部生物量分析　由图 5-5a 可知，2017 年度不同处理夏玉米生物量均呈现出随着其生育期的推移直线上升的趋势，并在夏玉米成熟期达到最高点。拔节期和成熟期施氮夏玉米生物量分别增加 9.20%～29.15%和 7.05%～22.12%，开花期和灌浆期分别显著增加 21.28%～42.44%和 10.12%～26.00%。整个生育期内，夏玉米生物量总体上呈现如下趋势：LC>LC－10%>LC－20%，70%LC >50%LC >30%LC。拔节期、开花期、灌浆期和成熟期，普通尿素与控失尿素配施处理较 CU 生物量分别增加

0.73%～10.70%、6.58%～13.76%、8.27%～14.43%和 0.02%～12.06%，其中，70%LC 在灌浆期和成熟期较 CU 差异显著；普通尿素与控失尿素配施处理间除成熟期外其他生育期内夏玉米生物量差异均不显著，成熟期 70%LC 较 50%LC 和 30%LC 分别显著增加 6.74%和 12.05%。随着试验年限的增加，控失减氮处理由于长期氮素供应不足，夏玉米生长前期减氮处理与控失常量生物量差异不显著，成熟期 LC 较 LC－10%和 LC－20%分别显著增加 10.15%和 12.25%，但控失减量较 CU 生物量差异不显著。

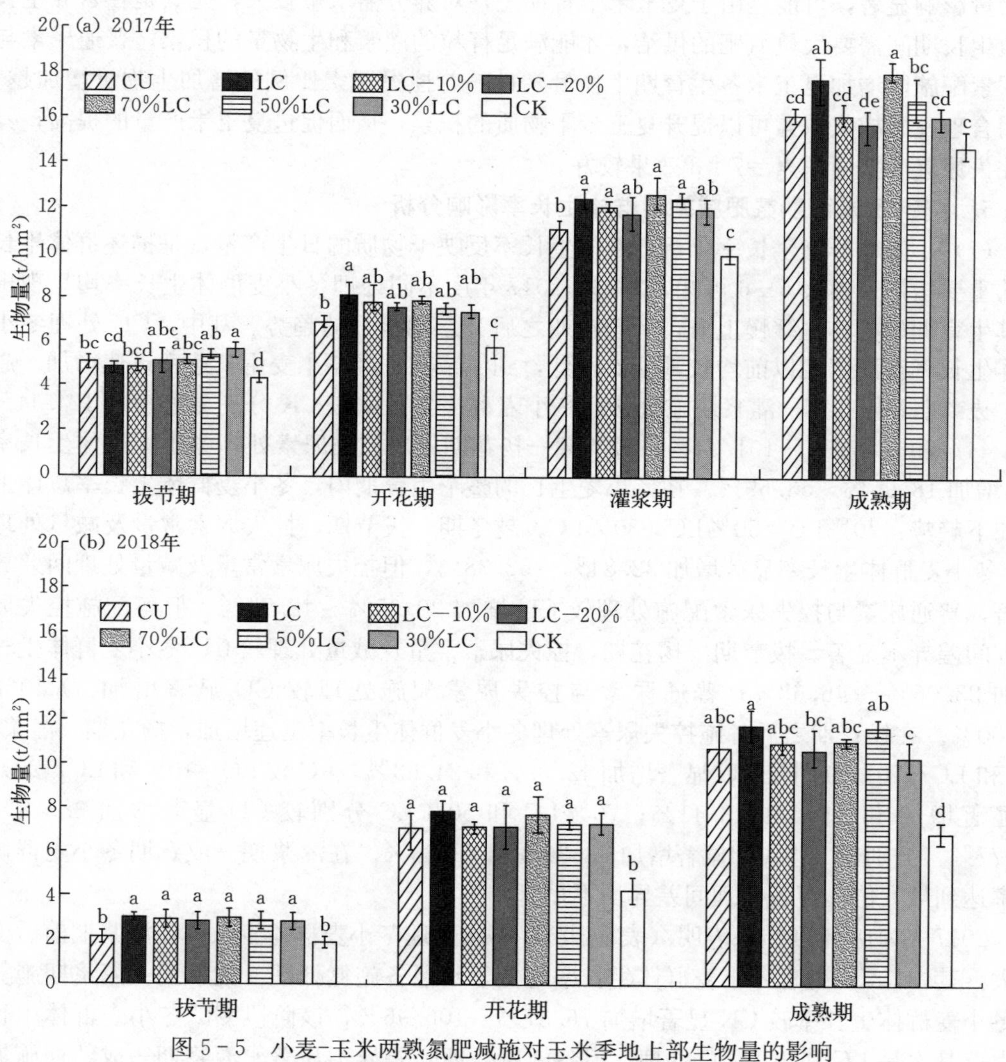


图 5-5　小麦-玉米两熟氮肥减施对玉米季地上部生物量的影响

注：不同小写字母表示差异性显著（$P<0.05$）。

2018 年结果表明（图 5-5b），不同处理夏玉米生物量均呈现出随着其生育期的推移而直线上升的趋势，并在夏玉米的成熟期达到最高点。拔节期施氮夏玉米生物量增加 18.05%～48.01%，开花期和成熟期分别显著增加 40.33%～73.55%和 11.94%～31.82%。整个生育期内，生物量总体上呈现如下趋势：LC＞LC－10%＞LC－20%，

70%LC>50%LC>30%LC。拔节期和开花期，普通尿素与控失尿素配施处理较 CU 夏玉米生物量分别增加 8.52%～24.54%和 1.68%～10.59%；成熟期 70%LC 和 50%LC 生物量分别较 CU 增加 5.34%和 3.60%。随着试验年限的增加，控失减氮处理由于长期氮素供应不足，夏玉米整个生育期内生物量已表现出较 LC 和 CU 降低的趋势，但在夏玉米生长前期减氮处理与 LC 生物量差异不显著，到了成熟期 LC－10%和 LC－20%分别较 LC 显著降低 16.06%和 13.08%。

施用控失尿素能够提高夏玉米各生育期生物量，但控失尿素长期减施对夏玉米成熟期生物量影响显著，可能是由于夏玉米生育期短，对养分需求量较大，尤其是在营养生长到生殖生长期间需要大量氮肥的供给，才能满足籽粒的灌浆和生物量的积累；普通尿素与控失尿素配施能增加夏玉米各生育期生物量，且随着控失尿素比例的增加生物量增加越多，说明合理配施控失尿素可以提升夏玉米干物质的积累，从而促进夏玉米产量的提高，其中以控失尿素：普通尿素＝7：3 效果较好。

**5. 小麦-玉米两熟氮肥减施对群体生长率影响分析**

（1）小麦季群体生长率分析　群体生长率反映干物质的日生产量，是描述群体生长速率的重要指标。由表 5-6 可知，2016—2017 年度不同处理冬小麦群体生长率均呈现出随着其生育期的推移先缓慢上升，到扬花期之后又急剧上升的趋势。其中，CK 处理冬小麦群体生长率在灌浆期以前均较其他处理低，到灌浆期之后冬小麦生长速率迅速增加。越冬期—拔节期和扬花期—灌浆期施氮处理冬小麦群体生长率较 CK 分别显著增加 124.44%～264.44%和 40.79%～101.91%；拔节期—扬花期施用控失尿素处理冬小麦群体生长率较 CK 增加 18.95%～53.69%。在冬小麦生长的整个生育期内，冬小麦群体生长率总体上呈现如下趋势：70%LC>50%LC>30%LC。越冬期—拔节期，控失尿素常量及减量处理较 CU 冬小麦群体生长率显著增加 32.84%～62.38%，但控失尿素常量及减量处理间差异不显著；普通尿素与控失尿素配施处理较 CU 增加 20.05%～42.74%，但各配施控失尿素处理间差异不显著。拔节期—扬花期，控失尿素常量及减量处理较 CU 冬小麦群体生长率增加 23.06%～46.68%；普通尿素与控失尿素配施处理较 CU 显著增加 39.40%～59.00%。在扬花期之后各施控失尿素处理冬小麦群体生长率迅速增加，扬花期—灌浆期，LC 和 LC－10%分别较 CU 显著增加 42.89%和 24.63%，LC 较 LC－10%和 LC－20%分别显著增加 14.66%和 43.41%；70%LC 和 50%LC 分别较 CU 显著增加 38.18%和 27.77%，分别较 30%LC 显著增加 33.36%和 23.30%。在灌浆期—成熟期冬小麦群体生长率达到最大值，但各处理间差异均不显著。

2017—2018 年度结果表明（表 5-7），不同处理冬小麦群体生长率在灌浆期前后变化不大，其中，CK 处理冬小麦群体生长率均低于其他各施氮处理。拔节期—灌浆期施氮处理冬小麦群体生长率较 CK 显著增加 76.37%～106.96%，该阶段 CU 冬小麦群体生长率最大，其次是 LC 和 70%LC 处理，但各施氮处理间差异不显著。灌浆期—成熟期施氮处理冬小麦群体生长率较 CK 增加 19.96%～74.06%，其中 50%LC 群体生长率最快，其次是 LC，控失尿素常量及减量处理间冬小麦群体生长率差异不显著，但总体上呈现如下趋势：LC>LC－10%>LC－20%。综上可知，施用控失尿素能够提高冬小麦各生育期群体生长率，且控失尿素减量 10%（LC－10%）和减量 20%（LC－20%）对冬小麦影响不显著；普通尿素与控失尿素配施能提高灌浆期之后冬小麦群体生长率。

表 5-6　小麦-玉米两熟氮肥减施对冬小麦群体生长率的影响［kg/（$hm^2$·d）］（2016—2017 年度）

| 处理 | 越冬期—拔节期 | 拔节期—扬花期 | 扬花期—灌浆期 | 灌浆期—成熟期 |
|---|---|---|---|---|
| CU | 12.12c | 44.32c | 135.17c | 265.57a |
| LC | 17.72ab | 65.01ab | 193.15a | 248.65a |
| LC－10% | 19.68a | 54.54bc | 168.46b | 247.46a |
| LC－20% | 16.10b | 56.23bc | 134.68c | 271.53a |
| 70%LC | 15.13bc | 70.47a | 186.78ab | 250.16a |
| 50%LC | 17.30ab | 64.42ab | 172.70ab | 241.11a |
| 30%LC | 14.55bc | 61.78ab | 140.06c | 245.27a |
| CK | 5.40d | 45.85c | 95.66d | 270.26a |

注：不同小写字母表示差异性显著（$P<0.05$）。

表 5-7　小麦-玉米两熟氮肥减施对冬小麦群体生长率的影响［kg/（$hm^2$·d）］（2017—2018 年度）

| 处理 | 拔节期—灌浆期 | 灌浆期—成熟期 |
|---|---|---|
| CU | 113.25a | 116.62abc |
| LC | 109.38a | 131.14ab |
| LC－10% | 96.51a | 124.40abc |
| LC－20% | 97.22a | 114.40abc |
| 70%LC | 108.58a | 107.31bcd |
| 50%LC | 100.50a | 144.47a |
| 30%LC | 100.97a | 99.57cd |
| CK | 54.72b | 83.00d |

注：不同小写字母表示差异性显著（$P<0.05$）。

（2）玉米季群体生长率分析　由表 5-8 可知，2017 年不同处理夏玉米群体生长率均呈现出随着其生育期的推移先上升，到灌浆期之后又下降的趋势。在夏玉米生长的整个生育期内，群体生长率总体上呈现如下趋势：LC＞LC－10%＞LC－20%，70%LC＞50%LC＞30%LC。拔节期—开花期施用控失尿素处理夏玉米群体生长率增加 29.60%～148.60%；控失尿素常量及减量处理较 CU 夏玉米群体生长率显著增加 32.13%～82.78%，LC 与 LC－10%差异不显著，但较 LC－20%显著增加，说明随控失尿素减量比例提高，夏玉米群体生长率降幅逐步增加，控失尿素减量 10%（LC－10%）和减量 20%（LC－20%），降幅分别为 11.91%和 27.71%；70%LC 较 CU 和 30%LC 分别显著增加 49.45%和 56.83%。在灌浆期以前，CK 和 CU 群体生长率较其他处理低，到灌浆期之后夏玉米生长速率迅速增加。开花期—灌浆期施用控失尿素处理夏玉米群体生长率较 CU 增加 1.88%～18.62%，但各处理间差异均不显著。在灌浆期—成熟期，70%LC 群体生长率最大，其次是 LC，70%LC 较 50%LC 和 30%LC 分别显著增加 20.42%和 30.40%，LC 较 LC－10%和 LC－20%分别显著增加 31.92%和 33.08%。

**表 5-8　小麦-玉米两熟氮肥减施对夏玉米群体生长率的影响［kg/（$hm^2$・d)］(2017 年)**

| 处理 | 拔节期—开花期 | 开花期—灌浆期 | 灌浆期—成熟期 |
|---|---|---|---|
| CU | 110.40de | 293.23a | 181.85ab |
| LC | 201.79a | 303.90a | 192.26a |
| LC－10% | 177.76ab | 301.11a | 145.74c |
| LC－20% | 145.87bc | 298.73a | 144.47c |
| 70%LC | 164.99b | 338.88a | 194.40a |
| 50%LC | 131.08cd | 347.83a | 161.43bc |
| 30%LC | 105.20de | 325.97a | 149.08c |
| CK | 81.17e | 308.18a | 170.67abc |

注：不同小写字母表示差异性显著（$P<0.05$）。

2018 年结果表明（表 5－9），除对照外其他处理夏玉米群体生长率在花前均较花后大，拔节期—开花期施氮处理夏玉米群体生长率显著增加 76.76%～119.24%，该阶段 CU 群体生长率最快，其次是 70%LC，控失尿素常量及减量处理间夏玉米群体生长率差异不显著，普通尿素与控失尿素配施处理间差异也不显著。开花期—成熟期，对照处理夏玉米群体生长率迅速增加，其中 50%LC 群体生长率最快，其次是 CK 和 LC，但各处理间夏玉米群体生长率差异不显著。综上可知，施用控失尿素能够提高夏玉米各生育期群体生长率，控失尿素减量 10%（LC－10%）和减量 20%（LC－20%）总体上来说对夏玉米生长速率影响不显著，普通尿素与控失尿素配施能稳定提高夏玉米群体生长率。

**表 5-9　小麦-玉米两熟氮肥减施对夏玉米群体生长率的影响［kg/（$hm^2$・d)］(2018 年)**

| 处理 | 拔节期—开花期 | 开花期—成熟期 |
|---|---|---|
| CU | 209.53a | 149.20a |
| LC | 190.54abc | 152.25a |
| LC－10% | 187.62abc | 122.93a |
| LC－20% | 168.93c | 142.34a |
| 70%LC | 205.79ab | 145.45a |
| 50%LC | 180.80bc | 158.86a |
| 30%LC | 201.99ab | 138.41a |
| CK | 95.57 d | 155.42a |

注：不同小写字母表示差异性显著（$P<0.05$）。

## 6. 小麦-玉米两熟氮肥减施对生育期地上部氮积累量影响分析

(1) 小麦季地上部氮积累量分析　图 5－6a 表明，2016—2017 年度不同处理冬小麦氮素积累量均呈现出随着其生育期的推移先缓慢上升，到灌浆期之后又急剧上升的趋势，并在冬小麦的成熟期达到最高点。各生育期施氮冬小麦氮素积累量显著增加 35.04%～70.11%、129.50%～243.52%、49.65%～191.70%、67.31%～224.37%和 48.49%～78.15%。整个生育期内，冬小麦氮素积累量总体上呈现如下趋势：LC＞LC－10%＞

LC－20％，70％LC＞50％LC＞30％LC。越冬期，LC 氮素积累量最高，其次是 CU，LC 较 LC－10％差异不显著，但较 LC－20％显著增加；减量 10％（LC－10％）和减量 20％（LC－20％）较 LC 分别降低 16.17％和 20.62％；普通尿素与控失尿素配比处理间差异不显著。拔节期，施用控失尿素处理较 CU 增加 14.27％～49.68％，LC 最高，其次是 70％LC，LC 较 LC－10％和 LC－20％分别显著增加 18.67％和 31.00％；普通尿素与控失尿素配比处理间差异不显著。扬花期，施用控失尿素处理较 CU 显著增加 34.42％～94.92％，70％LC 处理氮素积累量最高，其次是 LC，LC 较 LC－10％和 LC－20％分别显著增加 25.77％和 37.47％；70％LC 较 50％LC 和 30％LC 分别显著增加 12.36％和 45.01％。灌浆期，施用控失尿素处理较 CU 增加 12.31％～93.87％，LC 最高，其次是 70％LC；70％ LC 较 50％ LC、30％ LC 和 CU 分别显著增加 18.90％、39.68％和 84.85％。成熟期，70％LC 处理氮素积累量最高，其次是 LC－10％；控失尿素常量及减量处理较 CU 增加 3.86％～5.39％，70％LC 较 30％LC 显著增加 19.98％。

2017—2018 年度结果表明（图 5－6b），不同处理冬小麦氮素积累量均呈现出随着其生育期的推移而上升的趋势，并在冬小麦的成熟期达到最高点。各生育期施氮处理冬小麦氮素积累量分别显著增加 108.44％～165.35％、160.90％～284.82％和 149.71％～194.42％。整个生育期内，冬小麦氮素积累量均呈现如下趋势：LC＞LC－10％＞LC－20％，70％LC＞50％LC＞30％LC。拔节期，施用控失尿素处理较 CU 增加 12.79％～27.31％，70％LC 处理氮素积累量最高，其次是 LC，各施用控失尿素处理间差异不显著。灌浆期，施用控失尿素处理较 CU 增加 12.85％～47.50％，70％LC 最高，其次是 LC，LC 较 CU 显著增加 29.55％；70％LC 较 30％LC 和 CU 分别显著增加 30.71％和 47.50％。成熟期，70％LC 最高，其次是 LC；LC 较 LC－10％差异不显著，但较 LC－20％显著增加，说明随着控失尿素减量比例提高，冬小麦氮素积累量降幅逐步增加，减量 10％（LC－10％）和减量 20％（LC－20％）较 LC 分别降低 9.05％和 14.97％；普通尿素与控失尿素配施处理冬小麦氮素积累量较 CU 增加 6.00％～12.26％。

施用控失尿素能够提高冬小麦各生育期氮素积累量，控失尿素减施对冬小麦当季生长前期影响显著，成熟期没有显著影响，控失尿素减量 10％（LC－10％）不会使冬小麦氮素积累量降低，但随着试验年份的增加，控失尿素减量 20％带来的氮素积累量降低效应会表现出来；而普通尿素与控失尿素配施能稳定增加冬小麦各生育期氮素积累量，且随着控失尿素比例的增加氮素积累量增加越多，说明合理配施控失尿素可以提升冬小麦干物质的积累，从而促进冬小麦产量的提高，其中以控失尿素：普通尿素＝7：3 效果较好。

（2）玉米季地上部氮积累量分析　图 5－7a 和图 5－7b 表明，两年度不同处理夏玉米氮素积累量均呈现出随着其生育期的推移而持续增加的趋势，并在夏玉米的成熟期达到最高点。随着试验年限的增加，两年度 CK 处理夏玉米氮素积累量均显著低于其他各施氮处理，且控失减氮处理氮素积累量在 2018 年度均较控失常量显著降低。在夏玉米生长的整个生育期内，夏玉米氮素积累量总体上呈现如下趋势：LC＞LC－10％＞LC－20％，70％LC＞50％LC＞30％LC。

2017 年，各生育期施氮处理夏玉米氮素积累量较 CK 分别显著增加 53.33％～64.85％、51.96％～98.33％、23.16％～62.98％和 39.89％～59.06％。开花期，70％LC 最高，其次是 LC，LC 较 LC－10％、LC－20％和 CU 分别显著增加 29.75％、22.57％和

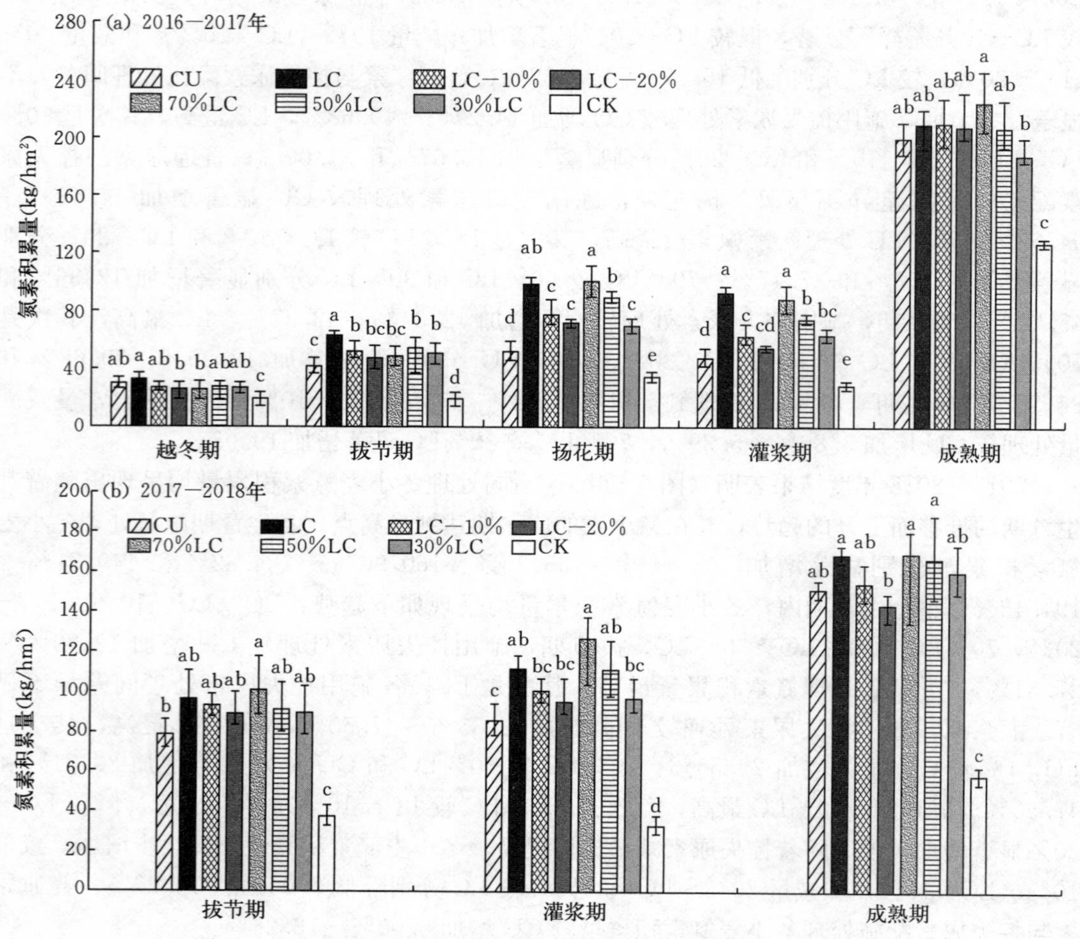


图 5-6　小麦-玉米两熟氮肥减施对小麦季地上部氮积累量的影响

注：不同小写字母表示差异性显著（$P<0.05$）。

22.98%；70%LC 较 30%LC 和 CU 分别显著增加 26.02%和 23.71%。灌浆期，施用控失尿素处理较 CU 增加 5.32%～32.33%，70%LC 最高，其次是 LC，LC 较 LC－20%和 CU 分别显著增加 16.32%和 22.50%。成熟期，70%LC 最高，其次是 50%LC 和 LC；LC 和 LC－10%分别较 CU 增加 10.08%和 5.80%；70%LC 和 50%LC 分别较 CU 增加 13.71%和 10.17%。2018 年，各生育期施氮处理夏玉米氮素积累量较 CK 分别显著增加 51.85%～91.56%、78.35%～135.37%和 55.95%～102.90%。拔节期，70%LC 最高，其次是 LC，LC 较 LC－10%和 LC－20%分别显著增加 21.36%和 24.71%；普通尿素配施控失尿素处理较 CU 增加 7.13%～16.23%。开花期，70%LC 最高，其次是 LC，LC 较 LC－10%和 LC－20%分别显著增加 24.08%和 26.50%。成熟期，LC 最高，其次是 70%LC；LC 较 LC－10%、LC－20%和 CU 分别显著增加 12.81%、24.69%和 29.85%；70%LC 和 50%LC 分别较 CU 增加 27.72%和 13.48%。

施用控失尿素能够提高夏玉米各生育期氮素积累量，控失尿素减施 10%（LC－10%）对第一季夏玉米氮素积累量影响不显著，但第二季影响显著；而普通尿素与控失尿素配施能稳定增加夏玉米各生育期氮素积累量，且随着控失尿素比例的增加氮素积累量增加越多，说明合理配施控失尿素可以提升夏玉米干物质的积累，从而促进夏玉米产量的提高，其中以控失尿素：普通尿素=7：3 效果较好。

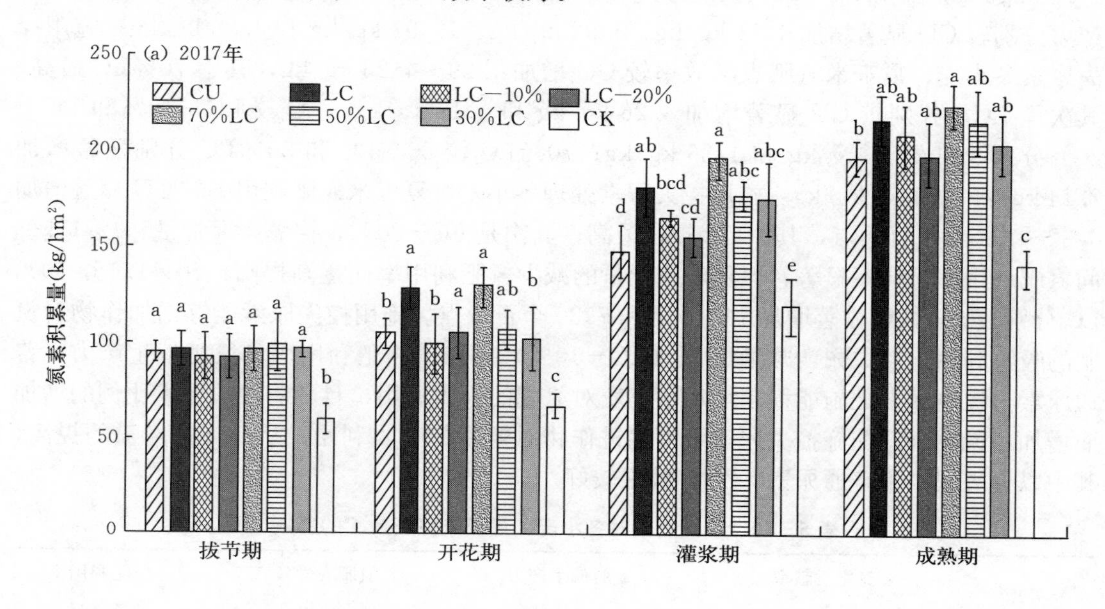


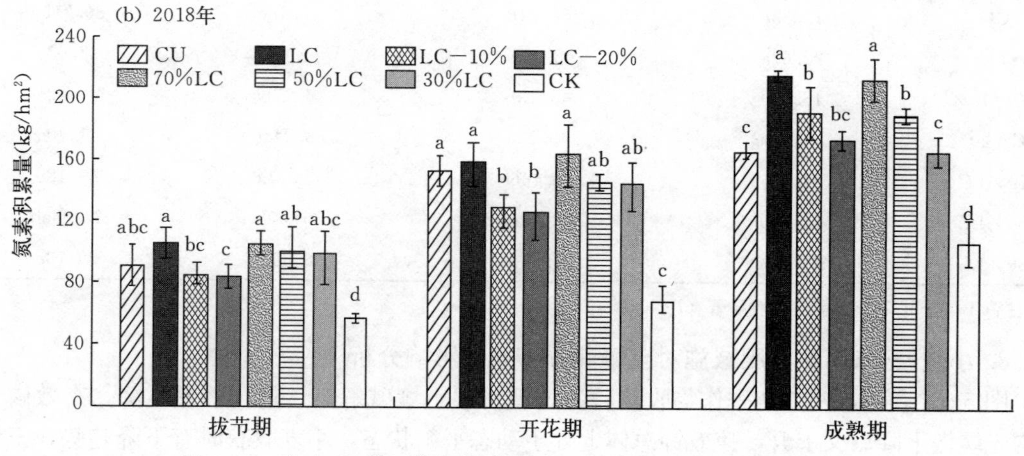


图 5-7　小麦-玉米两熟氮肥减施对玉米季地上部氮积累量的影响

注：不同小写字母表示差异性显著（$P<0.05$）。

**7. 小麦-玉米两熟氮肥减施对氮肥效率影响分析**

由于本试验为定位试验，对照不施氮处理土壤养分处于持续耗竭状态，随着试验年限的增加各处理土壤基础养分不一致，故只计算第一周年氮肥效率。从表 5-10 可以看出，施用控失尿素对冬小麦、夏玉米氮肥贡献率、氮肥偏生产力、氮肥农学效率和氮肥利用率均具有明显的调控效应，且均呈现趋势为 70%LC >50%LC >30%LC。

施用控失尿素冬小麦、夏玉米氮肥贡献率较 CU 增加 1.37%～8.62%，其中，70% LC 最高，其次是 LC，分别较 CU 显著增加 8.62%和 8.35%。LC 冬小麦氮肥贡献率较

LC－10％和LC－20％分别显著增加6.98％和6.27％；70％LC分别较50％LC和30％LC增加4.26％和5.78％。施用控失尿素冬小麦、夏玉米氮肥偏生产力较CU增加1.34～10.93 kg/kg，其中LC－20％处理最高，LC、LC－10％、LC－20％和70％LC氮肥偏生产力分别较CU显著增加4.11 kg/kg、4.92 kg/kg、10.93 kg/kg和4.25 kg/kg。施用控失尿素冬小麦、夏玉米氮肥农学效率较CU增加1.29～4.26 kg/kg，其中70％LC最高，其次是LC，分别较CU显著增加4.26 kg/kg和4.12 kg/kg。LC较LC－10％和LC－20％分别增加2.83 kg/kg和1.36 kg/kg；70％LC较50％LC和30％LC分别显著增加2.14 kg/kg和2.92 kg/kg。施用控失尿素处理冬小麦、夏玉米氮肥利用率较CU显著增加6.32～12.47个百分点，其中70％LC最高，其次是LC－20％，控失尿素常量和减量处理间氮肥利用率差异不显著，但随着施肥量的减少氮肥利用率而逐渐提高；70％LC和50％LC分别较30％LC显著增加13.45个和7.30个百分点。施用控失尿素能够增加作物对氮肥的吸收利用，控失尿素减量10％（LC－10％）提高了氮肥利用率和氮肥偏生产力。普通尿素与控失尿素配施能稳定增加冬小麦对氮肥的吸收利用，且随着控失尿素比例的增加而增加，说明合理配施控失尿素可以促进作物对氮素的吸收利用，从而促进产量的提高，其中以控失尿素：普通尿素＝7：3效果较好。

**表5－10　不同处理对冬小麦、夏玉米氮肥效率的影响**

| 处理 | 氮肥贡献率（％） | 氮肥偏生产力（kg/kg） | 氮肥农学效率（kg/kg） | 氮肥利用率（％） |
| --- | --- | --- | --- | --- |
| CU | 14.33c | 38.21d | 5.48c | 30.71bc |
| LC | 22.68a | 42.32bc | 9.60a | 37.63a |
| LC－10％ | 15.70c | 43.13b | 6.77bc | 40.02a |
| LC－20％ | 16.41bc | 49.14a | 8.24ab | 41.40a |
| 70％LC | 22.95a | 42.46bc | 9.74a | 43.18a |
| 50％LC | 18.69b | 40.33bcd | 7.60b | 37.03ab |
| 30％LC | 17.17bc | 39.55cd | 6.82bc | 29.73c |

注：不同小写字母表示差异性显著（$P<0.05$）。

**8. 小麦-玉米两熟氮肥减施对土壤养分有效性影响分析**

图5－8表明，两年四季作物收获后各处理耕层土壤碱解氮含量均缓慢下降，有效磷含量均先缓慢下降后又上升，速效钾总体上处于动态平衡状态，小麦收获时有下降趋势，玉米收获时速效钾含量则有升高趋势。不同处理间土壤碱解氮和有效磷在各阶段均呈现如下趋势：LC＞LC－10％＞LC－20％，70％LC＞50％LC＞30％LC＞CU。LC和70％LC处理各阶段土壤碱解氮和有效磷含量均较高，且施氮处理土壤碱解氮和有效磷含量均高于CK。

截至2018年小麦收获，控失常量及减量处理间土壤碱解氮含量差异均不显著，到2018年玉米收获后，LC－20％处理土壤碱解氮较LC显著降低21.75％。2017年小麦收获后，控失常量及减量处理间土壤有效磷含量差异不显著，但随着试验年限的增加，控失尿素减量处理显著降低了土壤有效磷含量，LC土壤有效磷含量三季分别较LC－20％显著增加27.66％、74.27％和18.83％。普通尿素与控失尿素配施处理间小麦季土壤有效磷含量差异均不显著外，而玉米季70％LC均较30％LC显著增加，分别显著增加了31.05％和

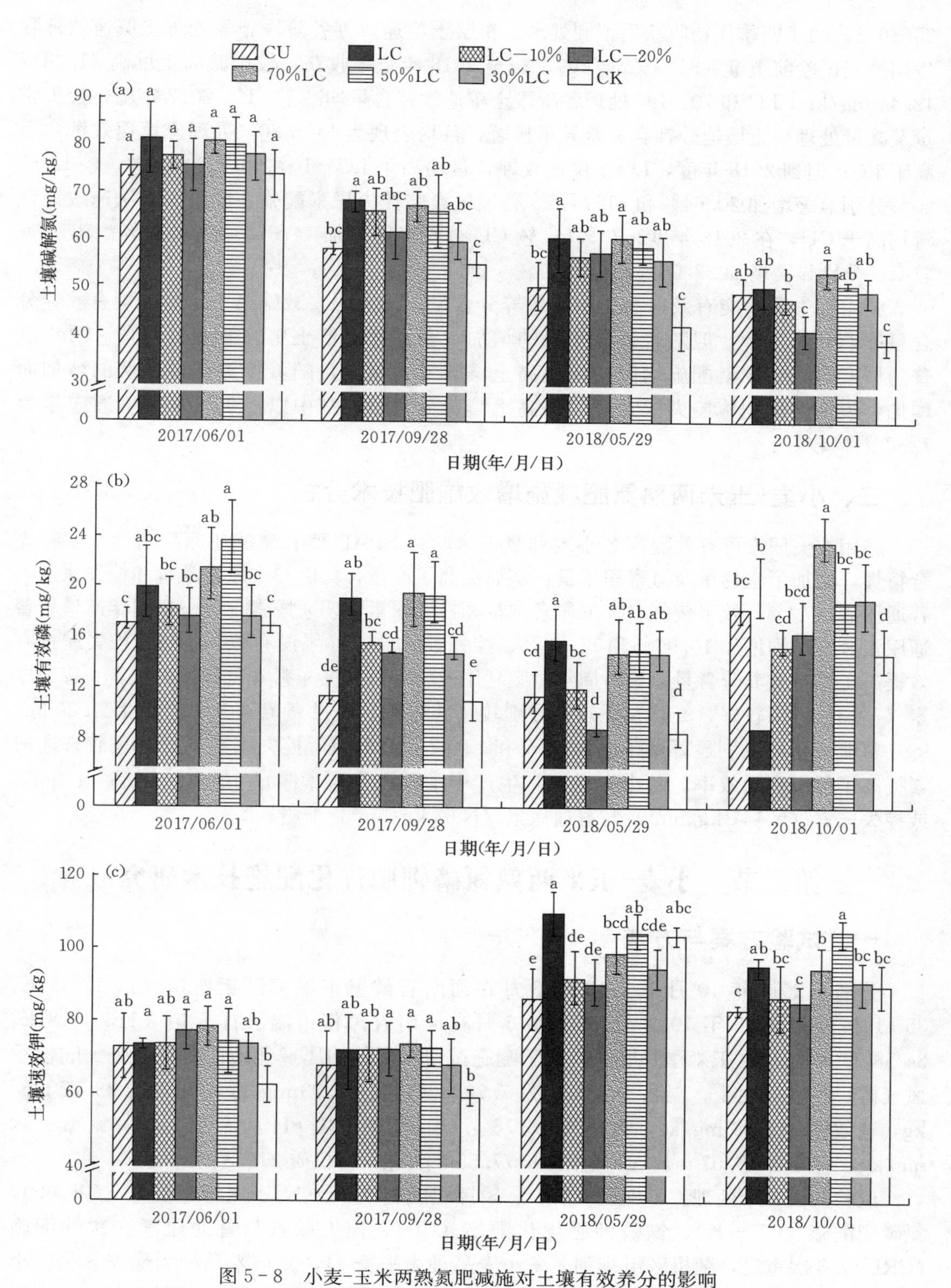


图 5－8　小麦-玉米两熟氮肥减施对土壤有效养分的影响

注：图中数据均为各季作物收获后土壤有效养分含量，注：不同小写字母表示差异性显著（$P<0.05$）。

25.36%。两年四季作物收获后不同处理下耕层土壤速效钾各阶段施氮处理土壤速效钾含量均高于试验前土壤（61.78 mg/kg），截至2018年玉米收获，较试验前土壤高21.28～42.44 mg/kg。LC和70%LC处理各阶段土壤速效钾含量均高于CU。2017年度，控失常量及减量处理间土壤速效钾含量差异不显著，且均表现为LC－20%处理土壤速效钾含量高于LC；但到2018年度，LC土壤速效钾含量均高于LC－10%和LC－20%，较LC－20%分别显著增加20.64%和11.74%。普通尿素与控失尿素配施在各阶段土壤速效钾含量均高于CU，在2018年度，70%LC较CU分别显著增加14.67%和13.84%；50%LC较CU分别显著增加22.06%和25.47%。

施用控失尿素能有效提高土壤有效养分含量，控失尿素减施第一年对土壤有效养分含量影响均不显著，但随着试验年限的增加，会显著降低土壤有效养分含量。两年度普通尿素与控失尿素配施均能稳定提高土壤养分含量，且随着控失尿素比例的增加而增加，说明合理配施控失尿素可以提高土壤养分含量，其中以控失尿素：普通尿素＝7：3效果较好。

### 三、小麦-玉米两熟氮肥减施增效施肥技术分析

施用控失尿素可有效提高冬小麦和夏玉米叶片SPAD值和硝酸还原酶活性，改善光合特性，增加了生物重及氮素积累量，从而提高了产量，均以控失尿素常量和控失尿素：普通尿素（7：3）效果较好。控失尿素常量和控失尿素：普通尿素（7：3）周年产量较普通尿素分别平均增加10.95%和11.82%，控失尿素减量10%没有减产。施用控失尿素有效提高土壤有效养分含量、第一周年氮肥利用效率，以控失尿素常量和控失尿素：普通尿素（7：3）效果较好，氮肥农学效率分别较普通尿素显著提高了4.12 kg/kg和4.26 kg/kg，氮肥利用率分别显著提高了6.92个和12.47个百分点。控失尿素减量10%较普通尿素提高了氮肥利用效率。冬小麦夏玉米生产中推荐控失尿素减量10%（N 189 kg/hm$^2$）或控失尿素（N 147 kg/hm$^2$）与普通尿素（N 63 kg/hm$^2$）配施。

## 第三节　小麦-玉米两熟氮磷钾肥优化配施技术研究

### 一、试验方案与方法

分别于2017年10月至2018年6月在河南省鹤壁市淇滨区钜桥镇（14°18′42″E、35°41′24″N）、2018年10月至2019年6月在河南省焦作市温县祥云镇（113°1′18″E、34°58′25″N）小麦-玉米季开展氮磷钾肥配施试验。两地均属豫北地区，暖温带大陆性季风气候，黏壤质潮土，温县土壤pH为7.70，碱解氮88.03 mg/kg，有效磷33.72 mg/kg，速效钾182.29 mg/kg，有机质18.76 g/kg；鹤壁土壤pH为8.01，碱解氮101.40 mg/kg，有效磷48.07 mg/kg，速效钾177.55 mg/kg，有机质21.38 g/kg。

试验共设6个处理：不施肥（CK）、磷钾肥配施（CF－N）、氮钾肥配施（CF－P）、氮磷肥配施（CF－K）、氮磷钾肥优化配施（CF）、控失尿素与普通尿素一次性配施（CRU），3次重复，随机区组排列。冬小麦品种为平安11，夏玉米品种为豫安3号。小麦季和玉米季磷钾肥均采用一次性基施，氮肥除控失尿素与普通尿素一次性配施均一次性基施外，其余处理小麦季50%基施并50%拔节期追施，玉米季50%五叶期开沟条施50%

大喇叭口期追施，具体施肥量见表 5-11。

表 5-11　小麦-玉米轮作下各处理施肥量

| 处理 | 冬小麦 N-$P_2O_5$-$K_2O$（kg/hm²） | 夏玉米 N-$P_2O_5$-$K_2O$（kg/hm²） |
| --- | --- | --- |
| 不施肥（CK） | 0 | 0 |
| 磷钾配施（CF-N） | 0-105-90 | 0-75-90 |
| 氮钾配施（CF-P） | 240-0-90 | 210-0-90 |
| 氮磷配施（CF-K） | 240-105-0 | 210-75-0 |
| 氮磷钾肥优化配施（CF） | 240-105-90 | 210-75-90 |
| 控失尿素与普通尿素 1∶1 配施（CRU） | 240-105-90 | 210-75-90 |

## 二、研究结果与分析

### 1. 氮磷钾肥配施对小麦-玉米轮作周年产量的影响

由表 5-12 结果可知，施用氮磷钾肥能够有效提高小麦-玉米轮作体系下作物总产量。2018 年鹤壁和 2019 年温县小麦产量均为 CF 最高，CRU 产量仅次于 CF，CF 较其他处理增产率分别达 2.69%～38.40%和 1.17%～60.93%，并且 CF 和 CRU 小麦产量均显著高于其他处理。2018 年鹤壁玉米季和 2019 年温县玉米季产量均为 CF 最高，CRU 其次，CF 较其他处理分别增产 4.89%～35.17%和 13.28%～43.87%。2018 年和 2019 小麦-玉米轮作总产量为 CF 最高，CRU 其次，较 CK 增产率分别达 36.18%、30.79%和 50.40%、39.30%，两个地点小麦-玉米总产量 CRU 与 CF 显著高于其他处理，两地小麦肥料缺素施用处理中产量由小到大依次为 CF-N<CF-P<CF-K，鹤壁氮磷钾肥增产率分别为 22.94%、17.95%和 12.70%，温县分别为 46.26%，23.96%和 17.93%。表明氮素、磷素、钾素中氮素对小麦-玉米的产量影响作用最大，而氮磷钾肥同时合理配施能够提高冬小麦和夏玉米产量，有效提高周年产量。

表 5-12　不同处理对小麦-玉米周年产量的影响（kg/hm²）

| 时间 | 处理 | 小麦 | 玉米 | 周年产量 | 增产率（%） |
| --- | --- | --- | --- | --- | --- |
| 2018 年 | CK | 5 154±10c | 10 089±9c | 15 243±5 d | — |
| | CF-N | 5 618±3bc | 11 267±12bc | 16 886±7cd | 10.78 |
| | CF-P | 6 149±9abc | 11 451±6abc | 17 600±3bcd | 15.46 |
| | CF-K | 6 505±9ab | 11 914±11abc | 18 420±10abc | 20.84 |
| | CRU | 6 946±10a | 12 990±6ab | 19 937±5ab | 30.79 |
| | CF | 7 133±2a | 13 625±14a | 20 759±9a | 36.18 |
| 2019 年 | CK | 5 498±8c | 8 838±13c | 14 337±10c | — |
| | CF-N | 5 861±1c | 8 882±16bc | 14 743±9c | 2.83 |
| | CF-P | 7 626±4b | 9 769±8b | 17 395±6b | 21.33 |
| | CF-K | 7 802±2b | 10 481±5ab | 18 284±3b | 27.53 |
| | CRU | 8 746±8a | 11 224±4a | 19 971±4a | 39.30 |
| | CF | 8 848±2a | 12 715±7a | 21 563±4a | 50.40 |

注：不同小写字母表示差异性显著（$P<0.05$）。

**2. 氮磷钾肥配施对小麦-玉米轮作周年产量构成因子的影响**

表 5-13 可以看出，氮磷钾肥配施不仅能够显著提高小麦的穗数、穗粒数及千粒重，并且能够有效提高玉米的穗粒数和千粒重。两地小麦均为 CF 穗数最高，鹤壁 CF 穗数显著高于 CK，温县则处理间差异较明显，CF 穗数最高，CRU 其次，两处理均显著高于其他处理。鹤壁穗粒数和千粒重均为 CRU 最高，CF 其次，不同的是温县千粒重为 CF 最高。施肥能够提高小麦穗数和穗粒数，2019 年温县小麦穗数、穗粒数肥料缺素处理显著高于 CK。合理施用氮磷钾肥能够提高冬小麦穗数、穗粒数和千粒重，从而提高产量。同时，表中玉米季产量构成因子同样可以看出，2018 年鹤壁和 2019 年温县两地玉米千粒重均表现为 CF 最高，较其他处理分别提高 2.80%～8.52%和 3.24%～15.27%，2019 年温县 CF 玉米穗粒数较其他处理提高 1.56%～23.43%。氮磷钾肥合理施用能够提高玉米籽粒饱满程度，提高千粒重，从而增加产量。

**表 5-13　不同处理对小麦-玉米产量构成因子的影响**

| 地点 | 处理 | 小麦 | | | 玉米 | |
|---|---|---|---|---|---|---|
| | | 穗数（$\times 10^6/hm^2$） | 穗粒数 | 千粒重（g） | 穗粒数 | 千粒重（g） |
| 鹤壁 | CK | 5.22±20.2b | 29.98±11.2b | 48.43±2.7a | 466.26±16.8b | 285.51±2.7ab |
| | CF-N | 5.61±5.5ab | 30.16±12.5b | 47.69±3.0ab | 501.93±9.4ab | 282.52±2.9ab |
| | CF-P | 5.82±6.0ab | 33.21±5.6ab | 46.63±2.1ab | 556±3.9a | 287.5±0.7ab |
| | CF-K | 5.98±1.6ab | 35.36±8.4a | 46.22±2.9b | 511.8±5.8ab | 273.72±5.0b |
| | CRU | 6.22±4.8a | 35.08±4.0ab | 47.64±0.9ab | 564±1.4a | 288.94±3.9ab |
| | CF | 6.43±1.3a | 34.98±2.8ab | 46.49±2.4ab | 548.4±3.4a | 297.03±3.5a |
| 温县 | CK | 4.46±3.7d | 20.74±9.7d | 81.66±4.78a | 521±3.9c | 247.15±3.5ab |
| | CF-N | 4.80±6.6d | 23.62±6.3d | 85.41±6.79a | 566.86±7.7bc | 243.02±13.5ab |
| | CF-P | 7.03±8.7c | 27.69±6.4c | 85.79±4.94a | 581.2±5.3b | 233.8±7.9b |
| | CF-K | 7.82±5.3b | 30.28±5.8bc | 87.75±6.16a | 608.26±2.2ab | 261.06±0.9ab |
| | CRU | 8.74±3.6a | 32.77±6.7ab | 86.21±3.52a | 633.2±4.7a | 259.9±3.2ab |
| | CF | 9.01±4.0a | 33.94±3.7a | 88.81±3a | 643.06±2.2a | 269.51±0.9a |

注：不同小写字母表示差异性显著（$P<0.05$）。

**3. 氮磷钾肥配施对小麦-玉米轮作周年干物质积累动态的影响**

（1）小麦季生物量　图 5-9 可知，冬小麦地上部生物量随着生育期的推进不断增加，氮磷钾肥合理配施能够有效提高冬小麦各生育期地上部生物量的积累。分蘖期、越冬期和拔节期冬小麦地上部生物量均表现为 CF 和 CRU 显著高于其他处理，CK 显著低于其他处理。分蘖期和越冬期生物量为 CF 最高，与 CRU 差异逐渐增大，较 CRU 分别增加 0.87%和 13.17%，拔节期和抽穗期则为 CRU 最高，较 CF 增加 2.40%和 20.37%。除成熟期外，各生育期肥料缺素施用处理均呈现 CF-N<CF-P<CF-K 的趋势，三者地上部生物量均低于氮、磷、钾施用处理，表明氮、磷、钾都是冬小麦生长发育必需的营养元素，不施用则会影响冬小麦各生育期地上部生物量的积累。氮、磷、钾合理施用能够有效提高冬小麦各生育期地上部生物量，提高冬小麦干物质积累。

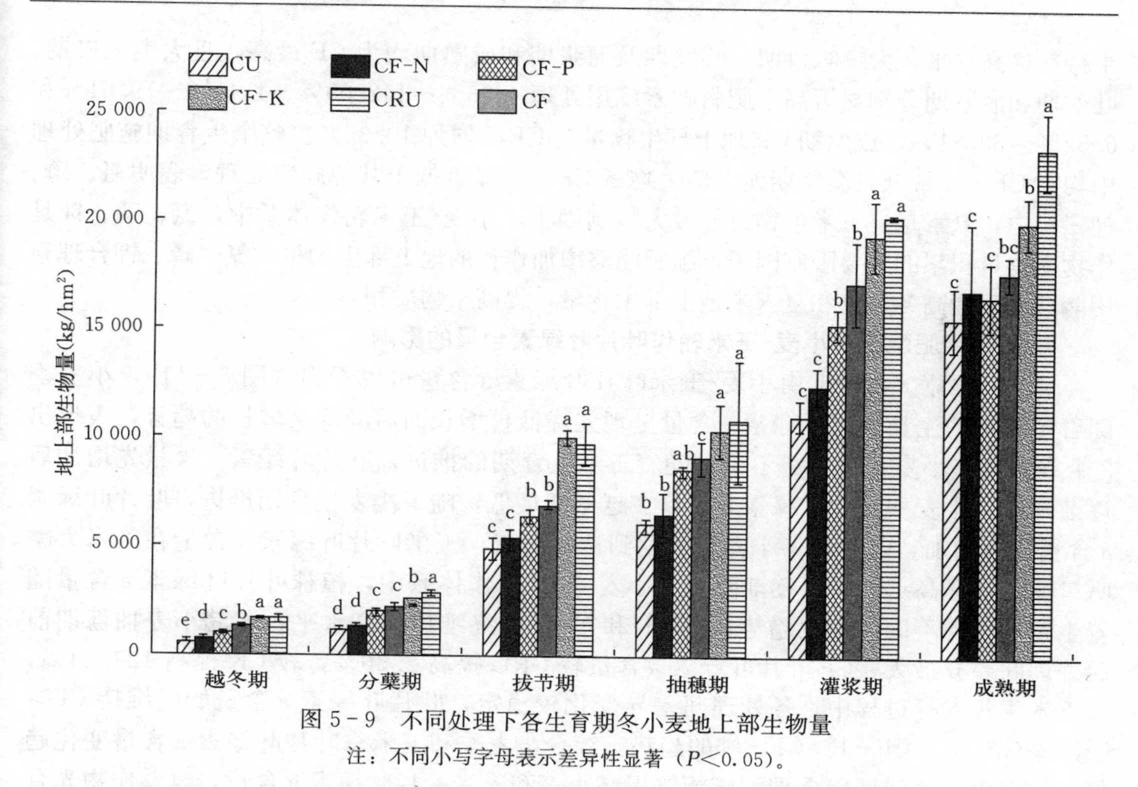


图 5-9　不同处理下各生育期冬小麦地上部生物量

注：不同小写字母表示差异性显著（$P<0.05$）。

（2）玉米季生物量　图 5-10 表明，氮磷钾肥合理施用能够促进夏玉米生长发育，提高生育期地上部生物量。随着夏玉米的生长发育，地上部生物量逐渐增长，CF 和 CRU 始终

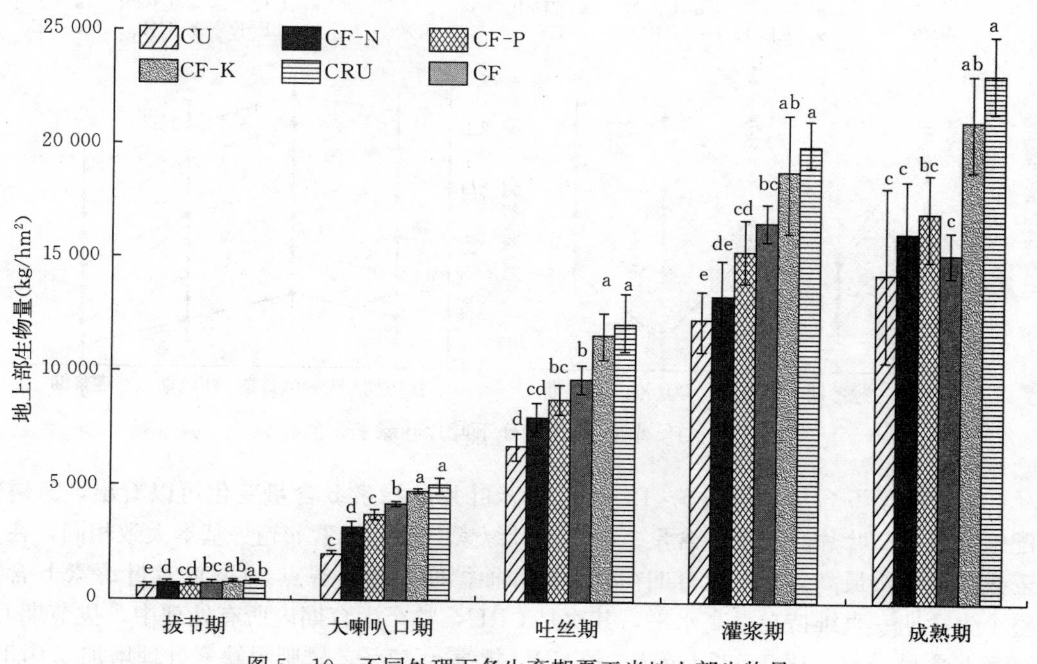


图 5-10　不同处理下各生育期夏玉米地上部生物量

注：不同小写字母表示差异性显著（$P<0.05$）。

维持在最高水平，大喇叭口期、吐丝期及灌浆期和成熟期均为 CF 最高，且大喇叭口期、吐丝期和灌浆期分别显著高于肥料缺素施用处理 4.96%～142.05%、4.41%～79.61%和 6.52%～62.81%，成熟期 CF 地上部生物量较 CRU 增加 10.35%。整个生育期施肥处理中均为 CF－N 最低且灌浆期地上部生物量 CF－N 显著低于其他施肥处理，表明氮、磷、钾三者中，氮素是夏玉米生物量的最大限制因子。小麦-玉米轮作体系中，氮、磷、钾是作物生物量积累的重要限制因子，施肥能够增加作物的地上部生物量，氮、磷、钾合理施用能够显著提高冬小麦和夏玉米地上部生物量，提高干物质积累。

**4. 氮磷钾肥配施对小麦-玉米轮作叶片叶绿素含量的影响**

(1) 叶绿素 a 含量　由小麦-玉米叶片叶绿素 a 含量可以看出（图 5－11），小麦季随着冬小麦的生长发育叶绿素 a 含量呈现先降低再增长而后降低又增长的趋势，表现出 2 个谷点。与小麦变化趋势不同，随着玉米生育期的推进，叶片叶绿素 a 含量先增加后逐渐降低。小麦季叶片叶绿素 a 含量在越冬期最低，随着小麦生育期推进，叶片叶绿素 a 含量逐渐增加，在接近冬小麦拔节期到达最高点，玉米叶片叶绿素 a 含量在玉米大喇叭口期到达最高点，然后逐渐降低。小麦-玉米轮作体系中，植株叶片叶绿素 a 含量随着生育期呈现不同的变化趋势，但 CF 和 CRU 始终维持最高水平，尤其小麦抽穗期前后处理间差异最大，CF 叶片叶绿素 a 含量较 CRU 提高 2.36%，较 CK 提高 127.44%，在玉米生长发育过程中，各处理间差异变化较稳定，叶片叶绿素 a 含量始终维持 CF＞CRU＞CF－K＞CF－P＞CF－N 的趋势。综合小麦季和玉米季叶片叶绿素 a 含量变化趋势可以看出，氮磷钾肥合理配施能够提高小麦和玉米叶片叶绿素 a 含量，改善作物光合作用。

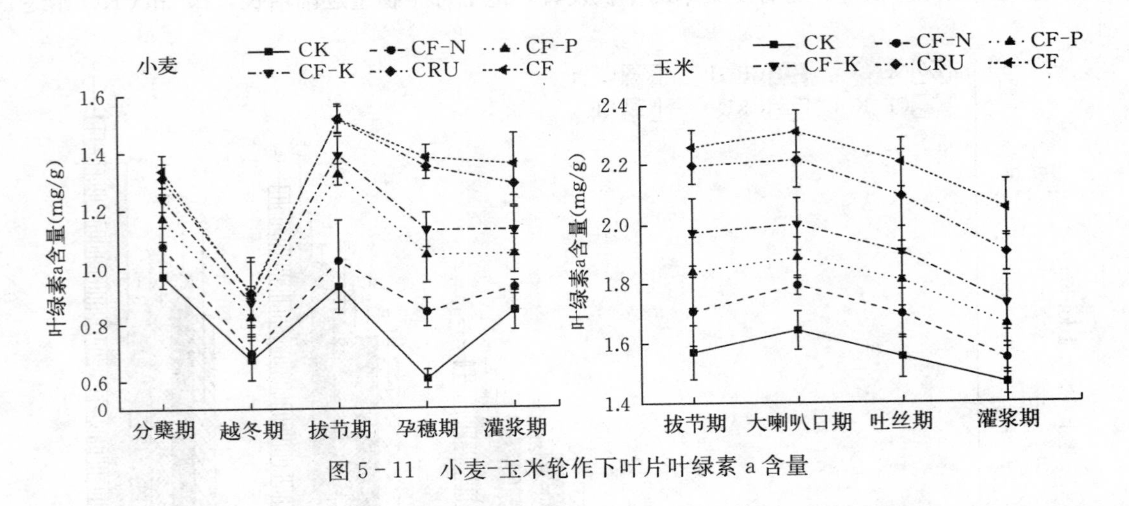


图 5－11　小麦-玉米轮作下叶片叶绿素 a 含量

(2) 叶绿素 b 含量　由图 5－12 小麦-玉米叶片叶绿素 b 含量变化可以看出，氮磷钾肥配施能够提高叶片叶绿素 b 含量。冬小麦叶绿素 b 与叶绿素 a 趋势基本大致相同，在冬小麦拔节期含量最高，整个生育期在分蘖期和抽穗期呈两个谷点。CF 叶片叶绿素 b 含量在整个生育期一直维持在最高水平，其次是 CRU，整个生育期内所有处理中，拔节期 CF 叶绿素 b 含量最高，达 0.537 mg/g，较 CRU 提高 4.57%，较肥料缺素处理增加 0.073～0.194 mg/g。与冬小麦叶绿素 a 含量的多谷点变化趋势不一样，夏玉米叶片叶绿素 b 含量呈整体逐渐下降的趋势。整个生育期夏玉米叶片叶绿素 b 含量均为 CF 和 CRU 最高，缺素施肥处理叶片叶绿素 b 含量由小到大依次为 CF－N＜CF－P＜CF－K。CF 与 CRU 间大小随生育期推进逐渐减少，拔节期 CF 叶绿素 b 含量达 0.825 mg/g，较 CRU 增加 4.14%。氮、磷、钾素能够影响冬小麦和夏玉米叶绿素 b 含量，氮磷钾肥合理施用能够提高小麦-玉米轮作下作物叶片叶绿素 b 含量。

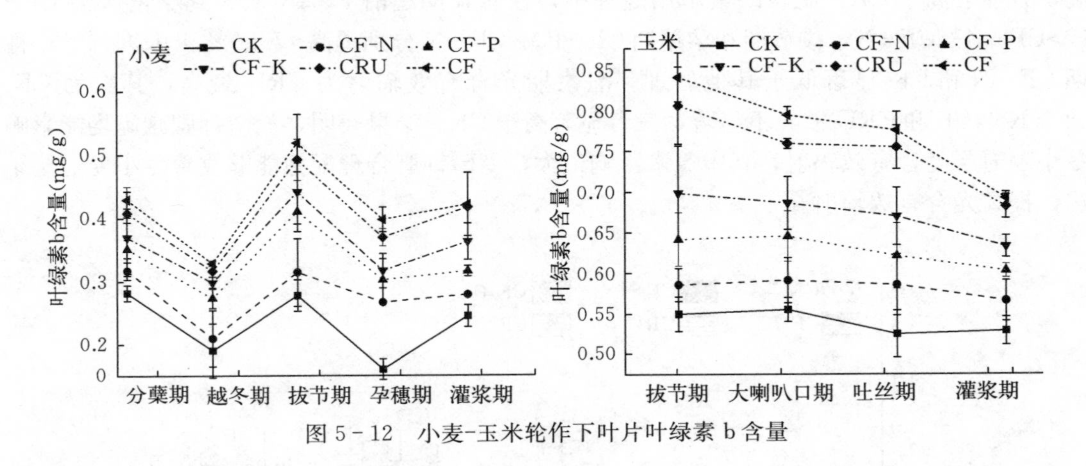


图 5－12　小麦-玉米轮作下叶片叶绿素 b 含量

（3）类胡萝卜素含量　由图 5－13 可知，氮磷钾肥合理施用能够有效提高冬小麦和夏玉米叶片的类胡萝卜素含量。随着生育期的推进，冬小麦叶片类胡萝卜素含量在播种后越冬期左右降到最低，然后逐渐增加，在抽穗期后逐渐降低，整体呈先降低后增加再降低的趋势。CRU 和 CF 在生育前期类胡萝卜素含量差异较小，在冬小麦拔节期后逐渐拉开差距，抽穗期 CF 类胡萝卜素含量较 CRU 增加 4.72%，灌浆期 CF 类胡萝卜素含量较其他处理增加 4.52%～65.32%。夏玉米季叶片类胡萝卜素含量呈先降低后增加的趋势，在夏玉米吐丝期左右达最低，其中 CF 含量最高，达 0.333 mg/g，较其他处理增加 3.77%～10.52%。各处理叶片类胡萝卜素含量在整个生育期内均为 CF 最高，CK 最低，灌浆期 CF 叶片类胡萝卜素含量较其他施肥处理提高 3.55%～35.46%且施肥处理中，CF－N 叶片类胡萝卜素含量始终低于其他处理。

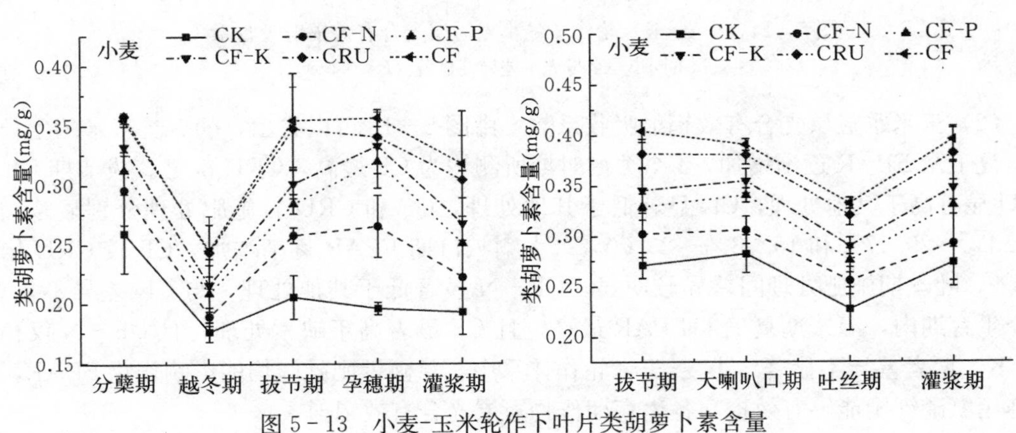


图 5－13　小麦-玉米轮作下叶片类胡萝卜素含量

**5. 氮磷钾肥配施对小麦-玉米轮作冠层光合有效辐射的影响**

（1）小麦季冠层光合有效辐射吸收系数　由各生育期冬小麦冠层光合有效辐射（图 5－14）可以看出，氮磷钾肥合理施用能够改善作物冠层结构，提高冬小麦冠层光合有效辐射。越冬期光合有效辐射吸收系数（FPAR）为 CF 最高，较 CRU 增加 8.10%，较 CK、CF－N 显著增加 30.83%和 29.44%。拔节期、孕穗期和灌浆期 FPAR 均表现为 CF 和 CRU 最高，且显著高于 CK。肥料缺素施用处理中，在灌浆期之前 FPAR 从大到小依次为 CF－P＞CF－K＞CF－N，拔节期和孕穗期 CF－P 较 CF－N 分别提高 17.96%和 9.96%，孕穗期 CF－N 和 CK 显著低于其他处理。灌浆期光合有效辐射为 CRU 最高，其次为 CF，CF－K 与CF 和 CRU 差异不显著，三者显著高于 CK。结果表明，氮磷钾肥减施均能影响冬小麦冠层光合有效辐射，其中氮素影响最大，氮磷钾肥合理配施能够改善冬小麦冠层结构，提高光合有效辐射。

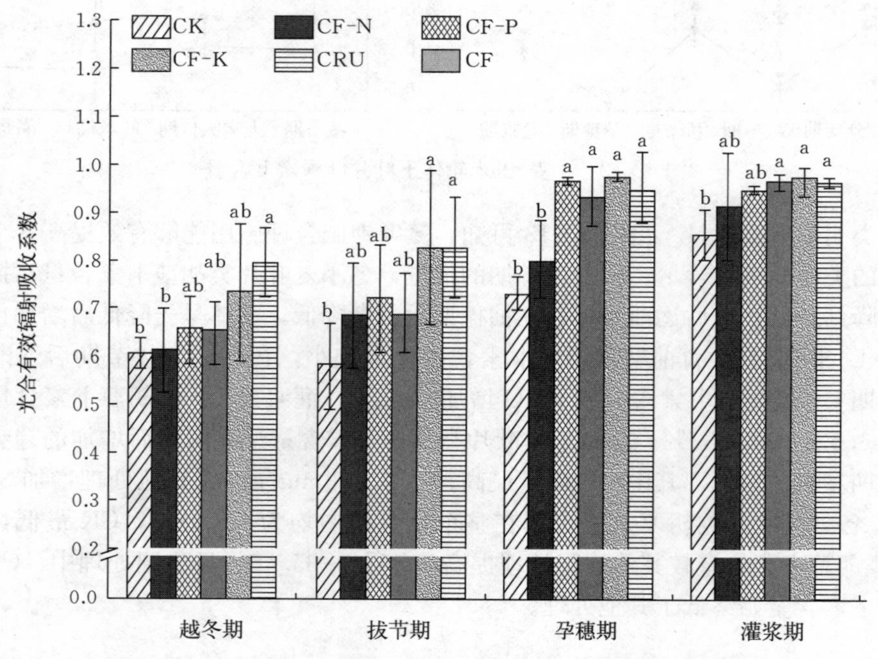


图 5－14　小麦-玉米轮作下冬小麦冠层光合有效辐射吸收系数

注：不同小写字母表示差异性显著（$P<0.05$）。

（2）玉米季冠层光合有效辐射吸收系数　由图 5－15 可以看出，随着夏玉米的生长发育，夏玉米 FPAR 逐渐增加，4 个关键时期所测均为 CF 最高，CRU 次之。拔节期 CF 和 CRU 显著高于其他处理，CK 显著低于其他处理，CF 和 CRU 较施肥处理分别显著增加 19.23%～29.17%和 15.38%～25.00%。大喇叭口期 FPAR 逐渐增加，CF 较 CRU 增加 2.8%，吐丝期施肥处理间差异较明显，CF－N 显著低于其他处理，与 CK 差异不显著。整个生育期内，灌浆期夏玉米 FPAR 最高，且 CF 显著高于缺素处理，且 CF－N 仅稍高于 CK，两者差异不显著。小麦-玉米轮作体系中，氮磷钾肥减施均能影响作物 FPAR，合理施用氮磷钾肥能够有效提高各生育期作物冠层光合有效辐射。

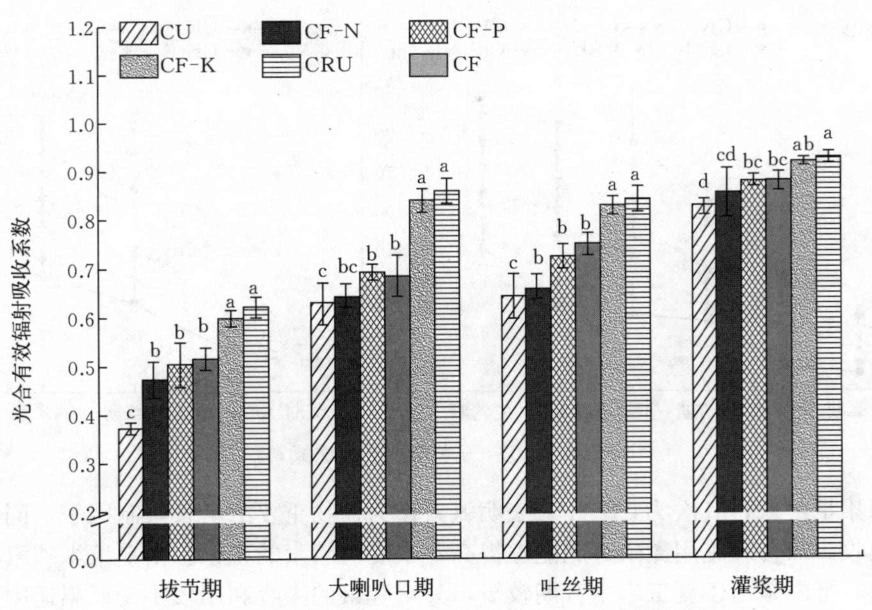


图 5-15　小麦-玉米轮作下夏玉米冠层光合有效辐射吸收系数

注：不同小写字母表示差异性显著（$P<0.05$）。

**6. 氮磷钾肥配施对小麦-玉米轮作下养分积累的影响**

（1）植株氮积累量　由图 5-16 可以看出，氮磷钾肥不合理施用能够影响冬小麦和夏玉米对氮素的吸收积累。冬小麦对氮素的吸收和积累随着生长发育逐渐增加，各处理间差距也逐渐加大。在越冬期到拔节期和拔节期到抽穗期两个阶段氮素积累速度最大，且拔节期为 CRU 氮素积累量最大，较 CRU 增加 1.71 kg/hm$^2$，抽穗期 CF 升至最高，且较 CRU 增加 9.20%。抽穗期后氮素积累速度减缓，但 CF 始终积累量最高，CRU 其次。成熟期施肥处理氮素积累量由大到小依次为 CF＞CRU＞CF-K＞CF-P＞CF-N，其中 CF 较 CRU 增加 10.54%，较 CF-N 显著增加 94.20%。由图 4-16 可知，夏玉米对氮素的积累量生育初期增长迅速，在灌浆期后氮素积累速度逐渐减慢，趋于平缓。夏玉米生长过程中，CF 氮素积累量最高，CRU 其次。CF 与 CRU 较 CK 各生育期分别显著增加 130.23% 和 153.00%、306.91% 和 354.59%、166.01% 和 219.62%、123.22% 和 158.82%、124.43%和 163.79%。在吐丝期到灌浆期内，肥料减施处理氮素积累量从小到大依次为 CF-N＜CF-P＜CF-K，吐丝期和灌浆期 CF 较以上三处理分别增加 76.61%～131.49%和 46.53%～122.99%。成熟期 CF-N、CF-P 和 CF-K 较 CF 氮素积累量降低 45.58%、36.76%和 44.72%。

（2）植株磷积累量　由图 5-17 小麦-玉米磷素积累量动态可以看出，随着生育期的推进，冬小麦和夏玉米磷素积累量均逐渐增加且在成熟期达到最大积累量。冬小麦磷素积累量在分蘖期到越冬期增长缓慢，而后越冬期到拔节期增长加速，而抽穗期至灌浆期增长有所减缓后灌浆期至成熟期又有所增加。由图 5-17 还可以看出，拔节期以前，CF 和 CRU 以及 CF-N、CF-P、CF-K 间均差异不明显，抽穗期 CF 较其他施肥处理增加 14.66%～120.95%，较 CK 显著增加 143.61%。整个冬小麦生育期内，施肥处理中 CF-

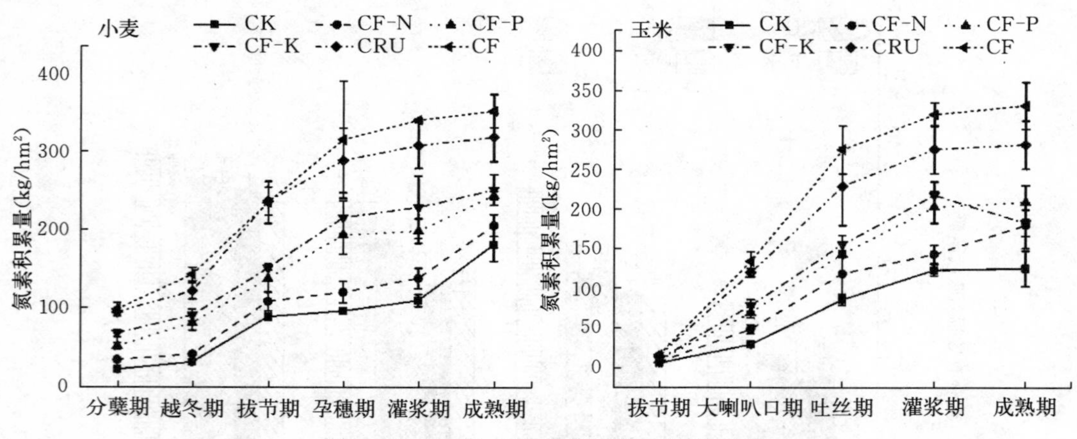


图 5-16 小麦-玉米轮作下植株氮素积累

N 磷素积累量最低，其次为 CF-P。表明氮素作为作物重要的生长限制因子，同样能影响磷素的吸收。而合理施用氮磷钾肥能够提高冬小麦对磷素的积累。由夏玉米磷素积累动态可以看出，可能是由于夏玉米生育期较短，其对磷素的吸收利用较小麦积累速度更快，各处理磷素积累量几乎呈直线增加。整个生育期内，磷素积累量均为 CF 最高，其次为 CRU，肥料缺素施用处理中，CF-K 磷素积累量最高。而 CF-N、CF-P 和 CF-K 在灌浆期后磷素积累速度有所减缓。在夏玉米的生育期内，夏玉米对磷素的积累逐渐增加，在灌浆期到成熟期内 CF 磷素积累量最大，占磷素总积累量 36.13%，CF-N、CF-P 和 CF-K 磷素积累量分别占总积累量 29.99%、19.81%和 28.18%。施肥处理成熟期磷素总积累量由大到小依次为 CF>CRU>CF-N>CF-K>CF-P。

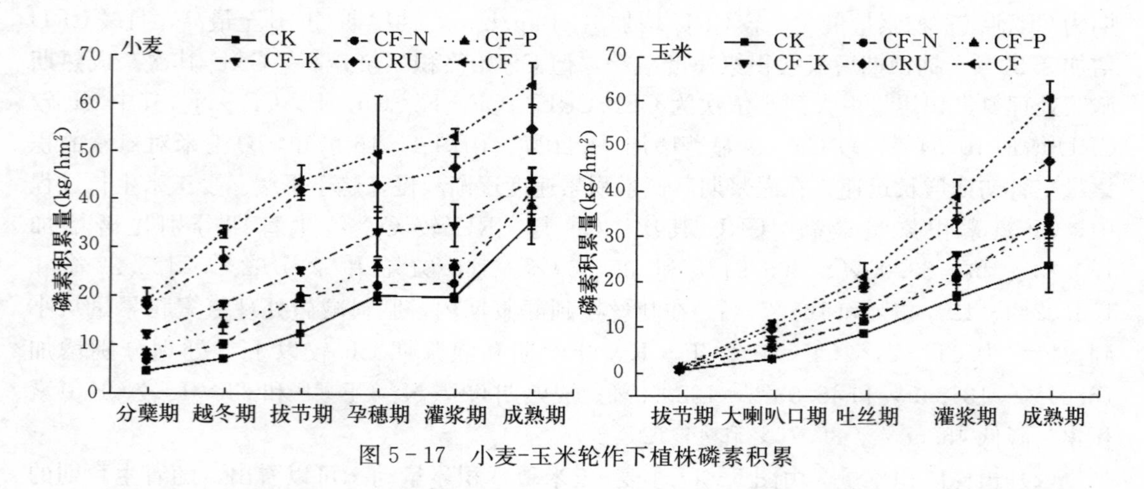


图 5-17 小麦-玉米轮作下植株磷素积累

（3）植株钾积累量 植物体内钾素的多少直接影响作物的抗逆性，由图 5-18 可知，氮磷钾肥合理配施能够提高冬小麦和夏玉米对钾素的积累。冬小麦在播种后分蘖期到越冬期钾素积累最慢，在分蘖期到越冬期间气温降低，生长缓慢，钾素积累少。越冬期到拔节期冬小麦钾素积累速度最大，各处理钾素积累量占整个生育期 28.28%～55.60%，拔节期 CF 钾素积累量较其他施肥处理增加 2.71%～164.02%。拔节期后冬小麦钾素积累速度减慢，而后在抽穗期到灌浆期和灌浆期到成熟期积累速度加速，两阶段各处理钾素积累量分别占冬小麦钾素积累总量的1.51%～18.70%和5.87%～25.41%。冬小麦钾素总积累量为CF最高，CRU其次，CF较其他处理增加37.74%～165.37%。随着生育期推进，夏玉米钾素积累量逐渐增加，增长速度由快到慢，逐渐降低。夏玉米钾素积累在生育前期增长迅速，在吐丝期后增长速度减慢，大喇叭口期到吐丝期内各处理钾素积累量占夏玉米钾素总积累量38.89%～51.72%。整个生育期内，CF和CRU钾素积累量始终高于其他处理，且CK最低。施肥处理中钾素积累总量由大到小依次为CF>CRU>CF-P>CF-N>CF-K，施肥能够促进夏玉米对钾素的积累，而氮磷钾肥合理施用则能进一步增加钾素吸收积累。

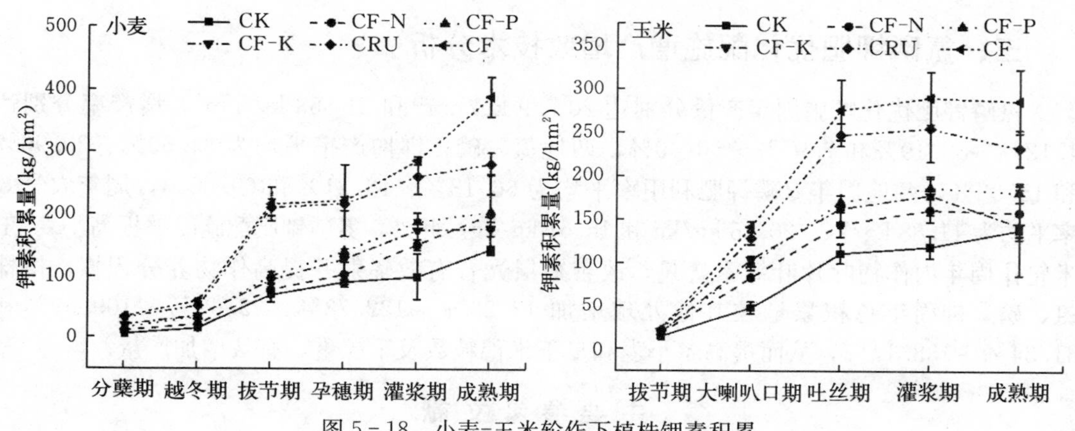


图5-18　小麦-玉米轮作下植株钾素积累

**7. 氮磷钾肥配施对小麦-玉米养分利用效率的影响**

由表5-14小麦-玉米养分利用效率可以看出，氮磷钾肥合理配施能够促进作物对氮、磷、钾的吸收利用。2017—2018年度，鹤壁小麦季CRU氮磷钾肥农学效率较CF分别高0.77 kg/kg、2.31 kg/kg和2.07 kg/kg，CF氮磷钾肥利用率较CRU分别增加7.50%、9.51%和16.67%，同时CF百千克籽粒需氮量较CRU增加3.61%。鹤壁玉米季氮磷钾肥利用率CRU较CF分别增加1.68%、0.24%和2.19%，氮钾肥百千克籽粒需要量分别增加0.27 kg、0.05 kg。2018—2019年度，温县小麦季CF氮磷钾肥农学效率较CRU增加0.53 kg/kg、1.21 kg/kg和1.41 kg/kg，玉米季CF较CRU氮钾肥农学效率分别增加7.10 kg/kg和6.56 kg/kg，氮磷钾肥百千克籽粒需要量分别增加0.09 kg/kg、0.12 kg/kg和0.19 kg。

**表5-14　氮磷钾肥配施对小麦-玉米养分利用的影响**

| 地点 | 作物 | 处理 | 农学效率(kg/kg) | | | 肥料利用率(%) | | | 百千克籽粒养分需求量(kg) | | |
|---|---|---|---|---|---|---|---|---|---|---|---|
| | | | N | $P_2O_5$ | $K_2O$ | N | $P_2O_5$ | $K_2O$ | N | P | K |
| 鹤壁 | 小麦 | CRU | 5.54 | 7.06 | 4.90 | 26.21 | 26.94 | 46.37 | 3.60 | 1.06 | 3.14 |
| | | CF | 6.31 | 9.37 | 6.97 | 33.71 | 36.45 | 63.04 | 3.73 | 1.08 | 3.21 |
| | 玉米 | CRU | 10.98 | 15.33 | 6.94 | 32.89 | 21.62 | 23.46 | 2.41 | 0.92 | 1.46 |
| | | CF | 9.88 | 16.46 | 7.16 | 31.21 | 21.38 | 21.27 | 2.14 | 0.93 | 1.41 |

（续）

| 地点 | 作物 | 处理 | 农学效率 (kg/kg) | | | 肥料利用率 (%) | | | 百千克籽粒养分需求量 (kg) | | |
|---|---|---|---|---|---|---|---|---|---|---|---|
| | | | N | $P_2O_5$ | $K_2O$ | N | $P_2O_5$ | $K_2O$ | N | P | K |
| 温县 | 小麦 | CRU | 15.03 | 13.33 | 13.11 | 46.93 | 34.84 | 38.58 | 3.64 | 0.63 | 3.27 |
| | | CF | 15.56 | 14.54 | 14.52 | 60.92 | 43.01 | 38.59 | 3.98 | 0.73 | 4.46 |
| | 玉米 | CRU | 11.16 | 19.41 | 8.26 | 48.49 | 20.77 | 43.18 | 2.52 | 0.84 | 2.06 |
| | | CF | 18.26 | 19.29 | 14.82 | 52.10 | 39.43 | 53.18 | 2.61 | 0.96 | 2.25 |

## 三、氮磷钾肥优化配施增产增效技术分析

氮磷钾肥优化配施周年产量分别达 20 759 kg/hm$^2$ 和 21 563 kg/hm$^2$，增产率分别达 4.12%～36.19%和 7.97%～50.40%，两地氮、磷、钾增产率平均为 34.60%、20.96%和 15.32%，两地周年氮磷钾肥利用率平均为 66.13%、13.81%和 69.60%，周年农学效率平均为 11.88 kg/kg、20.35 kg/kg 和 15.61 kg/kg。此外，氮磷钾肥配施能够提高小麦-玉米轮作周年内作物叶片叶绿素含量，改善冠层光合有效辐射并提高作物养分积累，植株氮、磷、钾周年总积累量较其他处理增加 13.83%～122.73%、22.69%～109.69%和 31.34%～138.14%，从而提高冬小麦和夏玉米穗粒数及千粒重，有效增加产量。

## 主要参考文献


陈防，张过师，2015. 农业可持续发展中的“4R”养分管理研究进展 [J]. 中国农学通报，31 (23)：245 - 250.

韩燕来，赵士诚，王宜伦，等，2006. 包膜肥料 ZP 氮素释放特点及在夏玉米上的施用效果 [J]. 土壤通报，3：530 - 532.

胡霭堂，2003. 植物营养学 [M]. 2 版 . 北京：中国农业大学出版社 .

黄绍敏，宝德俊，皇甫湘荣，等，2006. 长期定位施肥小麦的肥料利用率研究 [J]. 麦类作物学报，26 (2)：121 - 126.

巨晓棠，谷保静，2014. 我国农田氮肥施用现状、问题及趋势 [J]. 植物营养与肥料学报，4：783 - 795.

李红莉，张卫峰，张福锁，等，2010. 中国主要粮食作物化肥施用量与效率变化分析 [J]. 植物营养与肥料学报，16 (5)：1136 - 1143.

刘娇，刘举，苏瑞光，等，2015. 河南省小麦玉米生产现状、问题与对策 [J]. 农学学报，5 (1)：5 - 9.

孙文涛，汪仁，安景文，等，2008. 平衡施肥技术对玉米产量影响的研究 [J]. 玉米科学，16 (3)：109 - 111.

谭金芳，2003. 作物施肥原理与技术 [M]. 北京：中国农业大学出版社 .

谭金芳，韩燕来，2012. 华北小麦-玉米一体化高效施肥理论与技术 [M]. 北京：中国农业大学出版社.

王春虎，杨文平，2011. 不同施肥方式对夏玉米植株及产量性状的影响 [J]. 中国农学通报，27 (9)：305 - 308.

王宜伦，李潮海，谭金芳，等，2011. 氮肥后移对高产夏玉米产量及氮素吸收和利用的影响 [J]. 作物学报，37 (2)：339 - 347.

徐洋，杨帆，张卫峰，等，2019. 2014—2016 年我国种植业化肥施用状况及问题 [J]. 植物营养与肥料学报，25 (1)：11 - 21.

张睿，文娟，王玉娟，等，2011. 渭北旱塬小麦高效施肥的产量及水分效应［J］. 麦类作物学报，31（5）：911－915.

张卫峰，马林，黄高强，等，2013. 中国氮肥发展、贡献和挑战［J］. 中国农业科学，46（15）：3161－3171.

赵鹏，王宜伦，2017. 黄淮海夏玉米营养与施肥［M］. 北京：中国农业出版社.

中华人民共和国统计局，2018. 中国统计年鉴［M］. 北京：中国统计出版社.

Cassman K G，Dobermann A，Walters D T，et al，2003. Meeting cereal demand while protecting natural resources and improving environmental quality［J］. Annual Review of Environment and Resources，28（1）：315－358.

Chuan L M，He P，Jin J Y，et al，2013. Estimating nutrient uptake requirements for wheat in China［J］. Field Crops Research，146：96－104.

Ji Y，Liu G，Ma J，et al，2014. Effects of urea and controlled release urea fertilizers on methane emission from oaddy fields：A multi－year field study［J］. Pedosphere，24（5）：662－673.

Miao Y X，Stewart B A，Zhang F S，2011. Long－term experiments for sustainable nutrient management in China. A review［J］. Agronomy for Sustainable Development，31（2）：397－414.

本章作者：王宜伦，李岚涛

Chapter 6 第六章

# 黄淮海小麦-玉米周年丰产增效耕层土壤调控研究

## 第一节　黄淮海地区农业生产概况与水资源现状

全球大气环流模型（Global Circulation Models，GCM）预测，到21世纪末全球平均气温将上升2～4 ℃，而降水量除了赤道区域以外将进一步减少，干旱程度将持续增强，干旱持续时间将持续增加，随着全球人口急剧增加和气候剧变（气温升高、干旱频发等），未来农业、工业、生活和环境等对水资源的竞争利用态势将会越来越激烈（Fuhrman et al.，2020）。农业作为支撑国民生产生活的支柱产业，其重要性不言而喻，我国农业水资源消耗量占全国水资源总消耗量的60%以上，而水资源利用效率依然很低（Song et al.，2020）。黄淮海地区是我国重要的农业生产基地和商品粮生产基地，也是我国最重要的农作区之一，该地区处于北纬32°～40°、东经114°～120°，地势低平，平均海拔50 m以下，由于耕作历史悠久，逐步形成了熟化度较高的优良农业土壤。随着全球变暖和积温上升及水肥条件改善等因素影响，自20世纪70年代后期以来，黄淮海地区作物种植模式逐步由两年三熟制转变为小麦-玉米复种连作一年两熟制。长期高强度农作制度，导致该地区水资源危机进一步加剧，并且土壤肥力水平出现不可持续性降低（黄峰等，2019）。长期以来，黄淮海区域冬小麦播种面积分别占全国冬小麦种植面积的60.8%，夏玉米播种面积占全国玉米播种面积的28.7%，小麦种植面积和产量均居全国之首，玉米产量占全国玉米总产量的1/6。在全球气候变化、温度逐步升高、干旱程度加剧、干旱持续时长增加的背景下，保持该地区冬小麦、夏玉米产量并减缓干旱带来的减产问题等，对于保障该地区乃至全国粮食安全具有非常重要的意义。2019年全国农业用水达到3 682.3 $m^3$，占全国用水总量的61.2%，全国耕地平均每667 $m^2$ 实际灌溉用水量368 $m^3$，而农业用水效率却非常低，水分生产率只有0.8 $kg/m^3$，渠系和农田灌溉水有效利用系数仅有0.559。从世界范围来看，以色列和美国的农田水分生产率分别为2.32 $kg/m^3$ 和2.0 $kg/m^3$，并且以色列预计未来可达到4.0 $kg/m^3$ 左右，可见我国与发达国家的水分生产率相比，仍然具有很大的差距（操信春等，2012）。因此，在该地区实现降水、灌溉水等水资源的持续高效利用，并在长期高强度种植模式下稳定并逐步提升土壤肥力水平，以此实现冬小麦、夏玉米可持续生产将是该地区农业发展的方向。

### 一、黄淮海地区两熟制耕作体系

我国降水和地表水资源在时间和空间上分布严重不均，黄淮海地区又是我国主要的粮食生产基地，小麦-玉米两熟制轮作复种模式在保障国家粮食安全，促进我国农业发展中具有举足轻重的作用。黄淮海地区农业生产中节约用水一方面应着眼于充分利用天然降水资源，另一方面应在提倡节约用水的基础上，使作物最大限度利用灌溉水资源，大力发展节水农业，提高水分生产率，实现节水、增产、高效等多重目标。节水农业可以理解为在农业生产过程中的全面节水，着力提升水分利用效率，主要包括工程节水、农艺节水和生物节水等多个方面，而以耕作措施、灌溉技术、化学调控等为核心的农艺节水措施在农业生产中应用最为广泛。通过发展节水农业使我国农业摆脱水危机，在作物产量不降低或者增加的情况下提高作物水分利用效率，降低耗水量，对生态环境具有显著改善作用的农艺节水措施是目前农业生产过程中应对水资源危机最有效的手段。

从耕作制度角度分析，黄淮海地区典型的耕作制度为小麦-玉米两熟制轮作复种模式，此耕作模式主要以冬小麦播前深耕为主，其后采用浅旋耕或耙耱并辅以打畦形成小区畦灌的方式进行冬小麦生产。由于夏玉米种植期与冬小麦收获期紧密衔接，冬小麦机械收获后采用免耕的方式在小麦田直接机械播种。黄淮海地区以冬小麦播前深耕，夏玉米免耕为核心的耕作方式连年进行作物两熟种植，从时间尺度来衡量可以看出耕作频率为每年一次深耕，冬小麦秸秆抛撒还田、留茬覆盖等措施配套实施。从物质循环角度分析，该模式突出了收获物多层多级获取，归还率非常低。因此，如何通过适宜的耕作措施辅以秸秆还田等技术手段实现降低耕作频率、提高物质归还率，实现小麦-玉米两熟制作物高产高效是促进该地区粮食作物可持续生产的关键所在。

保护性耕作是一种新型的栽培农业节水措施，是以秸秆覆盖以及少耕、免耕为主的耕作方式，同时也是促进旱地农业发展的一项重要措施，其效果显著，应用范围在世界上得到普遍推广，越来越受世界各地的关注。如何在黄淮海地区小麦-玉米轮作复种模式中突出保护性耕作的作用，并进一步改进或改良保护性耕作措施，创新集成适宜黄淮海地区粮食作物生产的保护性耕作体系是实现节水、节肥、绿色、高效生产的核心。

黄淮海地区农业发展为国家粮食和食品安全作出了突出贡献，但是必须认识到这种成就是在水资源极为短缺的条件下取得的，这种以水资源换取粮食生产发展的模式也带来了诸多生态环境负效应，尤其是近年来地下水超采形成的大幅度水位下降的漏斗问题，严重威胁着该区域灌溉农业的可持续发展。为了彻底改善该区域水资源紧缺和地下水超采问题，近几年黄淮海平原在发展节水型农业中，认真落实习近平总书记在新时期的治水思路，坚持“节水优先、空间均衡、系统治理、两手发力”，实施“以水定地、以水定产、以水定发展”，取得了显著成绩。特别是2014年以来中央财政启动了“节水限采”试点行动，以“节、引、蓄、调、管”五大工程为治理思路，大力发展节水灌溉，合理引用外调水，着力调整种植结构，因地制宜、因水制宜，禁限采管理、水位水量双管控和完善法规体系，形成从水源到田间、从工程到农艺、从建设到运行的综合治理体系，这些措施在黄淮海区域农业发展中取得了显著成效。未来，黄淮海平原农业用水会进一步向工业城镇转移，水资源短缺将是制约华北农业可持续发展的关键因素，如何协调作物生产-水资源-生态环境三者之间的关系、发展水资源短缺条件下的适水农业已成为一个亟须解决的重大课题。

因此，黄淮海区域实现农业可持续发展的首要任务是提高水分利用效率，在促进降水资源高效利用的基础上逐步实现节水灌溉水分生产率进一步提升，使我国的农业生产实现高产稳产和节水高效并举的目标，大幅度提高我国的水资源利用率，对于缓解我国水资源供需矛盾具有重要的战略意义。

## 二、黄淮海地区两熟制土壤耕作体系实现节水增效的技术途径

可持续农业生产的目标在于维持稳定的土壤养分和水分供应能力，以此目标为核心的作物高产稳产与良好的土壤结构和肥力状况息息相关，在高强度农业种植模式下如何保持并提高土壤肥力和持水能力是确保粮食安全和农业可持续发展的重要任务。土壤耕作直接作用于土壤，通过改变土壤结构，改善土壤水分条件，促进土壤养分的循环与转化，为作物创造良好的耕层环境，从而促进植株的生长和水分、养分吸收运转。大量研究表明，以少耕、免耕结合秸秆还田措施的保护性耕作不仅能有效减少土壤养分流失，增加土壤储水量，而且能够提高土壤养分供应能力，改善土壤生物学活性，提高养分利用效率进而实现产量增加的目标（Peng et al.，2020；Cooper et al.，2020；Wang et al.，2014）。同时，免耕措施和秸秆覆盖相结合能够延缓小麦叶片的衰老，降低旗叶叶绿素降解，改善其光合特性，从而使干物质积累量增加并提高冬小麦产量（Guan et al.，2014；Shi et al.，2016）。然而，免耕也有其局限性，随着免耕持续时间延长，会产生不利于作物生长的土壤环境。如长期免耕或深松秸秆覆盖后会出现养分及杂草种子在土壤表层富集，导致大量杂草丛生，与作物竞争养分，从而影响作物产量，并且表层营养元素富集易形成作物早衰、倒伏问题加重，降低作物产量。连年深耕又容易引起耕层养分下移，甚至会造成硝态氮淋失，并且连续深耕增加了动力消耗，提高了种植作业成本并催生农业碳排放加剧（Cooper et al.，2020，Kuhn et al.，2016，Asmamaw，2016）。针对连续单一耕作模式存在的问题，国内研究人员提出轮耕概念并建立了适应不同区域的土壤轮耕技术体系（李荣等，2015；孔凡磊等，2014；于淑婷等，2017；关小康等，2018）。土壤轮耕继承并发扬了深耕、免耕等耕作方式的优点，可以有效避免长期单一耕作模式下的不利因素，并通过秸秆还田技术有效促进土壤培肥，对维持农田土壤健康具有重要作用。

前人针对轮耕技术体系进行了大量研究，如蒋向等（2012）研究发现，旋耕两年后再深耕的轮换，不仅打破了连续旋耕形成的犁底层，而且也未造成新犁底层。李娟等（2015）研究表明免耕/深松、深松/翻耕和翻耕/免耕的轮耕模式较连续翻耕有利于提高0～60 cm土壤有机质和全氮含量，和连续免耕比较土壤养分含量在耕层及耕层以下土层分布更为均匀。在长期免耕的农田上进行轮耕有助于改良土壤结构、土壤水气热状况，从而达到增产的效应（王倩，2018；祝飞华等，2015）。轮耕体系中加入深耕措施，并在适度时间尺度范围内进行免耕，深耕能够打破犁底层，降低深层土壤容重，增加土壤孔隙度，为作物根系生长创造疏松深厚的土壤环境（Wang et al.，2014），深耕/免耕模式可以减少土壤扰动和改善土壤结构。此外，秸秆还田可以改善土壤结构，蓄水保墒，提高土壤肥力，促进养分循环，提高作物的产量（Zhao et al.，2017）。土壤物理结构的变化、养分及水分状况的改变必然影响植株地上部的生理特性、氮素的积累及转运等，进而影响作物对水分、氮素的利用，以深耕/免耕为主的轮耕模式对作物生长发育、物质积累及氮素运转的影响仍然有待深入研究。

## 三、保护性耕作概念及其发展历程

保护性耕作的定义在国际上尚无统一概念，2002 年我国农业部将保护性耕作定义：对农田实行免耕、少耕，尽可能减少土壤耕作（减少到种子能够出苗即可），并将作物秸秆覆盖地表，减少土壤风蚀、水蚀，提高土壤肥力和抗旱能力的一项先进农业耕作技术。遵循少动土、少裸露原理（高旺盛，2007）。与传统耕作相比，保护性耕作主要是免耕或少耕，并结合秸秆覆盖，覆盖率至少达到 30%，可有效保持水土，有利于土壤蓄水保墒、培肥地力的一种耕作方式。保护性耕作作为一种新型的耕作技术，前期主要以免耕为主，但是随着研究的深入和耕作年限的延长，发现免耕只适合部分区域，在部分区域甚至容易产生不利于作物生长的土壤条件，因此不同的保护性耕作技术模式应运而生。

土壤保护性耕作技术最早源于美国，起因于 20 世纪 30 年代震惊世界的黑风暴事件（Kuhn et al.，2016）。由于国情的差别，西方国家可以不需要过多考虑产量和经济效益等因素发展保护性耕作，目前美国、加拿大、澳大利亚、巴西、阿根廷等国家的应用面积已占本国耕地面积的 40%～70%。2004 年美国实行免耕、垄作、覆盖耕作和少耕的耕地占全国耕地的 62.2%，而常规耕作面积为 37.8%，传统耕作所占的比例呈现下降趋势，免耕所占比例出现逐年上升状况。在我国面临人口数量巨大、水资源短缺、地域差异较大等一系列问题的形势下，要形成符合我国国情的可持续发展的保护性耕作方法。我国正式对保护性耕作进行试验和研究历史短、起步晚，耕地面积大，推广应用面积少，仅占全国耕地面积的 2.2%，说明我国对保护性耕作技术和结合不同生态类型区域选择保护性耕作技术需要进行更深入的探索和研究（高旺盛，2007）。

我国的保护性耕作研究无论从广度、深度乃至宣传推广力度上均与国际先进水平存在差距，作为一种新型农业生产技术措施，保护性耕作与自然条件、区域资源状况、农业主导产业等有着密切的关系。由于长期受我国传统农业耕作方式的影响以及我国农业生产具有小农户、小规模、小尺度的特征，再加上保护性耕作技术对机械一体化的要求程度较高，致使农民主动采用保护性耕作措施的积极性不高。虽然经过多年来科研人员和广大农业机械专家的努力，适用于不同区域的保护性耕作专用中小型农机具研发取得了长足进步，但保护性耕作技术在我国，尤其是东北黑土区、黄淮海潮土区以及长江中下游区域推广应用仍然存在一定局限性。因此，深入研究并进一步揭示适应不同区域农业生产的保护性耕作技术是保障我国耕地质量进一步提升、确保国家粮食安全的有效途径。

## 四、保护性耕作节水原理

### 1. 通过调控土壤物理结构促进保水蓄水

土壤是植物生长的基地，也是人类赖以生存的不可更新性自然资源。土壤耕作主要依赖于人类通过一定的机械力、生物力、自然力或人力等作用，使土壤改变其固有的状态，从而为作物的生长发育提供较适宜的生长环境。有机物料添加作为一种有效改良土壤环境的措施被广泛应用于农业生产系统中，秸秆作为一种普遍的有机物料资源，是农作物系统生产过程中一项重要的生物质材料。我国农作物秸秆资源丰富，几乎每个省份农业生产中均有大量秸秆残余，庞大储量和生产量以及覆盖面使得秸秆供应能力表现出非常宽广的应用潜力。从当前工农业生产水平来看，秸秆资源化利用主要用于体现在四个方面：工业原料，可作为工业化生产酒精、碳基材料的原料；畜牧饲料，秸秆收集后经过发酵等处理形成高质量畜禽饲料进入农牧业循环系统；秸秆还田，通过作物秸秆原位还田腐解或异地还田腐熟增强土壤质量，提高土壤有机质含量，促进土壤质量提升；生活能源，农村区域在缺少生活燃料和能源的情况下燃烧秸秆获取一定生活能源。以上四方面秸秆资源化利用从核心来看，只有秸秆还田可在较少环境代价的前提下获取更多更优质的资源，并且能够实现环境和农业生产方面的可持续性发展。然而，我国农田秸秆还田率不足50%，与美国、欧洲等国家高达90%以上的秸秆还田率相比，其推广应用还具有很大的发展潜力（Guan et al.，2020）。大量研究表明，由于有机物料的添加，秸秆还田后改良了土壤物理结构，土壤的透水性和保水性能增加，而且土壤稳定入渗速率和土壤持水能力均得以大幅度提高，土壤水分入渗量增大，从而有效储存降水、灌溉水等资源（Wang et al.，2017；de Almeida et al.，2018）。还田的秸秆在腐解过程中逐步形成不同粒径的团聚体，使得土壤孔隙度增加，进而使得土壤水分蓄存容量显著提升，以此提高土壤水分有效库容，加之秸秆覆盖还田所形成的表面保护层，能够有效减少地表径流和植株棵间蒸发，提高土壤储水消耗量，降低作物总耗水量（于晓蕾等，2007；王珍等，2010；金友前等，2013）。综合来看，秸秆还田作为一种有效的农艺措施，可以实现改良土壤结构、促进土壤团聚体形成，发挥有效保蓄土壤水分的作用。

保护性耕作中采用以少免耕为核心的耕作体系，适宜的耕作措施不仅可以改善土壤的理化性状，提高土壤质量，同时还能减少温室气体排放，保护环境，维持土壤和作物系统生态平衡，促进作物的生长发育，提高作物产量及抵御气候灾害的能力。少耕或免耕在改善土壤理化性状，改良土壤结构，降低土壤容重，减少水分蒸发，增加土壤孔隙度，提高土壤渗透能力，调节土壤温度变化，增加土壤有机质含量，促进土壤养分供应能力，提高土壤的保水、保肥、透气性方面具有非常显著的成效。大量研究表明，以少耕、免耕结合秸秆还田措施的保护性耕作不仅能有效降低土壤养分深层淋溶流失和土体表面氮素反硝化损耗，增加根系分布层土壤储水量和水分蓄存能力，而且能够提高土壤养分供应能力，改善土壤生物学活性，提高养分利用效率进而增产（Pires et al.，2017；Gómez - Paccard et al.，2015；Li et al.，2020；Wang et al.，2020）。免耕措施在不扰动土壤的情况下进行作物生产，可以减少地表径流，降低土壤无效蒸发，保护水土资源免受风蚀、水蚀侵袭，从而有效地增加土壤蓄水量，提高作物产量以及经济效益（Asmamaw，2016，Naveen et al.，2016，Chu et al.，2016，Zhang et al.，2019）。姚宇卿等（2012）通过10年的长期试验研究表明，深松覆盖能有效提高土壤水分利用效率，尤其是干旱年份能够显著提高作物水分利用效率，提高幅度较常年显著增加，并且在提高水分利用效率的同时10年间降水利用效率平均提高4.73%。王淑兰等（2016）研究也表明免耕/深松、深松/翻耕和翻耕/免耕的轮耕模式较连续翻耕有利于耕层土壤物理结构改善，免耕/深松模式更有利于耕层土壤大团聚体形成和土壤结构稳定，有利于土壤蓄水保墒和作物增产。可见，免耕措施对于增加土壤水分有效性，提高作物根系层土壤含水量，促进作物生长发育和产量形成具有非常显著的效应。

**2. 通过调控土壤温度提高水分生产力**

保护性耕作一方面作用于土壤物理化学结构，促进了土壤水分的蓄存和有效性，从而提高作物产量效益，另一方面能够显著影响农田作物冠层及其土表范围内农田小气候，形成优异的冠层作物环境实现作物生长发育优化调控的效应。土壤温度（地温）是影响作物生长、发育的重要因素，土壤中各种生物化学过程，如微生物活动所引起的生物化学过程和非生命的化学过程，都受土壤温度的影响，而土壤温度对大气温度的响应受年度内及其年际间气候条件、海拔、纬度、土壤类型、耕作措施等因素影响巨大（Kim et al.，2007；Kladivko，2001；Roger - Estrade et al.，2010；Franzluebbers et al.，1995）。农田秸秆覆盖能够有效改善作物冠层小气候，对作物生长具有非常重要的意义，而耕作措施通过间接改良土壤环境对于调节农田土壤温度也具有非常显著的效果，因其优异的调控效应备受国内外研究者及广大农业生产人员的关注。作物秸秆覆盖形成土壤表面覆盖保护层，可以阻碍光照直接到达地面，从而使覆盖土壤温度较不覆盖显著降低，国内外研究结果均表明秸秆覆盖结合免耕或秸秆覆盖单项技术可以降低土壤温度（于晓蕾等，2007，Franzluebbers et al.，1995，Naveen et al.，2021）。从耕作角度来看，免耕是否能够降低土壤温度仍然存在争议。秦红灵等（2007）研究发现免耕地升温和降温都比较缓慢且幅度小，翻耕地日间土壤温度总体高于免耕地。在垂直方向上，土壤温度随土层深度加深而降低，但一天中不同时刻的表现差异显著。土壤温度变化与当时气温呈正相关关系，相关系数大于0.5。与免耕地相比，翻耕地气温与土壤温度的直线回归关系更显著。陈素英等（2005）等研究表明玉米秸秆覆盖冬小麦田后，日最高地温比裸地不覆盖低，日最低地温比裸地不覆盖高，日振幅减小，温度变化较对照平缓；冬季具有提高地温的作用，春季则有降低地温的作用。少覆盖处理3年冬季0～10 cm地温平均提高0.3 ℃/d，春季降低0.42 ℃/d；多覆盖处理3年冬季0～10 cm地温平均提高0.58 ℃/d，春季降低0.65 ℃/d；覆盖处理春季的低温效应，使冬小麦生育期推迟3～7 d。张伟等（2006）在黑龙江省西部干旱区农田探究不同残茬覆盖量对土壤温度变化的影响，发现残茬覆盖对土壤温度具有明显调控作用，具体表现为残茬覆盖能够显著提高土壤温度，但是覆盖对土壤温度的增温效应随着土层深度的增加而减小。国内外研究均表明，秸秆覆盖能够缓冲土壤温度变化，从而实现对土壤温度的调控，以此间接调控作物生长的土壤环境，进而实现对作物生育期内生长发育的调控。

**3. 通过调控冠层微环境促进水肥资源利用**

作物生长发育不只受土壤环境调节，冠层微环境对于作物生长发育和产量形成同样具有重要作用。依赖于保护性耕作措施，在促进土壤调节的同时能够实现对作物冠层性状的调节，从而适宜于作物生长的冠层环境是促进水肥资源有效利用的另一重要方面。从作物冠层环境来看，光照、热量、空气湿度等冠层要素的优化分配是实现调控作物水肥资源高效利用的核心（Liu et al.，2021）。保护性耕作的核心之一——秸秆覆盖可以实现对太阳光进行反射，相较于秸秆不覆盖的裸地土壤，其颜色偏向于较浅的浅色环境，阳光反射率增强，作物叶片不仅能够吸收采集阳光直射所带来的能量，同时叶片背面也能够吸收利用反射而来的光照资源，从而有效提高作物光合速率，增加碳水化合物积累（Ali et al.，2019）。由于反射率提高，作物冠层光环境得到有效改善，环境温度也较秸秆不还田有所提升，对作物来讲，相对优异的冠层温度能够协调作物生长发育，保护植株叶片不受光抑制和热胁迫危害，对于实现有效光合具有显著调节作用（Roohi et al.，2015）。光照、温度联合调控直接影响作物生长微环境中的空气相对湿度，冠层郁闭使得空气湿度过高，容易带来感染病虫害的风险，诸如小麦赤霉病、条锈病、秆锈病、白粉病等，玉米蚜虫、锈病、红蜘蛛等滋生概率提高（Carretero et al.，2010）；冠层优化能够实现通风透光，从而有效降低病虫滋生概率，提高作物产量的稳定性。从长期来看，保护性耕作在促进作物冠层结构优化方面具有非常明显的作用，作物产量稳定性和可持续性能够通过保护性耕作中秸秆还田增加光照和温度，调控作物冠层结构优化冠层微环境进而实现产量波动下降、稳定性增强。

## 五、黄淮海地区实施保护性耕作的可行性

土壤物理结构中诸如容重、团聚体、孔隙度等土壤物理性状会影响土壤水分和土壤温度及其三相比，物理结构的优化又能促进土壤生物化学过程，实现依赖于土壤化学性状的作物调控，在作物表现中体现在调控其生长与发育，最终影响作物产量。黄淮海地区是我国主要的粮食生产基地，该区占据我国耕地面积的18.6%。据统计，全国1/2以上的谷物生产来源于该区域，该区域优异的水肥环境是保证其粮食生产的主要优势。然而，由于长期以来农作制度强度高，使得该区域出现一系列诸如耕层变薄、土壤质量下降、有机质含量降低、土壤供肥能力减弱等问题。虽然保护性耕作在全国大多数区域被证明具有显著的提高土壤水分含量、促进养分转化、缓冲土壤水分变动等效果，对作物产量具有明显的正向提高效应。但是采用保护性耕作依然会带来一些不可避免的缺憾，如残留在地表的作物残茬会对作物播种和出苗产生影响，无法实现一播全苗，作物产量就没有保证。同时，由于土壤机械阻力等作用使保护性耕作与常规耕作相比作物苗期生长有延迟的现象，生育期延迟也易产生气候灾害，对产量形成威胁。

国内外研究均发现，长期采用单一耕作模式容易产生不利于作物生长的土壤条件，长期免耕或深松，秸秆覆盖后会出现养分及杂草种子在土壤表层富集现象，导致作物早衰、倒伏问题加重，降低作物产量（Chan et al.，2005；Fabrizzi et al.，2005；孔凡磊等，2014）。在黄淮海区域周年小麦-玉米轮作复种模式下，每年均实施深耕措施易引起耕层土壤养分下移、犁底层不断加厚，甚至会造成硝态氮淋失。连续深耕一方面增加了大型农业机械动力消耗，提高了农业种植作业成本；另一方面也会导致农田生态系统碳排放加剧（胡立峰等，2005）。前已述及，黄淮海区域小麦-玉米轮作复种模式从时间尺度和耕作体系来看，仍然属于每年均进行深耕的高强度单一耕作方式，针对连续单一耕作模式存在的问题，国内研究人员经过不懈努力和创新试验，通过把保护性耕作纳入耕作体系并提出轮耕的概念，建立了适用于不同区域的土壤轮耕技术体系（高旺盛，2007；张水清等，2012）。

## 六、保护性轮耕技术体系及其效应

目前，耕作技术的核心关注点已经从土壤耕作技术本身及对当季作物生长的影响变更为更加注重耕作制度的周期、作物轮作、土壤轮耕等综合技术配置及其综合效应（张水清等，2012）。1995年王振忠等提出了轮耕的概念及在小麦-水稻复种连作条件下轮耕的措施，并确立了“久浅需深、久免需耕”的思想。时任中国农学会常务理事、中国耕作制度研究会理事长、中国可持续农业专业委员会副秘书长高旺盛教授于2007年在全国保护性耕作研讨会上指出，建立土壤轮耕技术体系是中国保护性耕作制的关键技术之一（高旺

盛，2007)。张水清等（2012）也指出与传统耕作相比，保护性耕作能显著提高土壤有机质、碱解氮、有效磷及交换性钾含量，但是对小麦增产效果并不显著。免耕、浅耕较旋耕、深耕可以一定程度上提高苗期和灌浆期土壤含水率以及土壤碱解氮和有效磷，并显著提高小麦不同生育时期的土壤微生物生物量碳氮。相较于深耕，适度结合免耕与浅耕是适宜于黄淮海小麦生产及土壤可持续利用的保护性耕作方式，土壤轮耕继承并发扬了不同耕作方法的优点，可以有效地避免长期单一耕作模式下的不利因素，为秸秆还田和有机培肥创造良好的土壤条件，对维持农田土壤质量健康具有重要作用。

**1. 轮耕对土壤物理和化学性状的调节作用**

黄淮海地区长期深耕的基础上适度加入免耕措施，通过轮耕的形式开展农业生产有利于改良土壤结构、降低容重、增加孔隙度、改善土壤水气热状况，从而达到增产的效应(蒋向等，2012)。前期研究表明采用不同形式的轮耕措施和连年深翻耕相比能够显著促进并提高作物根系分布层 0～60 cm 土壤有机质和全氮含量，和连续免耕相比有利于土壤养分在垂直方向和水平方向上均匀分布，能够促进土壤养分供应与土壤质量，对于冬小麦的生长发育和产量形成具有显著促进作用（孔凡磊等，2014）。以少耕的方式进行浅旋耕两年后再进行深翻耕，能够有效打破连续少耕和浅旋耕形成的距离土壤表面 15～25 cm 约 10 cm 厚的相对黏重的犁底层，并且通过深翻耕后继续进行少耕不会形成新的犁底层，能够显著增加该层次土壤根量和生育中后期单株次生根数和根系活力（蒋向等，2012)。长期免耕的农田上进行适度深耕可以改善土壤结构以及土壤水气热状况，有助于提高产量，其原因在于深耕能够打破机械压迫形成的紧实土壤，降低深层土壤容重，增加土壤孔隙度，为作物根系生长创造疏松深厚的土壤环境（祝飞华等，2015，谢迎新等，2015)；陈宁宁等（2015）研究也表明免耕/深松、深松/翻耕和翻耕/免耕的轮耕模式较连续翻耕有利于耕层土壤物理结构改善，免耕/深松模式更有利于耕层土壤大团聚体形成和土壤结构稳定，有利于土壤蓄水保墒和作物增产。此外，保护性耕作的核心之一——秸秆还田也能够改善土壤结构，增强土壤蓄水保墒能力，促进土壤肥力提升和养分循环，提高作物的产量（Zhao et al.，2019，Guan et al.，2020)。秸秆还田结合适宜的轮耕在改变土壤物理结构的基础上，改善土壤养分及水分状况，进而影响植株地上部生理特性、植株对水分和氮素的积累及转运，从而实现作物对水分、氮素的高效利用。

**2. 轮耕对作物产量和水分、氮素利用效率的调控效应**

保护性轮耕继承并发扬了深翻耕和免耕两种耕作方式的优点，可有效避免长期单一耕作模式所带来的不利因素，结合秸秆还田技术提高作物产量和水分利用效率。柏炜霞（2014）通过 2007—2013 年的试验在隶属于渭河北部旱地土壤的陕西合阳进行不同耕作模式结合试验研究表明，免耕/深松和深松/翻耕轮耕处理和传统连续翻耕比较作物水分利用效率分别提高 9.6%和 11.0%。侯贤清等（2011b）于宁夏南部旱区土壤进行轮耕试验也说明了夏闲期轮耕可以显著降低土壤的无效蒸发，有效保蓄小麦生长期 0～100 cm 剖面土壤水分，提高了作物产量和水分利用效率。He 等（2009）研究也认为在我国北部半干旱地区，免耕与深松耕相结合可以提高作物的产量以及水分利用效率。同时，在轮耕基础上结合秸秆还田措施能够有效提高耕层土壤蓄水量，促进作物获得较高的物质产量，更有利于干物质向籽粒转运（孙国峰等，2010)。以一季铧式犁深翻耕，连续三季浅旋耕的模式能够促进土壤氮素矿化，增加土壤供氮能力，连续旋耕、连续犁耕和轮耕（铧式犁翻耕一季，连续浅旋耕三季）三种耕作模式下无论施肥或不施肥，籽粒含氮率和积累吸氮量均以轮耕为最高（刘世平等，2003）。可见，轮耕能够结合深翻耕和免耕或少耕的优点，促进土壤氮素矿化，增强土壤供肥能力和作物氮素吸收利用效率，从而提高作物水分和氮素利用效率。

综上所述，不同研究条件对不同作物进行研究所得结果不尽一致，在不同区域具有不同的保护性耕作技术，秸秆还田结合适宜的轮耕在改变土壤物理结构的基础上，改善土壤养分及水分状况，进而影响植株地上部生理特性、植株对水分和氮素的积累，从而实现作物对水分、氮素的高效利用。然而，有关连续深耕、免耕及深耕/免耕的轮耕模式结合秸秆还田技术的不同保护性耕作对土壤物理性状、土壤水分及作物生长发育系统的研究仍然有待系统地深入探讨。依据保护性耕作少动土、少裸露的基础原理，采用双因素裂区试验设计，主区为秸秆处理（秸秆全量还田和秸秆不还田），副区为耕作处理（深耕、免耕及轮耕），在中国农业科学院商丘农田生态系统野外科学观测站（34°34′N，115°33′E）通过大田长期定位试验，系统研究了连年深耕、连年免耕及深耕/免耕模式与秸秆还田对小麦-玉米田周年土壤耗水调控效应和机理影响。旨在优化耕作管理，提高小麦-玉米田水分利用效率，为黄淮海地区选取适宜的耕作模式提供科学依据和技术支撑。

## 第二节　耕作措施与秸秆还田对农田水分循环及作物生长发育的影响

### 一、试验方案与方法

**1. 研究区概况**

长期定位试验研究对于探索长期耕作调控效应具有非常重要的意义，2012 年 10 月于中国农业科学院灌溉研究所商丘农田生态系统国家野外科学观测研究站（34°34′N，115°33′E）开始进行大田耕作长期定位试验。本研究在长期定位试验的基础上主要研究了 2015 年 10 月至 2017 年 10 月连续两年小麦-玉米季的保护性耕作效应。试验区海拔 55.6 m，年均气温 13.9 ℃，无霜期 180～230 d，年平均蒸发量 1 735 mm，年平均降水量 708 mm，试验期间试验区作物生育时期降水量与气温变化如图 6 - 1 所示。

**2. 试验区基础土壤状况**

试验区土壤类型为潮土，成土母质为黄河冲积后的沉淀物，试验地 0～40 cm 耕层土壤全氮含量 0.86 g/kg，有机质 16.39 g/kg，有效磷 18.52 mg/kg，速效钾 143.02 mg/kg，0～40 cm 土层平均土壤容重为 1.45 g/cm$^3$，田间持水量为 24.8%～27.0%（质量含水率），地下水水位在 2.9～6.5 m 范围内浮动，2016 年 1 月至 2017 年 9 月试验区作物生育期内地下水水位变化如图 6 - 2 所示。

**3. 试验设计与田间管理**

试验采用双因素裂区试验设计，主区为 2 种秸秆还田处理，副区为 3 种耕作措施，共计 6 个处理组合，各处理耕作及秸秆处理如表 6 - 1 所示，每个处理 3 次重复，共计 18 个小区，每小区面积 120 m$^2$（10 m×12 m）。主区之间留置 2 m 观测通道，副区之间留 1 m 观测通道，试验区周围 2 m 范围为保护区。各试验处理及描述见表 6 - 1。

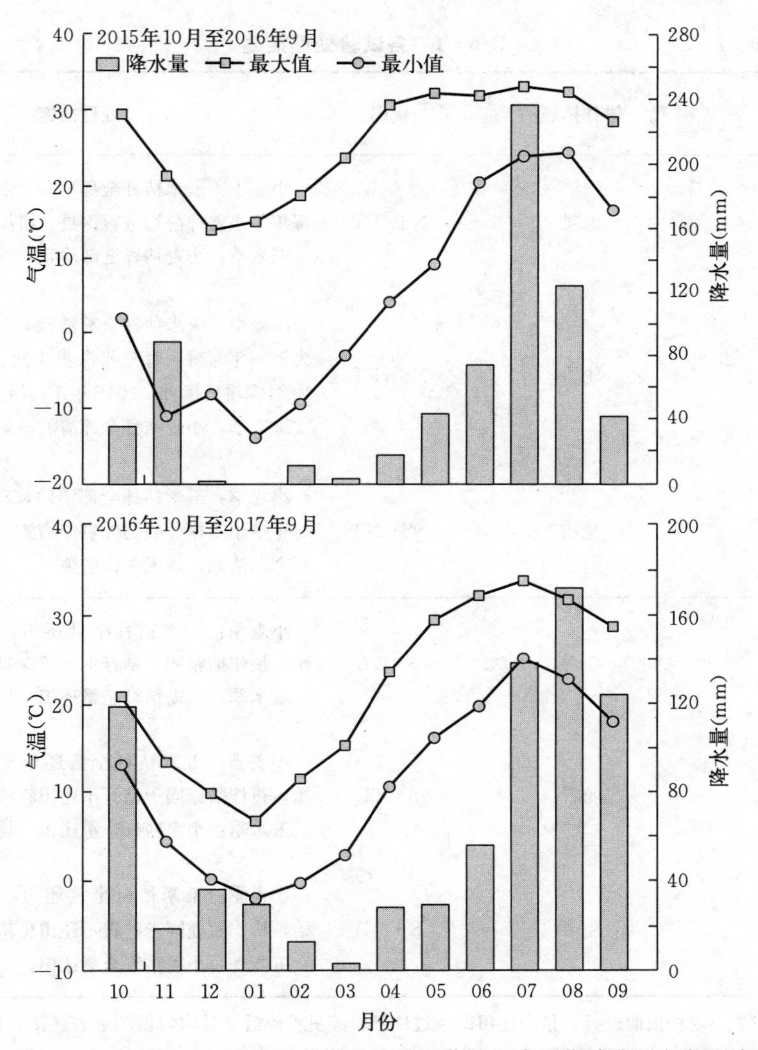


图 6-1　2015 年 10 月至 2017 年 9 月试验区作物生育时期降水量与气温变化

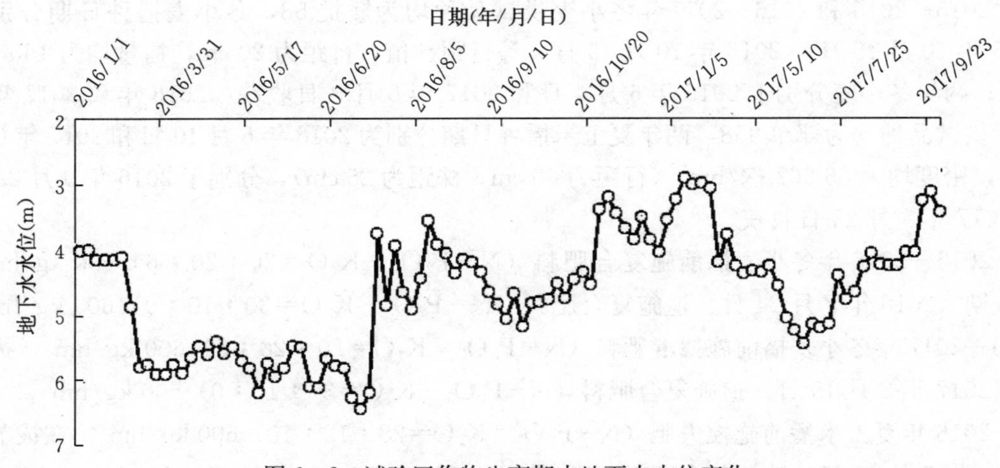


图 6-2　试验区作物生育期内地下水水位变化

**表 6-1 各试验处理描述**

| 秸秆 | 耕作措施 | 代码 | 处理措施 |
| --- | --- | --- | --- |
| 秸秆不还田 | 深耕 | NS-DT | 小麦季：玉米秸秆全部清除，2012 年 10 月开始每年冬小麦种前均进行深耕（耕深 30 cm 左右）。<br>玉米季：小麦秸秆全部清除，均无耕作措施 |
| | 轮耕 | NS-RT | 小麦季：玉米秸秆全部清除，2012 年 10 月开始为第一年深耕，每三年深耕 1 次。试验期 2015 年 10 月深耕后播种，2016 年 10 月免耕播种。<br>玉米季：小麦秸秆全部清除，均无耕作措施 |
| | 免耕 | NS-NT | 小麦季：玉米秸秆全部清除，2012 年 10 月开始每年冬小麦播种前均无耕作措施。玉米季：小麦秸秆全部清除，均无耕作措施 |
| 秸秆还田 | 深耕 | S-DT | 小麦季：玉米秸秆全量还田，2012 年 10 月开始，耕作措施同于秸秆不还田深耕处理。<br>玉米季：小麦秸秆全量还田，均无耕作措施 |
| | 轮耕 | S-RT | 小麦季：玉米秸秆全量还田，2012 年 10 月开始，耕作措施同于秸秆不还田轮耕处理。<br>玉米季：小麦秸秆全量还田，均无耕作措施 |
| | 免耕 | S-NT | 小麦季：玉米秸秆全量还田，2012 年 10 月开始，耕作措施同于秸秆不还田免耕处理。<br>玉米季：小麦秸秆全量还田，均无耕作措施 |

注：耕作均在冬小麦种植前进行，秸秆还田即经过秸秆粉碎机粉碎后全量均匀抛洒地表还田，秸秆不还田即人工清除植株地上部分。深耕处理采用铧式犁翻耕，作业深度为 30 cm，深耕作业后均耙地 2 遍。

2015—2016 和 2016—2017 年冬小麦供试品种均为矮抗 58，冬小麦播种日期分别为 2015 年 10 月 15 日和 2016 年 10 月 19 日，等行距种植，行距为 20 cm，播量均为 150 kg/hm$^2$；两年冬小麦分别于 2016 年 6 月 4 日和 2017 年 6 月 3 日收获。2016 年和 2017 年夏玉米供试品种均为郑单 958，两年夏玉米播种日期分别为 2016 年 6 月 10 日和 2017 年 6 月 7 日，密度均为 66 667 株/hm$^2$（行距为 60 cm，株距为 25 cm），分别于 2016 年 9 月 25 日和 2017 年 9 月 25 日收获。

2015—2016 年冬小麦播前施复合肥料（N-$P_2O_5$-$K_2O$=20：20：6）600 kg/hm$^2$，拔节期（2016 年 2 月 24 日）追施复合肥料（N-$P_2O_5$-$K_2O$=30：10：0）600 kg/hm$^2$；2016—2017 年冬小麦播前施掺混肥料（N-$P_2O_5$-$K_2O$=20：20：5）600 kg/hm$^2$，拔节期（2017 年 2 月 19 日）追施复合肥料（N-$P_2O_5$-$K_2O$=30：10：0）600 kg/hm$^2$。

2016 年夏玉米播前施控失肥（N-$P_2O_5$-$K_2O$=28：12：10）600 kg/hm$^2$，在拔节期（2016 年 7 月 22 日）追施复合肥料（N-$P_2O_5$-$K_2O$=30：10：0）600 kg/hm$^2$；2017 年

夏玉米播前施用掺混肥料（N - $P_2O_5$ - $K_2O$=20∶20∶5）750 kg/hm$^2$，拔节期（2017 年 7 月 22 日）追施复合肥料（N - $P_2O_5$ - $K_2O$=30∶5∶5）600 kg/hm$^2$。

2015—2016 年冬小麦生育期内降水量为 188.8 mm，返青期至拔节期间（2016 年 3 月 2 日）采用低压喷灌灌水 45 mm，2016—2017 年冬小麦生育期内降水量为 265.0 mm，试验期间未进行灌溉。2016 年夏玉米生育时期降水量为 446.9 mm，由于拔节期降水较少，所以在拔节期灌溉 45 mm，2017 年夏玉米生育期内降水量为 435.3 mm，降水量分布较为均匀，故在试验期间未进行灌溉。小麦-玉米试验期间喷施农药防治病虫草害，其他田间管理均与一般大田管理相同。

## 二、耕作措施与秸秆还田联合调控下小麦-玉米两熟农田水分动态

### 1. 两熟制农田土壤水分时空动态特征

（1）冬小麦农田水分动态变化　图 6 - 3 和图 6 - 4 为 2015—2016 年度和 2016—2017 年度冬小麦全生育时期各处理水分动态变化。从两个生长季总体可以看出，秸秆还田处理较秸秆不还田处理的土壤体积含水量高，土壤体积含水量随着土壤深度的增加而增加，在 60～80 cm 处，土壤体积含水量有明显降低的趋势，100 cm 以下土壤体积含水量最高。

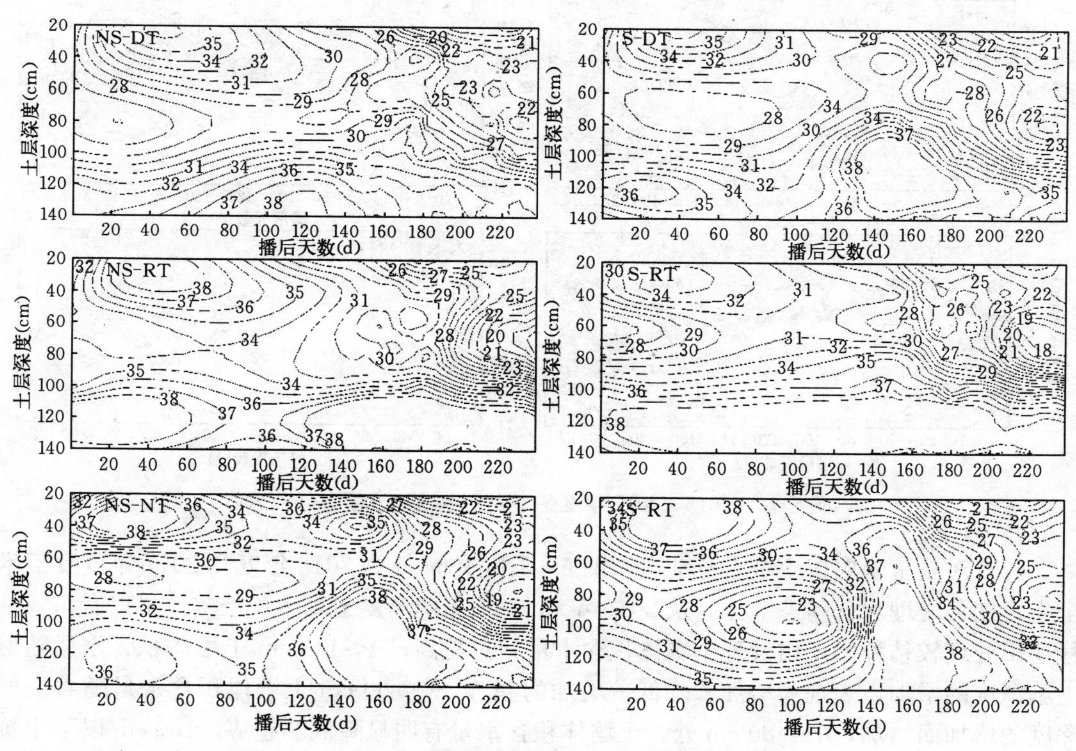


图 6 - 3　2015—2016 年度冬小麦全生育期土壤水分动态

在 2015—2016 年度，冬小麦的上层土壤体积含水量随着生育时期推进呈现下降趋势，秸秆还田处理下深耕处理 0～40 cm 和 100～140 cm 明显高于秸秆不还田处理的。秸秆还田处理下轮耕处理在冬小麦 0～160 d 时较秸秆不还田处理的低，冬小麦 160～190 d 秸秆还田处理的土壤体积含水量较秸秆不还田处理高，100～140 cm 下，秸秆还田处理的土壤

体积含水量较秸秆不还田处理的高，而且持续时间长。秸秆还田处理下免耕处理 0～140 cm 的土壤体积含水量均明显高于秸秆不还田处理下各耕作处理（图 6－3）。

2016—2017 年度，秸秆还田处理下深耕处理 0～40 cm 形成一个土壤体积含水量大于 32%的持水层，持续时间相对较长（播种后 15～95 d），而秸秆不还田处理下形成两个土壤体积含水量大于 30%的持水层，持续时间相对较短，分别为播种后 15～50 d 和 85～110 d。秸秆还田处理下轮耕处理 0～40 cm 处分别形成两个大于 32%和 33%的持水层，持续时间分别为播种后 18～30 d 和 70～85 d。秸秆还田处理下免耕处理 0～140 cm 的土壤体积含水量均明显高于秸秆不还田处理下各耕作处理（图 6－4）。

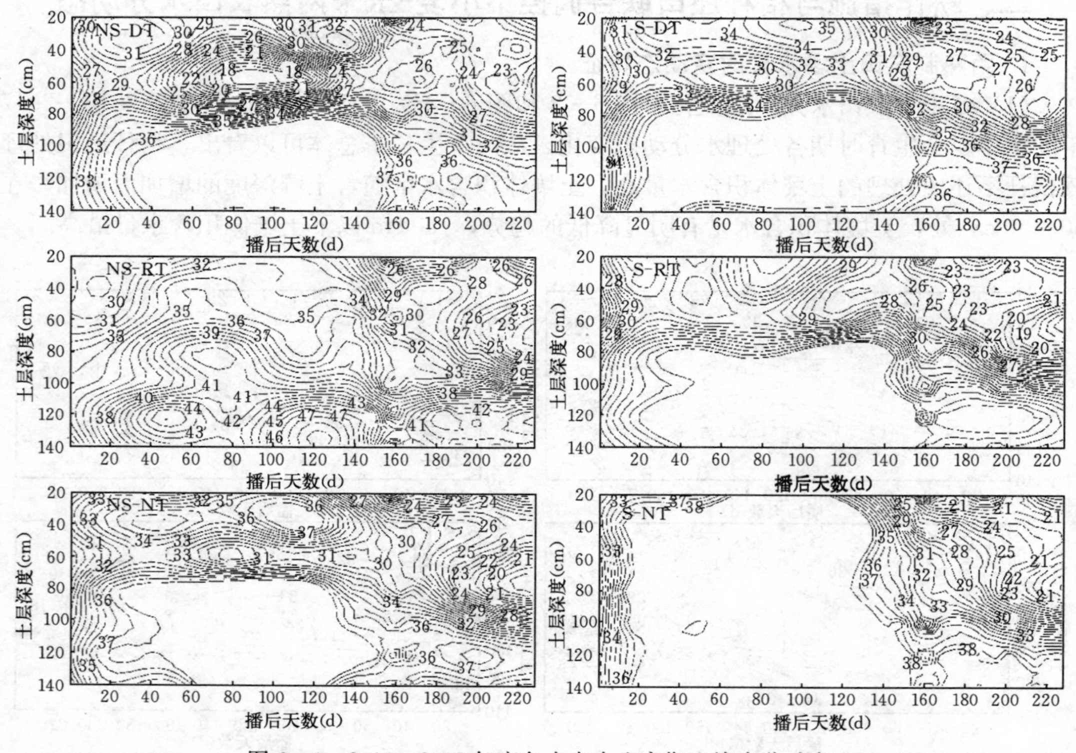


图 6－4　2016—2017 年度冬小麦全生育期土壤水分动态

（2）对夏玉米农田土壤水分动态　图 6－5 和图 6－6 为 2016 年度和 2017 年度夏玉米全生育期各处理水分动态变化。从 2016 年和 2017 年两个夏玉米生长季整体可以看出，秸秆还田处理较秸秆不还田处理土壤体积含水量相对提高；0～140 cm 土壤体积含水量随着土壤深度的增加，表现为增加—降低—增加的趋势，0～60 cm 土壤体积含水量随着土壤深度的增加而增加，60～80 cm 处，土壤体积含水量有明显降低的趋势，100 cm 以下土壤体积含水量又出现升高趋势。

2016 年度夏玉米秸秆还田处理的土壤体积含水量较秸秆不还田处理的高，土壤体积含水量在播种 30～45 d 时形成较高的持水层，这是由于拔节期前期降水较少，人为灌水而形成了一个高持水时间；秸秆还田处理下免耕处理 0～60 cm 处的土壤体积含水量高于其他处理，轮耕处理 60～140 cm 处的土壤体积含水量高于其他处理；秸秆不还田处理下轮耕、深耕处理 0～60 cm 处的土壤体积含水量高于免耕处理，轮耕处理 60～140 cm 处的土壤体积含水量高于深耕、免耕处理（图 6－5）。

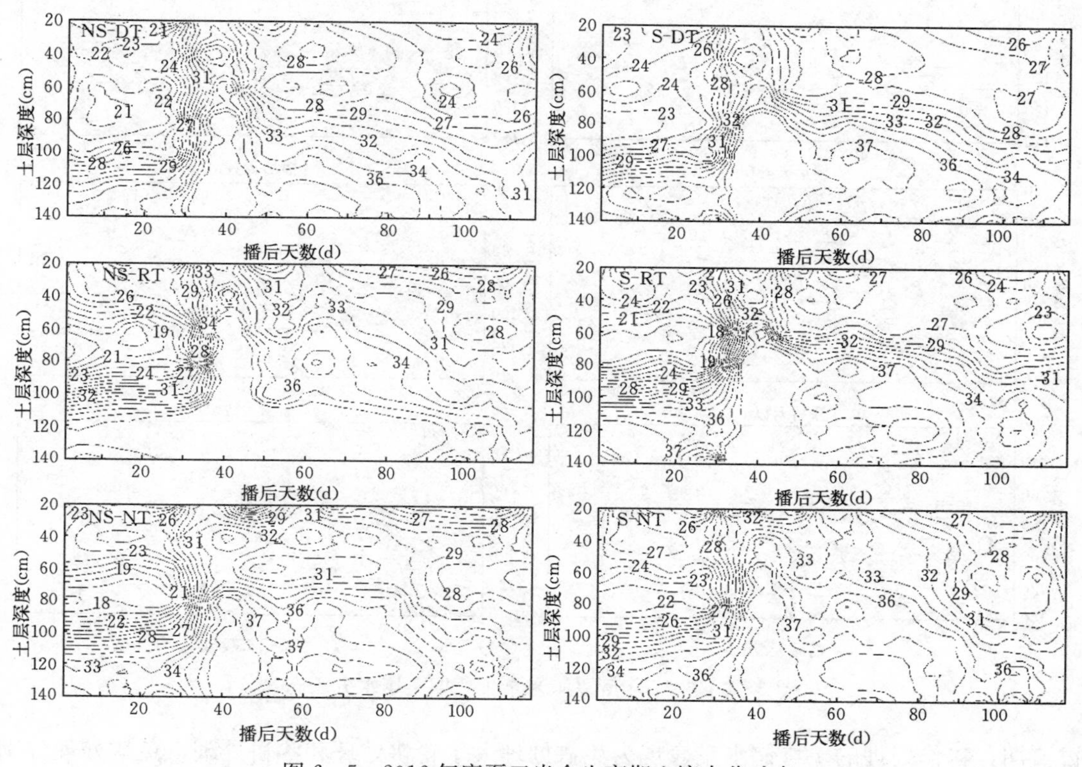


图 6－5　2016 年度夏玉米全生育期土壤水分动态

2017 年度夏玉米秸秆还田处理的土壤体积含水量较秸秆不还田处理的高，尤其 100～140 cm 的下层和夏玉米生育后期表现明显；秸秆还田处理下轮耕、免耕处理 0～60 cm 处的土壤体积含水量低于深耕处理，这可能是由于前期受到底墒和作物生长中期根系大量需水的影响，轮耕、深耕处理 80～140 cm 处的土壤体积含水量高于免耕处理；秸秆不还田处理下轮耕、免耕处理 0～60 cm 处的土壤体积含水量低于深耕处理，这可能是由于前期受到底墒和作物生长中期根系大量需水的影响，轮耕、深耕处理 80～140 cm 处的土壤体积含水量高于免耕处理。2016 年度夏玉米土壤体积含水量较 2017 年度夏玉米土壤体积含水量高，这是由于 2016 年度夏玉米生长前期降水较少，在拔节前期灌溉的影响（图 6－6）。

**2. 小麦-玉米两熟制农田土壤储水量**

（1）小麦-玉米两熟制农田 0～40 cm 土壤储水量　由小麦-玉米农田 0～40 cm 土壤储水量两年期试验整体变化情况可以看出，秸秆还田处理在小麦-玉米生育时期内 0～40 cm 土壤储水量高于秸秆不还田处理，而轮耕和免耕处理的土壤储水量高于深耕处理。

两熟制第一周年 2015—2016 年冬小麦季节播期、拔节期秸秆还田处理的土壤储水量分别显著高于秸秆不还田处理 2.53%和 2.66%。播期耕作处理的土壤储水量表现为免耕处理＞轮耕处理＞深耕处理，免耕处理和轮耕处理分别较深耕处理高 20.70%和 11.55%；

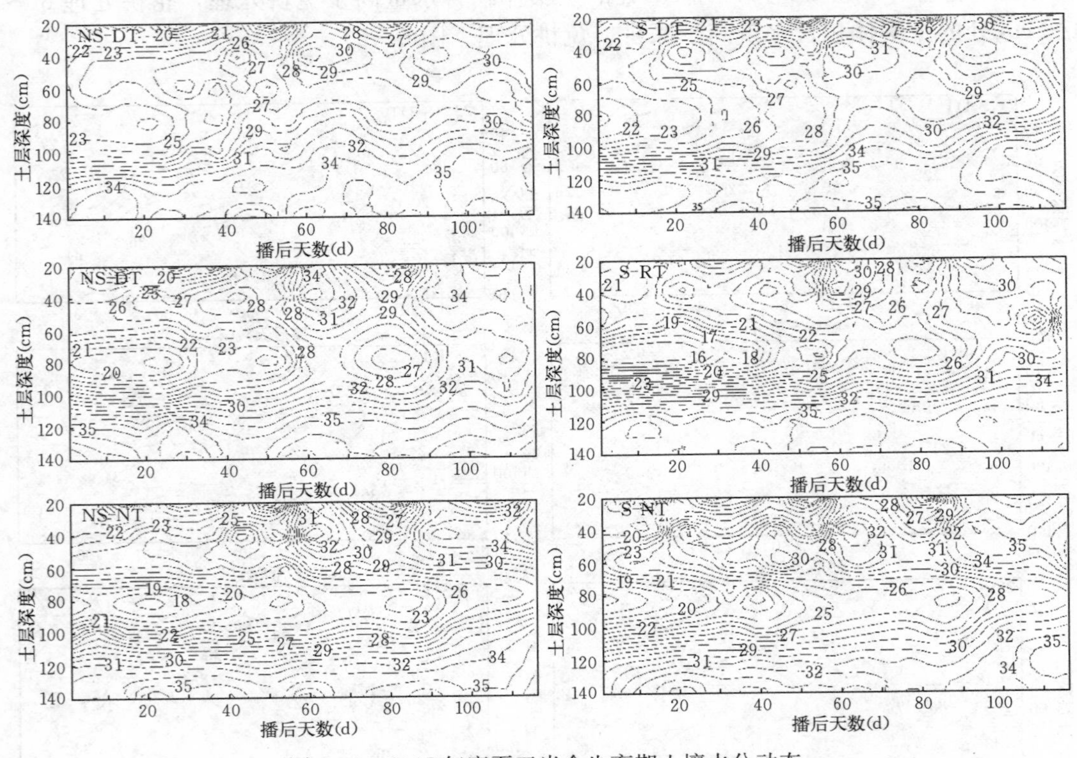


图 6-6　2017 年度夏玉米全生育期土壤水分动态

拔节期，耕作处理的土壤储水量表现为免耕处理大于轮耕处理和深耕处理，免耕处理分别较轮耕处理和深耕处理高 12.68%和 14.48%；开花期，耕作处理的土壤储水量表现为轮耕处理和免耕处理均大于深耕处理，轮耕处理和免耕处理分别较深耕处理高 12.74%和 9.18%；成熟期，耕作处理的土壤储水量表现为轮耕处理大于免耕处理和深耕处理，轮耕处理分别较免耕处理和深耕处理高 14.85%和 14.00%。2016 年夏玉米生育时期秸秆还田处理的土壤储水量高于秸秆不还田处理。苗期耕作处理的土壤储水量表现为轮耕处理大于免耕处理和深耕处理，轮耕处理分别较免耕处理和深耕处理高 8.71%和 8.12%；拔节期，轮耕处理的土壤储水量与免耕处理差异不显著，但轮耕处理的土壤储水量显著高于深耕处理 8.13%；抽雄吐丝期，耕作处理的土壤储水量表现为免耕处理大于轮耕处理和深耕处理，免耕处理分别较轮耕处理和深耕处理高 8.14%和 11.07%；成熟期不同耕作处理由于作物根系水分吸收及降水补充土壤储水量差异不显著。

两熟制第二周年在 2016—2017 年冬小麦季节，土壤储水量整体表现与第一周年一致，秸秆还田处理的土壤储水量高于秸秆不还田处理。播期耕作处理的土壤储水量表现为免耕处理>轮耕处理>深耕处理，免耕处理和轮耕处理分别较深耕处理高 13.22%和 18.51%；拔节期，不同耕作处理的土壤储水量差异不显著；开花期，轮耕处理的土壤储水量与深耕处理差异不显著，但显著高于免耕处理 12.54%；成熟期，不同耕作处理的土壤储水量差异不显著。在 2017 年夏玉米播期秸秆不还田处理的土壤储水量高于秸秆还田处理，拔节期至成熟期，秸秆还田处理的土壤储水量高秸秆不还田处理；播期，耕作处理的土壤储水量表现为轮耕处理大于深耕处理和免耕处理，轮耕处理分别较深耕处理和免耕处理高 18.34%和 17.38%；拔节期，耕作处理的土壤储水量表现为轮耕处理>免耕处理>深耕处理；抽雄吐丝期，耕作处理的土壤储水量表现为轮耕处理和免耕处理大于深耕处理，轮耕处理和免耕处理分别较深耕处理高 16.26%和 14.24%；成熟期耕作处理的土壤储水量表现为免耕处理>轮耕处理>深耕处理（图 6-7）。

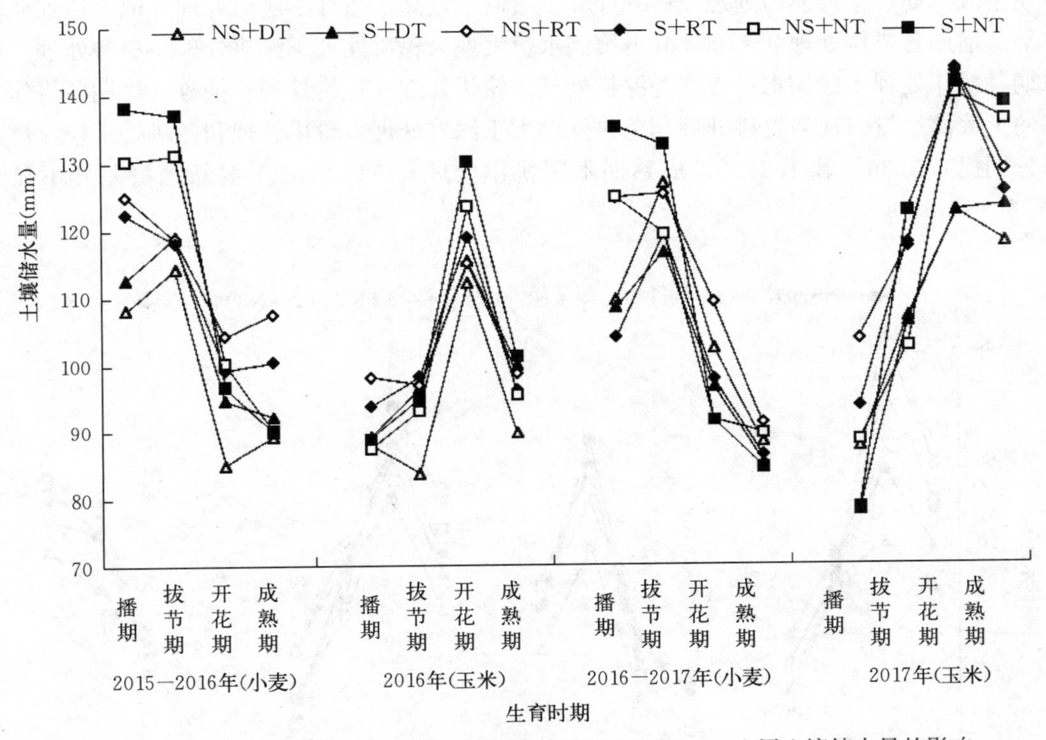


图 6-7　不同秸秆和耕作联合调控对小麦-玉米农田 0～40 cm 土层土壤储水量的影响

（2）小麦-玉米两熟制农田 0～100 cm 土壤储水量　由小麦-玉米农田 0～100 cm 土壤储水量整体变化情况可以看出，秸秆还田处理高于秸秆不还田处理，耕作处理表现为轮耕和免耕处理 0～100 cm 的土壤储水量高于深耕处理。

2015—2016 年冬小麦生育期秸秆还田处理的土壤储水量显著高于秸秆不还田处理，播期耕作处理 0～100 cm 土壤储水量表现为轮耕处理和免耕处理大于深耕处理，轮耕处理和免耕处理分别较深耕处理高 12.90%和 12.65%；拔节期表现为免耕处理>轮耕处理>深耕处理，免耕处理、轮耕处理分别较深耕处理高 20.83%和 6.34%；开花期至成熟期各耕作处理间土壤储水量差异不显著。

2016 年夏玉米生育期内秸秆还田处理的土壤储水量高于秸秆不还田处理，播期耕作处理 0～100 cm 土壤储水量表现为轮耕处理和深耕处理大于免耕处理，轮耕处理和深耕处理分别较免耕处理高 6.70%和 6.74%；拔节期不同耕作处理的土壤储水量差异不显著；至抽雄吐丝期耕作处理 0～100 cm 土壤储水量表现为轮耕处理和免耕处理大于深耕处理，轮耕处理和免耕处理分别较深耕处理高 8.30%和 9.66%；成熟期轮耕处理的土壤储水量和免耕处理差异不显著，但轮耕处理较深耕处理土壤储水量高 7.00%。

2016—2017年冬小麦拔节期秸秆还田处理0～100 cm土壤储水量较秸秆不还田处理提高5.23%，其余生育时期差异不显著；播期至拔节期，耕作处理土壤储水量表现为轮耕处理和免耕处理大于深耕处理，轮耕处理和免耕处理分别较深耕处理提高11.68%和12.75%；开花期至成熟期，耕作处理间土壤储水量差异不显著。

2017年夏玉米播期秸秆不还田处理0～100 cm土壤储水量高于秸秆还田处理；而拔节期至成熟期，秸秆还田处理0～100 cm土壤储水量高于秸秆不还田处理，但未达到显著水平。播期各耕作处理0～100 cm土壤储水量表现为轮耕处理>深耕处理>免耕处理；拔节期各耕作处理土壤储水量表现为深耕处理>轮耕处理>免耕处理；抽雄吐丝期各耕作处理的土壤储水量表现为轮耕处理和免耕处理大于深耕处理，轮耕处理和免耕处理较深耕处理分别提高3.30%和1.98%；成熟期不同耕作处理0～100 cm土壤储水量差异不显著（图6-8）。

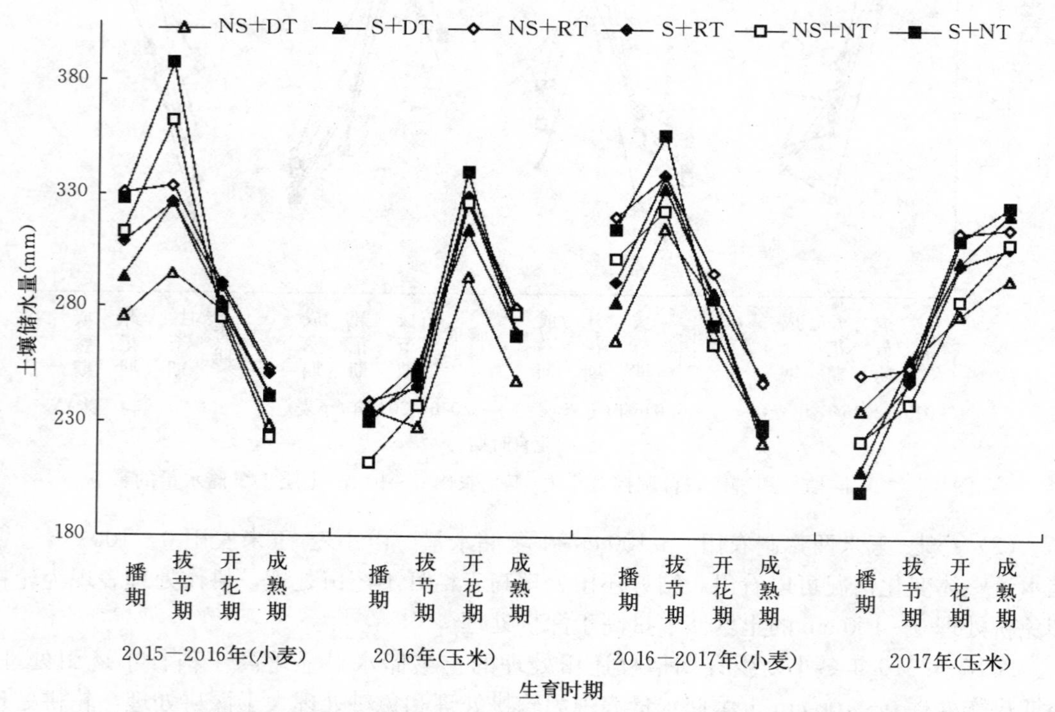


图6-8 不同秸秆和耕作联合调控对小麦-玉米农田0～100 cm土层土壤储水量的影响

**3. 地下水埋深对深层土壤水分的影响**

图6-9是2016—2017两年内小麦生育期地下水水位变化和100～140 cm土壤含水量变化动态。由图可清晰得出，地下水位变化对深层土壤含水量具有明显调控作用，100～140 cm土层土壤含水量随着地下水水位上升而增加。通过深层土壤含水量和地下水埋深两者进行相关性分析可以得出，100～140 cm土层土壤含水量与地下水水位呈现显著正相关，$r$值为0.437，$P$值为0.011。可见，地下水位较浅区域，地下水位上升对于深层土壤水分补给具有明显作用。

在地下水埋深较浅的区域，土壤—植物—大气系统（Soil - Plant - Atmosphere con-

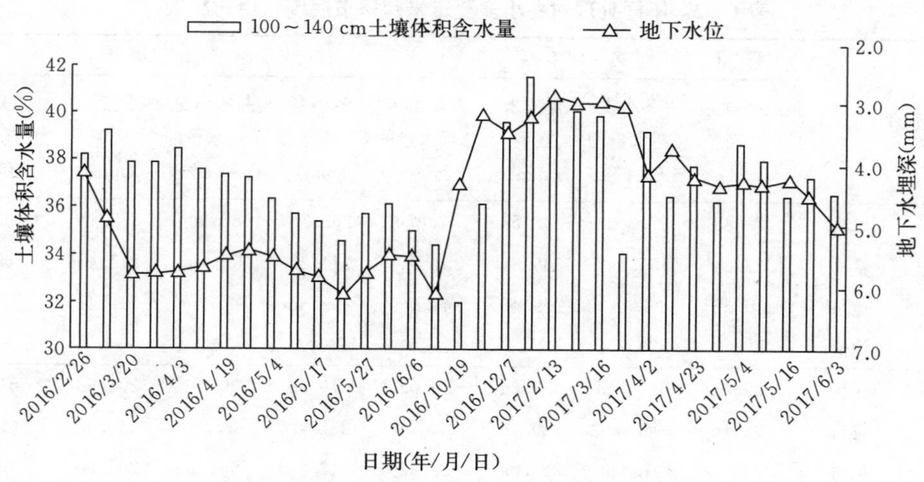


图 6-9　试验区地下水水位和深层土壤含水量变化

tinuum，SPAC）中的水分会因自然和人为的作用与地下水产生联系，不同地下水埋深对土壤水分分布有不同程度的影响。本研究表明在天然地下水埋深较浅的条件下，土壤深层土壤含水量与地下水水位呈显著正相关关系，这与巴比江等（2004）研究人工控制地下水位的试验结果相似，地下水位较浅时可显著补给深层土壤含水量，从而实现联通效应，促进水分上下层交流。自然条件下地下水位受水文因素影响出现动态变化特征，因此水位的不可控性导致土壤深层水分也具有变动性，对于深层土壤水分补给变化动态受地下水水位变化的补给量及其影响仍然有待于进一步探究。

**4. 小麦-玉米两熟制跨季节土壤残余水分利用情况**

表 6-2 为两年度不同处理对跨季节土壤残余水分利用的影响，由表可知，秸秆还田对第一周年冬小麦残余水分和第二周年夏玉米残余水分影响显著，对第一周年占冬小麦和夏玉米总耗水量的比例影响显著；耕作处理对两年度冬小麦和夏玉米残余水分及其占总耗水量的比例影响均显著；秸秆处理和耕作处理两者交互作用对两周年冬小麦残余水分影响显著，对第二周年冬小麦和两年度夏玉米占总耗水量的比例影响显著。

第一周年小麦-玉米秸秆还田处理残余水分占下茬作物总耗水量的比例显著高于秸秆不还田处理，分别高 2.41%和 2.67%，秸秆还田下轮耕处理冬小麦底墒占耗水量的比值较深耕处理高 4.28%；秸秆不还田下轮耕处理冬小麦底墒占耗水量的比值较深耕处理高 8.44%，夏玉米底墒占耗水量的比值较深耕处理高 7.11%，秸秆还田＋轮耕处理冬小麦底墒占耗水量的比值较秸秆不还田＋深耕处理高 7.72%，秸秆还田＋轮耕处理夏玉米底墒占耗水量的比值较秸秆不还田＋深耕处理高 3.97%。第二周年小麦-玉米秸秆还田处理底墒占耗水量的比值和秸秆不还田处理差异不显著。秸秆还田下轮耕处理冬小麦底墒占耗水量的比值较深耕处理低 5.79%；秸秆不还田下轮耕处理冬小麦底墒占耗水量的比值较深耕处理高 19.56%，夏玉米底墒占耗水量的比值较深耕处理高 12.66%，秸秆还田＋轮耕处理冬小麦底墒占耗水量的比值较秸秆不还田＋深耕处理高 2.99%，秸秆还田＋轮耕处理夏玉米底墒占耗水量的比值较秸秆不还田＋深耕处理高 0.97%。

表 6-2 不同处理对冬小麦夏玉米跨季节底墒利用的影响

| 处理 | | 第一周年 | | | | 第二周年 | | | |
|---|---|---|---|---|---|---|---|---|---|
| | | 冬小麦底墒（mm） | 占冬小麦总耗水量的比例（%） | 夏玉米底墒（mm） | 占夏玉米总耗水量的比例（%） | 冬小麦底墒（mm） | 占冬小麦总耗水量的比例（%） | 夏玉米底墒（mm） | 占夏玉米总耗水量的比例（%） |
| 秸秆不还田 | 深耕 | 272.8d | 97.2cd | 232.5a | 47.8bc | 263.3d | 86.9d | 233.1b | 61.6c |
| | 轮耕 | 327.8a | 105.4a | 235.8a | 51.2a | 311.2a | 103.9a | 246.4a | 69.4a |
| | 免耕 | 310.6b | 96.4d | 209.4b | 47.0c | 299.5b | 92.0bc | 219.4c | 63bc |
| | 均值 | 303.7 | 99.7 | 225.9 | 48.7 | 291.4 | 94.3 | 233.1 | 64.7 |
| 秸秆还田 | 深耕 | 290.3c | 100.4bcd | 233.3a | 50.0a | 279.3c | 95.0b | 206.6d | 64.2bc |
| | 轮耕 | 306.4b | 104.7ab | 229.4a | 49.7ab | 288.4c | 89.5cd | 219.4c | 62.2bc |
| | 免耕 | 325.1a | 101.3ab | 227.0a | 50.2a | 312.2a | 95.2b | 202.9d | 65.4b |
| | 均值 | 307.2 | 102.1 | 230.0 | 50.0 | 293.3 | 93.3 | 209.6 | 63.9 |
| *F* 值 | 秸秆处理 | * | * | ns | * | ns | ns | ** | ns |
| | 耕作处理 | ** | ** | * | * | ** | * | ** | * |
| | 交互作用 | ** | ns | ns | * | ** | ** | ns | ** |

注：同一栏内不同字母表示差异性显著（$P<0.05$），*表示在 0.05 水平上差异显著，**表示在 0.01 水平上差异极显著。

**5. 夏玉米农田棵间蒸发**

图 6-10 为 2016 年和 2017 年不同处理对夏玉米农田棵间蒸发的影响，由图可知夏玉米棵间蒸发均随着植株的生长呈现高—低—高的趋势，2016 年和 2017 年秸秆还田处理下棵间蒸发均低于秸秆不还田处理。2016 年夏玉米不同时期秸秆还田处理土壤棵间蒸发分别较秸秆不还田处理降低 69.23%～136.99%，2017 年夏玉米不同时期秸秆还田处理的棵间蒸发分别较秸秆不还田处理降低 6.89%～152.25%，耕作处理对 2016 年和 2017 年夏玉米各生育时期棵间蒸发的影响也均达到显著水平（$P<0.05$），整体规律表现为深耕处理显著高于轮耕处理和免耕处理。

2016 年夏玉米拔节期秸秆还田处理下轮耕、免耕处理棵间蒸发较深耕处理降低 30.19%和 21.05%，秸秆不还田处理下不同处理间差异不显著，秸秆还田＋轮耕和秸秆还田＋免耕处理较秸秆不还田＋深耕处理降低 137.92%和 146.43%；灌浆期秸秆还田和秸秆不还田处理下不同耕作处理间差异不显著，但秸秆还田＋轮耕和秸秆还田＋免耕处理较秸秆不还田＋深耕处理降低 162.50%和 96.88%；成熟期秸秆还田处理下轮耕、免耕处理棵间蒸发较深耕处理降低 10.17%和 66.65%，秸秆还田＋轮耕和秸秆还田＋免耕处理较秸秆不还田＋深耕处理降低 182.05%和 86.44%。2017 年夏玉米拔节期秸秆还田处理下轮耕、免耕处理棵间蒸发较深耕处理降低 11.36%和 27.27%，秸秆不还田处理下轮耕、免耕处理棵间蒸发较深耕处理降低 30.10%和 61.45%，秸秆还田＋轮耕和秸秆还田＋免耕处理较秸秆不还田＋深耕处理降低 52.27%和 74.03%；灌浆期秸秆还田条件下各处理间差异不显著，但秸秆不还田条件下轮耕、免耕处理棵间蒸发较深耕处理降低 15.87%和 25.86%，秸秆还田＋轮耕和秸秆还田＋免耕处理较秸秆不还田＋深耕处理降低 160.71%

和 121.21%；成熟期秸秆还田条件下各耕作处理间差异不显著，秸秆不还田条件下轮耕、免耕处理棵间蒸发较深耕处理降低 35.45%和 29.57%，秸秆还田＋轮耕和秸秆还田＋免耕处理较秸秆不还田＋深耕处理降低 175.93%和 144.26%。综合来看，秸秆还田处理显著降低了夏玉米农田土壤棵间蒸发，而深耕处理对于土壤棵间蒸发是不利的，免耕和轮耕处理具有显著降低土壤表层无效蒸发的作用，尤其是灌浆期之前和灌浆期，两处理能够显著降低水分无效蒸发，为土壤水分保蓄提供了有利条件，从而保证了作物水分的有效供给。

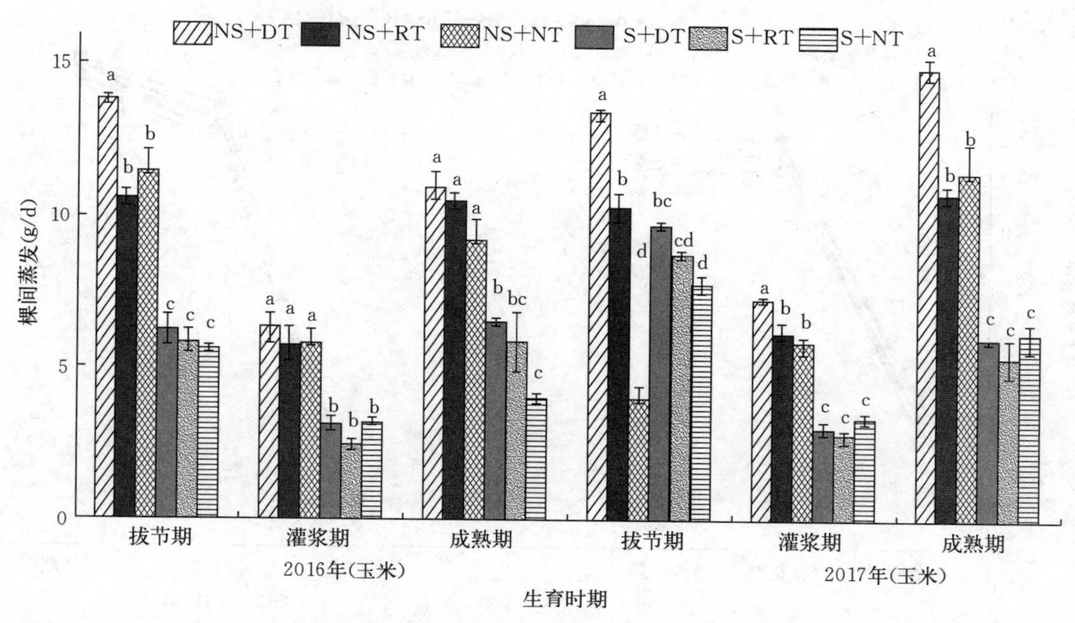


图 6-10　不同秸秆和耕作处理对夏玉米农田土壤棵间蒸发的影响

注：不同小写字母表示差异性显著（$P<0.05$）。

## 三、耕作措施与秸秆还田对小麦-玉米生长发育的影响

### 1. 耕作措施与秸秆还田对小麦-玉米两熟制作物株高的影响

（1）对冬小麦株高的影响　2015—2016 年度秸秆还田处理冬小麦成熟期的株高与秸秆不还田处理差异不显著，但拔节期和开花期株高较秸秆不还田处理显著增加 3.58%～9.55%。2016—2017 年度秸秆还田处理冬小麦拔节期株高较秸秆不还田处理显著增加 4.30%～6.09%。耕作处理显著影响 2015—2016 年度冬小麦成熟期和 2016—2017 年度拔节期和成熟期植株株高（图6-11）。

2015—2016 年度拔节期秸秆还田处理下轮耕处理冬小麦株高较深耕处理低 5.59%，秸秆不还田处理下轮耕处理和处理冬小麦株高较深耕处理低 3.03%；开花期秸秆还田处理下不同耕作处理冬小麦株高差异不显著，秸秆不还田处理下轮耕处理和免耕处理冬小麦株高较深耕处理分别高 2.46%和 4.11%，秸秆还田＋轮耕处理冬小麦株高显著高于秸秆不还田＋深耕处理 2.79%；成熟期秸秆还田处理下免耕处理冬小麦株高较深耕处理高 6.60%，秸秆不还田处理下免耕处理冬小麦株高较深耕处理高 6.13%，秸秆还田＋免耕处理冬小麦株高显著高于秸秆不还田＋深耕处理 6.95%。2016—2017 年度拔节期秸秆还

田处理下冬小麦株高免耕处理高于深耕和轮耕处理，但未达到显著水平，秸秆不还田处理下免耕处理较轮耕处理高 2.57%，秸秆还田＋轮耕处理冬小麦株高显著高于秸秆不还田＋深耕处理 5.45%；开花期秸秆还田处理较秸秆不还田处理冬小麦株高平均值高 3.03%；成熟期，在不考虑秸秆处理条件下，耕作处理表现为免耕处理大于轮耕处理和深耕处理。

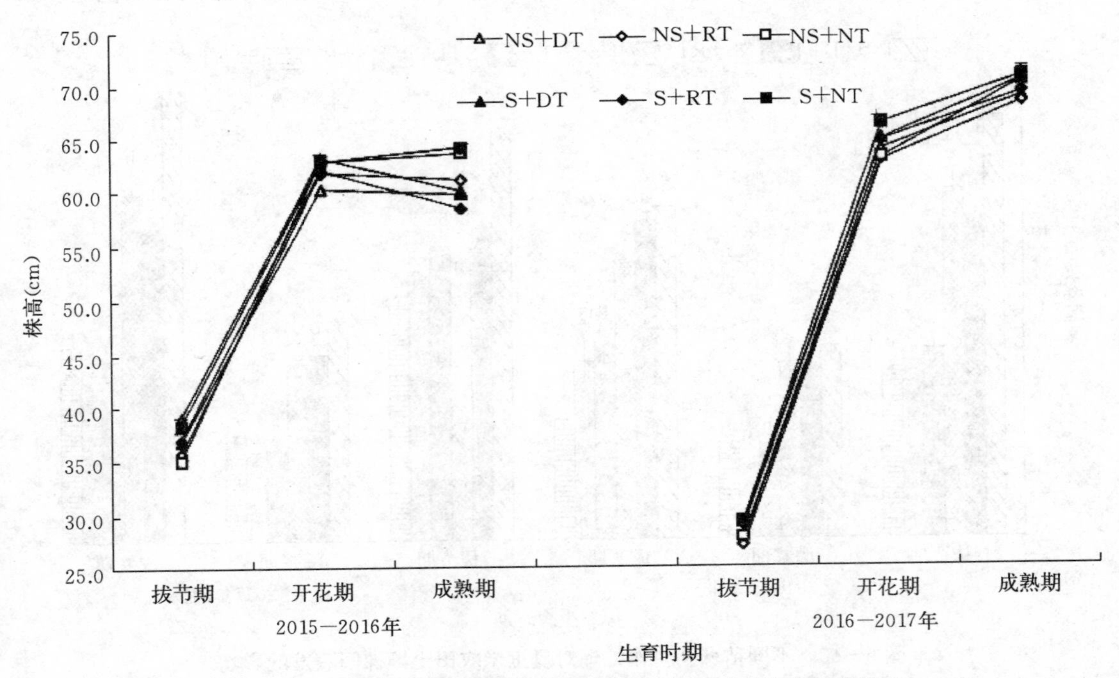


图 6-11　不同秸秆处理和耕作处理联合调控对冬小麦株高的影响

（2）对夏玉米株高的影响　2016 年度秸秆还田处理夏玉米拔节期和抽雄吐丝期株高较秸秆不还田处理显著增加 3.46%～12.00%，但成熟期的株高与秸秆不还田处理差异不显著。2017 年度秸秆还田处理夏玉米拔节期的株高与秸秆不还田处理差异不显著，但抽雄吐丝期和成熟期株高较秸秆不还田处理显著增加 5.21%～6.22%。耕作处理显著影响 2016 年度夏玉米成熟期和 2017 年度拔节期-成熟期的植株株高（图 6-12）。

2016 年度成熟期秸秆还田处理下免耕处理夏玉米株高较深耕处理低 6.79%，秸秆不还田处理下轮耕处理夏玉米株高较免耕处理高 4.35%，秸秆还田＋免耕处理夏玉米株高显著高于秸秆不还田＋深耕处理 3.19%。2017 年度拔节期秸秆还田处理下轮耕处理夏玉米株高较免耕处理高 8.64%，秸秆不还田处理下轮耕处理和处理夏玉米株高较深耕处理高 5.84%；抽雄吐丝期，秸秆还田处理下轮耕处理夏玉米株高较深耕处理高 4.55%，秸秆不还田处理下轮耕处理和处理夏玉米株高较深耕处理高 6.72%，秸秆还田＋免耕和秸秆还田＋轮耕处理夏玉米株高较秸秆不还田＋深耕处理分别显著高 14.10%和 10.49%；成熟期，秸秆还田处理下轮耕处理夏玉米株高较深耕处理高 2.19%，秸秆不还田处理下免耕处理夏玉米株高较深耕处理高 5.85%，秸秆还田＋轮耕和秸秆还田＋免耕处理夏玉米株高较秸秆不还田＋深耕处理分别显著高 9.56%和 8.59%。

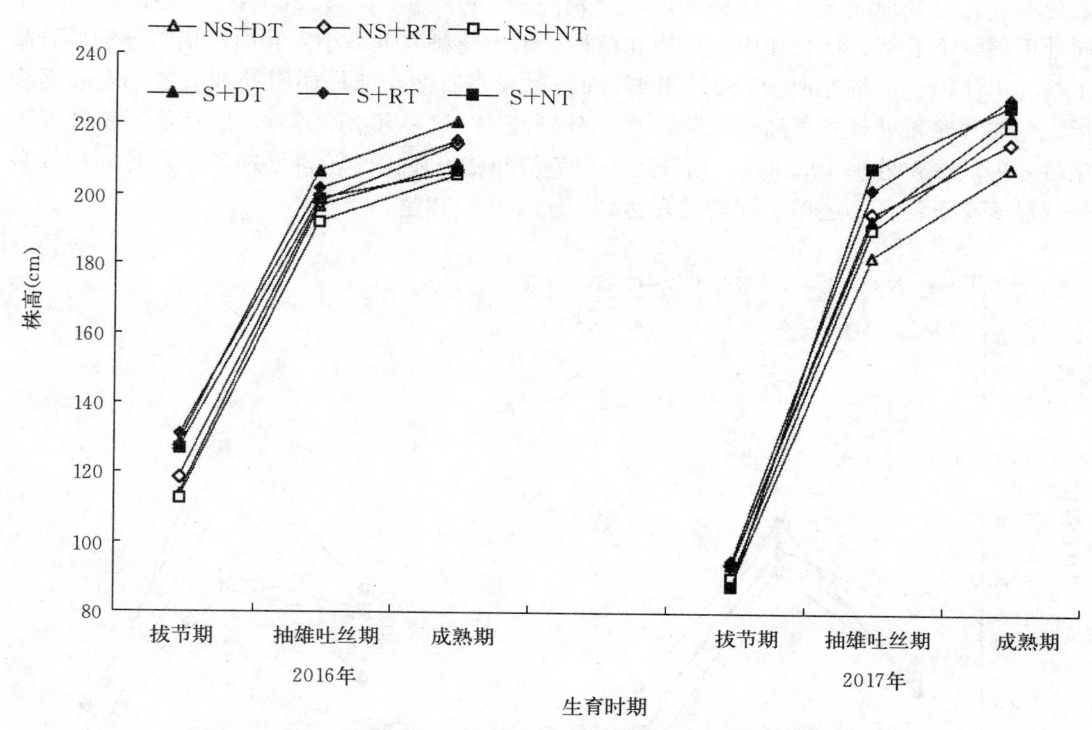


图 6-12　不同秸秆处理和耕作处理联合调控对夏玉米株高的影响

**2. 耕作措施与秸秆还田对小麦-玉米两熟制作物叶面积指数的影响**

（1）对冬小麦叶面积指数的影响　2015—2016 年度秸秆还田处理冬小麦拔节期和灌浆后期的叶面积指数较秸秆不还田处理显著增加 5.72%～28.57%，但开花期叶面积指数在秸秆还田与秸秆不还田处理下差异不显著。2016—2017 年度秸秆还田处理冬小麦拔节期叶面积指数与秸秆不还田处理差异不显著，但开花期和灌浆后期的叶面积指数较秸秆不还田处理显著增加 15.00%～46.00%。耕作处理显著影响 2015—2016 年度冬小麦拔节期至灌浆后期和 2016—2017 年度拔节期和灌浆后期植株叶面积指数（图 6-13）。

2015—2016 年度拔节期秸秆还田处理下轮耕处理冬小麦叶面积指数较深耕处理降低 22.22%，秸秆不还田处理下轮耕处理和处理冬小麦叶面积指数较深耕处理低 17.65%；开花期秸秆还田处理下免耕处理冬小麦叶面积指数较深耕处理高 7.27%，秸秆不还田处理下轮耕处理冬小麦叶面积指数较免耕处理低 15.69%，秸秆还田＋免耕处理冬小麦叶面积指数显著高于秸秆不还田＋深耕处理 13.46%；灌浆后期秸秆还田处理下免耕处理冬小麦叶面积指数较深耕处理高 24.00%，秸秆不还田处理下免耕处理和 轮耕处理冬小麦叶面积指数较深耕处理分别高 35.29%和 41.18%，秸秆还田＋免耕和秸秆还田＋轮耕处理冬小麦叶面积指数分别显著高于秸秆不还田＋深耕处理 82.35%和 47.06%。2016—2017 年度拔节期秸秆还田处理下冬小麦叶面积指数免耕和轮耕处理显著高于深耕处理，分别高 33.33%和 22.22%，秸秆不还田处理下免耕和轮耕处理显著高于深耕处理，分别高 33.33%和 30.30%，秸秆还田＋免耕和秸秆还田＋轮耕处理冬小麦叶面积指数分别显著高于秸秆不还田＋深耕处理 45.45%和 33.33%；开花期秸秆还田处理下冬小麦叶面积指数免耕和轮耕处理显著高于深耕处理，分别高 26.56%和 17.19%，秸秆不还田处理下不同处理差异不显著，秸秆还田＋免耕和秸秆还田＋轮耕处理冬小麦叶面积指数分别显著高于秸秆不还田＋深耕处理 58.82%和 47.06%；灌浆后期，秸秆还田处理下冬小麦叶面积指数免耕和轮耕处理显著高于深耕处理，分别高 42.11%和 21.05%，秸秆不还田处理下免耕处理低深耕处理 10.53%，秸秆还田＋免耕和秸秆还田＋轮耕处理冬小麦叶面积指数分别显著高于秸秆不还田＋深耕处理达 28.57%和 9.52%。

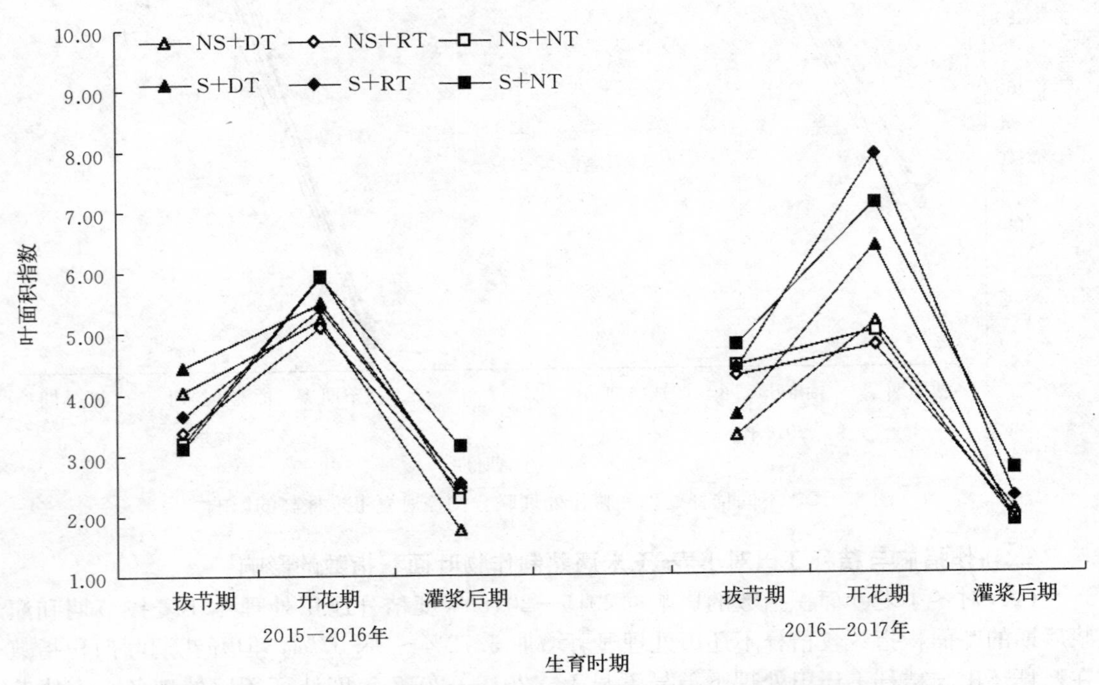

图 6－13　不同秸秆处理和耕作处理联合调控对冬小麦叶面积指数的影响

（2）对夏玉米叶面积指数的影响　由图 6－14 可以看出，2016 年度秸秆还田处理夏玉米抽雄吐丝期和成熟期的叶面积指数较秸秆不还田处理显著增加 6.86%～12.12%，但拔节期叶面积指数与秸秆不还田处理差异不显著。2017 年度秸秆还田处理夏玉米拔节期至成熟期的叶面积指数较秸秆不还田处理显著增加 8.00%～19.56%。耕作处理显著影响 2016 年度夏玉米拔节期至成熟期和 2017 年度拔节期—成熟期的植株叶面积指数。

2016 年度拔节期秸秆还田处理下轮耕处理夏玉米叶面积指数较深耕处理高 28.72%，秸秆不还田处理下轮耕处理和处理夏玉米叶面积指数较深耕处理高 64.29%，秸秆还田＋轮耕处理夏玉米叶面积指数显著高于秸秆不还田＋深耕处理 72.86%；抽雄吐丝期秸秆还田处理下轮耕处理夏玉米叶面积指数较深耕处理高 19.61%，秸秆不还田处理下轮耕处理夏玉米叶面积指数较深耕处理高 10.05%，秸秆还田＋轮耕处理夏玉米叶面积指数显著高于秸秆不还田＋深耕处理 30.69%；成熟期秸秆还田处理下轮耕处理夏玉米叶面积指数较深耕处理高 33.73%，秸秆不还田处理下轮耕处理夏玉米叶面积指数较深耕处理高 14.73%，秸秆还田＋轮耕处理夏玉米叶面积指数显著高于秸秆不还田＋深耕处理 32.17%。2017 年度拔节期秸秆还田处理下夏玉米叶面积指数免耕和轮耕处理显著高于深耕处理，分别高 9.21%和 9.21%，秸秆不还田处理下轮耕处理显著高于深耕处理高15.94%，秸秆还田＋免耕和秸秆还田＋轮耕处理夏玉米叶面积指数分别显著高于秸秆不还田＋深耕处理 20.29%和 20.29%；抽雄吐丝期秸秆还田处理下轮耕处理的夏玉米叶面积指数无显著差异，秸秆不还田处理下轮耕处理的叶面积指数低于免耕处理 15.15%，秸秆还田＋轮耕处理夏玉米叶面积指数显著高于秸秆不还田＋深耕处理 16.84%；成熟期，秸秆还田处理下夏玉米叶面积指数免耕和轮耕处理显著高于深耕处理，分别高 13.36%和18.22%，秸秆不还田处理下轮耕出免耕处理高深耕处理 18.32 和 26.24%，秸秆还田＋免耕和秸秆还田＋轮耕处理夏玉米叶面积指数分别显著高于秸秆不还田＋深耕处理28.57%和 38.61%。

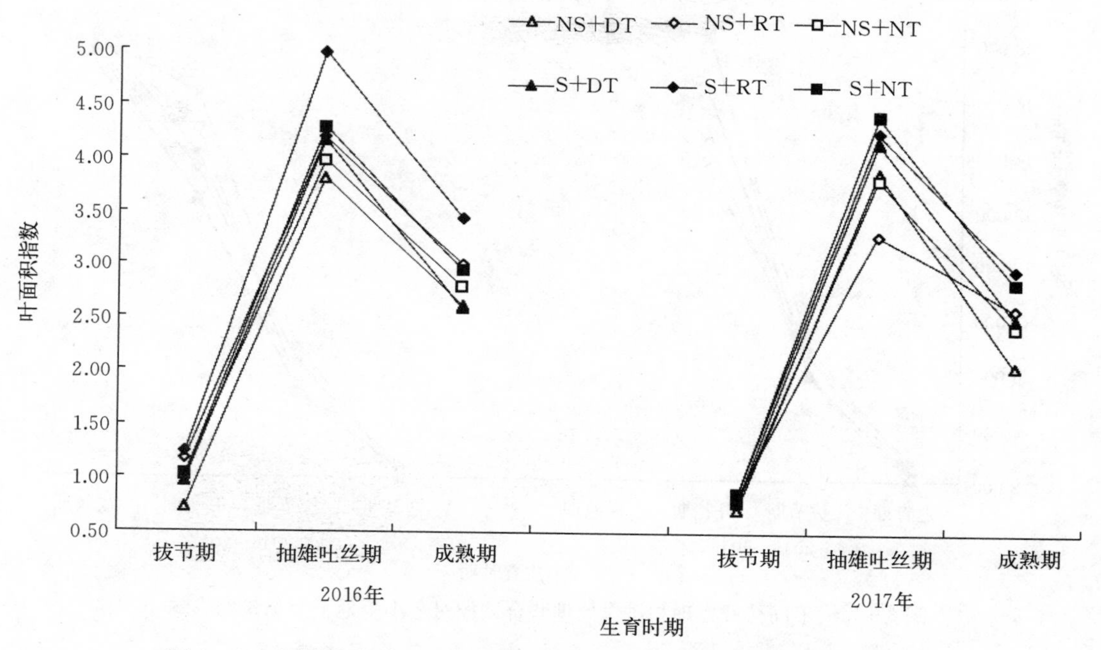


图 6-14　不同秸秆处理和耕作处理联合调控对夏玉米叶面积指数的影响

**3. 耕作措施与秸秆还田对小麦-玉米地上生物量的影响**

（1）对冬小麦地上生物量的影响　2015—2016 年度秸秆还田处理冬小麦返青期和拔节期地上生物量与秸秆不还田处理差异不显著，但开花期和成熟期植株地上生物量较秸秆不还田处理显著增加 4.78%～18.89%。2016—2017 年度秸秆还田处理冬小麦开花期、成熟期植株地上生物量较秸秆不还田处理显著增加 2.19%～5.70%。耕作处理显著影响两年冬小麦开花期和成熟期植株地上生物量（图 6-15）。

2015—2016 年度拔节期秸秆还田处理下轮耕处理和深耕处理冬小麦地上生物量较免耕处理分别提高 11.63%1 和 8.94%，秸秆不还田处理下轮耕处理和深耕处理冬小麦地上生物量较免耕处理分别提高 2.81%和 13.69%；开花期秸秆还田处理下轮耕处理冬小麦地上生物量较深耕处理降低 12.46%，秸秆不还田处理下轮耕处理冬小麦地上生物量较深耕处理提高 6.60%；成熟期秸秆还田处理下轮耕处理冬小麦地上生物量较免耕处理提高4.52%，秸秆不还田处理下轮耕处理冬小麦地上生物量较深耕处理提高 3.18%；成熟期秸秆还田＋轮耕处理冬小麦地上生物量较秸秆不还田＋深耕处理显著提高 9.52%。2016—2017 年度开花期秸秆还田处理下轮耕处理冬小麦地上生物量较深耕处理显著提高 13.61%，秸秆不还田处理下轮耕处理较深耕处理提高 7.93%；成熟期秸秆还田处理下轮耕处理冬小麦地上生物量较深耕处理提高 3.65%，秸秆不还田处理下轮耕处理冬小麦地上生物量较深耕处理提高 3.58%；成熟期秸秆还田＋轮耕处理较秸秆不还田＋深耕处理显著增加 6.81%。

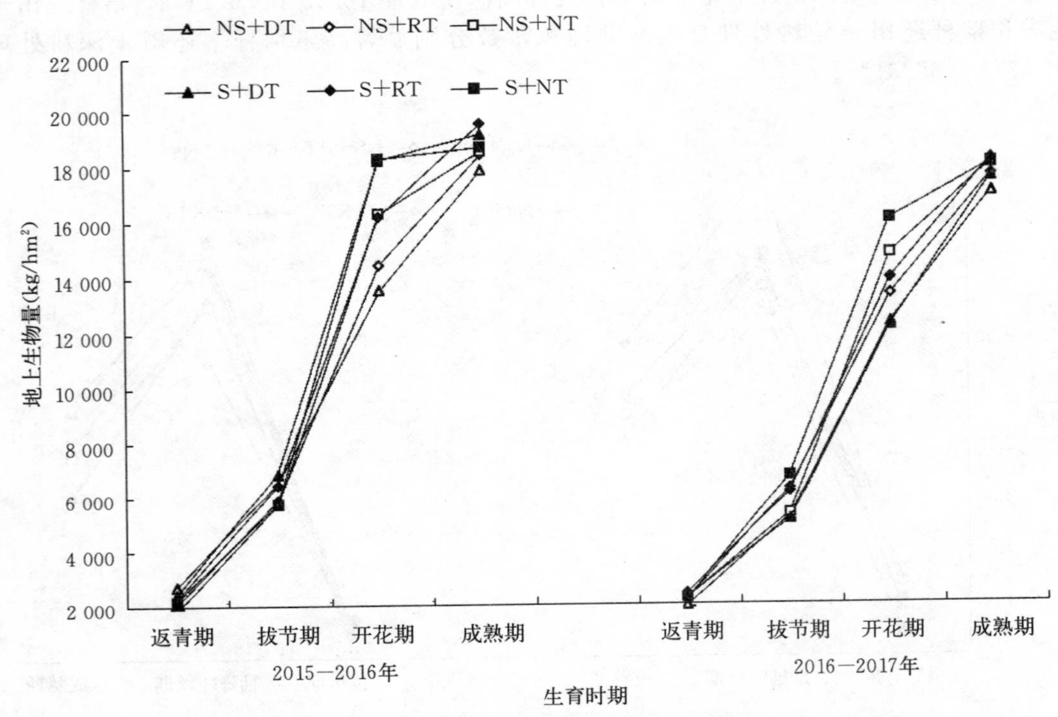


图 6-15　不同秸秆处理和耕作处理联合调控对冬小麦地上生物量的影响

（2）对夏玉米地上生物量的影响　夏玉米地上生物量受秸秆处理和耕作措施影响显著，2016 年度秸秆处理和耕作处理均对夏玉米拔节期—抽雄吐丝期的地上生物量影响极显著，在夏玉米拔节期—抽雄吐丝期秸秆还田处理下的地上生物量较秸秆不还田处理显著增加 13.81%～47.36%。2017 年度耕作处理对夏玉米喇叭口期—成熟期的地上生物量差异显著或极显著，不同耕作处理的平均数值变动幅度在 2.68%～13.65%，秸秆处理对夏玉米拔节期—成熟期的地上生物量差异显著或极显著，在夏玉米拔节期—成熟期秸秆还田处理下的地上生物量较秸秆不还田处理显著增加 3.87%～18.64%（图 6-16）。

2016 年度拔节期秸秆还田处理下轮耕处理夏玉米地上生物量较深耕处理高 25.65%，秸秆不还田处理下轮耕处理夏玉米地上生物量较深耕处理高 27.63%；大喇叭口期秸秆还田处理下轮耕处理夏玉米地上生物量较深耕处理高 33.70%，秸秆不还田处理下不同处理间差异不显著，秸秆还田＋轮耕处理夏玉米地上生物量显著高于秸秆不还田＋深耕处理 86.27%；抽雄吐丝期秸秆还田处理下轮耕处理夏玉米地上生物量较深耕处理高 14.25%，秸秆不还田处理下不同处理间差异不显著，秸秆还田＋轮耕处理夏玉米地上生物量显著高于秸秆不还田＋深耕处理 38.69%；成熟期秸秆还田处理下轮耕处理夏玉米地上生物量较深耕处理高 20.93%。2017 年度拔节期秸秆还田处理下轮耕处理夏玉米地上生物量低于深耕处理，秸秆不还田处理下轮耕处理夏玉米地上生物量与深耕处理差异不显著；大喇叭口期秸秆还田处理和秸秆不还田处理下轮耕处理夏玉米地上生物量均低于深耕处理；抽雄吐丝期秸秆还田处理下免耕处理夏玉米地上生物量较深耕处理低 11.81%，秸秆还田＋轮耕处理夏玉米地上生物量高于秸秆不还田＋深耕处理 4.37%；成熟期秸秆还田处理下轮耕处理夏玉米地上生物量较深耕处理高 8.56%，秸秆不还田处理下轮耕处理夏玉米地上生物量高于深耕处理 7.67%。

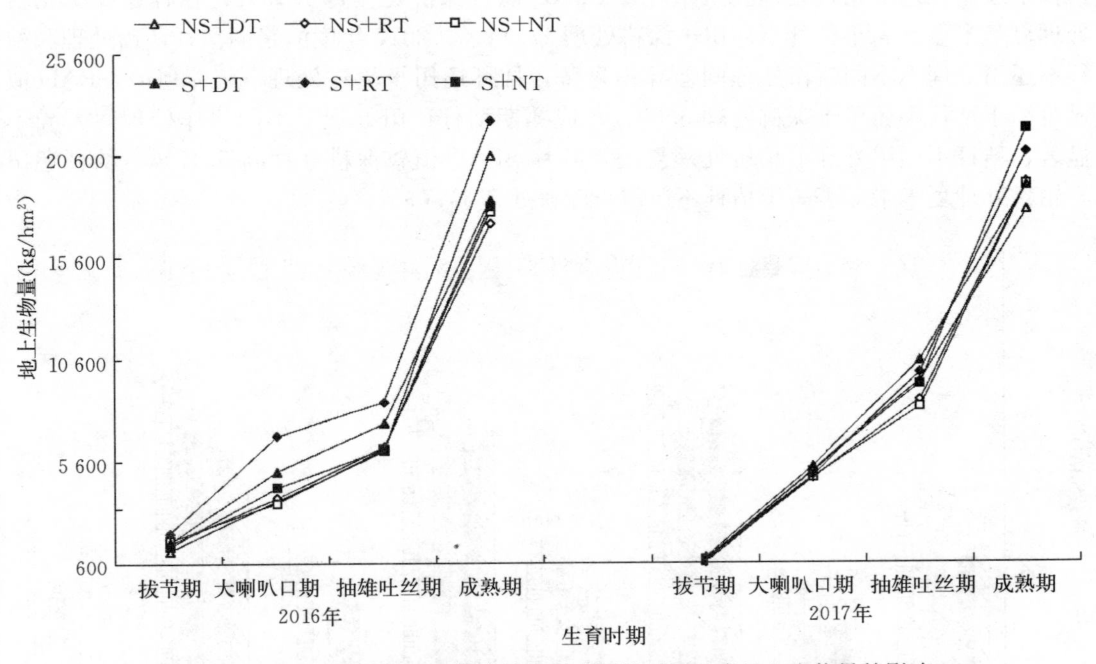


图 6-16　不同秸秆处理和耕作处理联合调控对夏玉米地上生物量的影响

**4. 耕作措施与秸秆还田对小麦-玉米叶片 SPAD 值的调控效应**

冬小麦、夏玉米叶片 SPAD 值可以表征其叶绿素含量多寡，从一定程度上可以衡量其光合合成能力的潜力。2015—2016 年度和 2016—2017 年度叶片 SPAD 值变化可以看出，秸秆还田处理较秸秆不还田处理显著增加了冬小麦开花期、灌浆期的 SPAD 值，耕作处理显著影响灌浆期冬小麦旗叶的 SPAD 值。秸秆还田处理显著增加了 2016 年度和 2017 年度夏玉米灌浆期和成熟期叶片 SPAD 值，耕作处理显著影响 2016 年夏玉米灌浆期、成熟期和 2017 年夏玉米灌浆期叶片 SPAD 值（图 6-17）。

从冬小麦叶片叶绿素 SPAD 值变化规律来看，2015—2016 年度，从开花期到灌浆期秸秆还田处理叶片 SPAD 值下降幅度为 7.62%～14.14%，秸秆不还田处理下降幅度为 8.70%～14.06%；2016—2017 年度，从开花期到灌浆期秸秆还田处理下降幅度为 16.25%～33.48%，秸秆不还田处理下降幅度为 15.59%～36.15%，两年秸秆还田＋轮耕处理开花期到灌浆期下降幅度均最低，2015—2016 年度和 2016—2017 年度分别为 7.62%和 16.25%。2015—2016 年度秸秆还田处理下轮耕处理冬小麦开花期和灌浆期叶片

SPAD值较深耕处理分别高1.90%和3.68%，秸秆不还田处理下轮耕处理冬小麦灌浆期较深耕处理高8.07%；秸秆还田＋轮耕处理灌浆期较秸秆不还田＋深耕显著高9.98%。2016—2017年度秸秆还田处理下轮耕处理冬小麦开花期和灌浆期叶片SPAD值较深耕处理分别高1.75%和16.82%，秸秆不还田处理下轮耕处理冬小麦灌浆期较深耕处理高13.25%；秸秆还田＋轮耕处理灌浆期较秸秆不还田＋深耕显著高20.09%。

2016年度灌浆期秸秆还田处理下轮耕处理夏玉米叶片SPAD值较深耕处理高2.87%，秸秆不还田处理下不同耕作处理间差异不显著，秸秆还田＋轮耕处理夏玉米显著高于秸秆不还田＋深耕处理5.36%；成熟期秸秆还田处理下不同耕作处理间差异不显著，秸秆不还田处理下轮耕处理夏玉米叶片SPAD值较深耕处理高6.95%，秸秆还田＋轮耕处理夏玉米显著高于秸秆不还田＋深耕处理17.71%。2017年度灌浆期秸秆还田处理和秸秆不还田处理下不同耕作处理间差异不显著，秸秆还田＋轮耕处理夏玉米叶片SPAD值显著高于秸秆不还田＋深耕处理5.69%；成熟期秸秆还田处理下不同耕作处理间差异不显著，秸秆不还田处理下轮耕处理夏玉米叶片SPAD值较深耕处理高6.47%，秸秆还田＋轮耕处理夏玉米显著高于秸秆不还田＋深耕处理17.03%。

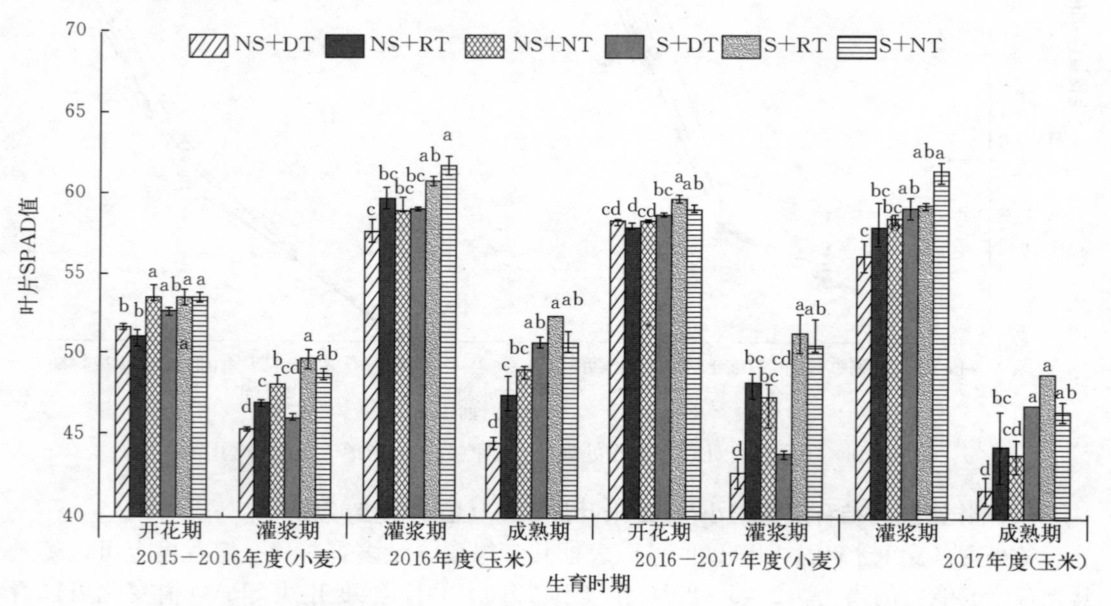


图6-17　不同秸秆处理和耕作处理联合调控对冬小麦、夏玉米叶片SPAD值的影响

注：不同小写字母表示差异性显著（$P<0.05$）。

**5. 耕作措施与秸秆还田对小麦-玉米两熟制作物光合速率的影响**

由图6-18可以看出，秸秆还田处理显著增加2015—2016年度和2016—2017年度冬小麦开花期和灌浆期旗叶光合速率，耕作处理对两年冬小麦开花期和灌浆期冬小麦旗叶的光合速率影响显著。秸秆还田处理显著增加2016年度和2017年度夏玉米灌浆期和成熟期穗位叶的光合速率，耕作处理对两年夏玉米灌浆期和成熟期穗位叶的光合速率影响显著。

2015—2016年度开花期秸秆还田处理下轮耕处理和深耕处理冬小麦光合速率较免耕处理分别高18.72%和20.47%，秸秆不还田处理下轮耕处理和深耕处理冬小麦光合速率较免耕处理分别高20.77%和20.43%；灌浆期秸秆还田处理下轮耕处理冬小麦光合速率较深耕处理高 7.10%，秸秆不还田处理下轮耕处理冬小麦光合速率较深耕处理高 15.33%；秸秆还田＋轮耕处理灌浆期光合速率较秸秆不还田＋深耕处理显著高 22.53%。2016—2017 年度开花期秸秆还田处理下轮耕处理冬小麦光合速率较免耕处理高 4.10%，秸秆不还田处理下轮耕处理冬小麦光合速率较深耕处理高 5.75%；灌浆期秸秆还田处理下轮耕处理冬小麦光合速率较深耕处理高 31.34%，秸秆不还田处理下轮耕处理冬小麦光合速率较深耕处理高 33.63%；秸秆还田＋轮耕处理灌浆期光合速率较秸秆不还田＋深耕处理显著高 34.41%。

2016 年度灌浆期秸秆还田处理下轮耕处理夏玉米光合速率较深耕处理高 9.74%，秸秆不还田处理下轮耕处理夏玉米光合速率较深耕处理高 40.99%，秸秆还田＋轮耕处理夏玉米光合速率高于秸秆不还田＋深耕处理 32.07%；成熟期秸秆还田处理下免耕处理夏玉米光合速率较深耕处理高 51.85%，秸秆不还田处理下轮耕处理夏玉米光合速率较深耕处理高 22.97%，秸秆还田＋轮耕处理夏玉米光合速率显著高于秸秆不还田＋深耕处理 32.43%。2017 年度灌浆期秸秆还田处理下不同耕作处理间差异不显著，秸秆不还田处理免耕处理夏玉米光合速率较深耕处理高 11.56%，秸秆还田＋轮耕处理夏玉米光合速率显著高于秸秆不还田＋深耕处理 11.90%；成熟期秸秆还田处理下免耕处理夏玉米光合速率较深耕处理高 40.35%，秸秆不还田处理下轮耕处理夏玉米光合速率较深耕处理高 28.79%，秸秆还田＋免耕处理夏玉米光合速率高于秸秆不还田＋深耕处理 81.82%。

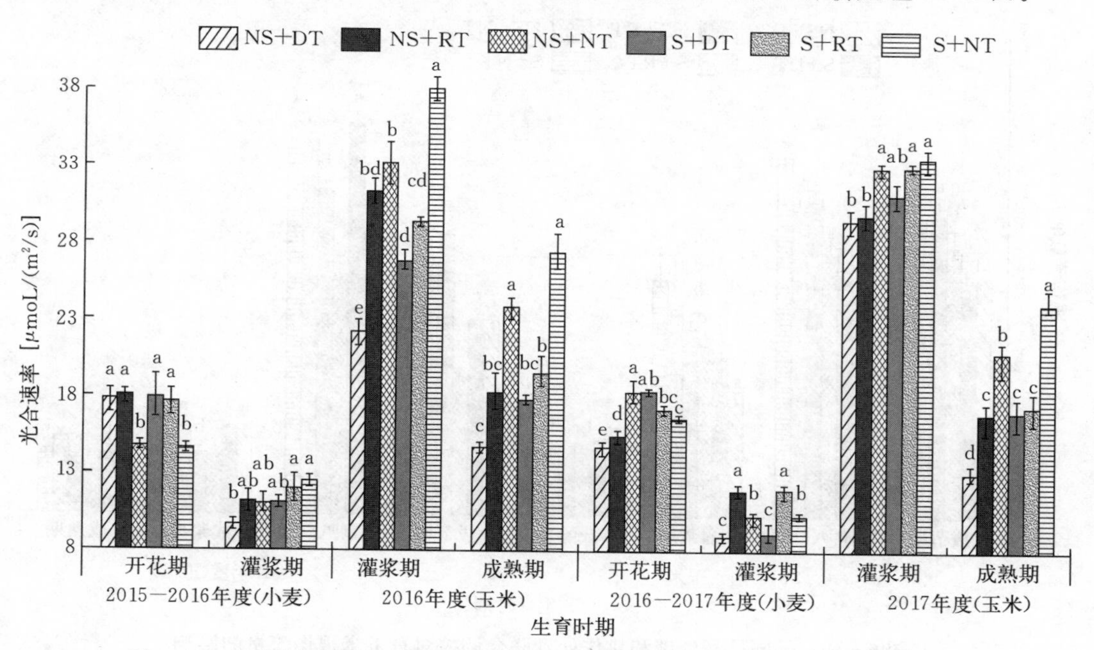


图 6-18　不同秸秆处理和耕作处理联合调控对冬小麦、夏玉米光合速率的影响

注：不同小写字母表示差异性显著（$P<0.05$）。

**6. 耕作措施与秸秆还田对夏玉米根伤流量的调控效应**

植物根系伤流强度反映了植物主动吸收水分能力的强弱，图 6-19 是两年度不同处理对夏玉米田根伤流量的影响，从图可知两年夏玉米根伤流量均随着植株的生长呈现正态分布的趋势，2016 年和 2017 年秸秆还田处理下的根伤流量均高于秸秆不还田处理的。耕作处理对 2016 年和 2017 年夏玉米各生育时期根伤流量的影响也达到显著水平。

2016 年夏玉米拔节期秸秆还田处理下轮耕、免耕处理的根伤流量较深耕处理少 14.91%和 20.92%，秸秆不还田处理下免耕处理的根伤流量较轮耕处理高 21.32%，秸秆还田＋轮耕处理较秸秆不还田＋深耕处理高 11.03%；喇叭口期秸秆还田处理下免耕处理的根伤流量较轮耕、深耕处理高 17.17%和 9.60%，秸秆不还田处理下免耕处理的根伤流量较深耕处理高 16.79%，秸秆还田＋轮耕处理较秸秆不还田＋深耕处理高 35.04%；灌浆期秸秆还田处理不同处理间差异不显著，秸秆还田＋轮耕和秸秆还田＋免耕处理较秸秆不还田＋深耕处理高 19.27%和 33.03%；成熟期秸秆还田处理下轮耕、免耕处理的根伤流量较深耕处理均显著少 44.83%。2017 年夏玉米拔节期秸秆还田处理下轮耕、免耕处理的根伤流量较深耕处理少 20.57%和 34.92%，秸秆不还田处理下免耕处理的根伤流量较深耕处理少 38.37%，秸秆还田＋轮耕处理较秸秆不还田＋深耕处理高 18.49%；喇叭口期秸秆还田处理下免耕、轮耕处理的根伤流量较深耕处理高 15.82%和 13.27%，秸秆不还田处理下轮耕处理的根伤流量较深耕处理高 39.41%，秸秆还田＋轮耕处理较秸秆不还田＋深耕处理高 33.53%；灌浆期秸秆还田处理下不同耕作措施表现为：轮耕处理和免耕处理大于深耕处理，秸秆不还田处理不同处理间差异不显著；成熟期秸秆还田处理和秸秆不还田处理下不同耕作措施均表现为：轮耕处理＞免耕处理＞深耕处理。

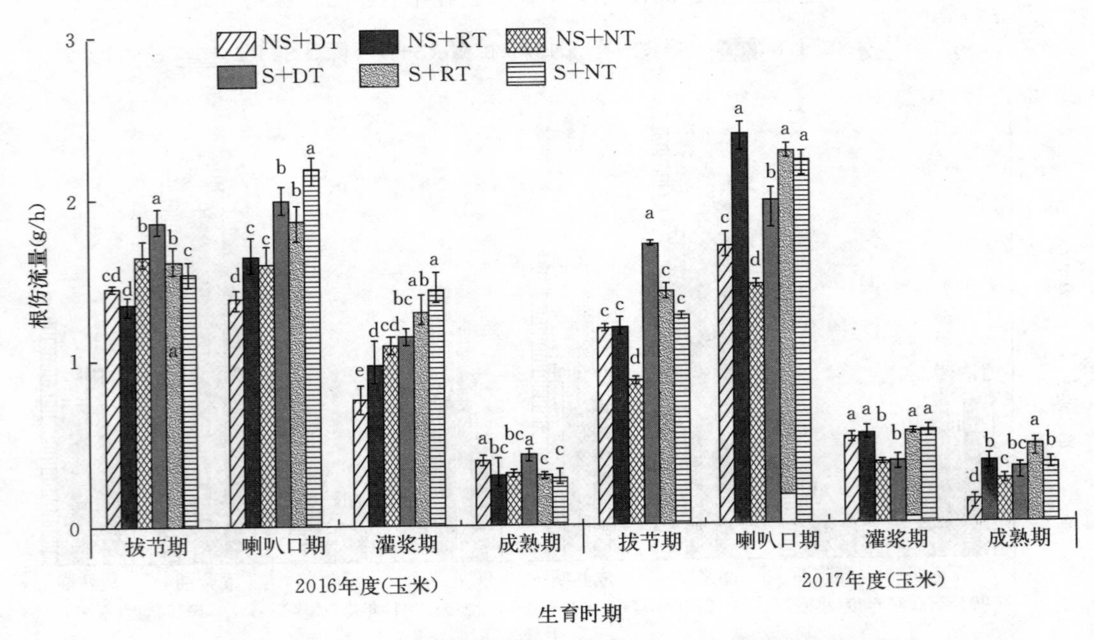


图 6-19　不同秸秆处理和耕作处理联合调控对夏玉米根伤流量的影响

注：不同小写字母表示差异性显著（$P<0.05$）。

## 四、耕作措施与秸秆还田对小麦-玉米产量及其构成要素的影响

### 1. 耕作措施与秸秆还田对冬小麦产量及其构成要素的调控效应

秸秆处理和耕作调控对冬小麦产量及其构成要素具有显著影响，秸秆处理方式显著影

响 2015—2016 年度和 2016—2017 年度冬小麦穗粒数、2015—2016 年度冬小麦千粒重，耕作处理和秸秆处理两者交互作用显著影响两年度冬小麦的穗粒数、千粒重和产量。两年度秸秆还田处理平均穗粒数、千粒重均高于秸秆不还田处理，2015—2016 年度和 2016—2017 年度秸秆还田处理冬小麦产量较秸秆不还田处理分别高 1.24%和 1.61%。2015—2016 年度秸秆还田处理下轮耕处理冬小麦有效穗数和穗粒数较免耕处理分别高 3.26%和 11.26%，千粒重和产量分别较深耕处理高 4.32%和 6.42%；秸秆不还田处理下轮耕处理冬小麦有效穗数、千粒重和产量分别较深耕处理高 3.60%、4.73 和 3.31%；秸秆还田＋轮耕处理冬小麦穗粒数、千粒重和产量较秸秆不还田＋深耕处理分别显著高 5.19%、8.78%和 8.68%。2016—2017 年度秸秆还田处理下轮耕处理冬小麦有效穗数、穗粒数、千粒重和产量较免耕处理分别高 6.51%、8.01%、1.35%和 13.88%；秸秆不还田处理下轮耕处理冬小麦有效穗数、穗粒数、千粒重和产量分别较深耕处理高 9.87%、2.96%、9.76%和 6.53%；秸秆还田＋轮耕处理有效穗数、穗粒数、千粒重和产量显著高于秸秆不还田＋深耕处理，分别高 8.90%、9.61%、9.76%和 16.98%（表 6-3）。

**表 6-3　秸秆处理和耕作调控对冬小麦产量及其构成要素的影响**

| 处理 | | 2015—2016 年度 | | | | 2016—2017 年度 | | | |
|---|---|---|---|---|---|---|---|---|---|
| | | 有效穗数（$\times10^4/hm^2$） | 穗粒数 | 千粒重（g） | 产量（$kg/hm^2$） | 有效穗数（$\times10^4/hm^2$） | 穗粒数 | 千粒重（g） | 产量（$kg/hm^2$） |
| 秸秆不还田 | 深耕 | 555.0ab | 38.5b | 44.4c | 8 497.0d | 515.6d | 40.6c | 41.0c | 7 546.0c |
| | 轮耕 | 575.0a | 35.9c | 46.5b | 8 778.0bc | 566.5a | 41.8bc | 45.0a | 8 038.7b |
| | 免耕 | 560.0ab | 36.0c | 48.2a | 9 012.0ab | 539.9bc | 42.4b | 44.7a | 8 522.2a |
| | 均值 | 563.4 | 36.8 | 46.3 | 8 762.3 | 540.7 | 41.58 | 43.6 | 8 035.6 |
| 秸秆还田 | 深耕 | 557.5ab | 41.8a | 46.3b | 8 677.4cd | 535.8cd | 42.0bc | 43.4b | 7 920.2bc |
| | 轮耕 | 566.3ab | 40.5a | 48.3a | 9 234.8a | 561.5ab | 44.5a | 45.0a | 8 827.2a |
| | 免耕 | 548.4b | 36.4c | 48.2a | 8 700.2cd | 527.2cd | 41.2bc | 44.4ab | 7 751.6bc |
| | 均值 | 557.4 | 39.6 | 47.6 | 8 870.8 | 541.5 | 42.58 | 44.3 | 8 166.4 |
| F 值 | 秸秆处理 | ns | ** | ** | ns | ns | * | ns | ns |
| | 耕作处理 | ns | ** | ** | ** | ** | ** | ** | ** |
| | 交互作用 | ns | * | * | ** | ns | ** | * | ** |

注：同一栏内不同字母表示差异显著（$P<0.05$），*表示在 0.05 水平上差异显著，**表示在 0.01 水平上差异极显著。

### 2. 耕作措施与秸秆还田对夏玉米产量及其构成要素的调控效应

秸秆处理和耕作调控对夏玉米产量及其构成要素具有显著影响，除 2017 年夏玉米百粒重外，秸秆处理方式均显著影响 2016 年和 2017 年夏玉米的产量及其构成要素；除 2016 年夏玉米百粒重和 2017 年夏玉米穗行数外，耕作处理均显著影响 2016 年和 2017 年夏玉米的产量及其构成要素；耕作处理和秸秆处理两者交互作用显著影响 2017 年夏玉米的穗数和行粒数。两年度秸秆还田处理平均产量、穗行数和行粒数均高于秸秆不还田处理，2016 年和 2017 年秸秆还田处理夏玉米产量较秸秆不还田处理分别高 4.67%和 4.63%。2016 年秸秆还田处理下轮耕处理产量、穗行数和百粒重分别显著高于深耕处理

9.19%、4.76%和3.88%，秸秆不还田处理下轮耕处理的产量和穗数分别显著高于深耕处理6.50%和15.3%，秸秆还田+轮耕处理夏玉米穗行数、行粒数、百粒重和产量较秸秆不还田+深耕处理分别显著高7.69%、3.63%、5.45%和12.94%。2017年秸秆还田处理下免耕处理产量、有效株数分别显著高于深耕处理9.59%和13.70%，秸秆不还田处理下轮耕处理的产量、行粒数和穗数分别显著高于深耕处理7.92%、7.55%和2.71%，免耕处理的百粒重较轮耕处理高4.32%。秸秆还田+轮耕处理夏玉米行粒数和产量较秸秆不还田+深耕处理分别显著高8.46%和9.85%。秸秆还田+免耕处理夏玉米有效株数、百粒重和产量较秸秆不还田+深耕处理分别显著高9.35%、4.19%和13.42%（表6-4）。

**表6-4 秸秆处理和耕作调控对夏玉米产量及其构成要素的影响**

| 处理 | | 2016年 | | | | | 2017年 | | | | |
|---|---|---|---|---|---|---|---|---|---|---|---|
| | | 穗数（个/hm²） | 穗行数 | 行粒数 | 百粒重（g） | 产量（kg/hm²） | 穗数（个/hm²） | 穗行数 | 行粒数 | 百粒重（g） | 产量（kg/hm²） |
| 秸秆不还田 | 深耕 | 60 282cd | 14.3c | 35.8b | 33.0ab | 9 419.2d | 62 212c | 14.5ab | 33.1c | 33.4c | 9 335.5c |
| | 轮耕 | 69 583a | 14.4bc | 34.5c | 33.0ab | 10 031.8b | 63 898b | 14.5ab | 35.6ab | 32.4c | 10 074.6b |
| | 免耕 | 61 827c | 14.5bc | 36.6ab | 32.6b | 10 051.8b | 61 685d | 14.2b | 35.3b | 33.8ab | 10 275.0b |
| | 均值 | 63 897 | 14.4 | 35.6 | 32.8 | 9 834.3 | 62 598 | 14.4 | 34.7 | 33.2 | 9 895.0 |
| 秸秆还田 | 深耕 | 56 878e | 14.7b | 37.2a | 33.5ab | 9 742.8c | 59 831f | 15.0a | 35.7ab | 33.6abc | 10 214.8ab |
| | 轮耕 | 66 890b | 15.4a | 37.1a | 34.8a | 10 637.7a | 61 508e | 15.0a | 35.9ab | 32.8bc | 10 255.2ab |
| | 免耕 | 58 896d | 14.7bc | 37.6a | 33.8ab | 10 500.9a | 68 027a | 15.1a | 36.1a | 34.8a | 10 588.7a |
| | 均值 | 60 888 | 14.9 | 37.3 | 34.0 | 10 293.8 | 63 122 | 15.0 | 35.9 | 33.7 | 10 352.9 |
| *F*值 | 秸秆处理 | ** | ** | ** | ** | ** | ** | ** | ** | ns | ** |
| | 耕作处理 | ** | * | * | ns | ** | ** | ns | ** | ** | ** |
| | 交互作用 | ns | ns | ns | ns | ns | ** | ns | ** | ns | ns |

注：同一栏内不同字母表示差异显著（$P<0.05$），*表示在0.05水平上差异显著，**表示在0.01水平上差异极显著。

**3. 耕作措施与秸秆还田对小麦-玉米两熟制周年产量的影响**

由表6-5可知，秸秆处理、耕作处理以及两者交互作用显著影响第一周年、第二周年、两个周年产量。第一周年、第二周年、两周年秸秆还田处理较秸秆不还田处理产量分别提高3.05%、3.29%和3.17%；秸秆还田下第一周年轮耕处理较深耕处理产量高7.88%，秸秆不还田下轮耕处理较深耕处理产量高4.99%；秸秆还田下第二周年轮耕处理较深耕处理产量高5.22%，秸秆不还田下轮耕处理较深耕处理产量高7.30%，秸秆还田下两个周年轮耕处理较深耕处理产量高6.56%，秸秆不还田下轮耕处理较深耕处理产量高6.11%。第一周年、第二周年、两个周年秸秆还田+轮耕处理产量较秸秆不还田+深耕处理分别高10.92%、13.04%和11.95%。可见，秸秆还田和轮耕能够显著增加小麦-玉米两熟制周年作物生产，提高作物产量。

**表 6-5　不同处理对小麦-玉米两熟制周年产量的影响**

| 处理 | | 第一周年产量（kg/hm²） | 第二周年产量（kg/hm²） | 两周年总产量（kg/hm²） |
|---|---|---|---|---|
| 秸秆不还田 | 深耕 | 17 916.3c | 16 881.5 d | 34 797.8e |
| | 轮耕 | 18 809.8bc | 18 113.2c | 36 923.0c |
| | 免耕 | 19 063.7b | 18 797.2ab | 37 861.0b |
| | 均值 | 18 596.6 | 17 930.7 | 36 527.2 |
| 秸秆还田 | 深耕 | 18 420.2c | 18 135.0c | 36 555.2 d |
| | 轮耕 | 19 872.5a | 19 082.5a | 38 955.0a |
| | 免耕 | 19 201.1b | 18 340.3bc | 37 541.5bc |
| | 均值 | 19 164.6 | 18 519.3 | 37 683.9 |
| *F* 值 | 秸秆处理 | ** | ** | ** |
| | 耕作处理 | ** | ** | ** |
| | 交互作用 | * | ** | ** |

注：同一栏内不同字母表示差异显著（$P<0.05$），*表示在 0.05 水平上差异显著，**表示在 0.01 水平上差异极显著。

## 五、耕作措施与秸秆还田对小麦-玉米两熟制农田水分利用效率的影响

### 1. 冬小麦耗水量及其水分利用效率

由表 6-6 可知，2015—2016 年度秸秆还田处理下轮耕处理耗水量较免耕处理减少 8.86%，水分利用效率较深耕和免耕处理分别提高了 5.23%和 16.49%。秸秆不还田处理下轮耕处理耗水量较免耕处理减少 3.58%。秸秆还田＋轮耕处理冬小麦水分利用效率显著高于秸秆不还田＋深耕和秸秆不还田＋免耕处理，分别高 6.22%和 12.91%。2016—2017 年度秸秆还田处理下轮耕处理耗水量较免耕处理减少 1.78%，水分利用效率较深耕和免耕处理分别提高了 2.85%和 15.86%。秸秆不还田处理下轮耕处理耗水量较免耕处理减少 8.0%，水分利用效率较深耕处理高 7.83%。秸秆还田＋轮耕处理冬小麦水分利用效率分别比秸秆还田＋免耕和秸秆不还田＋深耕显著提高了 15.86%和 10.00%。

**表 6-6　不同秸秆和耕作处理对冬小麦耗水量及水分利用效率的影响**

| 处理 | | 2015—2016 年度 | | 2016—2017 年度 | |
|---|---|---|---|---|---|
| | | 耗水量（mm） | 水分利用效率［kg/(hm²·mm)］ | 耗水量（mm） | 水分利用效率［kg/(hm²·mm)］ |
| 秸秆不还田 | 深耕 | 281.00b | 29.72b | 303.14b | 24.90bc |
| | 轮耕 | 310.89a | 28.23c | 299.61b | 26.85a |
| | 免耕 | 322.42a | 27.96c | 325.67ab | 26.16ab |
| | 均值 | 304.77 | 28.64 | 309.47 | 25.97 |

（续）

| 处理 | | 2015—2016 年度 | | 2016—2017 年度 | |
|---|---|---|---|---|---|
| | | 耗水量（mm） | 水分利用效率［kg/(hm² · mm)］ | 耗水量（mm） | 水分利用效率［kg/(hm² · mm)］ |
| 秸秆还田 | 深耕 | 289.26b | 30.00b | 294.11b | 26.63a |
| | 轮耕 | 292.67b | 31.57a | 322.22a | 27.39a |
| | 免耕 | 321.11a | 27.10c | 328.05a | 23.64c |
| | 均值 | 301.01 | 29.55 | 314.79 | 25.89 |
| *F* 值 | 秸秆处理 | ns | ** | ns | ns |
| | 耕作处理 | ** | ** | ** | ** |
| | 交互作用 | * | ** | * | ** |

注：同一栏内不同字母表示差异显著（$P<0.05$），*表示在 0.05 水平上差异显著，**表示在 0.01 水平上差异极显著。

**2. 夏玉米耗水量及其水分利用效率**

由表 6-7 可知，秸秆处理方式均显著影响 2016 年夏玉米的水分利用效率和 2017 年夏玉米的耗水量和水分利用效率；耕作处理均显著影响 2016 年和 2017 年夏玉米的耗水量和水分利用效率；耕作处理和秸秆处理两者交互作用显著影响 2017 年夏玉米的耗水量和水分利用效率。2016 年秸秆还田处理下轮耕处理耗水量较深耕处理减少 1.11%，水分利用效率较深耕提高了 10.52%。秸秆不还田处理下轮耕处理耗水量较深耕处理减少 5.24%，水分利用效率较深耕提高了 12.37%。秸秆还田＋轮耕处理夏玉米耗水量较秸秆不还田＋深耕处理减少 5.10%，水分利用效率显著高于秸秆不还田＋深耕 19.07%。2017 年度秸秆还田处理下免耕处理耗水量较轮耕处理减少 12.71%，水分利用效率较轮耕提高了 14.53%。秸秆不还田处理下轮耕处理耗水量较深耕处理减少 6.47%，水分利用效率较深耕处理高 14.98%。秸秆还田＋免耕处理耗水量比秸秆不还田＋深耕显著减少了 17.99%，秸秆还田＋免耕处理水分利用效率比秸秆不还田＋深耕显著提高了 34%。

**表 6-7 不同秸秆和耕作处理对夏玉米耗水量及水分利用效率的影响**

| 处理 | | 2016 年 | | 2017 年 | |
|---|---|---|---|---|---|
| | | 耗水量（mm） | 水分利用效率［kg/(hm² · mm)］ | 耗水量（mm） | 水分利用效率［kg/(hm² · mm)］ |
| 秸秆不还田 | 深耕 | 486.2a | 19.4d | 378.5a | 24.7d |
| | 轮耕 | 460.7b | 21.8bc | 354.0b | 28.4c |
| | 免耕 | 445.7b | 22.6ab | 348.6b | 29.5c |
| | 均值 | 464.2 | 21.2 | 360.7 | 27.5 |
| 秸秆还田 | 深耕 | 466.6ab | 20.9c | 322.2c | 31.8b |
| | 轮耕 | 461.4b | 23.1a | 355.6b | 28.9c |
| | 免耕 | 452.5b | 23.2a | 310.4c | 33.1a |
| | 均值 | 460.2 | 22.4 | 329.4 | 31.9 |

（续）

| 处理 | | 2016年 耗水量 (mm) | 2016年 水分利用效率 [kg/(hm² · mm)] | 2017年 耗水量 (mm) | 2017年 水分利用效率 [kg/(hm² · mm)] |
|---|---|---|---|---|---|
| F值 | 秸秆处理 | ns | * | ** | ** |
| | 耕作处理 | * | ** | ** | ** |
| | 交互作用 | ns | ns | ** | ** |

注：同一栏内不同字母表示差异显著（$P<0.05$），*表示在0.05水平上差异显著，**表示在0.01水平上差异极显著。

### 3. 小麦-玉米两熟制周年水分利用效率

由表6-8可知，秸秆处理显著影响第一周年水分利用效率、第二周年耗水量和水分利用效率、两个周年耗水量和水分利用效率，耕作处理显著影响第一周年水分利用效率、第二周年耗水量和水分利用效率、两个周年水分利用效率，秸秆处理和耕作处理两者的交互作用显著影响第一周年水分利用效率、第二周年耗水量和水分利用效率、两个周年耗水量和水分利用效率。

第一周年、第二周年、两个周年秸秆还田处理较秸秆不还田处理水分利用效率分别提高4.01%、6.73%和5.51%。两年耗水量秸秆还田处理较秸秆不还田处理减少了1.88%，平均来看，免耕和轮耕处理较深耕处理水分利用效率分别高2.50%和3.94%，其中，秸秆还田＋轮耕处理较秸秆不还田＋深耕处理水分利用效率高12.36%。

**表6-8　秸秆还田与耕作措施对小麦-玉米周年水分利用的影响**

| 处理 | | 第一周年 耗水量 (mm) | 第一周年 水分利用效率 [kg/(hm² · mm)] | 第二周年 耗水量 (mm) | 第二周年 水分利用效率 [kg/(hm² · mm)] | 两周年合计 耗水量 (mm) | 两周年合计 水分利用效率 [kg/(hm² · mm)] |
|---|---|---|---|---|---|---|---|
| 秸秆不还田 | 深耕 | 767.2a | 49.1c | 681.6a | 49.5c | 1 448.8a | 98.7c |
| | 轮耕 | 771.6a | 50.0b | 654.6b | 55.2b | 1 426.2ab | 105.3b |
| | 免耕 | 768.1a | 50.5bc | 674.3a | 55.7b | 1 442.4ab | 106.2b |
| | 均值 | 769.0 | 49.9 | 670.1 | 53.5 | 1 439.1 | 103.4 |
| 秸秆还田 | 深耕 | 755.8a | 50.9b | 616.4d | 58.3a | 1 372.2c | 109.3a |
| | 轮耕 | 754.1a | 54.6a | 677.8a | 56.2ab | 1 432.0ab | 110.9a |
| | 免耕 | 773.7a | 50.3bc | 638.5c | 56.8ab | 1 412.1b | 107.1b |
| | 均值 | 761.2 | 51.9 | 644.2 | 57.1 | 1 412.1 | 109.1 |
| F值 | 秸秆处理 | ns | ** | ** | ** | ** | ** |
| | 耕作处理 | ns | ** | ** | ** | ns | ** |
| | 交互作用 | ns | ** | ** | ** | ** | ** |

注：同一栏内不同字母表示差异显著（$P<0.05$），*表示在0.05水平上差异显著，**表示在0.01水平上差异极显著。

# 第三节　耕作措施与秸秆还田对耕层土壤微环境及作物氮素吸收利用的影响

## 一、秸秆处理和耕作措施对农田土壤物理性状的影响

### 1. 秸秆处理和耕作措施对耕层土壤容重的影响

2015 年与 2016 年冬小麦播种前 0～20 cm 和 20～40 cm 土层土壤容重如图 6－20 所示。可以看出 2015 年与 2016 年 0～20 cm 土层土壤容重均小于 20～40 cm；2015 年和 2016 年不同土层间土壤容重变化幅度在 0～0.06 g/cm$^3$。2015 年冬小麦播前秸秆还田条件下轮耕 0～20 cm 土壤容重较深耕处理低 0.01 g/cm$^3$、免耕处理较深耕处理高 0.01 g/cm$^3$；秸秆不还田条件下免耕处理较深耕处理高 0.01 g/cm$^3$；秸秆还田条件免耕处理 20～40 cm 土壤容重较轮耕和深耕处理显著提高 0.06 和 0.07 g/cm$^3$，秸秆不还田条件下免耕处理较轮耕和深耕处理均提高 0.06 g/cm$^3$。2016 年秸秆还田条件下轮耕和免耕处理 0～20 cm 土壤容重较深耕处理提高 0.03 g/cm$^3$，秸秆不还田条件下免耕处理较深耕处理显著提高 0.03 g/cm$^3$；秸秆还田条件下免耕处理 20～40 cm 土壤容重较轮耕和深耕处理显著提高 0.10 和 0.09 g/cm$^3$，秸秆不还田条件下免耕处理较轮耕处理和深耕处理均高 0.01 g/cm$^3$。

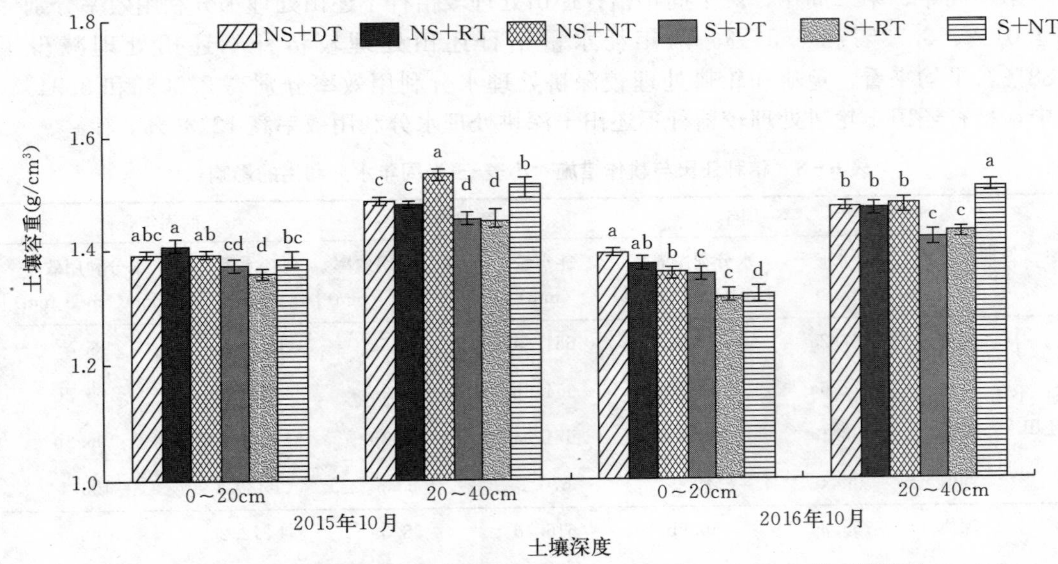


图 6－20　不同处理下两年冬小麦播期 0～20 cm 和 20～40 cm 的土壤容重

注：不同小写字母表示差异性显著（$P<0.05$）。

如果仅考虑秸秆处理的影响，在不考虑耕作措施的情况下 2016 年 10 月 0～20 cm 土壤平均容重较 2015 年 10 月于秸秆还田条件下提高 0.04 g/cm$^3$，而秸秆不还田条件下 0～20 cm 土壤平均容重较 2015 年 10 月仅提高 0.02 g/cm$^3$；2016 年 10 月秸秆还田条件下的 20～40 cm 土壤平均容重较 2015 年 10 月增加 0.03 g/cm$^3$，秸秆不还田条件下 20～40 cm 土壤平均容重较 2015 年 10 月也增加 0.03 g/cm$^3$。仅考虑耕作措施的影响，在不考虑秸秆处理的情况下，2016 年 10 月免耕、轮耕和深耕处理 0～20 cm 土壤平均容重较 2015 年 10 月各处理分别提高 0.05 g/cm$^3$、0.03 g/cm$^3$ 和 0.01 g/cm$^3$；2016 年 10 月免耕、轮耕和深

耕处理 20～40 cm 土壤平均容重较 2015 年 10 月免耕、轮耕和深耕处理分别提高 0.03 g/cm³、0.02 g/cm³ 和 0.03 g/cm³。综合各处理分析可以看出，2016 年 10 月秸秆还田轮耕处理 0～20 cm和 20～40 cm 土壤容重较 2015 年 10 月秸秆还田轮耕处理均提高了0.04 g/cm³。

良好的土壤物理结构是作物生产的基础，容重是土壤物理结构一个非常重要的表征指标，秸秆还田处理和耕作措施均能对土壤物理结构产生直接调控效应，合理的耕作措施能够构建合理的土壤物理结构从而协调耕层土壤的水、肥、气、热等因素，为作物生长创造良好的生长环境。可以看出，秸秆还田对于土壤容重的影响并不明显，而耕作措施对于土壤容重的影响较秸秆还田与否更大，总体来看，免耕处理显著增加了耕层土壤容重，而深耕处理逐步降低了耕层土壤容重。

**2. 秸秆处理和耕作措施对耕层土壤水分入渗的影响**

图 6－21 和图 6－22 分别表明了 0～20 cm 和 20～40 cm 土层土壤水分入渗变化，比较不同处理下的 0～20 cm 和 20～40 cm 的土壤水分入渗速率可以看出，0～20 cm 的土壤水分入渗速率大于 20～40 cm 入渗速率，说明表层土壤受耕作措施扰动的影响其水分入渗能力大于包含犁底层在内的 20～40 cm 土壤水分入渗能力。

（1）0～20 cm 土层的入渗变化　从图 6－21 可以看出，不同处理下土壤入渗过程存在一定差异，土壤水分入渗速率在初始阶段迅速降低，随着时间的推移，下降幅度逐渐减小，最后达到稳渗阶段。0～20 cm 处秸秆还田处理土壤水分入渗速率高于秸秆不还田处理，说明秸秆还田提高了表层土壤入渗速率。秸秆还田处理下的三种耕作措施在初始阶段，入渗速率表现为轮耕处理＞深耕处理＞免耕处理，随着时间的推移，逐渐降低最后达到平衡，在入渗后期趋于一致，在入渗后期差异不明显，但轮耕、免耕处理稍高于深耕处理。秸秆不还田处理下的三种耕作措施在初始阶段，入渗速率表现为轮耕处理和深耕处理大于免耕处理，随着时间的推移，逐渐降低最后达到平衡，在入渗后期趋于一致，差异不明显，但轮耕、免耕处理稍高于深耕处理，而且轮耕、免耕处理的稳定时间较深耕处理短。

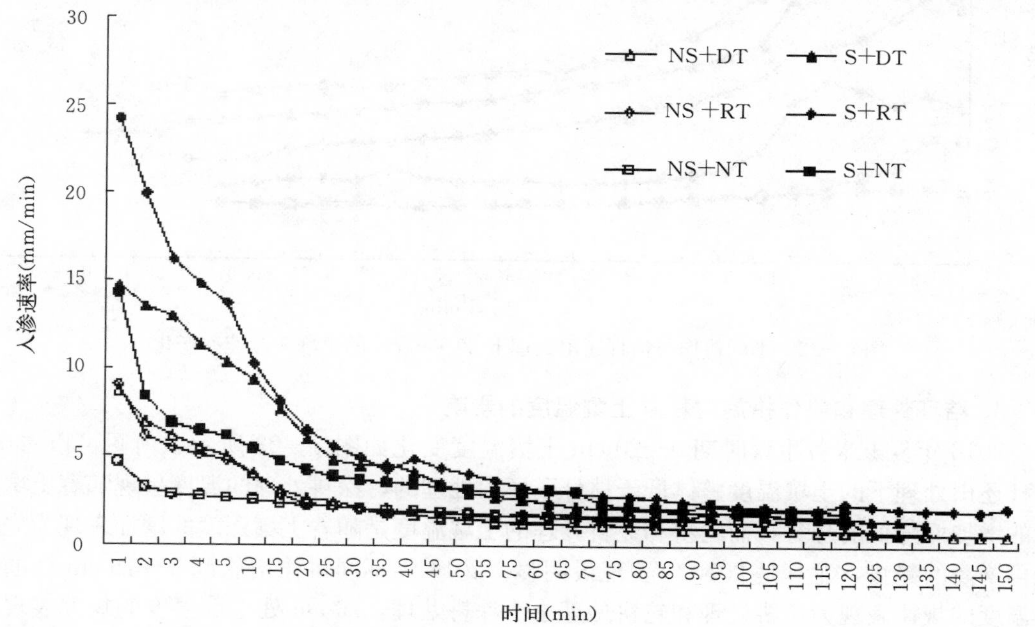


图 6－21　不同耕作与秸秆还田处理下 0～20 cm 的土壤入渗速率变化

（2）土壤 20～40 cm 土层的入渗速率变化特征　由图 6－22 可知，20～40 cm 土层土壤水分入渗速率随着时间的推移，逐渐降低，最后达到稳渗，但入渗速率和下降幅度均小于 0～20 cm 土层。20～40 cm 土层秸秆还田处理下土壤水分入渗速率低于秸秆不还田处理的，三种耕作措施表现为深耕处理＞轮耕处理＞免耕处理。秸秆还田和秸秆不还田处理下 20～40 cm 土层土壤入渗速率表现为深耕处理＞轮耕处理＞免耕处理，轮耕、免耕处理达到稳定入渗速率的时间较深耕处理短。

土壤水分入渗速率受土壤孔隙结构影响，从耕作措施角度分析，免耕能够显著促进土壤水分入渗，并且能够显著增加土壤水分保蓄能力。尤其是对于土壤 0～30 cm 土层而言，土壤水分保蓄主要依赖于大土体颗粒结构形成较大的孔隙度，免耕不会破坏土壤颗粒结构，能够保护大型土体颗粒免受深耕等物理作用的破坏，从而实现增强水分入渗的作用，达到稳渗时间变短的作用。通过 2D 土壤微观图像造影也可以发现，免耕在保护土壤大颗粒结构的同时，还能对死根、蚯蚓、土壤动物等提供保护场所，进一步促进了土壤水分入渗（Pires et al.，2017）。研究发现，0～20 cm 土层土壤达到稳渗后，轮耕和免耕处理水分入渗速率均大于翻耕处理，20～40 cm 土层土壤出现相反趋势，但是达到稳渗的时间相较于深耕处理较短。

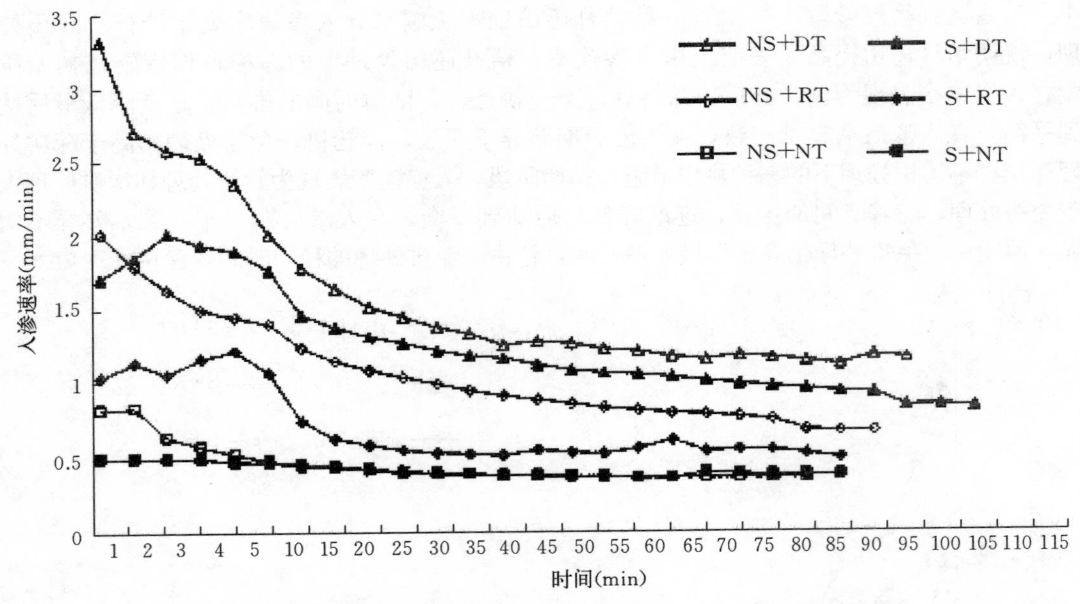


图 6－22　不同耕作与秸秆还田处理下 20～40 cm 的土壤入渗速率变化

**3. 秸秆处理和耕作措施对耕层土壤温度的影响**

2016 年夏玉米各生育时期 0～20 cm 土壤温度变化如图 6－23 所示，由图可以看出，秸秆还田处理下的土壤温度整体低于秸秆不还田处理的，深耕处理的温度呈现随着土壤深度的增加而降低的趋势，而轮耕和免耕处理的土壤温度是随着土壤深度的增加表现为先降低再增高的趋势，尤其是 2016 年表现最明显。2016 年不同耕作措施间 0～15 cm 处的土壤温度的规律表现为免耕处理和轮耕处理小于深耕处理，20 cm 处土壤温度的规律表现为免耕处理和轮耕处理大于深耕处理。

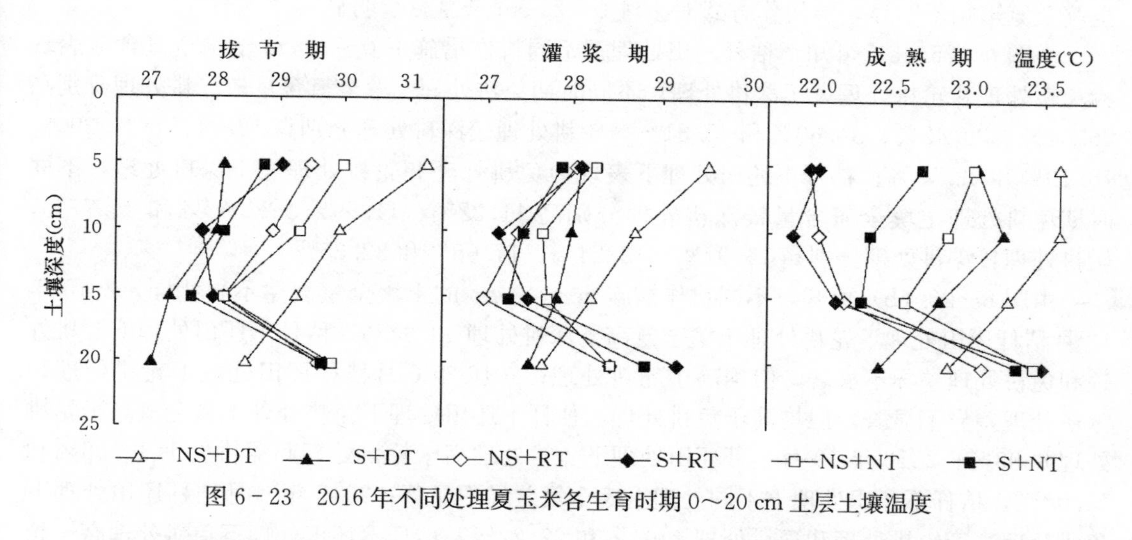

图 6-23　2016 年不同处理夏玉米各生育时期 0～20 cm 土层土壤温度

2017 年不同处理间表现的规律不尽相同，夏玉米各生育时期相同耕作措施间秸秆还田处理下的 0～15 cm 的土壤温度低于秸秆不还田处理的。拔节期，20 cm 处的秸秆还田处理和秸秆不还田处理下的土壤温度均表现为：免耕处理＜深耕处理＜轮耕处理；灌浆期，20 cm 处的秸秆还田处理下的土壤温度不同处理间差异不明显，秸秆不还田处理下的土壤温度表现为免耕处理＜深耕处理＜轮耕处理；成熟期，秸秆还田处理下的土壤温度表现为免耕处理＜深耕处理＜轮耕处理，秸秆不还田处理下的土壤温度表现为轮耕处理和免耕处理小于深耕处理（图 6-24）。

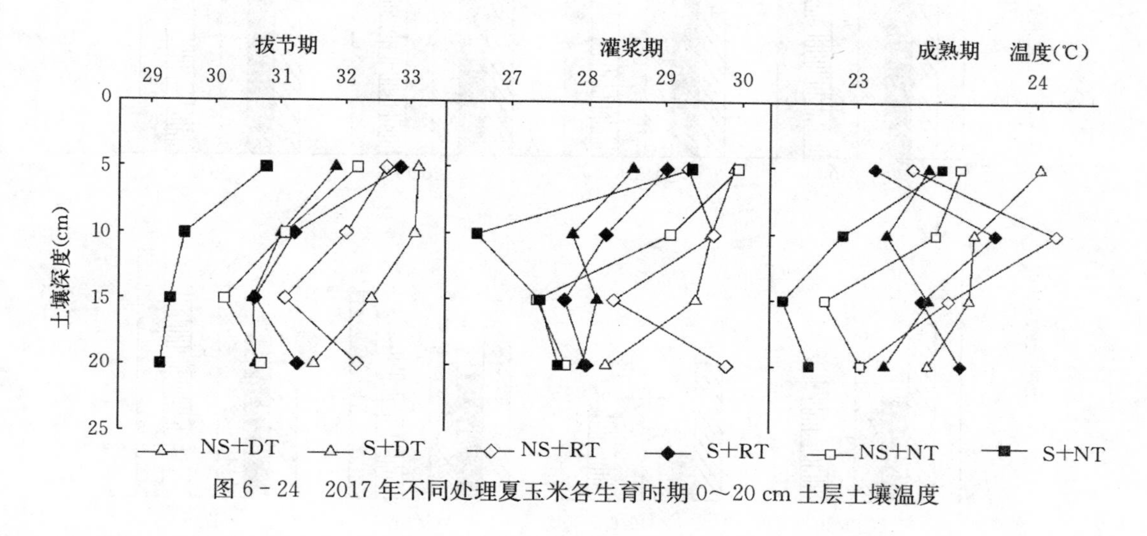

图 6-24　2017 年不同处理夏玉米各生育时期 0～20 cm 土层土壤温度

## 二、耕作措施与秸秆还田对两熟农田土壤养分状况的调控效应

### 1. 两熟制农田耕层土壤全氮变化

图 6-25A、B 分别为两年度冬小麦播种期、收获期的 0～20 cm 和 20～40 cm 的土壤全氮变化，由图可知，0～20 cm 的土壤全氮明显高于 20～40 cm 的；秸秆处理对冬小麦

土壤全氮影响不明显，但耕作方式对土壤 0～20 cm 全氮影响明显。

由图 6-25（a）可知，秸秆还田处理下不同耕作措施下 0～20 cm 土壤全氮含量表现为免耕处理和轮耕处理大于深耕处理，不同时期免耕处理土壤全氮含量较深耕处理分别高 26.64%、30.42%、34.60%和 45.31%，轮耕处理较深耕处理分别高 12.41%、21.29%、15.40%和 32.59%；秸秆不还田处理下表现为免耕处理和轮耕处理大于深耕处理，不同时期免耕处理土壤全氮含量较深耕处理分别高 11.22%、11.89%、22.62%和 45.77%，轮耕处理较深耕处理分别高 14.97%、12.24%、17.65%和 32.35%。

由图 6-25（b）可知，不同耕作措施 20～40 cm 的土壤全氮规律不尽相同，2015 年 10 月秸秆还田处理下轮耕处理土壤全氮高于深耕处理 13.33%，秸秆不还田处理下深耕处理和免耕处理差异不显著，但均高于轮耕处理；2016 年 6 月秸秆还田处理下轮耕处理和深耕处理差异不显著，但均高于免耕处理，秸秆不还田处理下免耕处理土壤全氮高于轮耕处理 8.93%；2016 年 10 月秸秆还田处理下免耕处理高于轮耕处理和深耕处理 10.96%和 14.08%，秸秆不还田处理下不同处理土壤全氮差异不显著；2017 年 6 月秸秆还田处理下免耕处理高于轮耕处理和深耕处理 8.64%和 22.22%，秸秆不还田处理下免耕处理高于轮耕处理和深耕处理 6.49%和 15.49%。

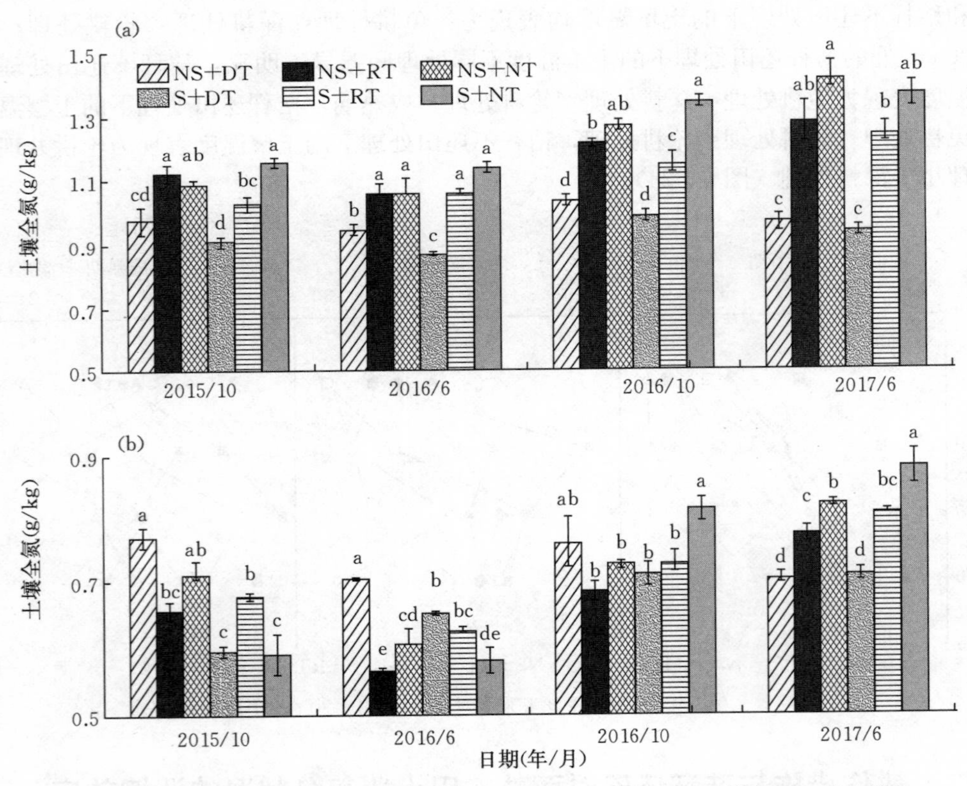


图 6-25 不同处理对耕层 0～20 cm（a）和 20～40 cm（b）土壤全氮含量的影响

注：不同小写字母表示差异性显著（$P<0.05$）。

**2. 两熟制农田耕层土壤有机质变化**

图 6-26A、B 分别为两年度冬小麦播种期、收获期的 0～20 cm 和 20～40 cm 的土壤有

机质含量变化，由图可知，0～20 cm的土壤有机质明显高于20～40 cm土壤有机质含量；秸秆处理对冬小麦土壤有机质影响不明显，但耕作方式对土壤0～20 cm的有机质影响显著。

由图6-26（a）可知，秸秆还田处理下不同耕作措施下0～20 cm土壤有机质含量表现为免耕处理和轮耕处理大于深耕处理，不同时期免耕处理土壤有机质含量较深耕处理分别高17.35%、36.38%、17.49%和20.80%，轮耕处理较深耕处理分别高13.26%、28.43%、24.07%和2.86%；秸秆不还田处理下表现为免耕处理和轮耕处理大于深耕处理，不同时期免耕处理土壤有机质含量较深耕处理分别高11.94%、14.18%、55.10%和29.71%，轮耕处理较深耕处理分别高13.37%、11.79%、40.56%和35.92%。

由图6-26（b）可知，不同耕作措施20～40 cm的土壤有机质规律不尽相同，2015年10月秸秆还田处理下轮耕处理土壤有机质低于深耕处理11.36%，秸秆不还田处理下轮耕处理土壤有机质低于深耕处理15.08%；2016年6月秸秆还田处理下轮耕处理和深耕处理差异不显著，但分别高于免耕处理16.67%和14.71%，秸秆不还田处理下轮耕处理土壤有机质低于深耕处理29.90%；2016年10月秸秆还田处理下轮耕处理高于免耕处理和深耕处理29.52%和49.45%，秸秆不还田处理下免耕处理和深耕处理差异不显著，但均高于轮耕处理；2017年6月秸秆还田处理下免耕处理高于轮耕处理和深耕处理14.78%和15.79%，秸秆不还田处理下不同处理差异不显著。

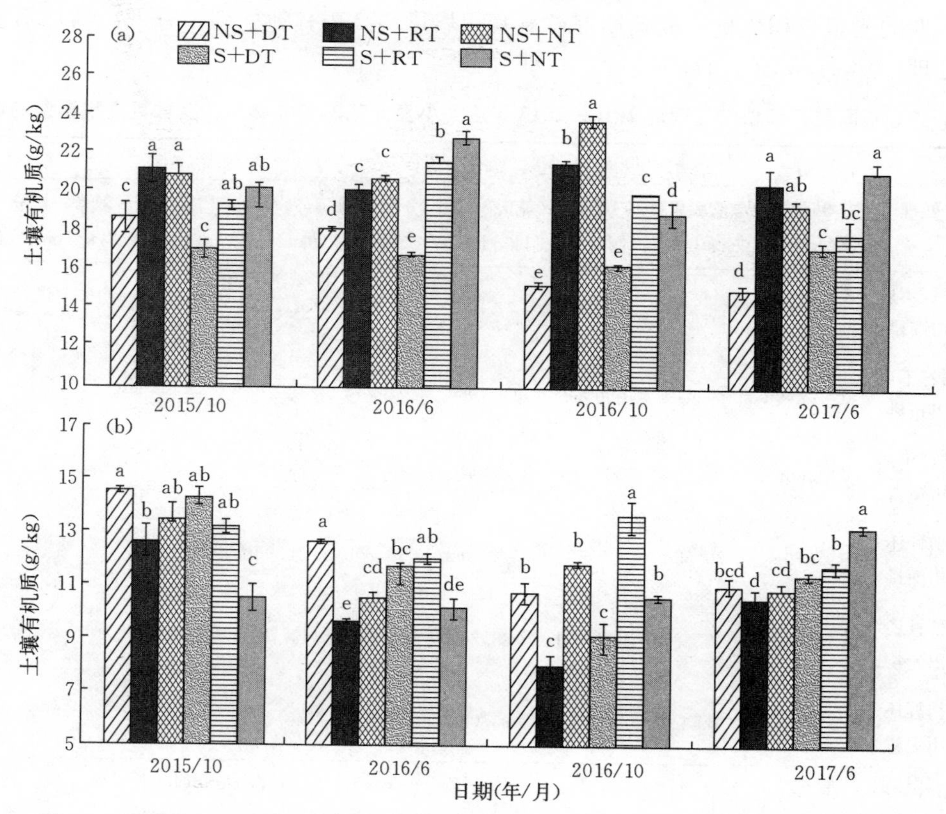


图6-26　不同处理对耕层0～20 cm（a）和20～40 cm（b）土壤有机质含量的影响

注：不同小写字母表示差异性显著（$P<0.05$）。

## 三、耕作措施和秸秆还田对小麦-玉米氮素吸收利用的影响

### 1. 氮素在冬小麦茎、叶、穗中的积累与分配

由表6-9可以看出，2016—2017年度秸秆还田方式和耕作措施均对冬小麦的氮素积累量具有显著影响。从冬小麦开花期到成熟期氮素在茎、叶和颖壳中的分配比例逐渐下降，其中开花期氮素分配比例表现为茎和叶大于颖壳，成熟期氮素分配比例表现为籽粒大于叶和茎大于颖壳。

2016—2017年度秸秆还田处理与秸秆不还田处理相比，在开花期和成熟期冬小麦植株氮素积累量分别显著提高10.25%和3.81%。开花期秸秆还田较秸秆不还田处理茎、叶、颖壳平均氮素积累量分别提高8.94%、15.12%和3.71%，成熟期秸秆还田较秸秆不还田处理籽粒氮素积累量提高了1.78%。开花期秸秆还田下轮耕处理较深耕处理显著增加了冬小麦植株氮素积累量18.36%，叶、茎、颖壳氮素积累量分别提高了25.03%、19.70%和4.14%；秸秆不还田下轮耕处理冬小麦植株氮素总积累量较深耕处理提高1.79%，叶和茎氮素积累量分别提高0.69%和6.02%。成熟期秸秆还田下轮耕处理较深耕处理冬小麦植株氮素积累量显著增加了8.87%，颖壳和籽粒的氮素积累量分别提高24.27%和8.76%；秸秆不还田下轮耕与深耕处理冬小麦植株氮素积累量差异不显著，但籽粒的氮素积累量轮耕处理较深耕处理提高7.81%。秸秆还田+轮耕处理冬小麦开花期和成熟期的氮素总积累量、成熟期籽粒氮素积累量均高于其他处理，分别比秸秆不还田+深耕处理增加21.52%、13.31%和21.86%。

**表6-9 不同秸秆和耕作处理对2016—2017年度冬小麦开花期和成熟期各器官氮素积累量的影响**

| 生育期 | 处理 | 植株氮素总积累量（kg/hm²） | 叶 | | 茎 | | 颖壳 | | 籽粒 | |
|---|---|---|---|---|---|---|---|---|---|---|
| | | | 氮素积累量（kg/hm²） | 分配比例（%） | 氮素积累量（kg/hm²） | 分配比例（%） | 氮素积累量（kg/hm²） | 分配比例（%） | 氮素积累量（kg/hm²） | 分配比例（%） |
| 开花期 | 秸秆不还田深耕 | 188.75c | 75.79d | 40.15bc | 71.81d | 38.05b | 41.15c | 21.81ab | | |
| | 秸秆不还田轮耕 | 192.12c | 76.31d | 39.73c | 76.13cd | 39.63a | 39.69c | 20.64bc | | |
| | 秸秆不还田免耕 | 213.66b | 85.35c | 39.99bc | 78.04bc | 36.52c | 50.28a | 23.49a | | |
| | 秸秆还田深耕 | 193.79c | 76.59d | 39.53c | 74.25cd | 38.29b | 42.95bc | 22.81ab | | |
| | 秸秆还田轮耕 | 229.37a | 95.76b | 41.75ab | 88.88a | 38.75ab | 44.73abc | 19.50c | | |
| | 秸秆还田免耕 | 232.22a | 100.99a | 43.49a | 83.02b | 35.74c | 48.31ab | 20.77c | | |
| *F*值 | 秸秆处理 | 58.05** | 158.86** | 9.26* | 24.11** | 2.15 | 1.26 | 4.93 | | |
| | 耕作处理 | 47.97** | 107.50** | 4.19 | 17.74** | 30.95** | 10.89** | 6.49* | | |
| | 交互作用 | 12.25** | 35.89** | 5.03* | 5.12* | 1.24 | 1.96 | 2.91 | | |

（续）

| 生育期 | 处理 | 植株氮素总积累量（kg/hm²） | 叶 | | 茎 | | 颖壳 | | 籽粒 | |
|---|---|---|---|---|---|---|---|---|---|---|
| | | | 氮素积累量（kg/hm²） | 分配比例（%） | 氮素积累量（kg/hm²） | 分配比例（%） | 氮素积累量（kg/hm²） | 分配比例（%） | 氮素积累量（kg/hm²） | 分配比例（%） |
| 成熟期 | 秸秆不还田深耕 | 224.52b | 32.14b | 15.73a | 23.96c | 11.73bc | 12.35a | 6.04a | 135.78 c | 66.49b |
| | 秸秆不还田轮耕 | 223.32b | 24.21c | 12.05b | 21.96c | 10.89c | 8.88b | 4.41bcd | 146.39 b | 72.65a |
| | 秸秆不还田免耕 | 252.28a | 39.63a | 17.26a | 28.65b | 12.50b | 8.77b | 3.82d | 152.45b | 66.41b |
| | 秸秆还田深耕 | 233.67b | 25.09c | 11.89b | 25.13c | 11.91bc | 8.57b | 4.06cd | 152.14b | 72.13a |
| | 秸秆还田轮耕 | 254.40a | 28.95bc | 12.80b | 24.61c | 10.88c | 10.65a | 4.71bc | 165.46a | 73.16a |
| | 秸秆还田免耕 | 253.42a | 39.44a | 17.03a | 31.96a | 13.80a | 11.53a | 4.98b | 148.33b | 64.19b |
| *F*值 | 秸秆处理 | 28.94** | 0.50 | 4.65 | 8.66* | 2.29 | 0.31 | 0.86 | 33.71** | 4.75 |
| | 耕作处理 | 28.71** | 46.96** | 30.30** | 28.64** | 19.17** | 0.82 | 4.12 | 14.79** | 52.00** |
| | 交互作用 | 12.09** | 8.48* | 7.52* | 0.61 | 1.9 | 21.05** | 24.95** | 16.61** | 14.05** |

注：同一栏内不同字母表示差异显著（$P<0.05$），*表示在0.05水平上差异显著，**表示在0.01水平上差异极显著。

**2. 冬小麦氮素转运及其利用率**

由表6-10可以看出，秸秆处理对2016—2017年度冬小麦营养器官氮素转运量和氮素籽粒生产效率影响显著。耕作措施对营养器官氮素转运量、营养器官氮素转运率、氮肥偏生产力、氮素生产指数及其氮素籽粒生产效率影响显著。秸秆处理和耕作措施两者交互作用对冬小麦营养器官氮素转运量、氮肥偏生产力、氮素生产指数影响和氮素籽粒生产效率具有显著影响。秸秆还田营养器官氮素转运量较秸秆不还田高7.15%；秸秆还田下轮耕处理冬小麦营养器官氮素转运量、营养器官氮素转运率、氮肥偏生产力、氮素生产指数和氮素籽粒生产效率较免耕处理分别高17.28%、18.67%、13.85%、12.80%和11.24%；秸秆不还田轮耕处理冬小麦营养器官氮素转运量、营养器官氮素转运率、氮素生产指数和氮素籽粒生产效率较深耕处理分别提高了13.99%、6.85%、9.12%、8.36%和8.09%。秸秆还田＋轮耕处理营养器官氮素转运量、营养器官氮素转运率、氮肥偏生产力和氮素生产指数均高于其他处理，较秸秆不还田＋深耕处理分别提高了33.67%、9.87%、19.79%和0.80%，氮素籽粒生产效率较秸秆还田＋免耕高11.24%。

**表 6-10　不同处理对 2016—2017 年度冬小麦氮素运转及氮素利用的影响**

| 处理 | | 营养器官氮素转运量（kg/hm²） | 营养器官氮素转运率（%） | 氮肥偏生产力（kg/kg） | 氮素生产指数（%） | 氮素籽粒生产效率（kg/kg） |
|---|---|---|---|---|---|---|
| 秸秆不还田 | 深耕 | 123.56d | 65.53b | 24.56c | 69.52b | 32.15b |
| | 轮耕 | 140.85b | 72.02a | 26.8b | 75.33a | 34.75a |
| | 免耕 | 142.51b | 65.2b | 28.4a | 69.44b | 32.31b |
| | 均值 | 135.64 | 67.58 | 26.78 | 71.43 | 33.07 |
| 秸秆还田 | 深耕 | 130.02c | 67.16b | 26.4bc | 74.84a | 32.67b |
| | 轮耕 | 165.16a | 72.00a | 29.42a | 75.93a | 32.46b |
| | 免耕 | 140.82b | 60.67c | 25.84bc | 67.31b | 29.18c |
| | 均值 | 145.34 | 66.61 | 27.22 | 72.70 | 31.45 |
| *F* 值 | 秸秆处理 | 60.59** | 1.03 | 1.74 | 4.75 | 17.84** |
| | 耕作处理 | 148.49** | 30.5** | 16.65** | 52.00** | 18.36** |
| | 交互作用 | 37.98** | 3.7 | 21.80** | 14.05** | 8.10* |

注：同一栏内不同字母表示差异显著（$P<0.05$），* 表示在 0.05 水平上差异显著，**表示在 0.01 水平上差异极显著。

**3. 耕作措施和秸秆还田对小麦-玉米两熟制农田作物氮素吸收利用的调控效应**

由表 6-11 可知，秸秆处理对 2016—2017 年度冬小麦植株总氮素积累量和氮素生产指数影响显著；耕作措施对冬小麦植株总氮素积累量、氮肥偏生产力、氮素生产指数及其氮素籽粒生产效率影响显著；秸秆处理和耕作措施两者交互作用对冬小麦植株总氮素积累量、氮肥偏生产力和氮素籽粒生产效率具有显著影响。秸秆处理对 2017 年度夏玉米植株总氮素积累量、氮肥偏生产力和氮素籽粒生产效率影响显著；耕作措施对夏玉米植株总氮素积累量、氮肥偏生产力和氮素生产指数影响显著；秸秆处理和耕作措施两者交互作用对夏玉米氮素生产指数和氮素籽粒生产效率具有显著影响。

2016—2017 年冬小麦的秸秆还田处理植株总氮素积累量较秸秆不还田处理高 5.91%，秸秆还田处理下轮耕处理氮肥偏生产力、氮素生产指数和氮素籽粒生产效率较免耕处理分别高 12.78%、11.3%和 12.78%；秸秆不还田处理轮耕处理冬小麦氮肥偏生产力、氮素生产指数和氮素籽粒生产效率较深耕处理分别提高了 8.35%、8.07%和 8.35%；秸秆还田＋轮耕处理植株总氮素积累量、氮肥偏生产力和氮素生产指数均高于其他处理，较秸秆不还田＋深耕处理分别提高了 13.32%、9.21%和 0.93%，氮素籽粒生产效率较秸秆还田＋免耕高 12.78%。2017 年夏玉米的秸秆还田处理植株总氮素积累量和氮肥偏生产力较秸秆不还田处理分别高 8.92%和 7.0%，秸秆还田处理下轮耕处理植株总氮素积累量和氮素生产指数较深耕处理分别高 11.06%和 5.44%；秸秆不还田处理轮耕处理夏玉米植株总氮素积累量、氮肥偏生产力、氮素生产指数和氮素籽粒生产效率较深耕处理分别提高了 4.93%、8.13%、7.47%和 4.68%。秸秆还田＋轮耕处理植株总氮素积累量、氮肥偏生产力和氮素生产指数均高于其他处理，较秸秆不还田＋深耕处理分别提高了 16.67%、9.89%和 5.26%，氮素籽粒生产效率较秸秆还田＋免耕高 5.46%。

**表 6-11　不同秸秆和耕作处理对小麦-玉米植株氮素吸收利用的影响**

| 处理 | | 2016—2017 年冬小麦 | | | | 2017 年夏玉米 | | | |
|---|---|---|---|---|---|---|---|---|---|
| | | 植株总氮素积累量（kg/hm²） | 氮肥偏生产力（kg/kg） | 氮素生产指数（%） | 氮素籽粒生产效率（kg/kg） | 植株总氮素积累量（kg/hm²） | 氮肥偏生产力（kg/kg） | 氮素生产指数（%） | 氮素籽粒生产效率（kg/kg） |
| 秸秆不还田 | 深耕 | 224.5b | 69.5b | 32.2b | 69.5b | 164.4d | 28.3c | 58.9c | 55.5c |
| | 轮耕 | 223.3b | 75.3a | 34.8a | 75.3a | 172.5cd | 30.6b | 63.3a | 58.1a |
| | 免耕 | 252.28a | 69.4b | 32.3b | 69.4b | 181.0bc | 31.1ab | 61.3b | 57.7ab |
| | 均值 | 233.4 | 71.4 | 33.1 | 71.4 | 172.6 | 30 | 61.1 | 57.1 |
| 秸秆还田 | 深耕 | 233.7b | 74.8a | 32.7b | 74.8a | 172.7cd | 30.9b | 58.8c | 57.7ab |
| | 轮耕 | 254.4a | 75.9a | 32.5b | 75.9a | 191.8ab | 31.1ab | 62.0b | 56.0bc |
| | 免耕 | 253.4a | 67.3b | 29.2c | 67.3b | 199.5a | 32.1a | 63.4a | 53.1d |
| | 均值 | 247.2 | 72.7 | 31.5 | 72.7 | 188.0 | 32.1 | 61.4 | 55.6 |
| *F* 值 | 秸秆处理 | ** | — | ** | — | ** | ** | — | * |
| | 耕作处理 | ** | ** | ** | ** | ** | ** | ** | — |
| | 交互作用 | ** | ** | * | ** | — | — | ** | ** |

注：同一栏内不同字母表示差异显著（$P<0.05$），* 表示在 0.05 水平上差异显著，** 表示在 0.01 水平上差异极显著。

# 第四节　耕作措施与秸秆还田协同促进土壤质量提升与作物产量形成

黄淮海地区是我国主要的粮食生产基地，当地的小麦-玉米两熟制轮作复种模式在保障国家粮食安全，促进我国农业发展中具有举足轻重的作用。如何通过适宜的耕作措施辅以秸秆还田等技术手段实现降低耕作频率、增强物质归还率，实现小麦-玉米两熟制作物高产高效是促进该地区粮食作物可持续生产的关键所在（Xu et al.，2013）。本节通过长期田间定位试验，设置秸秆还田与不还田处理作为主区，小麦季节三种耕作方式：连年深耕、连年免耕、隔两年深耕一次作为副区进行长期定位研究，通过研究小麦-玉米周年两熟模式下作物生长、发育、生理表现、产量性状，土壤水分动态、物理结构、化学性状等内容来探究轮耕作为黄淮海高强度种植模式下的可行性。

## 一、耕作措施和秸秆还田对土壤物理化学性状的影响

土壤是作物生产的基础，土壤质量优异与否直接影响作物产量，并且对于长期作物生产具有显著影响。耕作方式直接作用于土壤，通过调控作物生产环境协调耕层土壤水、肥、气、热等因素，为作物生长创造一个良好的生长环境。然而，长期以来不合理的耕作方式会引起土壤有机质含量下降、耕层结构变异、土层变薄、供肥能力下降、土传病虫害增加等方面的劣势，从而逐渐威胁土壤质量（Li et al.，2018，Peigné et al.，2018，Kopecky et al.，2021）。研究发现耕作措施结合秸秆还田技术可显著调节小麦-玉米两熟制农田土壤容重、土壤入渗速率、土壤养分和土壤温度的变化趋势，且能以调控土壤物理

结构的形式改变土壤性状。

秸秆还田作为一项较为普遍的农艺措施，各方面均表现出较为优异的效应。研究发现秸秆还田处理可通过有机物质添加的方式降低土壤容重，同时增加土壤孔隙度，孔隙度增加的同时促进了农田土壤水分入渗速率，并且能够缩短水分入渗时间（Pittelkow et al.，2015；Pires et al.，2017）。同时，秸秆还田覆盖可避免阳光直射土壤，从而有效降低土壤温度（宫亮等，2008；秦红灵等，2007；Ma et al.，2019）。有研究通过两年试验表明秸秆还田处理对土壤养分的提高和持续增加效果有限（Lazarev et al.，2000；汪金平等，2006），可能原因在于长期秸秆全量还田条件下，秸秆过多造成土壤高温缺氧，使土壤与大气环境物质交换不通畅，不利于土壤养分的循环与释放（徐蒋来等，2016）。在0～40 cm土层范围内，土壤全氮和有机质含量均呈现出随着土层深度的增加而下降的规律，可以看出化肥施用土层不超过40 cm范围的特点，并且秸秆还田后养分主要集中在耕层上部的土壤中，所以上层的土壤养分较高；此外植物根系对于土壤养分的吸收利用易造成耕层土壤养分含量变异较大。

不同耕作措施间，0～20 cm的土壤平均容重差异不显著，20～40 cm的土壤平均容重表现为免耕处理＞轮耕处理＞深耕处理。研究结果说明耕作对于土壤的直接作用导致土壤容重在深耕条件下逐渐降低，免耕在一定程度上能够维持土壤容重，降低土壤受风蚀、水蚀侵袭的风险（Zhang et al.，2021）。土壤入渗速率在0～20 cm处表现为轮耕处理＞深耕处理＞免耕处理，20～40 cm处的土壤入渗速率表现为免耕处理＜轮耕处理＜深耕处理。可见，在不破坏表层土壤土壤结构的情况下能够显著增加入渗速率，缩短达到稳渗速率的时间，对于大幅度储存降水资源和灌溉水资源具有非常重要的促进作用，而下层土壤的主要功能是对土壤水分的保蓄，因此免耕和轮耕处理均能显著增加土壤水分保蓄能力（Gómez - Paccard et al.，2015）。不同耕作措施间，0～20 cm的土壤地温表现规律有所不同，深耕处理随着土壤深度的增加而下降，但轮耕处理和免耕处理随着土壤深度的增加呈现先降低又升高的趋势。

从土壤理化性状来看，秸秆还田下通过在周年深翻耕的基础上加入免耕措施形成三年一深耕的轮耕技术体系具有维持土壤容重，促进土壤团粒结构形成，增强土壤水分入渗和保蓄能力，并且有稳定土壤温度、降低温度变幅的效应。以此形成优异的土壤物理环境并促进养分循环、增强土壤供肥能力，但是对保存于土壤耕层的有效养分来讲，并未出现明显的促进的作用。

## 二、耕作措施和秸秆还田对小麦-玉米田水分及其利用的影响

小麦-玉米全生育时期土壤水分时空动态均呈现出秸秆还田处理较不还田处理的土壤含水量高的特点，土壤在60～80 cm处形成土壤含水量较低的土层，而100～140 cm处的土壤含水量高于上层土壤含水量。秸秆还田减少了2017年夏玉米土壤耗水量，对两年冬小麦和2016年夏玉米的土壤耗水量无显著性差异。作物取得相对更高的干物质产量需要消耗更多的水分，因此土壤水分对于作物生产一方面提供物质需求，另一方面可以起到稳定土壤环境的作用（Stewart et al.，1982）。秸秆还田覆盖在很大程度上具有降低裸露土面无效蒸发的作用（逄焕成，1999），但还田秸秆在自然状态下腐解释放出大量氮、磷、钾及其他养分，对于耕层土壤具有培肥作用，培肥土壤极可能表现出促进小麦生长、提高

小麦叶面积指数、增加小麦蒸腾量的作用，因此小麦耗水量也相应增加（王庆杰等，2017）。赵亚丽等（2014）研究表明虽然秸秆还田增加了冬小麦耗水量，但秸秆还田增产幅度更大，因此仍然可以显著提高其水分利用效率。研究中秸秆还田处理下两年冬小麦和2016年夏玉米耗水量并未显著降低，秸秆还田处理下2016年夏玉米、冬小麦耗水量与不还田处理持平，秸秆还田处理产量高于不还田处理，因此其水分利用效率提高了，2015—2016年度秸秆还田处理冬小麦水分利用效率较不还田处理显著提高了3.18%，2016年和2017年夏玉米水分利用效率秸秆还田处理较不还田处理显著提高了5.66%和16.00%。

从耕作措施来看，冬小麦轮耕处理土壤储水消耗量和耗水量均小于免耕处理，而大于深耕处理，这是由于免耕处理增加了花前冬小麦干物质积累，而深耕处理花前冬小麦干物质积累量显著低于轮耕处理，因此轮耕处理耗水量和土壤储水量介于二者之间。说明轮耕处理够增加水分入渗，保护土壤结构免受机械作用破坏，增加土壤的蓄水能力（王健波等，2015）。轮耕处理在耗水量低于免耕处理的条件下，显著提高了其产量，因此轮耕模式下冬小麦水分利用效率显著提高，两年分别较免耕处理提高了8.92%和8.45%。夏玉米轮耕、免耕处理水分利用效率较深耕处理高1.42%～13.93%，小麦-玉米第一年水分利用效率轮耕处理较免耕和深耕处理显著高3.77%和4.60%，第二年轮耕处理较深耕处理显著高3.34%，两年轮耕处理较深耕处理显著高3.94%，较免耕处理高1.41%差异不显著，柏炜霞（2014）通过研究不同耕作方式相结合也得出免耕/深松和深松/翻耕轮耕处理比传统连续翻耕水分利用效率提高9.6%和11.0%。

## 三、耕作措施和秸秆还田对小麦-玉米生长发育及其产量的影响

**1. 耕作措施与秸秆联合调控冬小麦、夏玉米生长发育**

株高、叶面积是检测作物生长的重要指标，植株的高矮将直接影响作物光合作用及密度配置；叶面积指数能够反映冠层结构合理性的大小、营养生长和生殖生长的协调性，是影响作物产量的重要因素。研究结果表明，秸秆还田处理较不还田处理冬小麦灌浆期叶面积指数高出16.68%～27.80%，夏玉米成熟期叶面积指数高6.95%～17.52%，其原因是秸秆覆盖能够减缓叶片衰老，延长叶片的功能期。

不同耕作措施能通过调节土壤环境来影响作物的旗叶叶绿素含量（侯贤清等，2011a）和光合特性（Huggins et al.，1991），增加后期干物质积累，提高小麦的籽粒产量。一项开展于宁夏南部旱区的研究指出，以免耕和深松相结合的轮耕模式与传统翻耕相比，免耕/深松/免耕和深松/免耕/深松模式均能显著提高小麦旗叶叶绿素含量，使小麦花后旗叶保持较高的光合能力，显著提高产量（侯贤清等，2011a）。河南西部半干旱区的研究结果也表明在常年旋耕后深耕，提高了小麦、玉米功能叶SPAD值，显著提高了净光合速率，使小麦-玉米周年产量提高了6.7%～13.0%（张盼峰等，2014）。本研究发现耕作措施显著影响冬小麦的光合特性、生物量及产量，尤其是通过秸秆还田措施配合轮耕处理在冬小麦开花期、灌浆期和夏玉米灌浆期和成熟期均具有较高的SPAD值和光合速率，且花后SPAD值和光合速率的下降幅度较低，花后作物叶片保持较高光合能力和较长的叶片功能期为提高作物产量奠定了重要的基础（Thomas et al.，1999）。

**2. 耕作措施与秸秆联合调控对小麦-玉米植株氮素的影响**

氮素是作物生长发育所需的大量元素，调控土壤氮素水平实现作物高效氮素利用在农

业生产中至关重要。作物吸收的氮素一方面用以实现营养器官生长发育，另一方面通过营养器官物质转运和花后氮素吸收利用来实现籽粒氮素供给。采用适当的耕作措施可以促进作物氮素吸收利用，提高作物水氮利用效率。刘世平等（2003）研究表明深翻耕、犁耕一季、浅旋耕三季能够显著促进土壤氮素矿化，增加土壤硝态氮和铵态氮含量，从而增强土壤供氮能力，连续旋耕、连续犁耕和犁耕一季，浅旋耕三季三种耕作措施下无论施肥或不施肥籽粒含氮率和积累吸氮量多以轮耕为最高，可见通过深翻耕体系中加入免耕的轮耕技术体系能够显著增强作物氮素吸收利用能力，促进作物产量形成。本研究结果也表明轮耕和免耕处理较深耕处理显著提高了植株总氮素积累量，并且轮耕处理还显著提高了小麦-玉米氮素生产指数、氮素籽粒生产效率和氮肥偏生产力。氮生产指数是反映作物氮素利用效率的重要指标（周顺利等，2000）。张静等（2010）研究表明秸秆还田能够有效缓解土壤氮流失，提高土壤微生物氮的固持和供给效果，增强土壤供氮水平。赵鹏等（2008）研究也认为秸秆还田增强了氮素再利用能力，优化了氮素分配，增加了籽粒含氮量，从而提高了氮素转运效率和氮素生产指数。本研究表明秸秆还田处理显著增加了成熟期植株总氮素积累量，提高了氮素生产指数和氮素籽粒生产效率。

从作物氮营养功能来看，秸秆还田能够显著增强土壤供氮能力，虽然在土壤氮素含量方面表现不显著，但是从作物氮素吸收利用来看，尤其是氮素籽粒含量和氮素生产指数来看，秸秆还田具有非常显著的促进作用。同时依赖于耕作的调控效应，植株对氮营养的吸收利用能力显著增强，氮素生产指数和氮素籽粒生产效率进一步加强。

**3. 耕作措施与秸秆联合调控对小麦-玉米产量及其构成要素的影响**

秸秆还田对作物产量的影响并不完全具有相同效应，沈学善等（2012）通过定位试验研究了小麦、玉米秸秆连续全量还田对冬小麦的影响，结果表明，小麦、玉米秸秆连续全量还田主要促进了穗粒数的提高，穗数和千粒重也有所提高，进而显著提高了小麦籽粒产量。而战秀梅等（2012）研究发现，秸秆还田具有抑制花后干物质从营养器官向籽粒转移效率的作用，导致春玉米产量并未显著增加，张素瑜等（2016）研究也指出，干旱条件下进行秸秆还田，秸秆腐解时会与作物争夺水分，加重作物的干旱程度，显著降低产量。所以，不同研究结果很难得出秸秆还田是否会对作物产量形成显著正向促进效果。通过大尺度多要素模拟分析表明，中国东北秸秆还田在促进玉米产量提升方面具有非常显著的正向效果（Wang et al.，2021）。同时利用 Meta - Analysis（荟萃分析）对中国境内农田秸秆还田和免耕进行深入分析发现，在秸秆清除出农田的情况下，免耕和深耕相比作物产量下降了（2.1±1.8）%，但当秸秆还田以后免耕和深耕相比较产量下降仅为（1.9±1.0）%；如果同时利用免耕和秸秆还田技术，作物产量从大尺度分析可以增加（4.6±1.3）%（Zhao et al.，2017）。本研究结果表明，与秸秆不还田处理相比，秸秆还田处理虽然增加成熟期生物量，但 2015—2016 年度秸秆还田处理冬小麦产量与不还田处理相比差异不显著，2016—2017 年度秸秆还田处理与不还田冬小麦产量与地上生物量差异均不显著，说明秸秆还田并未促进干物质向籽粒转运。同时，本研究还发现虽然秸秆还田处理显著提高了冬小麦穗粒数和千粒重，但有效穗数降低影响了秸秆还田处理条件下冬小麦产量提升，其中 2015—2016 年度秸秆还田处理冬小麦有效穗数低于不还田处理，致使秸秆还田处理下冬小麦产量较不还田处理虽然略有增加，但两者差异不显著。这可能是由于秸秆还田处理增加了冬小麦结实率，所以产量有小幅度提升。黄婷苗等（2015）研究表明秸秆还田后冬小麦产量与其有效穗数显著关联；张姗等（2015）和陈金等（2015）研究表明秸秆还田会降低冬小麦的穗数。本研究则显示，深耕降低了冬小麦的千粒重，进而导致产量显著降低。这可能是因为该区域地下水位较浅，深耕打破了犁地层，导致了养分的淋失，而有关黄淮海区域内深耕导致冬小麦减产的内在原因还需要进一步探究。秸秆还田方式对冬小麦的产量影响不显著，但秸秆还田与耕作措施的交互作用显著影响产量，轮耕处理花后较高的光合速率及较低的SPAD值和光合速率下降幅度是其获得高生物量和产量的生理基础。

秸秆覆盖能够使夏玉米产量显著增加（Deng et al.，2006，刘祖贵等，2012）。本试验结果中秸秆还田和耕作措施对夏玉米产量呈显著性影响。秸秆还田处理较秸秆不还田处理产量显著增加，秸秆还田处理能够显著改变夏玉米的构成要素，2016年主要通过百粒重、行粒数、穗行数而提高产量，2017年主要通过有效株数、行粒数、穗行数而提高产量，相同秸秆处理下，轮耕处理和免耕处理的产量较深耕处理显著增加，其中，轮耕和免耕处理结合秸秆还田模式下，夏玉米的产量较高。

综上所述，通过连续两年研究表明：秸秆还田降低了土壤容重、增加了土壤入渗速率、促进了小麦-玉米生长发育，提高成熟期植株生物量，增加了小麦-玉米周年产量；轮耕处理增加了土壤入渗速率、提高了小麦-玉米周年粮食产量。秸秆还田轮耕处理两年度冬小麦和夏玉米产量较秸秆不还田深耕处理分别高8.68%和16.98%、12.94%和19.92%；秸秆还田显著提高植株氮素积累量和水分利用效率，两者分别较秸秆不还田增加5.91%和8.92%、6.34%和13.45%。轮耕显著提高小麦-玉米水分利用效率，增加小麦-玉米氮素积累量及其利用效率。秸秆还田结合轮耕可延缓花后SPAD值下降速度，提高花期和成熟期光合速率，增加小麦-玉米周年粮食产量和水分利用效率。

## 主要参考文献


巴比江，郑大玮，卡热玛，等，2004. 地下水埋深对春玉米田土壤水分及产量的影响 [J]. 水土保持学报，18：57-60.

柏炜霞，2014. 渭北旱塬小麦玉米轮作制保护性耕作与轮耕效应研究 [D]. 杨凌：西北农林科技大学.

操信春，吴普特，王玉宝，等，2012. 中国灌区水分生产率及其时空差异分析 [J]. 农业工程学报，28：1-7.

陈宁宁，李军，吕薇，等，2015. 不同轮耕方式对渭北旱塬麦玉轮作田土壤物理性状与产量的影响 [J]. 中国生态农业学报，23：1102-1111.

陈素英，张喜英，裴东，等，2005. 玉米秸秆覆盖对麦田土壤温度和土壤蒸发的影响 [J]. 农业工程学报，21：171-173.

宫亮，孙文涛，王聪翔，等，2008. 玉米秸秆还田对土壤肥力的影响 [J]. 玉米科学，16：122-124.

关小康，王静丽，刘影，等，2018. 轮耕秸秆还田促进冬小麦干物质积累提高水氮利用效率 [J]. 水土保持学报，32（156）：283-291.

侯贤清，贾志宽，韩清芳，等，2011a. 轮耕对宁南旱区冬小麦花后旗叶光合性能及产量的影响 [J]. 中国农业科学，44：3108-3117.

侯贤清，王维，韩清芳，等，2011b. 夏闲期轮耕对小麦田土壤水分及产量的影响 [J]. 应用生态学报，22：2524-2532.

胡立峰，胡春胜，安忠民，等，2005. 不同土壤耕作法对作物产量及土壤硝态氮淋失的影响 [J]. 水土保持学报，19：186-189.

黄峰，杜太生，王素芬，等，2019. 华北地区农业水资源现状和未来保障研究 [J]. 中国工程科学，21：

28 - 37.

黄婷苗，郑险峰，侯仰毅，等，2015. 秸秆还田对冬小麦产量和氮、磷、钾吸收利用的影响 [J]. 植物营养与肥料学报，21：853 - 863.

蒋向，贺德先，任洪志，等，2012. 轮耕对麦田土壤容重和小麦根系发育的影响 [J]. 麦类作物学报，32：711 - 715.

金友前，杜保见，郜红建，等，2013. 玉米秸秆还田对砂姜黑土水分动态及冬小麦水分利用效率的影响 [J]. 麦类作物学报，33：89 - 95.

孔凡磊，张海林，翟云龙，等，2014. 耕作方式对华北冬小麦-夏玉米周年产量和水分利用的影响 [J]. 中国生态农业学报，22：749 - 756.

李娟，王丽，李军，等，2015. 轮耕对渭北旱塬玉米连作系统土壤水分和作物产量的影响 [J]. 农业工程学报，31：110 - 118.

李荣，侯贤清，贾志宽，等，2015. 北方旱作区土壤轮耕技术研究进展 [J]. 西北农业学报，24：1 - 7.

刘世平，陆建飞，单玉华，等，2003. 稻田轮耕土壤氮素矿化及土壤供氮量的研究 [J]. 扬州大学学报（农业与生命科学版），24：36 - 39.

刘祖贵，肖俊夫，孙景生，等，2012. 土壤水分与覆盖对夏玉米生长及水分利用效率的影响 [J]. 玉米科学，20：86 - 91.

逄焕成，1999. 秸秆覆盖对土壤环境及冬小麦产量状况的影响 [J]. 土壤通报，30：174 - 175.

秦红灵，高旺盛，李春阳，2007. 北方农牧交错带免耕对农田耕层土壤温度的影响 [J]. 农业工程学报，23：40 - 47.

沈学善，屈会娟，李金才，等，2012. 玉米秸秆还田和耕作方式对小麦养分积累与转运的影响 [J]. 西北植物学报，32：143 - 149.

孙国峰，张海林，徐尚起，等，2010. 轮耕对双季稻田土壤结构及水储量的影响 [J]. 农业工程学报，26：66 - 71.

汪金平，何圆球，柯建国，等，2006. 厢沟免耕秸秆还田对作物及土壤的影响 [J]. 华中农业大学学报，25：123 - 127.

王健波，严昌荣，刘恩科，等，2015. 长期免耕覆盖对旱地冬小麦旗叶光合特性及干物质积累与转运的影响 [J]. 植物营养与肥料学报，21：296 - 305.

王倩，2018. 保护性轮耕对渭北旱作麦田土壤水肥、作物生长和产量的影响 [D]. 杨凌：西北农林科技大学.

王庆杰，王宪良，李洪文，等，2017. 华北一年两熟区玉米秸秆覆盖对冬小麦生长的影响 [J]. 农业机械学报，48：192 - 198.

王淑兰，王浩，李娟，等，2016. 不同耕作方式下长期秸秆还田对旱作春玉米田土壤碳、氮、水含量及产量的影响 [J]. 应用生态学报，27：1530 - 1540.

王珍，冯浩，2010. 秸秆不同还田方式对土壤入渗特性及持水能力的影响 [J]. 农业工程学报，26：75 - 80.

王振忠，董百舒，许学前，1995. "久免需耕"——再谈轮耕的意义 [J]. 江苏农业科学（5）：43 - 45.

谢迎新，靳海洋，孟庆阳，等，2015. 深耕改善砂姜黑土理化性状提高小麦产量 [J]. 农业工程学报，31：167 - 173.

徐蒋来，胡乃娟，朱利群，2016. 周年秸秆还田量对麦田土壤养分及产量的影响 [J]. 麦类作物学报，36：215 - 222.

姚宇卿，吕军杰，张洁，等，2012. 深松覆盖对旱地冬小麦产量和水分利用率的影响 [J]. 河南农业科学，41：20 - 24.

于淑婷，赵亚丽，王育红，等，2017. 轮耕模式对黄淮海冬小麦-夏玉米两熟区农田土壤改良效应 [J].

中国农业科学，50：2150-2165.
于晓蕾，吴普特，汪有科，等，2007. 不同秸秆覆盖量对冬小麦生理及土壤温，湿状况的影响［J］. 灌溉排水学报，26：41.
战秀梅，李秀龙，韩晓日，等，2012. 深耕及秸秆还田对春玉米产量、花后碳氮积累及根系特征的影响［J］. 沈阳农业大学学报，43：461-466.
张静，温晓霞，廖允成，等，2010. 不同玉米秸秆还田量对土壤肥力及冬小麦产量的影响［J］. 植物营养与肥料学报，16：612-619.
张盼峰，杨鹏，焦念元，等，2014. 轮耕与隔灌对麦玉两熟光合特性的影响［J］. 核农学报，28：131-137.
张姗，石祖梁，杨四军，等，2015. 施氮和秸秆还田对晚播小麦养分平衡和产量的影响［J］. 应用生态学报，26：2714-2720.
张水清，黄绍敏，聂胜伟，等，2012. 保护性耕作对小麦—土壤系统综合效应研究［J］. 核农学报，26：587-593.
张素瑜，王和洲，杨明达，等，2016. 水分与玉米秸秆还田对小麦根系生长和水分利用效率的影响［J］. 中国农业科学，49：2484-2496.
张伟，汪春，梁远，等，2006. 残茬覆盖对寒地旱作区土壤温度的影响［J］. 农业工程学报，22：70-73.
赵鹏，陈阜，2008. 豫北秸秆还田配施氮肥对冬小麦氮利用及土壤硝态氮的短期效应［J］. 中国农业大学学报，13：19-23.
赵亚丽，薛志伟，郭海斌，等，2014. 耕作方式与秸秆还田对冬小麦-夏玉米耗水特性和水分利用效率的影响［J］. 中国农业科学，47：3359-3371.
周顺利，张福锁，王兴仁，等，2000. 高产条件下不同品种冬小麦氮素吸收与利用特性的比较研究［J］. 中国土壤与肥料（6）：5.
祝飞华，王益权，石宗琳，等，2015. 轮耕对关中一年两熟区土壤物理性状和冬小麦根系生长的影响［J］. 生态学报，35：7454-7463.
Ali S，Xu Y Y，Ahmad I，et al，2019. The ridge - furrow system combined with supplemental irrigation strategies to improves radiation use efficiency and winter wheat productivity in semi - arid regions of China [J]. Agricultural Water Management，213：76-86.
Asmamaw D K，2016. A Critical Review of the Water Balance and Agronomic Effects of Conservation Tillage under Rain - fed Agriculture in Ethiopia [J]. Land Degradation & Development，28：843-855.
Carretero R，Serrago R A.，Bancal M O，et al，2010. Absorbed radiation and radiation use efficiency as affected by foliar diseases in relation to their vertical position into the canopy in wheat [J]. Field crops research，116：184-195.
Chan K Y，Heenan D P，2005. The effects of stubble burning and tillage on soil carbon sequestration and crop productivity in southeastern Australia [J]. Soil Use and Management，21：427-431.
Chu P F，Zhang Y L，Yu Z W，et al，2016. Winter wheat grain yield，water use，biomass accumulation and remobilisation under tillage in the North China Plain [J]. Field crops research，193：43-53.
Deng X P，Shan L，Zhang H P，et al，2006. Improving agricultural water use efficiency in arid and semiarid areas of China [J]. Agricultural Water Management，80：23-40.
Franzluebbers A J，Hons F M，Zuberer D A，1995. Tillage and crop effects on seasonal dynamics of soil $CO_2$ evolution，water content，temperature，and bulk density [J]. Applied Soil Ecology，2：95-109.
Guan X K，Wei L，Turner N C，2020. Improved straw management practices promote in situ straw decomposition and nutrient release and increase crop production [J]. Journal of Cleaner Production,

250：119514.

He J，Kuhn N J，Zhang X M，et al，2009. Effects of 10 years of conservation tillage on soil properties and productivity in the farming - pastoral ecotone of Inner Mongolia，China [J]. Soil Use and Management，25：201 - 209.

Huggins D R，Pan W L，1991. Wheat Stubble Management Affects Growth，Survival，and Yield of Winter Grain Legumes [J]. Soil Science Society of America Journal，55：823 - 829.

Kladivko E J，2001. Tillage systems and soil ecology [J]. Soil and Tillage Research，61：61 - 76.

Kuhn N J，Hu Y，Bloemertz L，et al，2016. Conservation tillage and sustainable intensification of agriculture：regional vs. global benefit analysis [J]. Agriculture，Ecosystems & Environment，216：155 - 165.

Li J，Wen Y，Li X，et al，2018. Soil labile organic carbon fractions and soil organic carbon stocks as affected by long - term organic and mineral fertilization regimes in the North China Plain [J]. Soil and Tillage Research，175：281 - 290.

Li J，Wang Y K，Guo Z，et al，2020. Effects of Conservation Tillage on Soil Physicochemical Properties and Crop Yield in an Arid Loess Plateau，China [J]. Sci Rep，10：4716.

Ma Y，Liu L，Schwenke G，et al，2019. The global warming potential of straw - return can be reduced by application of straw - decomposing microbial inoculants and biochar in rice - wheat production systems [J]. Environ Pollut，252：835 - 845.

Naveen G，Sudhir Y，Humphreys E，et al，2016. Effects of tillage and mulch on the growth，yield and irrigation water productivity of a dry seeded rice - wheat cropping system in north - west India [J]. Field crops research，196：219 - 236.

Pittelkow C M，Linquist B A，Lundy M E，et al，2015. When does no - till yield more? A global meta - analysis. Field crops research，183：156 - 168.

Roohi E，Sarvestani T，Sanavy S，et al，2015. Association of Some Photosynthetic Characteristics with Canopy Temperature in Three Cereal Species under Soil Water Deficit Condition [J]. Journal of Agricultural Science and Technology，17：1233 - 1244.

Shi Y，Yu Z W，Man J G，et al，2016. Tillage practices affect dry matter accumulation and grain yield in winter wheat in the North China Plain [J]. Soil and Tillage Research，160：73 - 81.

Thomas H，Morgan W G，Thomas A M，et al，1999. Expression of the stay - green character introgressed into Lolium temulentum Ceres from a senescence mutant of Festuca pratensis [J]. Theoretical & Applied Genetics，99：92 - 99.

Wang G，Jia H L，Tang L，et al，2017. Standing corn residue effects on soil frost depth，snow depth and soil heat flux in Northeast China [J]. Soil and Tillage Research，165：88 - 94.

Wang Q J，Lu C Y，Li H W，et al，2014. The effects of no - tillage with subsoiling on soil properties and maize yield：12 - Year experiment on alkaline soils of Northeast China [J]. Soil and Tillage Research，137：43 - 49.

Xu Z Z，Yu Z W，Zhao J Y，2013. Theory and application for the promotion of wheat production in China：past，present and future [J]. Journal of the Science of Food and Agriculture，93：2339 - 2350.

Zhang Y J，Wang R，Wang H，et al，2019. Soil water use and crop yield increase under different long - term fertilization practices incorporated with two - year tillage rotations [J]. Agricultural Water Management，221：362 - 370.

Zhao S C，Qiu S J，Xu X P，et al，2019. Change in straw decomposition rate and soil microbial community composition after straw addition in different long - term fertilization soils [J]. Applied Soil Ecology，

138：123－133.

Zhao X，Liu S L，Pu C，et al，2017. Crop yields under no－till farming in China：A meta－analysis［J］. European Journal of Agronomy，84：67－75.

本章作者：关小康

Chapter 7 第七章

# 小麦-玉米两熟丰产增效智能化控制技术研究

## 第一节 研究现状及主要问题

农业一直是我国的主要经济支柱，随着近现代工业与其他高新产业的发展，其主要地位逐渐被取代，但农业在我国经济中仍占据重要的地位。传统农业生产方式费时费力，资源利用率低，环境污染严重，已经不能满足人们的要求。改变传统的生产方式，利用现代技术使农业生产可持续发展是我们必须要面对的问题。“精准农业”就是在这样的时代背景下产生的。精准农业是利用现代信息技术中的数据采集和处理，准时准确地完成全部农田工作与监管的系统。它是依据农田里农作物生长情况、土壤养分情况、电导率情况和其他条件，实时准确地调整农业生产的各项工作，利用一切可以利用的农业资源，增加农作物的产量来获取最大的经济收益，同时减少农药与肥料的使用，不但调动了土壤的生产力，而且保护了农业生态环境。整个工作过程是首先用某种方法将农田划分成网格，划分的方式有多种，要根据不同地区、不同地块的具体情况来划分；其次对网格土壤进行采样分析，与此同时收集关于农田的其他信息，综合后做出处方图存入 GIS 中；然后根据处方图进行具体的播种施肥工作，当农机具到达田间后，车上的 GPS 会定位农机的位置(在哪一个网格)，确定位置后调取 GIS 中该网格的决策信息；最后通过车载计算机控制变量执行设备实现对作物的变量投入。从而实现精准农业技术在减少种肥投入的情况下增加或保持农作物的产量。

玉米是世界上重要的粮食作物之一，在我国北方广泛种植，且我国的玉米种植面积呈现逐渐扩大的趋势（赵家书，2012）。与其他主要粮食作物相比，玉米种植的机械化程度相对较低，对劳动力的依赖程度相对较高。近年来，玉米种植排种器逐渐出现，相关研究起步较晚，性能方面仍然还有很大的进步空间。对于尚在试验阶段的玉米排种器，若要进一步提高其精度，需依赖排种质量监测系统；对于已经投入使用的排种器，如要防止排种器在故障时作业造成播种质量的严重下滑，影响最终的产量，也需排种质量监测系统实时监控。排种质量监测系统十分重要，大量相关人员对此进行研究，其中不乏优秀的监测系统。现如今的监测系统大多以单片机为核心，借助传感器进行漏播重播监测，监控对象多为玉米单粒精播机，但由于田间作业的特殊性，此类系统在抗干扰方面仍需做大量工作。

与此同时，针对双粒玉米播种机的质量监测系统较少，这主要与双粒玉米播种机的数量较少有关，但在某种程度上，玉米的双粒播种比单粒精播有着更大的优势，主要表现在：大间距以及株距的双粒播种模式，在单位面积上的播种株数更多，能更加充分地利用土地资源；另外，玉米植株的受光面积得益于大间距，不比单株种植的小；利用玉米的种间竞争，可以使玉米植株更加粗壮，从而使其抗倒能力增强（王周文，2019）。相较于单粒精播，大间距双粒播种可能会越来越普遍。普遍的玉米播种机监测系统，其监测的对象为种间距，而对于非单粒精播的播种机，穴粒数也是播种质量的监测对象之一，本研究以双粒玉米播种机为例，进行系统的设计与研究。

## 一、研究背景

在农作物整个生产过程中，播种是一个非常重要的环节，播种质量的好坏直接影响农作物的产量，在现代化农业中播种由播种机来完成，因此播种机的播种精度将直接影响农作物的产量。改善播种机的播种精度是现代化农业中必须面对的一个问题。

随着科技的进步和发展，农业播种技术发生了巨大的变化。工业革命以前，播种是纯人工作业，播种机问世之后，人们开始借助机器播种，随着人类社会的不断发展，播种机也一直在不断改进，从最初的定量播种机发展到如今的变量播种机。定量播种机对两块面积一样大的地块播种量是一样的，不受这两个地块之间的其他差异影响。变量播种机播种会综合考虑地块之间的差异，算出最适合该地块的播种量，然后再进行播种。变量播种技术是目前我国农业种植技术的主要发展方向，有许多优点，受到了国内外研究者高度关注。

精准农业诞生以来，国内外研究者对变量播种施肥机进行了深入研究，但研究内容主要集中在变量播种施肥机的硬件设计和试验方面，很少有人研究控制系统的模型和控制策略。控制系统模型是通过对控制系统的工作原理进行分析，基于电学、动力学和材料力学等相关理论建立的控制系统的数学模型。控制策略的作用是控制系统接收信号或命令后完成这项指令。针对上述情况，本研究对电控机械无级变速器型变量播种控制系统进行建模，然后利用相关工具对模型进行仿真，研究变量播种控制系统的运动规律，分析系统控制策略的特性。

## 二、研究意义

变量播种技术是依据不同地区，不同种类的土壤和土壤中的营养情况、电导率、墒情、地势、营养流失情况、作物类型及历年作物产量情况，在变量施肥后进行科学播种，起到节本增效的作用的一种技术。

智能变量播种控制策略的研究具有重要的意义。通过对变量播种机的控制系统进行建模，利用仿真工具进行仿真，研究变量播种机控制系统的调节过程，对控制系统控制策略的效果进行分析。通过分析，找出变量播种机存在的问题，改变模型的参数，调试仿真，找出合理的解决方案。也可以通过修改变量播种控制的数学模型，找到更好的控制策略，对变量播种机进行优化，提高控制系统的跟踪性能和抗干扰性能，提高变量播种机的稳定性和播种精度，从而提高农产品的产量。

由于大间距双粒播种具有相当多的优势，此种播种方式的普及基本上势在必行，与此相关的双粒玉米播种机研究也将越来越多，双粒玉米播种机质量监测系统的研究就显得意义尤为重大。

## 三、国内外发展现状

播种机播种质量监测系统对排种器的排种状况进行监视，发生故障时发出警报，以避免大面积漏播重播从而保证播种质量。无论在国内还是国外，播种质量监测系统大致经历以下几个阶段：机械式报警系统、机械电子式报警系统和电子式报警系统（李甜，2018；那晓雁，2015）。在系统出现问题时，机械式报警系统进行报警工作的是机械式的铃铛，类似于车铃，但田间作业时噪声大，环境嘈杂，很难听到报警的声音，因而对排种机的播种质量没有什么实质性的提高；机电式报警装置是机械式报警器的升级版，其中加入了报警警示灯，每当发生故障报警指示灯就会闪烁，如果频繁出现漏播或者是重播就能被及时发现，并停车检查；电子式报警系统结合了单片机等技术，系统的控制器采用软件编程，根据实际需要可以随时对软件进行改写，精确度、灵敏度更高，监测功能更强大，结合传感器等技术，系统的体积大大缩小从而便于安装。

**1. 国外发展现状**

国外研究变量播种施肥技术要比国内早，美国是最先在农业上使用 GPS 系统的国家。20 世纪 90 年代中期，他们就开始在农业上使用 GPS 系统，开始了精准农业的研究，因此他们的精准农业系统在世界上处于领先地位，且已经研制出了几款变量播种施肥机并用于农业生产。

法国在精准农业方面也处于世界领先位置，他们在变量播种施肥机硬件设计和控制系统方面取得了不错的成果，其研究的 AMASAT 变量播种施肥控制系统已经在变量播种施肥机上得到广泛应用；日本在精准农业方面的研究主要是对变量施肥的研究，他们生产的变量施肥机不但可以施用固体肥料，也可以喷洒液态肥料，根据试验表明，他们生产的变量施肥机与传统的单一施肥机相比可节约 12.8%的肥料；德国在精准农业方面做得最好的是一款用于对小麦进行追肥的变量施肥机，他们在变量施肥机上安装了视觉传感器，可以检测小麦的叶绿素含量并传给车载计算机，能够对原有的处方图进行更新。

国外的农机研究与发展相对较早，农机的精度高，农机的配套设备如质检系统发展的也相对完备。有些排种质量监测系统，不仅可以在排种器发生漏播重播现象时发出警报，还能及时对漏播进行补偿，并在机械运行过程中将数据记录下来，计算出漏播率及重播率，不仅利于排种器精度的提高，还能为相关研究人员对农机进一步改进提供数据。而另外的某些质检系统，能够同时运用在不同作物的排种器上，只要对排种器进行调整就能随意移植，对排种器质检系统的通用化有着重要影响。早期的质检系统中通过人工方法测定排种器的排种间距，在排种实验台的传送带上加润滑脂对排种器下落的种子进行固定，待传送带有一定量的种子后对种子间距进行人工测量（张春岭，2016）。随着农业技术进一步发展，越来越智能化的检测逐步取代人工检测，20 世纪 90 年代的日本重点研究过由红外 LED 灯和光敏元件组成的排种监测系统，1994 年基于计算机的排种质量监测系统出现。除此之外，各种各样基于压电效应、光电效应、照相法以及计算机技术的排种质检系统相继被研究出来。

**2. 国内发展现状**

我国从 20 世纪末开始对精准农业的相关技术进行研究，经过十多年在精准农业方面也取得了不错的进展。首先引进了国外的变量播种施肥机和相关技术，通过研究学习充分吸收国外的研究经验和技术，在此基础上研究出了适合我国国情的精准农业技术体系，并且已部分应用到实践中，比如遥感技术在我国已应用到资源分配、农作物产量评估、农业管理等很多方面。遥感技术是精准农业相关技术中比较重要的一项技术，虽然在很多方面都有应用，但仍没有形成完整的技术体系。

从我国开始研究精准农业以来，很多人对变量播种施肥技术的现状和前景进行了分析并提出了展望（高晓燕等，2001）。北京农业信息技术研究中心提出了一种自动划分农田网格的方法，并且建立了智能决策支持系统，还成立了精准农业示范基地，向用户提供精准农业相关技术（刘步玉，2013）。吉林大学研发了一种以步进电动机直接驱动外槽轮的变量播种施肥机。这种变量播种施肥机以单片机为控制核心，当其在田间工作时，单片机接收处理GPS传来的定位信号和速度传感器发来的速度信号，然后通过改变电动机的电枢电压来改变电动机的转速，进而改变外槽轮的转速实现变量播种施肥。经过田间试验该播种施肥机能满足变量播种施肥的要求。

黑龙江八一农垦大学在国内精准农业方面的研究一直处于前列，21世纪初该校就开始对国内精准农业中的变量播种施肥控制系统进行研究并取得了一定的成果。根据我国的基本情况，该校在2004年自行研制了电控机械无级变速器型的变量播种施肥控制系统，并完成室内的安装调试工作；之后对国产的传统播种机进行改装，安装他们自主研发的控制系统进行田间试验取得了不错的试验结果；之后该校又研制了电液驱动的变量播种施肥控制系统并取得了不错的试验结果。该校的庄卫东等（2016）对从国外引进的变量播种机进行了研究，给其他人提供了参考；王熙（2010）对大豆变量施肥进行了研究，提出了一种由电控液压马达为执行机构的变量施肥方案；梁春英等（2010）对变量施肥控制系统PID控制策略进行了研究，分析了PID控制策略对系统的控制效果；庄卫东（2011）对东北黑土漫岗区大豆变量施肥播种技术进行了研究，设计了适合该地区的变量施肥控制系统的硬件和软件；孙裔鑫（2011）对变量施肥进行了研究，提出了用模糊PID控制控制变量施肥系统；怀宝付（2012）对变量施肥控制系统进行了研究，提出了用神经网络算法代替传统PID算法控制变量施肥系统；怀宝付等（2015）对变量施肥控制系统进行了研究，改进了PID控制策略；呼云龙等（2016）对变量施肥控制系统进行了研究，提出了基于RBF算法的PID控制策略，改善了传统PID的控制性能。

张国梁等（2008）提出了一种用单片机控制的变量播种控制系统；梁春英等（2013a；2013b）研究了变量施肥系统，用遗传算法和神经算法对PID控制进行了优化；张怡卓等（2012）研究了变量施肥控制系统，提出了用增量式算法和神经算法改善系统的控制效果；杨程等（2017）研究了气力式施肥机变量施肥控制系统，为气力式变量施肥的后续研究打下了基础；井力群等（2009）和孙立民等（2009）对影响变量播种施肥的多种因素进行了研究，优化了控制系统的设计；张继成（2013）对处方图的生成进行了研究，给出了一种生成处方图的方法；宿宁（2016）用两种控制策略对变量施肥控制系统进行了控制；耿向宇（2007）解决了变量施肥控制系统处方图的存储和解析问题；古玉雪（2012）解决了变量施肥播种机的人机交互问题；蒋春燕（2015）对玉米精密播种机进行了研究，解决了传统玉米播种机不能无级调速和漏播等问题。

国内的相关研究虽起步较晚，但发展迅速，各式各样适用于国产农机的排种质量监测系统相继出现。2002年，史智兴就开始了精播机排种性能监测系统的研究，以质量监测传感器为核心，首次以可见光激光二极管为光源，制作出激光栅格光电传感器，解决了传感器检测覆盖率问题，大大提高了检测准确率。2003 年，周国平等进行了数字式播种机报警技术的研究，设计出的产品能够进行种位监测以及实播监测，并对漏播进行计数和报警，其同样使用了光电传感器。张平华等（2006）进行了基于虚拟仪器的精密排种器漏播监测及补偿技术的研究，随着计算机技术的发展，越来越多的硬件功能可以通过软件来实现，因而通过光电传感器与虚拟仪器相结合，可建立高性能的精密排种器漏播虚拟仪器监测系统。同时期，徐昌玉（2006）进行了基于虚拟样机技术的漏播补偿系统的设计与研究，通过虚拟样机技术，研发人员可以利用机械系统仿真实验，在设计阶段发现产品的潜在问题，大大缩短了设计周期，同时降低了研发成本。在此基础上，该课题选择了基于ADAMS 软件的虚拟样机技术进行了性能设计和参数优化，研制一种漏播补偿系统。周晓玲（2008）以 ATM89C52 单片机机为控制核心，设计了一套免耕穴播播种机自动监测系统，其能自动监测播种机播种全过程，及时发现漏播重播现象。宫鹤（2010）设计了一种基于 ZigBee 的播种机漏补种系统，通过新兴的无线通信技术，将无线通信运用到农业领域。陶冶（2012）设计了一种基于 SDI 的种肥监测系统，播种机的监测系统采用了基于SDI-12 通信协议的智能传感器，来实现对播种机工况的实时监测，并且能够将采集到的数据进行显示和报警。朱瑞祥等（2014）进行了大籽粒作物漏播自动补偿装置的研究，其采用了光电传感器和霍尔传感器分别监测漏种以及排种器的速度。

至今，仍有许多学者进行相关方面的研究，因为漏播监测技术尚存在许多不够完善的地方。比如广泛运用的光电传感器，仅对漏播监测效果良好，由于没有对种子进行分级处理，因而高速作业时误差会明显增大，其次，虚拟仪器监测法仅是虚拟仪器这一技术在漏播监测系统上的初步运用，其中有许多问题并没有得到解决。而对于计算机图像处理技术，由于其自身特点的影响，只能做到简单的定性判断，并不能做到精确测量。

## 第二节　智能变量播种控制系统

### 一、变量播种技术

变量播种技术是在对要播种的农田的土壤养分含量、土壤墒情、土壤电导率、田间地势、土壤养分流失情况、历年病虫害情况和历年收成情况等完全了解的前提下，根据每一块地的实际情况，准确地进行播种，从而降低成本，并达到稳产或增产的目的。变量播种系统有两种，一种是基于实时传感器的变量播种系统，另一种是基于处方图的变量播种系统。前者是一种即时决策的系统，后者是一种提前做好决策的系统。基于处方图的变量播种系统比基于实时传感器的变量播种系统精度高。基于处方图的变量播种操作流程如图 7-1所示。

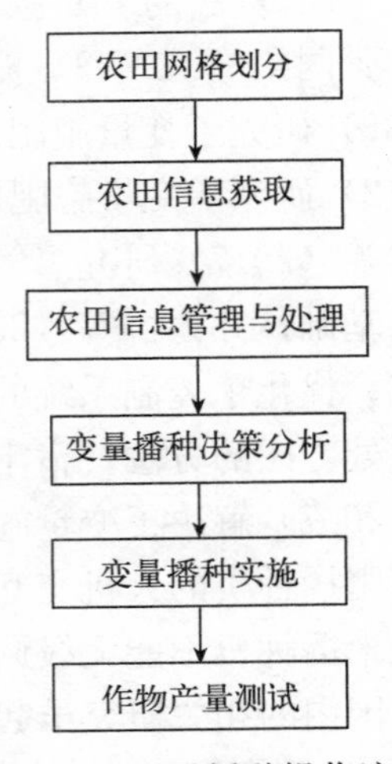

图 7-1　变量播种操作流程

变量播种大体上可以分为两部分，第一部分是前期通过对田间信息的获取、分析与处理得出变量播种的决策信息；第二部分是根据第一部分得出的决策信息进行变量播种的控制实施。

农田网格划分是变量播种过程的基本任务。它的含义是利用一定的方法将一大块农田分割成很多小田块，分割的方法有很多种，可以分成矩形网格、斜网格或其他网格。把大块农田分成小网格是为了实现变量播种，如果不进行网格划分，无法用基于处方图的变量播种系统实现变量播种。网格划分好之后，按照划分好的网格收集、存储、分析各种与农作物有关的信息，从每个网格中获取的信息都不一样，因此每个网格的决策信息也不相同，对不同网格进行有针对性的播种，从而实现变量播种。

农田信息获取是在为获得变量播种决策信息做准备。农田网格划分好之后，需要知道每个网格播多少种子，这就需要对每个网格的信息进行分析然后得出结果，分析信息首先要获取信息，需要获取的信息有很多。当播种机到达田间时需要知道播种机在哪个网格工作，因此需要获取网格的位置信息，为了确定播种量，需要获取土壤养分含量、土壤墒情、土壤电导率、田间地势、土壤养分流失情况等信息，还有一些外部情况如历年的病虫害情况、收成情况也要考虑。获得的信息越多，播种精度越高，越能达到变量播种的目的。农田信息的获取有以下几种方式：传统田间采样，这种方式是利用人工对农田的各网格进行采样，然后通过一系列化验得到土壤信息，因为这种方式成本比较高，因此常采用其他更加高效的方法；田间 GPS 采集，这种方式是利用 GPS 的方法进行采样和检测的；智能农机作业，这种方式是在农机上安装各种传感器，由传感器进行检测，然后再利用 GPS 系统定位得到信息的分布图；多平台遥感，这种方式是利用传感器对农作物整个生长过程进行检测。

农田信息管理与处理是得到变量播种决策的关键步骤，是变量播种实施的基础。当农田的各种信息都采集完成之后，需要分类保存用于以后对比参考，并且做出各种信息的空间分布图，因为每一种信息都与播种量有关，因此需要将所有的信息空间分布图综合在一起考虑，最终得出该网格的播种量。

变量播种决策分析是变量播种的核心，直接影响变量播种的实施结果。利用农田信息管理与处理的分析结果结合地理信息系统得出变量播种处方图后，播种机按照处方图上面的决策信息进入农田工作。处方图做好之后可以存到数据卡中供车载计算机调用。

变量播种实施是变量播种的执行环节，经过变量播种决策分析得到播种处方图后就可进行变量播种的实施，当播种机到达田间后，GPS 系统定位出播种机的位置传递给车载计算机，车载计算机根据位置信息调出处方图中该网格决策信息，然后控制系统控制播种机进行播种。

## 二、系统组成

传统的播种机无法进行变量播种，需要对传统播种机进行改装加上变量播种控制系统，或设计新的播种机。目前，国内外研究的变量播种机有很多类型，大致可以分为三种：一种是用步进电动机驱动的电动机直接驱动型；一种是用液压马达驱动的电控液压马达型；一种是在传统播种机上加装无级变速器的电控机械无级变速器型。

**1. 电动机直接驱动型**

电动机直接驱动型播种机由电动机直接驱动播种机的外槽轮实现变量播种，其控制系统如图 7-2 所示。

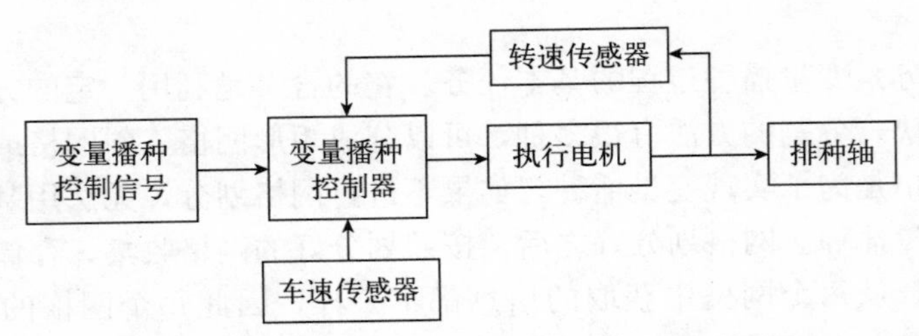

图 7-2　电动机直接驱动型变量播种机控制系统

当变量播种控制器接收到变量播种控制信号，通过调压环节改变执行电动机的电枢电压从而改变电动机的转速，使排种轴外槽轮达到所需转速，进而实现变量播种。

**2. 电控液压马达型**

电控液压马达型播种机由液压电动机和液压节流阀控制排种轴外槽轮的转速实现变量播种，其控制系统如图 7-3 所示。

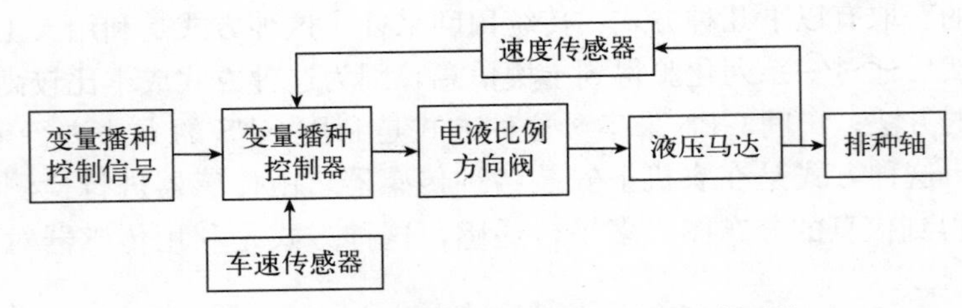

图 7-3　电控液压马达型变量播种机控制系统

当变量播种控制器接收到变量播种控制信号后，通过调节液压阀开口的大小调节液压马达的转速，使排种轴外槽轮达到所需转速，进而实现变量播种。也可以不用液压马达和液压节流阀，直接用变量液压马达，通过改变液压马达的容积改变其转速，进而调节排种轴的转速实现变量播种。

**3. 电控机械无级变速器型**

电控机械无级变速器型变量播种机通过机械无级变速器改变地轮与排种轴之间的传动比实现变量播种。

我国传统的播种机上安装有地轮，通过链传动带动排种轴转动进行排种。如图 7-4 所示。

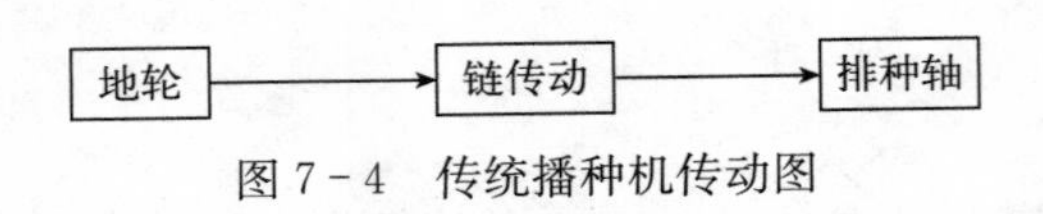

图 7-4　传统播种机传动图

电控机械无级变速器型变量播种机是在传统播种机上加上电控机械无级变速器控制系统，即在地轮与排种轴之间加上无级变速器，通过控制系统调节变速器改变地轮与排种轴的传动比实现变量播种。变量播种机的传动如图 7-5 所示。

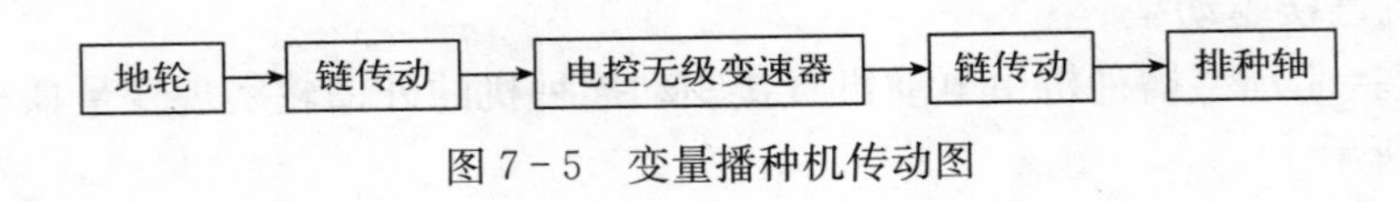

图 7-5　变量播种机传动图

电控机械无级式变量播种控制系统如图 7－6 所示。变量播种控制器根据相应田间位置的播种偏差控制无级变速器的传动比和排种轴的转速，实现施肥播种机的变量播种。

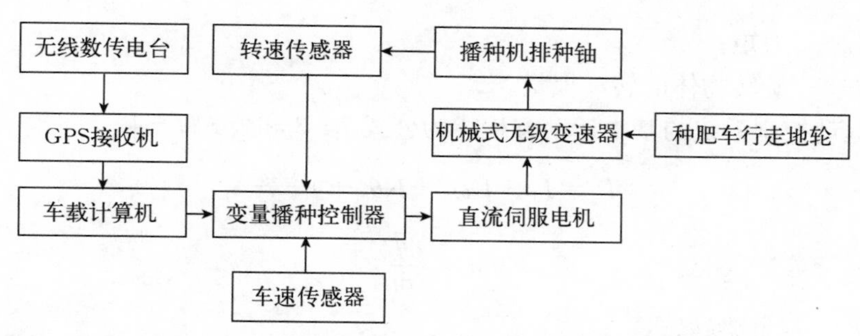


图 7－6　电控机械无级变速器型变量播种控制系统

在播种过程中，地轮的转速作为电控机械无级变速器的输入，无级变速器的输出轴与排种轴相连带动排种轴旋转排种。当变量播种机由一个网格到达另一个网格时播种量要发生变化，车载计算机通过 GPS 定位的位置信息调出处方图中目标网格的排种量，然后单片机发出命令让直流伺服电动机带动无级变速器的调速杆旋转改变输出轴的转速进而改变排种轴的转速实现变量播种。我国传统的播种机大多是通过地轮带动排种轴进行排种，因此只需要对传统播种机进行改进就能得到变量播种机，适合我国国情，所以本文选择电控机械无级变速器型的变量播种控制系统进行研究。

## 第三节　智能变量播种控制系统建模

### 一、直流伺服电动机模型

目前调速系统有交流调速和直流调速两种，直流调速出现较早，凭借其良好的运行和控制特性在市场中占主导地位；交流调速发展较晚，在市场中占小部分。但近些年来，交流调速系统有了很大的发展，在某些性能方面超过了直流调速系统，在未来有可能取代直流调速系统。就目前而言，自动调速系统的主要形式依然是直流调速系统。本文研究的是电控机械无级变速器型变量播种机，调速系统中采用的电动机是直流伺服电动机，即本文研究的是直流调速系统。

**1. 直流伺服电动机驱动原理**

直流伺服电动机的旋转精度很高，原因是靠脉冲来驱动，同时直流伺服电动机也能发出脉冲。当直流伺服电动机接收到脉冲后会旋转，旋转一定的角度后电动机会发出脉冲表示旋转完成，类似于闭环。直流伺服电动机接收到多少脉冲就相应旋转多大角度，同时发出与接收相同的脉冲数。因此，直流伺服电动机能够精准地旋转，精度可以达到 0.001 mm。

**2. 直流伺服电动机的数学模型**

电动机顾名思义就是通电旋转，因此建模时以电动机的电枢电压作为输入，角速度作为输出，直流伺服电动机在该系统中工作完全处于动态过程，所以建立的方程都是动态方程。

由牛顿第二定律知，做直线运动的物体存在公式 7－1。

$$F_1-F_2=m\frac{\mathrm{d}v}{\mathrm{d}t}=ma \tag{7-1}$$

同理，对于做旋转运动的物体有公式 7－2。

$$T-T_1=J\frac{d\omega}{dt} \tag{7-2}$$

式中：$T$——力矩；

$J$——旋转物体的转动惯量。

电动机运动控制系统的基本运动方程式为公式 7－3 和公式 7－4。

$$T_e=T_L+D\omega_m+K\theta_m+J\frac{d\omega_m}{dt} \tag{7-3}$$

$$\omega_m=\frac{d\theta_m}{dt} \tag{7-4}$$

式中：$T_e$——电磁转矩；

$T_L$——负载转矩；

$J$——机械转动惯量；

$\omega_m$——转子的机械角速度；

$\theta_m$——转子的机械转角；

$D$——阻转矩阻尼系数；

$K$——扭转弹性转矩系数。

在工程计算中常忽略阻尼转矩和弹性转矩，则电动机的基本运动方程可简化为公式 7－5（王建民，2009；孙旭东等，2006）。

$$T_e=T_L+J\frac{d\omega_m}{dt} \tag{7-5}$$

根据运动系统的简化方程可得直流伺服电动机工作时的动态转矩平衡方程为公式7－6。

$$T(t)=T_L(t)+(J_a+J_L)\frac{d\omega(t)}{dt} \tag{7-6}$$

式中：$J_a$——直流伺服电动机电枢的转动惯量；

$J_L$——负载的转动惯量。

在电动机处于动态过程时，电动机的电枢电压应由三部分组成：电枢线圈电阻两端的电压，电流变化产生的感应电动势和电动机转子切割磁感线产生的反电动势，因此，处于动态过程的电动机电枢电压与电枢线圈上的电流的关系为公式 7－7（李沁生等，2011）。

$$u_a(t)=R_a i_a(t)+L_a\frac{di_a(t)}{dt}+e(t) \tag{7-7}$$

式中：$u_a(t)$——对线圈施加的电源电压；

$i_a(t)$——直流伺服电动机电枢线圈的电流；

$L_a$——直流伺服电动机电枢线圈的电感；

$e(t)$——额定励磁下电动机的反电动势。

由公式 7－6 和公式 7－7 不能得到电源电压 $u_a(t)$ 和角速度 $\omega(t)$ 的直接函数关系，因此，需要对公式 7－6 和公式 7－7 中的中间变量进行替换。

直流电动机依据通电导体在磁场中会受到力的作用而制成。当在直流电动机电枢两端加上直流电压时，电枢绕组上有电流通过并在周围产生磁场，电动机转子在磁场中受到力

［$f(t)=Bli_a(t)$］的作用，在电磁力矩［$T(t)=f(t)L$］的作用下转动，因此可以得到转矩与电枢电流的关系如公式 7-8。

$$T(t)=K_T i_a(t) \tag{7-8}$$

式中：$K_T$——额定励磁下的转矩电流比。

直流伺服电动机通电后，电动机转子在磁场中运动切割磁感线，产生电动势 $e(t)$，通过右手定则判断，$e(t)$ 与原通入的电流相反，故为反电动势。反电动势是转子在磁场中运动产生的，与电动机的转速 n 成正比，即 $e=C\Phi n$（陈国范，1997），又因电动机角速度 $\omega=n\pi/30$，所以可以得到电动机的反电动势 $e(t)$ 与角速度 $\omega(t)$ 的关系如公式 7-9。

$$e(t)=\frac{30C\Phi}{\pi}\omega(t)=K_a\omega(t) \tag{7-9}$$

式中：$K_a$——额定励磁下的电动势转速比。

对公式 7-6 至公式 7-9 进行拉氏变换（谢红等，2007）得公式 7-10 至公式 7-13。

$$T(s)=T_L(s)+s(J_a+J_L)\,\Omega(s) \tag{7-10}$$

$$U_a(s)=(R_a+sL_a)\,I_a(s)+E_a(s) \tag{7-11}$$

$$T(s)=K_T I_a(s) \tag{7-12}$$

$$E_a(s)=K_a\Omega(s) \tag{7-13}$$

由公式 7-10 至公式 7-13 可得 $U_a(s)$ 与 $\Omega(s)$ 的关系为公式 7-14。

$$\Omega(s)=\frac{K_T U_a(s)-(R_a+sL_a)T_L(s)}{K_aK_T+s(R_a+sL_a)(J_a+J_L)} \tag{7-14}$$

在不考虑负载干扰 $T_L(s)$（仿真时作为干扰信号）时，可得传递函数（公式 7-15）。

$$\begin{aligned}G(s)&=\frac{\Omega(s)}{U_a(s)}\\&=\frac{K_T}{K_aK_T+s(R_a+sL_a)(J_a+J_L)}\\&=\frac{K_T}{K_aK_T+(J_a+J_L)R_a s+(J_a+J_L)L_a s^2}\end{aligned} \tag{7-15}$$

由公式 7-15 可得不考虑负载的直流伺服电动机动态模型如图 7-7 所示。

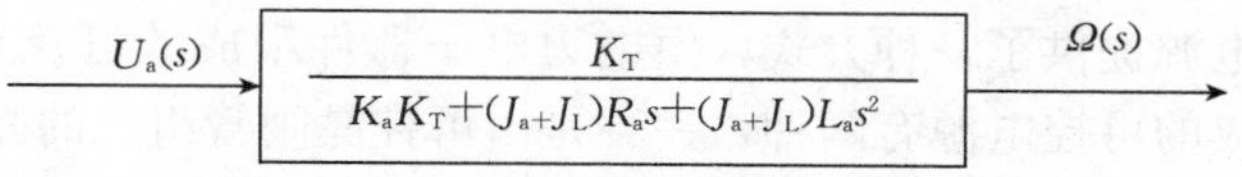

$$U_a(s)\longrightarrow\boxed{\frac{K_T}{K_aK_T+(J_a+J_L)R_a s+(J_a+J_L)L_a s^2}}\longrightarrow\Omega(s)$$

图 7-7　不考虑负载的直流伺服电动机动态模型

为了更加直观地体现各函数之间的关系同时考虑负载 $T_L(s)$，由公式 7-10 至公式 7-13 可得考虑负载时的伺服电动机动态模型如图 7-8 所示。

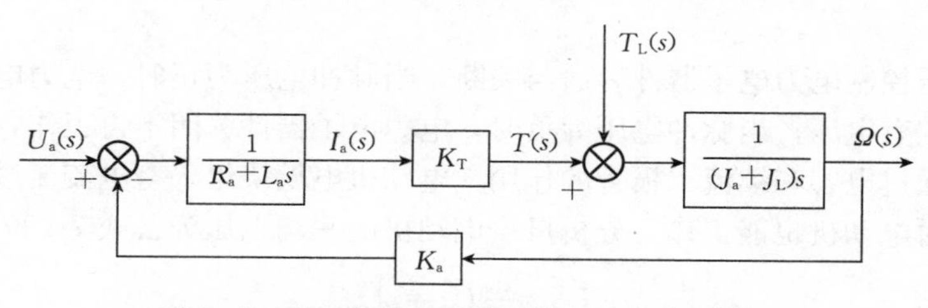


图 7-8　考虑负载的直流伺服电动机动态模型

## 二、调压环节模型

本研究的变量播种机是电控机械无级变速器型的变量播种机，其工作原理是借助机械无级变速器改变地轮与排种轴的转速比来实现变量播种，而机械无级变速器的调速杆是手动杆，需要将其改成由伺服电动机驱动的自动调速杆。当播种机从一个网格到达另一个网格时，伺服电动机开始带动无级变速器的调速杆工作，当排种轴的转速达到目标转速后伺服电动机将停止工作不再调节无级变速器。当伺服电动机一开始接收到旋转命令时转速会不断增加，最高达到稳定转速，在伺服电动机速度不断增加的过程中就已经开始调节无级变速器，同时车载计算机分析排种轴反馈回来的转速，当排种轴转速接近目标转速后会不断降低伺服电动机的转速。这是因为当排种轴达到目标转速后立刻断开伺服电动机的电源伺服电动机也不可能立刻停止，会在惯性的作用下继续转动最终慢慢停止，所以要在调节过程中根据排种轴的转速实时调节伺服电动机的转速。因为要调节转速，所以要考虑如何调节电动机转速。直流电动机的稳态转速可表示为公式 7-16。

$$n=\frac{U-IR}{K_e\Phi} \tag{7-16}$$

式中：$n$——转速；

$U$——电枢电压；

$I$——电枢电流；

$R$——电枢回路总电阻；

$\Phi$——励磁磁通；

$K_e$——由电动机结构决定电动势常数。

由公式 7-16 可以看出有三种调速方法：一种是改变电动机电枢电压，一种是改变电动机电枢回路的电阻值，一种是改变电动机的磁通。对于一个用在自动调速系统的电动机而言，改变电枢回路电阻或改变励磁磁通（都需要改变内部结构）比较困难，因此，可用改变电动机电枢电压的方法进行调速（阮毅等，2013）。

电动机本身不能调节其电枢电压，为通过调节电动机电枢电压的方法来调节电动机的转速，要给电动机一个可以调节的直流电源。20 世纪中期电力电子技术开始迅速发展，为制作可控的直流电源提供了一种方式，由电力电子器件组成的可控直流电源使用较多。由电力电子器件组成的可控电源有两种：一种是由可控晶闸管组成的晶闸管整流器—电动机系统（简称 V-M 系统），另一种是由全控型电力电子器件组成的直流 PWM 调速系统。与 V-M 系统相比，本研究选取的直流 PWM 调速系统有很多优点。

**1. PWM 变换器的工作原理**

PWM 变换器的工作原理是用脉宽调制的方法，将恒定的直流电源电压变成可以改变的脉冲电压。

用脉冲电压控制电力电子器件导通与关断，当脉冲电压为正时，电力电子器件导通工作，电动机两端有电压；当脉冲电压为负时，电力电子器件关闭不再工作，电动机两端电压近似为零。通过电容和续流二极管的作用，电动机电枢绕组仍有电流流过，因此，电力电子器件关断时电动机也能工作。分析可得电动机的平均电压为公式 7-17。

$$U_d=\frac{t_{on}}{T}U_s=\rho U_s \tag{7-17}$$

脉冲电压的周期不变，因此改变脉冲电压为正的时间即可改变电动机的平均电压，进而改变电动机的转速。

**2. 调压环节的数学模型**

调压环节由 PWM 控制器和 PWM 变换器组成，PWM 控制器的作用是发出脉宽可调的门极触发电压，PWM 变换器将控制电压变成需要的电压，其变换过程如图 7-9 所示。

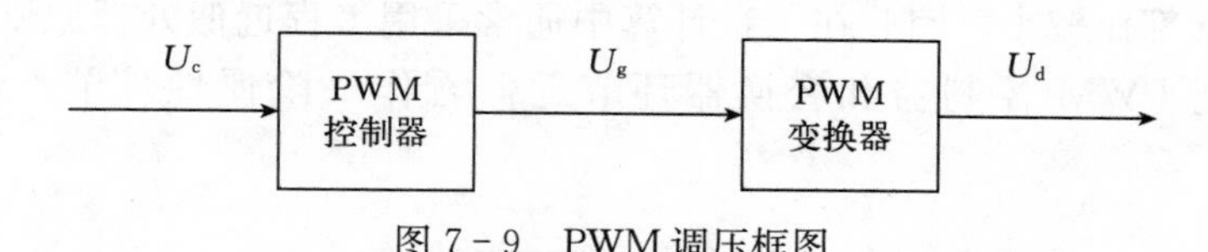


图 7-9　PWM 调压框图

用线性控制理论进行分析和设计时，将其看作系统的一个环节，并计算其放大系数和传递函数。根据其工作原理可知该环节是非线性的，但是在一定的工作范围内可以看成近似线性环节。通常情况下，可通过实验测出该环节的输入输出特性，即 $U_d = f(U_c)$ 曲线，在特性曲线上找出近似线性的一段，用该段曲线的斜率来代替该环节的放大系数 $K_s$，计算公式为公式 7-18。

$$K_s = \frac{\Delta U_d}{\Delta U_c} \tag{7-18}$$

如果没有测得特性曲线，也可以根据整流范围估算，估算公式为公式 7-19。

$$K_s = \frac{U_{dmax}}{U_{cmax}} \tag{7-19}$$

该环节在变量播种控制系统中的工作过程是一个动态过程，根据工作原理可以将其看成一个纯滞后环节，其滞后效应是由绝缘栅双极晶体管（IGBT）的特点引起的。IGBT 一旦导通，控制电压的变化在它关断之前就不再起作用，IGBT 关断时控制电压也不会起作用，要等到下一个周期，控制电压才起作用，因此，导致了整流输出电压滞后于控制电压。因为控制电压可能在一个周期的任意时刻变化，因此，$U_d$的失控时间 $T_s$是个随机值。

从上面的分析可知 $U_d$最大失控时间 $T_{smax}$是一个脉冲周期，它与交流电源频率和整流器的类型有关（公式 7-20）。

$$T_{smax} = \frac{1}{mf} \tag{7-20}$$

式中：$f$——交流电源频率；

　　　$m$——一周内整流电压的脉冲数。

通常情况下，计算中采用平均失控时间 $T_s = \frac{1}{2} T_{smax}$，如果考虑最坏的结果，则取 $T_s = T_{smax}$。

用单位阶跃函数表示滞后，则 PWM 控制与变换器环节的输入-输出关系为公式7-21。

$$U_d = K_s U_c \times 1(t - T_s) \tag{7-21}$$

利用拉普拉斯变换的位移定理对公式 7-21 进行拉式变换，可得该环节的传递函数为公式 7-22。

$$W_s(s)=\frac{U_d(s)}{U_c(s)}=K_s e^{-T_s s} \qquad (7-22)$$

将上式按泰勒级数展开，可得公式 7－23。

$$W_s(s)=K_s e^{-T_s s}=\frac{K_s}{e^{T_s s}}=\frac{K_s}{1+T_s s+\frac{1}{2!}T_s^2 s^2+\frac{1}{3!}T_s^3 s^3+\cdots} \qquad (7-23)$$

因为 $T_s$ 通常都比较小，因此在工程计算中通常采用工程近似处理原则，将高次项忽略，所以可以把 PWM 控制器和变换器环节近似看作一阶惯性环节，传递函数为公式7－24。

$$W_s(s)\approx\frac{K_s}{T_s s+1} \qquad (7-24)$$

由公式 7－24 可得脉宽调制环节动态结构如图 7－10 所示。

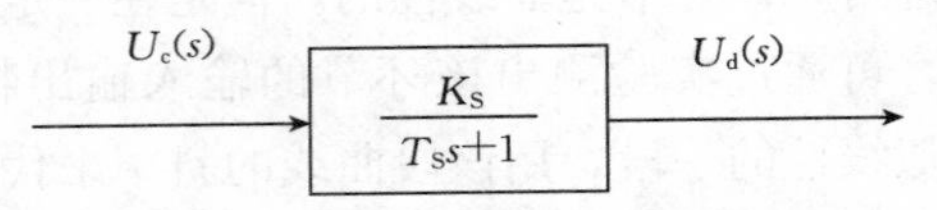


图 7－10　脉宽调制环节动态结构

## 三、无级变速机构的数学模型

目前，国内外所使用的无级变速器可分为三类：一类是靠液体传动的无级变速器，一类是靠电力传动的无级变速器，一类是靠机械传动的机械无级变速器。此处研究的是电控机械无级变速器型变量播种机的控制系统，因此，研究对象是机械无级变速器。机械无级变速器有摩擦式、带式、链式和脉动式四种，其中脉动式因为结构简单，传动可靠而被广泛使用（李志愿，2012）。

### 1. 脉动无级变速器的工作原理

图 7－11 所示为三相并列连杆式脉动无级变速器（国外称为 GUSA 型变速器）的结构简图。工作原理是将三组相位差为 120°的三拐曲轴的摆动通过超越离合器转化为脉动输出，三相的运动是交替重叠的，从而使输出轴做单向连续的脉动旋转（邓小超，2005）。在输入不变的情况下，通过转动丝杠调节支架的位置，可以改变无级变速器的输出转速。

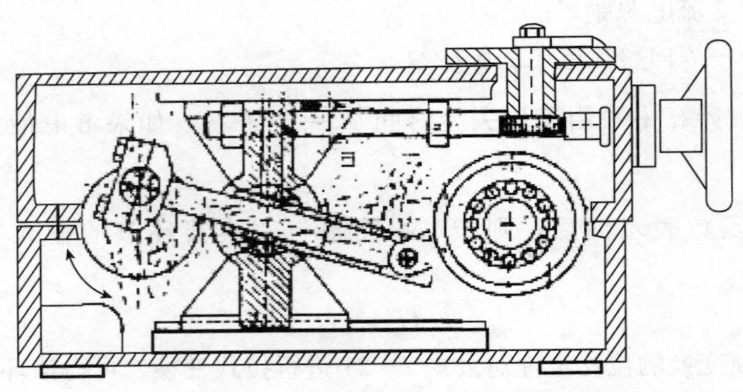

图 7－11　GUSA 型无级变速器的结构简图

**2. 脉动无级变速机构模型**

图 7-11 所示的无级变速器是手动调速的，不能在自动调速系统中使用。为了实现自动控制，需要对无级变速器进行改装，将螺杆的手动轮改成直流伺服电动机，由直流伺服电动机带动螺杆旋转改变调速支架的位置，实现自动控制调速。由直流伺服电动机带动的无级变速器机械传动结构如图 7-12 所示。

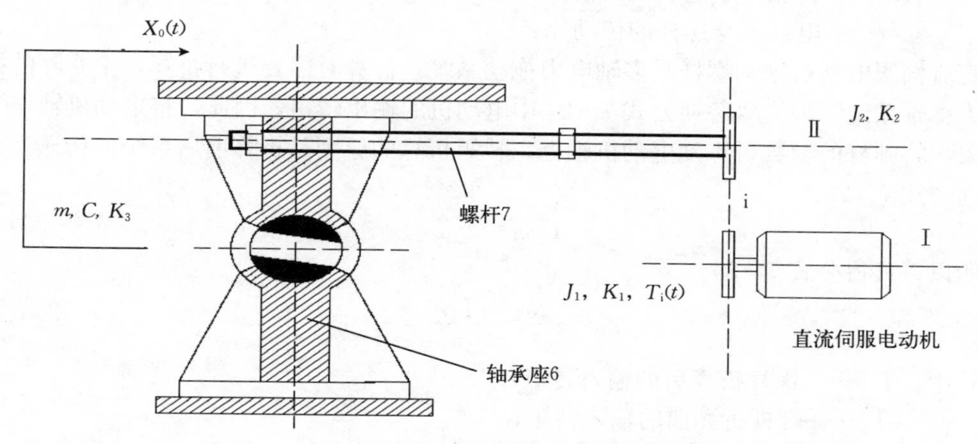


图 7-12　无级变速器机械传动结构

直流伺服电动机通过一级减速链传动及螺杆驱动轴承座做直线运动，随着轴承座位置的连续变化，变速器输出角速度也随着连续变化。经过分析可知无级变速器模型的输入为电动机转过的角度，输出为轴承座的位移。设轴Ⅰ的转动惯量为 $J_1$，扭转刚度系数为 $K_1$；轴Ⅱ的转动惯量为 $J_2$，扭转刚度系数为 $K_2$；轴承座的质量为 $m$，黏性阻尼系数为 $C$，与螺杆轴向刚度系数为 $K_3$。

直流伺服电动机带动螺杆旋转的过程是扭转过程。在扭杆扭转过程中，应用扭矩与相对扭转角之间的物理关系为公式 7-25（刘鸿文，2004）。

$$\psi=\frac{M_X L}{GI_P} \tag{7-25}$$

式中：$\psi$——相对扭转角；

$L$——扭杆的长度；

$G$——与材料有关的弹性常数；

$I_P$——极惯性矩。

令 $K=\frac{GI_P}{L}$，上式可简化为 $M_X=K_L\psi$，$K_L$ 为扭转刚度系数。

从图 7-12 中可以看出调速机构就是采用螺旋机构传动，设螺杆 7 转过角 $\alpha$ 时，轴承座 6 沿螺杆 7 轴向移动一段位置 $X$，根据螺旋的传动特性有公式 7-26。

$$X=\frac{\alpha}{2\pi}l_0 \tag{7-26}$$

式中：$l_0$——螺旋的基本导程。

将电动机转子、减速链和螺杆看成一个整体，等效成一个扭杆，则电动机的输出转矩 $T_i(t)$ 即为扭矩，电动机的输出转角 $\theta_i(t)$ 与螺杆转过的角度的差值即为相对扭转角，因此可得直流伺服电动机带动无级变速器的动态传动方程为公式 7-27。

$$K\left[\theta_i(t)-i\frac{2\pi}{l_0}X_0(t)\right]=T_i(t) \tag{7-27}$$

式中：$K$——等效扭转刚度系数；

$X_0(t)$——轴承座的输出位移；

$T_i(t)$——直流伺服电动机的输出转矩；

$i$——电动机与螺杆的传动比。

直流伺服电动机拖动螺杆是多轴电力拖动系统，计算时需要进行折算，把实际的拖动等效为单轴系统。因为要替换公式 7-27 中电动机的输出转矩，因此，将电动机轴作为研究对象，将螺杆的参数折算到电动机轴上。转矩折算的原则是折算前后系统的传送功率不变，即公式 7-28。

$$T_1'\omega_1=T_1\omega_2 \tag{7-28}$$

所以，可得公式 7-29。

$$T_1'=\frac{T_1\omega_2}{\omega_1}=\frac{T_1n_2}{n_1}=\frac{T_1}{i} \tag{7-29}$$

式中：$T'_1$——螺杆折算后的输入转矩；

$T_1$——螺杆折算前的输入转矩；

$\omega_1$——电动机转子的角速度；

$\omega_2$——螺杆的角速度；

$n_1$——电动机的转速；

$n_2$——螺杆的转速。

进行上述等效后，电动机的输出角速度 $\omega_1$ 应等效为 $\frac{d\left[X_0(t)\ 2\pi i/l_0\right]}{dt}$，另外在多轴传动系统中必须将其他轴和工作台的转动惯量折算到电动机轴上，因为转动惯量对运动过程的影响直接反映于各轴转动惯量所储存的动能，因此折算必须以实际系统与等效系统储存动能相等为原则（李文华等，2007）。即公式 7-30。

$$\frac{1}{2}J\omega_1^2=\frac{1}{2}J_1\omega_1^2+\frac{1}{2}J_2\omega_2^2+\frac{1}{2}J_m\omega_m^2 \tag{7-30}$$

所以，可得公式 7-31。

$$J=J_1+J_2\frac{\omega_2^2}{\omega_1^2}+J_m\frac{\omega_m^2}{\omega_1^2}=J_1+\frac{J_2}{i^2}+\frac{J_m}{i_m^2} \tag{7-31}$$

式中 $J_m$ 和 $i_m$ 分别为轴承座的转动惯量和电动机与轴承座的传动比，这两个量无法直接计算，因此需要替换，在丝杆与工作台的传动系统中，工作台的质量可替换为丝杠上转动惯量，替换原则为公式 7-32。

$$J_m=m\left(\frac{l_0}{2\pi}\right)^2 \tag{7-32}$$

将轴承座替换到丝杠上，则 $J_m=m\left(\frac{l_0}{2\pi}\right)2$，$i_m=i$，因此，电动机的输出转矩表达式为公式 7-33。

$$T_i(t)=\left\{J_1+\frac{J_2+m\left(\frac{l_0}{2\pi}\right)^2}{i^2}\right\}\frac{d^2\left[2\pi i\,X_0(t)/l_0\right]}{d^2}+\frac{T_1(t)}{i} \tag{7-33}$$

设轴承座的转矩为 $T_m(t)$，根据运动的基本方程式可得公式 7－34。

$$T_1(t)=(J_2+J_m)\frac{d\omega_2}{dt}+T_m(t) \tag{7-34}$$

当丝杠匀速转动时，丝杠的驱动转矩 $T_1$ 完全用来克服黏滞阻尼力的消耗，考虑到其他环节的摩擦损失比轴承座丝杠的摩擦损耗小得多，故只计算轴承座丝杠的黏性阻尼系数 $C$（丁文政等，2011）。根据轴承座与丝杠之间的动力平衡关系有公式 7－35 和公式 7－36。

$$2\pi T_1=Cvl_0 \tag{7-35}$$

$$v=\omega\frac{l_0}{2\pi} \tag{7-36}$$

式中：$v$——工作台的线速度。

即丝杠旋转一周 $T_1$ 所做的功等于轴承座前进一个导程时其阻尼力所做的功。因为丝杠不是匀速旋转，所以上式并不成立。丝杠所受的力一部分使轴承座在丝杠上移动，另一部分用来改变丝杠的转速，根据牛顿第三定律可知，丝杠给轴承座的那部分力与轴承座给丝杠的力大小相等方向相反，又因为它们的力臂相等，所以这两个力的力矩大小相等，所以丝杠给轴承座克服黏性阻尼消耗部分的力矩大小等于轴承座的力矩，所以有公式 7－37。

$$2\pi T_m(t)=Cvl_0 \tag{7-37}$$

式中 $v$ 此时是一个变量，根据上述可得公式 7－38。

$$T_1(t)=\left[J_1+m\left(\frac{l_0}{2\pi}\right)^2\right]\frac{d^2\left[\frac{2\pi X_0(t)}{l_0}\right]}{dt^2}+C\left(\frac{l_0}{2\pi}\right)^2\frac{d\left[\frac{2\pi X_0(t)}{l_0}\right]}{dt} \tag{7-38}$$

对公式 7－27、公式 7－33 和公式 7－38 进行拉普拉斯变换得公式 7－39 至公式 7－41。

$$K\left[\theta_i(s)\ -i\frac{2\pi}{l_0}X_0(s)\right]=T_i(s) \tag{7-39}$$

$$T_i(s)=\left[J_1+\frac{J_2+m\left(\frac{l_0}{2\pi}\right)^2}{i^2}\right]\frac{2\pi i}{l_0}s^2X_0(s)+\frac{T_1(s)}{i} \tag{7-40}$$

$$T_1(s)=\left[J_2+m\left(\frac{l_0}{2\pi}\right)^2\right]\frac{2\pi}{l_0}s^2X_0(s)+C\left(\frac{l_0}{2\pi}\right)^2\frac{2\pi}{l_0}sX_0(s) \tag{7-41}$$

由公式 7－39 至公式 7－41 可得 $\theta_i(s)$ 与 $X_0(s)$ 的关系为公式 7－42。

$$X_0(s)=\frac{iKl_0}{\left(2\pi i^2J_1+4\pi J_2+m\frac{l_0^2}{\pi}\right)s^2+C\frac{l_0^2}{2\pi}s+2\pi i^2K}\theta_i(s) \tag{7-42}$$

同样由公式 7－39 至公式 7－41 可得无级变速模型的动态结构如图 7－13 所示。

## 第四节　智能变量播种控制系统 PID 控制与仿真

### 一、PID 控制器基本原理

PID 控制器是控制技术中用得最多的控制器，其原理框图如图 7－14 所示。

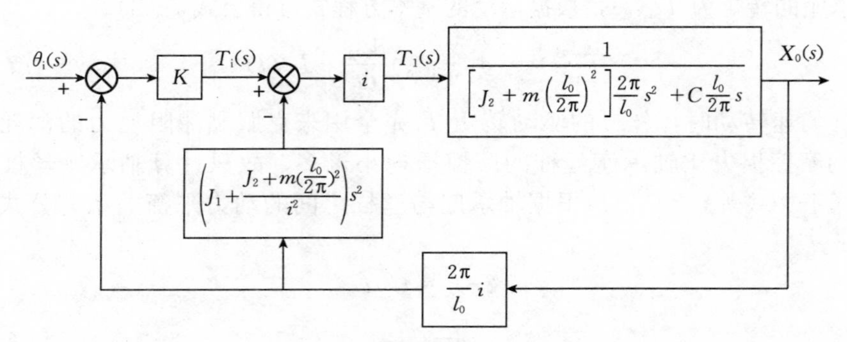


图 7-13　无级变速模型动态结构

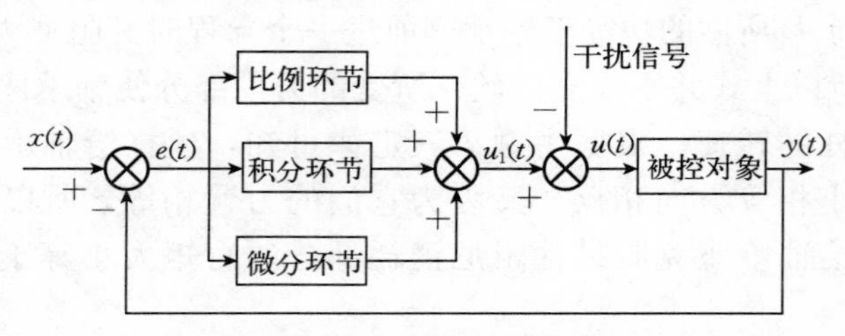


图 7-14　PID 控制系统原理

**1. 比例环节**

比例环节可以快速减小被控对象的偏差，在串联校正中，增加比例环节的系数，可提高系统的开环增益，减小系统稳态误差，提高系统的控制精度，但会降低系统的相对稳定性，甚至可能造成闭环系统不稳定。

**2. 积分环节**

积分环节可以提高系统的型别（无差度），有利于系统稳态性能的提高，但对系统的稳定性不利。

**3. 微分环节**

微分环节能减小系统超调，只对动态过程起作用，对稳态过程没有影响。三种环节可以单独使用也可以同时使用，通常情况下不会单独使用。

PID 控制器的控制规律为公式 7-43。

$$u(t)=K_P\left[e(t)+\frac{1}{T_I}\int_0^t e(t)+T_D\frac{de(t)}{dt}\right] \tag{7-43}$$

式中：$e(t)$ ——控制偏差，作为 PID 控制器的输入；

$u(t)$——PID 控制器的输出；

$K_P$——比例系数；

$T_I$——积分时间常数；

$T_D$——微分时间常数。

其传递函数为公式 7-44。

$$G(s)=\frac{U(s)}{E(s)}=K_P+K_I\frac{1}{s}+K_Ds \tag{7-44}$$

在 SIMULINK 上搭建其结构如图 7 - 15 所示。

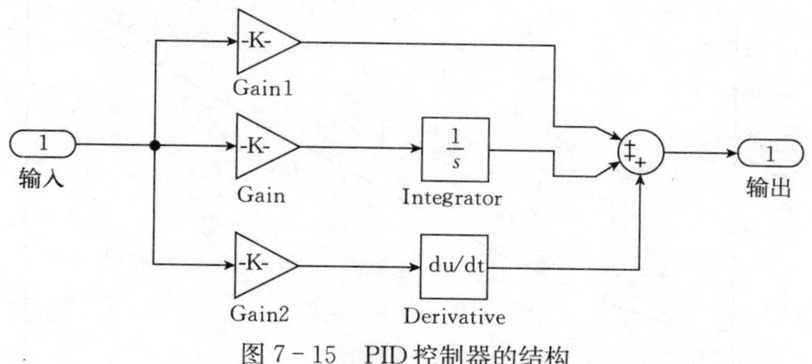


图 7 - 15　PID 控制器的结构

## 二、直流伺服电动机仿真

直流伺服电动机是变量播种控制系统的关键执行部件，其动态特性直接影响整个系统的精度，因此，先对直流电动机进行仿真，分析其运动规律。根据直流伺服电动机的动态结构框图在 SIMULINK 上建立直流伺服电动机模块仿真模型如图 7 - 16 所示。

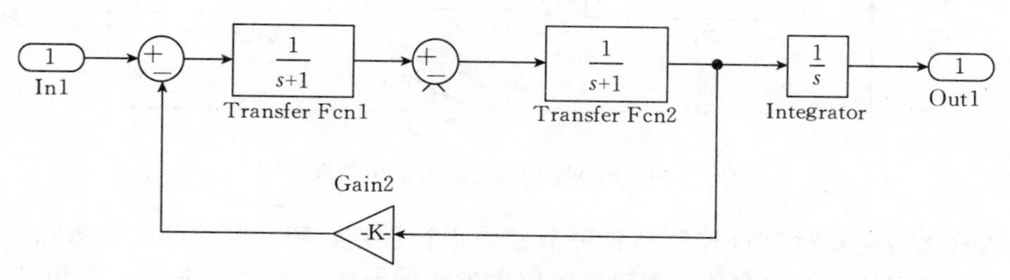


图 7 - 16　直流伺服电动机模块仿真模型

利用单位阶跃信号对直流伺服电动机进行仿真，根据前面的分析可知，电动机在变量播种调节过程中只工作一段时间就停止，即电动机转过一定的角度后就停止工作。电动机参数根据现有电动机进行设定，本研究中设定电动机转过 $\theta=8\text{rad}$ 后停止工作。其开环仿真模型如图 7 - 17 所示，仿真结果如图 7 - 18 所示。

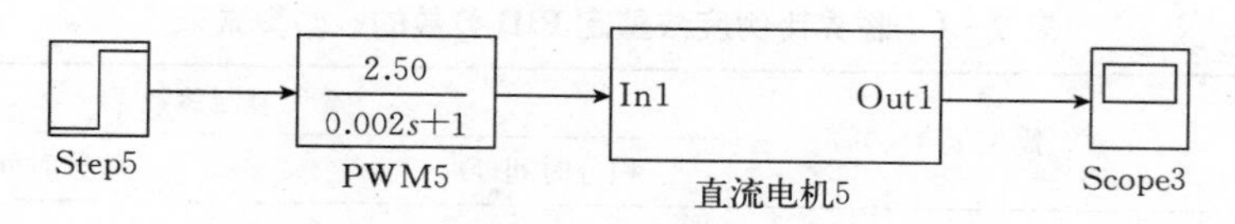


图 7 - 17　直流电动机开环仿真模型

从理论上分析，开环情况下，加入阶跃信号后电动机的转角会一直匀速增加，为一条斜率不变的直线，仿真结果与理论分析一致。但实际系统中电动机转过一定角度后停止，其转角曲线应该是一条先上升后不变的曲线，因此，该曲线不满足要求。想要获得目标曲线，需要进行校正。

本研究中采用串联校正，校正装置选用 PID 控制器，在图 7 - 17 仿真模型的前向通道上加上 PID 控制器，构成串联校正，如图 7 - 19 所示。

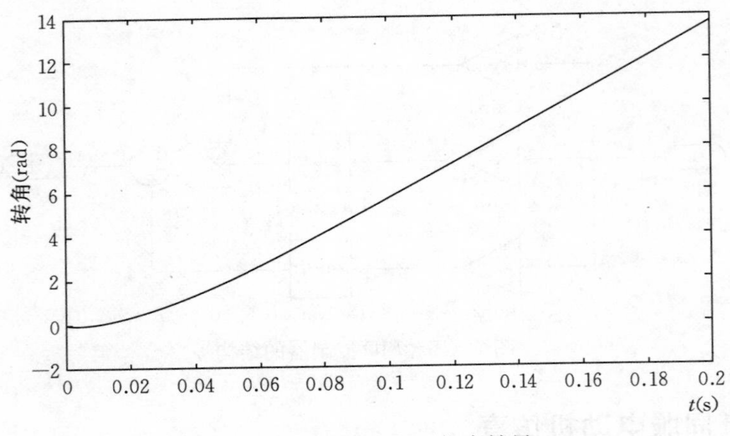


图 7-18　电动机开环仿真结果

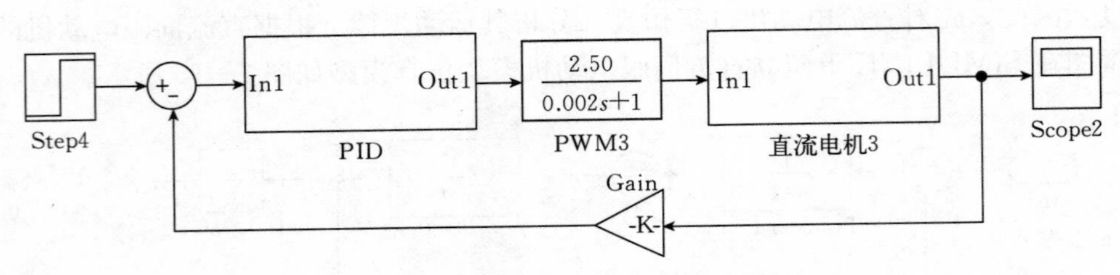


图 7-19　PID控制的直流电动机仿真模型

在仿真之前需要对PID控制器各环节参数进行设定，PID控制器的参数需要根据系统来整定。整定的方式有多种，本研究采用临界比例度法对PID控制器的参数进行整定，再根据实际情况进行调整。

临界比例度法整定PID控制器参数的步骤是将调节器的积分时间设定为无穷大、微分时间设定为零（$T_I=\infty$，$T_D=0$），调节比例系数，使系统出现等幅振荡（使系统处于临界状态），得到临界参数$\delta_K$和$T_K$。然后通过经验公式计算PID控制器的参数（胡秋松，2016）。

**表 7-1　临界比例度法整定PID参数的经验算式表**

| 调节规律 | 比例度 δ（%） | 调节器参数 | |
|---|---|---|---|
| | | 积分时间 $T_I$ | 微分时间 $T_D$ |
| P | $2\delta_K$ | — | — |
| PI | $2.2\delta_K$ | $0.85T_K$ | — |
| PID | $1.7\delta_K$ | $0.5T_K$ | $0.125T_K$ |

寻找临界值$K$可以用尝试法、劳斯稳定判据法和伯德图法。用尝试法寻找$K$值往往需要花费大量时间，因此，用其他方法的较多。本研究中用劳斯稳定判据法和尝试法结合得出当$K=22.95$时，系统达到临界状态，将$K_P$设为22.95，运行图7-19可得系统的等幅振荡图如图7-20所示。根据系统的等幅振荡曲线可计算出振荡周期$T_S=0.07$ s。

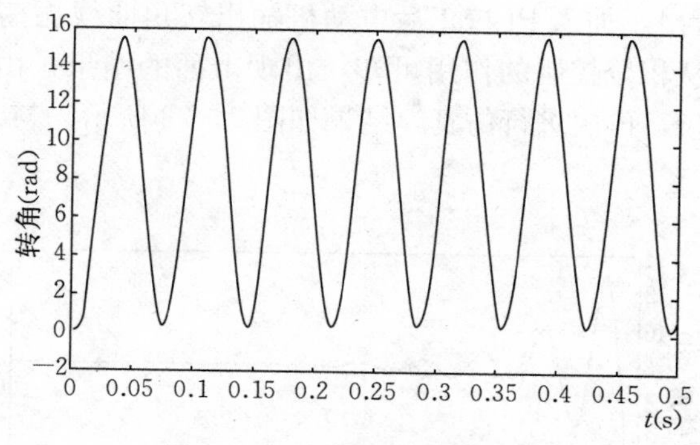


图 7 - 20　系统等幅振荡曲线

**1. P 控制**

先给系统加上比例环节观察比例环节的调节效果。根据经验表可知，P 整定时，比例放大系数 $K_P$＝11.475，将 $K_P$设置为 11.475，运行得到 P 控制时系统响应曲线如图 7 - 21 所示。

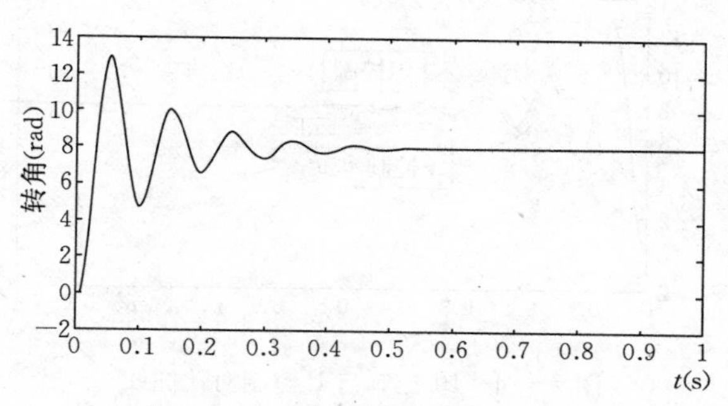


图 7 - 21　P 控制时系统响应曲线

从仿真结果图可以看出，当系统进行 P 校正时，电动机输出转角曲线是一条振荡衰减曲线，超调量在 65%左右，在 0.7 s 时开始进入稳态。

**2. PI 控制**

从以上的分析可知，P 校正时，电动机的超调量很大，系统不稳定，不满足要求。因此，配合其他环节进行校正，用 PI 校正观察其校正效果。由表 7 - 1 计算各个环节的系数，PI 控制时$K_P$＝10.431 8，$K_I$＝175.324 37，按计算结果进行参数设定后仿真，结果如图 7 - 22 所示。

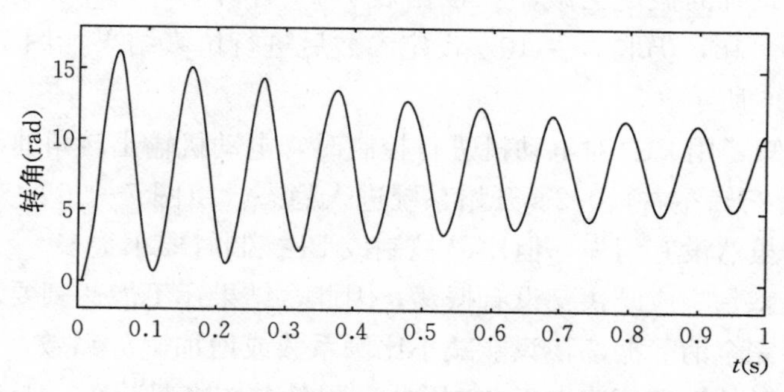


图 7 - 22　PI 控制的电动机输出曲线

从图 7－22 可以看出，加入 PI 校正后电动机输出转角曲线振荡比 P 校正更大，并且 1 s 还没有达到稳定。从积分控制的作用可知，出现上面的结果是由于积分作用太强。减小积分系数，取 $K_I=10$，再次进行仿真，结果如图 7－23 所示，与 P 控制对比如图 7－24 所示。

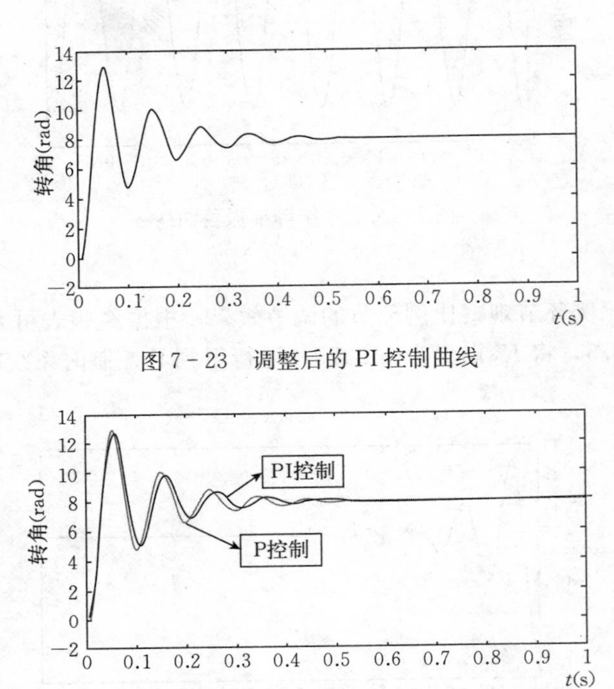


图 7－23　调整后的 PI 控制曲线

图 7－24　PI 控制与 P 控制对比曲线

由图 7－24 的对比可以看出，PI 控制比 P 控制效果好一点，但不明显，曲线之所以发生变化，较大可能是由于 PI 控制时，比例环节的系数减小了。出现这种情况的原因是 P 控制时系统的稳态值已经达到期望值，而积分环节的作用是消除稳态误差，因此，积分环节的作用不明显。

**3. PID 控制**

根据前面的分析可知，用比例环节或比例积分环节校正都不能达到要求。因为加入比例环节系统出现了振荡，而微分环节能减小系统的振荡，因此，再加上微分环节。加入微分环节后，理论上系统的振荡会减小。根据表 7－1 计算各个环节的系数，PID 整定时，$K_P=13.5$，$K_D=0.118$，仍取 $K_I=10$，设定参数后进行仿真结果如图 7－25 所示，与 PI 控制对比如图 7－26 所示。

由图 7－25 可知，用 PID 对电动机进行控制时，电动机输出转角曲线仍是一条振荡衰减曲线，超调量在 25%左右，0.2 s 开始系统进入稳态。由图 7－26 的对比可知加入微分环节后系统的振荡虽然没有消失，但比 P 控制或 PI 控制时要小很多。

系统的理想状态是响应既快又没有振荡，因此，结果还不能达到要求。对控制原理进行分析可知，想要完全消除振荡，只能减小比例系数或增加微分系数，仔细观察图 7－26 还会发现系统稳态时的转角值略大于 8，因此，积分系数也要减小。上述参数是根据经验

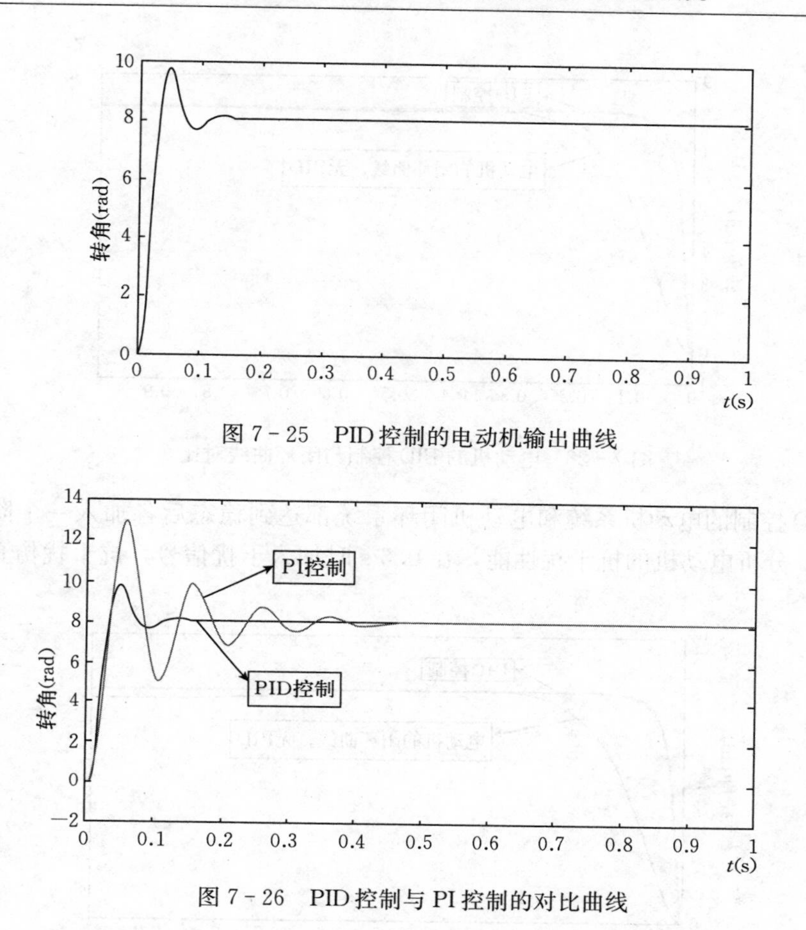


图 7－25　PID 控制的电动机输出曲线

图 7－26　PID 控制与 PI 控制的对比曲线

公式所得，并不能满足实际要求，因此，还要在经验公式的基础上对参数进行二次调整。经过多次试验，取 $K_P=20$、$K_D=0.4$、$K_I=0.5$ 时电动机的响应曲线比较好，此时电动机的响应曲线如图 7－27 所示，PID 控制与闭环曲线对比如图 7－28 所示。

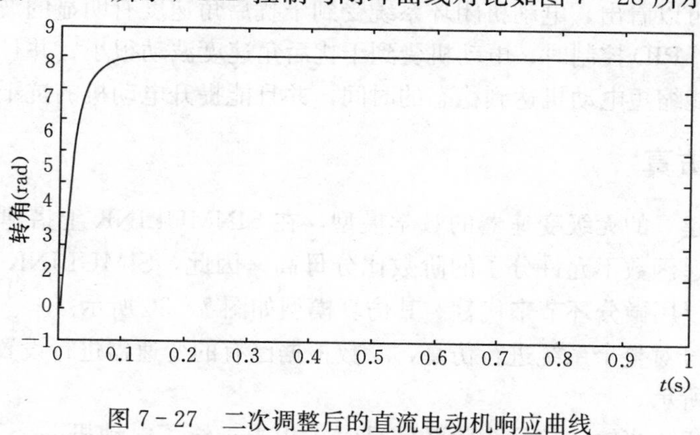


图 7－27　二次调整后的直流电动机响应曲线

由图 7－27 可知，对参数进行二次调整后，电动机转角从 0 达到稳态值所需要的时间大约为 0.15 s，并且振荡消失，满足系统要求。图 7－28 是电动机 PID 控制与闭环曲线对比图，从图中可以看出，进行 PID 控制可以使电动机更快达到稳态。

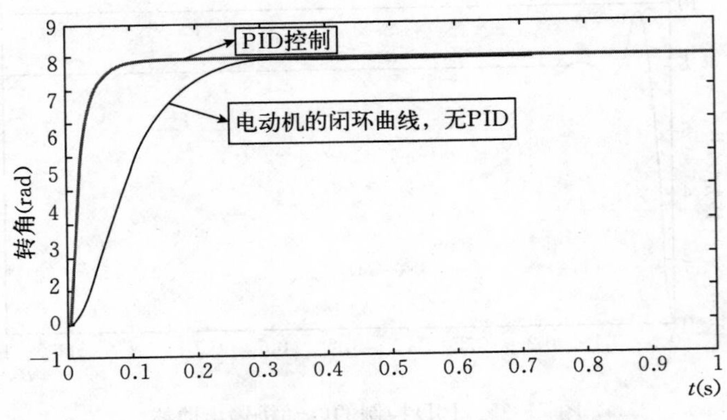


图 7-28　电动机的 PID 控制与闭环曲线对比

在有 PID 控制的电动机系统和电动机闭环系统都达到稳态后各加入一个阶跃信号作为干扰信号，分析电动机的抗干扰性能，在 0.6 s 时加入干扰信号，抗干扰仿真结果如图 7-29 所示。

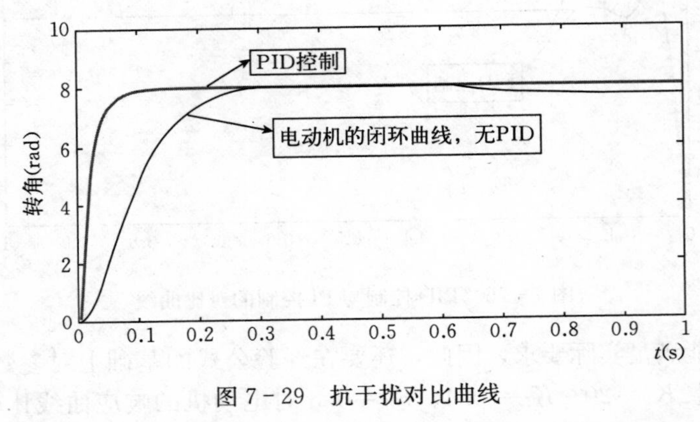


图 7-29　抗干扰对比曲线

从图 7-29 可以看出，电动机闭环系统受到干扰后角速度有明显的波动，并且恢复稳态需要较长时间；PID 控制时，电动机受到干扰后角速度波动很小，并且很快就恢复到稳态。PID 控制器能缩短电动机达到稳态的时间，并且能提升电动机的抗干扰能力。

## 三、系统仿真

根据第三节建立的无级变速器的数学模型，在 SINMULINK 上搭建无级变速器的仿真模型，因为传递函数不允许分子的阶数比分母高，因此，SIMULINK 中没有 S 模块或 $S^2$ 模块，不过可以用微分环节来代替。其仿真模型如图 7-30 所示。

利用阶跃信号对整个系统进行仿真，参数根据已有的变速器进行设置，系统开环仿真模型如图 7-31 所示。

从理论上分析，当输入信号为阶跃信号时，相当于给了电动机一个稳定的电枢电压，则电动机应一直处于匀速运行状态，一直拖动无级变速器的丝杠匀速旋转，因此，轴承座的位移应该是一条斜率一定的斜线，仿真结果如图 7-32 所示。

从仿真结果可以看出，仿真结果和理论分析结果相同，因此可以说明之前所建的数学

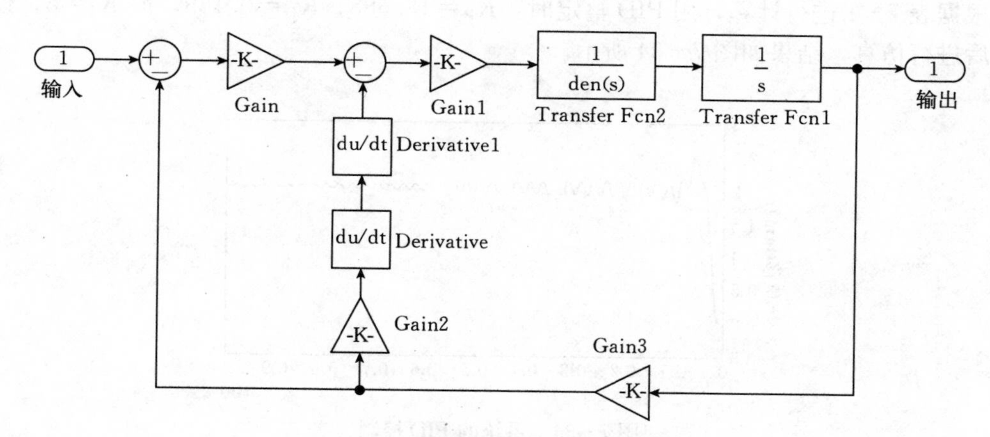


图 7-30 无级变速器模块仿真模型

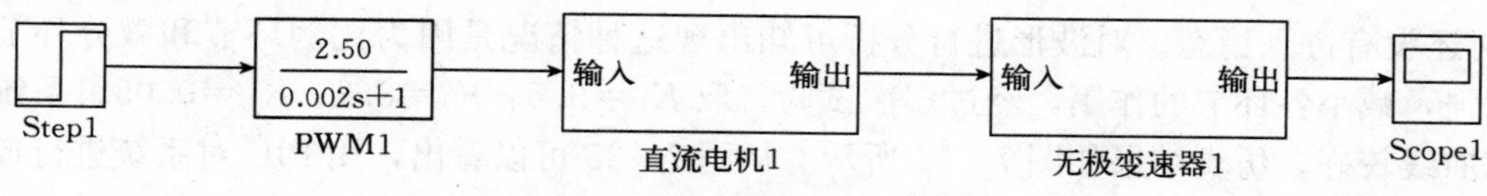


图 7-31 系统开环仿真模型

模型是正确的。

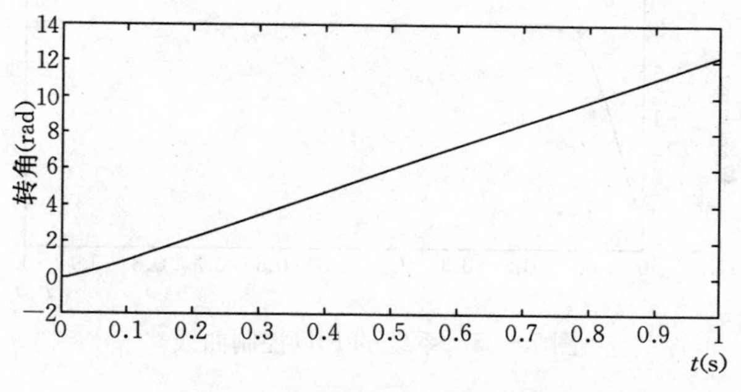


图 7-32 系统开环仿真结果

从之前的分析可知轴承座实际的位移曲线与电动机的转角曲线类似，因此也需要进行校正，设定轴承座移动 2 mm 后达到稳态，根据临界比例度法对 PID 控制器参数进行整定，当 $K_P=31.68$ 时，系统出现等幅振荡，振荡周期 $T_K=0.071$，如图 7-33 所示。

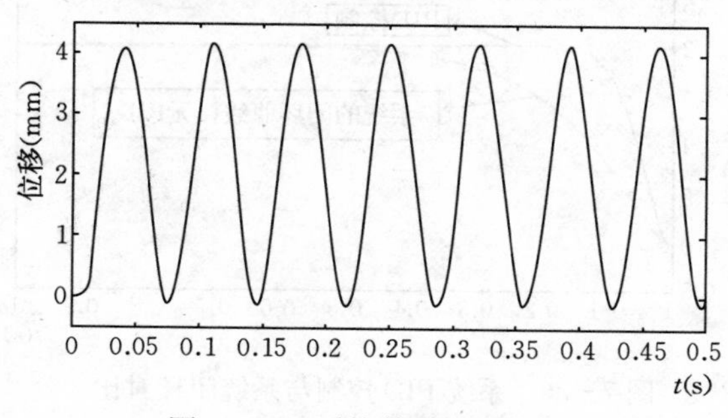


图 7-33 系统等幅振荡曲线

根据表 7-1 进行计算，用 PID 整定时，$K_P=18.588$，$K_D=0.165$，取 $K_I=5$，设定参数后进行仿真，结果如图 7-34 所示。

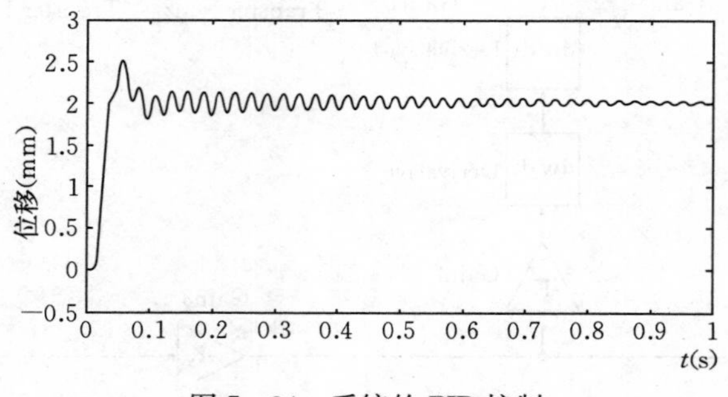


图 7-34 系统的 PID 控制

从图 7-34 可以看出，PID 整定时，系统处于振荡衰减状态，超调量在 25%左右，在 1 s 时还没有进入稳态。对波形进行分析可知出现这种情况是因为比例环节和微分环节作用太强，减小各环节的作用，经过多次试验，取 $K_P=3.5$、$K_I=0.2$、$K_D=0.05$，系统的输出曲线较好，仿真结果如图 7-35 所示。从图 7-35 可以看出，用 PID 对系统进行控制时，系统没有振荡，从 0 开始达到稳态值 2，用了大约 0.2 s。

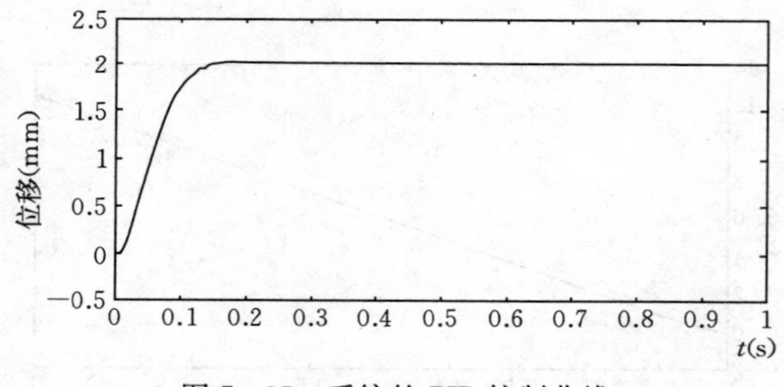


图 7-35 系统的 PID 控制曲线

从图 7-36 可以看出，PID 控制能使系统更快达到稳定。由图 7-37 可以看出，系统的闭环曲线受到干扰后发生较大波动，PID 控制的曲线受到干扰后波动很小，说明 PID 控制策略能提高系统的抗干扰能力。

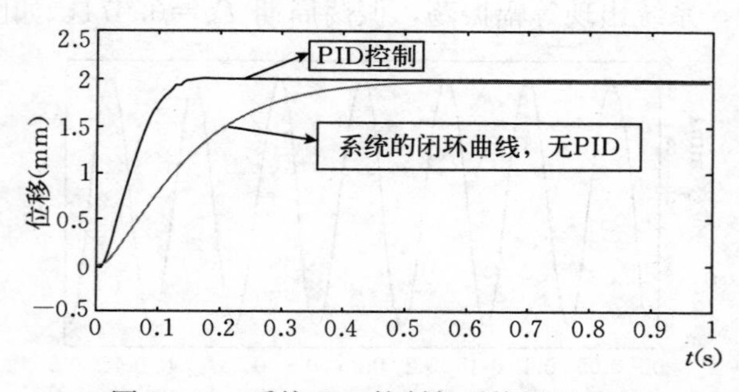


图 7-36 系统 PID 控制与系统闭环对比

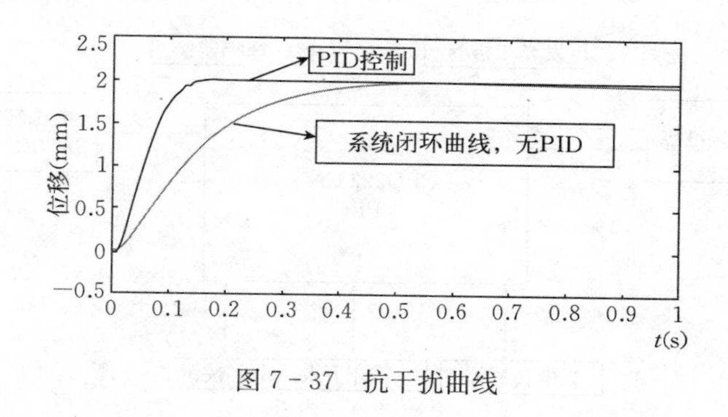


图 7-37　抗干扰曲线

# 第五节　播种机播种质量监测系统

## 一、系统功能

本设计对播种机的播种性能进行监测，由于播种机的播种性能参数众多，因而选取穴间距和穴粒数两个关键的数据进行研究，穴间距和穴粒数的合格标准如下：①穴间距合格率，设 $x$ 为平均粒距，当排种粒距大于 $0.5x$ 且小于等于 $1.5x$ 时为合格，小于等于 $0.5x$ 为重播，其余定位漏播（姜鑫铭，2017），合格的穴数占总穴数的百分比为穴间距合格率。②穴粒数合格率，穴播时粒数以规定值±1 粒或±2 粒为合格，合格穴数占取样总穴数的百分比即为穴粒数合格率。

监测对象为双粒排种器，以穴粒数合格标准来讲，1～3 粒都为合格，既然是双粒播种机，自然每穴 2 粒为最优，此播种机播种质量监测系统对穴粒数进行监测，是为了进一步提升排种器的穴粒数精度。对于排种器的粒数监测采用可编程逻辑控制器（PLC）的立即指令，而对于穴间距的监测则换算成种子下落间隔时间。

播种机播种质量监测系统对穴间距合格率和穴粒数合格率两个性能指标进行监测，当检测到漏播和重播时，在触摸屏上显示，同时驱动蜂鸣器和 LED 进行双重报警。系统会对正常的和不正常的穴间距进行计数，并依据所得数据进一步计算出漏播率和重播率；系统会对穴粒数进行计数，并将 1 粒、2 粒和 3 粒的穴数进行统计；系统通过触摸屏显示出 PLC 统计和计算的数据，在漏播和重播时，触摸屏的警示灯闪烁。

## 二、工作原理

### 1. 系统结构

系统以 PLC（CPU222 CN）为核心，其输入端接按钮开关以及两个传感器，输出端接蜂鸣器以及发光二极管，PLC 连接 MCGS 触摸屏。同时为给 PLC 供电，系统加入电源转换器将 220 V 的交流电转换为 24 V 的直流电供给系统。整体结构如图 7-38 所示。

### 2. 理论分析

正常情况下排种质量监测装置需要根据机具的行进速度以及播种的间距得出每两批种子的间隔时间，而此监测装置要在播种实验台上进行性能实验，机具行进速度由传送带的平移移速 $v$ 代替，$a$ 为比例系数，传送带上的平移速度与电动机转速成正比，即公式 7-45。

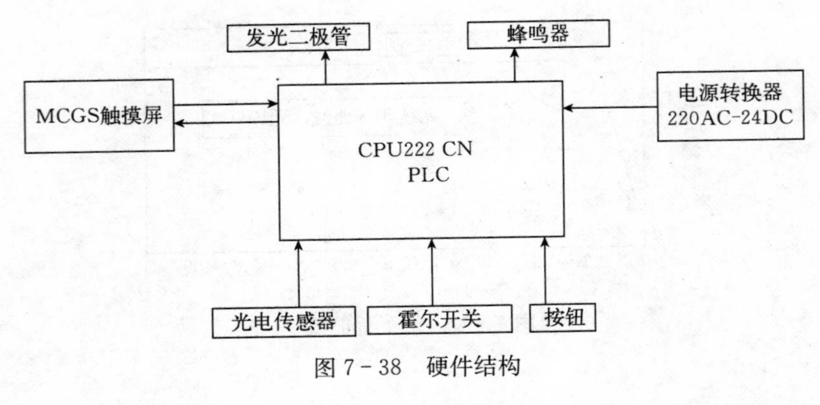

图 7-38　硬件结构

$$v=an \quad (7-45)$$

电动机传送带的驱动电动机处放置霍尔接近开关，当电动机转动时，霍尔开关向 PLC 输入一定频率 $f$ 的脉冲，根据脉冲频率的大小可得电动机的转速为 $bf$，$b$ 为比例系数，设标准播种周期为 $t$，要求的平均粒距为 $x$，可得如下的关系式（公式 7-46）。

$$t=\frac{x}{v}=\frac{x}{abf} \quad (7-46)$$

设霍尔传感器每检测 $X$ 个脉冲则电动机转动一周，PLC 高速计数器的计数周期为 200 ms，每个计数周期检测到的脉冲数为 $\alpha$，则脉冲频率为公式 7-47。

$$f=\frac{\alpha}{2\times10^{-4}} \quad (7-47)$$

电动机的转速为公式 7-48。

$$n=\frac{\alpha}{X\times2\times10^{-4}} \quad (7-48)$$

设传送带与电动机之间的减速比为 $\beta$，则传送带的平移速度为公式 7-49。

$$v=\frac{2\pi r\alpha}{\beta X\times2\times10^{-4}} \quad (7-49)$$

当系统所需的间距（$x$）一定时，由间距除以传送带的平移速度便可得每两批种子到达传送带的时间间隔，而这个时间间隔与它们经过传感器的时间差相同，设时间间隔为 $t$，则得公式 7-50。

$$t=\frac{\beta Xx\times2\times10^{-4}}{2\pi ra} \quad (7-50)$$

需要补充的是，播种机播种质量监测系统的测试在播种实验台上进行，此时为了得到标准时间间隔，有另外的方法。

在对播种实验台进行设计时，给定传送带的移速和间距，就可以得到排种盘的转速，给定间距带动传送带的电动机的转速与带动排种盘的电动机的转速成比例。在实际的大田作业时，为保证一定的间距，采用机械传动，使得压地轮或者拖拉机的车轮转速与排种盘的转速成比例。为得到标准的时间间隔，在不考虑比例误差的情况下，直接测量排种盘的转速也可得到时间间隔。在对排种盘进行转速测量时采用霍尔开关，由于转速相对较慢，直接进行测量时不可采用高速计数器，而应该改频率测量为周期测量。以排种盘上的3颗等间距螺丝为目标，螺丝为铁质，每当螺丝随转盘旋转接近霍尔接近开关时，便使得霍尔接近开关发出一次脉冲。PLC接收脉冲，并对相邻两颗螺丝经过霍尔接近开关的时间间隔进行计时（记为$\theta$），由于排种盘上共18个槽3颗螺丝，所以可得标准时间间隔$t$（公式7-51）。

$$t=\frac{\theta}{6} \tag{7-51}$$

由上可知，要想要得知两批种子的间距是否合乎要求，只需要监测它们经过光电传感器的时间差是否合乎要求。因而可以得出，当时间间隔小于的标准时间间隔的0.5倍，则可判定为重播；反之，当时间间隔大于标准时间间隔的1.5倍时，即判定为漏播；而对于粒数的检测，则直接使用计数器进行。系统原理框图如图7-39所示。

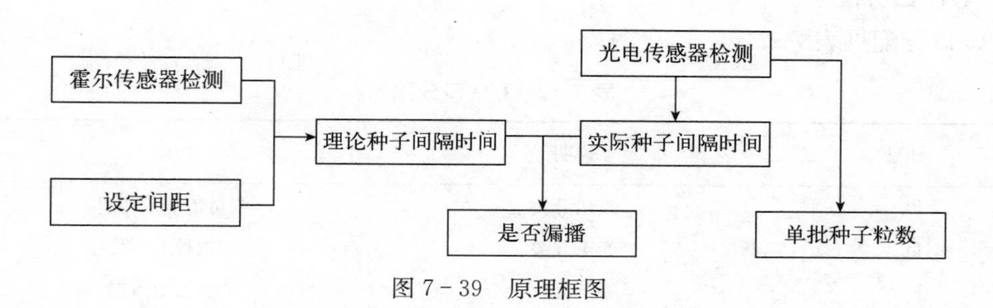


图7-39　原理框图

在测试没有传送带的系统时，可以根据排种盘的转速直接人为输入标准时间间隔，此时可以测试排种盘的转速对漏播重播的影响；在具有传送带的播种实验台上，可以给系统标准间距，系统根据自身检测（霍尔传感器）得到的传送带平移速度结合以上数据进行计算得到时间$t$，数据的计算由PLC来完成。

如图7-40所示，第一批种子的第一粒经过光电传感器后，会激活PLC的定时器和计数器，计时到时间点2时，粒数计数器会根据此时间段接收的脉冲数目来定义是1粒、2粒还是3粒，定义完成后对相应寄存器加一以达到记录的目的，随即粒数计数器清零准备下一次计数，此时间段可由用户根据需要自由定义。在时间点2，记录间距的计数器和记录时间间隔的定时器的组合会被重置，间隔时间开始计时，直到下一批种子的第一粒种子到来，即时间点3。此时系统会根据时间$T$的大小打开相应的程序网络。若时间小于$0.5t$，代表重播的通道随即打开，相应的M寄存器被置位，且相应的Q寄存器被接通，此时记录重播的计数器加一，Q寄存器驱动相应的报警灯和蜂鸣器进行报警；当时间大于$1.5t$，工作状态类似重播，漏播网络被接通；除此之外为正常工作状态，仅计数但不会触发报警装置。图7-40中，1点到2点、3点到4点以及5点到6点等，由单独的计时器进行计时，其主要用于统计单穴种子的粒数，依据是处于同一个穴内的种子，必定在规定的时间段落下，超出时间段的种子可定义为新的一穴。而图中的时间T，则由另一套计时系统来计时，与第一套计时系统自复位不同，第二套计时系统由种子复位，时间点为1、3、5、7……此时间点上的种子，定义为每一批的第一粒种子。

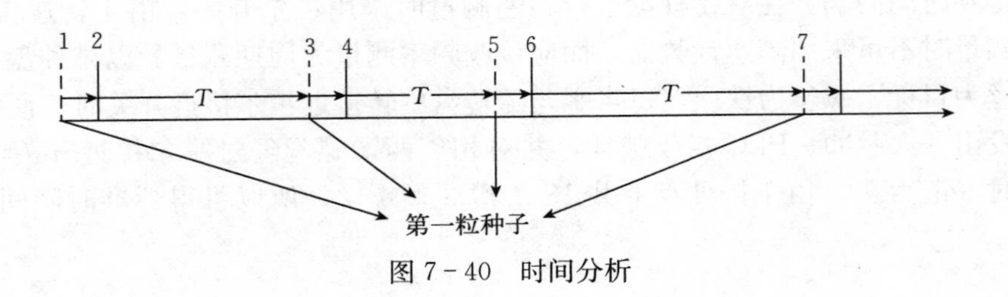


图 7-40　时间分析

## 三、硬件设计

在对硬件进行设计时，主要工作在于硬件的接线，只有将各个部件正确的连接起来，系统才能按预期正常工作。在对接线进行设计时，主要分两步：第一步对 I/0 口进行分配，第二步画接线图。

**1. I/O 口分配**

I/O 口分配见表 7-2。

**表 7-2　I/O 口分配**

| 地址 | 说明 | 功能 |
| --- | --- | --- |
| I0.0 | 霍尔开关 | 测量传送带转速 |
| I0.1 | 光电开关 | 监视种子下落 |
| I0.2 | 系统复位 | 清空历史数据 |
| I0.3 | 系统开 | 准备进行新的监控和记录 |
| Q0.0 | 输出寄存器 | 重播报警 |
| Q0.1 | 输出寄存器 | 漏播报警 |

其中 I0.0 用于接收霍尔接近开关的开关信号，开关信号的频率直接决定了传送带的移动速度；I0.1 用于接收光电开关的开关信号，每当种子经过便接收开关信号，开关信号的间隔时间反映了实际的间距。

I0.2 接系统复位按钮开关，按下 I0.2 整个系统可正常工作；I0.3 接系统开按钮开关，按下 I0.3 整个系统停止工作并初始化，相关数据被消除。

两个输出端接 LED 警示灯，可并联蜂鸣器进行声音报警，每个 LED 显示灯对应一种播种故障，发生故障时对应的 LED 灯发生闪烁，对应的蜂鸣器进行声音报警。

**2. PLC 接线图**

输入电路对无源开关没有极性要求，但是对二极管以及发光二极管有极性要求，对源开关有相应的极性要求，对漏型输入一般采用 NPN 型，源型输入一般采用 PNP 型。输入接口电路电源的标称值为 24 V DC、4 mA，如在输入电路中串联二极管和发光二极管，以及使用有源开关后将会降低输入电压，输入接通时输入电压应在 15 V 以上，输入断开时输入电压应在 5 V 以下，并应注意二极管接线和有源开关（传感器）的极性。PLC 接线图如图 7-41 所示。

PLC 的输出端接两个 LED 警示灯和两个蜂鸣器，由于整个系统要采用触摸屏，因而

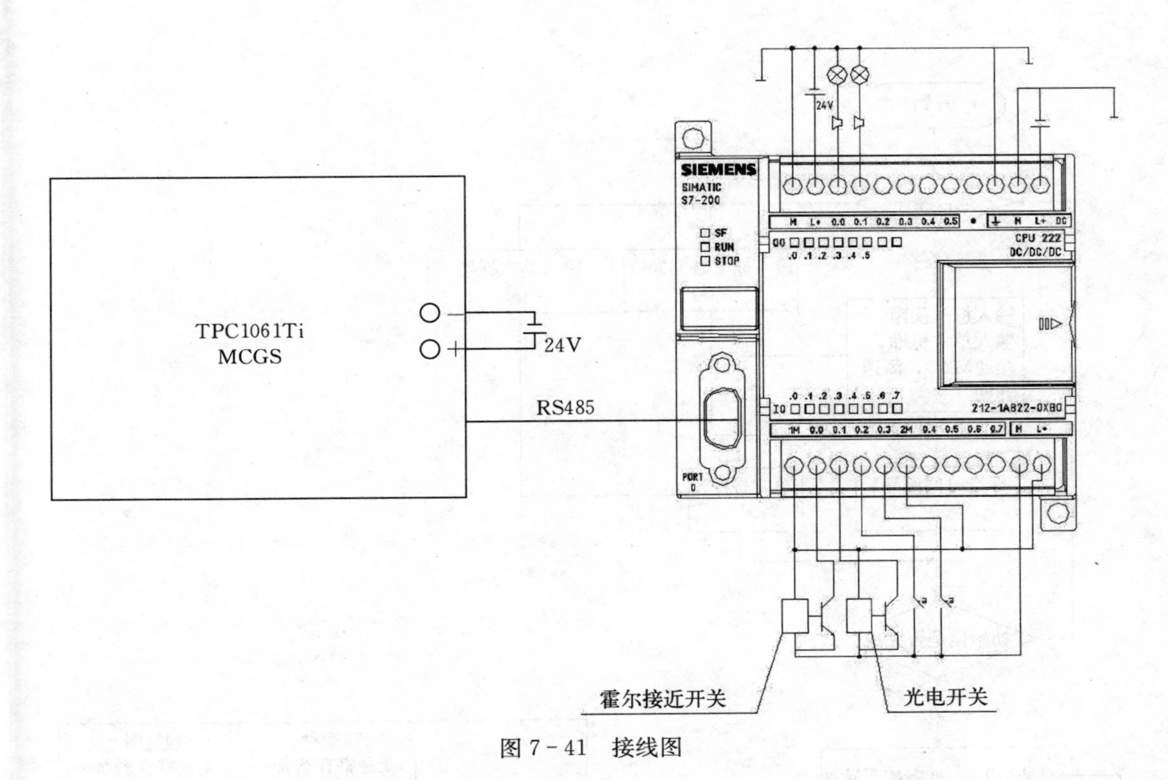


图 7-41　接线图

也可不加 LED 警示灯和蜂鸣器，直接采用触摸屏的报警显示功能。系统的输出类型非继电器输出，可直接驱动发光 LED，系统采用 24 V 直流供电。

## 四、软件设计

本设计主要对两个部分进行软件方面的设计，一个是对 PLC 进行梯形图编程，另一个是对触摸屏进行 MCGS 组态。梯形图是本设计的核心，将脉冲信号进行准确的处理是播种质量监测的关键，无论对间距进行判断，还是对穴粒数进行判断，都是 CPU 根据所编写的软件进行处理判断的。对 MCGS 进行组态直接涉及人机交互界面的友好程度，界面能否准确对 PLC 进行控制以及准确地实现 PLC 处理得到的数据，关键在于触摸屏的组态。

### 1. 软件流程

整个系统的逻辑流程如图 7-42 所示，流程图表明了 PLC 系统在外界人为操作的影响下，对传感器给出的脉冲进行识别处理并得出结果的工作流程，也表明了系统对排种器进行质量检测的方法，是所编写软件的内在逻辑关系。在前文对工作原理进行介绍时，采用了时间轴，在这个结构流程图当中，则可以看到系统的计时和计数系统工作时的原理。

### 2. 梯形图

西门子 PLC 的梯形图由 STEP7 MicroWIN SP9 软件进行编写，作为 PLC 使用最为广泛的图形编程语言，其继承了继电器控制电路的形式，使用起来直观形象，是对 PLC 硬件进行软件编程的第一语言。在程序图中其左边与右边分别有一条母线，左母线与右母线类似于继电器与接触器的控制电源线，输出线圈相当于负载，输入线圈相当于按钮。在整个梯形图的设计中，用到大量指令，包括常开、常闭、传送指令、整数计算指令、浮点

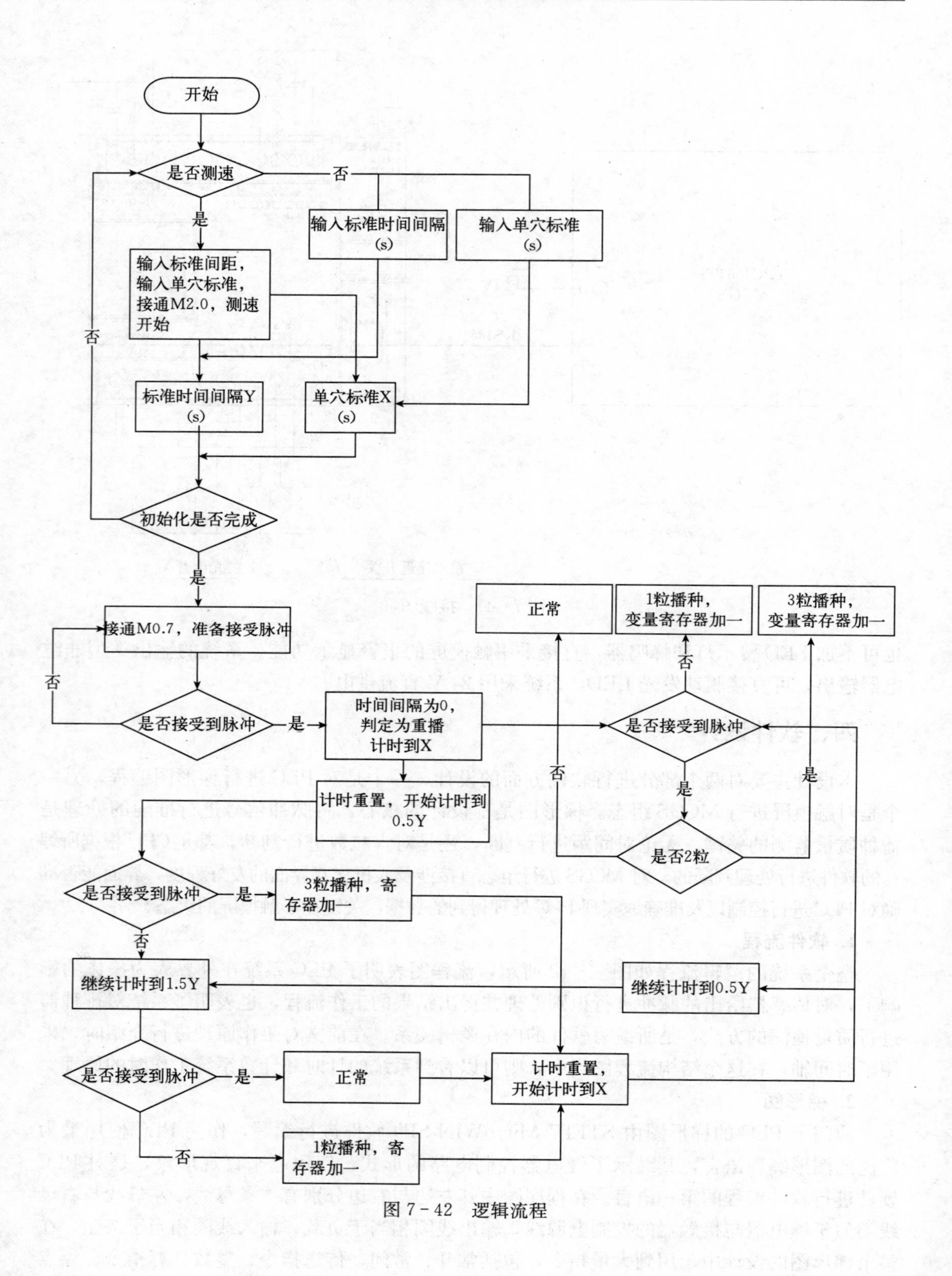
开始
是否测速
否
是
输入标准时间间隔
(s)
输入单穴标准
(s)
输入标准间距，
输入单穴标准，
接通M2.0，测速
开始
否
标准时间间隔Y
(s)
单穴标准X
(s)
初始化是否完成
是
接通M0.7，准备接受脉冲
否
是否接受到脉冲
是
时间间隔为0，
判定为重播
计时到X
计时重置，开始计时到
0.5Y
是否接受到脉冲
是
3粒播种，寄
存器加一
否
继续计时到1.5Y
是否接受到脉冲
是
正常
否
1粒播种，寄
存器加一
计时重置，
开始计时到X
继续计时到0.5Y
正常
1粒播种，
变量寄存器加一
3粒播种，
变量寄存器加一
是否接受到脉冲
否
是
是否2粒
否
是

图 7－42　逻辑流程

数计算指令、定时器和计数器。PLC 根据编写的梯形图来进行逻辑判断和数据计算，并将数据寄存在变量寄存器。软件的编写是功能实现的核心，也是设计的难点。

整体的梯形图设计如下，主要完成计时和计数两大功能，根据计时判断漏播和重播，根据计数判断粒数，由于定时器定时时间有限，因此经常用到计数器配合定时器来实现更长时间的计时。

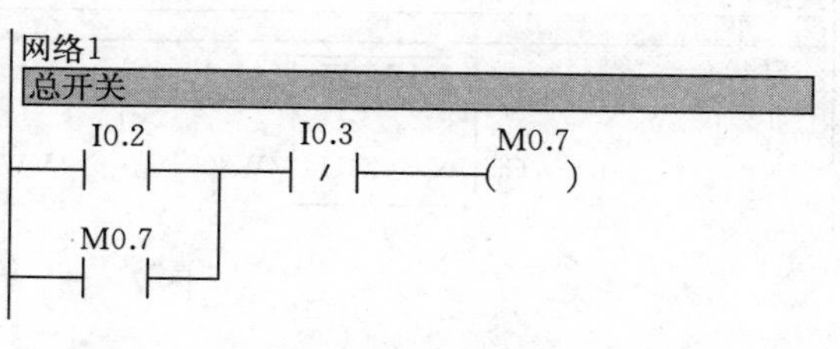

图 7-43　总　控

网络 1 即图 7-43 是整个程序的使能程序，是程序是否正常工作的开关，I0.2 和 I0.3 硬件上连接按钮，M0.7 可以由 MCGS 置位和清零，M0.7 清零的主要作用是在计数之前将变量存储器清零。

图 7-44 是计数器和定时器相互配合进行计时，第一批种子的第一粒种子启动计时并重置计时，之后的每批种子的第一粒则重置计时。

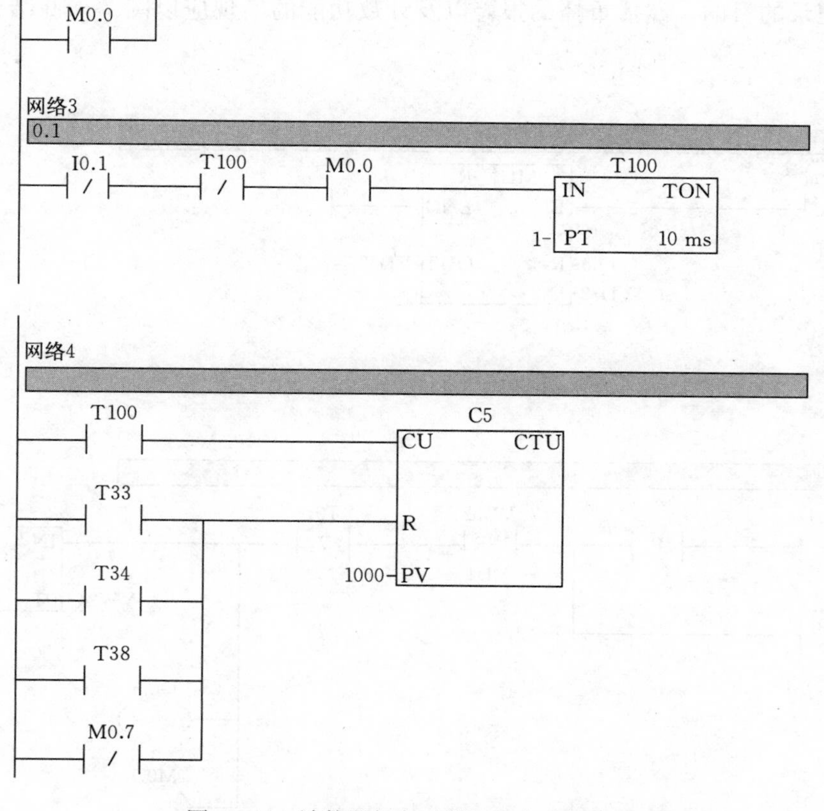

图 7-44　计数器与定时器相配合进行计时

图 7-45 是简单的转换指令，将计数器 C5 的整数型数据转换成实数型数据，在判断

是否漏播时要用到实数比较指令，比较的对象为标准时间间隔以及标准时间的倍数。

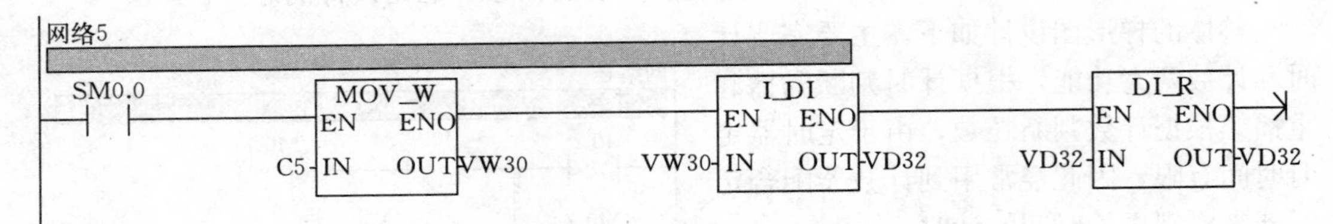


图 7-45 数据的转换

网络 6 将计数值转换为时间，VD4 为标准时间间隔的 0.5 倍，当实际时间间隔小于 VD4 时，M0.1 接通 10×VW24 ms：在此时间内如若检测到种子下落，则将其与第一粒种子划分为一批，如果是 2 粒判定为正常，如果总共就 1 粒则判定为少播，如果是 3 粒就判定为多播，每当条件达成时就会接通相应的寄存器和输出，并将相应的计数器加一；如果时间大于 10×VW24 ms，在 10×VW24 ms 后计数器重新开始计数，系统等待下一批种子的第一颗，新的周期新的时间间隔，时间间隔不同打通的网络通道不通，不同的网络通道打开将接通相应的 Q 寄存器和 M 寄存器，从而使得 LED 灯发光、蜂鸣器响应以及触摸屏上相应的指示灯亮起，与此同时，此过程也将使得相应的计数器加一，以达到数据记录的目的。漏播重播的报警以及计数功能的实现应以图 7-46 结合图 7-47 的梯形图。

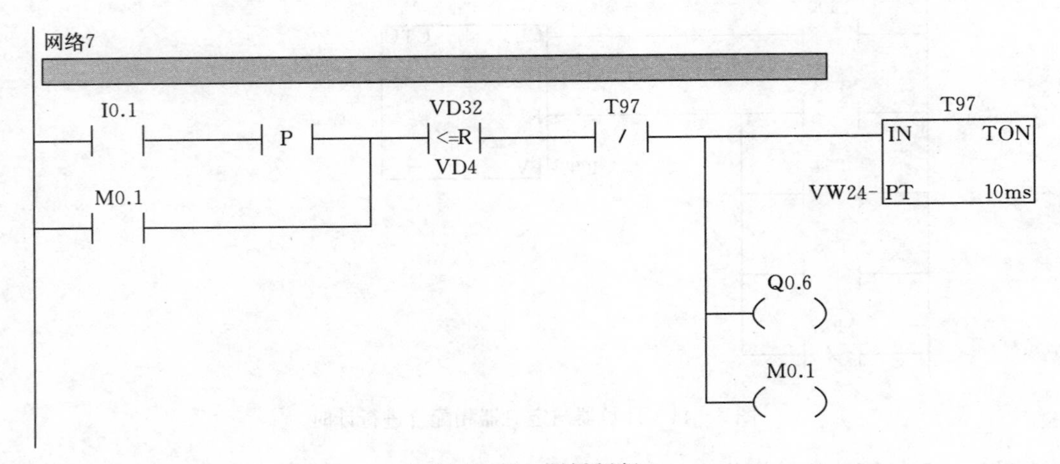


图 7-46 漏播判断

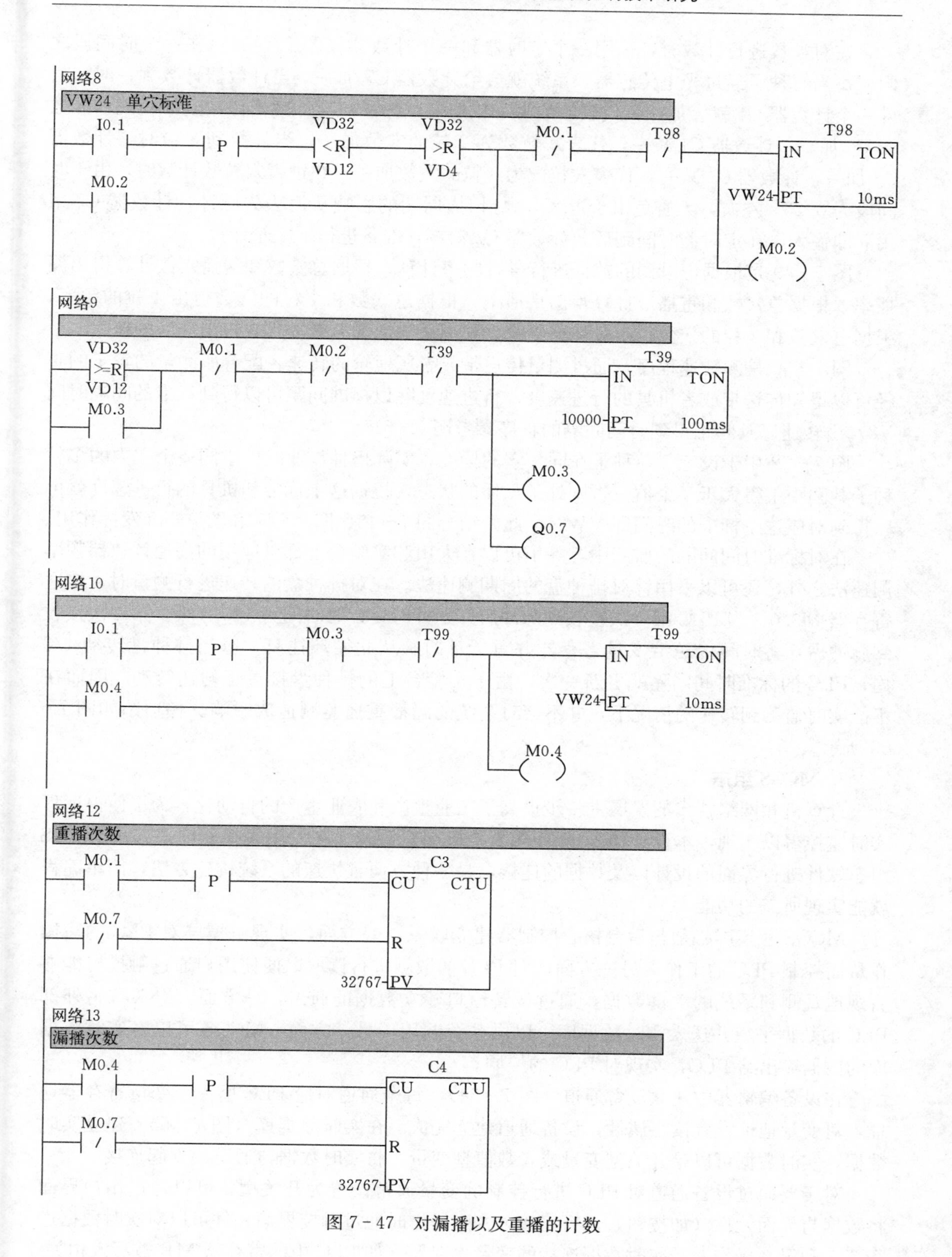


图 7-47　对漏播以及重播的计数

在对粒数进行计数时，采用一个定时器和一个计数器（图 7 - 48），在一个时间段之内，每当有种子经过光电传感器，系统就会给计数器 C7 加一。当计数器计数到一时，另外一个计数器 C1 就会加一，代表粒数为 1 粒的穴数加一；当计数器计数到 2 粒时，计数器 C2 加一，计数器 C1 减一，代表穴粒数为 2 粒的穴数加一；当计数到 3 粒时，计数器 C6 加一，计数器 C2 减一，代表穴粒数为 3 粒的穴数加一。在进行穴粒数计数时，由于时间段为 0.25 s 左右，为避免由于 PLC 自身扫描周期的影响从而丢失脉冲，计数器 C7 采用立即输入。在定时器时间到后，计数器 C7 清零，准备进行下一轮计数。

图 7 - 49 是根据记录到的数据进行各种频率计算，根据总穴数和漏播穴数计算得出漏播率，根据总穴数和重播数计算得出重播率，根据总穴数和 1 粒的穴数得出 1 粒的频率，根据总穴数和 2 粒的穴数得出 2 粒的频率，根据总穴数和 3 粒的穴数得出 3 粒的概率。

图 7 - 50 是测转速程序，通过测量传送带或者压地轮的转速，配合所测量的轮子的直径可以得知传送带或者机具的行进速度，行进速度除以标准间距可以得到标准的间隔时间 V8，由转速以及间距得到时间间隔的程序参考图 7 - 51。

图 7 - 52 用于设定 2 粒种子在同一穴的标准，实际播种作业时处于同一个穴内的多粒种子其间距不得大于某个值，否则处于重播的状态，根据这个标准和机具的行进速度就可以得到对应这个标准的时间即 VW24，此处结合图 7 - 45、图 7 - 47 和图 7 - 48 发挥作用。

在对标准时间间隔的监测中，除了可以在大田和实验台上都可应用的高速计数器频率测速法之外，还可以采用针对排种盘的周期测速法。在对排种盘的转速进行测量时，接通寄存器 M3.0，当 PLC 第一次接收到脉冲后开始计时，计时时间为 10 ms 级。第二次接收到脉冲后，将时间传送给变量寄存器并重置计时，从此循环往复，每当排种盘转动 1/3 周，PLC 的标准时间间隔就更新一次。由于实验台上的排种盘接近于匀速转动，因而在不能实时监测到转速的情况下，并不会对系统的漏播重播监测造成影响。梯形图如图 7 - 53 所示。

**3. MCGS 组态**

计算机和网络技术的发展进一步提高了工业生产和农业生产的自动化，为了使得远程实时监控得以实现，本设计加入了 MCGS 人机交互系统。在使用触摸屏前，采用 MCGS 组态软件进行界面的设计以及数据的连接，是一种方便且快速的系统构建方法，简单编程就能实现所需的功能。

MCGS 触摸屏必须与后台核心控制器建立联系，一方面，实现触摸屏对 PLC 的写操作从而控制 PLC 的工作，另一方面，对 PLC 的数据进行读取以便使用户通过触摸屏能够直观地观测到系统的关键数据。通过设备窗口建立数据的通道，一方面，MCGS 将外部 PLC 的数据采集并送入实时数据库，以供系统调用；另一方面，MCGS 可以将实时数据库的数据输出给 PLC，实现对 PLC 的控制。

在设备编辑器中建立设备通道（图 7 - 54），每个通道对应 PLC 里一个变量寄存器地址，对变量地址设置读写属性，设备通道建立完成。在实时数据库（图 7 - 55）建立实时数据，实时数据可以是开关型变量或者数值型变量，将实时数据与通道建立起连接。

对于要通过设备通道对 PLC 进行控制的变量通常设置为开关型，可以通过用户界面将数据与界面元件（如按钮）进行连接，实际操作时通过触控界面元件可以对实时数据进行置 1 和置 0 操作，与实时数据连接的变量寄存器（如 PLC 中的寄存器 M）被写入相关

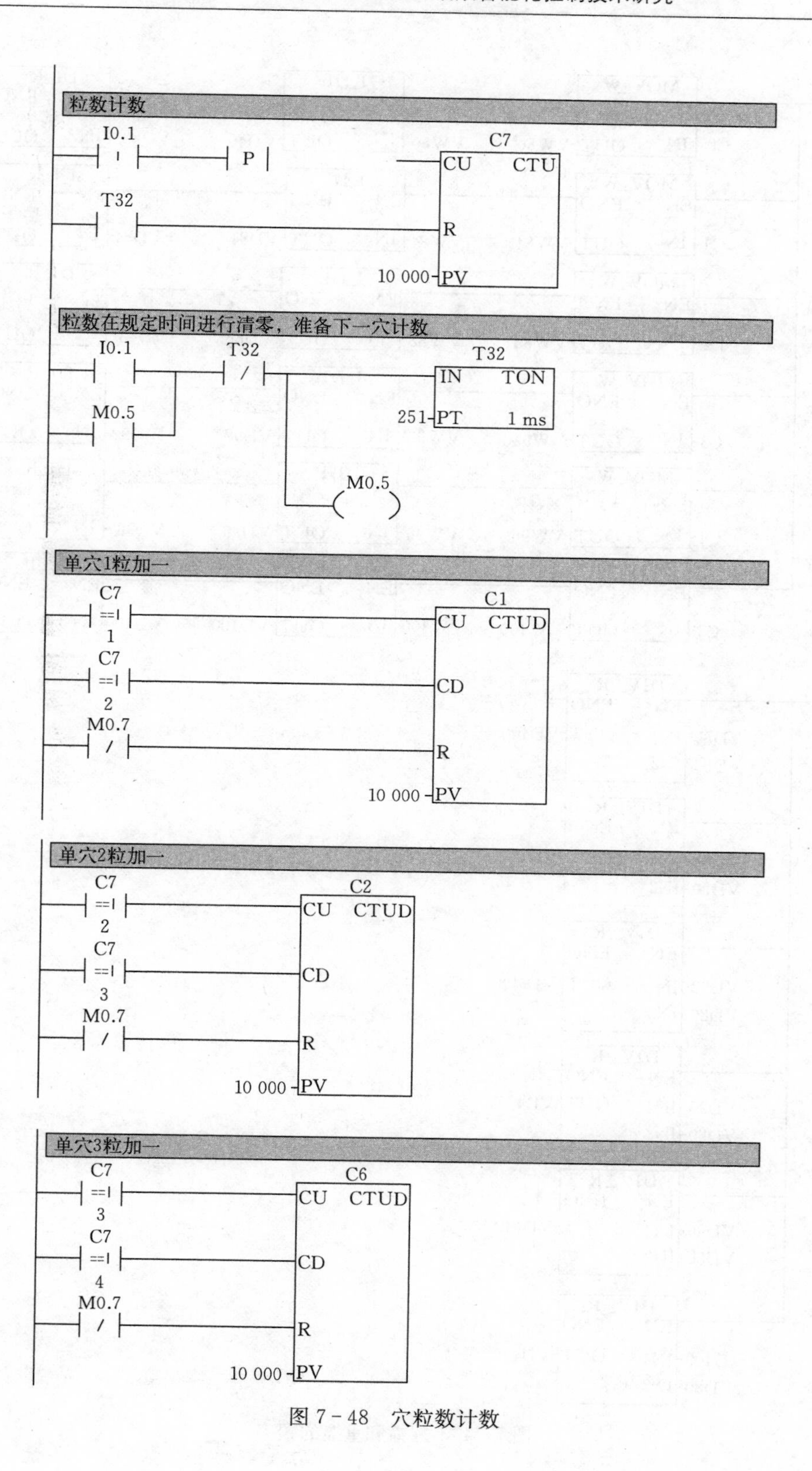
粒数计数
I0.1
P
C7
CU CTU
T32
R
10 000 PV
粒数在规定时间进行清零，准备下一穴计数
I0.1
T32
T32
IN TON
M0.5
251 PT 1 ms
M0.5
单穴1粒加一
C7
==I
1
C1
CU CTUD
C7
==I
2
CD
M0.7
R
10 000 PV
单穴2粒加一
C7
==I
2
C2
CU CTUD
C7
==I
3
CD
M0.7
R
10 000 PV
单穴3粒加一
C7
==I
3
C6
CU CTUD
C7
==I
4
CD
M0.7
R
10 000 PV

图 7-48 穴粒数计数

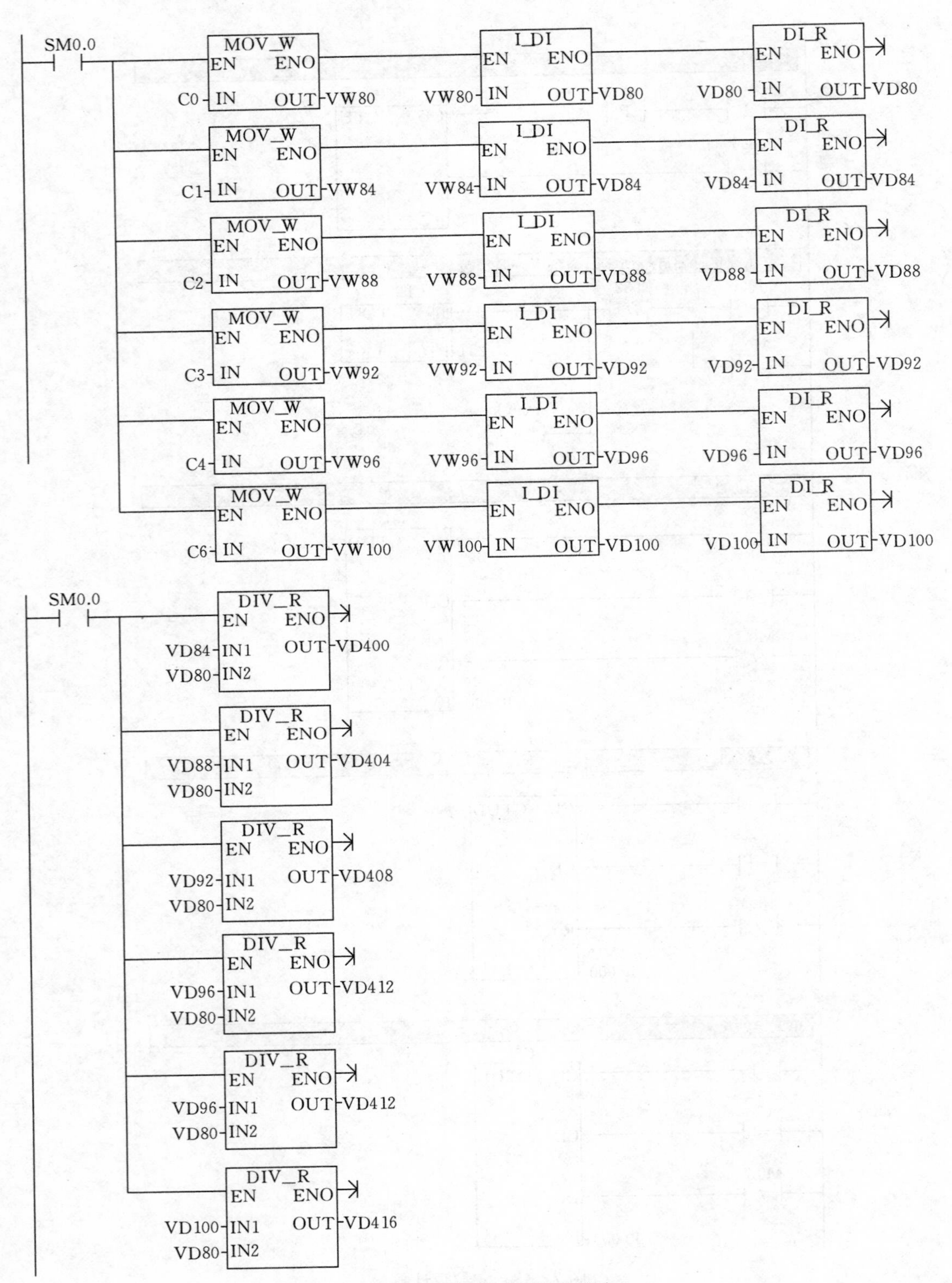


图 7-49 漏播和重播的频率

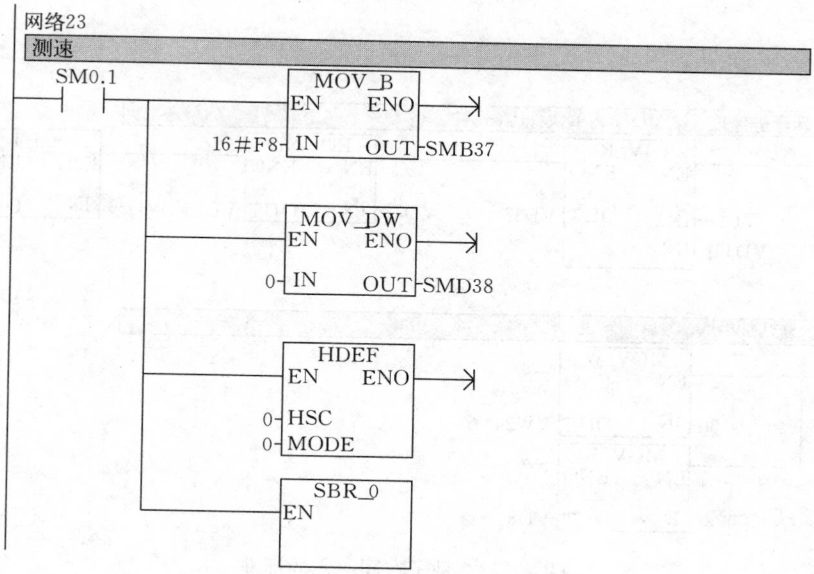

网络23
测速
SM0.1
MOV_B
EN
ENO
16#F8
IN
OUT
SMB37
MOV_DW
EN
ENO
0
IN
OUT
SMD38
HDEF
EN
ENO
0
HSC
0
MODE
SBR_0
EN

图 7-50 高速计数器测速

网络24
霍尔开关铁片为8(0.125) VD112为机具行进速度
M2.0
MUL_R
EN
ENO
VD100
IN1
OUT
VD104
5.0
IN2
MUL_R
EN
ENO
VD104
IN1
OUT
VD108
0.125
IN2
MUL_R
EN
ENO
VD108
IN1
OUT
VD112
VD20
IN2
网络25
VD16为传送带或机具轮子的半径(m)
M2.0
MUL_R
EN
ENO
VD16
IN1
OUT
VD20
6.28
IN2
网络26
VD116为标准间距
M2.0
DIV_R
EN
ENO
VD116
IN1
OUT
VD8
VD112
IN2
网络27
VD8为标准时间间隔
SM0.0
MUL_R
EN
ENO
VD8
IN1
OUT
VD4
0.5
IN2
MUL_R
EN
ENO
VD8
IN1
OUT
VD12
1.5
IN2

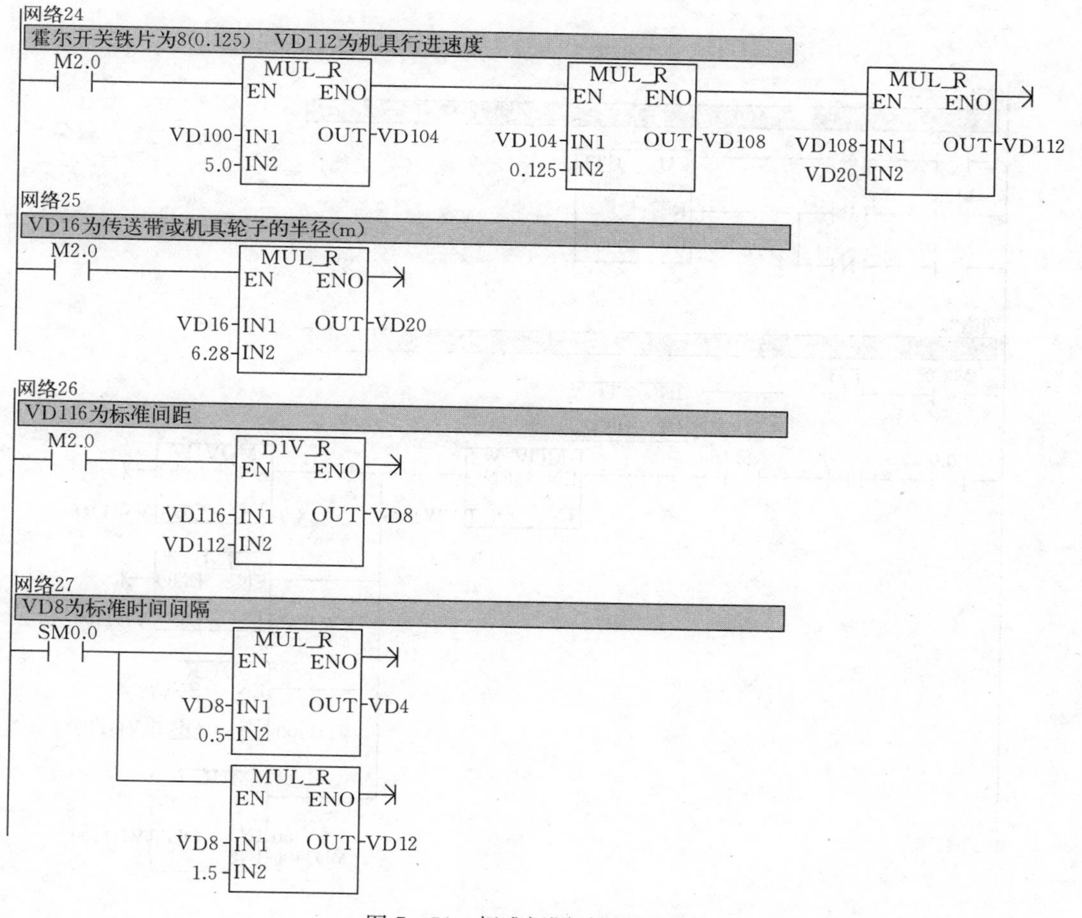

图 7-51 标准间隔时间的获得

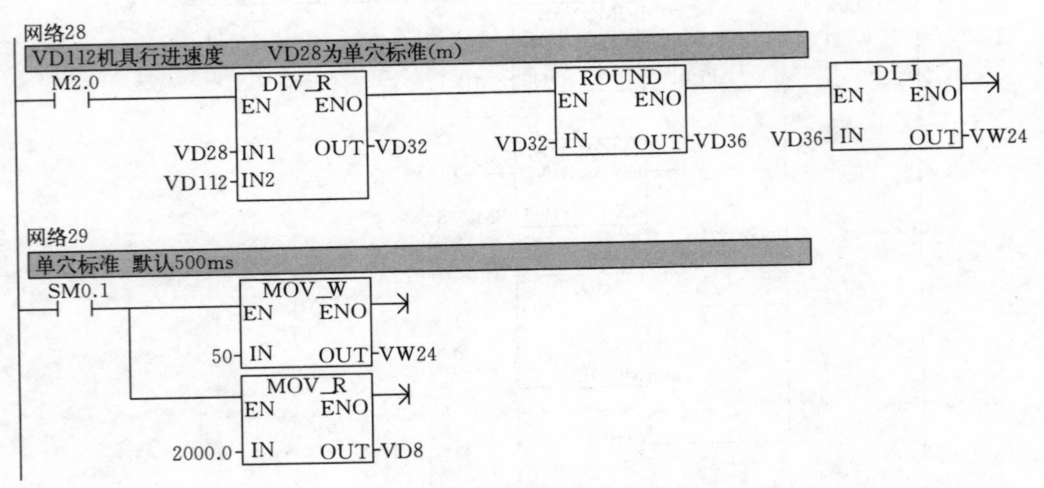


图 7-52　种子在同一穴的标准

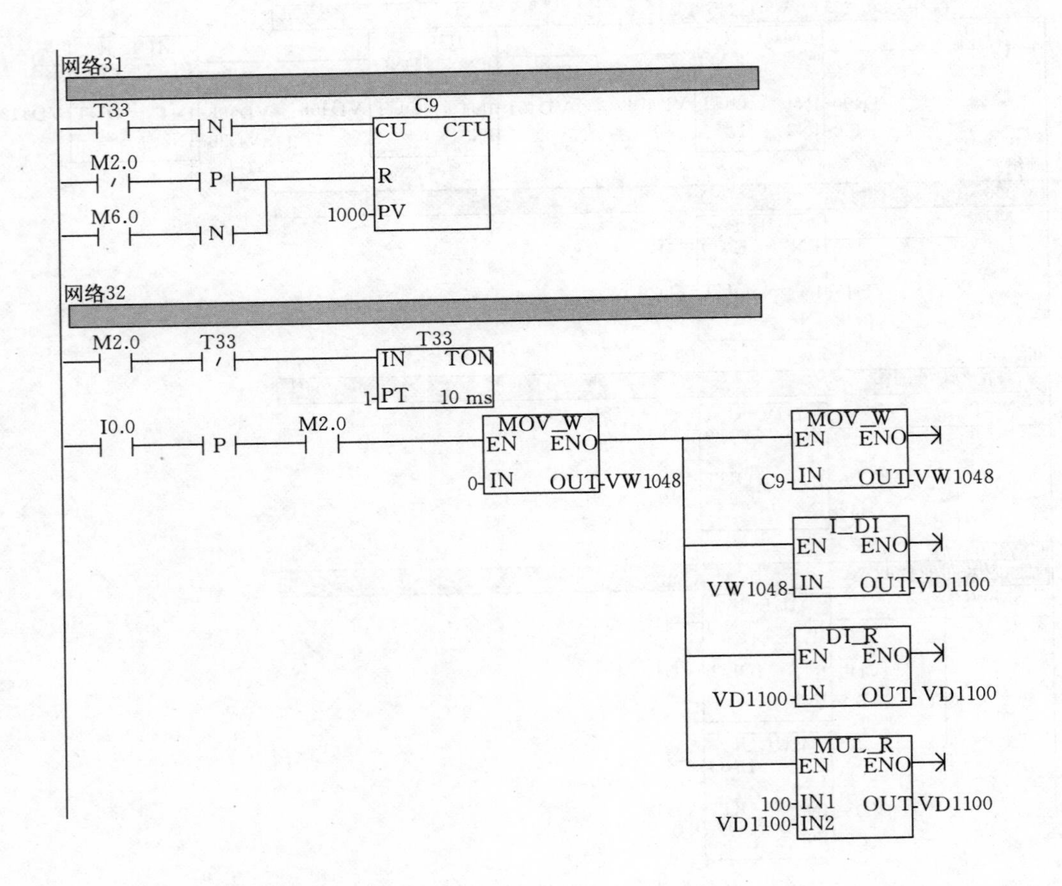

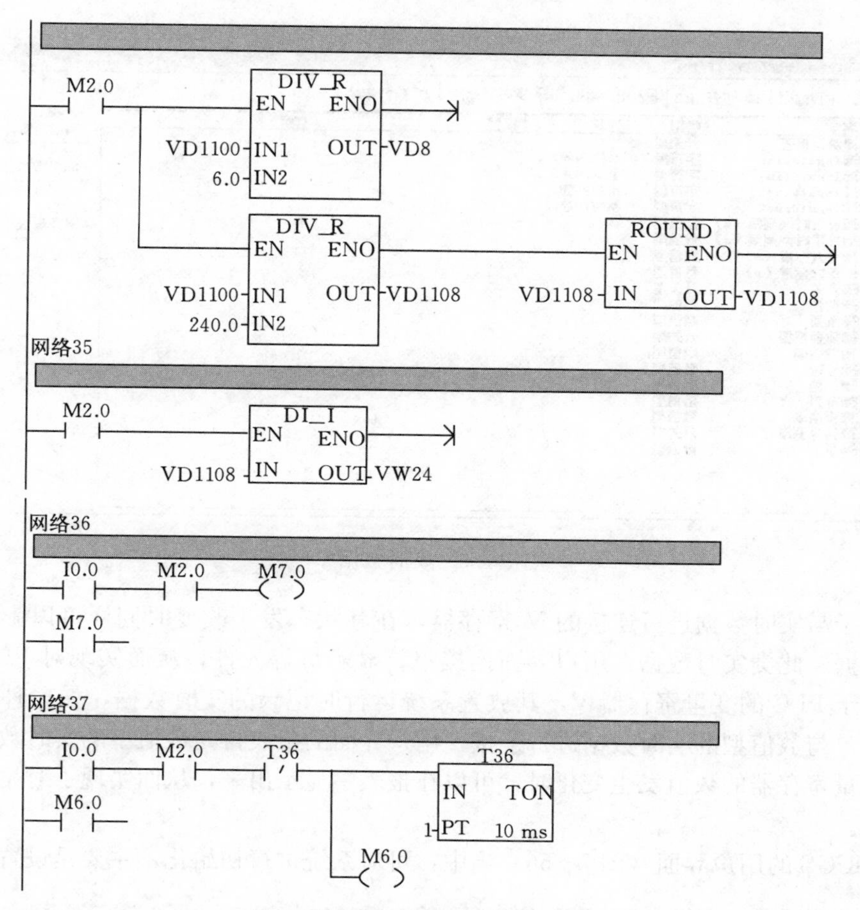


图 7－53　排种盘测速

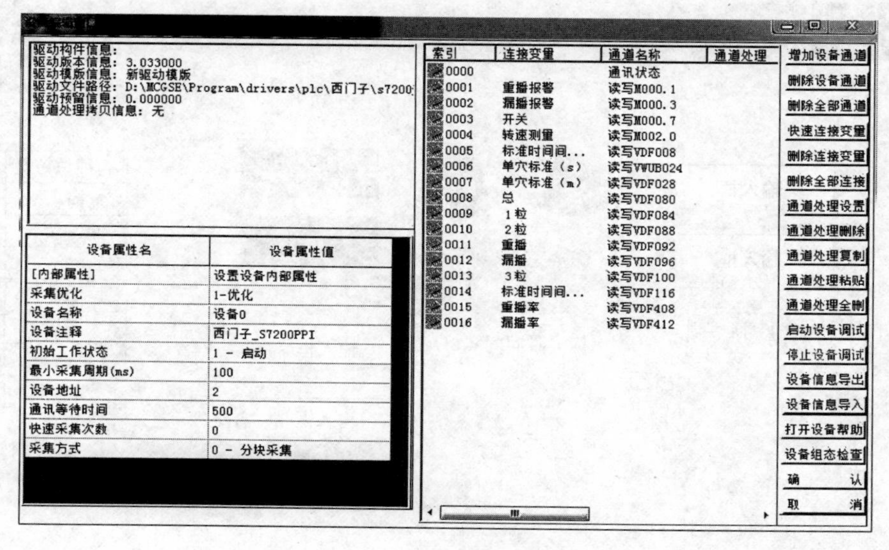


图 7－54　设备通道

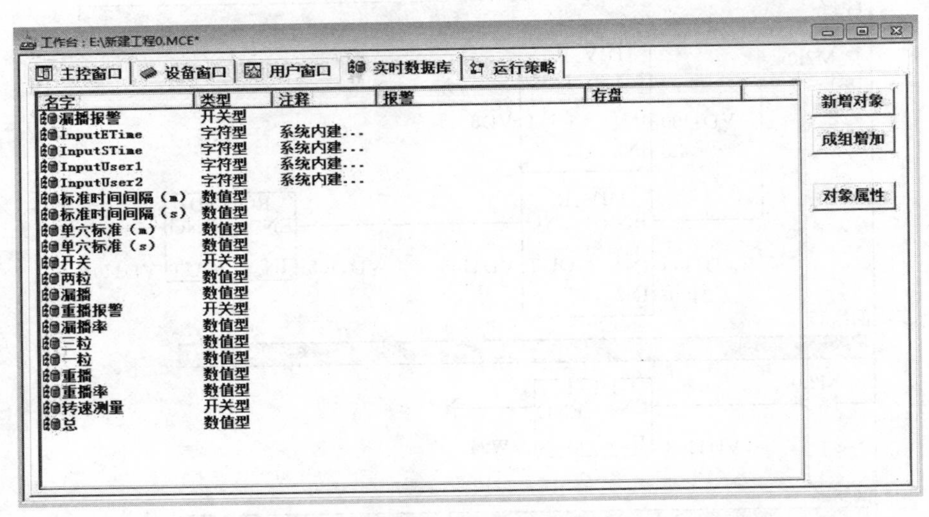


图 7-55　实时数据库

状态；对于与实时数据进行连接的 M 寄存器，在其状态发生改变时同样可以影响开关型的实时数据，此类实时数据在用户界面连接报警显示灯等元件，从而实现对 PLC 状态的监视；对于 PLC 的变量寄存器 V，其放置系统运行时记录的实时数据，如播种的总穴数和重播率，与数值型的实时数据进行连接，用户界面的报表再与数值型的实时数据进行连接，当变量寄存器的数值发生变化时，可以在报表中显示出来，从而实现了对系统数据的实时监控。

在 MCGS 的用户界面（图 7-56）当中，可对系统进行初始化，主要是设置标准间距

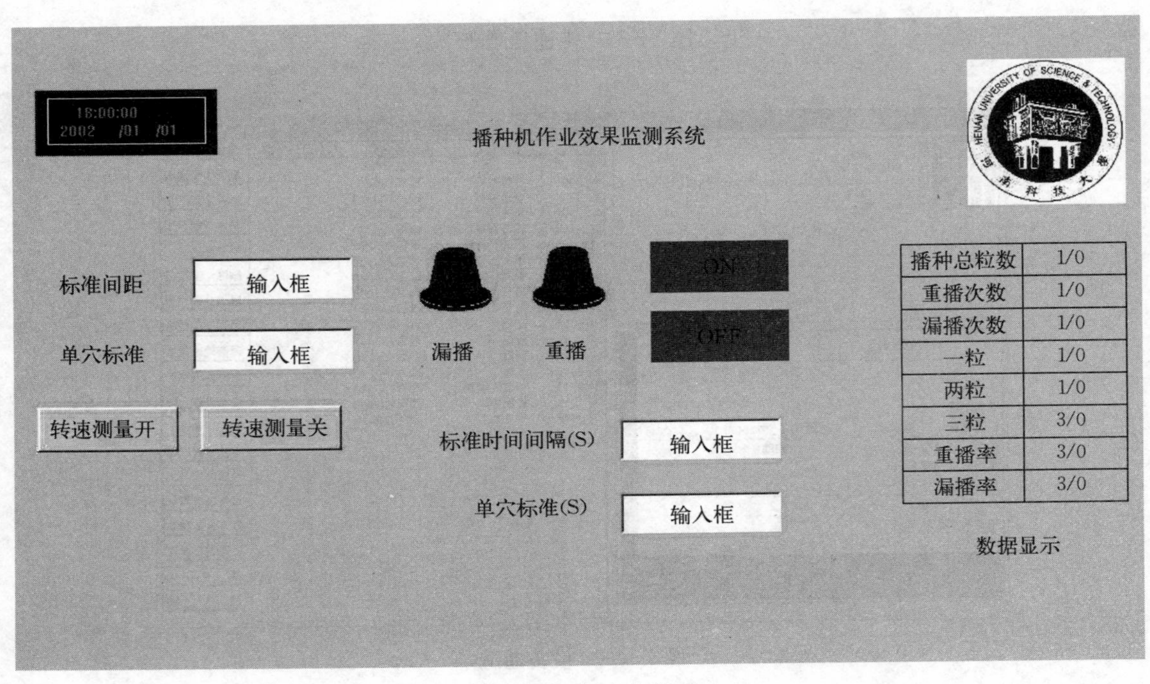


图 7-56　用户主界面

或者标准时间间隔，并对单穴标准进行设计。界面的左半部分有转速测量系统的开关，有时不能进行转速的测量，便可以关掉转速测量系统，直接输入标准时间间隔和单穴标准。同时也可以根据转速测量的对象，选择是否输入数据，当选择排种盘转速测量时，便可以在不输入标准间距的同时，也不输入标准时间间隔，即可以不输入任何数据；当选择传送带转速测量时，需要输入标准间距和单穴标准。ON 键用于打开系统，系统可随时进行工作，在系统接收到第一个脉冲后便开始计时并进行统计；OFF 键用于关闭系统并对相应的寄存器清零，数据被清理后可进行下一次的检测。中间的指示灯起报警效果，缺点是没有加入声音报警。整个界面的主要部分是右边的实时报表，可对相关的数据进行显示，是质量监测系统进输出数据的主要方式。

表 7－3 列举了部分与 MCGS 系统进行数据交换的寄存器。

**表 7－3　寄存器功能**

| 寄存器 | 数据类型 | 功能 |
|---|---|---|
| M0.7 | 开关型 | 置 1 时系统启动，置 0 系统重制清零 |
| M0.1 | 开关型 | 重播时置 1，点亮报警灯 |
| M0.3 | 开关型 | 漏播时置 1，点亮报警灯 |
| VD28 | 浮点数 | 单穴标准（m） |
| VW24 | 浮点数 | 单穴标准（s） |
| VD80 | 浮点数 | 记录数据：监测到的总穴数 |
| VD84 | 浮点数 | 记录数据：1 粒的穴数 |
| VD88 | 浮点数 | 记录数据：2 粒的穴数 |
| VD92 | 浮点数 | 记录数据：监测到的重播的穴数 |
| VD96 | 浮点数 | 记录数据：监测到的漏播的穴数 |
| VD8 | 浮点数 | 标准时间间隔 |
| VD116 | 浮点数 | 标准间距 |
| VD408 | 浮点数 | 记录系统计算出的重播率 |
| VD412 | 浮点数 | 记录系统计算出的漏播率 |

## 主要参考文献

陈国范，1997. 直流电动机的反电动势 [J]. 黑龙江纺织（4）：48－49.

邓小超，2005. GUSA 机械无级变速器自动调速及其控制研究 [D]. 西安：西安理工大学.

丁文政，黄筱调，汪木兰，2011. 面向大型机床再制造的进给系统动态特性 [J]. 机械工程学报，47（3）：135－140.

高晓燕，汤楚宙，吴明亮，2001. 变量播种技术在精细农业中的研究现状与发展前景 [J]. 企业技术开发，30（5）：1－3.

耿向宇，2007. 基于 GPS\GPRS 的变量施肥机控制系统研究 [D]. 上海：上海交通大学.

宫鹤，2016. 基于 zigbee 的播种机漏播补种系统的设计 [D]. 长春：吉林大学.

古玉雪，2012. 双变量施肥播种机控制系统研究 [D]. 上海：上海交通大学.

呼云龙，2016. 基于 RBF－PID 算法的变量施肥控制系统研究 [D]. 大庆：黑龙江八一农垦大学.

呼云龙，孙萌，梁春英，2016. 基于 RBF 的电液变量施肥控制系统 PID 参数整定 [J]. 农机化研究，38 (3)：14-18.
胡秋松，2016. 基于临界比例度法的 PID 控制器参数整定 [D]. 重庆：重庆工商大学.
怀宝付，2012. 基于神经网络的变量施用颗粒肥控制系统研究 [D]. 大庆：黑龙江八一农垦大学.
怀宝付，张成胜，张品秀，等，2015. BP-PID 控制策略在变量施肥控制系统中的应用 [J]. 黑龙江八一农垦大学学报，27 (1)：95-98.
姜鑫铭，2017. 玉米免耕播种机精确播种关键技术研究 [D]. 长春：吉林大学.
蒋春燕，2015. 玉米精密播种机智能控制系统的研究 [D]. 淄博：山东理工大学.
井力群，王福林，邢丽超，2009. 多因素播种施肥技术研究 [J]. 东北农业大学学报，40 (10)：119-121.
李光友，王建民，2009. 控制电机 [M]. 北京：机械工业出版社.
李沁生，于家凤，2011. 基于 SIMULINK 的直流伺服电机 PID 控制仿真 [J]. 航电技术，31 (3)：26-29.
李甜，2018. 基于 PLC 的精密排种器漏播检测与自动补种系统的研究 [D]. 杨凌：西北农林科技大学.
李文华，张宗珍，2007. 活塞压缩机电机主轴等效转动惯量的折算 [J]. 电机技术，(3)：8-10.
李志愿，2012. 控制式差动无级变速器调速控制研究 [D]. 西安：陕西科技大学.
梁春英，吕鹏 纪建伟，2013. 基于遗传算法的电液变量施肥控制系统 PID 参数优化 [J]. 农业机械学报，44 (S1)：88-93.
梁春英，吕鹏，纪建伟，等，2013. 模糊自整定 PID 算法在 CVT 变量施肥系统中的应用 [J]. 沈阳农业大学学报，44 (4)：461-466.
梁春英，衣淑娟，王熙，等，2010. 变量施肥控制系统 PID 控制策略 [J]. 农业机械学报，41 (7)：157-162.
刘步玉，2013. 变量施肥控制方法研究 [D]. 哈尔滨：东北林业大学.
刘鸿文，2004. 材料力学 [M]. 北京：高等教育出版社.
那晓雁，2015. 指夹式玉米精密排种器实验研究 [D]. 昆明：昆明理工大学.
阮毅，陈伯时，2013. 电力拖动自动控制系统 [M]. 北京：机械工业出版社.
史智兴，2002. 精播机排种性能检测系统及关键技术的研究 [D]. 北京：中国农业大学.
宿宁，2016. 精准农业变量施肥控制技术研究 [D]. 合肥：中国科学技术大学.
孙立民，王福林，2009. 变量播种施肥技术研究 [J]. 东北农业大学学报，40 (3)：115-120.
孙旭东，王善铭，2006. 电机学 [M]. 北京：清华大学出版社.
孙裔鑫，2011. 基于模糊 PID 算法的变量施用颗粒肥控制系统研究 [D]. 大庆：黑龙江八一农垦大学.
陶冶，2012. 基于 sdi-12 的播种机机肥监测系统设计与研究 [D]. 大庆：黑龙江八一农垦大学.
王熙，2010. 精准农业大豆变量施肥控制技术研究 [D]. 大庆：黑龙江八一农垦大学.
王周文，2019. 玉米双株高产种植技术应用分析 [J]. 南方农业 (3)：27-28.
谢红，谢松法，2007. 复变函数与积分变换 [M]. 北京：高等教育出版社.
徐昌玉，2006. 基于虚拟样机技术的漏播补偿系统设计与实验研究 [D]. 武汉：华中农业大学.
杨程，周志艳，张智刚，等，2017. 基于 PID 算法的气力式施肥机变量施肥控制系统设计与试验 [J]. 沈阳农业大学学报，48 (3)：320-327.
张春岭，2016. 电控玉米排种器的设计与实验 [D]. 合肥：安徽农业大学.
张国梁，李成华，杨宇，2008. 自动变量播种机控制系统设计 [J]. 沈阳农业大学学报，39 (6)：704-707.
张继成，2013. 基于处方图的变量施肥系统关键技术研究 [D]. 哈尔滨：东北农业大学.
张平华，2006. 基于虚拟仪器的精密排种器漏播检测及补偿技术研究 [D]. 武汉：华中农业大学.

张怡卓，刘步玉，马琳，2012. BP-PID控制方法在变量施肥控制系统中的应用［J］. 现代电子技术，35（5）：192-194.

赵家书，2012. 玉米精密播种机监控系统研究［D］. 长春：吉林大学.

周国平，吕晓秀，2003. 数字式精量播种机漏播报警技术［J］. 内蒙古民族大学学报，18（6）：513-514.

周晓玲，2008. 免耕穴播播种机播种质量监测系统［D］. 保定：河北农业大学.

朱瑞祥，葛世强，翟长远，2014. 大籽粒作物漏播自动补种装置设计与试验［J］. 农业工程学报，8（21）：45-63.

庄卫东，2011. 东北黑土漫岗区大豆变量施肥播种技术研究［D］. 大庆：黑龙江八一农垦大学.

庄卫东，汪春，王熙，2006. Flexi-Coil变量播种机使用设置的分析［J］. 农机化研究（3）：56-57+60.

本章作者：张伏，张亚坤，付三玲

# Chapter 8 第八章

# 小麦-玉米两熟制田间作业机具最优配置研究

## 第一节　研究现状及主要问题

### 一、研究背景及意义

随着我国农业机械快速发展和农业现代化建设的布局，在党中央、国务院的高度重视下，以《中华人民共和国农业机械化促进法》颁布和农业机械购置补贴政策的实施为标志，我国农业机械保有量持续高速增长，发展迅猛，农业机械市场逐渐趋于饱和，且机械功能多样、种类繁杂（白人朴，2013；李贵刚，2016），但由于产区用户缺乏科学合理的农业机械选型配置方法指导，片面追求以数量、动力和装备的“高、新、特”等来衡量农业机械化水平，盲目购机的问题开始暴露。田间作业机具普遍存在选型不合理、动力过剩、利用率低、农业成本高、资源浪费、配置不合理等突出问题（杨琛等，2019；杜岳峰等，2019；刘明辉，2018；时晓宏，2018；曹明贵等，2014），这不利于我国农业现代化的发展，也不利于《国家粮食安全中长期规划纲要（2008—2020年）》和《中共中央关于制定国民经济和社会发展第十三个五年规划的建议》中明确指出的要坚持最严格的耕地保护制度，坚守耕地红线，“藏粮于地、藏粮于技”战略的实施（尤利群等，2009）。

在农业机械产品的推广应用过程中需要经过“生产厂家—农机市场—产区用户”的动态过程，依据我国相关法律法规，农业机械在上市前需经过相关部门检测。理论上来讲，这虽然保证了出厂的农业机械作业机组经过相关农业机械部门的鉴定审核后，机组质量是合格的且作业状态良好，但农业机械产品在“农机市场—产区用户”的这一过程中存在很强的不确定性。即在农业生产经营过程中，经济效益是农业生产经营的出发点和归宿，不同地区地形地貌、不同种植区的外部环境不同农艺要求等因素存在差异，导致实际生产中需要的农业机械也不同，农业机械的适用性同时也受耕地条件、作物条件、机手素质等因素影响。因此针对田间全周期作业机具进行选型与配置研究，对引导农业投资和资源合理配置，推动我国农业可持续发展，保证粮食安全战略的实施意义重大。

世界粮食生产发展的经验表明，粮食总产量的增长途径主要有两条：一是依靠扩大耕地面积；二是依靠科技进步，提高单位面积产量（安毅等，2013）。从长期来看，未来世界粮食增产主要依靠农业科学技术的发展，而农业机械化是其主要载体，近年来我国对农村土地承包法进行改革并推广“三权”分置的法律法规和政策体系（张正斌等，2017；张晓娟，2020；缪德刚，2019），以河南省为代表的黄淮海区域对田间全周期作业机具的需求量增加，而现有农业机械装备选型与配置不合理严重制约着该地区田间作业机械的发展，要发挥农业机械化在黄淮海区域农业现代化建设中的作用，必须加强田间全周期作业机具选型与配置的研究，制订合理的配置方案，实现规模经营与效益的最佳组合，具有一定的现实意义和实用价值。

## 二、国内外研究现状

随着农业系统工程与运筹学等理论的发展以及众多学者的创新，针对全周期田间作业机具最优配置的问题得到了众多学者的重视，展开了相关研究并且取得了丰硕成果，发展至今农业机械选型方法出现了层次分析法、投影寻踪建模法、基于价值工程方法、灰色关联度法、模糊综合评判法等方法（宁宝权等，2015；高庆生等，2013；黄玉祥等，2008；张衍等，2012；陈传强等，2013；刘博等，2006）；农业机械配置方法出现了一般线性规划法和非线性规划法等方法。

**1. 农业机械选型方法**

（1）层次分析法　层次分析法是一种用于对定性和定量决策的方法（李风等，2017；代丽等，2013；Saaty T L，1980；Zheng G et al.，2012；Peng et al.，2014），常用于解决多目标复杂决策问题，其主要将与决策有关的元素分解成目标、准则和方案等层次，再通过建立层次结构模型，构造判断矩阵，最后利用定性指标模糊量化方法算出层次单排序与总排序，并对其一致性进行检验。

龚艳等（2016）针对植保机械适用性进行综合评价，采用层次分析法，从技术指标、经济指标、作业条件三方面构建了植保机械评价体系，完成了对植保机械的适用性评价；张卫鹏等（2015）针对烟草种植机械开展了研究，以起垄环节为例，采用层次分析法，结合专家打分法和经验法构造判断矩阵、得出权重集合，最终获得起垄机械的最终选型评价结果，解决了试验机组综合作业效果与烟草农艺标准的适应性问题；向欣（2014）对武汉地区沼气工程技术筛选时，通过层次分析法对模糊综合评判法中的权重赋值过程进行改进，最终获得了该地区沼气工程技术的最优排序。

（2）投影寻踪建模法　投影寻踪建模法具有投影向量系数互为相反数和目标函数值保持不变等特性，是将高维数据投影到低维子空间上，找到能反映原高维数据的结构或特征的最优投影方向，进而解决高维问题的一类方法（楼文高等，2017；成平等，1986；张静等，2013；楼文高等，2015；夏刚等，2014；葛延峰等，2014），在处理数据时，不需要人为的假定，能自主找出所给定数据的内在规律，有用的偏态信息不会损失，具有稳健性、抗干扰性和准确度高等优点，可避免人为因素的干扰，但排除了计算机以外的所有参与者，使得选型结果与实际结果存在一定的差异。投影寻踪建模法对农业机械选型过程如图8-1所示。

付强等（2003）利用投影寻踪与遗传算法联合建模，对水稻联合收割机选型进行研究，通过寻求各机型评价指标从高维到一维空间的投影指标值，克服了人为主观因素在农业机械选型中对权重的影响，实现对样本的优序排列，但排除了计算机以外的所有参与者，使得选型结果与实际结果存在一定的差异；张静等（2013）采用混沌遗传算法与投影寻踪建模法相结合，通过不断调整搜索方向扰动值的大小，避免搜索结果陷入局部最优解的僵局，方法具有精确和快捷的优点，取得了较为满意的效果。

（3）基于价值工程方法　价值工程是以最低的成本使产品或作业具有适当价值的一种

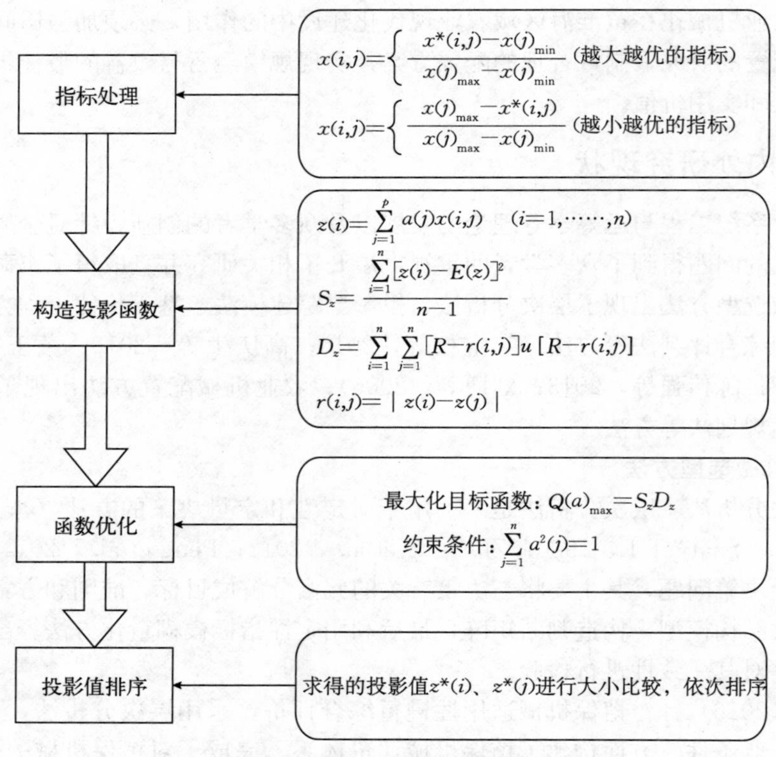


图 8－1　投影寻踪建模法选型过程

方法（胡艳营等，2006）。价值工程方法应用于农业机械选型当中是从价值的功能角度出发，表现为成本与功能之比，其目的是如何以最低的成本选择多种不同的农业机械选型方案，方案的功能量需满足农业机械化生产目标所要求的程度，即如果所选择的农业机械产品功能超过农业生产对象所需必要功能，则会造成功能过剩，从而加重农业生产经营者的成本负担与资源的浪费，反之，若所选农业机械所具有的功能不足，则无法满足农业生产作业要求。价值工程能以最低的成本实现用户所需要的功能，但对农业机械的分类标准缺乏依据。

价值工程的评价过程如下。

① 计算功能评价、成本、价值的系数。功能评价系数为零件评价分数与全部零件分总数的比值，成本系数为零件成本系数与全部零件成本系数的比值，价值系数为功能评价系数与计算成本系数的比值。

② 价值评价理论。若作业功能评价系数＞成本系数，则作业功能比较重要，增加其分配比例；作业功能评价系数＜成本系数，则作业功能比较次要，减少其分配比例；作业功能评价系数相等或接近成本系数，则保持不变。

③ 价值评价。应用公式 8－1 计算各评价对象的价值指数，得出评价结果，对农业机械进行选型配置。

$$V=\frac{F}{C} \tag{8-1}$$

式中：$V$——价值；

$C$——成本；

$F$——产品或作业的功能。

黄大明等（2004）应用基于价值工程方法计算出了机械系统方案的价值，使机械的选型与配套既能够综合地满足多个目标功能的需要，又能够达到寿命周期内费用最省，实现了农业生产效益的最佳；乔西铭（2007）以基于价值工程方法的原理分析了农业机械选型配置的主次因素、步骤以及方案的优化，选择生产率法确定各方案农业机械的数量，通过建立机械功能评价体系，与专家评分确定功能重要度权重，得到评价对象的功能分值，最后得出成本最低、功能量需满足农业机械化生产目标所要求的选型方案。

（4）灰色关联度法　灰色关联度法是通过数据演算和处理，为决策者提供建议的一种方法（Gui et al.，2019），是依据各因素数列曲线形状的接近程度找出各因素间关联性，若各因素变化的趋势相同，则各因素间关联度较大；反之，则较小。

灰色关联度法可构建农业机械选型配置模型，且其对样本数据大小和分布规律没有特殊要求，可在随机因素序列中找出各个因素间关联程度的大小，但同样存在人为因素对选型的干扰，适用于型号复杂、种类繁多的农业机械选型。灰色关联度法应用于农业机械选型的过程如图 8-2 所示。

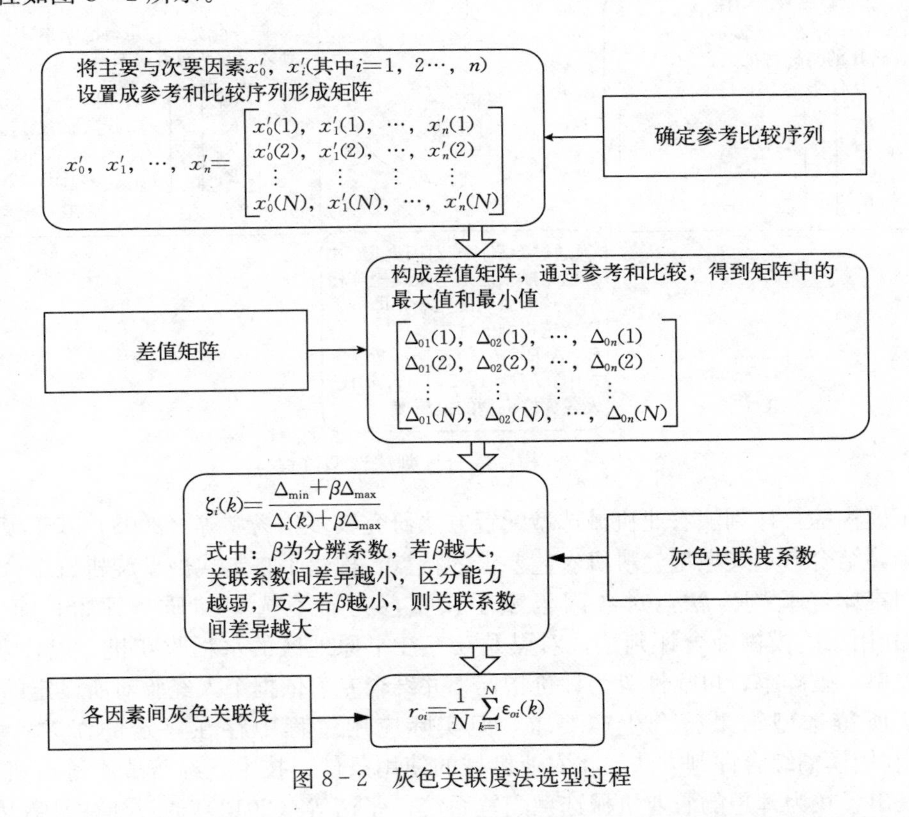


图 8-2　灰色关联度法选型过程

王秋颖等（2014）引入灰色关联度法对农业机械选型配置进行研究，通过在传统联合收割机的选型评价研究基础上，充分利用备选机型的必要性和安全性评价指标来构造数据序列，计算出备选机型和理想机型的灰色关联度，从而确定了最佳联合收割机机型；傅丽芳等（2014）在对水稻联合收割机的选型当中，应用灰色关联度法，并运用 AHP 法和熵值法对其权重系数改进，得到的权值组合，有效解决了农业机械选型过程中的模糊性和不确定性特征，在一定程度上减少了人为主观因素的影响。

（5）模糊综合评判法　模糊综合评判法能量化难以量化的指标，是应用于评价因素复杂、评价对象具有层次性、评价标准具有模糊性以及不确定性的一种综合决策的数学工具（Xin et al.，2019；Xin et al.，2019；向欣等，2014；潘润秋等，2014；梁琨等，2012；Zhong，2019），能适用于评价因素具有模糊性和不确定性的农业机械选型中。具体是在模糊集合基础上，对被评价对象隶属等级状况，从多个指标进行综合性评判，既顾及评价对象的层次性，又使评价标准的模糊性以及不确定性得以体现；同时在评价中充分发挥了人的经验，使得评价结果更能符合实际情况，但在实际应用过程中由于专家的主观性、随意性和倾向性易产生误差。模糊综合评判法选型过程如图 8-3 所示。

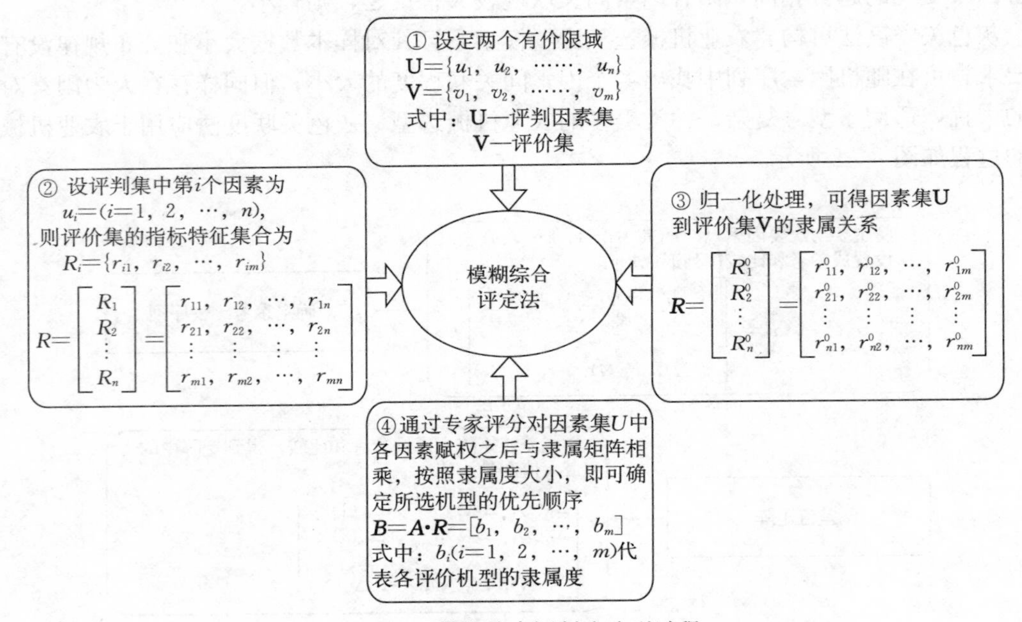


图 8-3　模糊综合评判法选型过程

关于模糊综合评判法农业机械选型配置方法研究较多，杨懿等（2008）基于模糊综合评判理论，结合自走式微型旋耕机农艺要求的特点，构建了自走式微型旋耕机综合评判模型，采用集体经验判定法，对各因素赋予权重，完成了选型和质量评价；康海燕等（2005）利用二阶模糊综合评判法，对黑龙江三江平原地区的水稻收获机，以作业成本、收获损失率、破碎率、可靠性等为评价指标，并结合专家依据个人经验对所设定的指标进行赋权，所得选型结果符合生产要求，但实际应用过程中存在一定的误差；韩正晟（1993）利用模糊综合评判方法，将农业机械的使用条件、技术、经济成本等有机地结合起来，提出了较为理想的农业机械选型配置系统；张衍等（2012）通过建立评判因素集，提出一种采用模糊贴近度的评判方法，利用待评判因素与评判因素的贴近程度，确定农业机械的所属类别，实现农业机械选型的分类评价；王桂民（2017）对水稻规模化经营生产所需的农业机械进行选型研究，首先以模糊综合评判法理论为基础，通过专家对评价指标进行打分，再由德尔菲法计算评价指标权重，之后将隶属函数得出的隶属矩阵归一化后与评价指标权重相乘得到隶属度，隶属度最大的机型即为最优机型。

各类选型方法对比情况如表 8－1 所示。

**表 8－1　各类选型方法的比较**

| 名称 | 优点 | 缺点 |
| --- | --- | --- |
| 层次分析法 | 能将复杂问题分解为若干层次和指标，并进行比较和计算，从而较为合理地确定指标权重 | 主观因素较强，忽略了客观因素的存在 |
| 投影寻踪建模法 | 高维数据投影到低维子空间上，得到最优投影方向，具有稳定性、抗干扰性且准确度高 | 仅有计算机参与，选型结果与实际结果存在差异 |
| 基价值工程方法 | 可从功能成本角度出发，以最低的成本使产品或作业具有适当的价值 | 价值工程对农业机械的分类标准缺乏依据 |
| 灰色关联度法 | 对样本数据大小和分布规律没有特殊要求、可在随机因素序列中找出各个因素间关联程度的大小 | 存在人为因素对选型的干扰 |
| 模糊综合评判法 | 评价对象的层次性、标准的模糊性以及不确定性都可以体现；同时在评价中充分发挥了人的经验 | 专家的主观性、随意性和倾向性易产生误差 |

**2. 农业机械配置方法**

1964 年，Hunt 最早提出以投入最小成本为目标的农业机械选型配置线性规划方法，1985 年中国农业大学高焕文等研究了多种农业机械选型配置模型，奠定了我国农业机械选型配置的基础（高焕文，1998）。

（1）一般线性规划法　一般线性规划法是将作业时间、作业量、机器生产率、固定成本、可变成本及适时性损失等因素综合考虑后，以作业成本最低为目标的农业机械选型配置方法（邵书山等，2017；潘迪等，2013；张威等，2014；Tobias et al.，2020）。Audsley 利用农场规模、经济参数及机具参数等数据，开发了一个线性规划模型，该模型实现了农业机械的最优配置，但忽略了天气等因素对农业机械的影响（Audsley，1981）；Whitson 等（1981）考虑了天气等因素对农业机械的影响，运用线性规划法对农作物生产所需农业机械进行选型配置；韩宽襟等（1990）提出了作业日期最佳分布定理和最佳起始作业日期的确定方法以及迭代单纯形算法，解决了农业机械选型配置规划模型问题；张璠等（2012）设计了启发式优先级规则的农业机械调配算法，以一般线性规划法建立了农业机械调配模型；线性规划模型将复杂问题简单化，包含的约束变量多、计算量大，降低了优化难度，但同时也降低了优化结果的精度，适用于作业单一，机械数量少的农业生产活动中。

（2）非线性规划法　非线性规划法是目标函数或约束条件中存在一个或几个非线性函数优化的问题（Elias David Nino－Ruiz，2019；Suvasis et al.，2019），其适用于农业机械选型配置。Chenarbon 等（2011）以非线性规划法，建立了数学模型，对拖拉机的最经济使用寿命进行预测；孟繁琪等（1983）首次以适时性作业损失为约束条件，建立了农业机械选型配置非线性规划数学模型；曹锐（1986）应用非线性规划法，以一次、二次作物产量函数为约束，提出了适时作业期限延迟天数的方法和计算适时性损失的方法；周应朝等（1988）在农业机械选型配置的研究过程中，简化了传统的非线性规划模型，使其能同时计算最佳作业时间、最佳机型组合和最佳配备数量，解决了交叉耕制作业的农业机械配备问题；非线性规划模型考虑问题相较于线性规划更加全面，可将复杂问题转化成简单函数规划问题求其最优解，但同时也加大了求解难度，适用于机械型号复杂、数量繁多且存在交叉作业的农业生产活动。一般线性与非线性配置方法的比较如表8-2所示。

**表8-2 一般线性与非线性配置方法的比较**

| 名称 | 优点 | 缺点 |
| --- | --- | --- |
| 一般线性规划 | 复杂问题简单化、优化难度低 | 考虑问题不全面、优化精度低 |
| 非线性规划 | 考虑问题较全面、可转化为函数问题 | 求解难度大、方法复杂 |

**3. 我国农业机械选型配置发展存在的问题**

从国内外的农业机械选型配置发展现状来分析，我国农业机械选型配置发展尚存在以下问题。

（1）农机农艺融合程度差　由于我国各个地区周年粮食作物生产中农机农艺融合程度差，所以在农业机械选型的过程中，应着重考虑周年节点不同环节的农机农艺融合程度在农业机械选型配置模型中的影响，以期选出既能满足作业效果最好，又能最大节约农业生产成本的农机具。

（2）选型配置方法单一　农业机械选型配置方法中普遍存在求解难度大以及人为影响较大的问题，对农业机械选型配置方案的精准性、合理性造成了一定的影响，且选型配置模型过于复杂，只有少数专业人员才能应用，增加了推广难度。

（3）农业机械数据库资源匮乏　目前出厂的农业机械经过相关农机部门的鉴定，产品质量合格，但由于地区间地形地貌和种植区的环境不同，对农业机械相关性能要求不尽相同，而我国缺乏对此类数据的统计，这不利于管理且不能为农业生产部门提供决策依据。

## 三、研究内容

从农机农艺融合着手，首先，在现有农机农艺的基础上通过合理的模型和方法对全周期田间作业的机具进行筛选，从而获得适用于以河南省为代表的黄淮海区域小麦-玉米从种至收的全程机械；其次，基于运筹学原理和系统工程原理，探索规模化经营导致的耕地、种植制度、生产技术需求的变化对农业机械化进行选型配置研究，用以解决生产过程中农业机械系统最优配置的关键问题。指导以河南省为代表的黄淮海区域科学合理配置农业机械，从而降低作业成本，提高作业质量和利用率，以期用最少的投入获得最大的经济效益，实现小麦-玉米现代化、集约化、专业化生产，为以河南省为代表的黄淮海区域小麦-玉米机械化规模种植和作业机具优化配置提供理论参考。主要研究内容如下。

① 对以河南省为代表的黄淮海区域农业机械配备总体情况、主要农作物的种植制度、种植模式与农艺要求进行调查与分析，并考虑各个环节的作业特点，构建田间全周期作业机具综合评价指标体系，对田间作业机具进行选型评价研究。

② 将以河南省为代表的黄淮海区域的农艺现状、经营规模、作业环境、适用机型、机具配置量等要素视为未知变量，以田间全周期作业机具作业成本最小为优化目标，构建小麦-玉米两熟田间作业机具最优配置模型。

③ 以河南省温县某种业基地为例，将田间试验获取的关键参数，应用于所建立的优

化配置数学模型进行验证与分析，得出最优化配置方案。

## 四、技术路线

技术路线如图 8-4 所示。

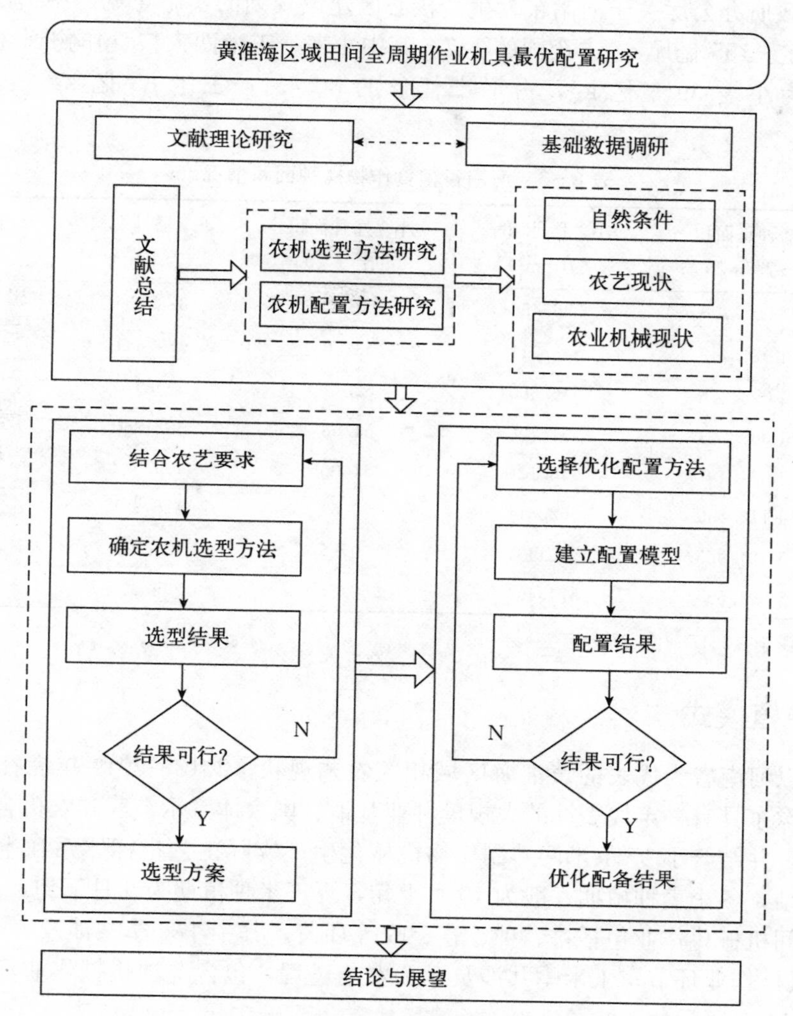


图 8-4　技术路线

# 第二节　黄淮海区域自然环境和农业现状

## 一、自然环境

以河南省为代表的黄淮海区域是我国第一粮食生产大省和商品粮调出大省，粮食总产量占全国的 1/10，其中小麦总产量占全国的 1/4，玉米总产量占全国的 1/10。河南省地处北亚热带与暖温带交汇过渡区域，大部分是暖温带大陆性季风气候，属于暖温带半湿润气候类型，蒸发量大，正常年份夏季降水量占全年的 70%以上，年均气温 10.5～16.7 ℃，年降水量407.7～1 295.8 mm，无霜期201～285 d，人口和耕地面积占全国的1/5，是我国农业区域中耕地面积最多的地区，也是国家重要的粮棉油生产基地。

河南省是一年两熟制耕作制度的粮食主产区，据统计资料表明（表8-3），冬小麦、夏玉米是该地区的主要粮食作物，且在《全国新增1 000亿斤粮食生产能力规划》以及《河南省人民政府办公厅关于河南粮食生产核心区建设规划的实施意见》中提出河南2020年粮食增产任务155亿斤*，占全国的1/7。其中小麦、玉米两大粮食作物到2020年的增产任务分别为小麦39.5亿kg，占增产任务的30.4%；玉米85亿kg，占增产任务的65.4%。

**表8-3　河南省粮食作物播种面积情况**

| 年份 | 播种总面积（万 $hm^2$） | 小麦播种面积（万 $hm^2$） | 小麦播种面积占比（%） | 玉米播种面积（万 $hm^2$） | 玉米播种面积占比（%） |
|---|---|---|---|---|---|
| 2010 | 1 002.700 | 536.456 | 53.50 | 323.350 | 32.25 |
| 2011 | 1 024.443 | 543.011 | 53.00 | 339.841 | 33.17 |
| 2012 | 1 043.456 | 546.880 | 52.41 | 356.470 | 34.16 |
| 2013 | 1 069.743 | 551.798 | 51.58 | 382.360 | 35.74 |
| 2014 | 1 094.497 | 558.124 | 51.00 | 400.942 | 36.63 |
| 2015 | 1 112.630 | 562.314 | 50.54 | 418.991 | 37.66 |
| 2016 | 1 121.955 | 570.491 | 50.85 | 421.046 | 37.53 |
| 2017 | 1 091.555 | 571.464 | 52.35 | 399.894 | 36.64 |

注：数据来源于《2017河南省统计年鉴》。

## 二、种植模式

为明确以河南省为代表的黄淮海区域相关农艺现状，2018—2019年度针对豫中、豫西、豫北、豫东具有一定代表性的大规模种业基地、国家体系示范区和农机合作社展开相关调查研究，并结合小麦-玉米两熟制作物机械化生产实际工艺指标体系和生产作业环节进行归纳总结，冬小麦种植期一般为10月上旬，夏玉米种植期为6月下旬，小麦-玉米两熟全周期田间机械化作业包括耕、种、管、收等环节。其中小麦季共涉及4个农艺过程，包含10项机械作业环节；玉米季共涉及3个农艺过程，包含5项机械作业环节。田间作业流程如图8-5所示。

调研过程中发现在耕整地环节中，当地为保证播种土壤质量，一般采用铧式犁将土壤翻至25 cm打破犁底层，达到保水保墒的效果，同时为防止犁地作业后出现较大的土块，犁地作业后需进行旋地作业，配套的机器包括拖拉机、铧式犁、旋耕机。播种环节中小麦播种通常采用种肥同播、侧位施肥技术完成播种施肥作业；玉米播种一般采用免耕播种施肥技术，一次性完成开沟、播种、施肥作业，配套的机器包括拖拉机、小麦播种施肥机、玉米免耕播种施肥机。收获环节中小麦与玉米通常选择联合收获的方式，一次完成籽粒脱粒与秸秆还田工作，配套的机器包括谷物联合收获机与玉米籽粒联合收割机。具体作业模

* 斤为非法定计量单位，1斤=0.5 kg。——编者注

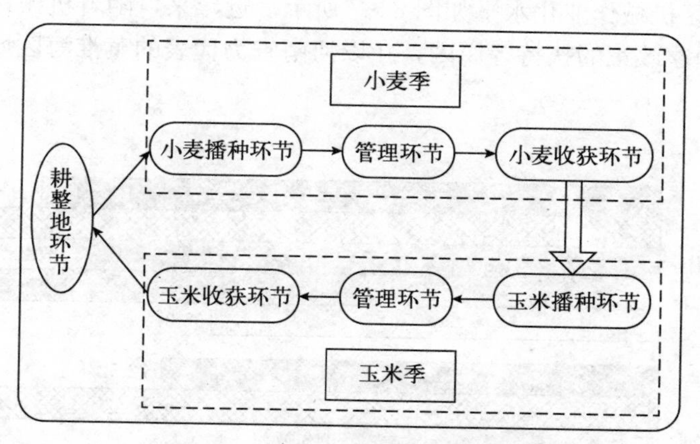


图 8-5 小麦-玉米两熟田间作业流程

式如图 8-6 所示。

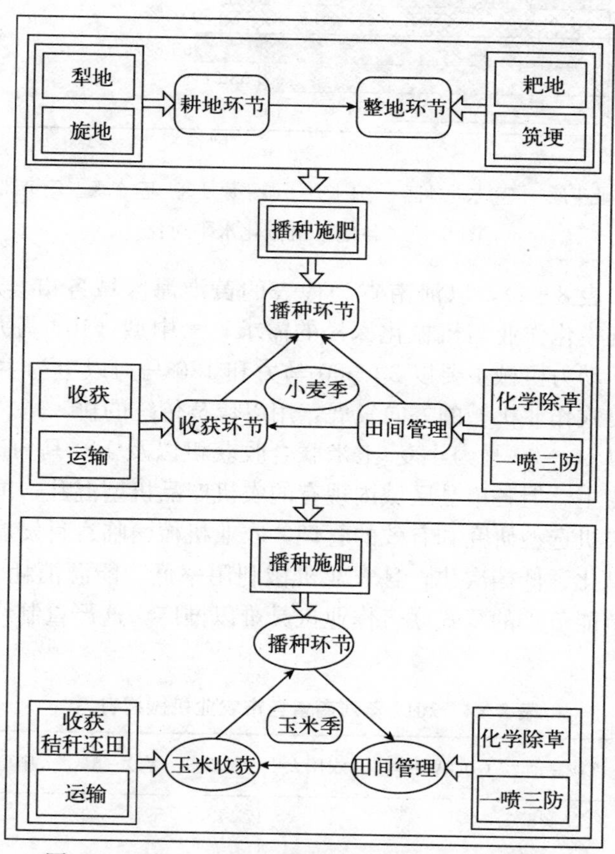


图 8-6 小麦-玉米两熟田间机作业机械模式流程

## 三、农业机械化现状

农业生产离不开农业机械，我国各地区机械化耕作、播种、收获水平各不相同（杨艳杰，2014)，各地区机械作业化水平如图 8-7 所示。近年来，随着机械化技术的普及、免耕播种的推广及国家政策的扶持等原因，在以河南省为代表的黄淮海区域已经普遍接受了机械化作业方式。

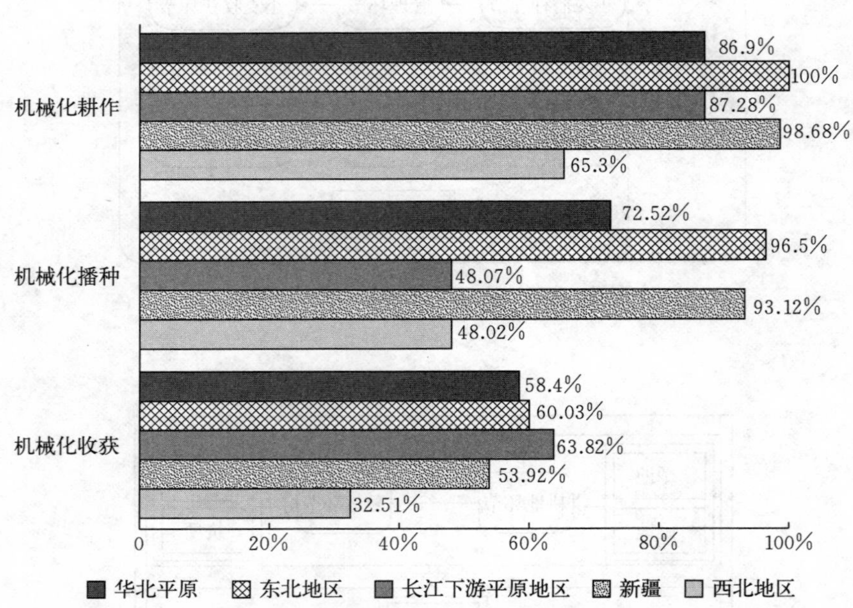


图 8-7　各地区机械化水平对比

统计资料表明（表 8-4），以河南省为代表的黄淮海区域各市县农业机械拥有量较大，目前，为适应规模化作业与机械化深松的需求，大中型（100 马力* 以上）拖拉机已逐渐被接受。其中，动力机械主要以 30～60 马力和 120 马力以上为主；田间作业机具正逐渐向大中型高效复式作业机械的方向发展，用以代替传统的耕、耙、播单一功能作业机械；收获机械主要以 50～80 马力小麦-玉米联合收获机以及 100 马力以上大型小麦-玉米专用自走式收获机为主。但各市县区域内现有的农机产品机型混乱，国内外产品众多，由于缺乏科学合理的农机选型研究和有效的管理，农业机械面临盲目发展的问题，主要表现为农业机械装备小型化、低档次化，且农业机械利用率低、能源消耗大、资源浪费严重、经济效益差，致使节能节本的复式联合作业机具难以推广，这严重制约着当地农业机械的发展。

**表 8-4　2017 年河南省各市农业机械拥有量**

| 地区 | 农业机械总动力（万 kW） | 农用大中型拖拉机（台） | 大中型拖拉机配套农具（部） |
| --- | --- | --- | --- |
| 郑州市 | 438.0 | 17 142 | 34 381 |
| 开封市 | 578.1 | 17 432 | 43 325 |
| 洛阳市 | 524.8 | 11 580 | 23 200 |

* 马力为非法定计量单位，1 马力=0.735 498 75 kW。——编者注

（续）

| 地区 | 农业机械总动力（万 kW） | 农用大中型拖拉机（台） | 大中型拖拉机配套农具（部） |
|---|---|---|---|
| 平顶山市 | 398.3 | 24 012 | 53 622 |
| 安阳市 | 555.3 | 15 806 | 41 643 |
| 鹤壁市 | 223.6 | 9 125 | 20 889 |
| 新乡市 | 755.7 | 25 132 | 49 896 |
| 焦作市 | 243.5 | 13 514 | 32 127 |
| 濮阳市 | 360.1 | 12 522 | 28 394 |
| 许昌市 | 366.8 | 10 219 | 23 313 |
| 漯河市 | 249.3 | 8 629 | 18 355 |
| 三门峡市 | 117.5 | 3 980 | 7 970 |
| 南阳市 | 1 408.3 | 57 965 | 147 305 |
| 商丘市 | 838.6 | 34 643 | 75 257 |
| 信阳市 | 634.9 | 38 284 | 42 386 |
| 周口市 | 939.7 | 38 424 | 59 612 |
| 驻马店市 | 1 333.4 | 116 003 | 339 016 |
| 济源市 | 72.4 | 4 137 | 11 270 |
| 巩义市 | 50.0 | 1 963 | 3 785 |
| 兰考县 | 72.4 | 3 141 | 4 490 |
| 汝州市 | 163.3 | 6 357 | 8 400 |
| 滑县 | 282.9 | 4 101 | 9 272 |
| 长垣市 | 100.4 | 3 601 | 8 749 |
| 邓州市 | 193.3 | 12 909 | 38 027 |
| 永城市 | 132.0 | 5 077 | 10 860 |
| 固始县 | 128.0 | 5 103 | 6 280 |
| 鹿邑县 | 93.9 | 4 720 | 9 000 |
| 新蔡县 | 135.5 | 12 455 | 34 424 |

注：数据来源于《2017 年河南省统计年鉴》。

# 第三节　构建田间全周期作业机具选型评判模型

## 一、选型方法

农业机械选型很难用绝对的精确数学模型来描述，其内涵明确但外延模糊且具有复杂性、不确定性、随机性等特征。以往对农业机械选型问题的研究，从指标赋权方法来看，都是采用单一主观或客观赋权方法，而将主观和客观结合的组合赋权方法应用于农业机械选型问题的研究却鲜有提及。因此，本节基于模糊综合评判法对小麦-玉米两熟作物田间全周期作业机具建立选型评价模型，明确各级评价指标因素，利用模糊矩阵等方法确定各级指标值，运用层次分析法和熵权法克服以往单一赋权方法无法同时对指标权重主客信息兼顾的弊端，得到各指标权重值，最后采用加权平均算法获得评价最高的机型。田间作业机具选型基本流程如图 8－8 所示。

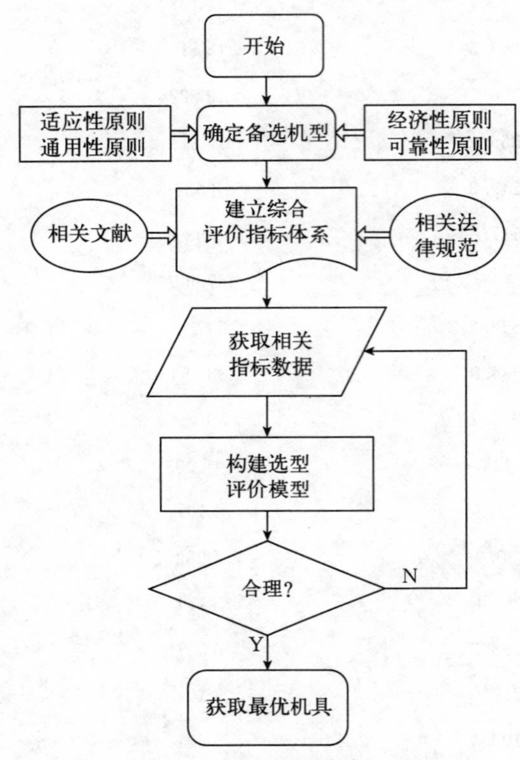


图 8－8　田间作业机具选型基本流程

## 二、评判原则

**1. 选型原则**

农业机械选型主要是为农业生产提供最适合的技术装备，用以提高其生产效率和利用率，合理高效地完成农业生产活动，并取得较好的经济效益。通常在选型过程中需满足以下原则（杨国军等，2008；张国艳，2013）。

（1）适应性原则　由于各个地区的自然条件不同，作物类别、种植制度、模式都存在差异，对田间作业机具的要求也不尽相同，因此，农业机械的选型配置需符合该区域的农艺要求。

（2）通用性原则　一机多用，在成本方面可节约农业机械购置成本，提高农业机械的利用率，在功能方面可减少作业过程中进地次数，降低对作物生长环境的破坏。

（3）经济性原则　在农业机械的使用过程中，不可避免地出现油耗、维修、日常维护管理、折旧、零部件更换等其他成本，所选机械需具有经济性高的特点。

（4）可靠性原则　所选农业机械需运行可靠，且工作寿命长，易于检查维修，零部件的互换性能好。

**2. 确定备选机型**

针对豫中、豫东、豫西、豫北地区具有代表性且田间作业机械规模较大、装备齐全的大型种业基地和示范基地进行实地调查研究，对所使用的相关动力机械以及主要农业机械进行统计。结合以河南省为代表的黄淮海区域的机械化生产种植特点和农艺要求，遵循农业机械选型原则并根据实际调查情况与专家意见，初选一些田间作业机具作为备选机型（表 8－5）。

**表 8－5　田间作业机具备选机型**

| 机具名称 | 编号 | 机具型号 | 配套动力（kW） | 工作幅宽（cm） | 作业速度（km/h） |
|---|---|---|---|---|---|
| 铧式犁 | Ⅰ | 1LFK－535 | 73.5～120 | 350 | 5.30 |
| | Ⅱ | 1LFK－435 | 66.2～120 | 350 | 5.40 |
| | Ⅲ | 1LF－342 | 99.2～120 | 420 | 5.50 |
| | Ⅳ | 1LFT－445 | 110.5～120 | 450 | 5.30 |
| | Ⅴ | 1LFT－545 | 151～120 | 450 | 5.20 |
| 旋耕机 | Ⅰ | 1GKN－230K | 66.2～120 | 231 | 3.00 |
| | Ⅱ | 1GKN－250K | 73.5～120 | 249 | 3.40 |
| | Ⅲ | 1GQKGN－240 | 95.5～120 | 250 | 3.10 |
| | Ⅳ | 1GKNSM－250 | 110.3～120 | 245 | 2.70 |
| | Ⅴ | 1GQKGN－220 | 73.5～120 | 230 | 3.00 |
| 小麦播种机 | Ⅰ | 2BXF－19 | 36.8～120 | 250 | 5.50 |
| | Ⅱ | 2BF－36A | 73.5～120 | 540 | 4.60 |
| | Ⅲ | 2BMSXF－12 | 73.5～120 | 200 | 4.27 |
| | Ⅳ | 2BXF－16 | 44.1～120 | 240 | 4.70 |
| | Ⅴ | 2BXF－24 | 51.5～120 | 360 | 3.90 |
| 小麦收获机 | Ⅰ | 4LZ－7 | 118 | 425 | 5.61 |
| | Ⅱ | 4LZF－5 | 92 | 360 | 3.97 |
| | Ⅲ | 4LZ－6 | 103 | 258 | 4.90 |
| | Ⅳ | 4LZ－6.0 | 92 | 325 | 4.70 |
| | Ⅴ | 4LZ－3.0 | 70 | 242 | 4.65 |
| 玉米播种机 | Ⅰ | 2BYF－5 | 51.5～120 | 250 | 4.40 |
| | Ⅱ | 2BYCF－4 | 29.4～120 | 240 | 4.20 |
| | Ⅲ | 2BYMSF－4 | 73.5～120 | 240 | 5.30 |
| | Ⅳ | 2BYMF－5 | 36.8～120 | 250 | 4.30 |
| | Ⅴ | 2BYMF－7 | 51.5～120 | 350 | 4.20 |

（续）

| 机具名称 | 编号 | 机具型号 | 配套动力（kW） | 工作幅宽（cm） | 作业速度（km/h） |
|---|---|---|---|---|---|
| 玉米收获机 | Ⅰ | 4YZB-3B | 103 | 198 | 5.10 |
| | Ⅱ | 4YZ-5B | 118 | 329 | 4.80 |
| | Ⅲ | 4YZB-4F | 147 | 245 | 3.70 |
| | Ⅳ | 4YZB-4G | 140 | 245 | 3.70 |
| | Ⅴ | 4YZBQ-4L | 154 | 246 | 2.60 |

## 三、评价指标体系

### 1. 评价指标建立原则

由于评价对象涉及的评价指标较多，且评价指标是模糊综合评判法中构建隶属函数以及权重确值过程中的重要依据，所以评价指标的选定原则是影响综合评价结果科学性、合理性的重要组成部分，即评价指标合理与否，将直接影响评价结果的准确性，因此小麦-玉米两熟作物田间全周期作业机具选型评价体系的建立应遵循如下原则（方延旭等，2011；黄光群等，2012）。

（1）系统性原则　对评价对象的整体特征综合考虑，从系统的角度出发，综合考虑各系统的影响因子，做到客观和全面地反映小麦-玉米两熟田间作业机械选型评价体系。

（2）实用性原则　指标体系的构建提出要符合理论和实际的要求，要求所选定的评价指标能够真实反映评价对象的特点，具有一定的适用性，同时考虑田间各作业环节数据资料获取的难易程度及指标量化的可操作性等因素。

（3）科学性原则　科学地分析评价对象的特征，科学地构造评价指标，每一项指标的计算步骤和方法必须科学合理、有据可循，从而保证评价结果的科学合理。

（4）区域适应性原则　由于不同区域农业的种植模式和种植农艺标准各不相同，为避免所设定的评价指标对评价结果造成一定的影响，评价指标需具有普遍适用性，且能真实反映评价区域特征情况。

（5）定量与定性相结合原则　为避免存在资料不足、难以识别的指标，使以客观数据做支撑的定量指标与依据相关的评价准则获得的定性指标相结合，在理论框架的基础上，通过“自上而下”与“自下而上”相结合的方法选取指标。

### 2. 建立评价指标体系

为构建小麦-玉米两熟全周期田间作业机具选型评价指标体系，本研究依据各环节作业机具自身的特有属性充分考虑各个评价因子的复杂关系以及指标数据的可得性和方法的可操作性，借鉴国内外相关研究成果，重点选取与农业机械选型密切相关的经济成本、作业性能、使用效应3个二级指标，并在对二级指标进行深入分析的基础上，构建28个三级指标的评价指标体系，具体见表8-6。作业性能指标的主要来源是已颁布实施的相关国家标准、行业标准以及鉴定大纲；经济成本、使用效应指标主要通过文献查阅、实地调研、专家咨询等方式确定。

表 8-6　小麦-玉米两熟田间全周期作业机具评价指标体系

| 一级 | 二级 | 三级 | 指标说明 | 备注 |
|---|---|---|---|---|
| 麦玉两熟田间全周期作业机具选型评价指标体系 | 经济成本（$A_{r-i}$） | 年固定费（$A_{r-1}$） | 田间全周期各作业环节所用作业机具全年固定费用（元/年） | — |
| | | 单位油耗（$A_{r-2}$） | 机械正常作业时，动力机械每小时耗油量（L·h） | — |
| | 作业性能（$B_{r-i}$） | 铧式犁耕深变异系数（$B_{r-1}$） | 测区内犁地耕深的方差（%） | ≤10% |
| | | 地表以下植被覆盖率（$B_{r-2}$） | 地表以下植被和残茬质量占有率（%） | ≥85% |
| | | 8 cm 深度以下植被覆盖率（$B_{r-3}$） | 8 cm 深度以下植被和残茬质量占有率（%） | ≥60% |
| | | 铧式犁碎土率（$B_{r-4}$） | 内直径小于 5 cm 的土块质量与碎土总质量的比值（%） | ≥65% |
| | | 旋耕机耕深（$B_{r-1}$） | 已耕地表至旋刀运行最低点的垂直距离（cm） | ≥8 cm |
| | | 耕深稳定系数（$B_{r-2}$） | 测区内旋耕耕深的标准差（%） | ≥85% |
| | | 旋耕机植被覆盖率（$B_{r-3}$） | 测区内选 3 点，取出 1 m×1 m 范围植被，计算植被覆盖率（%） | ≥60% |
| | | 旋耕机碎土率（$B_{r-4}$） | 耕层中单位体积直径小于 4 cm 的土块占总质量的百分比（%） | ≥60% |
| | | 小麦播种破损率（$B_{r-1}$） | 指排种器排出种子中收集些损伤的种子量占排出种子量的百分比（%） | ≤0.5% |
| | | 播种均匀变异性（$B_{r-2}$） | 播种时种子在种沟内分布的均匀程度（%） | ≤45% |
| | | 小麦播种深度合格率（$B_{r-3}$） | 在测点上，垂直切开土层，测定最上层种子的覆土层厚度，占测定总数的百分率（%） | ≥75% |
| | | 排肥量稳定性变异系数（$B_{r-4}$） | 排肥器在要求条件下排肥量的标准差（%） | ≤7.8% |
| | | 小麦收获机总损失率（$B_{r-1}$） | 收获机械损失粒质量占籽粒总质量百分率（%） | ≤1.2% |
| | | 小麦收获机破碎率（$B_{r-2}$） | 因机械损伤而造成破裂、裂纹、破皮的籽粒占所收获籽粒总质量的百分率（%） | ≤1.0% |
| | | 小麦收获机含杂率（$B_{r-3}$） | 谷物联合收获机，收获物所含非籽粒杂质质量占其总质量的百分率（%） | ≤2.0% |
| | | 玉米播种破损率（$B_{r-1}$） | 指排种器排出种子中收集些损伤的种子量占排出种子量的百分比（%） | ≤1.5% |
| | | 玉米播种重播率（$B_{r-2}$） | 单粒精密播种的播行内种子粒距小于等于 0.5 倍理论粒距者，占总测定株数的百分率（%） | ≤15% |
| | | 玉米播种漏播率（$B_{r-3}$） | 单粒精密播种的播行内种子粒距大 1.5 倍理论粒距者，占总测定株数的百分率（%） | ≤8.0% |
| | | 排肥量稳定性变异系数（$B_{r-4}$） | 排肥器在要求条件下排肥量的标准差（%） | ≤7.8% |

（续）

| 一级 | 二级 | 三级 | 指标说明 | 备注 |
| --- | --- | --- | --- | --- |
| 麦玉两熟田间全周期作业机具选型评价指标体系 | 作业性能（$B_{r-i}$） | 玉米收获机籽粒破碎率（$B_{r-1}$） | 从果穗升运器排出口或接粮口不少于 2 kg 的样品，拣出有损伤的籽粒，分别称出破损籽粒质量及样品籽粒总质量占总质量百分率（%） | ≤1.0% |
| | | 玉米收获机果穗含杂率（$B_{r-2}$） | 在测定区内，接取果穗升运器排出口的排出物，分别称出接取物总质量及杂物质量占总质量百分率（%） | ≤1.5% |
| | | 玉米收获机苞叶剥净率（$B_{r-3}$） | 在测定区内，从果穗升运器出口接取的果穗中，拣出苞叶多于或等于 3 片（超过 2/3 的整叶算 1 片）的果穗占总质量百分率（%） | ≥85% |
| | | 玉米收获机秸秆粉碎长度合格率（$B_{r-4}$） | 粉碎长度符合要求质量占还田秸秆总质量百分率（%） | ≥85% |
| | 使用效应（$C_{r-i}$） | 整机可靠性（$C_{r-1}$） | 机组在规定使用时间（寿命）内和预定的环境条件下机器能够正常工作的概率（分） | — |
| | | 操作安全性（$C_{r-2}$） | 机组操作方式是否符合作业时的生理要求以及劳动保护法规对人体安全保护的性能（分） | — |

## 四、评判模型

农业机械选型评判是一个外延模糊、但内涵明确的复杂系统工程。其具有多指标多层次，且难以用精确数学模型来描述的特征。因此本研究基于模糊综合评判法，根据隶属度理论把定性评价转化为定量评价，将难以量化的问题进行量化，构建田间全周期作业机械选型评判模型。田间作业机械选型评判模型如图 8-9 所示。

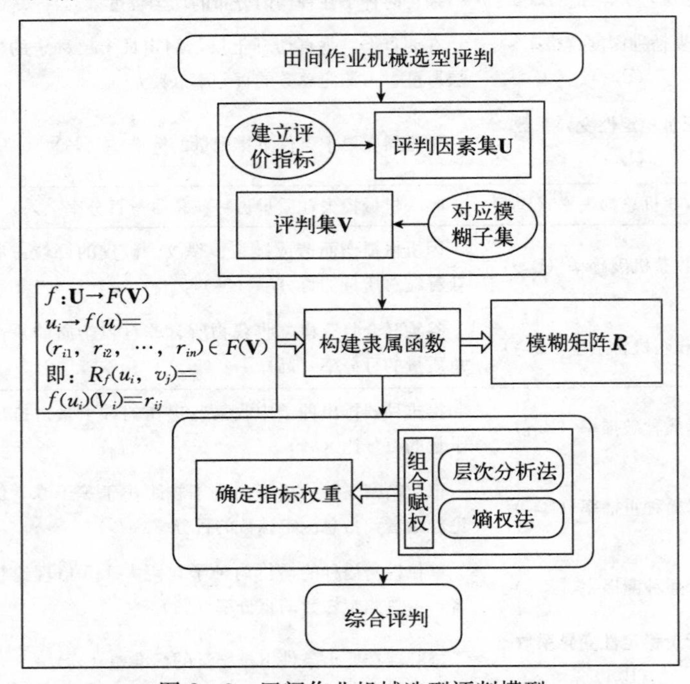


图 8-9　田间作业机械选型评判模型

**1. 选型评判模型**

（1）设定两个有限域　根据模糊数学理论，结合实际情况，分析影响因素，建立小麦-玉米两熟制田间全周期作业机具各作业环节所用农业机械的评判体系，首先确立因素集和评判集（公式 8-2 和公式 8-3）。

$$\mathbf{U}=\{u_1, u_2\cdots un\} \tag{8-2}$$

$$\mathbf{V}=\{v_1, v_2\cdots vm\} \tag{8-3}$$

式中：**U**——因素集；

　　　**V**——评判集。

（2）建立隶属函数　隶属函数作为表征模糊集合的数学工具，用来决定评价事物整体客观规律对该特征函数的大致形状，是为了描述元素 **U** 到 **V** 上的模糊集合的隶属关系，由于这种关系的不确定性，所以用［0，1］区间内所取的数值来代替 0、1 这两个值来进行描述，记为 $\mathbf{V}=F(\mathbf{U})$，即设因素集 **U** 中第 $i$ 个因素为 $ui$（$i=1, 2, \cdots, n$），则评判集的指标特征值为 $\boldsymbol{R}i=\{ri_1, ri_2, \cdots, ri_m\}$，矩阵 $\boldsymbol{R}$ 由 $n$ 个评判因素的 $m$ 个特征值组成，进而可得到模糊矩阵 $\boldsymbol{R}$（公式 8-4）。

$$\boldsymbol{R}=\begin{bmatrix} R_1 \\ R_2 \\ \vdots \\ R_n \end{bmatrix}=\begin{bmatrix} r_{11} & r_{12} & \cdots & r_{1m} \\ r_{21} & r_{22} & \cdots & r_{2m} \\ \vdots & \vdots & \vdots & \vdots \\ r_{n1} & r_{n2} & \cdots & r_{nm} \end{bmatrix} \tag{8-4}$$

（3）确定隶属度矩阵 $\boldsymbol{R}^0$　由于各因素存在不同量纲，需对隶属度矩阵 $\boldsymbol{R}$ 中评判结果进行归一化处理，即公式 8-5。

$$r_{ij}^0=\frac{r_{ij}}{\sum_{j}^{m}=1^{r_{ij}}} \tag{8-5}$$

由此，可得归一化数据 $\boldsymbol{R}^0$（公式 8-6）。

$$\boldsymbol{R}^0=\begin{bmatrix} R_1^0 \\ R_2^0 \\ \vdots \\ R_n^0 \end{bmatrix}=\begin{bmatrix} r_{11}^0 & r_{12}^0 & \cdots & r_{1m}^0 \\ r_{21}^0 & r_{22}^0 & \cdots & r_{2m}^0 \\ \vdots & \vdots & \vdots & \vdots \\ r_{n1}^0 & r_{n2}^0 & \cdots & r_{nm}^0 \end{bmatrix} \tag{8-6}$$

（4）综合评判　采用加权平均算法模型（•，+），获得综合评价指标值，设 **U** 的权重为 $a_i(i=1, \cdots, n)$，则因素集的权向量为 $\mathbf{A}=[a_1, a_2, \cdots, a_n]$。

则各指标的综合评判结果由公式式可得。

$$\boldsymbol{B}=\mathbf{A}\cdot\boldsymbol{R}^0=[b_1, b_2, \cdots, b_m] \tag{8-7}$$

式中：$b_i(i=1, 2, \cdots, m)$ 代表各评价机型的隶属度，按照机型隶属度的大小，依次排列即可确定机器选型的优先顺序。

**2. 评判指标权重的确定方法**

通常情况下，$n$ 个评判因素 $u_1, u_2, u_3, \cdots, u_n$ 是非等同的，并且各因素对总体的影响不一，因此需要确定每一个评判因素的权重 $\mathbf{A}=(a_1, a_2, \cdots, a_n)$。本研究采用主观与客观结合的方式获得最优组合权值来确定评价体系中各指标权重，用以避免以往模糊综合评价方法对指标权重的忽视和单一赋权方法无法同时兼顾各指标主客信息的弊端。

（1）主观权重确定方法　主观权重采用层次分析法来确定，主要是利用层次分析法计算待评价环节评价指标的权重，构造两两指标的比较判断矩阵、确定指标相对重要性、计算权向量并进行一致性检验，得到小麦-玉米两熟田间全周期作业机具指标体系中各级技术指标的权重。其中为确保各指标权重数据的客观公正，笔者及所在课题组于2018—2019年采用调查问卷方法，对豫中的河南省许昌市农科乐种业有限公司、豫东的河南省周口市商水县国家小麦技术体系中心、豫北的河南省鹤壁市丰黎种业基地、豫西的河南省焦作市温县平安种业基地进行相关调研，并依据1～9标度法，由高校教师、农业机械企业制造厂、国家拖拉机质量监督检验中心、种业基地、大型农业机械合作社等专家、农艺师、工程师和拖拉机机手对各个指标权重进行打分，进而获得耕整地、播种以及收获环节有效权重数据共计78份。层次分析法确定权重流程如图8-10所示。

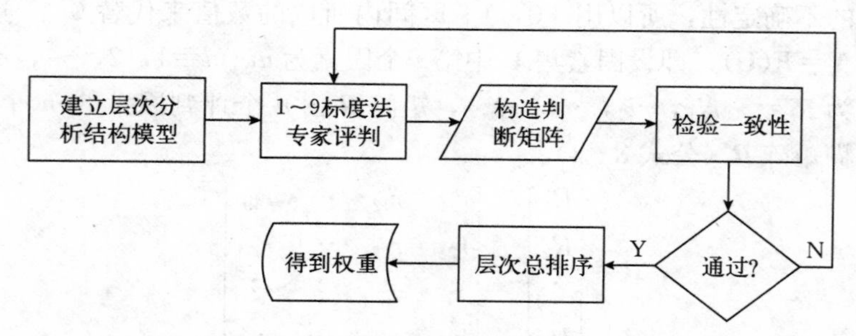


图8-10　层次分析法确定权重流程

① 构造判断矩阵。以**A**表示目标，$u_i$、$u_j$（$i$、$j$=1，2，…，$n$）表示因素。$u_{ij}$表示$u_i$对$u_j$的相对重要性数值。并由$u_{ij}$组成**A**-**U**判断矩阵$\boldsymbol{P}$（公式8-8）。

$$\boldsymbol{P}=\begin{bmatrix} u_{11} & u_{12} & \cdots & u_{1n} \\ u_{21} & u_{22} & \cdots & u_{2n} \\ \vdots & \vdots & \vdots & \vdots \\ u_{n1} & u_{n2} & \cdots & u_{nn} \end{bmatrix} \tag{8-8}$$

② 计算重要性排序。根据判断矩阵，求出其最大特征根$\lambda_{max}$所对应的特征向量$w$。所求特征向量$w$经归一化，即为各评价因素的重要性排序，也就是权重分配。方程见公式8-9。

$$P_w=\lambda_{max}\cdot w \tag{8-9}$$

③ 一致性检验。对以上得到的权重分配合理性，利用判断矩阵进行一致性检验。检验使用公式8-10。

$$C\cdot R=\frac{C\cdot I}{R\cdot I} \tag{8-10}$$

$$C\cdot I=\frac{\lambda_{max}-n}{n-1} \tag{8-11}$$

式中：$CR$——判断矩阵的随机一致性比率；

$CI$——判断矩阵的一般一致性指标，由公式8-11给出；

$RI$——判断矩阵的平均随机一致性指标，1～9阶的判断矩阵的$RI$值如表8-7所示。

表 8-7　AHP 一致性指标 *RI* 取值

| 阶数（$n$） | $RI$ |
| --- | --- |
| 1 | 0 |
| 2 | 0 |
| 3 | 0.58 |
| 4 | 0.90 |
| 5 | 1.12 |
| 6 | 1.24 |
| 7 | 1.32 |
| 8 | 1.41 |
| 9 | 1.45 |

当判断矩阵 $\boldsymbol{P}$ 的 $CR<0.1$ 时或 $\lambda_{\max}=n$、$CI=0$ 时，认为 $\boldsymbol{P}$ 具有满意的一致性，否则需调整 $\boldsymbol{P}$ 中的元素以使其具有满意的一致性。

（2）客观权重确定方法　熵是描述物质系统状态的一个函数，是随机变量的不确定性量度。一个系统某项属性变异程度越小，则熵就越大，蕴含的信息量就越小，反之，变异程度越大，则熵就越小，信息量就越大，熵权法确定权系数计算步骤如下。

① 确定评价指标与对象。在指标体系评价中有 $n$ 个评价指标，记为 $C=\{C_1, C_2, C_3, \cdots, C_n\}$，$m$ 个被评价对象，记为 $S=\{S_1, S_2, S_3, \cdots, S_m\}$，则评价对象指标的原始矩阵表示公式 8-12。

$$\boldsymbol{B}=\begin{bmatrix} b_{11} & \cdots & b_{1n} \\ \vdots & \ddots & \vdots \\ b_{m1} & \cdots & b_{mn} \end{bmatrix} \tag{8-12}$$

② 计算第 $j$ 个指标下第 $i$ 个项目的指标值的比重 $P_{ij}$（公式 8-13）。

$$P_{ij}=\frac{r_{ij}}{\sum_{i=1}^{m} r_{ij}} \tag{8-13}$$

③ 各指标输出的熵值（公式 8-14）。

$$h_j=-(\ln n)^{-1}\sum_{i=1}^{m} P_{ij}\ln P_{ij} \quad 0\leqslant h_j\leqslant 1 \tag{8-14}$$

④ 各指标差异变异程度系数（公式 8-15）。

$$a_i=1-h_i \quad i=1, 2, \cdots, n \tag{8-15}$$

⑤ 各指标的熵权，即为指标的权重（公式 8-16）。

$$W_{ki}=\frac{a_i}{\sum_{i=1}^{n} a_i} \quad i=1, 2, \cdots, n \tag{8-16}$$

当评价对象在某个指标上的值相同时，即熵值为 1、熵权为 0 时，该指标可被取消，它不对决策者提供任何有用的信息。当评价对象在某个指标上的值差异较大时，即熵值较小、熵权较大时，该指标对决策者提供了有用的信息。

（3）最优组合赋权　在得到层次分析法确定的主观权重向量 $W_{ci}=(W_{c1}, W_{c2}\cdots W_{ci})$ 和熵权法确定客观权重向量 $W_{ki}=(W_{k1}, W_{k2}\cdots W_{ki})$ 之后，由公式 8－17 即可确定评价指标的权重。

$$W_i=\frac{W_{ci}W_{ki}}{\sum W_{ci}W_{ki}}\quad i=1, 2, \cdots, m \tag{8-17}$$

其权重向量为 $W_i=(W_1, W_2, \cdots, W_m)$。

**3. 构建隶属函数**

（1）铧式犁隶属函数

① 年固定费。由于机具市场价格完全按照市场行为操作，所以本研究对价格上限不做规定，但成本大于 0 万元，因此铧式犁年固定费的隶属度函数可用公式 8－18 表示。

$$f(x)=\begin{cases}1 & x\leqslant 0\\ e^{-x} & x>0\end{cases} \tag{8-18}$$

② 单位油耗。由于使用柴油机发动机，柴油密度为 0.83～0.85 kg/L，热值为 33 000 kJ/kg，按照能源利用率在 25%～35%，可计算出拖拉机满负荷作业的油耗为 5～58 L，因此单位油耗隶属函数可用公式 8－19 表示。

$$f(x)=\begin{cases}1 & x\leqslant 5\\ \dfrac{58-x}{53} & 5\leqslant x\leqslant 58\\ 1 & x\geqslant 58\end{cases} \tag{8-19}$$

③ 铧式犁耕深稳定性。国家标准《铧式犁》（GB/T 14225—2008）规定，铧式犁耕深稳定性变异系数不应大于 10%，因此铧式犁耕深稳定性变异系数隶属函数可用公式 8－20 表示。

$$f(x)=\begin{cases}1 & x\leqslant 0\\ \dfrac{0.1-x}{0.1} & 0<x\leqslant 0.1\\ 0 & x>0.1\end{cases} \tag{8-20}$$

④ 地表以下植被覆盖率。国家标准《铧式犁》（GB/T 14225—2008）规定，地表以下植被覆盖率≥85%，因此地表以下植被覆盖率隶属函数可用公式 8－21 表示。

$$f(x)=\begin{cases}0 & x\leqslant 0.85\\ \dfrac{x-0.85}{0.15} & 0.85<x\leqslant 1\\ 1 & x>1\end{cases} \tag{8-21}$$

⑤ 8 cm 深度以下植被覆盖率。国家标准《铧式犁》（GB/T 14225—2008）规定，8 cm 深度以下植被覆盖率≥60%，因此 8 cm 深度以下植被覆盖率隶属函数可用公式 8－22 表示。

$$f(x)=\begin{cases}0 & x\leqslant 0.6\\ \dfrac{x-0.6}{0.4} & 0.6<x\leqslant 1\\ 1 & x>1\end{cases} \tag{8-22}$$

⑥ 铧式犁碎土率。行业标准《铧式犁作业质量》（NY/T 742—2003）规定，铧式犁碎土率≥65%，因此铧式犁碎土率隶属函数可用公式 8-23 表示。

$$f(x)=\begin{cases}0 & x\leqslant 0.65\\ \dfrac{x-0.65}{0.4} & 0.65<x\leqslant 1\\ 1 & x>1\end{cases} \tag{8-23}$$

⑦ 有效度。农业机械推广鉴定大纲《铧式犁》（DG/T 087—2019）规定，铧式犁有效度≥98%，因此铧式犁有效度隶属函数可用公式 8-24 表示。

$$f(x)=\begin{cases}0 & x\leqslant 0.98\\ \dfrac{x-0.98}{0.02} & 0.98<x\leqslant 1\\ 1 & x>1\end{cases} \tag{8-24}$$

⑧ 产品满意度。农业机械推广鉴定大纲《铧式犁》（DG/T 087—2019）规定，铧式犁产品满意度≥80%，因此铧式犁产品满意度隶属函数可用公式 8-25 表示。

$$f(x)=\begin{cases}0 & x\leqslant 0.8\\ \dfrac{x-0.8}{0.2} & 0.8<x\leqslant 1\\ 1 & x>1\end{cases} \tag{8-25}$$

（2）旋耕机隶属函数

① 年固定费。旋耕机年固定费的隶属度函数同样用公式 8-18 表示。

② 单位油耗。旋耕机单位油耗的隶属度函数同样用公式 8-19 表示。

③ 旋耕机耕深。国家标准《旋耕机》（GB/T 5668—2017）规定，旋耕机耕深不能小于 8 cm，刀辊的最大回旋半径不超过 30 cm，因此旋耕机耕深隶属函数可用公式 8-26 表示。

$$f(x)=\begin{cases}0 & x\leqslant 8\\ \dfrac{x-8}{22} & 8<x\leqslant 30\\ 1 & x\geqslant 30\end{cases} \tag{8-26}$$

④ 旋耕机耕深稳定性。国家标准《旋耕机》（GB/T 5668—2017）规定，旋耕机耕深合格率不能小于 85%。因此旋耕机耕深稳定性隶属函数可用公式 8-27 表示。

$$f(x)=\begin{cases}0 & x\leqslant 0.85\\ \dfrac{x-0.85}{0.15} & 0.85<x\leqslant 1\\ 1 & x\geqslant 1\end{cases} \tag{8-27}$$

⑤ 旋耕机碎土率。国家标准《旋耕机》（GB/T 5668—2017）规定，旋耕机作业后碎土率不能小于 60%，因此旋耕机碎土率隶属函数可用公式 8-28 表示。

$$f(x)=\begin{cases}0 & x\leqslant 0.6\\ \dfrac{x-0.6}{0.4} & 0.6<x\leqslant 1\\ 1 & x>1\end{cases} \tag{8-28}$$

⑥ 旋耕机植被覆盖率

国家标准《旋耕机》（GB/T 5668—2017）规定，旋耕机植被覆盖率大于等于60%，因此旋耕机植被覆盖率隶属函数可用公式8-29表示。

$$f(x)=\begin{cases}0 & x\leqslant 0.6\\ \dfrac{x-0.6}{0.4} & 0.6<x\leqslant 1\\ 1 & x>1\end{cases} \tag{8-29}$$

⑦ 有效度。旋耕机有效度隶属函数同样用公式8-24表示。

⑧ 产品满意度。旋耕机产品满意度隶属函数同样用公式8-25表示。

（3）小麦播种机

① 年固定费。小麦播种机年固定费的隶属度函数同样用公式8-18表示。

② 单位油耗。小麦播种机年单位油耗的隶属度函数同样用公式8-19表示。

③ 小麦播种破损率。国家标准《免（少）耕播种机》（GB/T 20865—2017）规定，小麦播种破损率不应大于0.5%，因此小麦播种破损率隶属函数可用公式8-30表示。

$$f(x)=\begin{cases}1 & x\leqslant 0\\ \dfrac{0.005-x}{0.005} & 0<x\leqslant 0.005\\ 0 & x>0.005\end{cases} \tag{8-30}$$

④ 播种均匀变异性。国家标准《免（少）耕播种机》（GB/T 20865—2017）规定，播种均匀变异性不应大于45%，因此小麦播种机播种均匀变异性隶属函数可用公式8-31表示。

$$f(x)=\begin{cases}1 & x\leqslant 0\\ \dfrac{0.45-x}{0.45} & 0<x\leqslant 0.45\\ 0 & x>0.45\end{cases} \tag{8-31}$$

⑤ 小麦播种深度合格率。农业机械推广鉴定大纲《播种机》（DG/T 007—2019）规定，小麦播种深度合格率≥75%，因此小麦播种深度合格率隶属函数可用公式8-32表示。

$$f(x)=\begin{cases}0 & x\leqslant 0.75\\ \dfrac{x-0.75}{0.45} & 0.75<x\leqslant 1\\ 1 & x>1\end{cases} \tag{8-32}$$

⑥ 排肥量稳定性变异系数。国家标准《免（少）耕播种机》（GB/T 20865—2017）规定，排肥量稳定性变异系数不应大于7.8%，因此小麦播种均匀变异性隶属函数可用公式8-33表示。

$$f(x)=\begin{cases}1 & x\leqslant 0\\ \dfrac{0.078-x}{0.078} & 0<x\leqslant 0.078\\ 0 & x>0.078\end{cases} \tag{8-33}$$

⑦ 有效度。小麦播种机有效度隶属度函数同样用公式 8-24 表示。

⑧ 产品满意度。小麦播种机产品满意度隶属度函数同样用公式 8-25 表示。

（4）玉米播种机

① 年固定费。玉米播种机年固定费的隶属度函数同样用公式 8-18 表示。

② 单位油耗。玉米播种机单位油耗的隶属度函数同样用公式 8-19 表示。

③ 玉米播种破损率。国家标准《免（少）耕播种机》（GB/T 20865—2017）规定，玉米播种破损率不应大于 1.5%，因此玉米播种破损率隶属函数可用公式 8-34 表示。

$$f(x)=\begin{cases}1 & x\leqslant 0\\ \dfrac{0.015-x}{0.015} & 0<x\leqslant 0.015\\ 0 & x>0.015\end{cases} \tag{8-34}$$

④ 玉米播种重播率。国家标准《免（少）耕播种机》（GB/T 20865—2017）规定，玉米播种重播率不应大于 15%，因此玉米播种重播率隶属函数可用公式 8-35 表示。

$$f(x)=\begin{cases}1 & x\leqslant 0\\ \dfrac{0.15-x}{0.15} & 0<x\leqslant 0.15\\ 0 & x>0.15\end{cases} \tag{8-35}$$

⑤ 玉米播种漏播率。国家标准《免（少）耕播种机》（GB/T 20865—2017）规定，玉米播种漏播率不应大于 8%，因此玉米播种漏播率隶属函数可用公式 8-36 表示。

$$f(x)=\begin{cases}1 & x\leqslant 0\\ \dfrac{0.08-x}{0.08} & 0<x\leqslant 0.08\\ 0 & x>0.08\end{cases} \tag{8-36}$$

⑥ 排肥量稳定性变异系数。国家标准《免（少）耕播种机》（GB/T 20865—2017）规定，排肥量稳定性变异系数不应大于 7.8%，因此排肥量稳定性变异系数隶属函数可用公式 8-37 表示。

$$f(x)=\begin{cases}1 & x\leqslant 0\\ \dfrac{0.078-x}{0.078} & 0<x\leqslant 0.078\\ 0 & x>0.078\end{cases} \tag{8-37}$$

⑦ 有效度。玉米播种机有效度隶属度函数同样用公式 8-24 表示。

⑧ 产品满意度。玉米播种机产品满意度隶属度函数同样用公式 8-25 表示。

（5）小麦收获机

① 年固定费。小麦收获机年固定费的隶属度函数同样用公式 8-18 表示。

② 单位油耗。小麦收获机单位油耗隶属度函数同样用公式 8-19 表示。

③ 小麦收获机总损失率。行业标准《谷物（小麦）联合收获机作业质量》（NY/T

995—2006）规定，小麦收获机总损失率不应大于1.2%，因此小麦收获机总损失率隶属函数可用公式8-34表示。

$$f(x)=\begin{cases}1 & x\leqslant 0\\ \frac{0.012-x}{0.012} & 0<x\leqslant 0.012\\ 0 & x>0.012\end{cases} \quad (8-38)$$

④ 小麦收获机破碎率。行业标准《谷物（小麦）联合收获机作业质量》（NY/T 995—2006）规定，小麦收获机破碎率不应大于1.0%，因此小麦收获机破碎率隶属函数可用公式8-39表示。

$$f(x)=\begin{cases}1 & x\leqslant 0\\ \frac{0.01-x}{0.01} & 0<x\leqslant 0.01\\ 0 & x>0.01\end{cases} \quad (8-39)$$

⑤ 小麦收获机含杂率。行业标准《谷物（小麦）联合收获机作业质量》（NY/T 995—2006）规定，小麦收获机含杂率不应大于2.0%，因此小麦收获机含杂率隶属函数可用公式8-40表示。

$$f(x)=\begin{cases}1 & x\leqslant 0\\ \frac{0.02-x}{0.02} & 0<x\leqslant 0.02\\ 0 & x>0.02\end{cases} \quad (8-40)$$

⑥ 有效度。小麦收获机有效度隶属度函数同样用公式8-24表示。

⑦ 产品满意度。小麦收获机产品满意度隶属度函数同样用公式8-25表示。

（6）玉米收获机

①年固定费。玉米收获机年固定费的隶属度函数同样用公式8-18表示。

② 单位油耗。玉米收获机单位油耗隶属度函数同样用公式8-19表示。

③ 玉米收获机籽粒破碎率。农业机械推广鉴定大纲《玉米收获机》（DG/T 015—2019）规定，玉米收获机籽粒破碎率不应大于1.0%，因此玉米收获机籽粒破碎率隶属函数可用公式8-41表示。

$$f(x)=\begin{cases}1 & x\leqslant 0\\ \frac{0.01-x}{0.01} & 0<x\leqslant 0.01\\ 0 & x>0.01\end{cases} \quad (8-41)$$

④ 玉米收获机果穗含杂率。农业机械推广鉴定大纲《玉米收获机》（DG/T 015—2019）规定，玉米收获机果穗含杂率不应大于1.5%，因此玉米收获机果穗含杂率隶属函数可用公式8-42表示。

$$f(x)=\begin{cases}1 & x\leqslant 0\\ \frac{0.015-x}{0.015} & 0<x\leqslant 0.015\\ 0 & x>0.015\end{cases} \quad (8-42)$$

⑤ 玉米收获机苞叶剥净率。农业机械推广鉴定大纲《玉米收获机》（DG/T 015—2019）规定，苞叶剥净率大于等于85%，因此玉米收获机苞叶剥净率隶属函数可用公式

8－43 表示。

$$f(x)=\begin{cases}0 & x\leqslant 0.85\\ \frac{x-0.85}{0.15} & 0.85<x\leqslant 1\\ 1 & x>1\end{cases} \tag{8-43}$$

⑥ 玉米收获机秸秆粉碎长度合格率。农业机械推广鉴定大纲《玉米收获机》（DG/T 015—2019）规定，玉米收获机秸秆粉碎长度合格率≥85%，因此玉米收获机秸秆粉碎长度合格率隶属函数可用公式 8－44 表示。

$$f(x)=\begin{cases}0 & x\leqslant 0.85\\ \frac{x-0.85}{0.15} & 0.85<x\leqslant 1\\ 1 & x>1\end{cases} \tag{8-44}$$

⑦ 有效度。玉米收获机有效度隶属度函数同样用公式 8－24 表示。

⑧ 产品满意度。玉米收获机产品满意度隶属度函数同样用公式 8－25 表示。

**4. 评价指标数据的确定**

针对各环节所确定的备选机型，依据本研究所构建的评价体系获取相关指标数据，其中经济成本与使用效应指标来源于实地调查研究与农机鉴定站权威数据；相关作业性能指标来源于大田实测，其主要采集测试方法参照《农业机械生产试验方法》（JB/T 5667—2008）和《农业机械试验条件测定方法》的一般规定（GB/T 5262—2008）。田间测试基本流程如下，首先在作业前期采集机组价格、操作人员数量及工时费等参数，作业过程中记录机组有效作业时间，作业结束后记录油耗；其次，测试时将备选机型分别编号为Ⅰ～Ⅴ，采集试验地块土壤物理信息。耕整地环节备选机型铧式犁与旋耕机指标测试于 2017 年 11 月 5 日、在河南省焦作市温县平安种业基地展开。铧式犁测试环境：前茬作物玉米，植被密度 374 g/m$^2$，测试土壤为壤土，含水率 13.1%，坚实度 793 kPa。旋耕机测试环境：土壤类型为壤土，含水率 15.4%，坚实度 463 kPa，耕地前植被覆盖量 146 g/m$^2$。

耕整地环节铧式犁与旋耕机备选机型见表 8－5，在相同地况下正常作业，其中，铧式犁与旋耕机作业性能指标的采集，按“五点法”进行，即在机组的“稳定作业区”中选取 4 个角点和 1 个中心点作为基准测量点。取 5 个测点的测试指标均值作为相应机组的评价指标值，耕整地环节铧式犁作业现场与旋耕机指标测试过程如图 8－11 所示，转换公式参照国家标准《铧式犁》（GB/T 14225—2008）和《旋耕机》（GB/T 5668—2017），测试结果如表 8－8、表 8－9 所示。

(a)铧式犁作业现场

(b)旋耕机作业性能指标测试

图 8－11　耕整地环节备选机型作业和指标测试现场

**表 8-8 铧式犁耕整地环节指标测试数据**

| 编号 | $A_{1-1}$ | $A_{1-2}$ | $B_{1-1}$ | $B_{1-2}$ | $B_{1-3}$ | $B_{1-4}$ | $C_{1-1}$ | $C_{1-2}$ |
|---|---|---|---|---|---|---|---|---|
| Ⅰ | 3 093.75 | 325.2 | 2.6 | 87.9 | 63.7 | 69.2 | 100 | 100 |
| Ⅱ | 2 025 | 300.9 | 2.8 | 87.0 | 63.7 | 70.5 | 100 | 100 |
| Ⅲ | 2 700 | 453.9 | 3.9 | 88.5 | 62.1 | 72.7 | 100 | 100 |
| Ⅳ | 2 250 | 595.05 | 4.0 | 88.8 | 66.5 | 70.6 | 100 | 100 |
| Ⅴ | 2 925 | 677.25 | 3.8 | 88.9 | 68.5 | 70.4 | 100 | 100 |

注：$A_{1-1}$为年固定费（元/年），$A_{1-2}$为单位油耗（$L/hm^2$），$B_{1-1}$为耕深变异系数（%），$B_{1-2}$为地表下 8 cm 植被覆盖率（%），$B_{1-3}$为 8 cm 下植被覆盖率（%），$B_{1-4}$为碎土率（%），$C_{1-1}$为整机可靠性（%），$C_{1-2}$为操作安全性（分）。

**表 8-9 旋耕机耕整地环节指标测试数据**

| 编号 | $A_{2-1}$ | $A_{2-2}$ | $B_{2-1}$ | $B_{2-2}$ | $B_{2-3}$ | $B_{2-4}$ | $C_{2-1}$ | $C_{2-2}$ |
|---|---|---|---|---|---|---|---|---|
| Ⅰ | 956.25 | 301.8 | 15.1 | 96.4 | 81.6 | 90.4 | 100 | 100 |
| Ⅱ | 877.5 | 348.45 | 14.9 | 94.8 | 89.3 | 90.8 | 100 | 100 |
| Ⅲ | 1 125 | 415.5 | 15.6 | 95.2 | 76.2 | 85.6 | 100 | 100 |
| Ⅳ | 900 | 506.25 | 13.7 | 92.8 | 86.6 | 89.8 | 100 | 100 |
| Ⅴ | 675 | 338.4 | 15.3 | 95.8 | 76.2 | 87.1 | 100 | 100 |

注：$A_{2-1}$为年固定费（元/年），$A_{2-2}$为单位油耗（$L/hm^2$），$B_{2-1}$为耕深（cm），$B_{2-2}$为耕深稳定系数（%），$B_{2-3}$为植被覆盖率（%），$B_{2-4}$为碎土率（%），$C_{2-1}$为整机可靠性（%），$C_{2-2}$为操作安全性（分）。

小麦播种机备选机型见表 8-5，指标测试于 2017 年 11 月 7 日在河南省焦作市温县平安种业基地展开，试验所选用的小麦种子为平安 11，土壤类型为壤土，含水率为 11.8%，坚实度为 21.5 kPa，小麦种子含水率为 12.6%，原始破损率为 0，播种量为 166.9 $kg/hm^2$，肥料为复合肥颗粒状，施肥量为 178.3 $kg/hm^2$，试验行距为 15 cm，指标测试过程如图 8-12 所示，转换公式参照农业机械推广鉴定大纲《播种机》（DG/T 007—2019），结果见表 8-10。

**表 8-10 小麦播种机播种环节指标测试数据**

| 编号 | $A_{3-1}$ | $A_{3-2}$ | $B_{3-1}$ | $B_{3-2}$ | $B_{3-3}$ | $B_{3-4}$ | $C_{3-1}$ | $C_{3-2}$ |
|---|---|---|---|---|---|---|---|---|
| Ⅰ | 1 968.75 | 83.85 | 0.04 | 39.1 | 80 | 1.6 | 100 | 100 |
| Ⅱ | 5 062.5 | 338.4 | 0.1 | 41 | 80 | 1.6 | 100 | 100 |
| Ⅲ | 1 440 | 338.4 | 0.04 | 33.9 | 82 | 1.5 | 100 | 100 |
| Ⅳ | 900 | 100.95 | 0.2 | 39.7 | 93.3 | 2.0 | 100 | 100 |
| Ⅴ | 2 441.25 | 234.9 | 0.1 | 35.9 | 80 | 2.3 | 100 | 100 |

注：$A_{3-1}$为年固定费（元/年），$A_{3-2}$为单位油耗（$L/hm^2$），$B_{3-1}$为播种破损率（%），$B_{3-2}$为播种均匀变异性（%），$B_{3-3}$为播种深度合格率（%），$B_{3-4}$为排肥量稳定性变异系数（%），$C_{3-1}$为整机可靠性（%），$C_{3-2}$为操作安全性（分）。

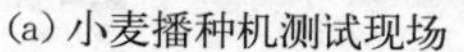
(a) 小麦播种机测试现场　　(b) 小麦播种机作业性能指标测试

图 8-12　小麦播种环节备选机型指标测试现场

玉米播种机备选机型见表 8-5，指标测试于 2019 年 6 月 16 日在河南省焦作市温县平安种业基地展开，试验所选用的玉米品种为豫安 3 号，土壤类型为壤土，含水率为 12.3%，坚实度为 425 kPa，玉米种子含水率为 12.1%，原始破损率为 0，肥料为复合肥颗粒状，施肥量为 172.7 kg/hm$^2$，试验行距为 60 cm，理论粒距为 20 cm，耕作方式为留茬、免耕，测试过程如图 8-13 所示，转换公式参照国家标准《免（少）耕施肥播种机》（GB/T 20865—2017），结果见表 8-11。

(a)玉米播种机测试现场　　(b)玉米播种机作业性能指标测试

图 8-13　玉米播种环节备选机型指标测试现场

**表 8-11　玉米播种机播种环节指标测试数据**

| 编号 | $A_{4-1}$ | $A_{4-2}$ | $B_{4-1}$ | $B_{4-2}$ | $B_{4-3}$ | $B_{4-4}$ | $C_{4-1}$ | $C_{4-2}$ |
|---|---|---|---|---|---|---|---|---|
| Ⅰ | 990 | 234.9 | 0.1 | 3.4 | 1.1 | 2.0 | 100 | 100 |
| Ⅱ | 427.5 | 67.05 | 0.1 | 2.9 | 2.3 | 2.6 | 100 | 100 |
| Ⅲ | 900 | 338.4 | 0.1 | 0.6 | 3.8 | 3.6 | 100 | 100 |
| Ⅳ | 652.5 | 83.85 | 0.2 | 5.2 | 3.1 | 1.4 | 100 | 100 |
| Ⅴ | 2 025 | 234.9 | 0.2 | 5.3 | 2.9 | 2.6 | 100 | 100 |

注：$A_{4-1}$为年固定费（元/年），$A_{4-2}$为单位油耗（L/hm$^2$），$B_{4-1}$为播种破损率（%），$B_{4-2}$为重播率（%），$B_{4-3}$为漏播率（%），$B_{4-4}$为排肥量稳定性变异系数（%），$C_{4-1}$为整机可靠性（%），$C_{4-2}$为操作安全性（分）。

小麦收获机备选机型见表 8-5，依据本研究所构建的评价指标体系中小麦收获环节所述指标进行大田实测，测试于 2019 年 6 月 4 日在河南省焦作市温县平安种业基地展开，试验所选用的小麦品种为平安 11，试验前测得：小麦平均自然株高为 81 cm，籽粒千粒重为 53.1 g，种植行距为 360 mm，株距为 50 mm。试验时气温为 25～30 ℃，供试小麦籽粒含水率为 19.53%，茎秆含水率为 30.3%，留茬高度在 220 mm，作物平均质量为 6.87 kg/m²，草麦比为 1.07，测试过程如图 8－14 所示，转换公式参照农业行业标准《谷物（小麦）联合收获机作业质量》（NY/T 995—2006），结果见表 8－12。

(a)测前收集小麦物料

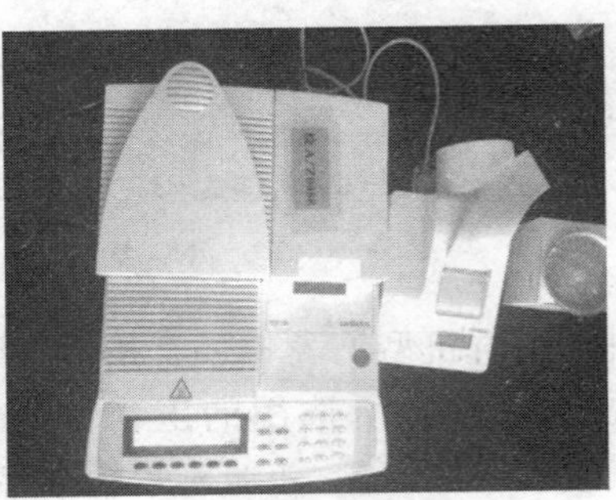

(b)小麦水分测定

(c)小麦收获机指标测试现场

(d)小麦收获机备选机型收获样品

图 8－14　小麦收获环节备选机型指标测试现场

**表 8－12　小麦收获机收获环节试验测试数据**

| 编号 | $A_{5-1}$ | $A_{5-2}$ | $B_{5-1}$ | $B_{5-2}$ | $B_{5-3}$ | $C_{5-1}$ | $C_{5-2}$ |
|---|---|---|---|---|---|---|---|
| Ⅰ | 18 419 | 358.95 | 0.6 | 0.6 | 0.8 | 100 | 90.2 |
| Ⅱ | 18 256 | 202.65 | 0.5 | 0.6 | 0.5 | 100 | 90.5 |
| Ⅲ | 37 490 | 258 | 0.81 | 0.22 | 0.24 | 100 | 89.8 |
| Ⅳ | 16 626 | 400.4 | 0.94 | 0.44 | 1.81 | 100 | 92.7 |
| Ⅴ | 9 128 | 218.25 | 0.6 | 0.7 | 0.8 | 100 | 91.2 |

注：$A_{5-1}$为年固定费（元/年），$A_{5-2}$为单位油耗（L/hm²），$B_{5-1}$为总损失率（%），$B_{5-2}$为破碎率（%），$B_{5-3}$为含杂率（%），$C_{5-1}$为整机可靠性（%），$C_{5-2}$为操作安全性（分）。

玉米收获机备选机型见表 8－5，依据本研究所构建的评价指标体系中玉米收获环节所述指标进行大田实测，测试于 2018 年 9 月 29 日在河南省焦作市温县平安种业基地展开，试验所选用的玉米品种为豫安 3 号，试验前测得：玉米平均自然株高为 204 cm，最低结穗高度为 71 cm，单个果穗质量为 0.243 kg，果穗大端直径为 49.9 mm，种植行距为 493 mm，株距为 259 mm。试验时气温为 20.5～21.2 ℃，相对湿度为 50.2%～51.5%，单穗籽粒质量为 196 g，籽粒含水率为 31.54%，测试过程如图 8-16 所示，转换公式参照农业机械推广鉴定大纲《玉米收获机》(DG/T 015—2019)，结果见表 8-13。

由于田间全周期作业机具各指标因素存在不同量纲，为更加科学合理地对各指标进行对比评价分析，需对上述经隶属函数计算得出的指标值由公式 8-5 进行归一化处理，耕整地环节归一化指标及权重见表 8-14 和表 8-15，播种环节归一化指标及权重见表 8-16 和表 8-17，收获环节归一化指标及权重见表 8-18 和表 8-19。

(a)测前收集玉米物料

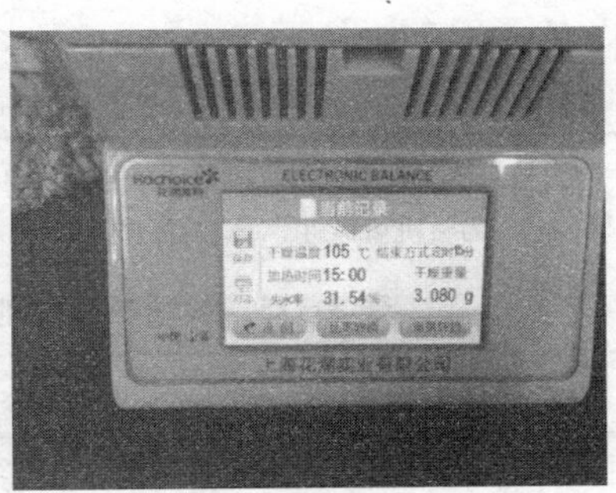


(b)玉米水分测定

(c)玉米收获机指标测试现场

(d)玉米收获机备选机型收获样品

图 8-15 玉米收获环节备选机型指标测试现场

**表 8-13 玉米收获机收获环节试验测试数据**

| 编号 | $A_{6-1}$ | $A_{6-2}$ | $B_{6-1}$ | $B_{6-2}$ | $B_{6-3}$ | $B_{6-4}$ | $C_{6-1}$ | $C_{6-2}$ |
|---|---|---|---|---|---|---|---|---|
| Ⅰ | 24 939 | 471.3 | 0.4 | 0.3 | 93.3 | 99.0 | 100 | 91.9 |
| Ⅱ | 38 631 | 294 | 0.6 | 0.3 | 92 | 100 | 100 | 91.6 |
| Ⅲ | 27 628.5 | 659.25 | 0.1 | 0.1 | 99 | 99 | 100 | 91.5 |
| Ⅳ | 28 720.6 | 627.9 | 0.1 | 0.2 | 99 | 100 | 100 | 91.2 |
| Ⅴ | 24 645.6 | 690.75 | 0.3 | 0.8 | 91.1 | 89.7 | 99.1 | 91.4 |

注：$A_{6-1}$为年固定费（元/年），$A_{6-2}$为单位油耗（L/hm²），$B_{6-1}$为籽粒破碎率（%），$B_{6-2}$为果穗含杂率（%），$B_{6-3}$为苞叶剥净率（%），$B_{6-4}$为秸秆粉碎长度合格率（%），$C_{6-1}$为整机可靠性（%），$C_{6-2}$为操作安全性（分）。

**表 8-14　铧式犁耕整地环节归一化指标及权重**

| 编号 | $A_{1-1}$ | $A_{1-2}$ | $B_{1-1}$ | $B_{1-2}$ | $B_{1-3}$ | $B_{1-4}$ | $C_{1-1}$ | $C_{1-2}$ |
|---|---|---|---|---|---|---|---|---|
| Ⅰ | 0.161 2 | 0.149 3 | 0.162 5 | 0.041 7 | 0.019 8 | 0.026 4 | 0.219 6 | 0.219 6 |
| Ⅱ | 0.176 5 | 0.153 5 | 0.155 6 | 0.028 1 | 0.019 5 | 0.034 6 | 0.216 1 | 0.216 1 |
| Ⅲ | 0.175 0 | 0.112 3 | 0.139 8 | 0.052 7 | 0.229 2 | 0.050 4 | 0.229 2 | 0.229 2 |
| Ⅳ | 0.183 2 | 0.094 1 | 0.137 7 | 0.052 8 | 0.036 7 | 0.036 7 | 0.229 4 | 0.229 4 |
| Ⅴ | 0.176 6 | 0.056 8 | 0.146 7 | 0.061 5 | 0.049 7 | 0.035 5 | 0.236 6 | 0.236 6 |
| $Q_{h1}$ | 0.018 4 | 0.165 8 | 0.008 7 | 0.005 3 | 0.002 9 | 0.031 7 | 0.671 2 | 0.095 9 |
| $Q_{h2}$ | 0.433 5 | 0.367 1 | 0.016 7 | 0.027 5 | 0.116 4 | 0.020 6 | 0.002 8 | 0.015 4 |
| $Q_{h3}$ | 0.086 1 | 0.656 9 | 0.015 7 | 0.015 7 | 0.036 4 | 0.070 4 | 0.020 2 | 0.015 9 |

注：$A_{1-1}$为年固定费，$A_{1-2}$为单位油耗，$B_{1-1}$为耕深变异系数，$B_{1-2}$为地表下 8 cm 植被覆盖率，$B_{1-3}$为 8 cm 下植被覆盖率，$B_{1-4}$为碎土率，$C_{1-1}$为整机可靠性，$C_{1-2}$为操作安全性，$Q_{h1}$为层次分析法权重，$Q_{h2}$为熵权法权重，$Q_{h3}$为组合权重。

**表 8-15　旋耕机耕整地环节归一化指标及权重**

| 编号 | $A_{2-1}$ | $A_{2-2}$ | $B_{2-1}$ | $B_{2-2}$ | $B_{2-3}$ | $B_{2-4}$ | $C_{2-1}$ | $C_{2-2}$ |
|---|---|---|---|---|---|---|---|---|
| Ⅰ | 0.154 1 | 0.120 4 | 0.037 3 | 0.128 8 | 0.091 5 | 0.128 8 | 0.169 5 | 0.169 5 |
| Ⅱ | 0.153 5 | 0.110 6 | 0.040 7 | 0.108 9 | 0.122 3 | 0.129 0 | 0.167 6 | 0.167 6 |
| Ⅲ | 0.166 9 | 0.085 9 | 0.052 3 | 0.127 0 | 0.074 7 | 0.119 5 | 0.186 8 | 0.186 8 |
| Ⅳ | 0.160 8 | 0.117 9 | 0.031 7 | 0.091 5 | 0.116 1 | 0.130 2 | 0.175 9 | 0.175 9 |
| Ⅴ | 0.168 0 | 0.102 4 | 0.046 7 | 0.129 4 | 0.071 9 | 0.122 2 | 0.179 7 | 0.179 7 |
| $Q_{x1}$ | 0.625 7 | 0.089 4 | 0.088 9 | 0.104 9 | 0.017 4 | 0.017 5 | 0.050 5 | 0.056 0 |
| $Q_{x2}$ | 0.474 2 | 0.421 4 | 0.044 6 | 0.012 6 | 0.022 4 | 0.003 0 | 0.004 2 | 0.017 5 |
| $Q_{x3}$ | 0.869 3 | 0.110 3 | 0.011 6 | 0.003 9 | 0.001 1 | 0.000 1 | 0.000 6 | 0.002 9 |

注：$A_{2-1}$为年固定费，$A_{2-2}$为单位油耗，$B_{2-1}$为耕深，$B_{2-2}$为耕深稳定系数，$B_{2-3}$为植被覆盖率，$B_{2-4}$为碎土率，$C_{2-1}$为整机可靠性，$C_{2-2}$为操作安全性，$Q_{x1}$为层次分析法权重，$Q_{x2}$为熵权法权重，$Q_{x3}$为组合权重。

**表 8-16　小麦播种机播种环节归一化指标及权重**

| 编号 | $A_{3-1}$ | $A_{3-2}$ | $B_{3-1}$ | $B_{3-2}$ | $B_{3-3}$ | $B_{3-4}$ | $C_{3-1}$ | $C_{3-2}$ |
|---|---|---|---|---|---|---|---|---|
| Ⅰ | 0.140 2 | 0.168 9 | 0.157 1 | 0.022 4 | 0.034 2 | 0.135 7 | 0.170 8 | 0.170 8 |
| Ⅱ | 0.116 9 | 0.129 7 | 0.155 2 | 0.017 2 | 0.038 8 | 0.154 2 | 0.194 0 | 0.194 0 |
| Ⅲ | 0.149 6 | 0.115 5 | 0.158 9 | 0.042 6 | 0.054 3 | 0.139 5 | 0.172 7 | 0.172 7 |
| Ⅳ | 0.150 4 | 0.159 3 | 0.098 8 | 0.019 4 | 0.120 5 | 0.122 4 | 0.164 6 | 0.164 6 |
| Ⅴ | 0.145 6 | 0.148 5 | 0.148 7 | 0.016 9 | 0.037 2 | 0.131 1 | 0.185 9 | 0.185 9 |
| $Q_{xb1}$ | 0.559 4 | 0.079 9 | 0.207 4 | 0.053 6 | 0.014 4 | 0.020 7 | 0.058 1 | 0.006 5 |
| $Q_{xb2}$ | 0.199 8 | 0.483 6 | 0.148 7 | 0.002 0 | 0.143 0 | 0.011 6 | 0.002 2 | 0.009 1 |
| $Q_{xb3}$ | 0.242 2 | 0.083 7 | 0.066 8 | 0.000 2 | 0.004 5 | 0.000 5 | 0.000 3 | 0.000 1 |

注：$A_{3-1}$为年固定费，$A_{3-2}$为单位油耗，$B_{3-1}$为播种破损率，$B_{3-2}$为播种均匀变异性，$B_{3-3}$为播种深度合格率，$B_{3-4}$为排肥量稳定性变异系数，$C_{3-1}$为整机可靠性，$C_{3-2}$为操作安全性，$Q_{xb1}$为层次分析法权重，$Q_{xb2}$为熵权法权重，$Q_{xb3}$为组合权重。

**表 8-17　玉米播种机播种环节归一化指标及权重**

| 编号 | $A_{4-1}$ | $A_{4-2}$ | $B_{4-1}$ | $B_{4-2}$ | $B_{4-3}$ | $B_{4-4}$ | $C_{4-1}$ | $C_{4-2}$ |
|---|---|---|---|---|---|---|---|---|
| Ⅰ | 0.129 1 | 0.113 8 | 0.133 0 | 0.110 2 | 0.122 9 | 0.106 0 | 0.142 5 | 0.142 5 |
| Ⅱ | 0.135 4 | 0.141 3 | 0.131 9 | 0.114 0 | 0.100 7 | 0.094 2 | 0.141 3 | 0.141 3 |
| Ⅲ | 0.139 8 | 0.102 3 | 0.142 7 | 0.146 8 | 0.080 3 | 0.082 3 | 0.152 9 | 0.152 9 |
| Ⅳ | 0.136 2 | 0.143 8 | 0.126 0 | 0.095 0 | 0.089 0 | 0.119 3 | 0.145 4 | 0.145 4 |
| Ⅴ | 0.127 0 | 0.124 2 | 0.134 7 | 0.100 5 | 0.099 1 | 0.103 6 | 0.155 4 | 0.155 4 |
| $Q_{yb1}$ | 0.677 3 | 0.096 8 | 0.102 3 | 0.040 1 | 0.014 5 | 0.005 8 | 0.052 7 | 0.010 5 |
| $Q_{yb2}$ | 0.265 1 | 0.358 5 | 0.066 5 | 0.170 2 | 0.073 9 | 0.050 7 | 0.002 9 | 0.012 1 |
| $Q_{yb3}$ | 0.773 0 | 0.149 5 | 0.029 3 | 0.029 4 | 0.004 6 | 0.001 3 | 0.000 7 | 0.000 5 |

注：$A_{4-1}$为年固定费，$A_{4-2}$为单位油耗，$B_{4-1}$为播种破损率，$B_{4-2}$为重播率，$B_{4-3}$为漏播率，$B_{4-4}$为排肥量稳定性变异系数，$C_{4-1}$为整机可靠性，$C_{4-2}$为操作安全性，$Q_{yb1}$为层次分析法权重，$Q_{yb2}$为熵权法权重，$Q_{yb3}$为组合权重。

**表 8-18　小麦收获机收获环节归一化指标及权重**

| 编号 | $A_{5-1}$ | $A_{5-2}$ | $B_{5-1}$ | $B_{5-2}$ | $B_{5-3}$ | $C_{5-1}$ | $C_{5-2}$ |
|---|---|---|---|---|---|---|---|
| Ⅰ | 0.047 6 | 0.193 0 | 0.150 1 | 0.120 1 | 0.180 1 | 0.300 2 | 0.009 0 |
| Ⅱ | 0.042 8 | 0.223 2 | 0.155 1 | 0.106 4 | 0.199 4 | 0.265 9 | 0.007 2 |
| Ⅲ | 0.006 2 | 0.201 9 | 0.085 2 | 0.204 6 | 0.230 8 | 0.262 3 | 0.009 0 |
| Ⅳ | 0.071 4 | 0.222 4 | 0.081 6 | 0.210 9 | 0.035 8 | 0.376 6 | 0.001 2 |
| Ⅴ | 0.110 3 | 0.225 2 | 0.137 3 | 0.082 4 | 0.164 8 | 0.274 7 | 0.005 3 |
| $Q_{xh1}$ | 0.598 0 | 0.085 4 | 0.176 9 | 0.024 9 | 0.026 8 | 0.011 0 | 0.077 1 |
| $Q_{xh2}$ | 0.245 2 | 0.348 1 | 0.027 5 | 0.063 2 | 0.199 3 | 0.116 7 | 0.000 1 |
| $Q_{xh3}$ | 0.774 1 | 0.156 9 | 0.025 7 | 0.008 3 | 0.028 2 | 0.006 8 | 0.000 4 |

注：$A_{5-1}$为年固定费，$A_{5-2}$为单位油耗，$B_{5-1}$为总损失率，$B_{5-2}$为破碎率，$B_{5-3}$为含杂率，$C_{5-1}$为整机可靠性，$C_{5-2}$为操作安全性，$Q_{xh1}$为层次分析法权重，$Q_{xh2}$为熵权法权重，$Q_{xh3}$为组合权重。

**表 8-19　玉米收获机收获环节归一化指标及权重**

| 编号 | $A_{6-1}$ | $A_{6-2}$ | $B_{6-1}$ | $B_{6-2}$ | $B_{6-3}$ | $B_{6-4}$ | $C_{6-1}$ | $C_{6-2}$ |
|---|---|---|---|---|---|---|---|---|
| Ⅰ | 0.018 0 | 0.109 4 | 0.130 9 | 0.196 4 | 0.120 7 | 0.203 7 | 0.218 2 | 0.002 6 |
| Ⅱ | 0.046 4 | 0.160 0 | 0.088 4 | 0.198 8 | 0.103 1 | 0.220 9 | 0.220 9 | 0.003 3 |
| Ⅲ | 0.012 4 | 0.052 2 | 0.177 3 | 0.190 4 | 0.183 8 | 0.183 8 | 0.196 9 | 0.003 2 |
| Ⅳ | 0.011 0 | 0.059 2 | 0.174 9 | 0.181 3 | 0.181 3 | 0.194 3 | 0.194 3 | 0.003 8 |
| Ⅴ | 0.024 4 | 0.064 8 | 0.201 1 | 0.210 7 | 0.116 8 | 0.090 0 | 0.287 3 | 0.004 9 |
| $Q_{yh1}$ | 0.240 2 | 0.034 3 | 0.431 5 | 0.100 1 | 0.076 5 | 0.044 9 | 0.012 1 | 0.060 4 |
| $Q_{yh2}$ | 0.172 2 | 0.419 2 | 0.153 0 | 0.165 2 | 0.044 2 | 0.045 2 | 0.000 6 | 0.000 5 |
| $Q_{yh3}$ | 0.287 7 | 0.100 1 | 0.459 3 | 0.115 0 | 0.023 5 | 0.014 1 | 0.000 1 | 0.000 2 |

注：$A_{6-1}$为年固定费，$A_{6-2}$为单位油耗，$B_{6-1}$为籽粒破碎率，$B_{6-2}$为果穗含杂率，$B_{6-3}$为苞叶剥净率，$B_{6-4}$为秸秆粉碎长度合格率，$C_{6-1}$为整机可靠性，$C_{6-2}$为操作安全性，$Q_{yh1}$为层次分析法权重，$Q_{yh2}$为熵权法权重，$Q_{yh3}$为组合权重。

## 五、评价结果与分析

### 1. 耕整地环节作业机具评价结果

根据所建立的评判模型，经归一化处理后得到表 8-14 和表 8-15 中铧式犁与旋耕机备选机型各单项指标及权重值，按公式 8-7 将指标数据与其对应的组合权重相乘，最后采用加权综合平均算法，获得小麦-玉米两熟制作物耕地环节所使用的铧式犁与旋耕机的综合评价结果，耕整地环节作业机具评价结果如图 8-16 所示。

从综合评价结果来看，铧式犁机具Ⅰ综合评价指标值为 0.157 2、机具Ⅱ为 0.160 9、机具Ⅲ为 0.144 9、机具Ⅳ为 0.125 7、机具Ⅴ为 0.102 6，铧式犁机具综合评价结果排序为Ⅱ＞Ⅰ＞Ⅲ＞Ⅳ＞Ⅴ，铧式犁最优机型为机具Ⅱ——1LFK-435；旋耕机机具Ⅰ综合评价指标值为 0.148 9、机具Ⅱ为 0.147 3、机具Ⅲ为 0.156 4、机具Ⅳ为 0.154 3、机具Ⅴ为 0.015 9，旋耕机机具综合评价结果排序为Ⅲ＞Ⅳ＞Ⅰ＞Ⅱ＞Ⅴ，旋耕机最优机型为机具Ⅲ——1GQKGN-240。

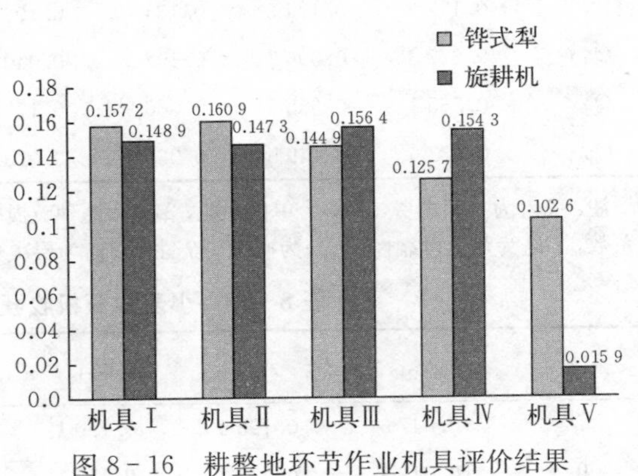


图 8-16　耕整地环节作业机具评价结果

### 2. 播种环节作业机具评价结果

根据所建立的评判模型，经归一化处理后得到表 8-16 和表 8-17 中小麦播种机与玉米播种机备选机型各单项指标及权重值，按公式 8-7 将指标数据与其对应的组合权重相乘，最后采用加权综合平均算法，获得小麦-玉米两熟制作物播种环节所使用的作业机具综合评价结果，播种环节作业机具评价结果如图 8-17 所示。

从综合评价结果来看，小麦播种机机具Ⅰ综合评价指标值为 0.058 9、机具Ⅱ为 0.049 9、机具Ⅲ为 0.056 9、机具Ⅳ为 0.057 0、机具Ⅴ为 0.057 9，小麦播种机具综合评价结果排序为Ⅰ＞Ⅴ＞Ⅳ＞Ⅲ＞Ⅱ，小麦播种机最优机型为机具Ⅰ——2BXF-19；玉米播种机机具Ⅰ综合评价指标值为 0.124 8、机具Ⅱ为 0.133 8、机具Ⅲ为 0.132 5、机具Ⅳ为 0.134 0、机具Ⅴ为 0.124 4，玉米播种机具综合评价结果排序为Ⅳ＞Ⅱ＞Ⅲ＞Ⅰ＞Ⅴ，玉米播种机最优机型为机具Ⅳ——2BYMF-5。

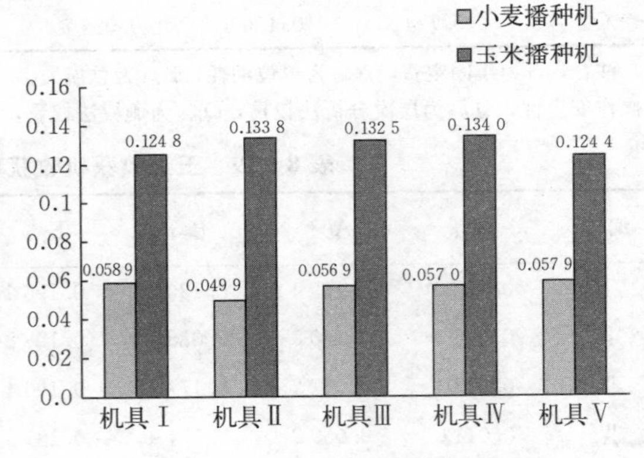


图 8-17　播种环节机具评价结果

### 3. 收获环节作业机具评价结果

根据所建立的评判模型，经归一化处理后得到表 8-18 和表 8-19 中小麦收获机与玉米收获机备选机型各单项指标及权重值，按公式 8-7 将指标数据与其对应的组合权重相乘，最后采用加权综合平均算法，获得小麦-玉米两熟制作物收获环节所使用的作业机具综合评价结果，收获环节作业机具评价结果如图 8-18 所示。

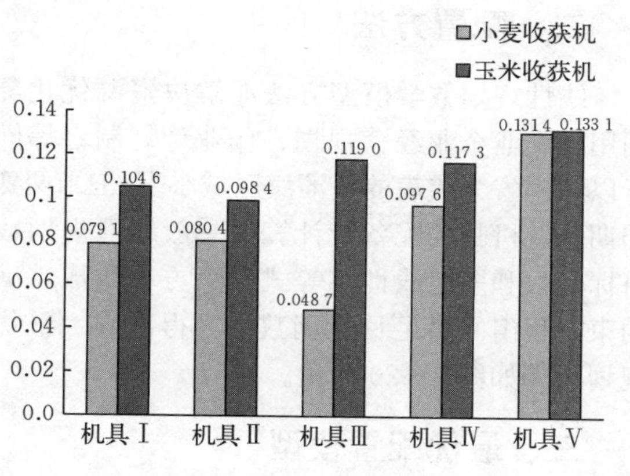


图 8-18　收获环节机具评价结果

从综合性评价结果来看，小麦收获机机具Ⅰ综合评价指标值为 0.079 1、机具Ⅱ为 0.080 4、机具Ⅲ为 0.048 7、机具Ⅳ为 0.097 6、机具Ⅴ为 0.131 4，小麦收获机具综合评价结果排序为Ⅴ＞Ⅳ＞Ⅱ＞Ⅰ＞Ⅲ，小麦收获机最优机型为机具Ⅴ——4LZ-3.0；玉米收获机综合评价指标值为：机具Ⅰ为 0.104 6、机具Ⅱ为 0.098 4、机具Ⅲ为 0.119 0、机具Ⅳ为 0.117 3、机具Ⅴ为 0.133 1，玉米收获机具综合评价结果排序为Ⅴ＞Ⅲ＞Ⅳ＞Ⅰ＞Ⅱ，玉米收获机最优机型为机具Ⅴ——4YZBQ-4L。

# 第四节　建立田间全周期作业机具最优配置模型

## 一、配置目的和要求

为探索规模化经营导致的耕地、种植制度、生产技术需求的变化对农业机械化选型配置的影响，解决生产过程中实际运用的农业机械系最优配置的关键问题，在机器选型的基础上，首先结合当地农艺作业流程，基于农业系统工程原理与运筹学原理，将农艺现状、农业机械分布、经营规模、作业环境、适用机型、机具配置量等要素视为未知变量，以机械作业成本最小为优化目标，建立数学模型，得出一套适合以河南省为代表的黄淮海区域小麦-玉米种植模式的农机装备配置的规划方案，用来指导以河南省为代表的黄淮海区域科学合理配置农机具，从而降低作业成本，提高作业质量和农业机械的利用率，以期用最少的投入获得最大的经济效益，实现小麦-玉米现代化、集约化、专业化生产，为以河南省为代表的黄淮海区域小麦-玉米机械化规模种植和机具优化配置提供理论参考。田间作业机具最优配置流程如图 8-19 所示。

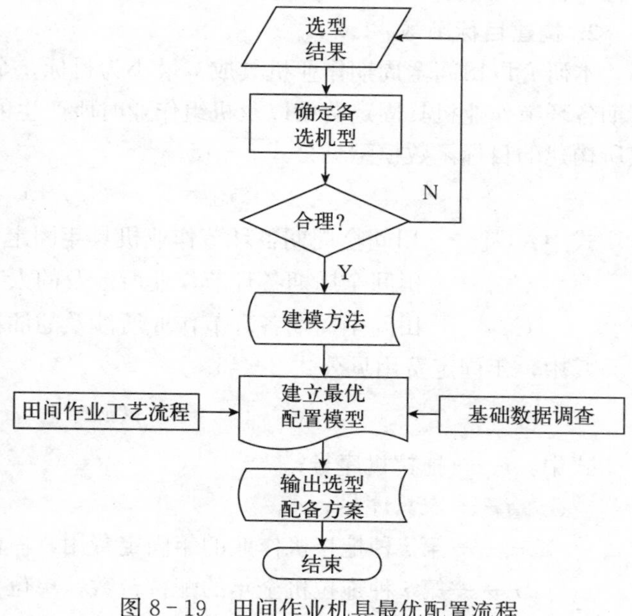


图 8-19　田间作业机具最优配置流程

## 二、配置方法

线性规划数学模型方法能解决资源优化配置、土地利用、农业企业经营规划、作业计划制订等问题，适用于以河南省为代表的黄淮海区域小麦-玉米两熟制田间全周期作业机具的配备量计算，一般线性规划数学模型由目标函数和多组线性不等式约束方程构成，满足不等式约束方程组并满足目标函数后，得出唯一最优解。线性规划步骤如图 8-20 所示。

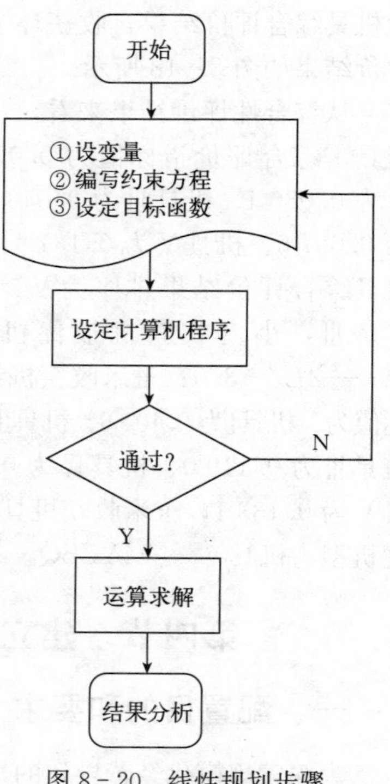


图 8-20 线性规划步骤

## 三、最优配置模型

针对一定经营规模范围内所涉及的动力机械以及配套农机具，分别配多少才能实现生产效益最佳开展研究，首先考虑小麦耕整地、播种、收获以及玉米播种与收获相关环节，其次通过实地调研获取农业机械装备关键参数，如农业机械购置成本、人工成本、油耗成本，然后以作业量约束、机具配备量约束、变量非负约束等构建农业机械优化配置模型的约束条件和目标函数，最后采用最优化方法测算出规模化经营下各机型的最优配备量，基于此本研究所建立的具体模型如下。

**1. 变量选择**

结合最优配置理论与实际模型情况，设定以下两类变量：$X_i$为作业机具可配备台数，单位为台；$X_{ij}$为第 $i$ 种机型从事第 $j$ 项作业天数，单位为 d。

**2. 构建目标函数**

本研究以田间全周期作业机具成本最小为目标，全周期田间作业机具成本涉及田间全周期各环节作业机具固定费用以及机组作业时所产生的人工费用、油耗费用等，由此本研究所构建的目标函数模型见公式 8-45。

$$S_{\min}=C_{固}+C_{人工}+C_{油耗} \tag{8-45}$$

式中：$C_{固}$——田间全周期各环节作业机具年固定费用；

$C_{人工}$——田间全周期各环节作业所涉及的人工费用；

$C_{油耗}$——田间全周期各环节作业所涉及的油耗费用。

其中，年固定费用见公式 8-46。

$$C_{固}=\sum(a_i x_i+b_j x_j) \tag{8-46}$$

式中：$i$——拖拉机序号；

$j$——农具序号；

$a_i$——第 $i$ 种拖拉机作业的年固定费用，单位为元/台；

$x_i$——第 $i$ 种拖拉机全年的配备台数，单位为台；

$b_j$——第 $j$ 种机具作业的年固定费用，单位为元/台；

$x_j$——第 $j$ 种农具全年的配备台数，单位为台。

人工费用见公式 8-47。

$$C_{人工} = \sum F_1 X_{ij} A_{ij} + \sum F_2 X_{ij} B_{ij} \tag{8-47}$$

式中：$F_1$——第 $i$ 种机型从事第 $j$ 项作业驾驶人员费用，单位为元/（d·人）；

$F_2$——第 $i$ 种机型从事第 $j$ 项作业辅助工人费用，单位为元/（d·人）；

$X_{ij}$——第 $i$ 种机型从事第 $j$ 项作业天数，单位为 d；

$A_{ij}$——第 $i$ 种机型从事第 $j$ 项作业驾驶员人数，单位为人；

$B_{ij}$——第 $i$ 种机型从事第 $j$ 项作业辅助工人数，单位为人。

油耗费用见公式 8-48。

$$C_{油耗} = \sum X_{ij} a_{ij} Y_{ij} \tag{8-48}$$

式中：$X_{ij}$——第 $i$ 种机型进行第 $j$ 项作业所用天数，单位为 d；

$a_{ij}$——第 $i$ 种机型进行第 $j$ 项作业的作业效率，单位为 $hm^2/d$；

$Y_{ij}$——第 $i$ 种机型进行第 $j$ 项作业的油耗，单位为元/$hm^2$。

**3. 建立约束方程**

约束方程包括作业量约束、机具配备量约束和变量非负约束，模型如下。

（1）作业量约束　作业量约束条件是指在规定的作业时间内，农业机具能够完成所规定的作业量，其表达式见公式 8-49。

$$W_{mn} X_{mn} \geqslant A_m \tag{8-49}$$

式中：$W_{mn}$——第 $n$ 种作业机组进行第 $m$ 项的生产率，单位为 $hm^2/d$；

$X_{mn}$——第 $n$ 种作业机组进行第 $m$ 项作业的天数，单位为 d；

$A_m$——第 $m$ 项作业规定完成的作业面积，单位为 $hm^2$。

（2）机具配备量约束　第 $i$ 种田间作业机具进行第 $j$ 项作业时的天数，不能大于第 $i$ 种机型在第 $j$ 项作业日期内能提供的最大数量。所以该作业机具的约束方程见公式 8-50。

$$\sum X_{ij} \leqslant T_j M_{ij} X_i \tag{8-50}$$

式中：$X_{ij}$——第 $i$ 种田间作业机具，在从事第 $j$ 项作业的作业班次（$i=1, 2\cdots n$；$j=1, 2\cdots n$），单位为 d·台；

$T_j$——第 $j$ 项作业时动力机械拖拉机的可下地概率；

$M_{ij}$——第 $i$ 种田间作业机具完成第 $j$ 项作业的天数，单位为 d；

$X_i$——第 $i$ 种田间作业机具的配备台数，单位为台。

（3）变量非负约束　变量非负约束见公式 8-51 和公式 8-52。

$$X_i \geqslant 0 \tag{8-51}$$

$$X_{ij} \geqslant 0 \tag{8-52}$$

式中：$i$——序号；

$j$——序号；

$X_i$——所设变量；

$X_{ij}$——所设变量。

## 四、作业机具关键参数

结合当地农艺制度安排小麦-玉米生产工艺流程，见表 8-20。以河南省温县平安种业基地为例，结合基地现有动力机械并根据第三节田间作业机具最优选型结果对所建立的数学模型进行验证，并开展最优配置研究，该种业基地主要通过耕地流转的方式获得土地经营权，现已经营耕地面积60 hm²，其中动力机械主要有东方红LX1204与东方红900两种拖拉机型号。

表8-20 小麦-玉米两熟田间作业工序流程表

| 作业序号 | 作业环节 | 作业日期 | 作业方式 | 机具类型 |
|---|---|---|---|---|
| 1 | 犁地 | 9月27日至10月15日 | 机械作业 | 拖拉机＋铧式犁 |
| 2 | 旋地 | 9月30日至10月15日 | 机械作业 | 拖拉机＋旋耕机 |
| 3 | 小麦播种 | 10月15日至10月27日 | 种肥同播 | 拖拉机＋播种机 |
| 4 | 小麦地化学除草 | — | 人工＋机械 | 小型自制机具 |
| 5 | 小麦收获 | 6月1日至6月15日 | 机收作业 | 谷物收割机 |
| 6 | 玉米播种 | 6月15日至6月26日 | 免耕播种 | 拖拉机＋播种机 |
| 7 | 玉米地化学除草 | — | 人工＋机械 | 小型自制机具 |
| 8 | 玉米收获 | 9月12日至9月23日 | 机械作业 | 玉米收割机 |

注：数据来源于河南省焦作温县平安种业基地实地调研。

通过实地调研，得到小麦-玉米两熟制田间全周期各环节所使用的作业机具作业效率、人员数量、油耗、拟配备机器的价格、人员工资等相关数据，见表8-21。

表8-21 田间作业机具关键参数

| 序号 | 作业环节 | 作业效率 (hm²/h) | 驾驶员 (人) | 辅助工 (人) | 驾驶员费用 (元·d) | 辅助工费用 (元·d) | 油耗 (L/d) | 主机价格 (元/年) | 机具价格 (元/年) | 下地概率 (%) |
|---|---|---|---|---|---|---|---|---|---|---|
| 1 | 东方红LX1204＋1LFK-435 | 20.00 | 1 | 0 | 350 | 0 | 39.67 | 29 222.6 | 2 025.00 | 100 |
| 2 | 东方红900＋1LFK-435 | 15.00 | 1 | 0 | 350 | 0 | 20.06 | 14 213.6 | 2 025.00 | 100 |
| 3 | 东方红LX1204＋1GQKGN-240 | 30.00 | 1 | 0 | 350 | 0 | 33.75 | 29 222.6 | 1 125.00 | 100 |
| 4 | 东方红900＋1GQKGN-240 | 20.00 | 1 | 0 | 350 | 0 | 20.12 | 14 213.6 | 1 125.00 | 100 |
| 5 | 东方红1204＋2BXF-19 | 13.92 | 1 | 3 | 350 | 150 | 22.56 | 29 222.6 | 1 968.75 | 100 |
| 6 | 东方红900＋2BXF-19 | 13.92 | 1 | 3 | 350 | 150 | 5.59 | 14 213.6 | 1 968.75 | 100 |
| 7 | 4LZ-3.0 | 8.52 | 1 | 2 | 350 | 150 | 14.55 | 23 683.9 | 0 | 85 |
| 8 | 4LZ-6.0 | 8.94 | 1 | 2 | 350 | 150 | 26.70 | 16 789.0 | 0 | 85 |

（续）

| 序号 | 作业环节 | 作业效率（$hm^2/h$） | 驾驶员（人） | 辅助工（人） | 驾驶员费用（元·d） | 辅助工费用（元·d） | 油耗（L/d） | 主机价格（元/年） | 机具价格（元/年） | 下地概率（%） |
|---|---|---|---|---|---|---|---|---|---|---|
| 9 | 东方红 1204＋2BYMF－5 | 10.08 | 1 | 3 | 350 | 150 | 22.56 | 29 222.6 | 652.50 | 100 |
| 10 | 东方红 900＋2BYMF－5 | 10.08 | 1 | 3 | 350 | 150 | 15.65 | 14 213.6 | 652.50 | 100 |
| 11 | 4YZBQ－4L | 9.00 | 1 | 2 | 350 | 150 | 46.05 | 35 860.0 | 0 | 85 |
| 12 | 4YZB－4F | 5.16 | 1 | 2 | 350 | 150 | 43.95 | 33 741.0 | 0 | 85 |

注：日作业时间按 10 h 计算。

## 五、数学模型验证

### 1. 设定变量

通过设定变量可以将全周期田间作业机具最优配置问题简化成相应的数学模型，具体变量及变量含义如下。

$X_1$——拖拉机东方红 LX1204 台数，单位为台；

$X_2$——拖拉机东方红 900 台数，单位为台；

$X_3$——铧式犁 1LFK－435 台数，单位为台；

$X_4$——旋耕机 1GQKGN－240 台数，单位为台；

$X_5$——小麦播种机 2BXF－19 台数，单位为台；

$X_6$——玉米播种机 2BYMF－5 台数，单位为台；

$X_7$——小麦收割机 4LZ－3.0 台数，单位为台；

$X_8$——小麦收割机 4LZ－6.0 台数，单位为台；

$X_9$——玉米收割机 4YZBQ－4L 台数，单位为台；

$X_{10}$——玉米收割机 4YZB－4F 台数，单位为台；

$X_{11}$——拖拉机东方红 LX1204 与铧式犁 1LFK－435 机组进行犁地作业的天数，单位为 d；

$X_{12}$——拖拉机东方红 900 与铧式犁 1LFK－435 机组进行犁地作业的天数，单位为 d；

$X_{13}$——拖拉机东方红 LX1204 与旋耕机 1GQKGN－240 机组进行旋耕作业的天数，单位为 d；

$X_{14}$——拖拉机东方红 900 与旋耕机 1GQKGN－240 机组进行旋耕作业的天数，单位为 d；

$X_{15}$——拖拉机东方红 LX1204 与小麦播种机 2BXF－19 机组进行播种作业的天数，单位为 d；

$X_{16}$——拖拉机东方红 900 与小麦播种机 2BXF－19 机组进行播种作业的天数，单位为 d；

$X_{17}$——小麦收获机 4LZ－3.0 机组进行收获作业的天数，单位为 d；

$X_{18}$——小麦收获机 4LZ－6.0 机组进行收获作业的天数，单位为 d；

$X_{19}$——拖拉机东方红 LX1204 与玉米播种机 2BYMF－5 机组进行播种作业的天数，单位为 d；

$X_{20}$——拖拉机东方红 900 与玉米播种机 2BYMF－5 机组进行播种作业的天数，单位为 d；

$X_{21}$——玉米收获机 4YZBQ－4L 机组进行收获作业的天数，单位为 d；

$X_{22}$——玉米收获机 4YZB－4F 机组进行收获作业的天数，单位为 d。

**2. 约束方程**

（1）作业量约束

① 耕整地环节。

$$200X_{11}+150X_{12}\geqslant 900$$
$$300X_{13}+200X_{14}\geqslant 900$$

② 小麦季播种环节。

$$139.2X_{15}+139.2X_{16}\geqslant 900$$

③ 小麦季收获环节。

$$85.2X_{17}+89.4X_{18}\geqslant 900$$

④ 玉米季播种环节。

$$100.8X_{19}+100.8X_{20}\geqslant 900$$

⑤ 玉米季收获环节。

$$90X_{21}+51.2X_{22}\geqslant 900$$

（2）机具配备量约束

① 耕整地环节。

a. 犁地机组作业。

$$X_{11}\leqslant 20X_1$$
$$X_{11}\leqslant 20X_3$$
$$X_{12}\leqslant 20X_2$$
$$X_{12}\leqslant 20X_3$$
$$X_{11}+X_{12}\leqslant 20X_3$$

b. 旋耕机组作业。

$$X_{13}\leqslant 20X_1$$
$$X_{13}\leqslant 20X_4$$
$$X_{14}\leqslant 20X_2$$
$$X_{14}\leqslant 20X_4$$
$$X_{13}+X_{14}\leqslant 20X_4$$

② 小麦季播种环节。

$$X_{15}\leqslant 13X_1$$
$$X_{15}\leqslant 13X_5$$
$$X_{16}\leqslant 13X_2$$
$$X_{16}\leqslant 13X_5$$
$$X_{15}+X_{16}\leqslant 13X_5$$

③ 小麦季收获环节。

$$X_{17} \leqslant 15 \times 0.85 X_7$$

$$X_{18} \leqslant 15 \times 0.85 X_8$$

④ 玉米季播种环节。

$$X_{19} \leqslant 12 X_1$$

$$X_{19} \leqslant 12 X_6$$

$$X_{20} \leqslant 12 X_2$$

$$X_{20} \leqslant 12 X_6$$

$$X_{19} + X_{20} \leqslant 12 X_6$$

⑤ 玉米季收获环节。

$$X_{21} \leqslant 12 \times 0.85 X_9$$

$$X_{22} \leqslant 12 \times 0.85 X_{10}$$

（3）变量非负约束

所设定的机具数量与作业天数等其他变量均为非负整数，因此 $X_1$，$X_2$，…，$X_{22} \geqslant 0$

**3. 目标函数**

$S_{min} = 29\ 222.6X_1 + 14\ 213.6X_2 + 2\ 025X_3 + 1\ 125X_4 + 1\ 968.75X_5 + 652.5X_6 + 16\ 789X_7 + 23\ 683.9X_8 + 35\ 860X_9 + 33\ 741X_{10} + 350X_{11} + 350X_{12} + 350X_{13} + 350X_{14} + 800X_{15} + 800X_{16} + 650X_{17} + 650X_{18} + 800X_{19} + 800X_{20} + 650X_{21} + 650X_{22} + 793.4X_{11} + 300.9X_{12} + 1\ 012.5X_{13} + 402.4X_{14} + 314X_{15} + 77.8X_{16} + 124X_{17} + 238.7X_{18} + 227.4X_{19} + 157.8X_{20} + 414.5X_{21} + 226.8X_{22}$

## 六、结果分析与评价

针对所建立的数学模型中的目标函数与约束方程，采用 Linear Interactive and General Optimizer（LINGO 软件）进行模拟运算求解，LINGO 软件作为交互式线性通用优化求解器内置建模语言，可用于求解大型复杂的线性方程组，并获得最优解，运算求解过程如图 8-21 与图 8-22 所示。

图 8-21 交互式线性通用优化求解器

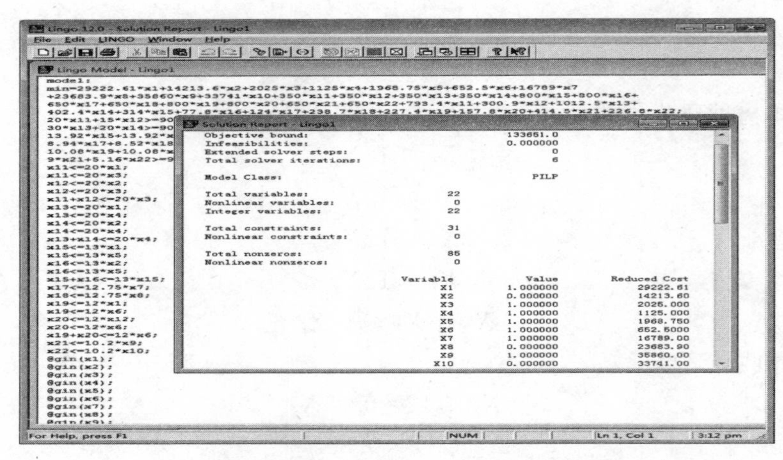

图 8-22　模型运算求解过程

将目标函数、作业量约束方程、机具配备量约束方程与变量非负约束输入 LINGO 软件进行运算，可得机具配备情况。所求机具数量必须为大于等于 0 的整数，将运算结果进行取整后得到的运算结果见表 8-22。

**表 8-22　规划求解结果**

| 序号 | 变量名称 | 机具名称 | 机具数量（台） |
|---|---|---|---|
| 1 | $X_1$ | 拖拉机东方红 LX1204 | 1 |
| 2 | $X_2$ | 拖拉机东方红 900 | 0 |
| 3 | $X_3$ | 铧式犁 1LFK-435 | 1 |
| 4 | $X_4$ | 旋耕机 1GQKGN-240 | 1 |
| 5 | $X_5$ | 小麦播种机 2BXF-19 | 1 |
| 6 | $X_6$ | 玉米播种机 2BYMF-5 | 1 |
| 7 | $X_7$ | 小麦收割机 4LZ-3.0 | 1 |
| 8 | $X_8$ | 小麦收割机 4LZ-6.0 | 0 |
| 9 | $X_9$ | 玉米收割机 4YZBQ-4L | 1 |
| 10 | $X_{10}$ | 玉米收割机 4YZB-4F | 0 |

在经营耕地 60 $hm^2$、田间全周期作业机具最少投入成本的情况下进行优化计算，并将计算所得的最优配置方案结果与基地现有田间作业机具实际配备量进行对比，可以看出基地各作业环节所使用的田间作业机具存在选型不合理、资源浪费的现象，其中拖拉机东方红 900、旋耕机 1GQN-230H、旋耕机 1GQQN-250GG、小麦播种机 2BMQF-6/12、小麦收割机 4LZ-6.0、玉米收割机 4YZB-4F 等相关机型存在选型不合理、利用率偏低的问题，所以要减少以上机型的配备量。基地现有田间作业机具实际配备量与优化结果对比情况见表 8-23。

表 8-23　基地现有田间作业机具实际配备量与优化结果对比情况

| 序号 | 机具名称 | 机器型号 | 实际数量（台） | 需要数量（台） |
|---|---|---|---|---|
| 1 | 拖拉机 | 拖拉机东方红 LX1204 | 1 | 1 |
| | | 拖拉机东方红 900 | 1 | 0 |
| 2 | 铧式犁 | 铧式犁 1LFK-435 | 1 | 1 |
| 3 | 旋耕机 | 旋耕机 1GQKGN-240 | 1 | 1 |
| | | 旋耕机 1GQN-230H | 1 | 0 |
| | | 旋耕机 1GQQN-250GG | 1 | 0 |
| 4 | 小麦播种机 | 小麦播种机 2BXF-19 | 1 | 1 |
| | | 小麦播种机 2BMQF-6/12 | 1 | 0 |
| 5 | 玉米播种机 | 玉米播种机 2BYMF-5 | 1 | 1 |
| 6 | 小麦收获机 | 小麦收割机 4LZ-3.0 | 1 | 1 |
| | | 小麦收割机 4LZ-6.0 | 1 | 0 |
| 7 | 玉米收获机 | 玉米收割机 4YZBQ-4L | 1 | 1 |
| | | 玉米收割机 4YZB-4F | 1 | 0 |

## 主要参考文献


安毅，高铁生，2013. 世界格局调整中各国确保粮食安全的贸易、流通与储备政策 [J]. 经济研究参考，(56)：3-29，60.

白人朴，2013. 探索农业全程机械化生产模式的几点思考 [J]. 南方农机 (2)：17-18.

曹明贵，苏智慧，高琪，2014. 新时期河南省农业适度规模经营的对策思考 [J]. 信阳师范学院学报（哲学社会科学版），34 (3)：27-31.

曹锐，1986. 农机配备中适时作业期限合理延迟天数的确定方法 [J]. 农业机械学报 (1)：92-98.

陈传强，李鹍鹏，栾雪雁，2013. 花生联合收获机械试验选型方法研究 [J]. 中国农机化学报，34 (5)：55-59.

成平，李国英，1986. 投影寻踪——一类新兴的统计方法 [J]. 应用概率统计，2 (3)：267-276.

代丽，朱爱华，赵匀，2013. 应用层次分析法计算分插机构优化目标的权重 [J]. 农业工程学报，29 (2)：60-65.

杜岳峰，傅生辉，毛恩荣，等，2019. 农业机械智能化设计技术发展现状与展望 [J]. 农业机械学报，50 (9)：1-17.

方延旭，杨培岭，宋素兰，等，2011. 灌区生态系统健康二级模糊综合评价模型及其应用 [J]. 农业工程学报，27 (11)：199-205.

付强，杨广林，金菊良，2003. 基于 PPC 模型的农机选型与优序关系研究 [J]. 农业机械学报，34 (1)：101-103.

傅丽芳，蒋丹，2014. 改进灰色关联模型在农机设备选型中的应用 [J]. 农机化研究，36 (8)：40-42.

高焕文，1998. 高等农业机械化管理学 [M]. 北京：中国农业大学出版社.

高庆生，曹光乔，朱梅，等，2013. 基于模糊综合评判的设施栽培旋耕机选型研究 [J]. 中国农机化学报，34 (6)：148-152，158.

葛延峰，孔祥勇，李丹，等，2014. 基于层次分析和模糊专家评判的投影寻踪决策方法 [J]. 系统仿真学报，26（3）：567－573，620.
龚艳，张晓，刘燕，等，2016. 基于层次分析法的植保机械适用性综合评价方法［J］. 农业机械学报，47（9）：73－78.
韩宽襟，高焕文，万鹤群，1990. 农机配备非线性规划模型的完善及其序列规划逼近算法［J］. 北京农业工程大学学报，10（2）：1－8.
韩正晟，1993. 农业机械选型系统的研究［J］. 甘肃农业大学学报（1）：72－76.
胡艳营，师忠秀，2006. 基于价值工程的机械产品创新设计对象的确定［J］. 机电工程技术，35（6）：26－28.
黄大明，周清，聂佳梅，2004. 基于价值工程的农业机械选型与配套方案优化［J］. 农机化研究（5）：90－91.
黄光群，韩鲁佳，刘贤，等，2012. 农业机械化工程集成技术评价体系的建立［J］. 农业工程学报，28（16）：74－79.
黄玉祥，郭康权，2008. 基于证据理论的农业机械选型风险因素评价方法［J］. 农业工程学报，24（4）：135－141.
康海燕，李智，魏兆凯，等，2005. 基于二阶模糊综合评判的收获机械选型与优序［J］. 农机化研究（1）：100－102.
李风，付开进，于向军，2017. 基于层次分析法的大型半自磨机磨矿性能优化［J］. 农业机械学报，48（6）：392－398.
李贵刚，2016. 农业机械中先进农业技术的应用研究［J］. 河南农业（23）：125－126.
梁琨，沈明霞，葛玉峰，2012. 基于模糊综合分析方法的谷物溯源颗粒优化设计［J］. 农业工程学报，28（15）：246－250.
刘博，焦刚，2006. 农业机械适用性的评价方法［J］. 农业机械学报，37（9）：100－103，82.
刘明辉，2018. 中国农业机械化现状与发展模式研究［J］. 农民致富之友（15）：163－164.
楼文高，乔龙，2015. 投影寻踪分类建模理论的新探索与实证研究［J］. 数理统计与管理，34（1）：47－58.
楼文高，熊聘，冯国珍，等，2017. 影响投影寻踪聚类建模的关键因素分析与实证研究［J］. 数理统计与管理，36（5）：783－801.
孟繁琪，万鹤群，1983. 农业作业适时性对农机配备量的影响［J］. 农业机械学报（1）：97－103.
缪德刚，2019. 从单一产权到"三权分置"：新中国农村土地产权制度70年沿革［J］. 西南民族大学学报（人文社科版），40（12）：103－112.
宁宝权，彭望书，郭树勤，等，2015. 基于动态组合赋权的农业机械综合评价研究［J］. 农机化研究，37（7）：79－82，96.
潘迪，陈聪，2013. 基于整数线性规划的农机装备优化配置决策支持系统研究［J］. 中国农机化学报，34（2）：35－37.
潘润秋，刘珺，宋丹妤，2014. 基于模糊综合分析法的农用地分等方法［J］. 农业工程学报，30（18）：257－265.
乔西铭. 基于价值工程下农业机械选型与配套方案的优化［J］. 华南热带农业大学学报，2007，13（04）：78－80.
邵书山，王晓燕，张波，等，2017. 运用线性规划对粮食生产农机具的配备分析与优化［J］. 中国农机化学报，38（12）：87－90.
时晓宏，2018. 农业工程中农业机械化发展现状及对策［J］. 南方农业，12（21）：146－147.
王桂民，2017. 基于规模化经营的水稻生产机器系统优化研究［D］. 镇江：江苏大学.
王秋颖，王福林，2014. 灰色关联度分析法在农机设备评价选型中的应用［J］. 农机化研究，36（8）：

46-48，58.
夏刚，楼文高，娄元英，2014. 软件质量综合评价的投影寻踪模型［J］. 信息技术（3）：72-75，84.
向欣，罗煜，程红胜，等，2014. 基于层次分析法和模糊综合评价的沼气工程技术筛选［J］. 农业工程学报，30（18）：205-212.
向欣，罗煜，程红胜，等，2014. 基于层次分析法和模糊综合评价的沼气工程技术筛选［J］. 农业工程学报，30（18）：205-212.
杨懿，潘英俊，梁山成，2008. 自走式微型旋耕机质量调查的模糊综合评判［J］. 农业工程学报，24（2）：140-144.
杨琛，糜亮，高鹏飞，等，2019. 浅谈我国农业机械化现状及发展趋势［J］. 南方农机，50（7）：18-19.
杨国军，王强，2008. 丘陵地区水稻收获机械的选型［J］. 农机化研究，360（2）：238-240.
尤利群，范秀荣，2009. 我国粮食安全的战略体系分析——解读《国家粮食安全中长期规划纲要（2008—2020年）》［J］. 生产力研究（20）：5-7.
张璠，滕桂法，马建斌，等，2012. 基于启发式优先级规则的农机调配算法［J］. 农业工程学报，28（10）：78-85.
张国艳，2013. 农业机械的选型原则［J］. 农机使用与维修（8）：58.
张静，谢新亚，张吉兵，等，2013. 基于混沌遗传算法的投影寻踪分类法与模糊综合评判法在农业机械选型中的比较［J］. 江苏农业科学，41（12）：400-402.
张静，杨宛章，2013. 基于CGA和PPC模型的农机系统选型研究［J］. 天津农业科学，19（7）：43-45.
张威，曹卫彬，李卫敏，等，2014. 新疆兵团农场农机具配备的数学建模与优化研究［J］. 农机化研究，36（6）：70-72，93.
张卫鹏，郑志安，王刚，等，2015. 烟草田间作业机械评价模型的构建［J］. 农业工程学报，31（S1）：102-109.
张晓娟，2020. 农地“三权”分置的法理阐释和制度重塑［J］. 重庆工商大学学报（社会科学版），37（2）：118-127.
张衍，李灵芝，牛三库，2012. 基于模糊贴近度的农业机械评判模型［J］. 现代农业科技（6）：256-261.
张正斌，段子渊，王丽芳，2017. 黄淮南片粮仓现代农业发展战略［J］. 中国生态农业学报，25（3）：309-315.
周应朝，高焕文，1988. 农业机器优化配备的新方法一非线性规划综合配备法［J］. 农业机械学报（1）：43-50.
Amir M K，Majid M，Kazem Z，et al，2020. Optimal strategic coordination of distribution networks and interconnected energy hubs：A linear multi-follower bi-level optimization model［J］. International Journal of Electrical Power and Energy Systems（119）：1-12.
Audsley E，1981. An arable farm model to evaluate the commercial viability of new machines or techniques［J］. Journal of Agricultural Engineering Research（26）：135-149.
Chenarbon H A，Saeid M，Akbar A，2011. Replacement age of agricultural tractor（MF285）in Varmnin region（case study）［J］. Journal of American Science，7（2）：674-678.
Guan X J，Qin H D，Meng Y，et al，2019. Comprehensive evaluation of water-use efficiency in China's Huai river basin using a cloud-compound fuzzy matter element-entropy combined model［J］. Journal of Earth System Science，128（179）：1-15.
Gui D S，Xin G，Xiao Y，et al，2019. Multi-Attribute Decision Making with Interval-Valued Hesitant

Fuzzy Information, a Novel Synthetic Grey Relational Degree Method [J]. Informatica, 29 (3): 517 - 537.

Hunt D, 1964. Farm power and machinery management [M]. Iowa: State University Press.

Saaty T L, 1980. The analytical hierarchy process: planning priority setting, resource allocation [M]. New York: McGraw Hill.

Suvasis N, Akshay O, 2019. An approach of fuzzy and TOPSIS to bi - level multi - objective nonlinear fractional programming problem [J]. Soft Computing, 23 (14): 1 - 14.

Wang X T, Li S C, Xu Z H, et al, 2019. An interval fuzzy comprehensive assessment method for rock burst in underground caverns and its engineering application [J]. Bulletin of Engineering Geology and the Environment, 78 (07): 1 - 16.

Whitson R E, Kay R D, Lepori W A, et al, 1981. Machinery and crop selection with weather risk [J]. Transactions of the ASAE, 24 (2): 288 - 295.

Zheng G, Zhu N, Tian Z, et al, 2012. Application of a trapezoidal fuzzy AHP method for work safety evaluation and early warning rating of hot and humid environments [J]. Safety Science (50): 228 - 239.

本章作者：张伏，张亚坤，付三玲，吕庆丰

Chapter 9 第九章

# 小麦-玉米两熟丰产增效水肥一体化技术

将水肥一体化技术应用于小麦-玉米两熟制是黄淮海平原农业丰产增效的主要措施，运用水肥一体化大大地提高了黄淮海平原小麦-玉米两熟制的产出率和劳动生产率，使农业种植业中最基本的两项农事活动（灌溉、施肥）统一起来，实现了灌溉施肥的精准化，是解决黄淮海平原节水节肥与粮食需求增长之间矛盾的根本途径，对提高肥料利用率、减轻黄淮海平原生态环境压力，以及保障粮食安全具有重要的意义。

## 第一节　研究现状及主要问题

### 一、水肥一体化技术的发展历史

水肥一体化技术起源于无土栽培（或称营养液栽培）的发展。17 世纪末，英国的乌特渥尔特将植物种植在土壤提取液中，这是第一个人工配制的水培营养液（Meier S，1995)；19 世纪中期，法国的布森高利用惰性材料作为植物生长介质并以含有已知化合物的水溶液供应养分，从而确定了 9 种植物必需营养元素，并阐明了植物最佳生长所需的矿质养分比例（田有国等，2003）。后来，撒奇士提出了能使植物生长良好的第一个营养液的标准配方（Meier S.，1995）。在 1925 年以前，营养液只用于植物营养试验研究，并确定了许多营养液配方（如霍格兰营养液配方）。随着水溶肥的研发以及灌溉施肥设备的更新，从手动施肥灌溉系统到自动施肥灌溉系统，再到水肥同步供应系统的研发，水肥一体化技术逐渐发展成熟，施肥精准度不断提高。目前，在灌溉技术发达的国家，已形成了从设备生产到肥料研发与配制再到技术推广与服务的完善技术体系。

20 世纪 70 年代，我国的水肥一体化技术研究从一套墨西哥引进的滴灌设备开始（张承林等，2012）。我国起步较发达国家晚，通过引进国外的技术，我国的灌溉设备逐渐实现了规模化生产，技术也从小面积示范发展到大面积推广，特别是在果树和设施蔬菜上应用广泛，2000 年左右我国同步进行了水肥一体化的试验研究，实施大量的旱作节水项目，建立大量的示范区，辐射范围甚广，覆盖无土栽培、果树栽培、设施栽培等多种栽培模式，其中我国新疆地区的棉花膜下滴灌系统已经达到世界先进水平（尹飞虎等，2017）。

### 二、水肥一体化技术的基本概念

狭义讲，水肥一体化技术是基于灌溉管道系统，将固态肥料溶解在灌溉水中或将液态肥料在灌溉的同时注入灌溉管道，将肥料和水分适时、适量地输送到作物根区，满足农作物对水分和养分的需求，实现水肥同步管理和高效利用的节水农业技术。广义讲，水肥一体化技术是水肥同时供应，根系在吸收水分的同时吸收养分（张承林等，2012），从而满足作物生长发育需要。除通过灌溉管道施肥外，如淋水肥、冲施肥等都属于水肥一体化的形式。

在国外，水肥一体化技术用一特定词“Fertigation”描述，即“Fertilization（施肥）”的前半个单词“Ferti”和“Irrigation（灌溉）”的后半个单词“igation”组合而成，共用“i”字母，正好灌溉的首写字母也是“i”，意为灌溉和施肥都是通过“irrigation”进行的（张承林等，2006）。

在国内，根据“Fertigation”的英文字意翻译成水肥一体化、灌溉施肥、加肥灌溉、水肥耦合、随水施肥、管道施肥、水肥灌溉、水肥同灌等。目前，大家广泛接受水肥一体化这个称谓，但华南农大的张承林教授认为管道施肥更加形象贴切，因为肥料自身不会从管道流动，必须溶解于水才能随管道流动，这很容易区别于传统的施肥，而针对具体的灌溉形式，又可称为滴灌施肥、喷灌施肥、微喷灌施肥等（张承林等，2012）。

## 三、水肥一体化技术的理论基础

农业生产的目的是用较低的生产成本获得更高的产量、更好的品质和更高的经济效益。作物的基本生长要素包括光照、温度、空气、水分和养分（Konrad et al.，2001）。在自然生长条件下，光照、温度、空气是人为难以调控的，而水分和养分因素则可人为调控。因此，要挖掘作物的最大生产潜力，合理调节水分和养分的平衡供应非常重要。水分和养分是作物生长发育过程中的两个重要因子，也是当前可人为调控的两大技术因子（张承林等，2012）。

根系是作物吸收养分和水分的主要器官，也是养分和水分在植物体内运输的重要部位（Allen et al.，2015）；作物根系对水分和养分的吸收虽然是两个相对独立的过程，但水分和养分对于作物生长的作用却是相互制约的，无论是水分亏缺还是养分亏缺，对作物生长都有不利影响。这种水分和养分对作物生长相互制约和耦合的现象，特别是在农田生态系统中，水分和肥料两个体系融为一体，或水分与肥料中的氮、磷、钾等因子之间相互作用而对作物的生长发育产生影响的现象或结果（包括协同效应、叠加效应和拮抗效应），被称为水肥耦合效应（Satish et al.，2018）。

水是构成作物有机体的主要成分，水分亏缺比任何因素都更能影响作物生长；当发生水分亏缺时，对缺水最敏感的各器官细胞的延伸生长减慢，其先后顺序为生长—蒸腾—光合—运输；若水分亏缺发生在作物生长过程的某些“临界期”，有可能使作物严重减产（Konrad et al.，2001）。为了满足作物生长，补充作物蒸腾及地表蒸发失水，必须源源不断地通过灌溉补充土壤水分，才能满足作物正常生长的需求。

作物在生长过程中为了维持生命活动，必须从外界环境中吸收其生长发育所需要的养分，植物体生长所需的化学元素称为营养元素。根系是作物吸收养分的主要器官，也是养分在植物体内运输的重要部位；根系获取土壤中矿质养分的方式主要有截获（根系生长中遇到养分）、质流（养分随着水分流动到根系附近）、扩散（土壤溶液中的养分离子，随着浓度梯度向根系运移）三种方式。施肥可以增加土壤溶液中的养分浓度，从而直接增加质流和截获的供应量，同时增强养分向根系的扩散势；因此合理施肥是提高土壤养分供应量、提高作物单产和扩大物质循环的保证（Konrad et al.，2001）。水肥一体化的理论基础简单归结为一句话就是：作物生长离不开水肥，水肥对于作物生长同等重要，根系是吸收水肥的主要器官，肥料必须溶于水才能被根系吸收，施肥亦能提高水分利用率，水或肥亏缺均对作物生长不利；灌溉与施肥两个对立的过程同时进行并融合为一体，可实现水肥同步、高效。

## 第二节　小麦-玉米两熟丰产增效水肥一体化技术及硬件设备

### 一、水肥一体化技术的灌溉技术及设备

水肥一体化可与任何灌溉技术一起使用，但养分施用的均匀性和效率因不同的灌溉方法而有所不同，如恒压灌溉、非恒压灌溉是完全不同的。

常用的灌溉技术，如漫灌、滴灌、喷灌等均适用于水肥一体化，但比较适合黄淮海平原小麦-玉米两熟水肥一体化的灌溉技术是喷灌和微灌，喷灌和微灌也是目前技术发展比较成熟且能够大面积推广应用的节水灌溉技术。

**1. 喷灌**

农田喷灌如图 9－1 所示。

图 9－1　农田喷灌

喷灌是利用喷头将通过专用管道设备运输至田间的水喷射到孔中，形成细小水滴，洒落到土壤表面和作物表面以供给作物所需水分的灌溉方式（山仑等，2004）。喷灌技术是目前节水效果显著、作物增产明显、投资相对较低、易于推广的节水灌溉技术。一套完整的喷灌系统的设备构成如下。

（1）水源。河流、湖泊、水库和井泉等均可以作为喷灌的水源。

（2）水泵及配套动力机。需要使用具有一定压力的水才能进行喷灌，通常用水泵将水提取、增压、输送到各级管道及各个喷头中，并通过喷头喷洒出来。

（3）输水管道系统及配件。一般包括干管、支管和竖管，其作用是将水输送并分配到田间喷头中，此外还需闸阀、三通、弯头等附件。

（4）喷头及其附属设备。喷头及其附属设备是喷灌系统中的关键设备，由输水管道运送的水分最终通过喷头喷射至空中。

（5）田间工程。对于移动式喷灌机需要在田间修建水渠等相应的附属建筑物，将灌溉水从水源引至田间，以满足喷灌的要求。与其他节水灌溉设备相比，喷灌技术的突出优势在于其对各种地形适应性强，受地形条件的限制小，可用于各种类型的土壤和作物。

由于喷灌灌水的均匀度与地形和土壤透水性无关，因此在地形坡度很大或者土壤透水性很大难以采用地面灌水方法的地方均可采用喷灌。喷灌技术的应用范围广泛，在地形上，既适用于平原地区，也适用于山丘地区；在土质上，既适用于透水性大的土壤，也适用于入渗率低的土壤。但是喷灌灌溉存在以下缺点：一是灌溉的均匀度和喷洒效果会受到风力影响；二是表层土壤润湿充分，深层土壤润湿不足；三是空中水分损失较为明显。

综合上述优缺点，在下述情况下采用喷灌系统可达到更好的效果。第一，浅根系作物；第二，坡度大或者地形起伏明显的区域；第三，需要调节田间微气候的作物，包括防干热风或者霜冻；第四，少风或者灌溉季节风力小地区。

**2. 微灌**

微灌是微润灌溉技术的简称，是依作物需求通过管道系统与系统末端（田间）的灌水器，在管内外水势梯度差驱动下，将水分以较小的流量，均匀持续地输送至作物根系附近土壤的灌溉技术（山仑等，2004）。滴灌是最早应用的微灌技术，随着科技的发展，微灌方式已不再是单一的滴灌方式，而是逐渐发展出微喷灌、涌泉灌等多种方式。一套完整的微灌系统的组成部分通常如下。

（1）水源。江河、湖泊、水库、沟渠和井泉等均可作为微灌的水源。

（2）首部枢纽。包括水泵、过滤设备、动力机、肥料注入设备、控制器等。

（3）输水管网。包括干管、支管和毛管3级管道，其中干管连接水源，毛管安装或连接灌水器。

（4）灌水器。灌水器是微灌系统将灌溉水注入土壤或作物根区的末级设备，其作用是消减压力，将管道中的水流变为水滴（滴灌）、细流（涌泉灌）或者喷洒状（微喷灌）的状态输入作物根系附近土壤。喷灌技术通常可节水60%以上，与之相比微灌技术的节水率更高，一般可达80%～85%。此外，与喷灌相比，微灌技术的耗能更低，因其工作压力低，所需水量少，相应地降低了抽水的能量消耗。但是微灌设备在实际推广应用中存在以下问题。第一，初期投资高；第二，为达到少量持续的灌溉目的，微灌系统的灌水器出口通常很小，易发生堵塞，因此对管道系统的过滤器要求高，并且需定期清理和维护，同时对水源的水质有较高的要求。考虑到以上原因微灌技术应用的主要对象为具有高经济效益的作物以及严重干旱缺水的集雨农业地区小面积的作物种植等。

喷灌技术和微灌技术均是节水效率较高的灌溉技术，各有优缺点。在实际应用中，需考虑作物种植种类、地形、土壤、水源和地区经济状况等方面选择适用的灌溉技术，以达到节本增产、提高农业综合生产能力的目的。

## 二、水肥一体化技术的施肥技术及设备

为了克服灌溉系统的内部压力，将肥料溶液注入压力灌溉系统需要消耗能量。依据让肥料溶液获得较高压力的方式不同，施肥技术有压差式施肥、重力自压式施肥、泵吸施

肥、泵注肥，施肥设备除上述施肥技术涉及的相关设备外，另介绍文丘里施肥器。

**1. 压差式施肥**

压差式施肥罐（图 9-2）是田间应用较广泛的施肥设备，在发达国家的果园中随处可见，在我国设施蔬菜及大田生产中也广泛应用。压差式施肥罐由两根细管（旁通管）与主管道相连接，在主管道上两条细管接点之间设置一个节制阀（球阀或闸阀）以产生一个较小的压力差（1～2 m 水压），使一部分水流入施肥罐，进水管直达罐底，水溶解罐中肥料后得到的肥料溶液由另一根细管进入主管道，将肥料带到作物根区。

压差式施肥是按数量施肥的方式，开始施肥时流出的肥料浓度高，随着施肥进行，罐中肥料越来越少，浓度越来越低。罐内养分浓度的变化存在一定的规律，即在相当于 4 倍罐容积的水流过罐体后，90%的肥料已进入灌溉系统（但肥料应在一开始就完全溶解），流入罐内的水量可用罐入口处的流量表测量。灌溉施肥的时间取决于肥料罐的容积及其流出速率，因为施肥罐的容积是固定的，当需要加快施肥速度时，必须使旁通管的流量增大，此时要把节制阀关得更紧一些。在田间实际情况下多用固体肥料（肥料量不超过罐体的 1/3），肥料被缓慢溶解，并不会影响施肥的速度。在流量、压力、肥料用量相同的情况下，不管是直接用固体肥料，还是将其溶解后放入施肥罐，施肥时间基本一致。由于施肥的快慢与经过施肥罐的流量有关，当需要快速施肥时，可以增大施肥罐两端的压差，反之，可以减小压差。

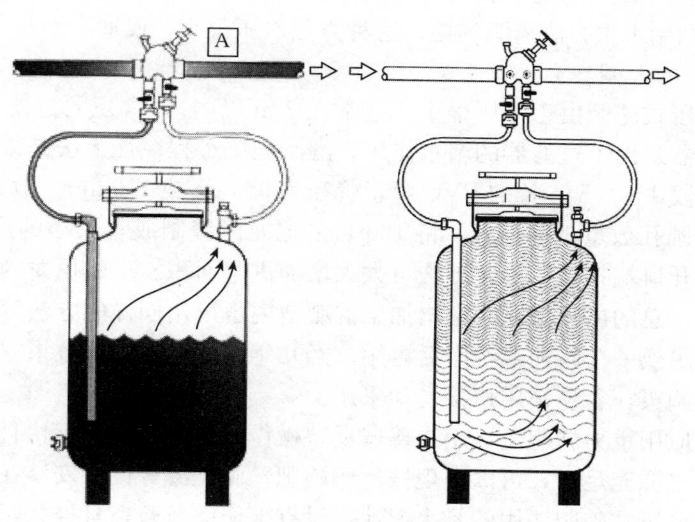


图 9-2　压差式施肥罐

**2. 重力自压式施肥**

在应用重力滴灌或微喷灌的场合，可以采用重力自压式施肥设备施肥。在南方丘陵山地果园或茶园，通常引用高处的山泉水或将山脚水源泵至高处的蓄水池。通常在水池旁高于水池液面处建立一个敞口式混肥池，池大小在 0.5～2.0 $m^3$，可以是方形或圆形的，方便搅拌溶解肥料即可。池底安装肥液流出的管道，出口处安装 PVC 球阀，此管道与蓄水池出水管连接。池内用 20～30 cm 长的大管径管（如 75 mm 或 90 mm PVC 管），管入口用 100～120 目尼龙网包扎。施肥时先计算好每轮灌区需要的肥料总量，倒入混肥池，加水溶解，或溶解好直接倒入。打开主管道的阀门，开始灌溉，然后打开混肥池的管道，肥液即被主管道的水流稀释带入灌溉系统。通过调节球阀的开关位置，可以控制施肥速度。当蓄水池的液位变化不大时（南方许多情况下一边滴灌一边抽水至水池），施肥的速度可以相当稳定，保持一恒定养分浓度。施肥结束时，需继续灌溉一段时间，冲洗管道。通常混肥池用水泥建造，坚固耐用，造价低。也可直接用塑料桶作为混肥池用。有些用户直接将肥料倒入蓄水池，灌溉时将整池水放干净。由于蓄水池通常体积很大，要彻底放干水很不容易，会残留一些肥液在池中。加上池壁清洗困难，也有养分附着。当重新蓄水时，极易滋生藻类、青苔等低等植物，堵塞过滤设备。应用重力自压式灌溉施肥，一定要将混肥池和蓄水池分开，二者不可共用（图 9－3）。

静水微重力自压施肥法曾被国外某些公司在我国农村提倡推广，其做法是在棚中心部位将储水罐架高 80～100 cm，将肥料放入敞开的储水罐中溶解，肥液经过罐中的叠片过滤器过滤后靠水的重力滴入土壤。由于部分推广者用筛网过滤器连接在储水罐的出水口以替代价格较高的叠片过滤器，过滤器产生的阻力使水重力更小，导致灌水器无法正常出水。在山东省中部蔬菜栽培区，某些农户在棚内山墙一侧修建水池代替储水罐，将肥料溶于池中，池的下端设有出水口，利用水重力法灌溉施肥，这种方法水压很小，仅适合面积小于 300 $m^2$ 且纵向长度小于 40 m 的大棚。

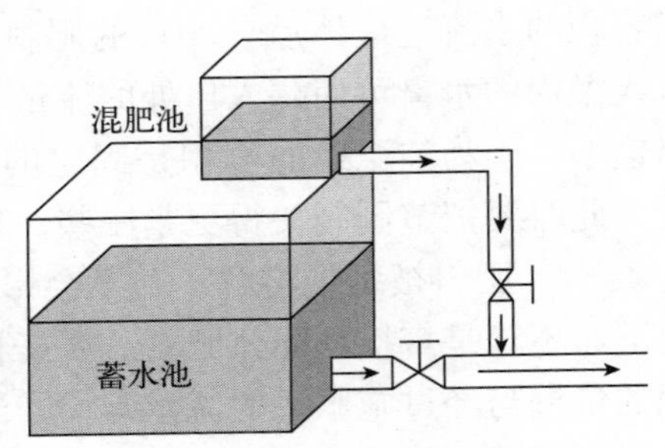

图 9－3　重力自压式施肥池

利用重力自压式施肥由于水压很小（通常在 3 m 以内），常规的过滤方式（如叠片过滤器或筛网过滤器）由于过滤器的堵水作用，灌溉施肥过程往往无法进行。可在蓄水池内出水口处连接一段 1～1.5 m 长的 PVC 管，管径为 90 mm 或 110 mm。在管上钻直径 30～40 mm 的圆孔，圆孔数量越多越好，将 120 目的尼龙网缝制成管大小的形状，一端开口，直接套在管上，开口端扎紧。用此方法可大大增加进水面积。虽然尼龙网也会堵水，但由于进水面积增加，总的出流量同时也增加。混肥池内也可用同样的方法解决过滤问题。当尼龙网变脏时，更换一个新网或洗净后再用。经几年的生产应用，效果很好。由于尼龙网成本低廉，容易购买，容易被用户接受和采用。

在多个果园应用重力施肥法，用户普遍反映操作简单，施肥速度快且施肥均匀，节省人工。当蓄水池水源充足时，可以实现按比例施肥。施肥罐等设备安装在田间地头，容易被偷盗，而重力自压式施肥法用的是水泥池，没有被偷盗风险，且经久耐用。不足之处为施肥装置建在果园或茶园地形最高处，运送肥料稍有不便。

**3. 泵吸施肥**

泵吸施肥法是利用离心泵将肥料溶液吸入管道系统的方法，适合任何面积的施肥。为防止肥料溶液倒流入水池而污染水源，可在吸水管后面安装逆止阀。通常在吸肥管的入口包上 100～120 目滤网（不锈钢或尼龙），防止杂质进入管道。该法的优点是不需外加动力，结构简单，操作方便，可用敞口容器盛肥料溶液。施肥时通过调节肥液管上阀门，可以控制施肥速度。缺点是要求水源水位不能低于泵入口 10 m。施肥时要有人照看，当肥液快完时立即关闭吸肥管上的阀门，否则会吸入空气，影响泵运行。用该方法施肥操作简单，速度快，设备简易。当水压恒定时，可做到按比例施肥。泵吸施肥设备见图 9-4。

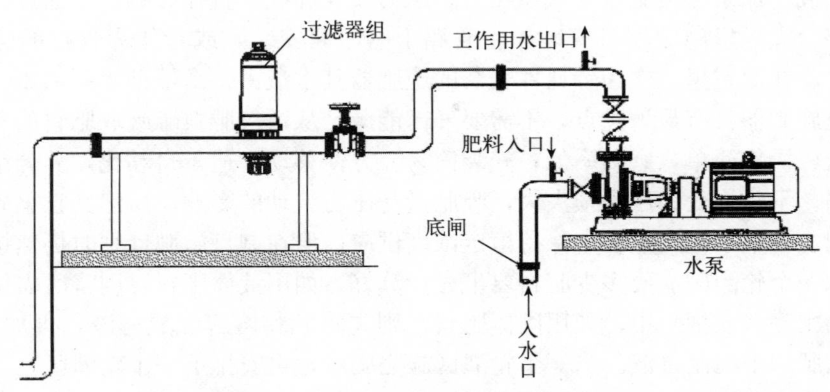


图 9-4　泵吸施肥设备

**4. 泵注肥法**

在有压力的管道中施肥要采用泵注肥法，打农药常用的柱塞泵或一般水泵均可使用。注入口可以在管道上任何位置，要求注入肥料溶液的压力要大于管道内水流的压力。该法注肥速度容易调节，方法简单，操作方便。泵注肥设备见图 9-5。

图 9-5　泵注肥设备

**5. 文丘里施肥器**

同施肥罐一样，文丘里施肥器（图 9-6）在灌溉施肥中也得到了广泛应用。文丘里施肥器可以做到按比例施肥，在灌溉过程中可以保持恒定的养分浓度。水流通过一个由大渐小然后由小渐大的管道（文丘里管喉部），经狭窄部分时流速加大，压力下降，使前后形成压力差，当喉部有一更小管径的入口时，形成负压，将肥料溶液从一敞口肥料罐通过小管径细管吸取上来。文丘里施肥器即根据这一原理制成。

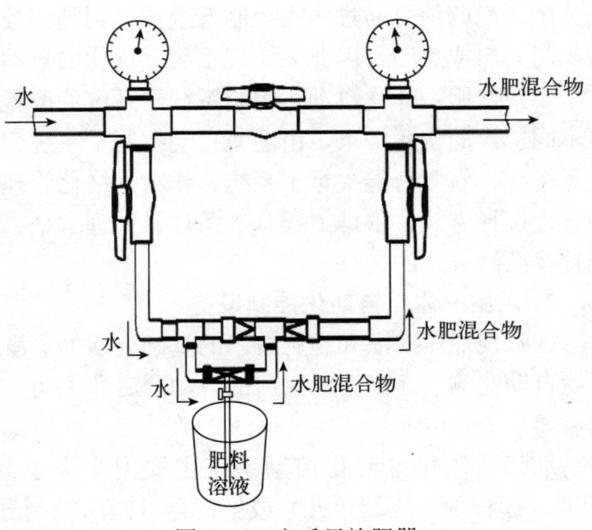


图 9-6　文丘里施肥器

文丘里施肥器用抗腐蚀材料制成，如铜、塑料和不锈钢，目前绝大部分为塑料制造。文丘里施肥器的注入速度取决于产生负压的大小（即所损耗的压力）。损耗的压力受施肥器类型和操作条件的影响，损耗量为原始压力的 10%～75%。选购时要尽量购买压力损耗小的施肥器。由于制造工艺不同，不同厂家生产的同种产品压力损耗值相差很大。由于文丘里施肥器会造成较大的压力损耗，安装时通常加装一个小型增压泵，一般厂家均会告知产品的压力损耗，并在设计时根据相关参数配置加压泵或不加泵。吸肥量受入口压力、压力损耗和吸管直径影响，可通过控制阀和调节器来调整。文丘里施肥器可安装于主管路上（串联安装）或者作为管路的旁通件安装（并联安装）。在温室里，作为旁通件安装的施肥器其水流由一个辅助水泵加压。

文丘里施肥器具有显著优点，不需要外部能源，从敞口肥料罐吸取肥料的花费少，吸肥量范围大，操作简单，磨损率低，安装简易，方便移动，适于自动化，养分浓度均匀且抗腐蚀性强。不足之处为压力损失大，吸肥量受压力波动的影响。虽然文丘里施肥器可以按比例施肥，在整个施肥过程中保持恒定浓度供应，但在制订施肥计划时仍然按施肥数量计算。比如一个轮灌区需要多少肥料要事先计算好，如用液体肥料，则将所需体积的液体肥料加到储肥罐（或桶）中；如用固体肥料，则先将肥料溶解配成母液，再加入储肥罐，或直接在储肥罐中配制母液。当一个轮灌区施完肥后，再安排下一个轮灌区。

文丘里施肥器主要适用于小型滴灌系统（如温室滴灌）向管道注入肥料或农药，不适用于大田作物。

## 三、水肥一体化的自动化控制技术及设备

水肥一体化的控制技术通过传感器对来自农田灌溉施肥系统中的信息进行及时采集，再利用计算机专家系统进行数据处理和分析，根据分析结果去控制供水施肥系统中的相关设备，从而实现农田灌溉施肥过程中的自动监测、记录、统计、分析、报警和自动启停等。

### 1. 水肥一体化自动化控制技术

（1）水肥一体化自动化控制原理　水肥一体化自动化控制系统是通过土壤环境、气象参数、作物生长等各类传感器及监测设备将土壤、作物、气象状况等监测数据通过信息采集站传输到计算机中央控制系统，中央控制系统中的对应软件对汇集的数值进行分析，比如将含水量与灌溉饱和点、补偿点比较后确定是否应该灌溉或是否停止灌水，然后将开启或关闭阀门的信号通过中央控制系统传输到阀门控制系统，再由阀门控制系统实施轮灌区的阀门开启或关闭，以此来实现水肥一体化的自动控制。控制原理图见图 9－7。

（2）水肥一体化自动化控制系统子系统的配置　水肥一体化自动化控制系统可根据用户不同层次的实际需求，由灌溉自动控制子系统、农田墒情监测子系统、作物生长图像采集子系统、水肥智能决策子系统、作物网络化管理平台等多个子系统配置，为用户提供多种管理选择方式。依据工程基础条件、管理水平、项目投资等因素确定项目子系统类型的配置及灌溉方式的选择。

### 2. 水肥一体化自动化控制设备

在常规加压滴灌和施肥技术的基础上增加灌溉和注肥自动化控制系统，实现田间水肥环境自动监测、灌溉施肥阀门的自动开启和关闭、首部过滤系统的自动清洗、潜水泵的自动启闭。

水肥一体化自动化控制系统主要由中央控制器（主站）、田间工作站（中继站）、RTU（远程网络终端单元）或解码器（阀门控制器）、电磁阀及田间信息采集监测设备 5 个部分组成。

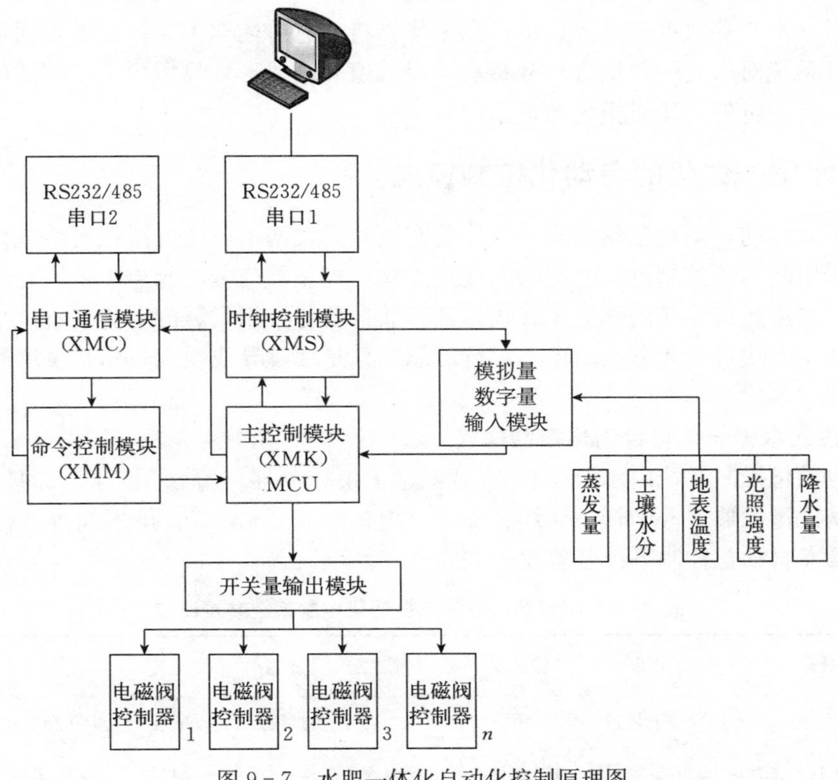


图 9-7　水肥一体化自动化控制原理图

（1）中央控制器（主站）　中央控制器主要由计算机等设备及控制系统软件组成，与目前办公设备类似，由电源控制箱、主控计算机、中央控制器和激光打印机等设备组成。控制系统软件是安装于计算机设备上的，包括数据采集与处理模块、信息数据显示模块、信息记录与报警模块、阀门状态监控模块和首部控制模块等。

（2）田间工作站（中继站）　田间工作站是中央控制器与 RTU 或解码器及田间信息采集监测设备的中转站。采集的信息需要通过田间工作站输送到中央控制器，而中央控制器发送的指令，则需通过田间工作站传达到各个 RTU 或解码器。田间工作站的布置数量是根据地形及设备信号接收的限制来确定的，在实际操作中，若地形平坦，无遮挡物，则信号传输效果好，相应一个田间工作站可控制面积较大；反之，则田间工作站布设较多。

（3）RTU（远程网络终端单元）或解码器（阀门控制器）　RTU（远程网络终端单元）接收由田间工作站传来的指令并实施指令的下达，解码器（阀门控制器）直接与管网布置的电磁阀相连接，接收田间工作站的指令后对电磁阀的开闭进行控制，同时也能够采集田间信息，并上传信息至田间工作站。一个阀门控制器可控制 1～4 个电磁阀（可根据条田面积、地形、灌溉方式确定）。

（4）电磁阀　电磁阀是控制田间灌溉的阀门。电磁阀由田间节水灌溉设计轮灌组的划分来确定安装位置及数量。

（5）田间信息采集监测设备　灌溉自控系统设计所需的传感器主要分为土壤类、作物类、气象类以及作物生长环境有关的传感器。主要测量土壤类的水分、养分、温度，作物类的水分、养分、长势，气象类的光照、蒸发、风速、降水量，以及系统类的水压、阀门状态、流量、水质等数据信息。经由信息采集器将信息传输至中央控制器，通过中央控制器监控软件系统对采集的数据进行分析，再以数值和曲线形式显示历史与实时的参数值和变化曲线，并进行信息实时报警与记录。

## 四、水肥一体化的自动化控制模式

水肥一体化的自动化控制模式一般分为有线和无线两种，通常说，有线或无线灌溉控制模式是指田间滴灌控制器与电磁阀的连接方式，控制器与电磁阀连接采用有线连接的称为有线式，采用无线连接的称为无线式。从滴灌自动化控制发展的历史来看，早期采取的基本上都属于有线式。此方法简单、运行可靠，只是埋设导线要求较高，发展到一定程度很快被无线式取代。

**1. 有线式水肥一体化自动化控制模式**

滴灌自动化控制系统由水源、12 V 电源、采集控制器、符合用户需求的传感器、计量装置、网式过滤器、分干管、导线、支管（电磁阀）、滴灌带、排气阀等器件组成。滴灌系统与滴灌自动化控制系统装置比较如表 9-1 所示。

**表 9-1　滴灌系统与滴灌自动化控制系统装置比较**

| 模式比较 | 水源 | 控制器 | 计量装置 | 过滤器 | 干管 | 支管 | 滴灌带 |
|---|---|---|---|---|---|---|---|
| 滴灌系统 | 增压装置 | 无 | 压力表 | 排沙控制 | 地埋 | 闸阀 | 滴头 |
| 滴灌自动化控制系统 | 增压装置 | 执行机构 | 压力表 | 排沙控制 | 地埋 | 电磁阀 | 滴头 |

有线式滴灌自动化控制系统主要包括水源、首部控制装置、采集传感器、配水管网、现场控制站和电磁阀、控制电缆、相关软件等。有线电信号传输的执行机构为电磁阀，通过有线电信号实现对现场给水电磁阀开关的控制，从而确定出灌溉的时间、水量以及灌溉周期。

（1）工作原理　一般采集控制器等于采集器＋控制器，选择安装在滴灌系统首部比较合适，按照敷设导线距离选择导线截面大小，以电缆线为通信载体，如图 9-8 所示。使用双芯通信电缆，由控制器 RTU（地址解码器）与所有田间电磁阀连接组成闭合电路。控制器发出编码指令信号，按照预先编制的地址码通过 RTU 正确解码后，控制所要打开或关闭的电磁阀。当达到预定灌溉时间时，控制器给 A 号电磁阀发出关闭指令信号，A 号电磁阀自动关闭，控制器给 B 号电磁阀发出开启指令信号，B 号电磁阀自动开启。此过程实现由人工操作闸阀变为自动化控制电磁阀，这也就是人们常说的灌溉自动化控制，从严格意义上讲，这不能说是全自动化，只不过是一个半自动化而已。有人不相信 1 条导线就能控制十几路电磁阀，但事实就是这样，通过总线技术可以分时控制本回路 A-N 路电磁阀先后开启、关闭顺序。

产生的编码信号以脉冲形式发送，其能源来自电压平稳的 12 V 蓄电瓶。RTU 借助电容间歇放电进行解码工作，使电缆敷设距离长至 0.5 km、1.0 km，能管理所有在此范围之内的田间阀门及传感器。双芯通信电缆不仅为 RTU 供电，并且双向传递信号，既传递控制器的输出信号，同时也将田间传感器的测量信号传递回控制器。

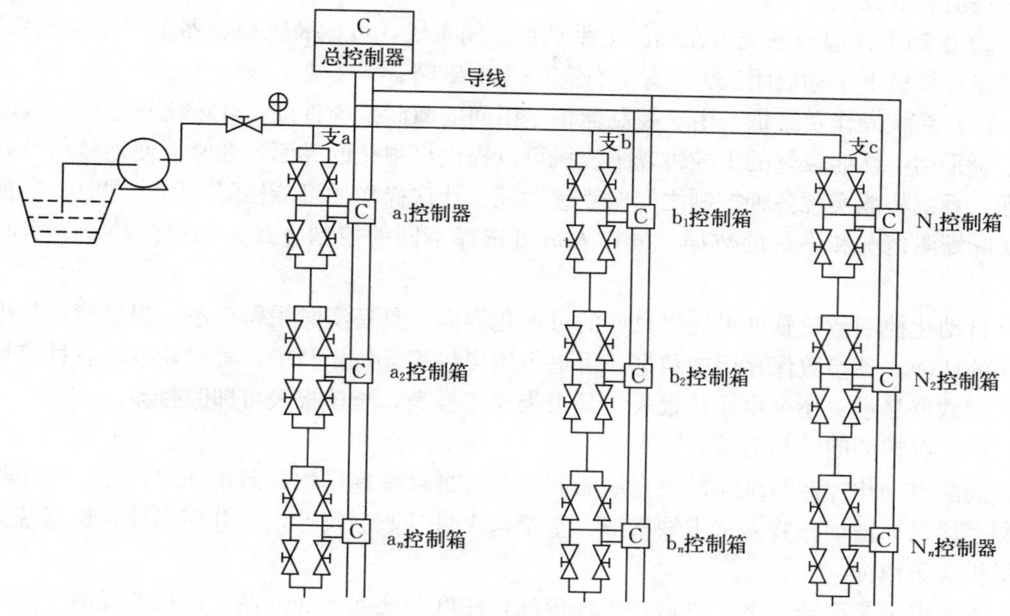


图 9-8　有线控制方式模型

电缆敷设方式采取地址总线控制，仅使用单根双芯 2 mm×2.5 mm、2 kW 电缆。电缆的长度降至最低，仅为其他控制方式的 10%，由此引起的铺装、保护和维护费用几乎可忽略不计。而直接由控制器连接田间电磁阀的方式将导致耗电量的增加，并且由于电磁阀开关的控制距离有限，无法直接在 500 m 以外使用。当然，使用功率放大器可以超过此距离，但无疑功率放大器的投入及电缆线径的增加将使总投资大为提高，后期的高额维修成本也将成为使用管理者的负担。

通过在田间布设各种传感器检测点进行系统采样，如土壤湿度、降水量、风速、作物蒸腾量等，将检测结果传送给控制器，控制器对结果进行判断处理，进而控制电磁阀的开关，达到适时适量灌水的目的。这对节水及农作物的合理生长具有非常重要的意义，不仅可以减少水资源的浪费、提高水资源利用率，而且可以增加农作物的产量，降低农产品的成本，为节水灌溉的实现提供了技术支持。

现有的自动化监测控制系统除了具有预测预报等功能外，还在计算机上实现了过程监视、数据收集、数据处理、数据存储、报警、数据显示、数据管理和过程控制等功能，并实现实时灌溉决策，达到完全自动控制。

（2）基本功能

① 可根据用户选择由连接的土壤湿度、风速、风向、降水量等与灌溉关联的环境因子传感器，控制开启、关闭电磁阀系统。

② 根据需要选择流量传感器，并通过流量传感器自动监测、记录、警示由于输水管断裂引起的漏水及电磁阀故障，最大限度利用管网输水能力。

③ 灌溉运行程序参数可在现场人工修订，同时不启动灌溉系统，可模拟测试程序的可靠性。

④ 系统可自动记录、显示、储存各灌溉站的运行时间以及传感器反馈的数据，以积

累平均值和数据供查询。

⑤ 手动干涉灌溉系统可在阀门上手动启、闭系统，可在灌区控制器上手动控制系统，也可在计算机上手动启闭任何一站、任何一个电磁阀。

（3）系统操作及维护　由于控制器位于田间的灌溉系统首部，环境比较恶劣，因此监测系统采用了性能较好的工控机，工控机可以提供可视化的界面，非常方便地显示与处理数据。系统将能实现各种控制之间的互锁功能，让误操作的可能性降为零。同时，根据当地实际灌溉情况和采集的数据，操作人员可选择不同的控制方式，如预测控制、实时控制等。

自动化控制系统软件可提供良好的可视化界面，具备实时报警记录、报警窗口与报警确认的功能。各参数保存历史数据，可进行历史趋势分析。其中，可对轮灌区各种流量进行实时数据显示。还可生成日报表、月报表和年报表，统计报表可即时打印。

（4）存在的问题与对策

滴灌自动化控制系统还需要在灌溉制度上改进，掌握作物的需水规律，完善对作物的监测手段，如增加作物需水丰缺指标、土壤含水量等监测仪器，充分利用计算机系统为灌溉提供决策依据。

由于电缆是跟随地下干管道一起埋设的，深度距地面 80 cm 左右，长期浸泡在潮湿的盐碱水中，腐蚀性很大。加上新系统灌水过程中多处出现爆管等现象，挖掘管道时线路多处损伤，致使通信信号时断时续，影响了数据传输。

系统采用的是当前先进的自动化灌溉系统，对建设后的管理要求比较高，使用者在系统出现问题时往往束手无策，影响系统正常运行，问题排除速度慢。同时，自动化控制系统要尽量适应使用者的知识层次和技术水平，使用者也要不断提高自身素质以适应新技术带来的挑战，这是一个相互适用的过程。开发者和使用者，应该进行充分沟通，才能达到平衡，使先进的技术迅速得到推广应用。

**2. 无线式水肥一体化自动化控制模式**

（1）无线式灌溉自动化控制系统工作原理

① 无线式灌溉自控系统的组成。无线式灌溉自控系统由水源、12 V 电源、采集控制器、符合用户需求的传感器、计量装置、网式过滤器、分干管、无线通信模块、支管（电磁阀）、滴灌带等器件组成。

通过比较不难看出（表 9－2），在同等条件下，有线式和无线式最大的区别就是控制器与电磁阀之间的连接方式不同，其他全部相同。

**表 9－2　有线式与无线式自控系统比较**

| 模式比较 | 水源 | 控制器 | 计量装置 | 过滤器 | 干管 | 支管 | 滴灌带 |
| --- | --- | --- | --- | --- | --- | --- | --- |
| 有线式 | 增压装置 | 执行机构 | 压力表 | 排沙控制 | 导线 | 电磁阀 | 滴头 |
| 无线式 | 增压装置 | 执行机构 | 压力表 | 排沙控制 | 无线 | 电磁阀 | 滴头 |

② 无线式自动化控制系统工作原理。有线式系统中，控制器与电磁阀之间的连接方式是以电缆线为通信载体，无线式以无线通信模块为通信载体，自动化控制系统通过对土壤、作物、气象等状态进行监测，收集数据，然后由无线通信模块传输到计算机中央控制

系统，中央控制系统把收集到的各类数据进行分析，比如将 A－N 地址码所提供的含水量与灌溉饱和点、补偿点比较后确定是否应该灌溉或是否停止灌溉，然后将田间控制器开启或关闭阀门的信号通过中央控制系统传输到阀门控制系统，再由阀门控制系统实施某个轮灌区的任意一组阀门的开启或关闭，以此实现滴灌的自动化控制。无线控制方式模型如图 9－9 所示。

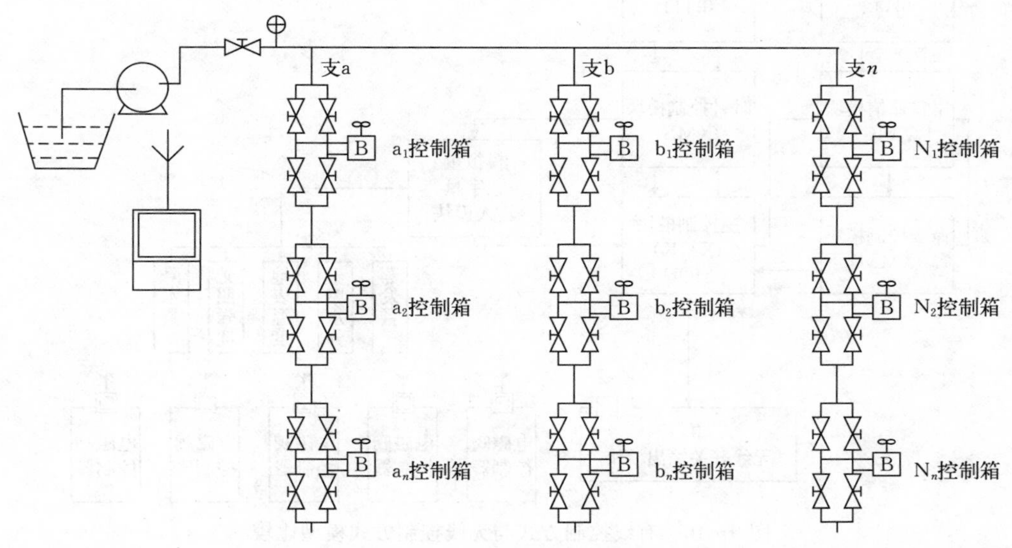


图 9－9　无线控制方式模型

③ 有线式和无线式技术手段比较。在同等采集条件下，有线式和无线式技术手段比较的关键点在于有线式除控制器内采用总线制，外部信号传输导线也采用总线制方式。总线就好像“公交车”一样，公交车走的路线是固定的，而任何人都可以坐公交车去该条公交车路线上的任意一个站点。电子信号就好比坐公交车的人，可以按照设定的站点下车。从专业上来说，总线是一种描述电子信号传输线路的结构形式，是一类信号线的集合，是子系统间传输信息的公共通道。灌溉自控系统就是通过总线，使整个系统内各部件之间的信息进行传输、交换、共享，并控制电磁阀开启或关闭。在灌溉自动化控制系统中，由 MCU、内外存储器、输入设备、输出设备作为传递信息的公用通道，控制器的各个部件通过微控制器相连接，外部控制电磁阀的设备通过相应的接口电路再与导线（总线制）相连接，实现两线控制 1～$n$ 电磁阀组。两者技术指标比较如表 9－3 所示。典型有线式与无线式控制模型比较如图 9－10 所示。

**表 9－3　同等技术条件下有线式与无线式技术指标比较**

| 同等条件指标 | 有线式 | 无线式 |
|---|---|---|
| 控制器与电磁阀连接 | 有线连接 | 无线连接 |
| 适应规模 | 小 | 适当 |
| 采集参数 | 按需设定 | 按需设定 |
| 现场显示 | 按需设定 | 按需设定 |
| 电磁阀开启可靠程度 | 可靠 | 较可靠 |
| 技术方式 | 总线技术 | 编码技术 |

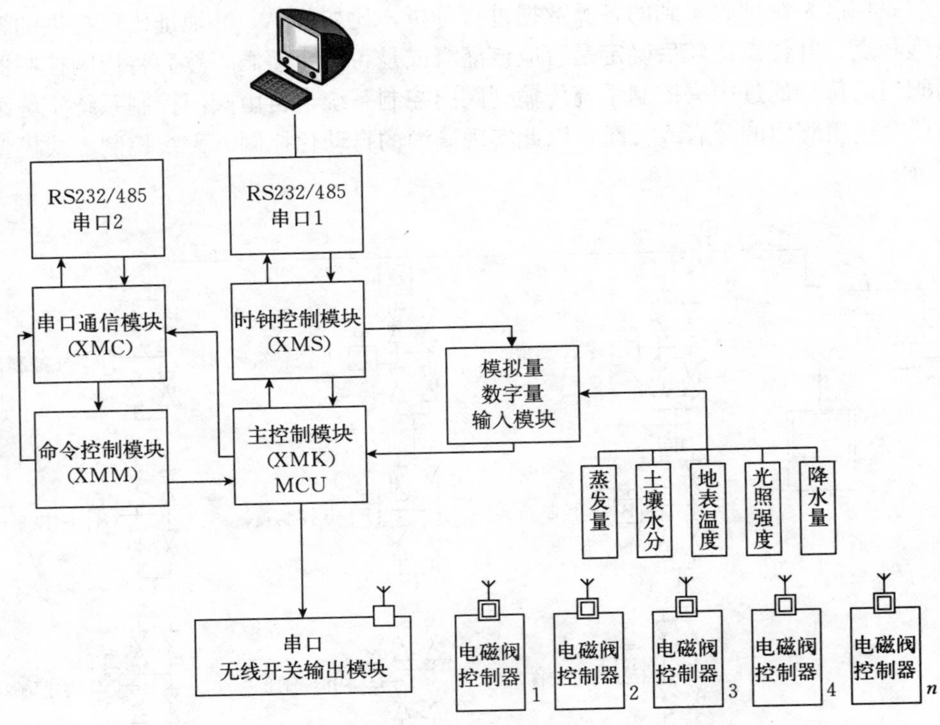


图 9-10　有线控制方式与无线控制方式模型比较

地址编码就像城市里小区的楼盘栋号、单元号、门牌号一样，在某个城市要找到某个家庭，除知道省、市、县（区）以外，还必须知道小区的名称、小区的楼盘栋号、所找主人的单元号、门牌号，就可以和此家庭主人联系。在灌溉自控系统中，地址编码也是这样，小区的楼盘栋号就像条田地块号、楼栋单元号就像条田轮灌区、家庭门牌号就像条轮灌区开启或电磁阀组。所不同的是在现实生活中是通过文字描述某个家庭地址编码，而在信息技术中用二进制，即用 0 和 1 来表示地址编码，实现开启或关闭电磁阀。

（2）灌溉自动化控制系统的功能　灌溉自动化控制系统的设计思路是必须让农民在使用上操作方便，具备“傻瓜型”、安装方便等特点，在保证系统技术功能先进性、扩展性和可靠性的基础上，充分考虑系统的易操作性、经济实用性，一般情况下应具备如下功能。

① 信息自动采集功能。具有对与作物生长有关的环境因素如温度、湿度、蒸发、降水及土壤含水量等信息的自动采集、传输功能。

② 灌溉决策支持功能。根据采集、传输的信息进行综合分析判断，确定土壤含水量的实时值，然后与作物生长所需适宜含水量的上限比较，当小于或等于设定的土壤含水量上限时，发出使机泵自动开启的指令，并且根据预先制订的灌水计划，按灌溉顺序、灌溉时间自动执行，直至机泵自行关闭。

③ 自动监控功能。系统运行时，控制中心可自动显示机泵、阀门的实时工作状态，如工作压力、灌水流量、水位、土壤含水量及气象参数等信息的实时数据。

④ 预置修改功能。具有对运行参数进行预置和实时修改的功能。即在每一个灌溉过程之后，根据下一次作物生长阶段所需的适宜含水量的上限修改有关数据，并重新预置灌水

顺序及灌水时间。

⑤ 查询功能。对运行时的工作压力、灌水量、土壤实时含水量及气象实时信息等进行查询。

⑥ 远程监控功能。可以通过GSM无线网络和通信设备远距离发送信息，对灌水的过程进行人工控制，关闭机泵和电磁阀。

⑦ 灌溉预报功能。根据当日土壤含水量以及气象信息分析随后5 d内的土壤墒情，逐段进行灌溉预报。

⑧ 预警保护功能。对机泵电流过限、管道工作压力超限及水泵等设备故障在发生前进行预警保护直至自动修正运行。

（3）混合式灌溉自动化控制系统工作原理　在实际无线式运行模式中，由于条田面积、灌溉模式和铺设管网等因素制约，一般采取混合式（无线加有线），其工作原理简述如下。

中央控制系统把轮灌区所采集到的各类数据进行处理、分析、判断，由采集控制器用无线通信方式向支路a站点A－a1控制箱地址码发出开启或关闭指令，同时A－a1控制箱用有线方式向上连接a2控制箱、向下连接a3控制箱。根据A－a1控制箱程序设计要求，可以设定为a1控制箱连接电磁阀同时开启或关闭，也可以设定为a1控制箱连接电磁阀开启动作相反，要根据现场实际情况而定。支路b与支路n工作原理同上，以此类推，用无线加有线混合模式实现滴灌的自动化控制。如图9－11所示。

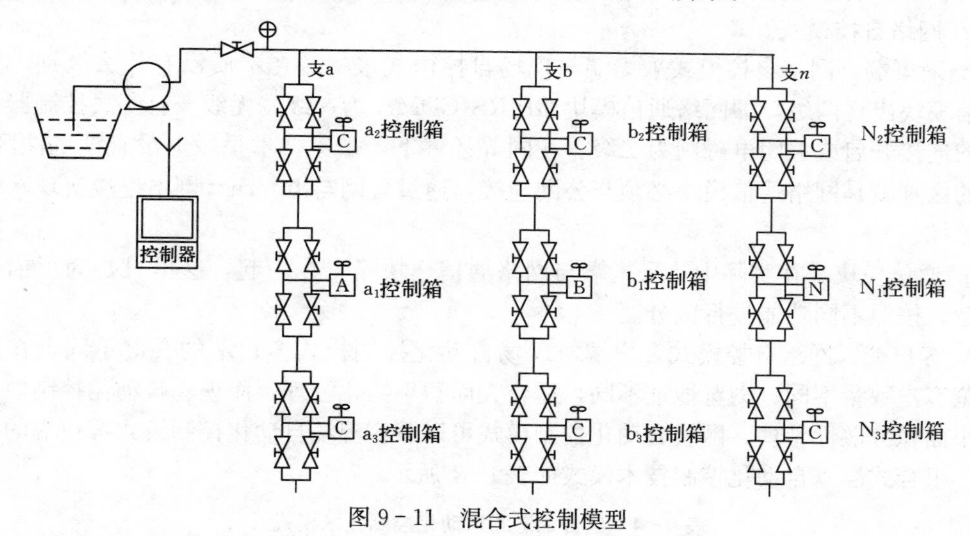


图9－11　混合式控制模型

（4）无线式灌溉自动化控制技术模式　在实现滴灌的自动化控制方式方面，由于技术手段不同，可以有多种不同的方法和途径，但万变不离其宗，任何灌溉自动化控制系统必然由三大部分组成，即采集端、通信模块、客户端。由于现有应用技术的多样性，在一种基础工作机制下，可组合多种灌溉自动化控制技术模式。下文就现阶段比较流行的集中组合模式予以介绍。

① 现场自动化控制模式。

a. 采集端。自动化控制系统主要采集与作物生长环境有关的参数，如土壤水分、养分、空气、温湿度等数据信息；田间气象有关参数，如光照、蒸发、风速、降水量等数据信息；灌溉有关参数，如水压、阀门状态、流量、水质等数据信息。控制系统主要控制水泵电机、灌溉支管电磁阀组开启或关闭。预警系统主要包括两部分：预警采集，如采集板温控装置、设备防盗采集装置等都属于预警采集装置；预警发布，如土壤体积含水量上限值达到95%以上、下限值达到60%就会发布报警信号，或者说如果土壤水分传感器的读数接近水分专家模型值，系统就会发出报警信号。上述基本概括了采集端按照客户所需采集的要素，当然不是全部内容，具体采集内容应根据实际情况找专业IT咨询机构规划后选定。

b. 通信模块。现场自动化控制模式所指的通信模块主要指混合式（无线+有线控制器与电磁阀的连接）开启或关闭电磁阀。有线的较好理解，此处不再赘述。关键是无线控制技术，方案很多，有的用数传电台、有的用ZigBee技术、有的用TDM/ FDMA点对多点微波技术等，这些技术必须满足两个条件：一是运行可靠，二是运行费用较低。

c. 客户端。现场自控模式客户端与采集端属于二合一，即采集端也可以叫客户端，只是在现场操作方式不同而已，一般情况有三种操作方式：将灌溉自控系统安装在PC机内，所采集的数据信息经过处理可以在液晶显示器上发布，便于现场直接观测；O单片机模拟板，也叫积木式控制，操作具有"傻瓜型"的特点，在一块模拟板上有多种运行模式组合，任用户根据实际情况选择；触摸屏控制，重点在于可以通过模拟直观地显示当前灌溉运行状态，能够让用户感觉到此系统的安全性。

② 网络自控模式。

a. 采集端。网络自控模式采集端与现场自控模式采集端在本质没有什么区别，只是在通信模块出现两级，即网络通信模块GPIRS/CDMA为一级，无线+有线式控制器与电磁阀的连接开启或关闭电磁阀为二级。在同等条件下，采集技术手段上没有根本性区别，唯一的区别就是网络通信模块必须与公网连接，通过公网与Internet网络连接实现网络化远程监控。

b. 通信模块。在实际中，采集端与网络通信模块组合在一起，这里只是为了描述更加清楚，按照不同功能进行区分。

c. 客户端。网络自控模式客户端与现场自动化控制模式客户端的关键不同点在于系统浏览客户数量不同、浏览地址不同，适合大面积集约化管理，而现场自动化控制模式只适应小面积分散性管理。网络自动化控制模式可以兼容现场自动化控制模式客户端的任意模式。组合式灌溉自动化控制技术模式如表9-4所示。

**表9-4　组合式灌溉自动化控制技术模式**

| 要素 | 现场自动化控制模式（农田） | 网络自动化控制模式（远程） |
| --- | --- | --- |
| 采集端 | ① 局部式采集土壤水分传感器<br>② 多点式采集土壤水分传感器<br>③ 预警信号采集 | ① 采集系统与现场模式相同<br>② 现场客户端模式供用户选择<br>③ 预警信号采集 |
| 通信模块 | ① 有线式开启或关闭电磁阀<br>② 无线式开启或关闭电磁阀<br>③ 混合式开启或关闭电磁阀 | ① 一级网络通信模块GPRS/CDMA，二级通信模块与现场模式相同<br>② 二级并列采集通信模块（如ZigBee） |

（续）

| 要素 | 现场自动化控制模式（农田） | 网络自动化控制模式（远程） |
| --- | --- | --- |
| 客户端 | ① PC机控制（组态软件，数据库）<br>② 单片机模拟板控制（积木模式）<br>③ 触摸屏控制<br>④ 预警信号控制 | ① PC机控制（Web应用系统、数据库管理系统、中间件、数据采集服务器系统操作系统）<br>② 预警信号控制 |

（5）无线式存在的问题与对策

① 无线信号传输问题。由于信号无线传送，若遇到阻抗不连续的情况，无线式会出现反射现象使信号扭曲，在无线控制器中出现其他信号干扰，往往会导致中央控制系统接收信号时断时续，接送信号无法完成，从而影响信号的远距离传送，因此必须采用电阻匹配的方法来消除反射和安装滤波器消除外界干扰。为了降低滴灌自动化控制系统的投入，I－JFH公共频段被更多地应用于自动化滴灌系统，急需解决在应用后期信号减弱的问题并开发RTU各部件性能可靠的产品，新产品应具有掉电保持功能，以防意外停电造成轮灌混乱。

② 信号反馈问题。水动阀无信号反馈。自动运行时，若电磁头断电，计算机发出水动指令信号后，电磁阀未必开闭，存在不滴水或不关闭的问题。

③ 阀门控制问题。阀门控制要选用适合当地水质要求的电磁阀或液力阀，比如在新疆农业灌溉中，以渠水灌溉为主，受水质等因素的影响，阀门启闭失控，无法从现场显示屏上看到电磁阀真实的开启或关闭状态，导致用户还要对每个电磁阀一一观察。而新疆奎屯宏菱智能科技有限公司自主研发的电动阀具有稳压效果和抗堵塞能力，越来越多地应用于自动化滴灌系统中，该阀操作简单，除了自动控制启闭，还具有手动开启和关闭功能，在新疆自动化滴灌系统中大量推广应用。有利于进行田间规范化管理、减轻工作强度、提高劳动效率，有利于作物稳定增产，达到灌溉的信息化、自动化控制，为下一步农业现代化奠定基础。

## 第三节　农田水肥一体化远程监测与智能决策平台的开发

最简单的水肥一体化技术智能监测与决策平台是由控制器、无线收发器、显示器、按键、田间控制器执行机构、电磁间以及固件程序等组成。其结构比较简单，但是不能满足人们对现实作物长势灌溉因素（如土壤水分、降水量、蒸发、光照度等有关作物生长环境因子）的需求，需要在原有数据采集模块基础上，提升灌溉自动化控制系统平台的功能。随着信息技术不断成熟，灌溉自动化控制系统平台也不断升级（朱近之，2011），由田间现场监控升级到网络监控，在采集控制的基础上新增网络通信、监控中心（客户端），构成了灌溉自动化控制系统网络平台模型。

滴灌水肥一体化技术是利用滴灌灌溉系统，将水和肥料同步输送到作物的根区土壤中，以适时、适量地满足作物对水分和养分的需求（尹飞虎等，2013）。滴灌水肥一体化技术实现了作物水肥供给的优化管理，能够显著提高作物对灌溉水和肥料的吸收利用效率，对增加作物产量和改善农产品品质具有非常明显的作用，是现代农业中重点发展的关键技术之一。

水肥一体化决策是滴灌水肥一体化技术的重要技术内容，主要包括滴灌灌溉定额、灌溉次数、灌水时期、灌水定额，以及与灌溉制度相匹配的肥料种类、肥料用量等内容的决策。通俗地说，滴灌水肥一体化决策主要就是要解决滴灌作物需要多少水、具体分几次滴、每次在什么时候滴、每次滴多少水，以及滴灌随水带什么肥、每种肥料带多少等问题。

各地土壤条件、气候环境和作物种类复杂多样，不同作物在不同区域内对水分和养分的需求不同，即使同一作物在相同区域的不同土壤条件下，对水分和养分的需求也存在差异，加之各地的生产条件和技术水平也不尽相同，使得适时、适量地提出按作物生长所需的水分和养分滴灌存在诸多困难，这也是制约滴灌水肥一体化技术应用的技术难题之一。

如果按照传统的方法进行滴灌水肥一体化决策，不但技术要求高，而且耗时费力，效率低下。而随着现代计算机技术和信息传输与处理技术的发展，计算机决策技术也快速发展，在提高滴灌水肥一体化决策的精准度和改善滴灌灌溉系统的运行管理效率上具有较为突出的优势，已成为解决这一难题的有效手段（李伟越等，2019；杨丹，2019）。

## 一、设计目标

针对滴灌水肥一体化技术中的决策与管理，利用计算机技术，通过自主开发与系统集成，整合土壤与植株测试分析、作物水肥试验分析、水肥一体化决策、作物视频监测、水盐监测、智能预测和滴灌自动化控制等内容，打造一个跨平台、可视化、多任务、多用户协同作业的软件平台，实现一站式作物滴灌水肥一体化智能决策、监测管理与自动控制，满足不同地区、不同装备水平的不同用户群的实际需求。

## 二、总体设计

采用B/S（Browser/Server）和C/S（Client/Server）混合构架，系统由数据层、决策层和表现层三大部分组成（图9-12）。数据层由GIS空间数据库和SQL数据库组成，

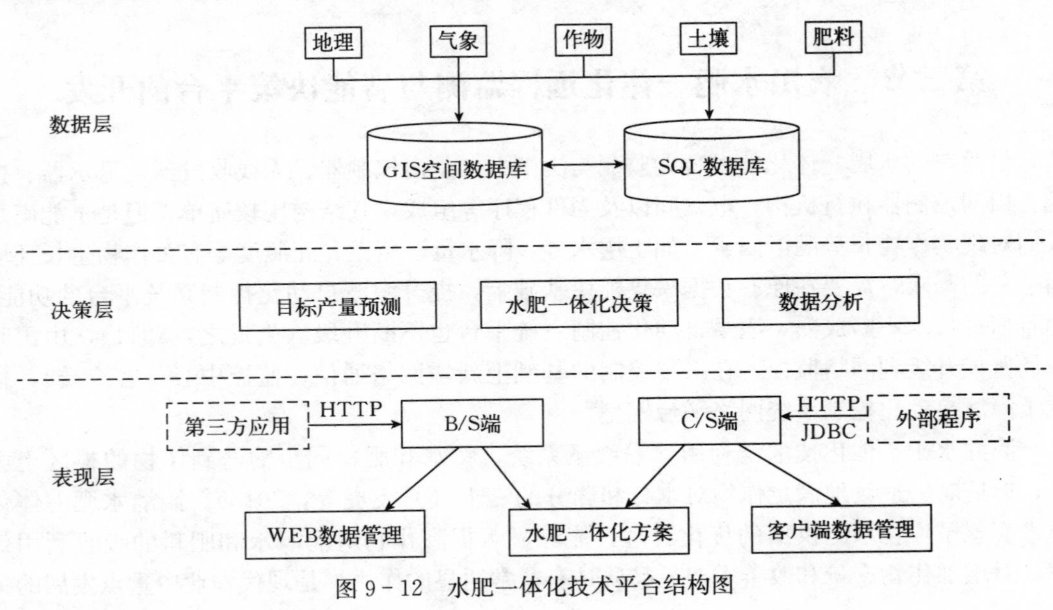

图9-12　水肥一体化技术平台结构图

包含地理、气象、作物、土壤和肥料等不同数据源的各种信息数据，并按用途的不同组建基础属性数据库、参数数据库和空间属性数据库。决策层主要为各种决策模型，包括滴灌用水决策模型、肥料决策模型、产量模型和肥料配方模型等。表现层主要包括图文、报表等信息的输出和人机交互窗口等。

## 三、关键技术

### 1. 基于空间数据库的网络信息数据管理技术

利用 PostgreSQL 和 PostGIS 进行基本属性数据和空间地图数据的管理。PostgreSQL 是全功能的自由软件数据库（李小威，2019），覆盖 SQL - 2/SQL - 92 和 SQL - 3/SQL - 99，支持事务、子查询、多版本并行控制系统（MVCC）、数据完整性检查等，并且接口丰富，有利于农田基本属性数据的管理。PostGIS 是 PostgreSQL 数据库对空间数据管理的实现，支持包括点（point）、线（Jinestring）、多边形（polygon）、多点（multipoint）、多线（multilinestring）、多多边形（multipolygon）和集合对象集（geometrycollection）等在内的所有空间数据类型，支持 WKT 和 WKB 等对象表达方法，支持 GeomFromText（）、AsBinary（）及 GeometryN（）等所有的数据存取和构造方法，能够实现对农田空间网络信息数据的管理。PostgreSQL 和 PostGIS 的结合实现了农田空间数据和属性数据的管理。

### 2. 基于 Java 的 BIS 和 C/S 混合构架技术

利用 Java 语言开发，采用 BIS 和 C/S 的混合构架（徐俊武，2019）。对专业性要求高、交互性强和数据处理量大、安全性要求高及需要硬件通信的内容，全部采用 C/S 构架，并可根据不同用户的需求实现差异化开发；而对于水肥一体化决策信息的发布、简单的数据维护等内容，则采用 BIS 构架，这一构架可保证简单通用，方便普通农户使用。BIS 和 C/S 的混合构架，可满足不同条件用户的差异化需求，实现了专业性和易用性的有机统一。

C/S 构架中，Client 端采用 JavaSE 开发，利用 Awt、Geom、Swing 组件开发软件界面、数据管理组件、绘图组件和 IGIS 组件。Client 端实现对数据的检索、插入、修改和删除，对空间地图数据的调用、渲染，以及对地图对象的增加、修改和删除等。绘图组件实现对标准曲线的绘制和对第三方土壤水盐监测数据 K 线图的绘制。GIS 组件由 Java 底层开发，支持 WGS84 坐标系统，实现地图的分层管理、分块检索、地图缩放和视野管理，以及丰富的专题地图功能。

B/S 构架中，Server 端采用 JavaEE 开发，利用 HttpServiet 提供服务，完成对业务逻辑的处理、数据库的访问和对客户端的请求响应；Browser 端采用 HTML＋CSS＋JavaScript 组合开发。

### 3. 基于 WebMapService 的云地图技术

云地图服务平台是基于 WebMapService 地图服务器软件——TerServer，采用纯 Java 开发，支持 OGC 标准的服务方式（WMS），支持集群云服务，支持 PostGIS、MySQL、MSSQLServerSpatial、OracleSpatial 等空间数据库，支持 json、四址规范，并支持 tab、shp、xml、txt 等多种地图格式文件的载入，以及 GPS 数据的跟踪显示。地图服务平台能够快速构建内容丰富、响应迅速、体验流畅的地图应用，支持大数据量高效的交互渲染，动态实时的要素标绘，以及与多源 GIS 服务的高效交互。平台通过多种方式组织不同类别的地图数据，并按区域及比例尺建立各自独立的工作空间，不同工作空间以各自的范围和分辨率规定显示时机，显著提高了地图云服务的速度和效率。

服务器端通过 tomcat 以 png 格式发布地图，支持地图瓦片的动态和预生成，并可无缝集成第三方地图服务数据（如 GoogleMap、BingMap、OpenOSM 等），实现地图信息的浏览、查询和重绘等。

客户端采用 HTML＋CSS＋JavaScript 的开发组合，支持 PC、手机等终端的直接访问，并且无须安装任何插件，便可在终端浏览器上实现美观的地图呈现。

**4. 多元化水肥一体化决策技术**

通过“以区域和作物定水、以地力和产量定肥”，并结合“以水分肥、以肥定方”的方式来进行水肥一体化决策，并同时提供多种模式供不同条件的用户选择。其中用水决策支持事前决策和实时决策两种模式，事前决策以区域和作物定水，通过建立区域化的作物滴灌灌溉制度数据库和设置不同的阈值，方便用户根据田间实际情况对决策结果进行适当微调；实时决策则依据水量平衡原理，根据田间持水量、有效降水量、地下水补给量和作物蒸腾量确定灌水量，也支持以 html 形式调用第三方滴灌自动化控制软件进行实时决策。肥料决策支持目标产量法、肥料效应函数法（二元、三元）和模糊决策三种方法，并通过肥料配方计算实现用肥的实物化。

（1）灌水量决策依据　由于灌溉系统中土壤、作物、气候环境多变，情况复杂，空间变异性大，用传统的小农耕作技术，水分亏缺的程度、适宜的亏缺阶段难以准确掌握，当作物生长处于需水关键期时，难以保证及时适量地供水。适时适量地满足作物水分的需求有严格、科学的要求，若运用不当，“有益”的作用将变为“有害”。因此，应用灌溉新技术必须具备对作物需水、适时供水及土壤含水量信息的实时监控技术。为此，借助高科技信息技术，对各田块建立适应土壤、作物、水文地质、农业气象、田间渠系等的灌溉工程，并开发出相应节水灌溉预报决策的农业专家系统，来实时指导农民的节水灌溉实践。

在自然条件下，农田土壤水分往往与作物生长需求不相适应，土壤水分不足或农田水分过多现象时常发生，必须采取灌溉与排水等农业技术措施来调节土壤水分，为作物生长创造良好的土壤环境条件。科学的土壤水分调节是根据作物生理特性及其各生育阶段的需水规律，适时、适量地进行灌溉，努力提高灌溉水的利用效率。所以，必须加强对作物田间土壤水分的监测与预报，根据农田水量平衡原理确定合理的灌水量。

① 农田水量平衡原理。降水、灌溉、入渗、土壤水分再分布、植株根系吸水、叶面蒸腾及土壤水分的棵间蒸发等一系列水量转化过程，在连续不断地进行着，形成了农田水分的循环过程。通过分析研究农田水量的收支、储存与转化的动态过程，可为土壤水分的调控提供理论和实际应用的依据。

在灌溉实践中，一般采用简单、直观的农田水量平衡原理。即在某一定时段 $T$ 内，单位面积作物最大根系活动层中，所有的来水量应等于去水量和土壤储水量的变化量，即公式 9－1。

$$I+P+G=ET+D+R\pm ASW \qquad (9-1)$$

式中：$I$——$T$ 时段内的灌水量，mm；

$P$——$T$ 时段内的降水量，mm；

$G$——$T$ 时段内的地下水补给量，mm；

$ET$——$T$ 时段内的作物蒸发蒸腾总量，mm；

$D$——深层渗漏量，mm；

$R$——地面径流量，mm；

$ASW$——$T$ 时段内土壤有效储水量的变化量，mm。

若田间管理和节水灌溉设备良好，地下水补给量和深层渗漏量有监测时，公式 9-1 可简化为公式 9-2。

$$In+Pe+Gn=ET\pm ASW \qquad (9-2)$$

式中：$In$——农田净灌水量，mm；

$Pe$——有效降水量，mm；

$Gn$——$T$ 时段内地下水有效补给量，mm；

其中 $Gn$ 和 $ET$ 见公式 9-3 和公式 9-4。

$$Gn=Ge\cdot T \qquad (9-3)$$

$$ET=ETc\cdot T \qquad (9-4)$$

式中：$Ge$——$T$ 时段内平均每天地下水有效补给量，mm/d；

$ETc$——$T$ 时段内平均每天作物蒸发蒸腾量，mm/d；

则预报未来灌水时间为公式 9-5。

$$T=(Pe+ASW)/(ETc-Ge) \qquad (9-5)$$

节水灌溉预报系统的推理过程为先由气象资料推求对照作物蒸发蒸腾量（$ETo$），而后，由作物类型及生长月份或>15 ℃积温来确定作物系数（$Kc$），即可得充分供水条件下，$ETc=Kc\cdot ETo$；由实际的供水策略和土壤含水量下限指标，可得 $ET=K_\theta\cdot Kc\cdot ETo$；由土壤入渗特性和初始含水量，可确定 $Pe$；由土壤类型及其特性和地下水埋深，可确定 $Ge$；由土壤初始含水量及作物生长允许的土壤含水量下限指标，可确定 $ASW$。

② 作物系数（$Kc$）的确定。作物系数是作物蒸发蒸腾量与对照作物蒸发蒸腾量的比值，即 $Kc=ETc/ETo$。其值的大小与作物种类和生育阶段等有关。一般可根据作物田间需水量的试验数据来推求，或查有关地区作物系数。

③ 土壤水分修正系数（$K_\theta$）。当干旱缺水时，土壤含水量降低，土壤中毛管传导率减小，根系吸水率降低，作物遭受水分胁迫，引起气孔阻力增大，从而导致胁迫条件下的作物蒸发蒸腾速率低于无水分胁迫时的蒸发蒸腾速率。因此，水分胁迫条件下的土壤水分修正系数 $K_\theta$ 有以下两种计算方法公式 9-6 或公式 9-7。

$$K_\theta=\frac{\ln\left[\left(\frac{\theta_0-\theta_{wp}}{\theta_j-\theta_{wp}}\right)+1\right]}{\ln\ (101)} \qquad (9-6)$$

$$K_\theta=c\left[\frac{\theta_0-\theta_{wp}}{\theta_j-\theta_{wp}}\right]^d \qquad (9-7)$$

式中：$\theta_0$——计算时段内作物根系活动层内的平均土壤含水量；

$\theta_{wp}$——凋萎系数；

$\theta_j$——作物蒸发蒸腾开始受影响时的临界土壤含水量。

式（7-7）中，$c$、$d$ 是由实测资料确定的经验系数，它们随生育阶段和土壤条件而变化。

④ 确定地下水补给量（$Ge$）。地下水补给量与作物蒸发蒸腾量、土壤特性及地下水埋深有关，单位为 mm/d。一般多根据当地的实际资料得出回归经验公式。如北方地区的经验公式见公式 9-8。

$$G_e = Q \cdot ET_c \quad (9-8)$$

⑤ 确定有效降水量（$Pe$）。有效降水量是指某次降水能渗入作物根系层中，而后作物能有效利用的那部分降水量，即公式 9-9。

$$P_e = P - R - D \quad (9-9)$$

式中：$P$——某次降水的降水总量，mm；

$R$——地面径流量，mm；

$D$——深层渗漏量，mm。

有效降水量的大小，不仅与降水特性，即降水强度 7 降水历时 0、降水总量 $P$ 有关，而且还与土壤特性，即土壤的质地、土壤的初始含水量、土壤渗吸速度 1<$t$ 及地下水埋深、作物植被、根系层深度等因子有关，呈现出十分复杂的动态变化过程。

⑥ 确定土壤有效储水量（$ASW$），见公式 9-10。

$$ASW = 10H \cdot r(\theta_0 - \theta_{FC} \cdot G_x/100) / \rho \quad (9-10)$$

式中：$H$——作物根系活动层深度，m；

$r$——土壤干容重，t/m$^3$；

$\theta_{FC}$、$\theta_0$——土壤田间持水量与初始含水量，以水分重量占干土重的百分数计；

$G_x$——作物适宜灌溉的土壤水分下限指标，以占田间持水率的百分数计，其值的确定与作物类型及作物生长阶段有关。

$\rho$——水的密度，以 1 g/cm$^3$ 计。

（2）田间作物节水灌溉决策　对某一区域或某一田块的作物进行节水灌溉决策，即确定该作物该不该灌水、何时灌水、灌多少水、本次灌水的成本及相应的灌溉效益（或者说本次不灌水可能造成的经济损失）。这些参数有利于农民进行灌水抉择。

在进行某作物的节水灌溉决策时，除上述提及的要看土壤含水量是否达到作物适宜生长的下限指标，要注意天气预报以及作物生长所处的生育阶段是否属于适宜调亏的阶段，以人为施加一定的水分胁迫，来改善作物品质和提高水的利用效率外，最终的决策取决于经济学中的边际概念与经济效果原理，即边际收益必须大于边际资源成本，否则边际利润为负值，就会降低经济效益。所谓边际收益，即边际产值，也就是农产品单价（$p_y$）与边际投入（$\Delta x$）所对应增加的产量（$\Delta y$）的乘积，表示为 $p_y \cdot \Delta y$。边际资源成本则为投入资源的单价（$p_x$），例如水费单价，与边际投入即农业生产过程中新增单位的资源投入（$\Delta x$）的乘积，表示为 $p_x \cdot \Delta x$。

在具体灌溉决策中，如果本次灌水费用小于灌溉的增产效益，从经济角度讲，只要水源条件许可，则应实施该次灌水。另从节水灌溉的角度讲，若限额灌溉或调亏灌溉的效益费用比（$B_2/cost_2$）大于充分灌溉的效益费用比（$B_1/cost_1$），则建议采用限额灌溉或调亏灌溉的决策方案。

节水灌溉决策计算包括以下主要项目。

① 计算充分灌溉的灌水定额（公式 9-11），单位为 m$^3$/hm$^2$。

$$M_1 = 100H \cdot r(\theta_{FC} - \theta_0) \quad (9-11)$$

② 计算限额灌溉的灌水定额（公式 9－12），单位为 $m^3/hm^2$。

$$M_2 = 100H \cdot r(K\theta_{FC} - \theta_0) \tag{9-12}$$

式中：$K$——非充分灌溉条件下灌水上限系数（以田间持水率的百分数计）。

③ 计算灌水边际成本（公式 9－13、公式 9－14），单位为元/$hm^2$。

$$cost_1 = SF \cdot M_1/(\eta_{田} \cdot \eta_{斗}) \tag{9-13}$$

$$cost_2 = SF \cdot M_2/(\eta_{田} \cdot \eta_{斗}) \tag{9-14}$$

式中：$cost_1$——充分灌溉单位面积边际供水成本，元/$hm^2$；

$SF$——斗口水价（或斗口水费单价），元/$m^3$；

$\eta_{田} \cdot \eta_{斗}$——田间水及斗渠系水的利用系数；

$cost_2$——非充分灌溉单位面积边际供水成本，元/$hm^2$。

④ 计算灌水或不灌水的边际效益。对半干旱缺水灌区来说，灌溉引水量往往不足，不能保证全部灌溉面积都得到充分灌溉，必须实行一部分面积不灌溉，一部分面积非充分灌溉，另一部面积充分灌溉，从而造成同一种作物因不同灌水策略而出现不同的减产损失。为此，可根据作物产量与作物各生育阶段相对蒸发蒸腾量的关系，来推算本次灌水中充分灌溉、非充分灌溉及不灌溉对作物产量的影响。

采用 Jensen 相乘模型推算作物产量（公式 9－15）。

$$Y_a = Y_m \prod_{i=1}^{n} \left[\frac{ET_i}{ET_{mi}}\right]^{\gamma_i} \tag{9-15}$$

式中：$Y_a$、$Y_m$——某作物实际产量与潜在产量，$kg/hm^2$；

$ET_i$、$ET_{mi}$——第 $i$ 阶段作物实际蒸发蒸腾量与潜在蒸发蒸腾量，$m^3/hm^2$；

$\gamma_i$——第 $i$ 阶段缺水对产量影响的敏感指数；

$n$——某作物全生育期划分的生育阶段数。

设本次灌水作物处在 $k$ 生育阶段，并假定此阶段及后续各阶段均充分灌溉，由此可得 $ET_k \approx ET_{mk}$，$ET_k \approx ET_{mk+1}$，根据农田水量平衡原理，有公式 9－16。

$$ET_k = M_k + P_k + G_k + SW_k \tag{9-16}$$

式中：$M_k$——$k$ 生育阶段充分灌溉的灌水定额，$m^3/hm^2$；

$P_k$——$k$ 生育阶段有效降水量，$m^3/hm^2$；

$G_k$——$k$ 生育阶段地下水补给量，$m^3/hm^2$；

$SW_k$——$k$ 生育阶段作物根系活动层土壤储水量的变化值，$m^3/hm^2$；

$ET_k$——$k$ 生育阶段作物需水量或蒸发蒸腾量，$m^3/hm^2$。

根据上述假定，可推算出此作物相应的预计产量 $Y_k$ 为公式 9－17。

$$Y_k = Y_m \prod_{i=1}^{k-1} \left[\frac{ET_i}{ET_{mi}}\right]^{\gamma_i} \tag{9-17}$$

同理，若假定 $k$ 生育阶段为非充分灌溉，而后续各阶段仍充分灌溉，则可推算出在此条件下作物的预计产量 $Y'_k$（公式 9－18）。

$$Y'_k = Y_m \prod_{i=1}^{k-1} \left[\frac{ET_i}{ET_{mi}}\right]^{\lambda_i} \left[\frac{ET'_k}{ET_{mk}}\right]^{\lambda_k} \tag{9-18}$$

其中：$ET'_k = M'_k + P_k + G_k + SW_k$。$M'_k$ 为 $k$ 生育阶段非充分灌溉的灌水定额，单位为 $m^3/hm^2$。

若假定 $k$ 生育阶段不灌水，而后续各阶段仍充分灌溉，则又可推算出相应的预计产量 $Y_k''$(公式 9－19)。

$$Y_k''=Y_m\prod_{i=1}^{k-1}\left[\frac{ET_i}{ET_{mi}}\right]^{\lambda_i}\left[\frac{ET_k''}{ET_{mk}}\right]^{\lambda_k} \tag{9－19}$$

其中：$ET_k''=P_k+G_k+SW_k$。将公式 9－17 减去公式 9－19，可得 $k$ 生育阶段充分灌溉条件下作物的灌溉增产量 $\Delta Y_1$（公式 9－20）。

$$\Delta Y_1=Y_k-Y_k''=Y_m\prod_{i=1}^{k-1}\left[\frac{ET_i}{ET_{mi}}\right]^{\lambda_i}\left\{1-\left[\frac{ET_k''}{ET_{mk}}\right]^{\lambda_k}\right\} \tag{9－20}$$

将公式 9－18 减去公式 9－19，可得 $k$ 生育阶段非充分灌溉条件下其相应的灌溉增产量 $\Delta Y_2$（公式 9－21）。

$$\Delta Y_2=Y_k'-Y_k''=Y_m\prod_{i=1}^{k-1}\left[\frac{ET_i}{ET_{mi}}\right]^{\lambda_i}\left\{\left[\frac{ET_k'}{ET_{mk}}\right]^{\lambda_k}-\left[\frac{ET_k''}{ET_{mk}}\right]^{\lambda_k}\right\} \tag{9－21}$$

由于在 $k$ 生育阶段灌水时，以前各阶段实际的灌水情况（或缺水状况）是已知的，并且已在式 $\prod_{i=1}^{k-1}\left[\frac{ET_i}{ET_{mi}}\right]^{\lambda_i}$ 中反映出来，因此可令（公式 9－22）：

$$P_E=Y_m\prod_{i=1}^{k-1}\left[\frac{ET_i}{ET_{mi}}\right]^{\lambda_i} \tag{9－22}$$

$P_E$为一已知值，公式 9－20 和公式 9－21 可简化为公式 9－23、公式 9－24。

$$\Delta Y_1=P_E\left\{1-\left[\frac{ET_k''}{ET_{mk}}\right]^{\lambda_k}\right\} \tag{9－23}$$

$$\Delta Y_2=P_E\left\{\left[\frac{ET_k'}{ET_{mk}}\right]^{\lambda_k}-\left[\frac{ET_k''}{ET_{mk}}\right]^{\lambda_k}\right\} \tag{9－24}$$

将各作物本次不同灌水方式（指充分灌、非充分灌）的增产量乘以其相应的产品单价，即可得各作物相应的灌溉增产值，即公式 9－25、公式 9－26。

$$B_1=P_y\cdot\Delta Y_1 \tag{9－25}$$

$$B_2=P_y\cdot\Delta Y_2 \tag{9－26}$$

⑤ 选择节水灌溉决策方案。根据式 9－5，可确定预计的灌水间隔天数。该不该灌这次水，主要取决于本次灌水的边际供水成本 $cost_1$、$cost_2$ 和边际供水效益 $B_1$、$B_2$。若$B_1>cost_1$ 或 $B_2>cost_2$，从经济角度讲，应当实施本次灌溉。但到底采用哪种供水方式，在水源水量不受限制的条件下，若 $B_2>B_1$ 或 $cost_2>cost_1$，则应当实施非充分灌溉的灌水策略；反之，则应实施充分灌溉的灌水策略。

（3）施肥量决策依据　施肥量的决策模型主要有以下几种。

① 目标产量法（公式 9－27）。

$$\text{施肥量（纯量）}=\frac{\text{目标产量}\times\text{百千克产量养分吸收量}-\text{土壤养分测定值}\times0.15\times\text{土壤养分校正系数}}{\text{肥料利用率}} \tag{9－27}$$

② 肥料效应函数法。

二元肥料效应模型（公式 9－28）：

$$Y=b_0+b_1x_1+b_2x_2+b_3x_1^2+b_4x_2^2+b_5x_1x_2 \tag{9－28}$$

三元肥料效应模型（公式 9－29）：

$$Y=b_0+b_1x_1+b_2x_2+b_3x_3+b_4x_1^2+b_5x_2^2+b_6x_3^2+b_7x_1x_2+b_8x_1x_3+b_9x_2x_3 \quad (9-29)$$

③ 肥料配方模型（公式 9-30）。

$$\begin{cases} \sum_{i=1}^{n} m_i C_{Ni} = m_N \\ \sum_{i=1}^{n} m_i C_{Pi} = m_P \\ \sum_{i=1}^{n} m_i C_{Ki} = m_K \end{cases} \quad (9-30)$$

式中，$i$ 为肥料数量，$m_i$ 为第 $i$ 种肥料的质量，$C_{Ni}$ 为第 $i$ 种肥料的 N 含量，$C_{Pi}$ 为第 $i$ 种肥料的 $P_2O_5$ 含量，$C_{Ki}$ 为第 $i$ 种肥料的 $K_2O$ 含量，$m_N$ 为需 N 量，$m_P$ 为需 $P_2O_5$ 量，$m_K$ 为需 $K_2O$ 量。

## 四、主要功能

水肥一体化智能监测与决策系统的主要功能如图 9-13 所示。

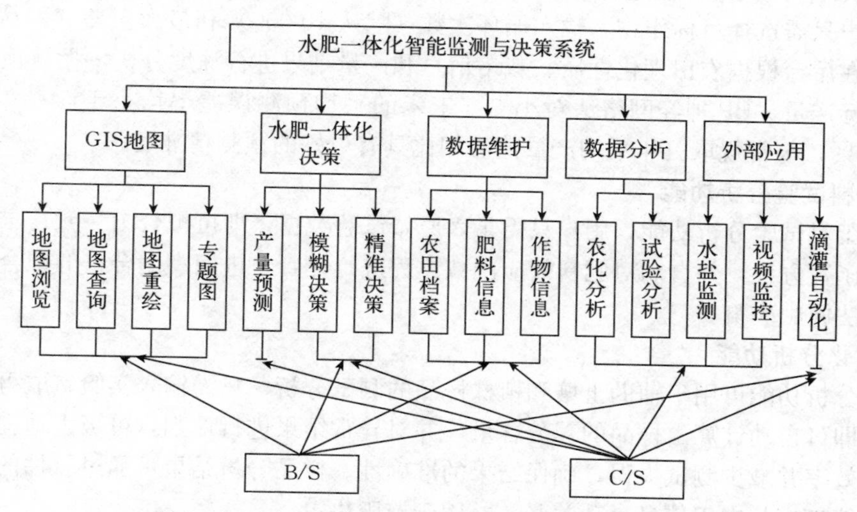


图 9-13　水肥一体化智能监测与决策系统主要功能

**1. 基于 GIS 的云地图服务**

自建 GIS 云服务平台，实现与 GoogleMap、BingMap、OpenOSM 等地图在线叠加，实现县域地图的浏览、查询、重绘等，并支持 PC、手机等终端的直接访问。定制的农田级电子地图服务，可提供翔实的数字化农田档案，包括农田地号、面积、土壤质地、承包户、土壤养分、历年作物、栽培措施、水肥投入等多种信息，并以数据条的方式直观地显示农田不同养分的含量水平，支持作物、土壤养分等多种专题图的生成。

定制地图也可与多种遥感影像（TM、SPOT 等）加成，并通过对遥感影像的深加工，进行农田面积估算、土壤质地识别、作物种类识别、水分/养分/盐分的遥感反演、作物产量的智能预测等。

**2. 数字化农田档案功能**

数字化农田档案包括空间属性（坐标、几何特征），基本特征（面积、长度、宽度、种植户等），理化性质（土壤质地、pH、有机质、全氮、碱解氮、全磷、有效磷、全钾、速效钾、总盐、速效锌/锰/硼/铁/铜等），栽培信息（播种日期、播种方法、栽培方式、栽培规程等），水肥投入和时序（年、月、日）等信息。农田档案支持 GIS 环境下浏览、查询和修改，数据信息的维护支持直接录入和批量导入（txt、xls、doc 等格式）等方式。

**3. 水肥一体化决策功能**

水肥一体化决策提供精简模式和精准模式两种决策模式，供不同条件的用户选择使用，并可根据用户需要对目标作物进行扩展。精简模式仅需选择区域、作物、产量水平、土壤质地和所用实物肥料，即可决策出基肥、种肥、不同生育期的灌水次数、每次的灌水量和每水的施肥量。

精准模式可根据土壤质地、前茬、土壤养分的不同，以及作物的需肥规律和肥料特性，提出不同目标产量下作物的基肥、种肥和滴灌随水施肥的养分投入，并根据作物的滴灌灌溉制度计算出每次灌水所需的肥料配方。

**4. 目标产量智能预测功能**

采用 BP 神经网络方法进行目标产量预测，预测精度可通过循环次数和误差设置进行调节，用户只需选择目标作物、输入循环次数（默认 10 000）和最大误差（默认 0.001），系统即可在后台根据农田理化性质、栽培信息和产量结果进行深度分析，批量预测出农田的最佳目标产量。BP 神经网络法对小麦、玉米的平均预测误差率均小于 5%，预测准确率大于 95%，与常规取三年平均产量值法相比具有更好的预测精准度。

**5. 肥料试验分析功能**

集成肥料试验分析功能，用户只需录入原始试验数据，即可拟合出一元、二元、三元肥料效应函数方程，并自动对肥料效应函数方程进行评判，进而利用合格的拟合结果进行肥料函数法施肥决策。

**6. 农化分析功能**

农化分析功能可用于辅助土壤和植株样品的测试分析，只需输入实验室取得的原始测量数据，即可自动计算出样品的养分含量，并对异常结果进行评判，可极大地提高测试分析的工作效率并减少测试失误，确保结果的准确性。样品分析结果可通过软件的数据导出和导入功能直接与农田信息自动关联，并用于施肥决策。

目前农化分析功能已集成土壤有机质（重铬酸钾容量法——外加热法）、土壤有效磷（0.5 mol/L $NaHCO_3$ 法）、土壤碱解氮（碱解扩散法）、土壤速效钾（火焰光度法）、土壤有效锌/锰/硼/铁、植物全氮/全磷/全钾等十几种养分的测试分析方法。

**7. 水盐监视功能**

通过共享文件、JDBC（Java Database Connectivity）连接等方式调用第三方土壤水盐监测仪器的测量数据，并按日期绘制成不同深度土壤的水分及电导率 K 线图，方便用户全面了解农田的水盐动态数据及其关联效应。

**8. 滴灌自动化控制和视频监测功能**

有关滴灌自动化控制和视频监测具体功能视第三方应用程序而定，系统可以采用 SWT 的 Browser 控件，在平台内进行第三方田间视频监控装置和滴灌自动化控制系统的调用，通过创建GIS图层，建立相关数据，包括节点名称、链接IP、链接账号、密码等，用户在地图窗口选中相应节点，点击即可进入第三方应用进行相应操作。

## 五、应用效果

小麦-玉米两熟丰产增效水肥一体化远程监测与智能决策平台是针对滴灌水肥一体化决策与管理需求，综合利用数据库、GIS、线性与非线性回归统计、BP神经网络等技术，使用Java语言开发的基于B/S和C/S混合构架的综合性软件平台。该平台整合了土壤与植株测试分析、作物水肥试验分析、水肥一体化决策、作物视频监测、水盐监测、智能预测和滴灌自动化控制等内容，实现了一站式作物滴灌水肥一体化智能决策、监测管理与自动控制，可供不同地区、不同装备水平的不同用户群跨平台、可视化、多任务协同作业。

平台提供基于GIS的云地图服务，支持跨PC、手机等终端的直接访问，实现了农田空间信息数据的信息化、可视化管理；平台的水肥一体化决策支持事前决策、实时决策、精准决策、模糊决策等多种决策方法，可供不同条件的用户选择使用；平台基于BP神经网络法的目标产量智能预测，较常规方法具有更高的预测精准度；平台可用于辅助土壤农化分析、水肥试验分析，分析结果自动用于水肥一体化决策；平台可集成水盐监测设备，提供对农田土壤的动态监测与管理；平台支持第三方应用的集成，方便对平行的功能进行扩展，如视频监控与自动化控制；平台也可通过深度定制与多种遥感影像（TM、SPOT等）加成，并通过对遥感影像的深加工，进行农田面积估算、土壤质地识别、作物种类识别、水分/养分/盐分的遥感反演、作物产量预测等。

## 六、水肥一体化手机客户端

互联网的快速崛起改变了现代计算工业的整个图景，通过便携的、无线的设备访问互联网已经成为人们需求的方向。在一般企业级手机应用程序的开发过程中，应合理有效地利用互联网上的资源。因此，提供快捷、高效的新型无线数据访问和移动互联网服务，不仅是通信设备制造商和电信运营商的重要考虑因素，也是手机软件商开发应用的重要考虑因素。随着XML技术与Web服务技术的发展，灌溉自控技术不断成熟，固定PC机与移动客户之间的数据交互越来越倾向于使用XML，各类应用系统也越来越倾向于使用Web服务技术。如何真正地将移动设备融入Web服务中去呢？这就需要使手机等成为Web服务的客户端，且这些设备至少应该具有处理XML信息的能力。

利用Android手机和周围的无线网络资源与其他设备进行自发交互，例如进行远程无线鼠标、无线键盘、文件共享、文件传输操作，以及远程遥控UPNP设备等，为智能空间中其他具有传感和计算能力的设备识别提供了可能，又为实现计算提供了重要的途径。

**1. 系统总体设计**

系统的总体设计思路是在灌溉自控管理系统中部署一台PC机，负责提供服务并与用户的Android手机通信。手机作为辅助管理田间电磁阀设备的管理器，提供管理界面，远程控制设备、文件操作，实际上是一个C/ S结构的系统，PC作为服务器，Android手机作为客户端。在该系统中，OSGI智能网关连接了内部网络和外部网络，所有的内部设备与该网关相连，它主要由OSGI Framework以及各种Bundle组成，Bundle之间互相通信，使设备能够了解彼此的状态，并进行相互的操作。用户携带Android智能手机进入空间后，手机端连入网络，动态获取一个 IP 地址，搜索网络中的可用设备服务，发现可用服务后与之进行交互。

Android 手机与 PC 机之间通过 IP 地址协议进行通信。手机端的按键通过脚本文件定义各种击键命令或者热键组合命令（消息），PC 端解析该命令，调用相应的应用程序，进行远程控制，同时 PC 端会返回一些状态信息，例如某个目录中所有文件的列表。当在焦点窗体响应命令（消息）显示按键字符时就是无线键盘。手机与 PC 机工作模型如图 9-14 所示。

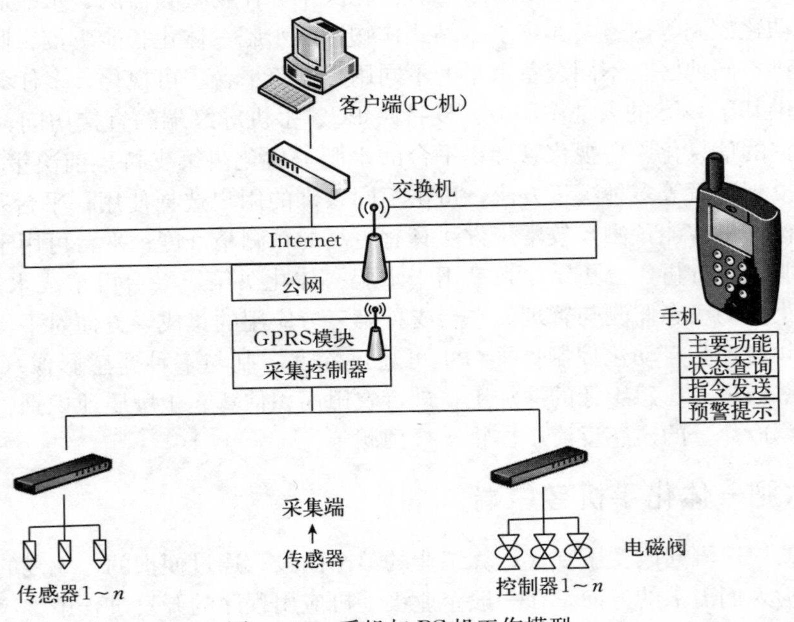


图 9-14　手机与 PC 机工作模型

**2. 手机应用程序开发考虑的因素**

假设采用 J2ME 规范（Java 2 Platform，Micro Edition），其主旨是提供易于理解的应用程序开发平台，以便为面向消费类电子产品和嵌入式设备市场创建可动态扩展的、网络化的设备和应用程序。J2ME 使得设备制造商、服务提供商和内容创造商能够投资于新的市场机会，为世界范围内的消费者开发和部署引人注目的新型应用和服务。J2ME 规范的目标是为资源受限的具有网络连接能力的互联设备定义一种高度可移植的、安全的、资源占用小的应用程序开发环境。这种目标互联设备的典型特征为至少 192 kB 内存可供 Java 使用，处理器速度只有 8～32 kB；16 位或 32 位的处理器；有限的电源，通常由电池供电；能连接到网络，一般带宽很低（9 600 bps 或更低）。

开发企业级手机应用要考虑到以下三点因素。

第一，应用适应于资源受限的手机设备。其体现在手机的处理器速度（CPU）和总存储空间（Storage）是有限的，应用程序运行时所使用的堆栈内存（Heap Memory）是有限的，记录管理系统（Record Management System）所使用的非易失性内存是有限的，应用安装程序文件（JAR File）大小是有限的。

第二，应用适应于屏幕和输入受限的手机设备。其体现在手机的屏幕尺寸相对较小，一个屏幕上只能显示有限的信息。如何利用现有屏幕尽可能动态地包含大量信息，并且方便用户快速定位和浏览就显得十分关键。另外，使用手机往往只能单手拇指输入，这种操作方式带有一个很小的 LCD 显示屏和一个标准 ITU-T 电话键盘（至少包括 0-9、* 键和 # 键）。用户一般用单手操作，而且通常只用拇指，这样应用就需要合理利用列表选项等界面，便于用户输入信息和进行屏幕间切换。

第三，应用在兼顾移动性的同时适应于有限的网络带宽和断断续续的网络连接，其体现在应用需要充分利用 RMS 存储手机本地数据，待网络联通时与服务器进行通信和数据同步。

**3. 灌溉自动化控制手机应用程序基本功能**

（1）灌溉行业手机应用的特点　由传统的充分灌溉向非充分灌溉发展过程中，对灌区用水进行监测预报，实时动态管理，采用传感器监测土壤的墒情和农作物的生长，从而实现水管理的自动化。高效农业和精细农业要求提高水资源的利用率，要真正实现水资源的高效利用，仅凭单项节水灌溉技术是不行的，必须将水源开发、输配水、灌水技术与降水、蒸发、土壤墒情、农作物需水需肥规律等方面统一考虑，做到降水、灌溉水、土壤水和地下水联合调用，实现按期、按需、按量自动供水。

现阶段开发手机灌溉应用程序相对比较复杂，为了便于使用和维护，需要将整个软件系统分成多个任务，每个任务完成一定的功能，并由操作系统统一调度。手机模块软件系统中的任务可以看作具有自己的堆栈和优先级的可以单独执行的“线程”。在对软件系统进行任务划分时，需要考虑以下几个因素：①功能和逻辑上的完整性。一个任务应能较完整地实现某项功能，并且执行的操作应彼此相互关联。②执行时间的差异。一个任务各项操作的执行时间应该相差不大，否则应被置于不同的任务中。③资源的占用。任何给定的软硬件资源应该尽可能由一个任务占用，这样可以保证任务在使用某一资源时不会造成与别的任务发生资源使用冲突。

（2）手机应用的基本功能模块

① 远程数据安装模块。通过适当的网络连接，比如 GPRS 连接，来下载初始数据。用户可以在第一次使用系统时获得 PC 机（服务器）提供的相关田间灌溉信息，也可以在离线数据丢失时，重新下载与自己相关的全部信息。

② 手机灌溉系统模块。包含了用户日常使用的所有功能，完成在手机上的数据输入和查询。通过数据同步功能来增量地上传数据或者下载数据，完成与服务器后端系统的集成。从 PC 机发布田间灌溉消息到手机设备上，移动用户可以查看相关灌溉的实时动态信息，了解田间灌溉各阶段运行状态。

③ 灌溉历史数据查询。这是系统的基础数据，用户可以查看各阶段的灌溉历史信息。

④ 预警提示。如当土壤湿度超过预先设定上限值或下限值时，由客户端 PC 机向灌溉管理员发出预警消息。比如“某轮灌区土壤湿度已达到上限警戒线”等用语。

⑤ 发布控制指令。根据灌溉实时信息与预警值，管理员（手机持有人）可在手机上向田间控制器发布开启或关闭某电磁阀的指令。

⑥ 更改密码。用户可以自行更改密码，提高系统的安全性。

**4. 手机应用的界面实现**

手机界面设计与网络 Web 界面设计没有本质区别，只是手机界面受系统内存大小的制约。在数据设计方面，由于手机上 RMS 记录库中的每一条记录本质上都是一个带有相关标识符的字节数据，并没有更高意义上的数据库操作的抽象，所以需要对所有不同的数据建立不同的类，并且结构还要体现数据库意义上的表和表中的行，从而封装类似数据库的操作。在界面设计方面，针对终端用户，需要实现仅仅利用“单手拇指输入”来快速定位和浏览大量数据（例如浏览上百行，但屏幕上只能显示十几行）。手机 WAP 网页的浏览方式，可以考虑利用左右命令键来实现上一页与下一页的翻页操作。但是手机应用的左右命令键一般用来实现增加、查看、删除、返回等命令操作，很难再用于翻页命令。所以考虑使用四个方向键，左右方向键可以实现翻页功能，上下方向键可以实现上下换行功能，这样就实现了快速定位。

由此不难看出，尽管手机在专业应用程序上受到限制，但是在不远的将来，随着信息技术的不断发展，手机专业应用程序功能将更加强大，用途将更加广泛。

## 第四节 小麦-玉米两熟丰产增效水肥一体化技术作用及应用前景

### 一、水肥一体化技术的作用

水肥一体化实现了水和肥料的同步控制，不仅将两道工序（灌溉、施肥）合为一道工序（水肥一体化），提高了工作效率，还能有效节约用水（张承林等，2012）。在该技术中，还应用了滴灌、微喷输水管带等，可以将复合肥和水混合成营养液，在灌溉中让农作物的根部有效吸收，由于小麦、玉米的生长时间不同，使用的肥料也不同，应当科学合理地进行灌溉。对于小麦、玉米而言，必须做好生长发育中后期的灌溉工作，如果水、肥料供应不及时，将直接影响其产量。应用水肥一体化技术，可以使穗数、粒数、千粒重等指标大幅提升从而增加产量。水肥一体化应用示意图见图 9－15。

水肥一体化技术是现代农业生产的一项高效水肥管理措施，具有显著的节水、节肥、省工、高效、环保等优点，在水肥同步管理的同时，提高了水肥利用率。与传统漫灌大水大肥的生产方式相比，水肥一体化技术可减少肥料挥发、固定以及淋溶的损失，肥料利用率和水分利用率均可达到传统模式的 1.5 倍左右。水肥一体化依赖于机械设备进行管理，节省了大量的劳动力。近年来大面积示范表明，粮食作物应用该技术单产可提高 30%左右，有的甚至增产一倍（徐坚等，2014）。

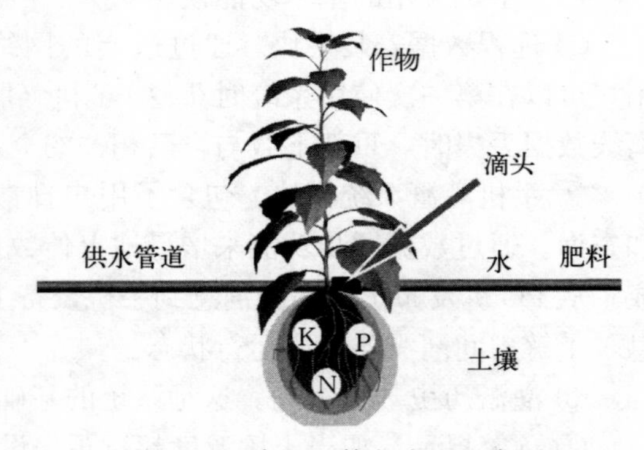


图 9－15 水肥一体化应用示意图

通过水肥一体化技术，可以确保作物施肥的“四适当”，即选用适当的肥料品种，以适当的使用量，在适当的时机，施到适当的位置（梁飞，2017）。

通过水肥一体化技术，在黄淮海平原农业灌溉施肥方面实现了十大转变。

**1. 渠道输水向管道输水转变**

管道输水是利用管道将水直接送到田间灌溉，以减少水在明渠输送过程中的渗漏和蒸发损失。管道输水与渠道输水相比，具有输水迅速、节水、省地、增产等优点。水的利用系数可提高到0.95，节电20%～30%，省地2%～3%，增产10%。发达国家的灌溉输水已大量采用管道。

**2. 浇地块向浇作物根系转变**

常规的大水漫灌和喷灌都是把整个地块进行全面灌溉，而水肥一体化技术是利用微灌（主要是滴灌）仅将灌溉水输送到作物根区，作物行间基本不灌水或湿润度小，属于局部灌溉，灌溉水及随灌溉水施用的肥料只供给作物根区，而不是整个地块。

**3. 土壤施肥向作物施肥转变**

在水肥一体化开展以前，农民施肥是把肥料施入土壤中，目标是提高土壤的肥沃度，认为只要土壤肥沃，作物就可以茁壮成长，这是很正确的培肥土壤措施。可是由于作物多是成行种植，灌溉常采用大水漫灌，这样就会导致作物对肥料的利用率很低，并且易导致肥料淋失。而目前水肥一体化技术是随滴灌施肥，将肥料溶入施肥容器中，随灌溉水顺滴灌带进入作物根区的过程；是根据作物生长各个阶段对养分的需求和土壤养分供给状况，准确补加肥料和均匀施在作物根系附近，并被根系直接吸收利用的一种施肥方法，随滴灌施肥是当今世界公认的最先进、最高效的水肥一体化技术之一。

**4. 水肥分离向水肥耦合转变**

作物根系对水分和养分的吸收虽然是两个相对独立的过程，但水分和养分对于作物生长的作用却是相互制约的，无论是水分亏缺还是养分亏缺，对作物生长都有不利影响。这种水分和养分对作物生长作用相互制约和耦合的现象，称为水肥耦合效应。研究水肥耦合效应，合理施肥，达到“以肥调水”的目的，能提高作物的水分利用效率，增强抗旱性，促进作物对有限水资源的充分利用，充分挖掘自然降水的生产潜力。因此，使用水肥耦合技术应根据当地具体情况，将灌水与施肥技术有机地结合起来，调控水分和养分的时空分布，从而达到以水促肥，以肥调水，进而使作物产量最高，经济效益最好。

**5. 同量施肥向变量施肥转变**

传统的施肥方式是在一个区域内或一个地块内使用一个平均施肥量。由于土壤肥力在地块不同区域差别较大，所以平均施肥后，肥力低而其他生产性状好的区域往往肥力不足，而在某种养分含量高而丰产性状不好的区域则引起过量施肥，其结果是浪费肥料资源，甚至影响产量、污染环境。变量施肥技术是精准农业的重要组成部分，根据作物实际需要，基于科学施肥方法（如养分平衡施肥法、目标产量施肥法、应用电子计算机指导施肥法等）确定对肥料的变量投入，通过执行按需变量施肥，可大大地提高肥料利用率，减少肥料的浪费以及多余肥料对环境的不良影响，具有明显的经济和环境效益。

**6. 化学分析向实时监测转变**

传统的土壤和植株样品需要在实验室中运用化学分析的方法获得土壤和植株中水分、养分和生理生态指标，传统的化学分析方法分析精度高，但耗费时间长、成本高。受实验条件和技术的限制，只有专业的技术部门才能完成这样的分析。

在农业生产全过程中对农作物、土壤、气候从宏观到微观进行实时监测，以实现对作物生长发育、病虫草害、水肥状况以及相应的环境状况进行定期信息采集和动态分析，通过诊断和决策，在DGPS和GIS技术集成系统支持下，制定实施措施，并通过智能化变量控制的农业机械装备，根据农田管理单元的作物生长环境的差异性和生长发育、管理的需要，实施精准定位和肥料、农药等物料的变量投入，实现农业生产科学管理，探索精准农业技术体系，实现农业可持续发展。

**7. 单一技术向综合技术转变**

水肥一体化技术包括农田信息获取、农田信息管理和分析、智能决策分析、决策的田间实施四大部分。以前这四大部分大多以分离的技术形式存在，在农业中多是单一技术的应用，但目前是合而为一，统一在水肥一体化这个精准农业技术系统的载体上。通常，3S技术中遥感是农田信息的获取手段，全球导航卫星系统是地理位置信息的获取手段，GIS是农田信息管理和分析的手段，决策支持系统和专家系统是决策形成支持系统的核心，再加上变量施用技术决策的田间实施，形成了水肥一体化技术体系的基本内容。

**8. 经验施肥向配方施肥转变**

配方施肥的推广应用，改变了以往盲目施肥转变为定量施肥，同时也改变了单一施肥转变为以有机肥为基础，氮、磷、钾等多种元素配合施用，对化肥结构调整具有积极的作用。肥料已由单元素化肥品种，发展为两元素复合肥，甚至多元素复合肥和作物专用肥，配方肥（BB肥）或复混肥的科技含量高，施用方便，土壤污染轻，深受农民欢迎。配方施肥在农业生产上取得了增产、改善农产品品质、节肥、增收和平衡土壤养分的效果。

**9. 粗放管理向精准管理转变**

灌溉施肥精准管理是根据作物生长的土壤性状调节对作物的投入，即一方面查清田块内部的土壤性状与生产力空间变异；另一方面确定农作物的生产目标，进行定位的系统诊断、优化配方、技术组装、科学管理，调动土壤生产力，以最少的或最节省的投入达到同等收入或更高的收入，并改善环境，高效地利用各类农业资源，取得经济效益和环境效益。

**10. 传统农业向现代农业转变**

传统农业在很大程度上依赖于生物遗传育种技术，以及化肥、农药、矿物能源、机械动力等投入的大量增加而实现。化学物质的过量投入会引起生态环境和农产品质量下降，高能耗的管理方式也导致农业生产效益低下，资源日益短缺，在农产品国际市场竞争日趋激烈的时代，这种管理模式显然不能适应农业持续发展的需要。而现代农业是用现代工业装备的，用现代科学技术武装的，用现代组织管理方法来经营的社会化、商品化农业，是国民经济中具有较强竞争力的现代产业。现代农业是以保障农产品供给，增加农民收入，促进可持续发展为目标，以提高劳动生产率、资源产出率和商品率为途径，以现代科技和装备为支撑，在家庭经营的基础上，在市场机制与政府调控的综合作用下，农工贸紧密衔接，产加销融为一体的，多元化的产业形态和多功能的产业体系。现代农业是广泛应用现代科学技术、现代工业提供的生产资料和科学管理方法的社会化农业，在按农业生产力的性质和状况划分的农业发展史上，是最新发展阶段的农业。其基本特征是技术经济性能优良的现代农业机器体系广泛应用，因而机器作业基本上替代了人办畜力作业。现代农业是指用现代工业装备的，用现代科学技术发展的，用现代经营理论和方法管理的，用高效便捷的信息系统和社会化服务体系服务的，用良好的生态环境支持的农业。具体表现在用机械代替人力、畜力提高生产效率。现代农业是指整个农业的生产组织、生产管理、生产经营、生产工具、劳动者的科学文化素质和思想道德观念，及农产品的质量、储存、保管和流通等方面，具有当代世界上先进的科学技术水平和管理水平。现代农业的概念是针对传统农业而言的，现代农业是指运用现代科学技术和生产管理方法，对农业进行规模化、集约化、市场化和农场化的生产活动。现代农业是以市场经济为导向，以利益机制为联结，以企业发展为龙头的农业，是实行企业化管理，产销一体化经营的农业。现代农业是健康农业、有机农业、绿色农业、循环农业、再生农业、观光农业的统一，是田园综合体和新型城镇化的统一，是农业、农村、农民现代化的统一。现代农业是现代产业体系的基础。发展现代农业可以加快产业升级、解决就业问题、消灭贫困、缓解两极分化、促进社会公平、消除城乡差距、开发国内市场、形成可持续发展的经济增长点，是发展中国家农业发展的必由之路，是发展中国家实现赶超战略的主要着力点。

## 二、水肥一体化技术应用中存在的问题

**1. 认识不足，宣传力度不够**

目前部分农民对于以政府推动为主的水肥一体化技术认识还不足，所以普及范围并不广泛。部分地区的灌溉用水费用较低，使得整体灌溉成本不高，农民没有节约用水的意识，对于发展能够节约水能的，以灌溉设施为主要依托的水肥一体化技术没有热情，因此该技术在这些地方难以推广。同时，还有很多农民习惯于凭个人经验施肥，对于水肥一体化技术的优势没有充分的认识。

**2. 投入较高，农户接受困难**

一次性投入较高的设备成本也是在推广水肥一体化技术过程中碰到的“拦路虎”之一。设备的来源、使用的年限、材料的规格、自动化程度等都会对设备成本产生影响，而且不同品牌、不同规格的设备将会带来不同的应用效果。农民自身缺乏投资能力，又没有完善的政府财政补贴机制，面对较高的前期投入，很多农民选择放弃，这也使得水肥一体化技术的推广之路并不平坦。

**3. 技术复杂，缺少专业指导**

水肥一体化技术涉及的知识面很广，不仅需要作物栽培学与耕作方面的知识，农业气象、土壤肥料等都会有所涉猎。没有专业的技术人员对农民进行必要的技术培训就很难使水肥一体化技术发挥其真正的作用。除了培训以外，滴灌带的更新、农化服务等相关服务也要跟上。同时，还要在农村地区建立专业公司，培养相应的复合型人才，为水肥一体化技术在这些地区的推广铺平道路。

**4. 土地分散，不利于集中管理**

北方山区的农村土地分布没有平原地区的农村土地分布集中，且海拔差距很大，同时还不平坦。水肥一体化技术对于集中管理是有要求的，而上述这些客观条件的存在都不利于集中管理，而且因操作失误导致滴灌设备裂管裂带现象时有发生，降低了技术应用效果，在无形中打击了农民的使用积极性。

## 三、水肥一体化技术的应用前景

随着农业领域专家学者对水肥一体化技术研究的不断深入，水肥一体化技术的优点越来越显著，在世界范围内得到广泛、快速应用。就目前我国实际情况来看，水肥一体化技

术的应用前景非常广阔（Rodney et al.，2020），一方面，我国是世界上的化肥消耗大国。数据显示，我国农用化肥年消费量呈现出逐年递增的趋势，其中以水果和蔬菜为代表的园艺作物占据71.6%（张承林等，2012）。而且施肥过程中存在各种问题，如施肥技术落后，养分分布不均匀等，这样不仅导致能源损失，而且也不利于农作物生长。另一方面，我国耕地面积十分有限，而且呈现出逐年递减的趋势。加上很多地区存在灌溉不方便和缺水问题，有超过50%的地区主要靠自然降水，但是作物生长以及季节性分布对水的需求量以及需求周期不一致，这种情况下很容易出现旱灾。

我国农业要实现“控制农业用水总量，减少化肥、农药使用量，化肥、农药用量实现零增长”。同时，我国仍然面临着要以占世界7%的耕地养活占世界22%的人口的问题（山仑等，2004）。在此背景下，大力发展滴灌和水肥一体化将有利于解决控水减肥与粮食需求增长之间的矛盾，对于提高肥料利用率并减轻对环境的压力，保障粮食安全、保护生态环境具有极其重要的意义。滴灌技术是集装备和技术于一体的先进灌溉技术，是实现农业设施化、规范化、自动化的有效途径，它能使种植业最基本的两项农事活动（灌溉、施肥）实现精准化，能大大提高农业资源产出率和劳动生产率。

水是万物之源，是农业的命脉，涉及我国粮食安全、食品安全、生态安全和人与自然和谐共生的基本方略（彭世彰等，2009）。实践证明：滴灌技术可节水50%以上；单位面积粮食作物增产20%以上，水产比提高80%以上；单位耕地的播种面积增加5%～7%；单位面积等产量的农药化肥使用量减少30%以上，有效减少了农田和食品的污染源。综上所述，水肥一体化技术在我国有着广阔的应用前景，今后水肥一体化的发展方向如下。

**1. 依托物联网大数据，打造智慧灌溉施肥一体化**

互联网、物联网、大数据等新一代网络技术改变了人们的生产方式、生活方式、思维方式（朱近之，2011），传统产业面临着前所未有的挑战。为了更好地适应“互联网+”的发展潮流，形成智能化的生产管理模式，有效促进小麦-玉米两熟丰产高效，应依托物联网大数据，打造智慧灌溉施肥一体化。

**2. 建设生态农业，扩大智慧灌溉施肥一体化推广面积**

任何行业的发展都要注意保护生态环境，应在整合农田、扩大智慧农业面积的基础上应用水肥一体化。

**3. 普及现代化农业管理办法**

在农田中应用农业物联网智能系统，可以充分利用现有的节水设备，优化调度问题，提高节水节能效率，降低灌溉成本，提高灌溉质量，使灌溉施肥变得更加优化、科学、便捷。

**4. 因地制宜，选择适合当地的灌溉施肥种植方式**

不同地区对种植的要求不同，要因地制宜创新适合当地的水肥一体化模式，在各类展会、宣传中向农民推广水肥一体化。

## 主要参考文献

李久生，张建君，薛克宗，2003. 滴灌施肥灌溉原理与应用[M]. 北京：中国农业科学技术出版社.
李伟越，艾建安，杜完锁，2019. 智慧农业[M]. 北京：中国农业科学技术出版社.

李小威，2019. PostgreSQL 11 从入门到精通 [M]. 北京：清华大学出版社.
梁飞，2017. 水肥一体化实用问答及技术模式、案例分析 [M]. 北京：中国农业出版社.
彭世彰，徐俊增，2009. 农业高效节水灌溉理论与模式 [M]. 北京：科学出版社.
山仑，康绍忠，吴普特，2004. 中国节水农业 [M]. 北京：中国农业出版社.
田有国，Magen H，2003. 灌溉施肥技术及其应用 [M]. 北京：中国农业出版社.
徐坚，高春娟，2014. 水肥一体化实用技术 [M]. 北京：中国农业出版社.
徐俊武，2019. Java 语言程序设计与应用 [M]. 武汉：武汉理工大学出版社.
杨丹，2019. 智慧农业实践 [M]. 北京：人民邮电出版社.
尹飞虎，2013. 滴灌—随水施肥技术理论与实践 [M]. 北京：中国科学技术出版社.
尹飞虎，2017. 中国北方旱区主要粮食作物滴灌水肥一体化技术 [M]. 北京：科学出版社.
张承林，邓兰生，2006. 灌溉施肥技术 [M]. 北京：化学工业出版社.
张承林，邓兰生，2012. 水肥一体化技术 [M]. 北京：中国农业出版社.
朱近之，2011. 智慧的云计算 [M]. 北京：电子工业出版社.
Konrad M，Ernest A K，Harald K，2001. Principles of Plant Nutrition [M]. Springer Science+Business Media Dordrecht.
Meier S，1995. Soilless Culture Management [M]. Springer Verlag Berlin Heidelberg.

本章作者：魏义长，王同朝，杨先明，王怀苹

**图书在版编目（CIP）数据**

小麦-玉米两熟丰产增效技术 / 王同朝，关小康主编
.—北京：中国农业出版社，2021.6
ISBN 978-7-109-28387-9

Ⅰ.①小… Ⅱ.①王… ②关… Ⅲ.①小麦一高产栽培②玉米一高产栽培 Ⅳ.①S512.1②S513

中国版本图书馆CIP数据核字（2021）第119309号

---

中国农业出版社出版
地址：北京市朝阳区麦子店街18号楼
邮编：100125
责任编辑：刘 伟 冯英华
版式设计：杜 然 责任校对：吴丽婷
印刷：中农印务有限公司
版次：2021年6月第1版
印次：2021年6月北京第1次印刷
发行：新华书店北京发行所
开本：787mm×1092mm 1/16
印张：22.75
字数：600千字
定价：138.00元

---